面向21世纪课程教材

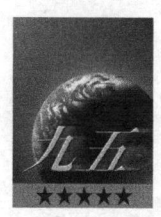
普通高等教育"九五"
国家级重点教材

面向21世纪课程教材
Textbook Series for 21st Century

流体力学

（第二版）下 册

周光炯　严宗毅　许世雄　章克本　编著

高等教育出版社·北京

内容提要

本书是教育部"高等教育面向21世纪教学内容和课程体系改革计划"的研究成果,是面向21世纪课程教材和普通高等教育"九五"国家级重点教材。全书分上、下两册出版,本书为下册。内容包括:第七章,液体表面波;第八章,粘性不可压缩流体的层流运动;第九章,粘性不可压缩流体的湍流运动;第十章,气体动力学初步;第十一章,传质理论初步。每章后附有实验中的发现,共六篇。书末附有(A)至(K)共十一篇附录。

本书不仅可作为理工科力学、工程热物理、空气动力和地球物理等专业本科生流体力学基础课的教材,而且还可以作为土木、化工、水利、热能、机械和环保等有关专业研究生流体力学课的教材或参考书。

图书在版编目(CIP)数据

流体力学. 下册 / 周光垌等编著. —2 版. —北京:高等教育出版社,2000.6(2020.12重印)

ISBN 978 – 7 – 04 – 007889 – 3

Ⅰ. ①流⋯　Ⅱ. ①周⋯　Ⅲ. ①流体力学 – 高等学校 – 教材　Ⅳ. ①O35

中国版本图书馆 CIP 数据核字(2011)第 075028 号

出版发行	高等教育出版社	网　　址	http://www.hep.edu.cn
社　　址	北京市西城区德外大街4号		http://www.hep.com.cn
邮政编码	100120	网上订购	http://www.landraco.com
印　　刷	肥城新华印刷有限公司		http://www.landraco.com.cn
开　　本	787×960　1/16		
印　　张	29	版　　次	1993年1月第1版
字　　数	540 000		2000年6月第2版
购书热线	010 – 58581118	印　　次	2020年12月第16次印刷
咨询电话	400 – 810 – 0598	定　　价	35.90元

本书如有缺页、倒页、脱页等质量问题,请到所购图书销售部门联系调换

版权所有　侵权必究

物料号　7889 – 00

下册目录

上册目录 ……………………………………………………………………	1
第七章　液体表面波 ………………………………………………………	1
7.1　基本方程组、边界条件及初始条件 …………………………………	2
（一）基本方程 ……………………………………………………………	2
（二）边界条件 ……………………………………………………………	3
（三）初始条件 ……………………………………………………………	5
7.2　量级估计与线性近似 …………………………………………………	6
7.3　平面小振幅简谐进行波 ………………………………………………	8
7.4　驻波、波的反射 ………………………………………………………	13
7.5　有限等深度液体中的波动 ……………………………………………	16
（一）有限等深度液体中的进行波 ……………………………………	16
（二）有限等深度液体中的驻波 ………………………………………	17
（三）浅水情况 …………………………………………………………	18
7.6　界面波 …………………………………………………………………	20
（一）基本方程及边界条件 ……………………………………………	20
（二）求解 ………………………………………………………………	21
（三）讨论 ………………………………………………………………	23
7.7　群速度 …………………………………………………………………	24
7.8　波动的能量、波阻 ……………………………………………………	27
（一）波动的动能 ………………………………………………………	27
（二）波动的势能 ………………………………………………………	28
（三）能量的传递 ………………………………………………………	28
（四）波阻 ………………………………………………………………	30
7.9　初始扰动引起的波动 …………………………………………………	30
＊7.10　斯托克斯波简介 ……………………………………………………	31
7.11　浅水长波 ……………………………………………………………	35
（一）浅水波方程 ………………………………………………………	36
（二）线性长波解 ………………………………………………………	37
（三）KdV 方程及孤立波 ………………………………………………	38

7.12　水波对竖桩的作用 ··· 41
　　（一）莫里森公式 ··· 41
　　（二）应用举例 ··· 43
小结 ··· 44
* 实验中的发现 ··· 45
　　（十一）孤立波 ··· 45
习题 ··· 46

第八章　粘性不可压缩流体的层流运动 ····························· 49

8.1　粘性不可压缩流动的基本方程组 ··· 49
8.2　相似律 ··· 55
8.3　粘性流动的一般性质 ·· 63
　　（一）粘性流体运动的有旋性 ·· 63
　　（二）粘性流体运动机械能的耗散性 ·································· 65
　　（三）粘性流体运动中涡旋的扩散性 ·································· 66
8.4　粘性流体的流动图案 ·· 68
8.5　层流流动的精确解 ··· 73
　　（一）两平行平板间的粘性流动 ······································· 74
　　（二）无限长直圆管中的粘性流动 ···································· 78
* （三）平板在自身平面内振动所引起的流动 ·························· 84
8.6　低雷诺数流动 ·· 86
　　（一）斯托克斯流动 ·· 87
　　（二）斯托克斯阻力公式 ·· 88
　　（三）斯托克斯近似的局限性和奥森近似 ··························· 93
　　（四）润滑理论 ··· 95
8.7　边界层的概念和它的厚度 ··· 98
　　（一）位移厚度 ··· 99
　　（二）动量厚度 ··· 100
　　（三）温度与浓度边界层的名义厚度 ································ 101
8.8　平面层流速度与温度边界层方程组 ····································· 102
8.9　动量与热量之间的雷诺类比 ··· 107
8.10　相似性解的概念和它的存在条件 ······································ 109
8.11　沿半无穷加热恒温平板的层流速度与温度边界层 ·················· 114
　　（一）速度边界层 ·· 116
　　（二）温度边界层 ·· 122
8.12　垂直半无穷加热恒温平板层流自由对流的速度与温度边界层 ····· 128
8.13　不存在相似性解的层流边界层 ··· 133
8.14　定常平面层流边界层的动量与能量积分关系式 ····················· 135
　　（一）动量积分关系式 ·· 136

（二）能量积分关系式……………………………………………… 139
　　小结 ……………………………………………………………………… 140
＊实验中的发现 …………………………………………………………… 141
　　（十二）流体的粘性剪应力………………………………………… 141
　　（十三）雷诺数 ……………………………………………………… 143
　　习题 ……………………………………………………………………… 144

第九章　粘性不可压缩流体的湍流运动 …………………………… 152
9.1　层流运动的稳定性和它向湍流运动的过渡 ……………………… 152
9.2　湍流运动的雷诺方程组 …………………………………………… 157
9.3　混合长理论 ………………………………………………………… 161
＊9.4　湍流的统计理论和模式理论简介 ……………………………… 166
　　（一）湍流统计理论 ………………………………………………… 166
　　（二）湍流模式理论 ………………………………………………… 168
　　（三）湍流的高级数值模拟 ………………………………………… 171
　　（四）湍流实验研究 ………………………………………………… 172
9.5　光滑圆管中的湍流运动 …………………………………………… 172
9.6　粗糙圆管中的湍流运动 …………………………………………… 179
9.7　平面湍流速度与温度边界层方程组 ……………………………… 186
9.8　平面湍流速度边界层的多层模型和它的时均速度分布 ………… 189
9.9　平面湍流速度边界层内一些重要湍流特性的实验结果 ………… 191
　　（一）相对湍流度 …………………………………………………… 191
　　（二）雷诺应力 ……………………………………………………… 193
　　（三）湍流（或涡）动量扩散率（或系数）ν^t ………………………… 193
　　（四）间歇因子 ……………………………………………………… 194
　　（五）拟序运动 ……………………………………………………… 195
9.10　沿半无穷加热恒温平板的湍流速度与温度边界层 ……………… 197
　　（一）速度边界层 …………………………………………………… 198
　　（二）温度边界层 …………………………………………………… 202
9.11　平面湍流速度与温度边界层的连续壁律模型 …………………… 204
9.12　沿半无穷平板的层流–湍流组合边界层 ………………………… 207
　　（一）普朗特法 ……………………………………………………… 208
　　（二）朱考斯卡斯法 ………………………………………………… 209
9.13　层流边界层的稳定性和它向湍流边界层的过渡 ………………… 210
9.14　边界层的分离 ……………………………………………………… 218
＊9.15　自由湍流和它的一些性质 ……………………………………… 223
＊9.16　平面湍射流 ……………………………………………………… 226
　　小结 ……………………………………………………………………… 230
＊实验中的发现 …………………………………………………………… 231
　　（十四）湍剪切流的拟序结构……………………………………… 231

习题 ·· 232

第十章　气体动力学初步 ··· 236
10.1　无粘性可压缩流体运动方程组 ································ 236
10.2　小扰动在可压缩流体中的传播声速和马赫数 ····················· 238
（一）小扰动在可压缩流体中的传播和声速 ·························· 238
（二）马赫数 ··· 242
10.3　伯努利方程和气体动力学函数 ································ 243
（一）无粘性可压缩流体定常等熵流动的伯努利方程 ·················· 243
（二）气体动力学函数（一维等熵关系式） ··························· 245
（三）速度系数 λ ··· 249
10.4　一维定常等熵管流 ··· 251
（一）变截面管道内流动分析 ······································ 252
（二）管截面积和流动马赫数的关系 ································ 254
（三）流量函数 ··· 255
10.5　正激波 ··· 257
（一）激波现象 ··· 257
（二）正激波基本方程组 ··· 259
（三）静止正激波 ··· 259
*（四）运动正激波 ·· 263
10.6　拉瓦尔喷管内的流动 ······································· 268
小结 ·· 271
* 实验中的发现 ··· 272
（十五）声障现象 ··· 272
（十六）激波 ··· 273
习题 ·· 274

第十一章　传质理论初步 ··· 278
11.1　质量传递的基本概念和它的主要传递方式 ······················· 278
11.2　混合物系统中的浓度、速度和单位面积的质量（或摩尔）流量 ······· 280
（一）浓度 ··· 280
（二）速度 ··· 281
（三）单位面积的质量（或摩尔）流量 ······························· 281
11.3　菲克第一定律与质量扩散率（或系数） ·························· 282
11.4　双组分混合物的连续性方程 ·································· 283
11.5　扩散方程的应用 ··· 288
11.6　湍流扩散方程 ··· 295
* ### 11.7　污染物在大气中的扩散 ···································· 296
11.8　层流与湍流的浓度边界层方程 ································ 298
11.9　热量与质量之间的雷诺类比 ·································· 300

11.10 沿半无穷平板的层流浓度边界层 ················· 302
    （一）第一施米特数 $Sc = 1$ ···················· 303
    （二）第一施米特数 $Sc \neq 1$ ···················· 304
11.11 质量积分关系式 ························ 306
11.12 沿半无穷平板的湍流浓度边界层 ················· 307
    小结 ································ 309
    习题 ································ 310

回顾与展望 ···························· 312
    （一）回顾 ···························· 312
    （二）展望 ···························· 321

结束语 ······························ 327

附录 ································ 328
    （A）参考书、参考文献、照片和关于配套教学光盘的说明 ······· 328
    （B）符号表 ···························· 344
    （C）国际单位（SI）制 ······················ 352
    （D）某些常见流体的热物理性质 ·················· 353
    （E）正交曲线坐标系中的流体力学运动方程组 ············ 364
    （F）矢量与张量分析初步 ······················ 377
    （G）热力学基础知识 ························ 389
    （H）流体力学中的数值方法简介 ·················· 393
    （I）中英文术语对照表 ······················ 398
    （J）中英文人名对照表 ······················ 419
    （K）习题答案 ·························· 428

上册目录

第二版前言 ………………………………………………………… 1
第一版前言 ………………………………………………………… 1
本教材使用说明 …………………………………………………… 1
绪论 ………………………………………………………………… 1
  0.1 流体力学的研究对象和它与现代化建设的关系 …………… 1
  0.2 流体力学发展简史 …………………………………………… 2
  0.3 流体力学的研究方法 ………………………………………… 9
第一章 流体的物理性质和流体运动物理量的描述 ……………… 12
  1.1 流体的物理性质 ……………………………………………… 12
    （一）固体、液体及气体 ………………………………………… 12
    （二）连续介质假设 ……………………………………………… 15
    （三）流体的可压缩性与热膨胀性 ……………………………… 18
    （四）流体的输运性质 …………………………………………… 21
    *（五）表面张力与毛细现象 …………………………………… 30
  1.2 描述流体运动的方法 ………………………………………… 34
    （一）拉格朗日坐标与欧拉坐标 ………………………………… 34
    （二）拉格朗日描述 ……………………………………………… 35
    （三）欧拉描述 …………………………………………………… 36
    （四）拉格朗日描述与欧拉描述之间的关系 …………………… 37
    （五）随体导数 …………………………………………………… 39
  1.3 迹线、流线、时间线及脉线 ………………………………… 43
    （一）迹线 ………………………………………………………… 43
    （二）流线 ………………………………………………………… 44
    （三）时间线 ……………………………………………………… 46
    （四）脉线 ………………………………………………………… 46
  1.4 流场中一点邻域的相对运动分析 …………………………… 49
    （一）速度分解 …………………………………………………… 49
    （二）应变率张量及旋转张量各分量的意义 …………………… 51
  1.5 作用于流体上的力 …………………………………………… 57

（一）质量力与表面力 ·· 57
　　（二）流体中任一点的应力、应力张量 ····································· 59
　　（三）应力张量的对称性 ·· 63
　　（四）静止流体与无粘性流体的应力张量 ·································· 64
1.6 应力张量与应变率张量之间的关系——本构方程 ························ 65
小结 ·· 68
* 实验中的发现 ·· 69
　　（一）流体的可压缩性 ·· 69
习题 ·· 71

第二章　流体的平衡 ·· 75

2.1 流体平衡时的压强 ··· 75
2.2 流体平衡的基本方程 ··· 76
2.3 均质流体的静平衡 ··· 79
2.4 非惯性系中均质流体的相对平衡 ·· 82
　　（一）均质流体整体地做匀加速直线运动 ·································· 82
　　（二）均质流体整体地绕竖直轴以匀角速度旋转 ···························· 83
2.5 均质流体作用在物体表面的压强合力 ···································· 84
　　（一）均质流体作用于平壁上的压强合力 ·································· 84
　　（二）均质流体作用于曲壁上的压强合力 ·································· 87
2.6 阿基米德定律,浮体的平衡 ··· 92
* 2.7 大气的平衡,国际标准大气 ·· 96
* 2.8 大气稳定度 ·· 98
小结 ·· 100
* 实验中的发现 ·· 101
　　（二）大气的压强 ·· 101
习题 ·· 102

第三章　流体运动的基本方程组 ·· 106

3.1 系统与控制体 ··· 106
　　（一）系统 ·· 106
　　（二）控制体 ·· 107
3.2 雷诺输运定理 ··· 107
3.3 基本方程组的一般论述 ··· 111
　　（一）描述流体运动的基本定律 ·· 111
　　（二）数学表达形式 ·· 111
3.4 微分形式的连续性方程 ··· 112
3.5 微分形式的运动方程 ··· 118
　　（一）运动方程的推导 ·· 118
　　（二）几种特殊形式 ·· 121
　　（三）动量矩方程 ·· 131

3.6 微分形式的能量方程 …… 131
  (一) 能量方程 …… 132
  (二) 动能(机械能)方程 …… 135
  (三) 内能方程 …… 135
3.7 积分形式的流体力学方程组 …… 138
  (一) 建立积分形式的流体力学方程组 …… 138
  (二) 将积分形式的方程组转换为微分形式的方程组 …… 141
3.8 状态方程 …… 142
  (一) 状态方程 …… 142
  (二) 正压流体与斜压流体 …… 144
  (三) 完全气体的内能及熵 …… 145
3.9 初始条件及边界条件 …… 146
  (一) 初始条件 …… 146
  (二) 边界条件 …… 147
3.10 流体力学的理论模型 …… 149
  (一) 粘性流体与无粘性流动模型 …… 150
  (二) 可压缩流动与不可压缩流动模型 …… 151
  (三) 非定常流动与定常流动模型 …… 153
  (四) 有旋流动与无旋流动模型 …… 154
  (五) 重力流体与非重力流体模型 …… 155
  (六) 一维、二维与三维流动模型 …… 155
  (七) 绝热流动与等熵流动模型 …… 155
小结 …… 157
*实验中的发现 …… 157
  (三) 连续性原理 …… 157
  (四) 能量守恒原理 …… 158
习题 …… 160

第四章 流体的积分关系式及其应用 …… 164
4.1 无粘性流体运动方程的进一步简化 …… 164
4.2 伯努利积分及其应用 …… 165
4.3 拉格朗日积分及其应用 …… 173
4.4 连续性方程及其应用 …… 179
4.5 动量定理及其应用 …… 182
4.6 动量矩定理及其应用 …… 188
4.7 能量方程及其应用 …… 192
4.8 各积分关系式的综合应用 …… 196
小结 …… 205
*实验中的发现 …… 206

（五）托里拆里原理 ································· 206
　　　（六）伯努利定理 ··································· 207
　　　（七）空化现象 ····································· 209
　习题 ··· 210

第五章　流体的涡旋运动 ································· 218
　5.1　涡旋运动的基本概念和涡量输运方程 ················· 218
　　　（一）涡旋运动的一些基本概念和运动学特性 ········· 219
　　　（二）粘性流体涡量输运方程 ······················· 223
　　　（三）粘性流体运动中速度环量的变化 ··············· 224
　5.2　无粘性流体的涡量输运方程及涡旋运动性质 ··········· 225
　　　（一）开尔文定理 ································· 226
　　　（二）拉格朗日涡保持性定理 ······················· 226
　　　（三）亥姆霍兹涡面及涡管保持性定理 ··············· 227
　　　（四）亥姆霍兹涡管强度保持性定理 ················· 228
　5.3　涡旋在无粘性不可压缩流体中所引起的速度场 ········· 230
　　　（一）涡旋场感生的速度场 ························· 230
　　　（二）涡线感生的速度场　比奥－萨瓦尔公式 ········· 231
　　　（三）直涡线感生的速度场 ························· 233
　5.4　涡旋运动的产生，扩散及衰减 ······················· 246
　　　（一）无粘性非正压流体的情况 ····················· 246
　　　（二）无粘性与体力无势流体的情况 ················· 248
　　　（三）粘性流体的情况 ····························· 250
　小结 ··· 258
　* 实验中的发现 ······································· 259
　　　（八）二次流 ····································· 259
　习题 ··· 261

第六章　无粘性不可压缩流体的无旋运动 ··················· 265
　6.1　无粘性不可压缩流体无旋运动的基本方程组 ··········· 265
　　　（一）无粘性不可压缩流体无旋运动的速度势函数及基本方程组 ··· 266
　　　* （二）速度势函数和无旋运动的某些性质 ··········· 269
　6.2　平面运动和空间轴对称运动的流函数 ················· 271
　　　（一）不可压缩流体平面运动的流函数 ··············· 272
　　　（二）不可压缩流体空间轴对称运动的流函数 ········· 280
　6.3　平面定常无旋运动的复势 ··························· 281
　　　（一）复势 ······································· 282
　　　（二）平面基本流动的复势 ························· 283
　6.4　定常绕流中柱体受力的复势表示 ····················· 290
　　　（一）布拉修斯定理 ······························· 290

（二）儒可夫斯基升力定理 ………………………………… 292
6.5　奇点分布法解平面势流问题 ……………………………… 294
　　（一）无环量圆柱定常绕流 ………………………………… 295
　　（二）有环量圆柱定常绕流 ………………………………… 299
6.6　镜像法解平面势流问题 …………………………………… 303
　　（一）圆定理 ………………………………………………… 304
　　（二）平面定理 ……………………………………………… 305
6.7　共形映射法解平面势流问题 ……………………………… 307
　　（一）基本思想 ……………………………………………… 307
　　（二）儒可夫斯基假定及环量的确定 ……………………… 310
　　（三）儒可夫斯基变换及其应用 …………………………… 312
＊（四）施瓦茨－克里斯托弗尔变换及其应用 ………………… 317
6.8　无粘性不可压缩流体的空间轴对称流动 ………………… 322
　　（一）基本流动 ……………………………………………… 322
　　（二）定常无旋绕流问题 …………………………………… 325
　　（三）非定常圆球绕流问题　附加质量 …………………… 331
　小结 …………………………………………………………… 337
＊实验中的发现 ………………………………………………… 338
　　（九）达西定律 ……………………………………………… 338
　　（十）附加质量 ……………………………………………… 339
　习题 …………………………………………………………… 340

第七章　液体表面波

处于平衡状态的流体,当它的某部分受到某种扰动时,平衡便遭到破坏,在重力或其它恢复力的作用下,使扰动在流体中传播,形成一种波动现象.

例如,扰动静止水面使之产生一坑洼(图7.1),由于坑洼处 A 点的压强与同一高度近傍流体 B、C 点的静压强有差异(坑洼处压强较小),产生压强梯度,使 B、C 处的水向坑洼 A 处运动,这一方面使 A 处水得到补充,坑洼缩小,同时由于惯性作用 A 处水面恢复到平衡位置后仍继续向上运动;另一方面,B、C 处的水流走后,将造成该处水的空缺,又由 B、C 处水面下降来填补. 这样,原先 A 处的坑洼变为 A 处水面的升高和近傍 B、C 处水面的下降. 这一过程的产生和继续发展,形成了扰动在水面的传播,即水波. 显然,在这里,重力起到了恢复力的作用,这种水波称重力波.

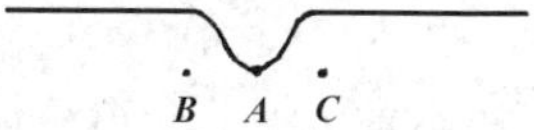

图7.1　扰动的传播

波动现象极为多见,风吹过水面形成风浪,船行进于水面产生船波,海水的潮汐涨落是潮波,海底地震引起的海浪称为海啸,等等. 此外,空气和水中的声波,水面的涟漪也都是一些流体波动现象.

水波与人们关系非常密切. 因风暴及地震产生的巨浪是造成灾害的重要来源. 1883年印度尼西亚巽他海峡喀拉喀托火山爆发,引起海啸,波高达 35 m,死亡 36 140 人. 此海啸诱发的波及到毛利求斯岛、开普敦、夏威夷、旧金山等地. 1960 年智利发生 8.4 级地震,智利沿岸最大波高 20~25 m,死 909 人. 此海啸经太平洋传至日本,波高仍达 5~6 m,并造成 120 人死亡. 1970 年 11 月孟加拉湾沿岸地区一次飓风暴潮,最大增水超过 6 m,导致 20 余万人死亡和 100 万人无家可归.

此外,海浪的破坏力大得惊人. 据记载,巨浪曾把 1 370 吨重的混凝土块推动了十多米;万吨级油轮被推上岸.

根据作用于流体上的恢复力为弹性力、重力、表面张力或科氏力,将流体中的波分为声波、重力波、毛细波(表面张力波)、惯性波及罗斯比波.

海洋中有各类波动,表 7.1 是海洋中的各类波动特征.

液体表面波包括重力波及毛细波,它们在自然界最为常见,同时又最多变化、内容最为丰富. 本章主要介绍这种波动.

表 7.1 海洋中的各种波动

波动类型	物理机制	典型周期	存在区域
声波	可压缩性	$10^{-2} \sim 10^{-3}$ s	海洋内部
毛细波	表面张力	$<10^{-1}$ s	气水交界面
风浪涌浪	重力	$1 \sim 25$ s	同上
地震津波	重力	10 min ~ 2 h	同上
内波	重力和密度分层	2 min ~ 10 h	密度跃层
风暴潮	重力和地球自转	$1 \sim 10$ h	海岸线水域
潮波	同上	$12 \sim 24$ h	整个大洋层
行星波	重力、地球自转纬度或海洋深度变化	100 天	同上

本章 7.1 节介绍液体波动基本方程组、初始条件及边界条件, 7.2 节介绍量级估计及线性近似, 使方程组简化. 7.3 以后各节分别介绍各种线性波动和它们的特征, 其中包括表面小振幅的深水波、浅水波、界面波, 长波, 这些是学习其它波动理论的基础. 7.10、7.11 节简要介绍两种非线性波: 斯托克斯波及孤立波. 7.12 节介绍表面波动理论在工程问题中的一个应用.

7.1 基本方程组、边界条件及初始条件

在讨论液体波动时, 根据液体的物理性质、波动特征及它所处的环境, 对所考虑的问题, 作适当的简化, 以期获得较好的近似, 现作如下几点假定:

(1) 液体被认为是无粘性的. 计算表明, 考虑粘性后波动振幅将乘以因子 $\exp(-2\nu k^2 t)$, 其中 ν 为分子运动粘性系数, k 为波数, t 为时间. 依该式, 设取 $\nu = 10^{-2}$ cm^2/s, 波长 $\lambda = 2\pi/k = 1.8$ cm 的毛细波振幅衰减 $1/e$ 只需 4s, 而 $\lambda = 1$m 的重力波需 3.5h. 这表明粘性对重力波的影响可以忽略.

(2) 液体是不可压缩的, 密度 ρ 被认为是常数.

(3) 质量力只有重力.

(4) 液体运动是无旋的. 根据亥姆霍兹定理, 无粘性不可压缩流体在重力(有势力)作用下, 从静止开始的任何运动, 都将是无旋运动.

这样, 本章研究的只是无粘性不可压缩液体在重力作用下的无旋运动.

(一) 基本方程

设波动在某一具有自由表面的液体区域中产生, 取无波动时的静止液面为坐标系的 Oxy 平面, z 轴向上, 自由面升高为 $z = \zeta$, 液体深度为 $-d(x,y)$.

7.1 基本方程组、边界条件及初始条件

由于液体是不可压缩的,连续性方程为
$$\mathrm{div}\, v = 0.$$
同时,无旋流动存在速度势 φ,且 $v = \nabla \varphi$,将此代入上式后,连续性方程变为拉普拉斯方程

$$\nabla^2 \varphi = 0. \qquad (7.1.1)$$

再由假定(1)~(4),流动满足拉格朗日积分

$$\frac{\partial \varphi}{\partial t} + \frac{v^2}{2} + \frac{p}{\rho} + gz = f(t). \qquad (7.1.2)$$

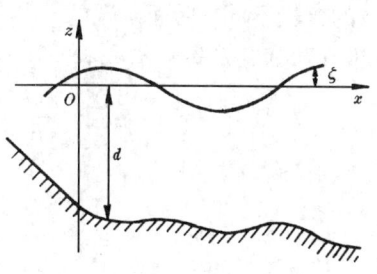

图 7.2 波动坐标系

这样,如果从式(7.1.1)解出速度势 φ,并由 φ 得速度 v,将它们代入式(7.1.2),即可确定压强 p,问题便得到解决.

不失一般性,(7.1.2)式中的积分常数 $f(t)$ 可取为零. 事实上,作变换

$$\varphi_1 = \varphi - \int_0^t f(t)\,\mathrm{d}t$$

即可将 f 纳入 φ_1 中,φ_1 仍满足拉普拉斯方程,而(7.1.2)式之 f 已纳入左端第一项中,因此可将(7.1.1)及(7.1.2)式写为

$$\nabla^2 \varphi_1 = 0, \qquad (7.1.3)$$

$$\frac{\partial \varphi_1}{\partial t} + \frac{v^2}{2} + \frac{p}{\rho} + gz = 0. \qquad (7.1.4)$$

后面研究液体表面波动时,将主要从(7.1.3)和(7.1.4)出发(以后应用时 φ_1 将写为 φ). 数学上对拉普拉斯方程求解比较简单,从而可以避开了求解原始的运动方程和连续性方程.

(二) 边界条件

波动液体的边界,一般包括随时间而变化的自由表面和固定不动的底部(有时还有侧向边界). 对于固定不动的底部,由拉普拉斯方程求解速度势只需一个运动学边界条件. 但在自由表面上,其边界条件却不只是提一个运动学边界条件. 因为在问题未求解之前,自由表面的位置未定,因此还须提一个条件,以同时确定自由面位置及速度势 φ. 这个边界条件就是动力学边界条件. 下面分别给出底部的运动学边界条件和自由表面的运动学和动力学边界条件.

1. 底部的运动学边界条件

在固定不动的底部边界上,液体质点可沿边界面运动(无粘性假设). 设边界面为 $F(x,y,z) = 0$,则由第 3.9 节 $\mathrm{D}F/\mathrm{D}t = 0$,边界条件为

$$u\frac{\partial F}{\partial x} + v\frac{\partial F}{\partial y} + w\frac{\partial F}{\partial z} = 0. \qquad (7.1.5)$$

(请注意,这里的 v 是分量,一般与 u 和 w 一起出现;(7.1.4)中也有 v,但与分

量 v 的含义不同. 后面出现的 v 也有类似情况.)现底部由 $z = -d(x,y)$ 给出,即底部边界面为 $F = z + d(x,y) = 0$. 将此代入式(7.1.5),在 $z = -d(x,y)$ 上得

$$u\bigg|_{z=-d} \frac{\partial d}{\partial x} + v\bigg|_{z=-d} \frac{\partial d}{\partial y} + w\bigg|_{z=-d} = 0$$

或

$$\frac{\partial \varphi}{\partial z}\bigg|_{z=-d} = w\bigg|_{z=-d} = -\frac{\partial \varphi}{\partial x}\bigg|_{z=-d} \frac{\partial d}{\partial x} - \frac{\partial \varphi}{\partial y}\bigg|_{z=-d} \frac{\partial d}{\partial y}. \quad (7.1.6)$$

这是液体底部的运动学边界条件.

显然,在底为等深即 $d(x,y) =$ 常数的情况下,有

$$\frac{\partial \varphi}{\partial z}\bigg|_{z=-d} = 0. \quad (7.1.7)$$

2. 自由面上的运动学边界条件

设自由面为 $z = \zeta(x,y,t)$,则 $F(x,y,z,t) = z - \zeta$,由第 3.9 节运动学边界条件 $DF/Dt = 0$,有

$$\frac{\partial F}{\partial t} + u\frac{\partial F}{\partial x} + v\frac{\partial F}{\partial y} + w\frac{\partial F}{\partial z}$$

$$= -\frac{\partial \zeta}{\partial t} - u\bigg|_{z=\zeta} \frac{\partial \zeta}{\partial x} - v\bigg|_{z=\zeta} \frac{\partial \zeta}{\partial y} + w\bigg|_{z=\zeta} = 0$$

或

$$\frac{\partial \varphi}{\partial z}\bigg|_{z=\zeta} = w\bigg|_{z=\zeta} = \frac{\partial \zeta}{\partial t} + u\bigg|_{z=\zeta} \frac{\partial \zeta}{\partial x} + v\bigg|_{z=\zeta} \frac{\partial \zeta}{\partial y}. \quad (7.1.8)$$

这是自由面上的运动学边界条件.

3. 自由面上的动力学边界条件

动力学边界条件是指边界上压强的条件. 如不考虑表面张力,则自由表面两侧的压强必须相等. 设作用于自由面上的外界大气压为 $p_a(x,y,t)$,液体的压强为 p,则

$$p\big|_{z=\zeta} = p_a, \quad (7.1.9)$$

将之代入式(7.1.4),应有

$$\frac{\partial \varphi}{\partial t}\bigg|_{z=\zeta} + \frac{v^2}{2}\bigg|_{z=\zeta} + \frac{p_a}{\rho} + g\zeta = 0. \quad (7.1.10)$$

这是无表面张力时的自由表面的动力学边界条件.

如果考虑表面张力,则自由面两侧压强不相等,差一个附加压强(式(1.1.17)),即有

$$p = p_a + \sigma\left(\frac{1}{R_1} + \frac{1}{R_2}\right), \quad (7.1.11)$$

其中 σ 为表面张力系数. 现设波动为一维，$R_2 = \infty$，$\dfrac{1}{R_1} = -\zeta''/(1+\zeta'^2)^{3/2}$. 由于以后要讨论的是 $\zeta' = \dfrac{\partial \zeta}{\partial x}$ 为小量的情况，故(7.1.11)式取形式

$$p = p_a - \sigma \frac{\partial^2 \zeta}{\partial x^2}. \tag{7.1.12}$$

将此式代入(7.1.4)式，得

$$\left.\frac{\partial \varphi}{\partial t}\right|_{z=\zeta} + \left.\frac{v^2}{2}\right|_{z=\zeta} + \frac{p_a}{\rho} - \frac{\sigma}{\rho}\frac{\partial^2 \zeta}{\partial x^2} + g\zeta = 0. \tag{7.1.13}$$

这是有表面张力时的自由表面的动力学边界条件.

（三）初始条件

液体表面波动是由初始扰动引起的，例如，开始时在静止水面上插入一块木块，然后将木块突然抽出. 或者开始时将一木棒拍打水面，这两种情形都将使水面产生波动. 这两种情形都是一种初始扰动引起的. 对前一种，是初始有一液面位移

$$\zeta(x, y, t)\big|_{t=0} = f_1(x, y).$$

将此式代入式(7.1.10)，且注意到初始时刻有 $v = 0$，就有

$$\left.\frac{\partial \varphi}{\partial t}\right|_{\substack{z=\zeta \\ t=0}} + \left.\frac{p_a}{\rho}\right|_{t=0} = -g\zeta\big|_{t=0}$$

$$= -g f_1(x, y) = f(x, y). \tag{7.1.14}$$

这是自由面有初始位移时的初始条件.

对后一种，是初始时刻液面突然受到一个压强冲量，于是液体将受作用而产生初速度. 设冲量的作用在 $[0, \tau]$ 时间内发生，这样，由欧拉方程

$$\frac{\partial \boldsymbol{v}}{\partial t} + (\boldsymbol{v} \cdot \nabla) \boldsymbol{v} = \boldsymbol{F}_b - \frac{1}{\rho}\nabla p.$$

对 t 积分，τ 时刻的液体速度可由下式给出：

$$\boldsymbol{v} = \int_0^\tau \boldsymbol{F}_b \mathrm{d}t - \frac{1}{\rho}\nabla \int_0^\tau p \mathrm{d}t - \int_0^\tau (\boldsymbol{v} \cdot \nabla) \boldsymbol{v} \mathrm{d}t$$

其中 $\int_0^\tau p \mathrm{d}t = \pi$（为一函数，不要与圆周率混淆）称压强冲量，为一有限量；而当 $\boldsymbol{F}$ 及 $(\boldsymbol{v} \cdot \nabla)\boldsymbol{v}$ 为一有限量时，积分后就为一小量（τ 为小量），故可略去，于是

$$\boldsymbol{v} = \nabla\left(-\frac{1}{\rho}\int_0^\tau p \mathrm{d}t\right) = \nabla\left(-\frac{\pi}{\rho}\right). \tag{7.1.15}$$

这表明，自由面上的液体质点在受到冲量后将得到一个初始速度，该速度有势，即运动是无旋的，其速度势

$$\varphi\bigg|_{\substack{t=0 \\ z=\zeta}} = -\frac{\pi(x, y, \zeta)}{\rho} = g(x, y, \zeta). \tag{7.1.16}$$

这是自由面有初始速度时的初始条件.

当然,对初始位移和初始速度同时存在的情况,只要同时列出(7.1.14)和(7.1.16)两个条件就可以了.

归纳基本方程(7.1.3)、(7.1.4)、边界条件(7.1.6)、(7.1.8)、(7.1.10)和初始条件(7.1.14)、(7.1.16),得到无表面张力时重力波问题的数学提法为

$$\begin{cases} \nabla^2 \varphi = 0: \quad [-d(x,y) \leqslant z \leqslant \zeta(x,y,t)], \\ z = -d: \quad \dfrac{\partial \varphi}{\partial z}\bigg|_{z=-d} = -\dfrac{\partial d}{\partial x}\dfrac{\partial \varphi}{\partial x}\bigg|_{z=-d} - \dfrac{\partial d}{\partial y}\dfrac{\partial \varphi}{\partial y}\bigg|_{z=-d}, \\ z = \zeta: \quad \dfrac{\partial \varphi}{\partial z}\bigg|_{z=\zeta} = \dfrac{\partial \zeta}{\partial t} + \dfrac{\partial \zeta}{\partial x}\dfrac{\partial \varphi}{\partial x}\bigg|_{z=\zeta} + \dfrac{\partial \zeta}{\partial y}\dfrac{\partial \varphi}{\partial y}\bigg|_{z=\zeta}, \\ \qquad\qquad \dfrac{\partial \varphi}{\partial t}\bigg|_{z=\zeta} + \dfrac{v^2}{2}\bigg|_{z=\zeta} + \dfrac{p_a}{\rho} + g\zeta = 0, \\ t = 0: \quad \dfrac{\partial \varphi}{\partial t}\bigg|_{\substack{t=0\\z=\zeta}} = f(x,y), \\ \qquad\qquad \varphi\bigg|_{\substack{t=0\\z=\zeta}} = g(x,y,\zeta), \\ \dfrac{\partial \varphi}{\partial t} + \dfrac{v^2}{2} + \dfrac{p}{\rho} + gz = 0: \quad [-d(x,y) \leqslant z \leqslant \zeta(x,y,t)]. \end{cases} \quad (7.1.17)$$

7.2 量级估计与线性近似

要严格求解上节所提出的带有边界条件和初始条件的问题(7.1.17)是困难的. 即使把问题进一步简化为二维、平底(等深度)、无表面张力等,还有两个难以克服的困难,一是自由面上的边界条件(7.1.8)、(7.1.10)是非线性的;二是自由面边界本身是待求的,即求解域本身就是未知的,因此必须根据波动的特征作进一步的简化.

一种简化是当波动的振幅相对于波长为小量,由此可使自由面边界条件线性化,获得小振幅波解;另一种简化是当液体深度相对于波长为小量,由此可使问题变为可解的非线性情形或线性情形,获得浅水长波解. 本书主要介绍与小振幅波有关的问题,后一问题也将在 7.11 中提到.

以下用量级估计的方法分析问题(7.1.17)中各项的量级,使问题线性化.

设波幅 A 为自由面升高 ζ 的特征量,波长 λ 为波动水平方向的长度特征量,液体深度 D 为垂向长度特征量,波动周期 T 为时间的特征量,这样,速度

u、v、w 的特征量为 A/T,速度势 φ 的特征量为 $A\lambda/T$,再设压强的特征量为 P. 于是,可将各物理量写为特征量与无量纲量的乘积:

$$\begin{aligned}
\zeta &= A\zeta', \\
x,y,z &= \lambda(x',y',z'), \\
t &= Tt', \\
u,v,w &= \frac{A}{T}(u',v',w'), \\
\varphi &= \frac{A\lambda}{T}\varphi', \\
p &= Pp', \\
d &= Dd'.
\end{aligned} \tag{7.2.1}$$

其中带上标 "′" 的量为无量纲量. 将上述各量代入问题(7.1.17)的第一、三、四、七各式后得

$$\begin{cases}
\dfrac{A}{T\lambda}\nabla^2\varphi' = 0, & -Dd' \leqslant \lambda z' \leqslant A\zeta', \\[2mm]
\dfrac{A}{T}w' = \dfrac{A}{T}\dfrac{\partial \zeta'}{\partial t'} + \dfrac{A^2}{T\lambda}\left(u'\dfrac{\partial \zeta'}{\partial x'} + v'\dfrac{\partial \zeta'}{\partial y'}\right), & \lambda z' = A\zeta', \\[2mm]
\dfrac{A\lambda}{T^2}\dfrac{\partial \varphi'}{\partial t'} + \dfrac{A^2}{T^2}\dfrac{v'^2}{2} + \dfrac{Pp'_a}{\rho} + Ag\zeta' = 0, & \lambda z' = A\zeta', \\[2mm]
\dfrac{A\lambda}{T^2}\dfrac{\partial \varphi'}{\partial t'} + \dfrac{A^2}{T^2}\dfrac{v'^2}{2} + \dfrac{Pp'}{\rho} + \lambda g z' = 0, & -Dd' \leqslant \lambda z' \leqslant A\zeta'.
\end{cases}$$

或

$$\begin{cases}
\nabla^2\varphi' = 0, & -\dfrac{D}{\lambda}d' \leqslant z' \leqslant \dfrac{A}{\lambda}\zeta', \\[2mm]
w' = \dfrac{\partial \zeta'}{\partial t'} + \dfrac{A}{\lambda}\left(u'\dfrac{\partial \zeta'}{\partial x'} + v'\dfrac{\partial \zeta'}{\partial y'}\right), & z' = \dfrac{A}{\lambda}\zeta', \\[2mm]
\dfrac{\partial \varphi'}{\partial t'} + \dfrac{A}{\lambda}\dfrac{v'^2}{2} + \dfrac{PT^2}{A\lambda\rho}p'_a + \dfrac{gT^2}{\lambda}\zeta' = 0, & z' = \dfrac{A}{\lambda}\zeta', \\[2mm]
\dfrac{\partial \varphi'}{\partial t'} + \dfrac{A}{\lambda}\dfrac{v'^2}{2} + \dfrac{PT^2}{A\lambda\rho}p' + \dfrac{T^2}{\lambda}gz' = 0, & -\dfrac{D}{\lambda}d' \leqslant z' \leqslant \dfrac{A}{\lambda}\zeta'.
\end{cases} \tag{7.2.2}$$

若在上式中取小振幅假设

$$\frac{A}{\lambda} \ll 1. \tag{7.2.3}$$

即当波动的振幅 A 比波长 λ 小得多时,略去此小量,(7.2.2)各方程变为

$$\begin{cases} \nabla^2 \varphi' = 0, & -\dfrac{D}{\lambda}d' \leqslant z' \leqslant 0, \\[2mm] w' = \dfrac{\partial \zeta'}{\partial t'}, z' = 0, \\[2mm] \dfrac{\partial \varphi'}{\partial t'} + \dfrac{PT^2}{A\lambda}p'_a + \dfrac{gT^2}{\lambda}\zeta' = 0, z' = 0, \\[2mm] \dfrac{\partial \varphi'}{\partial t'} + \dfrac{PT^2}{A\lambda}p' + \dfrac{gT^2}{A}z' = 0, -\dfrac{D}{\lambda}d' \leqslant z' \leqslant 0. \end{cases}$$

回到有量纲量,问题(7.1.17)线性化为

$$\begin{cases} \nabla^2 \varphi = 0, & -d \leqslant z \leqslant 0, \\[2mm] z = -d: & \dfrac{\partial \varphi}{\partial z} = -\dfrac{\partial d}{\partial x}\dfrac{\partial \varphi}{\partial x} - \dfrac{\partial d}{\partial y}\dfrac{\partial \varphi}{\partial y}, \\[2mm] z = 0: & \dfrac{\partial \varphi}{\partial z} = \dfrac{\partial \zeta}{\partial t}, \\[2mm] & \dfrac{\partial \varphi}{\partial t} + \dfrac{p_a}{\rho} + g\zeta = 0, \\[2mm] t = 0: & \left.\dfrac{\partial \varphi}{\partial t}\right|_{z=0} = f(x,y), \\[2mm] & \varphi|_{z=0} = g(x,y), \\[2mm] & \dfrac{\partial \varphi}{\partial t} + \dfrac{p}{\rho} + gz = 0, -d \leqslant z \leqslant 0. \end{cases} \quad (7.2.4)$$

比较(7.2.4)与(7.1.17)两个问题,可以看出,自由面上边界条件中的非线性项 $v^2/2$ 已被略去;此外,(7.1.17)第一、第三、第四、第五、第六、第七各式中的 $z = \zeta$,已被(7.2.4)中 $z = 0$ 所替代.这样,前面所提的解问题(7.1.17)中的两个困难均已不复存在.小振幅波假设(7.2.3)在这里起到了关键性的作用,因此通常就称这种表面波为小振幅波.

下面几节将讨论在小振幅波假设下的这种液体表面波.

7.3 平面小振幅简谐进行波

本节将利用问题(7.2.4)求出一个最简单的波动周期解,从而得出波动的一系列特征,可用它们来说明自然界所发生的水面波动现象.这一结果也将是研究更复杂的波动的一个基础.

设波动是一维的,即波动发生在 Oxz 平面上,与 y 坐标无关.液体是无限深的,且侧向无界.这里将研究一种简单波动——简谐波,不考虑初始条件,且

大气压强 $p_a = p_0$ 为常数.

由所设,将(7.2.4)各方程中的 φ 作以下变换,取

$$\varphi + \frac{p_0}{\rho}t = \varphi',$$

则(7.2.4)各方程变为

$$\begin{cases} \nabla^2 \varphi' = 0, & (7.3.1) \\ z = 0: \quad \dfrac{\partial \varphi'}{\partial z} = \dfrac{\partial \zeta}{\partial t}, & (7.3.2) \\ \quad\quad\quad \dfrac{\partial \varphi'}{\partial t} + g\zeta = 0, & (7.3.3) \\ z = -\infty: \quad \dfrac{\partial \varphi'}{\partial z} = 0, & (7.3.4) \\ \dfrac{\partial \varphi'}{\partial t} + \dfrac{p - p_0}{\rho} + gz = 0. & (7.3.5) \end{cases}$$

自由面边界条件(7.3.2)与(7.3.3)式可以合并,从而将它写为

$$z = 0: \frac{\partial \varphi'}{\partial z} = -\frac{1}{g}\frac{\partial^2 \varphi'}{\partial t^2}. \quad (7.3.6)$$

为了简便,上面(7.3.1)~(7.3.6)式中的 φ' 仍用 φ 表示.

方程(7.3.1)~(7.3.5)可用变量分离法求解,由于我们所关心的解是沿 x 方向传播的波,故取解的形式为

$$\varphi = Z(z) \cdot X(x - ct). \quad (7.3.7)$$

将此代入式(7.3.1),得分离表达式

$$\frac{X''}{X} = -\frac{Z''}{Z} = -k^2,$$

于是有方程

$$Z'' - k^2 Z = 0 \quad (7.3.8)$$

与

$$X'' + k^2 X = 0, \quad (7.3.9)$$

它们的解分别为

$$Z(z) = A_1 e^{kz} + A_2 e^{-kz}, \quad (7.3.10)$$

$$\begin{aligned} X(x - ct) &= B_1 \cos k(x - ct) + B_2 \sin k(x - ct) \\ &= B \sin k[(x - ct) + \beta], \end{aligned} \quad (7.3.11)$$

其中

$$B^2 = B_1^2 + B_2^2, \quad k\beta = \arctan\left(\frac{B_1}{B_2}\right).$$

将边界条件(7.3.4)代入(7.3.10)式,得 $A_2 = 0$. 于是得到(7.3.7)形式的解为

$$\varphi = A_1 Be^{kz}\sin k(x - ct + \beta). \tag{7.3.12}$$

解(7.3.12)应满足自由面条件(7.3.6),将它代入后得

$$c^2 = \frac{g}{k}. \tag{7.3.13}$$

现分析式(7.3.12)式所描述的波,有怎样的运动特征. 为简单起见,不妨设 $\beta = 0$,且取 $A_1 B = A$,则(7.3.12)式简写为

$$\varphi = Ae^{kz}\sin k(x - ct). \tag{7.3.14}$$

(1) 自由面形状

将式(7.3.14)代入(7.3.3)式得

$$\zeta = -\frac{1}{g}\frac{\partial \varphi}{\partial t}\bigg|_{z=0} = A\frac{kc}{g}\cos k(x - ct)$$

$$= A_0 \cos k(x - ct). \tag{7.3.15}$$

上式表明,自由面形状为一余弦曲线,振幅为 A_0($A_0 = Akc/g$,以后7.10节将会看到,A_0 或 A 将由初始条件决定). ζ 随 x 及 t 均作周期性变化. 固定时间 t(图7.3),使位相 $\theta = k(x - ct)$ 变化 2π 后的 ζ 的值将相同,此相应一个波的距离称波长 λ,即

$$\theta_2 - \theta_1 = k(x_2 - ct) - k(x_1 - ct)$$

$$= k(x_2 - x_1)$$

$$= 2\pi,$$

$$\lambda = x_2 - x_1 = \frac{2\pi}{k}. \tag{7.3.16}$$

由此,k 表示 2π 个单位长度内所包含波的个数,称波数. 曲线上最高处称波峰,最低处称波谷.

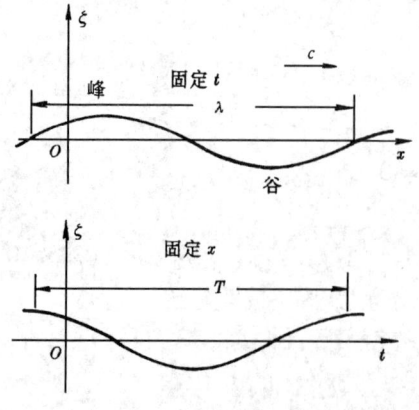

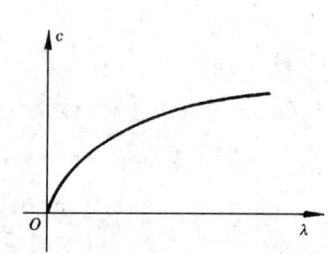

图7.3 自由波形及波长和周期　　图7.4 波速与波长的关系

同样,固定 x(图7.3),使位相 $\theta = k(x - ct)$ 变化 2π 后的 ζ 的值将相同,其

相应的时间间隔,称周期 T,即
$$\begin{aligned}\theta_2 - \theta_1 &= k(x - ct_2) - k(x - ct_1) \\ &= kc(t_1 - t_2) \\ &= 2\pi,\end{aligned}$$
$$T = t_1 - t_2 = \frac{2\pi}{kc} = \frac{2\pi}{\omega}. \tag{7.3.17}$$

这里 $\omega = kc$ 表示 2π 个单位时间内波面振动的次数,称圆频率(顺便指出,$f = \frac{\omega}{2\pi}$ 表示单位时间内振动的次数,称频率).

另外,若视某一 ζ 值不变,则此 ζ 将沿 x 轴移动,其移动速度由 $x - ct =$ 常数而得到,由此有
$$\frac{dx}{dt} = c.$$

这表明,整个波面(任 ζ)将以速度 c 向右推进,故称 c 为波速,与此相应的波称为进行波.由(7.3.13)式可以看出,波速 c 随 k 而变(图7.4),小 k(大 λ)的波,c 较大,即大(长)波传播较快,而小(短)波则传播较慢. 这种波的传播速度与波长有关的现象称为波的频散或色散. 这是波动的一个重要现象. 以后将会看到,一些波动是频散的,另一些波动则是无频散的.

(2) 质点速度

从(7.3.14)式,质点速度
$$\begin{cases} u = \dfrac{\partial \varphi}{\partial x} = \dfrac{A_0 g}{c} e^{kz} \cos k(x - ct) \\ \quad = A_0 \omega e^{kz} \cos(kx - \omega t), \\ w = \dfrac{\partial \varphi}{\partial z} = \dfrac{A_0 g}{c} e^{kz} \sin k(x - ct) \\ \quad = A_0 \omega e^{kz} \sin(kx - \omega t), \end{cases} \tag{7.3.18}$$

并有
$$v = \sqrt{u^2 + w^2} = A_0 \omega e^{kz}.$$

(注意,上式中的 v 不是 y 方向的速度分量.)由此看出,质点速度的大小与 x 无关,只随 z 而变,即质点离液面愈深,速度愈小,在液面 $z = 0$ 处,速度最大:$v = A_0 \omega$,无限深处则为零. 由(7.3.18)式还可看出,质点速度分量是周期性变化的.

(3) 质点的迹线

求质点运动的迹线,可将速度(7.3.18)式代入迹线方程积分得到. 考虑到质点运动的幅度为小量(其最大值为 A_0),故速度表示式中可以 x_0、z_0 分别代

替 x、z，积分不致产生很大误差，从而有

$$\begin{cases} x - x_0 = -A_0 \mathrm{e}^{kz_0} \sin k(x_0 - ct), \\ z - z_0 = A_0 \mathrm{e}^{kz_0} \cos k(x_0 - ct). \end{cases} \quad (7.3.19)$$

消去上式中的 t，得

$$(x - x_0)^2 + (z - z_0)^2 = (A_0 \mathrm{e}^{kz_0})^2. \quad (7.3.20)$$

由此看出，质点的迹线是一个圆．其圆心在 (x_0, z_0)，半径为 $A_0 \mathrm{e}^{kz_0}$，该半径随质点所在深度增加而减小．在深度等于一个波长的地方，圆半径约为表面处半径 A_0 的 $\mathrm{e}^{-2\pi} \approx 1/535$，由此可以认为波动主要限制在表面一层的液体内，"表面波"一词即由此而来．

这样，已可看到，进行波中的每一液体质点，都以 x_0, z_0 为心，以半径为 $A_0^{kz_0}$ 作圆周运动，其圆周速度为 $A_0 \omega \mathrm{e}^{kz_0}$，$\omega$ 为其角速度．

令 $\theta = kx_0 - \omega t$，则

$$\begin{cases} x - x_0 = -A_0 \mathrm{e}^{kz_0} \sin \theta = A_0 \mathrm{e}^{kz_0} \cos\left(\dfrac{\pi}{2} + \theta\right), \\ z - z_0 = A_0 \mathrm{e}^{kz_0} \cos \theta = A_0 \mathrm{e}^{kz_0} \sin\left(\dfrac{\pi}{2} + \theta\right). \end{cases}$$

于是 θ 可以认为是质点在圆周上的以圆心为极点、负 z 轴为极轴的极角（图 7.5），通常称为幅角．由幅角 $\theta = k(x_0 - ct) = kx_0 - \omega t$ 知，θ 将随时间 t 减小，这表明质点沿圆周运动是顺时针方向的（此为相应进行波是沿正 x 轴传播的．若进行波沿负 x 轴传播，$\theta = k(x_0 + ct)$，则质点圆周运动为逆时针方向）．这样，在波峰处，质点运动方向与波进行方向相同，在波谷处则相反（图 7.6）．

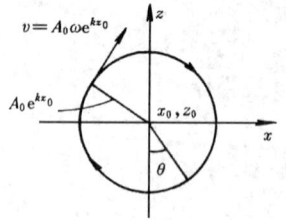

图 7.5　质点迹线速度

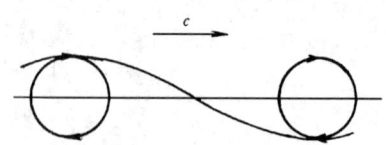

图 7.6　迹线与波形

(4) 流线

将 (7.3.18) 式之速度分量代入流线微分方程，得

$$\frac{\mathrm{d}x}{\cos(kx - \omega t)} = \frac{\mathrm{d}z}{\sin(kx - \omega t)},$$

积分后得

$$e^{kz}\cos(kx - \omega t) = c(t), \tag{7.3.21}$$

其图象如图 7.7 所示.

(5) 压强

将速度势(7.3.12)式代入(7.3.5)式,得

$$p(x,z,t) = -\rho g z - \rho \frac{\partial \varphi}{\partial t} + p_0$$

$$= -\rho g z + \rho g A_0 e^{kz}\cos(kx - \omega t) + p_0. \tag{7.3.22}$$

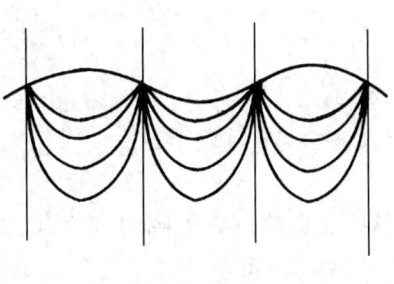

图 7.7　进行波流线

若上式右端第二项中的 x,z 用 x_0、z_0 代替,则由(7.3.19)式得

$$p(x,z,t) = -\rho g z_0 + p_0. \tag{7.3.23}$$

这表明,在静止时(无波动时)处于同一水平位置 z_0 上的液体质点,在波动时压强相同,等于 $z = z_0$ 时的静压强.

至此,平面小振幅波问题(7.3.1)~(7.3.5)的解已经完成,各未知量速度、压强已经求到,还得到了多个波动参数的关系式.

7.4　驻波、波的反射

现在取与(7.3.14)式相类似的速度势

$$\varphi_1 = \frac{g}{\omega}\frac{A_0}{2}e^{kz}\sin(kx - \omega t), \tag{7.4.1}$$

$$\varphi_2 = \frac{g}{\omega}\frac{A_0}{2}e^{kz}\sin(kx + \omega t). \tag{7.4.2}$$

前者与(7.3.14)式相比是振幅小一半,其余都一样. 而后者除振幅小一半以外,其波是向左传播的(这是由于在 $\theta = kx + \omega t$ 时, $dx/dt = -\omega/k = -c$). 显然,这两个速度势完全满足(7.3.1)~(7.3.5)各方程. 现将(7.4.1)与(7.4.2)式相加有

$$\varphi = \varphi_1 + \varphi_2 = \frac{gA_0}{2\omega}e^{kz}[\sin(kx - \omega t) + \sin(kx + \omega t)]$$

$$= \frac{A_0 g}{\omega}e^{kz}\sin kx \cos \omega t. \tag{7.4.3}$$

由于(7.3.1)~(7.3.5)各方程都是线性的,故(7.4.3)式所代表的运动也满足以上各方程. 下面来分析其运动的特征.

(1) 自由面形状

将式(7.4.3)代入(7.3.3)式,得

$$\zeta = -\frac{1}{g}\frac{\partial \varphi}{\partial t}\bigg|_{z=0} = A_0 \sin kx \sin \omega t. \tag{7.4.4}$$

这表明,对某一固定时刻,自由面为一正弦曲线,波面与 x 轴交于

$x = n\pi/k$ 处 $(n = 0, \pm 1, \pm 2, \cdots)$.

这些交点的位置不随时间变化,这些交点称为节点. 两相邻节点间交替地出现最高和最低液面,分别称为波峰与波谷(统称腹点),峰

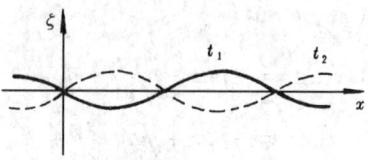

图7.8 驻波

谷将随时间交替出现,若前半周期为峰,则后半周期变为谷. A_0 仍称振幅,$|A_0 \sin \omega t|$ 则称为波幅,波面上 $\zeta = A_0$ 仅在波峰和波谷处达到.

与进行波不同,此波面只作上下振动,不向左右传播,因此,称这种波为驻波.

驻波的波长、波数、周期和圆频率,有与进行波一样的关系:

$$\lambda = \frac{2\pi}{k},$$

$$T = \frac{2\pi}{\omega}.$$

(2) 质点速度

与进行波一样,质点速度

$$\begin{cases} u = \dfrac{\partial \varphi}{\partial x} = A_0 \omega e^{kz} \cos kx \cos \omega t, \\ w = \dfrac{\partial \varphi}{\partial z} = A_0 \omega e^{kz} \sin kx \cos \omega t. \end{cases} \tag{7.4.5}$$

这表明,在节点 $x = n\pi/k$ 处,$w = 0$,而 $u \neq 0$. 即质点仅作水平运动. 在波峰及波谷处,$u = 0$,而 $w \neq 0$,即质点仅作上下(垂直方向)运动. 除节点及峰谷点外,质点同时有水平及垂直方向的运动.

(3) 质点迹线

将(7.4.5)式代入迹线方程并与进行波一样以 (x_0, z_0) 代替 (x,z),得

$$\frac{dx}{dt} = A_0 \omega e^{kz_0} \cos kx_0 \cos \omega t,$$

$$\frac{dz}{dt} = A_0 \omega e^{kz_0} \sin kx_0 \cos \omega t.$$

积分后得迹线

$$\begin{cases} x - x_0 = A_0 e^{kz_0} \cos kx_0 \sin \omega t, \\ z - z_0 = A_0 e^{kz_0} \sin kx_0 \sin \omega t. \end{cases} \tag{7.4.6}$$

消去 t 为

$$z - z_0 = \tan kx_0 (x - x_0). \tag{7.4.7}$$

这表明,质点的迹线是一条直线,直线的倾角是 kx_0,在节点处 $\tan kx_0 = \tan n\pi = 0$,迹线为 $z = z_0$,质点作水平运动,在波峰及波谷处,$\tan kx_0 = \infty$,即质点作垂直方向的运动,这与对速度的分析一致.

同时,由(7.4.6)看到质点运动的振幅 $A_0 e^{kz_0}$ 也随深度而减小(图 7.9)

(4) 流线

流线微分方程为

$$\frac{dx}{\cos kx} = \frac{dz}{\sin kx}.$$

积分后得

$$e^{kz} \cos kx = c. \tag{7.4.8}$$

这就是流线方程. 由于它不含有时间,故流线与迹线重合. 可以证明,式(7.4.7)与式(7.4.8)是一致的.

这样,液体质点作小振幅驻波运动时,每个质点沿迹线在平衡位置附近作微小振动,迹线为直线,其斜率为 $\tan kx_0$,振幅为 $A_0 e^{kz_0}$,也与进行波一样很快随深度衰减.

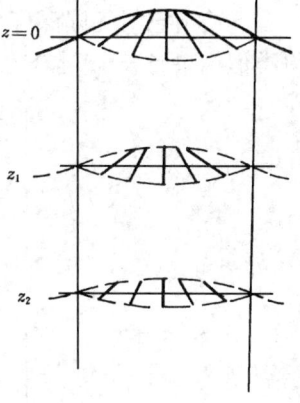

图 7.9 驻波迹线

(5) 压强

将驻波的速度势代入压强公式有

$$p(x,z,t) = -\rho g z - \rho \frac{\partial \varphi}{\partial t} + p_0$$

$$= -\rho g z + \rho g A_0 e^{kz} \sin kx \sin \omega t + p_0. \tag{7.4.9}$$

利用(7.4.6)式,(7.4.9)式变为

$$p = -\rho g z_0 + p_0. \tag{7.4.10}$$

这又与进行波的情况一样.

以上为两列传播方向相反(其余波动量相同)的进行波的迭加,得出驻波. 从其质点的迹线可以看出,在波峰与波谷处,质点只在该处垂直平面上作垂直方向振动. 可以设想,这就如同该处有一直壁,进行波自左向右传来,遇直壁后,波即反射,形成入射波及反射波的叠加,这就是(7.4.3)式.

在自然界及实验室中,进行波遇上直壁后即产生反射波的现象,是经常看到的. 在船舶试验水池中,造波机自水池一端产生水波,此水波便向水池另一端行进,遇上池端直壁即产生反射. 参见附录(A)中的照片7,通常,船池为了防止反射波的产生,必须在池端安上消波装置.

7.5 有限等深度液体中的波动

上两节已对无限深度($d\to\infty$)液体的波动作了讨论,对有限等深度情况,可得类似结果,这时基本方程与边界条件改为

$$\begin{cases}\dfrac{\partial^2\varphi}{\partial x^2}+\dfrac{\partial^2\varphi}{\partial z^2}=0, & (7.5.1)\\[4pt] z=0:\quad \dfrac{\partial\varphi}{\partial z}=-\dfrac{1}{g}\dfrac{\partial^2\varphi}{\partial t^2}, & (7.5.2)\\[4pt] \qquad\quad \zeta=-\dfrac{1}{g}\dfrac{\partial\varphi}{\partial t}, & (7.5.3)\\[4pt] z=-d:\quad \dfrac{\partial\varphi}{\partial z}=0, & (7.5.4)\\[4pt] \dfrac{\partial\varphi}{\partial t}+\dfrac{p-p_0}{\rho}+gz=0. & (7.5.5)\end{cases}$$

与以前不同处在于底部边界条件(7.5.4)式.

(一) 有限等深度液体中的进行波

与前类似,设(7.5.1)~(7.5.5)式的解为

$$\varphi(x,z,t)=Z(z)X(x-ct).$$

将此式代入(7.5.1)式,同求(7.3.8)及(7.3.9)式一样得

$$Z(z)=A_1\operatorname{ch}kz+A_2\operatorname{sh}kz,$$
$$X(x-ct)=B\sin k(x-ct+\beta).$$

并由边界条件(7.5.4)式确定出

$$A_2=A_1\frac{\operatorname{sh}kd}{\operatorname{ch}kd},$$

从而

$$Z(z)=A_1\frac{\operatorname{ch}k(z+d)}{\operatorname{ch}kd}.$$

同无限深度情况一样,不失一般性可设$\beta=0$,于是最后得

$$\varphi=A\frac{\operatorname{ch}k(z+d)}{\operatorname{ch}kd}\sin k(x-ct). \tag{7.5.6}$$

再由自由面条件(7.5.2)式,得到

$$c^2=\frac{g}{k}\operatorname{th}kd. \tag{7.5.7}$$

上式当 $d\to\infty$ 时, $\text{th }kd=1$, $c^2=g/k$, 这与(7.3.13)一致.

将速度势 φ 代入(7.5.3)式得

$$\zeta = A_0\cos k(x-ct), \tag{7.5.8}$$

其中 $A_0=Ahc/g$, 此式表明, 自由面形状及有关特征与无限深度进行波完全一样. 特别指出, (7.3.16)及(7.3.17)仍成立

$$\lambda = 2\pi/k,$$
$$T = 2\pi/\omega = 2\pi/kc, \tag{7.5.9}$$

再将速度势 φ 对 x 与 z 取导数, 得质点速度

$$\begin{cases} u = \dfrac{\partial\varphi}{\partial x} = A_0\omega\dfrac{\text{ch }k(z+d)}{\text{sh }kd}\cos k(x-ct), \\ w = \dfrac{\partial\varphi}{\partial z} = A_0\omega\dfrac{\text{sh }k(z+d)}{\text{sh }kd}\sin k(x-ct). \end{cases} \tag{7.5.10}$$

将此质点速度代入迹线微分方程, 并与无限深度时一样积分后, 得迹线方程

$$\begin{cases} x-x_0 = -A_0\dfrac{\text{ch }k(z_0+d)}{\text{sh }kd}\sin k(x-ct), \\ z-z_0 = A_0\dfrac{\text{sh }k(z_0+d)}{\text{sh }kd}\cos k(x-ct), \end{cases} \tag{7.5.11}$$

或

$$\frac{(x-x_0)^2}{\left[A_0\dfrac{\text{ch }k(z_0+d)}{\text{sh }kd}\right]^2} + \frac{(z-z_0)^2}{\left[A_0\dfrac{\text{sh }k(z_0+d)}{\text{sh }kd}\right]^2} = 1. \tag{7.5.12}$$

类似地得流线方程

$$\text{sh }k(z+d)\cos k(x-ct) = C(t). \tag{7.5.13}$$

最后将 φ 代入(7.5.5)式得压强公式

$$p(x,z,t) = -\rho gz + \rho gA_0\frac{\text{ch }k(z+d)}{\text{ch }kd}\cos k(x-ct) + p_0. \tag{7.5.14}$$

由以上看出, 有限深度时, 多数波动特征受到深度 d 的影响. 特别要指出的是, 质点的迹线为一椭圆, 其长短半轴也随深度增加而减少, 到达底部时退化为一直线(图7.10和附录(A)中的照片7).

(二) 有限等深度液体中的驻波

与无限深情形一样, 将两等深度液体中反向传播的进行波叠加, 可得驻波, 其速度势

$$\varphi = \frac{A_0g}{\omega}\frac{\text{ch }k(z+d)}{\text{ch }kd}\sin kx\cos\omega t. \tag{7.5.15}$$

自由面形状

$$\zeta = A_0 \sin kx \sin \omega t. \qquad (7.5.16)$$

$$\begin{cases} u = A_0 \omega \dfrac{\operatorname{ch} k(z+d)}{\operatorname{sh} kd} \cos kx \cos \omega t, \\ w = A_0 \omega \dfrac{\operatorname{sh} k(z+d)}{\operatorname{sh} kd} \sin kx \cos \omega t, \end{cases} \qquad (7.5.17)$$

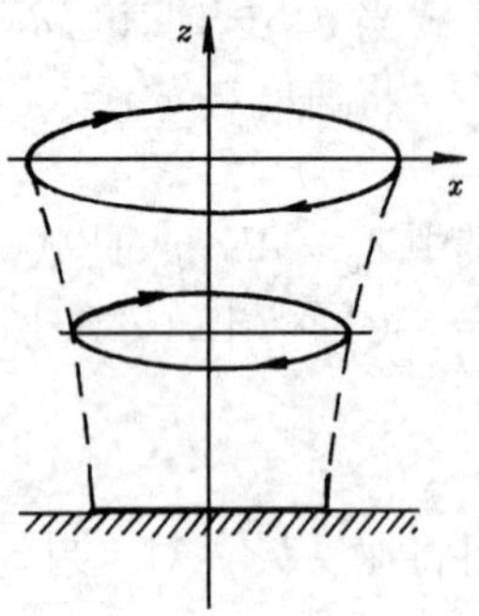

质点迹线

$$\begin{cases} x - x_0 = A_0 \dfrac{\operatorname{ch} k(z_0+d)}{\operatorname{sh} kd} \cos kx_0 \sin \omega t, \\ z - z_0 = A_0 \dfrac{\operatorname{sh} k(z_0+d)}{\operatorname{sh} kd} \sin kx_0 \sin \omega t, \end{cases} \qquad (7.5.18)$$

图 7.10 有限深度时质点迹线

或

$$z - z_0 = (x - x_0) \operatorname{th} k(z_0 + d) \tan kx_0.$$

及压强

$$p = -\rho g z + \rho g A_0 \dfrac{\operatorname{ch} k(z+d)}{\operatorname{ch} kd} \sin kx \sin \omega t + p_0. \qquad (7.5.19)$$

这些公式表明，等深度液体中驻波的各波动特征量与无限深液体中的驻波有大致一样的公式，仅仅是前者受到了深度 d 的影响而已。

（三）浅水情况

从 (7.5.6) 及 (7.5.15) 看到，当 $d \to \infty$ 时，它们分别变为无限深度时的 (7.3.14) 及 (7.4.3) 式。而当 d 很小时，即液体深度很浅时，由于 $\operatorname{sh} kd \approx \operatorname{th} kd$，$\operatorname{ch} kd \approx 1$，则对进行波有如下结果：

速度势

$$\varphi = \dfrac{A_0}{k} \sqrt{\dfrac{g}{d}} \sin k(x - ct), \qquad (7.5.20)$$

自由面形状

$$\zeta = A_0 \cos k(x - ct), \qquad (7.5.21)$$

质点速度

$$\begin{cases} u = A_0 \sqrt{\dfrac{g}{d}} \cos k(x - ct), \\ w = A_0 c k \left(1 + \dfrac{z}{d}\right) \sin k(x - ct), \end{cases} \qquad (7.5.22)$$

质点迹线

$$\begin{cases} x - x_0 = -\dfrac{A_0}{kd} \sin k(x_0 - ct), \\ z - z_0 = A_0 \left(1 + \dfrac{z_0}{d}\right) \cos k(x_0 - ct), \end{cases} \qquad (7.5.23)$$

$$c^2 = gd. \tag{7.5.24}$$

显然,$\lambda = 2\pi/k, T = 2\pi/\omega, \omega = kc, \lambda = cT$ 均成立.(7.5.20)~(7.5.24)就是所谓的浅水公式.

在实用中,深水与浅水的严格划分比较困难,习惯上,当 $kd > \pi$ 或 $d/\lambda > 1/2$ 时,称深水波.当 $\dfrac{\pi}{10} < kd < \pi$ 或 $\dfrac{1}{20} < \dfrac{d}{\lambda} < \dfrac{1}{2}$ 时,称中等深度波,当 $kd < \dfrac{\pi}{10}$ 或 $\dfrac{d}{\lambda} < \dfrac{1}{20}$,称浅水波(图 7.11).

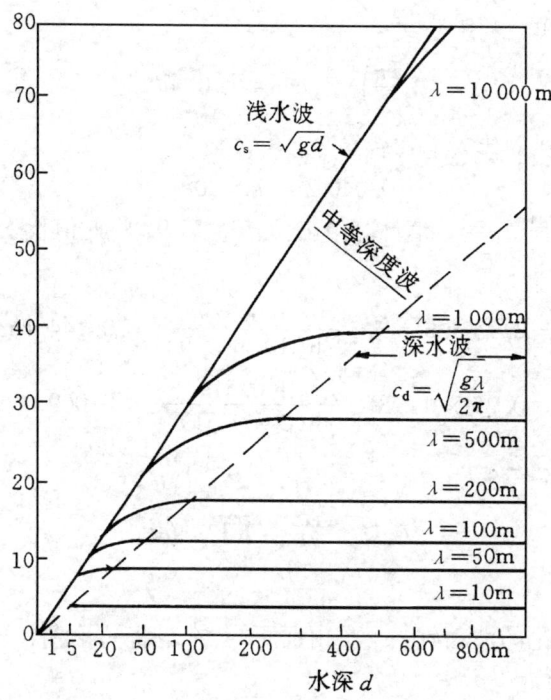

图 7.11 不同波长时波速随水深的变化

例 7.1 求波长为 145m 的波浪的传播速度及振动周期.

解 设用深水波公式计算

$$c = \sqrt{\dfrac{g}{k}} = \sqrt{\dfrac{g\lambda}{2\pi}} = \sqrt{\dfrac{9.8 \times 145}{2\pi}} = 15.04 \text{ m/s},$$

$$T = \dfrac{\lambda}{c} = 9.64 \text{ s}.$$

例 7.2 小振幅有限深度波动,已知周期为 10s,波振幅 A_0 为 0.25 m,水深 $d = 20$ m,求深度为 10 m 处的水质点的速度的最大值.

解 利用有限深度小振幅波公式

$$u = A_0\omega \frac{\operatorname{ch} k(z+d)}{\operatorname{sh} kd}\cos(kx-\omega t),$$

$$w = A_0\omega \frac{\operatorname{sh} k(z+d)}{\operatorname{sh} kd}\sin(kx-\omega t),$$

最大速度显然为

$$u_{\max} = A_0\omega \frac{\operatorname{ch} k(z+d)}{\operatorname{sh} kd},$$

$$w_{\max} = A_0\omega \frac{\operatorname{sh} k(z+d)}{\operatorname{sh} kd}.$$

上式中 k 未知. 利用公式

$$\left(\frac{2\pi}{T}\right)^2 = \omega^2 = kg\operatorname{th} kd,$$

将 $T = 10$ s、$d = 20$ m 代入上式后得

$$0.040\,2 = k\operatorname{th} 20k.$$

这个关于 k 的方程,需用数值计算给出: $k = 0.051\,9$. 将此值代入 $u_{\max}$ 及 $w_{\max}$ 公式后得

$$u_{\max} = 0.25 \times 0.628\,3 \frac{\operatorname{ch} 0.519}{\operatorname{sh}(2\times 0.519)} = 0.144\,4 \text{ m/s},$$

$$w_{\max} = 0.25 \times 0.628\,3 \frac{\operatorname{sh} 0.519}{\operatorname{sh}(2\times 0.519)} = 0.069 \text{ m/s}.$$

7.6 界 面 波

与以前所讨论的波动有一个自由面不同,本节将讨论存在两层流体间的界面时发生的波动.

设有密度及深度各不相同的互不相混的两层液体或一层液体一层气体,平衡时其间有一水平界面,当界面受初始扰动后发生重力波,此波常称界面波. 这类波动现象在海洋、湖泊中并不少见,在实验室也容易观察到. 研究这类波动对了解海洋、湖泊以及大气中的内波(一般是密度连续分层流体)具有重要意义. 内波有一系列与表面波不同的性质. 以下仍研究二维小振幅波的情形,也不考虑初值问题.

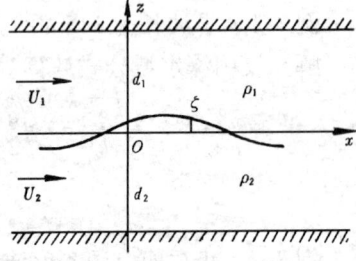

图 7.12 界面波

(一) 基本方程及边界条件

设上下两层液体密度各为 ρ_1 及 ρ_2，深度各为 d_1 及 d_2，并各以水平速度 U_1 及 U_2（为常数）流动。将 x 轴取在平衡时的液体分界面上，z 轴向上，此时上下两层液体所满足的方程及边界条件与前几节稍有不同，这里要考虑每一层液体均有均匀速度 U_1 与 U_2，以及两层液体互相的关系。这里仿照以前并根据本节的情况，写出上下层液（流）体的方程与边界条件如下：

$$\begin{cases} \dfrac{\partial^2 \varphi_i}{\partial x^2} + \dfrac{\partial^2 \varphi_i}{\partial z^2} = 0, \quad \begin{matrix} i = 1, z \geq 0, \\ i = 2, z \leq 0, \end{matrix} & (7.6.1) \\[2mm] z = \zeta : \dfrac{\partial \varphi_i}{\partial z} \bigg|_{z=0} = \dfrac{\partial \zeta}{\partial t} + (u + U_i) \dfrac{\partial \zeta}{\partial x} \approx \dfrac{\partial \zeta}{\partial t} + U_i \dfrac{\partial \zeta}{\partial x}, & (7.6.2) \\[2mm] p_1 = p_2, p_i = -\rho_i \dfrac{\partial \varphi_i}{\partial t} - \dfrac{\rho_i}{2} v_i^2 - \rho_i g \zeta + \rho_i f_i(t), i = 1,2 & (7.6.3) \\[2mm] z = d_1 : \dfrac{\partial \varphi_1}{\partial z} = 0, & (7.6.4) \\[2mm] z = -d_2 : \dfrac{\partial \varphi_2}{\partial z} = 0. & (7.6.5) \end{cases}$$

这里，仍然认为界面上的波动是小振幅的，其中各式解释如下：(7.6.1) 式是显而易见的，(7.6.2) 式右端第二项未被忽略，这是由于上下层液体各有均匀流速 U_1 及 U_2，其非线性项 $(u + U_i) \dfrac{\partial \zeta}{\partial x} \approx U_i \dfrac{\partial \zeta}{\partial x}$，是与 $\dfrac{\partial \zeta}{\partial t}$ 一样的一阶小量。同样地，自由面动力学边界条件 (7.6.3) 式中的 $v_i^2/2$ 项也不能忽略，其中 v_i 包含分量 $u_i + U_i$ 及 w_i，而且仍保留常数项 $f_i(t)$。应注意，一般来说，速度势 φ_i，速度势 v_i 及拉格朗日积分常数 $f_i(t)$，对上下两层液体是不一样的，但在界面上，压强应是连续的，即 p_i 应相等：因此 $p_1 = p_2$ 便是界面上的动力学边界条件。由于仍假定为小振幅波，$z = \zeta$ 的物理量的值仍均用 $z = 0$ 的值去代替。

（二）求解

自方程 (7.6.1) ~ (7.6.5) 求解速度势 φ_i，可采用试解法。速度势由两部分组成，一部分是均匀流的速度势 $U_i x$，另一是界面波的波动速度势，即

$$\varphi_i = U_i x + Z_i(z) \cos(kx - \omega t), \quad i = 1,2, \qquad (7.6.6)$$

$$\zeta = A_0 \sin(kx - \omega t). \qquad (7.6.7)$$

将此形式解代入 (7.6.1) ~ (7.6.5) 各方程，由此确定 $Z(z)$ 的函数关系并求出波动物理量之间的关系。

将 (7.6.6) 式代入 (7.6.1) 式后有方程

$$Z_i''(z) - k^2 Z_i(z) = 0.$$

此方程的一般解为

$$Z_i = A_i \operatorname{ch} kz + A_i' \operatorname{sh} kz.$$

将此代入(7.6.4)式及(7.6.5)式就可确定 Z_i 的形式,从而有

$$\varphi_1 = U_1 x + A_1 \frac{\operatorname{ch} k(z-d_1)}{\operatorname{ch} kd_1} \cos(kx - \omega t), \qquad (7.6.8)$$

$$\varphi_2 = U_2 x + A_2 \frac{\operatorname{ch} k(z+d_2)}{\operatorname{ch} kd_2} \cos(kx - \omega t). \qquad (7.6.9)$$

再将(7.6.7)、(7.6.8)及(7.6.9)三式代入(7.6.2)式就确定 A_0 与 A_1 及 A_2 的关系:

$$A_1 = A_0(c - U_1)\operatorname{cth} kd_1,$$
$$A_2 = -A_0(c - U_2)\operatorname{cth} kd_2.$$

这样,速度势 φ_i 的表达式,最后表示为

$$\varphi_1 = U_1 x + \frac{A_0(c - U_1)\operatorname{ch} k(z - d_1)}{\operatorname{sh} kd_1}\cos(kx - \omega t), \qquad (7.6.10)$$

$$\varphi_2 = U_2 x - \frac{A_0(c - U_2)\operatorname{ch} k(z + d_2)}{\operatorname{sh} kd_2}\cos(kx - \omega t). \qquad (7.6.11)$$

但上式中界面波传播速度 $c = \omega/k$,并未确定. 下面用界面条件(7.6.3)式确定 c. 为此,求出压强 p_1 及 p_2 表示式中的各项. 因

$$v_1^2 = \left(\frac{\partial \varphi_1}{\partial x}\right)^2 + \left(\frac{\partial \varphi_1}{\partial z}\right)^2$$

$$= \left[U_1 - \frac{A_0 k(c - U_1)\operatorname{ch} k(z - d_1)}{\operatorname{sh} kd_1}\sin(kx - \omega t)\right]^2$$

$$+ \left[\frac{A_0 k(c - U_1)\operatorname{sh} k(z - d_1)}{\operatorname{sh} kd_1}\cos(kx - \omega t)\right]^2$$

$$\approx U_1^2 - \frac{2A_0 k(c - U_1)U_1 \operatorname{ch} k(z - d_1)}{\operatorname{sh} kd_1}\sin(kx - \omega t).$$

上式中已略去 A_0^2 项.

$$\frac{\partial \varphi_1}{\partial t} = \frac{A_0 \omega(c - U_1)\operatorname{ch} k(z - d_1)}{\operatorname{sh} kd_1}\sin(kx - \omega t),$$

于是

$$p_1\bigg|_{z=\zeta} = -\rho_1 \frac{\partial \varphi_1}{\partial t} - \frac{1}{2}\rho_1 v_1^2 - \rho_1 g\zeta + \rho_1 f_1$$

$$= -\rho_1 A_0 \omega(c - U_1)\operatorname{cth} kd_1 \sin(kx - \omega t)$$

$$- \frac{1}{2}\rho_1 [U_1^2 - 2kA_0 U_1(c - U_1)\operatorname{cth} kd_1 \sin(kx - \omega t)]$$

$$- \rho_1 g A_0 \sin(kx - \omega t) + \rho_1 f_1. \qquad (7.6.12)$$

同理,

$$\begin{aligned}p_2\big|_{z=\zeta} &= -\rho_2\frac{\partial\varphi_2}{\partial t} - \frac{1}{2}\rho_2 v_2^2 - \rho_2 g\zeta + \rho_2 f_2\\ &= -\rho_2 A_0\omega(c - U_2)\operatorname{cth} kd_2\sin(kx - \omega t)\\ &\quad -\frac{1}{2}\rho_2[U_2^2 + 2kA_0 U_2(c - U_2)\operatorname{cth} kd_2\sin(kx - \omega t)]\\ &\quad -\rho_2 g A_0\sin(kx - \omega t) + \rho_2 f_2.\end{aligned} \qquad (7.6.13)$$

利用(7.6.3)式,并使等式两端 $\sin(kx - \omega t)$ 前的系数相等和等式两端其余部分相等,有

$$\rho_2(c - U_2)^2\operatorname{cth} kd_2 + \rho_1(c - U_1)^2\operatorname{cth} kd_1 = \frac{(\rho_2 - \rho_1)g}{k}, \qquad (7.6.14)$$

$$\rho_2 f_2 - \rho_1 f_1 = \frac{1}{2}(\rho_2 U_2^2 - \rho_1 U_1^2).$$

由(7.6.14)式即可求出波速 c,它是 ρ_1、ρ_2、U_1、U_2、d_1、d_2 及 k 的函数. 当 d_1、$d_2 \to \infty$ 时,$\operatorname{cth} kd_1 \to 1$,$\operatorname{cth} kd_2 \to 1$,于是(7.6.14)式变为

$$\rho_1(c - U_1)^2 + \rho_2(c - U_2)^2 = (\rho_2 - \rho_1)\frac{g}{k},$$

从而可解出 c,

$$\begin{aligned}c &= \frac{\rho_1 U_1 + \rho_2 U_2}{\rho_1 + \rho_2} \pm \left[\left(\frac{\rho_1 U_1 + \rho_2 U_2}{\rho_1 + \rho_2}\right)^2 - \frac{\rho_1 U_1^2 + \rho_2 U_2^2}{\rho_1 + \rho_2} + \frac{\rho_2 - \rho_1}{\rho_1 + \rho_2}\frac{g}{k}\right]^{\frac{1}{2}}\\ &= \frac{\rho_1 U_1 + \rho_2 U_2}{\rho_1 + \rho_2} \pm \left[\frac{g}{k}\frac{\rho_2 - \rho_1}{\rho_1 + \rho_2} - \frac{\rho_1\rho_2(U_2 - U_1)^2}{(\rho_1 + \rho_2)^2}\right]^{\frac{1}{2}}.\end{aligned} \qquad (7.6.15)$$

为使 c 为实数,需

$$(U_2 - U_1)^2 \leq \frac{g}{k}\frac{\rho_2^2 - \rho_1^2}{\rho_1\rho_2}. \qquad (7.6.16)$$

于是,为满足上式,首先必须 $\rho_2 > \rho_1$,即下层液体的密度必须大于上层液体的密度,其次,对一定的 U_1 及 U_2,总存在足够大的 k(或足够小的波长 λ),使上式不成立. 因此,波动的波长不能太小,否则就不能产生稳定的波动.

(三) 讨论

1. 若 $\rho_1 = 0$,$U_2 = 0$,这相当于自由表面情形,则依(7.6.14)式,

$$c^2 = \frac{g}{k}\operatorname{th} kd_2.$$

这与前面等深度液体表面波得出的结果(7.5.7)式是一致的. 又若 $d_2 \to \infty$,即无限深液体的情形,则有 $c = \sqrt{g/k}$,这与(7.3.13)一致.

2. 当 $U_1 = U_2 = 0$ 即液体无流动时,依(7.6.15)式(d_1、$d_2 \to \infty$)

$$c = \sqrt{\frac{g}{k}\frac{\rho_2 - \rho_1}{\rho_1 + \rho_2}}, \qquad (7.6.17)$$

此时,若上层流体是空气、下层液体是水,则

$$\sqrt{\frac{\rho_2 - \rho_1}{\rho_1 + \rho_2}} \approx 1,$$

$c = \sqrt{g/k}$. 但若上下层液体密度相差很小,这时,波速就要比 $c = \sqrt{g/k}$ 小得很多. 在海洋中,就存在这样的分界面,密度差仅为密度值的千分之几,在这样的分界面上产生的波动(内波),其传播速度比大气-水这种分界面上产生的波动(表面波)的传播速度要小得多.

3. 由(7.6.15)式,当 d_1、$d_2 \to \infty$, $U_2 = 0$ 时,可求得

$$c^2 - \frac{2\rho_1 U_1 c}{\rho_1 + \rho_2} + \frac{\rho_1 U_1^2}{\rho_1 + \rho_2} = \frac{\rho_2 - \rho_1}{\rho_1 + \rho_2}\frac{g}{k}.$$

当 k 一定时,取 $dc/dU_1 = 0$,即得

$$c = U_1$$

时有极大值

$$c_{\max} = \left[\frac{\rho_2 - \rho_1}{\rho_2}\frac{g}{k}\right]^{\frac{1}{2}}. \qquad (7.6.18)$$

这表明,最大波速发生在风速与波速相同时.

4. 由(7.6.15)式,当 $U_2 = 0$,

$$c = \frac{\rho_1 U_1}{\rho_1 + \rho_2} \pm \left[\frac{g}{k}\frac{\rho_2 - \rho_1}{\rho_1 + \rho_2} - \frac{\rho_1 \rho_2 U_1^2}{(\rho_1 + \rho_2)^2}\right]^{\frac{1}{2}},$$

此时,若

$$U_1 < \sqrt{\frac{g}{k}\frac{\rho_2 - \rho_1}{\rho_1 + \rho_2}}\sqrt{\frac{\rho_1 + \rho_2}{\rho_1}},$$

则 c 将有两个不同符号的值:即存在顺风波及逆风波,且顺风波的波速大于逆风波的波速.

7.7 群 速 度

前面主要讨论了单个频率的波. 现在讨论当有多种不同频率的波叠加在一起时的情况. 这时,将出现波群,由此引出了群速度的概念.

首先讨论简单的情况. 设有两列振幅相同、波长 λ(随之波数 k、频率 ω)不同的进行波,同时在液体中传播,则它们的波面是

7.7 群速度

$$\zeta = A_0\cos(kx - \omega t) + A_0\cos(k'x - \omega' t)$$
$$= 2A_0\cos\left(\frac{k-k'}{2}x - \frac{\omega-\omega'}{2}t\right)\cos\left(\frac{k+k'}{2}x - \frac{\omega+\omega'}{2}t\right), \quad (7.7.1)$$

其中 k, k' 与 ω, ω' 分别表示二列不同行进波的波数与频率. 如果两列波的波长相差很小, 则上述波面的图案为图 7.13 所示. 易发现

$$\cos\left(\frac{k+k'}{2}x - \frac{\omega+\omega'}{2}t\right)$$

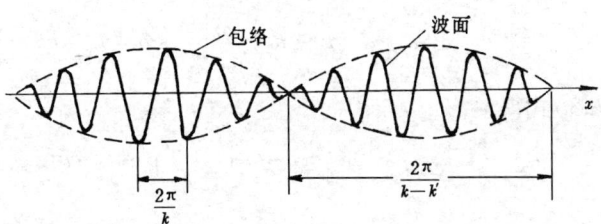

图 7.13 波群

与原来每一个波的余弦函数接近, 即近似为 $\cos(kx - \omega t)$. 但是原来每个波的振幅 A_0 已变为

$$2A_0\cos\left(\frac{k-k'}{2}x - \frac{\omega-\omega'}{2}t\right).$$

它不是常数, 而是随时间和空间作周期性变化的函数. 这样, 二个波的合成波的波面仍与原来每个波的波长和周期相近, 即

$$\lambda = \frac{2\pi}{\frac{k+k'}{2}} \approx \frac{2\pi}{k},$$

$$T = \frac{2\pi}{\frac{\omega+\omega'}{2}} \approx \frac{2\pi}{\omega},$$

同时也以原来每个波相近的波速

$$c = \frac{\omega+\omega'}{k+k'} \approx \frac{\omega}{k}$$

传播. 但这个波面上的每个波(个别波)的振幅不相等, 它们随 x(也随 t)缓慢地变化, 并使个别波形成周期性的群落(包络), 此群落的长度为

$$\frac{\pi}{\frac{k-k'}{2}} = \frac{2\pi}{k-k'} \gg \frac{2\pi}{k},$$

通常称此群落为波群. 波群以速度

$$c_g = \frac{\omega-\omega'}{k-k'} \approx \frac{d\omega}{dk} \quad (7.7.2)$$

传播,通常称 c_g 为群速度(为区别起见,单个波的波速 c 就称为相速度).

一般说来,一组具有连续的但波数范围 $(k_0 - \Delta k, k_0 + \Delta k)$ 很窄的余弦波迭加在一起时,其自由面高度可表示为

$$\zeta = \int_{k_0 - \Delta k}^{k_0 + \Delta k} A(k) e^{i(kx - \omega t)} dk, \tag{7.7.3}$$

其中 $\omega = \omega(k)$. 若在 $k = k_0$ 处将 ω 作泰勒展开,

$$\omega = \omega(k) = \omega[k_0 + (k - k_0)]$$

$$= \omega(k_0) + (k - k_0) \left.\frac{d\omega}{dk}\right|_{k_0} + o[(k - k_0)^2].$$

将此代入(7.7.3)式得

$$\zeta = \int_{k_0 - \Delta k}^{k_0 + \Delta k} A(k_0) e^{i\left[(k - k_0)x - (k - k_0)\frac{d\omega}{dk}\big|_{k_0} t\right]} dk \, e^{i(k_0 x - \omega_0 t)}$$

$$\approx 2A(k_0) \frac{\sin\left[x - \left.\frac{d\omega}{dk}\right|_{k_0} t\right] \Delta k}{x - \left.\frac{d\omega}{dk}\right|_{k_0} t} e^{i(k_0 x - \omega_0 t)},$$

其中 $\omega_0 = \omega(k_0)$. 在上式中,振幅

$$2A(k_0) \frac{\sin\left[x - \left.\frac{d\omega}{dk}\right|_{k_0} t\right] \Delta k}{x - \left.\frac{d\omega}{dk}\right|_{k_0} t}$$

是被缓慢调制的,它所确定的包络具有如图 7.13 所示的波群形式,并以速度

$$c_g = \left.\frac{d\omega}{dk}\right|_{k_0} \tag{7.7.4}$$

行进. 式(7.7.4)与式(7.7.2)相当.

知道了圆频率 ω 对波数 k 的函数关系,即可根据公式(7.7.4)求出群速度 c_g. 对于简谐的进行波, $\omega = kc$,可算出

$$c_g = \frac{d\omega}{dk} = \frac{d(kc)}{dk} = c + k\frac{dc}{dk} = c - \lambda \frac{dc}{d\lambda}. \tag{7.7.5}$$

对于等深度的进行波, $\omega = \sqrt{kg \operatorname{th} kd}$,

$$c_g = \frac{d\omega}{dk} = \frac{c}{2}\left(1 + \frac{2kd}{\operatorname{sh} 2kd}\right). \tag{7.7.6}$$

对于深水波, $\omega = \sqrt{kg}$,

$$c_g = \frac{d\omega}{dk} = \frac{c}{2} = \frac{1}{2}\sqrt{\frac{g}{k}}. \tag{7.7.7}$$

对于浅水波,$\omega = k\sqrt{gd}$,

$$c_g = \frac{d\omega}{dk} = \sqrt{gd} = c.$$

对于纯毛细波,可以计算出,$c = \sqrt{\dfrac{\sigma k}{\rho}}$,其中 σ 为表面张力系统,

$$c_g = c + k\frac{dc}{dk} = \frac{3}{2}c.$$

由此看出,对于深水波、浅水波、纯毛细波,其群速分别小于、等于和大于相速.

可以想象深水波时波动传播的情景:个别波从波群尾部进入波群,随之振幅变大,又再变小,最后穿出此波群又进入另一波群中.

群速度的另一个意义,将在下节给出.

7.8 波动的能量、波阻

液体质点波动时具有动能,质点上下起伏也引起势能的变化、波动的能量就由动能及势能组成.

(一) 波动的动能

若以一个波长范围来计算液体波动的动能,则深度为 d 的液体波动动能为

$$K.E. = \int_{-d}^{0}\int_{0}^{\lambda}\frac{1}{2}\rho v^2 dxdz = \int_{-d}^{0}\int_{0}^{\lambda}\frac{1}{2}\rho\left[\left(\frac{\partial\varphi}{\partial x}\right)^2 + \left(\frac{\partial\varphi}{\partial z}\right)^2\right]dxdz.$$

应用格林公式,上式可写为

$$K.E. = \frac{\rho}{2}\oint_l \varphi\frac{\partial\varphi}{\partial n}dl, \tag{7.8.1}$$

其中 l 为积分面积周界 $ABCDA$,如图 7.14 所示,n 是 l 的外法向,由于底部 AB 上 $\partial\varphi/\partial n = \partial\varphi/\partial z = 0$,两侧垂直线 BC 及 AD 上 φ 相同,而 $\partial\varphi/\partial n$ 差一符号,故在这三个线段上积分为零,只剩下在波面 CD 上的积分:

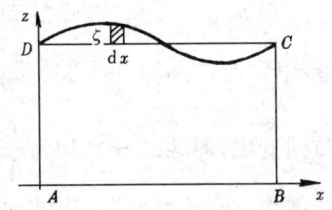

图 7.14 波动能量的计算

$$K.E. = \frac{\rho}{2}\int_0^\lambda \varphi\frac{\partial\varphi}{\partial n}\bigg|_{z=0}dx$$

$$= \frac{\rho}{2}\int_0^\lambda \varphi\frac{\partial\varphi}{\partial z}\bigg|_{z=0}dx. \tag{7.8.2}$$

将进行波的速度势

$$\varphi = \frac{A_0 g}{\omega} \frac{\operatorname{ch} k(z+d)}{\operatorname{ch} kd} \sin(kx - \omega t)$$

与驻波的速度势

$$\varphi = \frac{A_0 g}{\omega} \frac{\operatorname{ch} k(z+d)}{\operatorname{ch} kd} \sin kx \cos \omega t$$

代入(7.8.2)式,得:

对进行波
$$K.E. = \frac{1}{4}\rho g A_0^2 \lambda. \tag{7.8.3}$$

对驻波
$$K.E. = \frac{1}{4}\rho g A_0^2 \lambda \cos^2 \omega t. \tag{7.8.4}$$

(二) 波动的势能

如果将液体平衡(无波动)时液体的势能取为零,则产生波动以后,波动的势能变化可以认为是把液体低于平衡位置的部分,提高到了高于平衡位置的部分(图 7.14)所增加的势能. 现计算如下:

设 dx 长度内的液体体积为 ζdx,其重心被提高了 ζ 高度,即其势能增加了 $\rho g \zeta^2 dx$,在一个波长内就是

$$P.E. = \int_0^{\lambda/2} \rho g \zeta^2 dx = \int_0^{\lambda} \frac{1}{2}\rho g \zeta^2 dx. \tag{7.8.5}$$

将进行波的波面高度

$$\zeta = A_0 \cos(kx - \omega t)$$

及驻波的波面高度

$$\zeta = A_0 \sin kx \sin \omega t$$

代入(7.8.5)式得:

对进行波
$$P.E. = \frac{1}{4}\rho g A_0^2 \lambda. \tag{7.8.6}$$

对驻波
$$P.E. = \frac{1}{4}\rho g A_0^2 \lambda \sin^2 \omega t. \tag{7.8.7}$$

由此可以看出,波动的动能及势能均与深度无关,而且,对进行波,动能与势能相等,且均与时间无关,动能与势能之和为 $\frac{1}{2}\rho g A_0^2 \lambda$. 对驻波,动能与势能均随时间变化,但两部分之和为 $\frac{1}{4}\rho g A_0^2 \lambda$,并不随时间变化. 实际上,驻波的动能与势能都在不断地交换着:当波面到达最高位置时,势能最大,动能为零;当波面到达平衡位置时,势能为零,动能最大.

(三) 能量的传递

对进行波来说,波动状态是从一处向另一处传播的. 随着波的传播,能量也将随之转移,下面将要看到,这一转移是液体压强通过与波动传播方向相垂直的

平面作功来实现的.

在与波传播方向相垂直的平面 Oyz 上取一截面,此截面在 y 方向为单位宽度,z 方向从自由面到海底,现计算 $\mathrm{d}t$ 时间内压强在此截面上所作的功:

$$\mathrm{d}W = \int_{-d}^{\zeta} p\,\mathrm{d}z u \mathrm{d}t,$$

其中取

$$p = -\rho\frac{\partial \varphi}{\partial t} - \rho g z + p_0,$$

$$\varphi = \frac{A_0 g}{\omega}\frac{\mathrm{ch}\,k(z+d)}{\mathrm{ch}\,kd}\sin(kx - \omega t),$$

$$u = A_0 \omega \frac{\mathrm{ch}\,k(z+d)}{\mathrm{sh}\,kd}\cos(kx - \omega t).$$

这一功在一个周期内的平均值为

$$W = \frac{1}{T}\int_0^T\int_{-d}^{\zeta}\left(p_0 - \rho\frac{\partial\varphi}{\partial t} - \rho g z\right)u\,\mathrm{d}z\mathrm{d}t,$$

其中被积函数第一项与第三项的积分

$$\int_0^T (p_0 - \rho g z) u\,\mathrm{d}t$$

$$= \frac{A_0\omega \mathrm{ch}\,k(z+d)}{\mathrm{sh}\,kd}(p_0 - \rho g z)\int_0^T \cos(kx - \omega t)\,\mathrm{d}t$$

$$= 0,$$

故

$$W = \frac{1}{T}\int_0^T\int_{-d}^{0} -\rho\frac{\partial\varphi}{\partial t}u\,\mathrm{d}z\mathrm{d}t$$

$$= \frac{2\rho A_0^2 g\omega}{T\mathrm{sh}2kd}\int_0^T \cos^2(kx - \omega t)\,\mathrm{d}t\int_{-d}^{0}\mathrm{ch}^2 k(z+d)\,\mathrm{d}z$$

$$= \frac{2\rho A_0^2 g\omega}{T\mathrm{sh}2kd}\frac{T}{2}\frac{1}{4k}(2kd + \mathrm{sh}\,2kd)$$

$$= \frac{1}{4}\rho g A_0^2 c\left(1 + \frac{2kd}{\mathrm{sh}\,2kd}\right). \tag{7.8.8}$$

上式代表了通过与波动传播方向相垂直的平面,左侧液体向右侧液体在一个周期内的平均作功值,也就是左侧液体向右侧液体在一个周期内平均转移(传递)的能量.

还可看出,依式(7.7.6),式(7.8.8)可写为

$$W = \frac{1}{2}\rho g A_0^2 c_g. \tag{7.8.9}$$

这表明,通过与波动传播方向相垂直的平面,左侧液体向右侧液体在一个周期内平均传递的能量 W,等于单位液面面积上进行波的总能量 $\frac{1}{2}\rho g A_0^2$ 与群速度 $c_g = \frac{c}{2}\left(1 + \frac{2kd}{\mathrm{sh}^2 kd}\right)$ 的乘积. 因此,群速度还有另一个物理意义,即它代表波能的传播速度.

(四) 波阻

物体在液面上行进,其后将兴起液体表面波,显然,这个表面波的能量是由物体对液体作功给予液体的,因此,物体将由于兴波而遭受阻力,这就是所谓兴波阻力.

设物体是二维的,在 y 方向为无限长,它沿 x 方向运动在 Oxz 平面内兴起波动. 若物体运动速度 c 为常数,则物体后兴起的波动将达到定常状态,从而这一波动将具有相速度 $c_p = c$.

物体以 c 速行进时,单位时间将使液体增加波能为 $\frac{1}{2}\rho g A_0^2 c$,此波能由两部分提供,一部分来源于物体单位时间内所作的功,它等于兴波阻力 R_w 与 c 的乘积,另一部分是原先形成的波动传递而来,依式(7.8.9),它等于 $\frac{1}{2}\rho g A_0^2 c_g = \frac{1}{2}\rho g A_0^2 \frac{c}{2}$(深水波 $c_g = c/2$),于是,按能量守恒有

$$\frac{1}{2}\rho g A_0^2 c = R_w c + \frac{1}{4}\rho g A_0^2 c.$$

由此得兴波阻力

$$R_w = \frac{1}{4}\rho g A_0^2.$$

这表明由兴波产生的波阻的大小主要取决于波动的振幅.

7.9 初始扰动引起的波动

前面讨论的是一种简谐波,在方程求解过程中未涉及初始条件. 本节仅以一个非常简单的例子,介绍有初始扰动时引起的波动.

7.1 中已经提到,初始条件可以有初始液面位移和初始液面速度两种提法. 这里仅讨论有初始位移的情况. 设 $t = 0$,$z = 0$ 时,$\zeta = B_0 \sin lx$,$\frac{\partial \varphi}{\partial t} = -g\zeta =$

$-gB_0\sin lx, t=0, z=0$ 时,$\varphi=0$. 于是(7.2.4)各方程可写为

$$\begin{cases} \dfrac{\partial^2\varphi}{\partial x^2}+\dfrac{\partial^2\varphi}{\partial z^2}=0, & (7.9.1)\\[4pt] z=0: \quad \dfrac{\partial\varphi}{\partial z}=\dfrac{\partial\zeta}{\partial t}, & (7.9.2)\\[4pt] \qquad\quad \dfrac{\partial\varphi}{\partial t}+g\zeta=0, & (7.9.3)\\[4pt] z=-\infty: \quad \dfrac{\partial\varphi}{\partial z}=0, & (7.9.4)\\[4pt] t=0, z=0: \varphi=0, & (7.9.5)\\[4pt] \qquad\quad \dfrac{\partial\varphi}{\partial t}=-gB_0\sin lx & (7.9.6) \end{cases}$$

上述方程的解容易写出为

$$\varphi=-\dfrac{B_0 g}{\omega}e^{lz}\sin lx\sin\omega t,$$

$$\zeta=B_0\sin lx\cos\omega t.$$

它是一个驻波,该驻波的波数由初始条件的 l 决定,振幅由初始条件的 B_0 来决定.

对初始条件为一般函数的情况,求解较繁,限于篇幅,这里不再述及.

*7.10 斯托克斯波简介

本章以前各节,讨论的只是小振幅波的情况. 即假定波动的振幅相对于波长为一小量,波动问题得以线性化,从而获得小振幅波解. 但在实际问题中,有时振幅相对于波长并非为一小量,而为一有限的值. 这时小振幅波假定不再适用,边界条件中不能以 $z=0$ 代替 $z=\zeta$,波动速度的平方项也不能忽略,因此波动立即表现出非线性特征,对它的分析变得复杂起来. 斯托克斯于1847年首先从逐次近似的方法研究了有限振幅波,并得出小振幅波只是其最低阶(一阶)的近似,还有其它各阶(高阶)的近似,这就是后来所称的斯托克斯波. 有限振幅波有很多种,它们都是非线性的,对它们的分析都比较复杂,但工程上常常用到. 本节只介绍斯托克斯波.

设液体是不可压缩、无限深的,运动是二维的、无旋的,液面为一周期性波面并不变波形地以常速 c 沿 x 轴行进,外力仅为重力,表面压强为常值.

满足上述假设的波动速度势可取为

$$\varphi=c\beta e^{kz}\sin k(x-ct). \qquad (7.10.1)$$

与(7.3.14)式比较,这里 β 并非小振幅波的振幅,而为一常数. (7.10.1)式所表

示的速度势除满足拉普拉斯方程及无限深底部条件外,它还必须满足两个自由面条件. 不过下面将采用流函数进行讨论.

因液体为不可压缩的,运动为二维的,故存在流函数,与(7.10.1)式的速度势相应的流函数为

$$\psi = c\beta e^{kz}\cos k(x-ct). \tag{7.10.2}$$

若将坐标轴取在波面上,则运动将变为定常,在此运动坐标系中,速度势及流函数可写为

$$\begin{cases} \varphi = -cx + c\beta e^{kz}\sin kx, \\ \psi = -cz + c\beta e^{kz}\cos kx. \end{cases} \tag{7.10.3}$$

且这时自由面也为一条流线.(这正是取流函数来讨论的原因.)这样,对应于流函数所应满足的方程(无旋条件)及边界条件为

$$\begin{cases} \dfrac{\partial^2\psi}{\partial x^2} + \dfrac{\partial^2\psi}{\partial z^2} = 0, & (7.10.4) \\ \psi|_{z=\zeta} = 0(\text{设液面为零流线}), & (7.10.5) \\ g\zeta + \dfrac{1}{2}\left[\left(\dfrac{\partial\psi}{\partial x}\right)^2 + \left(\dfrac{\partial\psi}{\partial z}\right)^2\right]_{z=\zeta} = \text{常数}, & (7.10.6) \\ |\nabla\psi|\xrightarrow{z\to -\infty}\text{有界}. & (7.10.7) \end{cases}$$

显然,(7.10.3)给出的流函数满足(7.10.4)式及(7.10.7)式. 为了满足(7.10.5)及(7.10.6)式,则应

$$\zeta = \beta e^{k\zeta}\cos kx, \tag{7.10.8}$$

$$2g\zeta + (k^2\beta^2 c^2 e^{2kz} - 2c^2\beta k e^{kz}\cos kx)|_{z=\zeta} = \text{常数}. \tag{7.10.9}$$

(7.10.9)式也可写为

$$2(g-kc^2)\zeta + c^2k^2\beta^2 e^{2k\zeta} = \text{常数}. \tag{7.10.10}$$

(7.10.8)式是关于 $\zeta = \zeta(x)$ 的隐函数方程,求解此方程必须作近似解. 将 $e^{k\zeta}$ 展为泰勒级数,从而有

$$\zeta = \beta\left[1 + k\zeta + \dfrac{1}{2}(k\zeta)^2 + \dfrac{1}{6}(k\zeta)^3 + \dfrac{1}{24}(k\zeta)^4 + \cdots\right]\cos kx. \tag{7.10.11}$$

同样,(7.10.10)式为

$$2(g-kc^2)\zeta + c^2k^2\beta^2\left[1 + 2k\zeta + \dfrac{1}{2}(2k\zeta)^2 + \dfrac{1}{6}(2k\zeta)^3 + \cdots\right] = \text{常数}. \tag{7.10.12}$$

现根据(7.10.11)及(7.10.12)式,求各级近似解.

(1) 一级近似

取 $\zeta = \beta\zeta_0$,将此代入(7.10.11)式,得

$$\beta\zeta_0 = \beta[1 + k\beta\zeta_0 + \cdots]\cos kx. \tag{7.10.13}$$

略去(7.10.13)及(7.10.12)式中 $k\beta$ 及其高阶项,则有
$$\zeta_0 = \cos kx,$$
$$2(g - kc^2)\zeta = 常数,$$
或
$$\zeta = \beta\cos kx, \tag{7.10.14}$$
$$c^2 = g/k, \tag{7.10.15}$$

若取 $\beta = a$,则由上两式表明的一级近似下的斯托克斯波的波面及波速与小振幅波的情形相同.

(2) 二级近似

取 $\zeta = \beta\zeta_0 + \beta^2\zeta_1$,将此代入(7.10.11)式,得
$$\beta\zeta_0 + \beta^2\zeta_1 = \beta[1 + k(\beta\zeta_0 + \beta^2\zeta_1) + \cdots]\cos kx \tag{7.10.16}$$

略去(7.10.16)及(7.10.12)式中的 $k^2\beta^2$ 及其高阶项,比较 β 幂次项的系数,则有

$$\zeta_0 = \cos kx,$$
$$\zeta_1 = k\zeta_0\cos kx = k\cos^2 kx$$
$$= \frac{k}{2}(1 + \cos 2kx),$$
$$c^2 = g/k.$$

若取 $\beta = a$,则
$$\zeta = a\cos kx + \frac{1}{2}ka^2(1 + \cos 2kx). \tag{7.10.17}$$

因而在二级近似下,波面有一升高 $\left(常数项 \frac{1}{2}ka^2\right)$,且波峰会变得略尖,波谷变平 $\left(\frac{1}{2}ka^2\cos 2kx 项\right)$,波速不变.

(3) 三级近似

取 $\zeta = \beta\zeta_0 + \beta^2\zeta_1 + \beta^3\zeta_2$,将此代入(7.10.11)式,得
$$\beta\zeta_0 + \beta^2\zeta_1 + \beta^3\zeta_2 = \beta[1 + k(\beta\zeta_0 + \beta^2\zeta_1 + \beta^3\zeta_2)$$
$$+ \frac{1}{2}k^2(\beta\zeta_0 + \beta^2\zeta_1 + \beta^3\zeta_2)^2 + \cdots]\cos kx. \tag{7.10.18}$$

略去(7.10.18)及(7.10.12)式中 $k^3\beta^3$ 及以后的项,比较 β 幂次项的系数,则有
$$\zeta_0 = \cos kx,$$
$$\zeta_1 = k\zeta_0\cos kx = \frac{k}{2}(1 + \cos 2kx),$$
$$\zeta_2 = k\zeta_1\cos kx + \frac{1}{2}k^2\zeta_0^2\cos kx$$

$$= \frac{3}{2}k^2\cos^3 kx$$

$$= \frac{9}{8}k^2\cos kx + \frac{3}{8}k^2\cos 3kx^{①},$$

$$\zeta = \frac{1}{2}k\beta^2 + \beta\left(1 + \frac{9}{8}k^2\beta^2\right)\cos kx + \frac{1}{2}k\beta^2\cos 2kx + \frac{3}{8}k^2\beta^3\cos 3kx,$$

$$\tag{7.10.19}$$

$$g - kc^2 + k^3\beta^2 c^2 = 0. \tag{7.10.20}$$

若取 $\beta\left(1 + \frac{9}{8}k^2\beta^2\right) = a$,则精确到三次方为止,有

$$\beta = a - \frac{9}{8}k^2 a^3,$$

代入(7.10.19)式,得

$$\zeta = \frac{1}{2}ka^2 + a\cos kx + \frac{1}{2}ka^2\cos 2kx + \frac{3}{8}k^2 a^3\cos 3kx. \tag{7.10.21}$$

且从(7.10.20)式有

$$c^2 = \frac{g}{k(1 - k^2\beta^2)} \approx \frac{g}{k}(1 + k^2 a^2) \tag{7.10.22}$$

这是三级近似下的波面及波速公式.

虽然还可类似地求更高级的近似解,但那要复杂一些,这里不再继续下去. 在三级近似下,由斯托克斯波的波面公式(7.10.21)及波速公式(7.10.22)看出:

(1) 波速不仅与波数 k 有关,还与振幅有关.

(2) 由(7.10.21)式,

$$\int_0^{2\pi/k}\left(\zeta - \frac{1}{2}ka^2\right)dx = 0.$$

此式表明,水平面 $z = \frac{1}{2}ka^2$ 为静止时的自由表面. 自静止表面算起的波峰高度为

$$H_c = a + \frac{1}{2}ka^2 + \frac{3}{8}k^2 a^3.$$

自静止表面算起的波谷高度为

$$H_t = -a + \frac{1}{2}ka^2 - \frac{3}{8}k^2 a^3.$$

波峰与波谷的间距(波高)为

$$2a + \frac{3}{4}k^2 a^3.$$

---

① 此式的得来已经应用了三角函数的倍角公式:$\cos 3\alpha = 4\cos^3\alpha - 3\cos\alpha$.

图 7.15 为斯托克斯波波形及与小振幅波及孤立波(见下节)的比较.

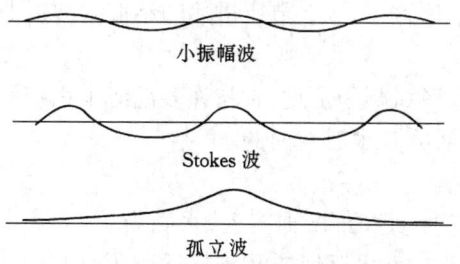

图 7.15　斯托克斯波波形及比较

图 7.16 为斯托克斯波理论计算得到的波剖面与实验室测得的波剖面比较.

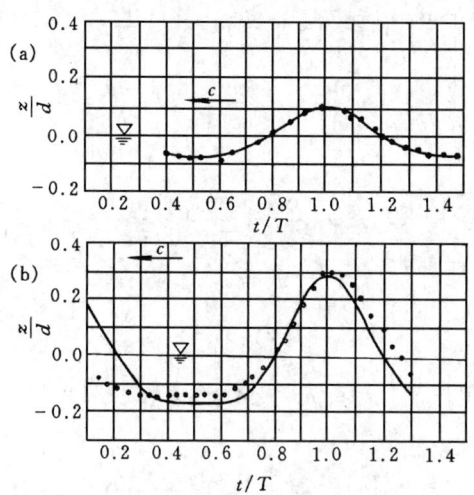

图 7.16　斯托克斯波理论剖面与实验比较
a) $H = 0.362\text{ft}$　　b) $H = 0.469\text{ft}$
　　$T = 0.87\text{s}$　　　$T = 1.21\text{s}$
　　$d = 2.09\text{ft}$　　　$d = 1.035\text{ft}$
　　$L = 3.76\text{ft}$　　　$L = 5.42\text{ft}$
　　$c = 4.34\text{ft/s}$　　$c = 4.44\text{ft/s}$

由图中看出,当 d/λ 值较大时,两者较吻合,但当 d/λ 较小时差别较大.

7.11　浅水长波

(建议放映录像 Ⅱ.5 中的有关部分)

本节介绍液体深度相对于波长为很小的情形,即所谓的浅水波动(浅水长波).对于这种波动,波面铅直方向的位移及速度的量级,显然要比水平方向的尺度及速度的量级小得多,与7.2节所讲述的小振幅波近似大不相同,必须采用另外的方法作处理.

浅水波动在近海区域颇为常见,它与许多近海工程密切相关,无论在理论上或在应用上,对它的研究是很有意义的.

(一) 浅水波方程

设 Oxy 平面为未扰动水面,z 轴向上,水底为 $z = -d(x,y)$. 若仅考虑二维情形,并直接用连续性方程及运动方程来描述所研究的运动,有

$$\begin{cases} \dfrac{\partial u}{\partial x} + \dfrac{\partial w}{\partial z} = 0, & (7.11.1) \\[4pt] \dfrac{\partial u}{\partial t} + u\dfrac{\partial u}{\partial x} + w\dfrac{\partial u}{\partial z} = -\dfrac{1}{\rho}\dfrac{\partial p}{\partial x}, & (7.11.2) \\[4pt] \dfrac{\partial w}{\partial t} + u\dfrac{\partial w}{\partial x} + w\dfrac{\partial w}{\partial z} = -\dfrac{1}{\rho}\dfrac{\partial p}{\partial z} - g. & (7.11.3) \end{cases}$$

其相应的边界条件为

$$z = \zeta : w = \dfrac{\partial \zeta}{\partial t} + u\dfrac{\partial \zeta}{\partial x}, \qquad (7.11.4)$$

$$p = p_0, \qquad (7.11.5)$$

$$z = -d(x) : w = -u\dfrac{\partial d}{\partial x}. \qquad (7.11.6)$$

现对上述方程组作简化. 首先将连续性方程(7.11.1)自水底至水面进行积分

$$\int_{-d}^{\zeta}\dfrac{\partial u}{\partial x}\mathrm{d}z + \int_{-d}^{\zeta}\dfrac{\partial w}{\partial z}\mathrm{d}z = 0. \qquad (7.11.7)$$

应用莱布尼茨公式有

$$\int_{-d}^{\zeta}\dfrac{\partial u}{\partial x}\mathrm{d}z = \dfrac{\partial}{\partial x}\int_{-d}^{\zeta}u\mathrm{d}z - u\Big|_{z=\zeta}\dfrac{\partial \zeta}{\partial x} - u\Big|_{z=-d}\dfrac{\partial d}{\partial x},$$

$$\int_{-d}^{\zeta}\dfrac{\partial w}{\partial z}\mathrm{d}z = w\Big|_{-d}^{\zeta} = w\Big|_{z=\zeta} - w\Big|_{z=-d}$$

$$= \dfrac{\partial \zeta}{\partial t} + u\Big|_{z=\zeta}\dfrac{\partial \zeta}{\partial x} + u\Big|_{z=-d}\dfrac{\partial d}{\partial x}.$$

将上两式代入(7.11.7)式,得

$$\dfrac{\partial \zeta}{\partial t} + \dfrac{\partial}{\partial x}\int_{-d}^{\zeta}u\mathrm{d}z = 0. \qquad (7.11.8)$$

其次对(7.11.1)~(7.11.3)式作量级估计. 设 x 的特征量为 L,z 的特征量为 D,水平速度的特征量取为 U,垂直速度的特征量取为 W. 将此代入连续性方程(7.11.1),有

$$\frac{U}{L}\frac{\partial u'}{\partial x'} + \frac{W}{D}\frac{\partial w'}{\partial z'} = 0,$$

其中 x', z', u' 及 w' 分别为 x、z、u 及 w 的无量纲量. 由上式有

$$\frac{U}{L} = \frac{W}{D}$$

或

$$W = \frac{D}{L}U. \tag{7.11.9}$$

根据浅水假定, $\frac{D}{L}$ 为一小量, 从上式知, $\frac{W}{U}$ 亦为一小量. 故在方程(7.11.3)中各项比较, 可略去含小量 W 的各项, 从而得到

$$-\frac{1}{\rho}\frac{\partial p}{\partial z} = g.$$

积分上式得到

$$p = p_0 + \rho g(\zeta - z), \tag{7.11.10}$$

其中 p_0 为水面大气压. 此即为浅水长波中的静力学近似.

对(7.11.10)式取导数有

$$-\frac{1}{\rho}\frac{\partial p}{\partial x} = g\frac{\partial \zeta}{\partial x}. \tag{7.11.11}$$

上式表明, 水平压强梯度与 z 无关, 随之水平加速度 $\frac{du}{dt}$ 也与 z 无关. 这样, 如果初始时刻水平速度与 z 无关, 则以后任一时刻也与 z 无关. 于是有 $u = u(x,t)$, 即 u 仅与 x, t 有关, 且有

$$\int_{-d}^{\zeta} u\, dz = (\zeta + d)u.$$

这样, 注意到(7.11.8)式, 基本方程(7.11.1)~(7.11.3)变为

$$\begin{cases} \dfrac{\partial \zeta}{\partial t} + \dfrac{\partial}{\partial x}[(\zeta + d)u] = 0, & (7.11.12) \\ \dfrac{\partial u}{\partial t} + u\dfrac{\partial u}{\partial x} = -g\dfrac{\partial \zeta}{\partial x}. & (7.11.13) \end{cases}$$

这就是浅水长波方程.

(二) 线性长波解

(7.11.12)、(7.11.13)显然是非线性的. 若设波动为小振幅的, 则速度及自由面位移均为小量, 上述两式均可化为线性的

$$\begin{cases} \dfrac{\partial \zeta}{\partial t} + \dfrac{\partial (ud)}{\partial x} = 0, & (7.11.14) \\ \dfrac{\partial u}{\partial t} + g\dfrac{\partial \zeta}{\partial x} = 0. & (7.11.15) \end{cases}$$

从上两式消去其中的一个未知量,就可得另一未知量的方程:

$$\frac{\partial^2 u}{\partial t^2} - g\frac{\partial^2(ud)}{\partial x^2} = 0, \tag{7.11.16}$$

$$\frac{\partial^2 \zeta}{\partial t^2} - gd\frac{\partial^2 \zeta}{\partial x^2} - g\frac{\partial \zeta}{\partial x}\frac{\partial d}{\partial x} = 0. \tag{7.11.17}$$

这便可分别用来求解 u 及 ζ。当水深 d 为常数时,即成为典型的波动方程,其解为

$$u = f_1(x - ct) + f_2(x + ct), \tag{7.11.18}$$

$$\zeta = g_1(x - ct) + g_2(x + ct), \tag{7.11.19}$$

其中 $c = \sqrt{gd}$,为浅水长波的传播速度。f_1 及 g_1 是向右传播的波(右行波),f_2 及 g_2 是向左传播的波(左行波)。

若仅考虑右行波,即 $f_2 = 0, g_2 = 0$,将 $u = f_1$ 及 $\zeta = g_1$ 代入(7.11.14)及(7.11.15)式有

$$f_1 = \frac{g}{c}g_1 = \frac{c}{d}g_1 = \sqrt{\frac{g}{d}}g_1. \tag{7.11.20}$$

同样,若仅考虑左行波时,有

$$f_2 = -\frac{g}{c}g_2 = -\frac{c}{d}g_2 = -\sqrt{\frac{g}{d}}g_2. \tag{7.11.21}$$

浅水长波在一个波长内的势能为

$$P.E. = \frac{1}{2}\rho g \int_0^\lambda \zeta^2 \mathrm{d}x, \tag{7.11.22}$$

动能为

$$K.E. = \frac{1}{2}\rho \int_0^\lambda du^2 \mathrm{d}x. \tag{7.11.23}$$

将关系式 $u^2 = f_1^2 = \frac{g}{d}g_1^2 = \frac{g}{d}\zeta^2$ 代入动能表达式(7.11.23),得

$$K.E. = \frac{1}{2}\rho \int_0^\lambda g\zeta^2 \mathrm{d}x = P.E.. \tag{7.11.24}$$

此表明,在一个波长范围内,动能与势能相等。

(三) **KdV 方程及孤立波**

将 x 轴取在水底,水面高度 $h = d + \zeta$,则方程(7.11.12)与(7.11.13)可改写为

$$\begin{cases} \dfrac{\partial h}{\partial t} + \dfrac{\partial(hu)}{\partial x} = 0, & (7.11.25) \\[2mm] \dfrac{\partial u}{\partial t} + u\dfrac{\partial u}{\partial x} + g\dfrac{\partial h}{\partial x} = 0. & (7.11.26) \end{cases}$$

利用 $c^2 = g(\zeta + d)$，上两式可写为

$$\begin{cases} \left[\dfrac{\partial}{\partial t} + (u+c)\dfrac{\partial}{\partial x}\right](u+2c) = 0, & (7.11.27) \\ \left[\dfrac{\partial}{\partial t} + (u-c)\dfrac{\partial}{\partial x}\right](u-2c) = 0, & (7.11.28) \end{cases}$$

其中 $c = \sqrt{gh} = \sqrt{g(d+\zeta)}$.

现考虑，长波向深度为 d 的未受扰动的静水中传播的情况，这时，黎曼不变量 $u - 2c = -2c_0$，即

$$u = 2\sqrt{gh} - 2\sqrt{gd}, \qquad (7.11.29)$$

其中 $c_0 = \sqrt{gd}$. 将此代入 (7.11.12)，得

$$\frac{\partial \zeta}{\partial t} + (3\sqrt{gh} - 2\sqrt{gd})\frac{\partial \zeta}{\partial x} = 0. \qquad (7.11.30)$$

由于

$$h^{\frac{1}{2}} = d^{\frac{1}{2}}\left(1 + \frac{1}{2}\frac{\zeta}{d} + \cdots\right), \qquad (7.11.31)$$

将上式代入 (7.11.30) 式得

$$\frac{\partial \zeta}{\partial t} + c_0\left(1 + \frac{3}{2}\frac{\zeta}{d}\right)\frac{\partial \zeta}{\partial x} = 0. \qquad (7.11.32)$$

当 $\zeta/d \ll 1$ 时，上式成为线性长波方程：

$$\frac{\partial \zeta}{\partial t} + c_0\frac{\partial \zeta}{\partial x} = 0. \qquad (7.11.33)$$

上式与式 (7.11.32) 显然没有考虑频散影响（$c_0 = \sqrt{gd}$ 非频散）. 当水深 d 比波长不是小得太多时，$c_0 = \sqrt{gd}$ 作为式

$$c = \sqrt{\frac{g}{k}\,\mathrm{th}\,kd}$$

的近似是不合适的. 而当采用展开式

$$\begin{aligned} c &= c_0\left(1 - \frac{1}{3}k^2d^2 + \cdots\right)^{\frac{1}{2}} \\ &= c_0\left(1 - \frac{1}{6}k^2d^2 + \cdots\right) \end{aligned} \qquad (7.11.34)$$

的前两项时，方程 (7.11.33) 应修正为

$$\frac{\partial \zeta}{\partial t} + c_0\frac{\partial \zeta}{\partial x} + \frac{1}{6}c_0 d^2 \frac{\partial^3 \zeta}{\partial x^3} = 0.$$

相应方程 (7.11.32) 应取

$$\frac{\partial \zeta}{\partial t} + c_0\left(1 + \frac{3}{2}\frac{\zeta}{d}\right)\frac{\partial \zeta}{\partial x} + \frac{1}{6}c_0 d^2 \frac{\partial^3 \zeta}{\partial x^3} = 0. \qquad (7.11.35)$$

这是一个既包含非线性影响又包含频散因素的方程,习惯上称科尔特弗－德佛里斯方程,或简称为 KdV 方程。它在浅水波动理论及物理学中有广泛的应用,利用它可研究孤立波及椭圆余弦波等。

设式(7.11.35)的解是以常速移动的、具有不变形状的波,因而可取
$$\zeta = d\eta(X), X = x - Ut$$
将此代入(7.11.35)式得
$$\frac{1}{6}d^2\frac{d^3\eta}{dX^3} + \frac{3}{2}\eta\frac{d\eta}{dX} - \left(\frac{U}{c_0} - 1\right)\frac{d\eta}{dX} = 0, \quad (7.11.36)$$
上式可立即积分出
$$\frac{1}{6}d^2\frac{d^2\eta}{dX^2} + \frac{3}{4}\eta^2 - \left(\frac{U}{c_0} - 1\right)\eta + G = 0, \quad (7.11.37)$$
以 $4d\eta/dX$ 乘上式,再积分一次有
$$\frac{1}{3}d^2\left(\frac{d\eta}{dX}\right)^2 + \eta^3 - 2\left(\frac{U}{c_0} - 1\right)\eta^2 + 4G\eta + H = 0, \quad (7.11.38)$$
其中 G 及 H 均为积分常数,在 η 及 $d\eta/dX$ 在无穷远处均趋于零的特殊情况下,$G = H = 0$。于是有
$$\frac{1}{3}d^2\left(\frac{d\eta}{dX}\right)^2 = \eta^2(\alpha - \eta), \quad (7.11.39)$$
其中 $\alpha = 2\left(\frac{U}{c_0} - 1\right)$。稍作分析便知,$\eta$ 将从 $X = \infty$ 处的 $\eta = 0$ 增加到最大值 $\eta = \alpha$,然后又对称地回到 $X = -\infty$ 处的 $\eta = 0$(图 7.17)。这就是孤立波,其波峰高为 $\zeta_0 = d\alpha$。孤立波的速度
$$U = c_0\left(1 + \frac{\alpha}{2}\right) = c_0\left(1 + \frac{1}{2}\frac{\zeta_0}{d}\right).$$
它依赖于振幅。

(7.12.39)的解为
$$\eta = \alpha\,\text{sh}^2\left[\left(\frac{3\alpha}{4d^2}\right)^{1/2}X\right]$$
或
$$\zeta = \zeta_0\,\text{sh}^2\left[\left(\frac{3\zeta_0}{4d^3}\right)^{1/2}(x - Ut)\right].$$

这是 KdV 方程的解。它对一切 ζ_0/d 都适用。但该方程是在 $\zeta_0/d \ll 1$ 这一假定下导出的。事实上,孤立波的极限情况在理论上是 $\zeta_0/d = 0.78$。而实验表明是 0.7。

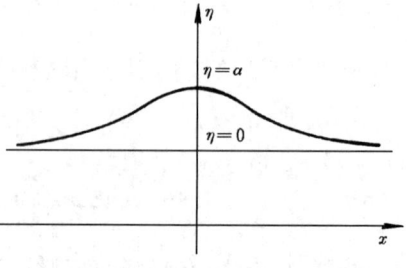

图 7.17　孤立波

7.12 水波对竖桩的作用

(一) 莫里森公式

在海洋工程中,建筑物所受外力主要是波浪力,因此计算波浪力是一项重要工作.计算波浪力,实际上与建筑物类型有关.有一类建筑物,其特征尺度(桩柱直径)与波长相比较小,它的存在可以认为不影响波浪场,这种型式建筑物就是所谓桩柱(直立就是竖桩).一般认为,其柱体直径 D 与波长 L 相比较小,大约在 0.15 左右.

作用在桩柱上的波浪力,主要来自两方面,一是由于流体流过桩柱时(桩柱不动)流体产生加速度或减速度的力,称为惯性力.二是由于流体流过桩柱时与柱体壁面产生摩擦并在柱后产生尾流的力,称为粘性阻力.

在工程上此两类力可以以特征波方法,也可以不规则波方法计算,这里采用前一种.

惯性力与流体质点运动的加速度有关,对小直径桩柱,如果假定柱体的存在不致引起整个流场的变化,那么流场中各点的加速度就可以按照前面小

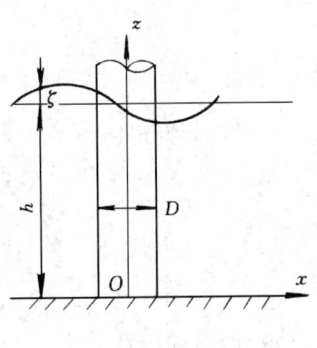

图 7.18

振幅波理论或其他理论来计算.这样我们可以认为,一个由柱体所占体积内的水体,它本来应该以一个与波浪场中该处的加速度运动,而现在由于这个体积的水体被认为减速至静止不动,因此,这个惯性力的大小就应等于这个体积的质量乘以其加速度.但流场中这个体积的水体各处的加速度并不相同,作为近似,就以沿柱体轴线上各点的加速度来代表各相应深度桩柱截面内各点的加速度.此外,除了被桩柱所占体积的那部分水体外,在桩柱附近还将有一部分附加水体也将被加速或减速,因此作用在柱体上的实际惯性力需再乘一个系数 c_m,作用在深度 z 处的单位高度桩柱上的惯性力,可表示为

$$f_I = c_m \rho \frac{\pi D^2}{4} \left.\frac{\partial u}{\partial t}\right|_z, \tag{7.12.1}$$

其中 c_m 称为惯性系数.

粘性阻力与流体质点速度有关,一般,设该阻力与流体质点速度的平方和质点速度垂直方向的投影面积成正比,这样,在深度 z 处,单位高度桩柱上作用的粘性阻力,可表示为

$$f_B = c_D \frac{\rho}{2} D u |u|, \tag{7.12.2}$$

其中 c_D 称为阻力系数.

作用于深度为 z 处,在单位高度上的总波浪力 f 就为

$$f = f_I + f_D = c_m \rho \frac{\pi D^2}{4} \frac{\partial u}{\partial t}\bigg|_z + c_D \frac{\rho}{2} Du \bigg| |u| \bigg|_z. \tag{7.12.3}$$

上式由莫里森等人提出,通常称为莫里森公式(方程).

为了确定莫里森方程中水动力系数 c_m、c_D 的值,莫里森等人进行了一系列模型试验. 如果所采用的水波为小振幅波,则其

$$u = \frac{TH}{T} \frac{\operatorname{ch}\dfrac{2\pi z}{L}}{\operatorname{sh}\dfrac{2\pi h}{L}} \cos 2\pi\left(\frac{x}{L} - \frac{t}{T}\right), \tag{7.12.4}$$

$$\zeta = \frac{H}{2}\cos 2\pi\left(\frac{x}{L} - \frac{t}{T}\right), \tag{7.12.5}$$

一般对圆柱体,取 $c_m = 2.0, c_D = 1.2$.

对于从水底 $z=0$ 至水面 $z=h+\zeta$ 的整条竖桩,总波浪力是

$$F_\text{总} = \rho \int_0^{h+\zeta} \left(c_m \frac{\pi D^2}{4} \frac{\partial u}{\partial t} + \frac{1}{2} c_D Du |u| \right)\bigg|_{x=0} \mathrm{d}z \tag{7.12.6}$$

$$= F_{D_{\max}} \cos \omega t |\cos \omega t| - F_{I_{\max}} \sin \omega t.$$

对柱根部的总力矩

$$M_\text{总} = \rho \int_0^{h+\zeta} z\left(c_m \frac{\pi D^2}{4} \frac{m}{\pi} + \frac{1}{2} c_D Du |u| \right)\bigg|_{x=0} \mathrm{d}z \tag{7.12.7}$$

$$= M_{D_{\max}} c\omega t |\cos \omega t| - M_{I_{\max}} \sin \omega t,$$

其中

$$F_{D_{\max}} = c_D \frac{\rho g D H^2}{2} k_1, \quad k_1 = \frac{2k(h+\zeta) + \operatorname{sh} 2k(h+\zeta)}{8\operatorname{sh} 2kh},$$

$$F_{I_{\max}} = c_m \frac{\rho g \pi D^2 H}{2} k_2, \quad k_2 = \frac{\operatorname{sh} k(h+\zeta)}{\operatorname{ch} kh},$$

$$M_{D_{\max}} = c_D \frac{\rho g H^2 D}{k} k_3,$$

$$k_3 = \frac{1}{32\operatorname{sh} 2kh}\{2k^2(h+\zeta)^2 + 2k(h+\zeta)\operatorname{sh} k(h+\zeta) - \operatorname{ch} 2k(h+\zeta) + 1\},$$

$$M_{I_{\max}} = c_m \frac{\rho g \pi D^2 H}{8k} k_4,$$

$$k_4 = \frac{1}{\operatorname{ch} kh}\{k(h+\zeta) + \operatorname{sh} k(h+\zeta) - \operatorname{ch} k(h+\zeta) + 1\}.$$

工程设计时,重要的是知道最大水平力及最大力矩,其公式是

$$F_{\text{总max}} = \begin{cases} F_{D_{\max}}\left[1 + 0.25\left(\dfrac{F_{I_{\max}}}{F_{D_{\max}}}\right)^2\right], & \text{当 } F_{D_{\max}} > \dfrac{1}{2}F_{I_{\max}}, \\ F_{I_{\max}}, & \text{当 } F_{D_{\max}} \leq \dfrac{1}{2}F_{I_{\max}}. \end{cases} \quad (7.12.8)$$

$$M_{\text{总max}} = \begin{cases} M_{D_{\max}}\left[1 + 0.25\left(\dfrac{M_{I_{\max}}}{M_{D_{\max}}}\right)^2\right], & \text{当 } M_{D_{\max}} > \dfrac{1}{2}M_{I_{\max}}, \\ M_{I_{\max}}, & \text{当 } M_{D_{\max}} \leq \dfrac{1}{2}M_{I_{\max}}. \end{cases} \quad (7.12.9)$$

在计算上述公式中,当相对水深 h/L 很小时,可取 $\zeta=0$,否则,按如下近似:

计算 $F_{I_{\max}}$ 及 $M_{I_{\max}}$, 取 $\zeta = \zeta^* - H/2$.

计算 $F_{D_{\max}}$ 及 $M_{D_{\max}}$, 取 $\zeta = \zeta^*$.

ζ^* 值由图 7.19 给出.

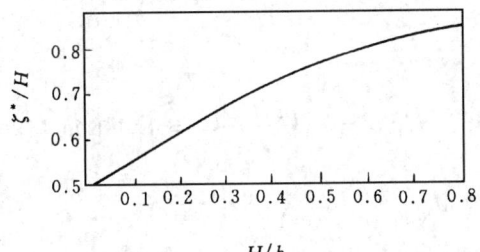

图 7.19

近年来,由于生产的需要,海上平台的位置有逐渐移向较深海域的趋势,这样桩柱的直径必须加大,随之它对波浪力的影响不能再忽略不计,于是有人利用数值方法对这一问题进行研究取得了较好的结果.

(二) 应用举例

设桩基码头处,水深 $h=10\text{m}$ 设计波高 $H=2.0\text{m}$,波长 $L=60\text{m}$,桩柱直径 $D=0.5\text{m}$. 求作用于桩柱的最大波浪力及作用位置.

解 1. 取 $c_m = 2.0$, $\quad c_d = 1.2$,

$\rho g = 1.025 \text{t/m}^3$,

$k = 2\pi/L = 0.105 \text{rad/m}$,

$H/h = 2.0/10 = 0.2$,

由图查出 $\zeta^*/H = 0.62$,得 $\zeta^* = 0.62H = 1.24\text{m}$,

$$\zeta = \zeta^* - H/2 = 1.24 - 2.0/2 = 0.24 \text{m}.$$

2. 计算 $F_{I_{max}}$

$$F_{I_{max}} = \frac{\rho g \pi D^2 H}{2} k_2 = 2.0 \frac{1.025 \times 3.14 \times 0.5^2 \times 2.0}{2}$$

$$\times \frac{\text{sh}0.105(10+0.24)}{\text{ch}(0.105 \times 10)} = 0.32\text{t}.$$

3. 计算 $F_{D_{max}}$

$$F_{D_{max}} = c_D \frac{\rho g D H^2}{2} k_1 = 0.29\text{t}.$$

4. 因 $F_{D_{max}} > 1/2 F_{I_{max}}$,

故 $F_{总_{max}} = F_{D_{max}}(1 + 0.25(F_{I_{max}}/F_{D_{max}})2) = 0.38\text{t}$

5. 计算 $M_{I_{max}}$

$$M_{I_{max}} = c_m \frac{\rho g \pi D^2 H}{8k} k_4 = 1.79\text{t/m}$$

6. 计算 $M_{D_{max}}$

$$M_{D_{max}} = c_D \frac{\rho g H^2 D}{h} k_3 = 1.98\text{t/m}$$

7. 计算 $M_{总_{max}}$, 因 $M_{D_{max}} > \frac{1}{2} M_{I_{max}}$,

故 $M_{总_{max}} = M_{d_{max}}[1 + 0.25(M_{I_{max}}/M_{D_{max}})^2] = 2.38\text{t} \cdot \text{m}$

8. 计算最大水平力作用点高度（从水底起）

$$Z = M_{总_{max}}/F_{总_{max}} = 6.26\text{m}$$

小　结

　　流体波动是常见的一种自然现象,也是一种流体运动形式. 本章主要介绍液体重力波（包括表面波、界面波）及表面张力波.

　　当无粘性、不可压缩流体在重力场中作无旋运动时,波动的基本方程组在给定边界条件与初始条件下求解是十分复杂的. 为此必须作简化假设. 若振幅相对于波长为一小量时,就可得到小振幅波,由此可粗略解释自然界中的部分波动现象.

　　界面波是两种不同流体分界面上的波动. 表面张力波是表面上有表面张力（作恢复力）作用的表面波动,它们有不同的成因和有不同的特征,因此对理解波动现象深入了一步.

不同频率、不同波长的单一波迭加形成波群. 波群移动速度称为群速度,它是波动能量的传播速度.

斯托克斯波是一种典型的有限振幅波(非线性波),由于其非线性特征,求解要困难得多,但它是现代波动理论的重要内容.

浅水长波在工程上有重要应用,它也是现今研究波动的重要方向.

*实验中的发现

(十一) 孤立波

为了研究船舶在运动中所受到的阻力,1834 年 8 月 J. S. 拉塞尔(1808—1882)在一条运河中牵引各种船舶进行全尺寸的实验与观测. 最初,牵引的动力是两匹马,以后改用滑轮和配重系统. 拉塞尔是研究波的形成如何影响船舶阻力的第一人. 他在实验过程中发现了孤立波. 后来在做学术报告和发表文章时,他是这样描述这一现象的:

"我把注意力集中在船舶给予流体的运动上,立刻就观察到一个非同寻常而又非常绚丽的现象,它是如此之重要以致我将首先详细描述它所表现出来的外貌. 当我正在观察一只高速运动的船舶,并让它突然停止时,在船舶周围所形成的小波浪中,一个紊乱的扰动现象吸引了我的注意. 在船身长度的中部附近,许多水聚集在一起,形成一个廓线很清楚的水堆,最后还出现一尖峰,并以相当高的速度开始向前运动,到船头后,继续保持它的形状不变,在静止流体的表面上,完全孤立地向前运动,成为一孤立进行波,直至河道的转弯处才开始消失掉."

拉塞尔还继续生动地描述了他对这一现象所作出的反应:

"我立刻离开了船舶停留的地方,准备用步行去跟上它,但发现它运动得很快,我即刻骑上马,在几分钟之内赶上了它,并发现它以一均匀速度沿静止流体表面作孤独的运动,跟随它一英里多以后,我发现它开始逐渐衰减,并在运河的转角处最后消失. 这一现象只要船舶快速行驶时,突然让它停止,就可以重复观察到,它是如此的重要和有趣,以致后来诱使我进行了许多有关水波课题的实验."

的确,为了验证这一现象的存在和它的性质. 拉塞尔于 1837 年 8 月又在一长 20 英尺宽 1 英尺的水槽中进行了一系列受人工控制的实验,获得了与现场实验相同的结果,同时根据这些实验结果他提出孤立波的传播速度

$$c = \sqrt{g(h_0 + a)},$$

其中 g 为重力加速度，h_0 为静止水的初始深度和 a 为孤立波的高度.

当时科学界的权威们对拉塞尔的这些结果最初表示怀疑和反对，甚至连 G. B. 艾里与 G. G. 斯托克斯也对在静止水面上能存在不变形的行波提出质疑. 直至 1862 与 1865 年 H. E. 巴津又对孤立波的持续性进行了一系列实验，最终才证明拉塞尔的工作是正确的.

1895 年数学家 D. J. 科尔特弗和他的学生 G. 德·弗里斯在小振幅与长波的假定下导出了著名的 KdV 方程.

习　题

7.1 在海洋中观测到一分钟内浮标升降 20 次，设其波动可认为是无限深水小振幅平面波，求波长及其传播速度.

7.2 设二维有限深度波动速度势为

$$\varphi = \frac{A_0 g}{\omega} \frac{\operatorname{ch} k(z+d)}{\operatorname{ch} kd} \sin(kx - \omega t),$$

求此相应的流函数及复势表达式.

*7.3 设波面

$$\zeta = \frac{Q}{\sqrt{\pi x}} \left(\frac{gt^2}{4x}\right)^{\frac{1}{2}} \cos\left(\frac{gt^2}{4x} - \frac{\pi}{4}\right),$$

求波长、周期和波速.

7.4 若坐标取在波面上，试写出习题 7.2 速度势的表示式.

7.5 在无限深水表面作用一按简谐变化的压强

$$p_a(x, t) = A_0 \sin(kx - \omega t),$$

求由此压强引起的速度势，设 A_0 为小振幅.

7.6 对二维有限水深 d 的小振幅波，若波动传播方向两侧 $x = 0$ 及 $x = l$ 为界，写出此波动应满足的方程及边界条件，然后求解.

*7.7 对二维有限水深 d 的小振幅波，若以圆柱面上 $r = r_0$ 为界，立出此波动应满足的方程及边界条件，然后求解.

*7.8 设有上下两层液体，深度、密度分别为 d_1、d_2 及 ρ_1、ρ_2，上层液体有自由面，若界面波及表面波波速相同，求此波速.

提示：设上层液体速度势

$$\varphi_1 = \frac{-A_0 c}{\operatorname{sh} kd_1} \operatorname{ch} k(z - d_1) \sin(kx - \omega t) + \frac{B_0 c}{\operatorname{sh} kd_1} \operatorname{ch} kz \sin(kx - \omega t).$$

下层液体速度势为

$$\varphi_2 = \frac{A_0 c}{\operatorname{sh} kd_2} \operatorname{ch} k(z + d_2) \sin(kx - \omega t),$$

其中 A_0, B_0 分别为界面波及表面波的振幅.

7.9 上题中当下层深度 $d_2 \to \infty$ 时,求波速.

7.10 波长为 λ 的简谐波系沿深水表面传播,证明,在未扰动表面以下深度为 h 的点上,受扰动后此点达到 $h+\zeta$ 深度的瞬时压强,与同一点的未扰动压强之比为

$$\left[1 + \frac{\zeta}{h}\exp\left(-\frac{2\pi h}{\lambda}\right)\right] : 1.$$

***7.11** 深为 d = 常数的水以离底($y=0$)的距离成正比的速度流动,水面 $y=d$ 上速度为 v,证明,在流动方向上传递的波速 c 由下式给出

$$(c-v)^2 + v(c-v)\frac{c_1^2}{gd} = c_1^2,$$

其中 c_1 为波动在静水中的波速.

7.12 假定有两种密度为 ρ_1 及 ρ_2 的不可压缩流体,上层流体以速度 U_1、下层流体以速度 U_2 在 x 轴方向流动,若两种流体的波动速度势分别以 φ_1、φ_2 表示,证明,在分界面上波面升高 ζ 满足下列方程

$$\rho_2\left(\frac{\partial \varphi_2}{\partial t} + U_2 \frac{\partial \varphi_2}{\partial x}\right) - \rho_1\left(\frac{\partial \varphi_1}{\partial t} + U_1 \frac{\partial \varphi_1}{\partial x}\right) = (\rho_1 - \rho_2)g\zeta,$$

$$\frac{\partial \varphi_1}{\partial z} = \frac{\partial \zeta}{\partial t} + U_1 \frac{\partial \zeta}{\partial x},$$

$$\frac{\partial \varphi_2}{\partial z} = \frac{\partial \zeta}{\partial t} + U_2 \frac{\partial \zeta}{\partial x}.$$

若 $U_1 = U_2 = 0$,并且两种流体深度均为无限,求此界面上波长为 λ 的波的传播速度.

***7.13** 若 $z=0$ 是两无界不可压缩流体的水平界面,密度为 ρ_1 的上层流体在 x 方向以速度 U 流动,而密度为 ρ_2 的另一流体处于静止状态,证明,两种定常状态流体的小扰动速度势 φ_1 及 φ_2 在界面上满足的连续条件为

$$\frac{\partial^2}{\partial x \partial t}(\varphi_1 - \varphi_2) = U \frac{\partial^2 \varphi_2}{\partial x \partial z},$$

$$\rho_1\left(\frac{\partial^2 \varphi_1}{\partial t^2} + U \frac{\partial^2 \varphi_1}{\partial x \partial t}\right) - \rho_2 \frac{\partial^2 \varphi_2}{\partial t^2} = (\rho_2 - \rho_1)g \frac{\partial \varphi_2}{\partial z}.$$

再证明,仅当 $\lambda \geq \frac{2\pi U^2}{g} \cdot \frac{\rho_1 \rho_2}{\rho_2^2 - \rho_1^2}$ 时,波长为 λ 的扰动才能沿界面以实值速度传递.

7.14 设运动二维,无限水深,自由表面上有表面张力作用,建立波动方程并求解(同时考虑重力).

7.15 若两流体界面上有表面张力作用,证明其毛细重力波的波速由下式决定

$$\sigma k^2 + g(\rho_2 - \rho_1) = k[\rho_2(U_2 - c)^2 \text{cth } kd_2 + \rho_1(U_1 - c)^2 \text{cth } kd_1],$$

其中 σ 为表面张力,U_1、U_2 为上下层流体的流动速度.

7.16 上题中若 d_1、d_2 比波长 λ 为小量,则证明

$$c^2 = \frac{d_1 d_2}{\rho_1 d_1 + \rho_2 d_2}[\sigma k^2 + g(\rho_2 - \rho_1)].$$

7.17 上下各有一固定水平面为界的两液体间的界面上发生长波,两液体层深度分别

为 d_1 及 d_2，密度分别为 ρ_1 及 ρ_2，求界面长波传播速度.

7.18　一无限长渠道,矩形截面,一段等深度为 d,等宽度为 b,另一段等深度为 d',等宽度为 b',沿渠道有一列波行进,证明,若 A_0 及 A_0' 分别是两段中的波的振幅,k,k' 为波数,并假设沿渠道行进时周期不变,则有

$$k\,\text{th}\,kd = k'\,\text{th}\,kd',$$
$$A_0^2 b\,\text{sh}^2 kd(\text{sh}\,2kd + 2kd) = A_0'^2 b'\,\text{sh}^2 k'd'(\text{sh}\,2k'd' + 2k'd').$$

7.19　求界于两平板间的两液体层界面上产生波动的能量.

*7.20　若地震波 $\zeta_0 = A_0\cos(kx - \omega t)$ 在海底传播,求海面上的自由面形状,设水深 d 较小.

*7.21　证明,沿一横截面为 A 的渠道传播的长波的波速是 $c = \sqrt{\dfrac{Ag}{b}}$,其中 b 为截面宽度.

第八章 粘性不可压缩流体的层流运动

在前面几章中着重分析了无粘性流体的运动.这一简化的流体模型可以成功地解决一些实际问题,例如流线型物体表面的压强分布和所受的升力等;但对另一些问题,例如求物体所受到的流体阻力等,却导致荒谬的结论("达朗贝尔佯谬").事实上,物体所受的流体阻力包括摩擦阻力和压差阻力.摩擦阻力是由流体的粘性所引起的,压差阻力除包含第六章讲过的由附加质量引起的非定常阻力以外,还包含由表面流线分离所引起的尾涡阻力,而后者也直接与粘性相关.在流体力学中还有许多问题与粘性、热传导和扩散等不可逆耗散现象有关.在讨论这样一些问题时,就必须采用粘性流体这一模型.

粘性流体的运动有两种状态:层流和湍流.前者的流线层次分明,后者的流体质点运动杂乱无章.本章探讨粘性不可压缩流体层流运动的基本概念和基本理论,而把湍流运动留待下章讨论.

本章前四节介绍粘性流动的一般特点和研究方法,第5,6节分别讲述层流运动的一些精确解析解和一些在低雷诺数极限下的近似解,第7至14节则阐述在很高雷诺数极限下的边界层近似.所谓雷诺数是反映流体惯性力与粘性力作用相对重要性的无量纲参数.由于空气和水的粘度系数较小,通常飞机或轮船运动的雷诺数都很高,粘性的影响局限在物面附近的一个薄层(就是边界层)中.在边界层中,粘性流动的纳维-斯托克斯方程组得到很大简化.边界层理论对于计算物体的摩擦阻力与传热有重要意义.

8.1 粘性不可压缩流动的基本方程组

在第三章中,我们已经导出了流体力学的基本方程组.对于粘性不可压缩流体的流动,这些方程可以写作

$$\nabla \cdot v = 0, \tag{8.1.1}$$

$$\frac{\mathrm{D}v}{\mathrm{D}t} = F_b - \frac{1}{\rho}\nabla p + \frac{1}{\rho}\nabla \cdot (2\mu S), \tag{8.1.2}$$

$$\rho c \frac{\mathrm{D}T}{\mathrm{D}t} = \nabla \cdot (k \nabla T) + \Phi. \tag{8.1.3}$$

式中 $c = \dfrac{\mathrm{d}e}{\mathrm{d}t}$ 是流体的比热（对不可压缩流体不再区分为等容比热 c_v 和等压比热 c_p）. 在导出上述连续性方程、动量方程和能量方程时，我们采用了如下假设：

1）流体是连续介质；

2）流体是均质不可压缩的各向同性牛顿流体，服从斯托克斯假设（见上册中 (1.6.12) 式)；

3）流动中每一瞬时流体质点处于准热平衡态；

4）流体中的热传导服从傅里叶定律（见上册中 (1.1.10) 式）. 注意 (8.1.2) 和 (8.1.3) 式只适用于惯性坐标系，(8.1.1) 式与坐标系是否惯性系无关. 在上式中，应变率张量 S 的分量 s_{ij} 与速度分量 v_j 的关系是（参看 1.4 节）：

$$s_{ij} = \frac{1}{2}\left(\frac{\partial v_i}{\partial x_j} + \frac{\partial v_j}{\partial x_i}\right). \tag{8.1.4}$$

而不可压缩流体的耗散函数 Φ 定义为（参看上册中 (3.6.23) 式)：

$$\Phi = 2\mu S : S. \tag{8.1.5}$$

粘度系数 μ，热传导系数 k 和比热 c 通常是温度 T 的给定函数，单位质量流体上作用的体力 F_b 是已知量. 对于均质不可压缩流体，常密度 ρ 也是已知的. 这样，方程组 (8.1.1) 至 (8.1.3) 包含两个标量方程和一个矢量方程，其中有两个未知标量（压强 p 和温度 T）和一个未知矢量（速度 v），因而是封闭的. 其中的运动方程 (8.1.2) 式是法国科学家 C.L.M.H. 纳维于 1821 年和英国物理学家 G.G. 斯托克斯于 1845 年分别建立的，后来被称为纳维-斯托克斯方程. 在文献中常简称为 N-S 方程.

如果所考虑的问题中流体粘度系数 μ 随温度 T 的变化小得可以忽略不计，那么方程 (8.1.1) 至 (8.1.2) 可以简化为

$$\nabla \cdot v = 0, \tag{8.1.6}$$

$$\frac{\mathrm{D}v}{\mathrm{D}t} = F_b - \frac{1}{\rho}\nabla p + \nu \nabla^2 v. \tag{8.1.7}$$

式中 $\nu = \mu/\rho$，称为运动粘度系数，有时又称为动量扩散率. (8.1.6) 和 (8.1.7) 式与 T 无关，因而可以从中解出 p 和 v，然后再将 v 代入 (8.1.3) 式求解温度场 T. 在实践中，许多问题的流场中温度变化范围很小，或者流体粘度对温度变化很不敏感，这时都可采用上述近似假设，把流体力学问题和传热问题分开，依次求解.

下面我们便在 $\mu \approx$ 常数的假设下，列出几种常用的正交坐标系之下 (8.1.6)、(8.1.7) 和 (8.1.3) 式的分量形式，其中 S 和 Φ 已用 (8.1.4) 和 (8.1.5) 式的表达式代入.

直角坐标系(x,y,z)：

$$\left.\begin{aligned}
&\frac{\partial u}{\partial x}+\frac{\partial v}{\partial y}+\frac{\partial w}{\partial z}=0,\\
&\frac{\partial u}{\partial t}+u\frac{\partial u}{\partial x}+v\frac{\partial u}{\partial y}+w\frac{\partial u}{\partial z}=F_{bx}-\frac{1}{\rho}\frac{\partial p}{\partial x}+\nu\left(\frac{\partial^2 u}{\partial x^2}+\frac{\partial^2 u}{\partial y^2}+\frac{\partial^2 u}{\partial z^2}\right),\\
&\frac{\partial v}{\partial t}+u\frac{\partial v}{\partial x}+v\frac{\partial v}{\partial y}+w\frac{\partial v}{\partial z}=F_{by}-\frac{1}{\rho}\frac{\partial p}{\partial y}+\nu\left(\frac{\partial^2 v}{\partial x^2}+\frac{\partial^2 v}{\partial y^2}+\frac{\partial^2 v}{\partial z^2}\right),\\
&\frac{\partial w}{\partial t}+u\frac{\partial w}{\partial x}+v\frac{\partial w}{\partial y}+w\frac{\partial w}{\partial z}=F_{bz}-\frac{1}{\rho}\frac{\partial p}{\partial z}+\nu\left(\frac{\partial^2 w}{\partial x^2}+\frac{\partial^2 w}{\partial y^2}+\frac{\partial^2 w}{\partial z^2}\right),\\
&\rho c\left(\frac{\partial T}{\partial t}+u\frac{\partial T}{\partial x}+v\frac{\partial T}{\partial y}+w\frac{\partial T}{\partial z}\right)=\frac{\partial}{\partial x}\left(k\frac{\partial T}{\partial x}\right)+\frac{\partial}{\partial y}\left(k\frac{\partial T}{\partial y}\right)+\frac{\partial}{\partial z}\left(k\frac{\partial T}{\partial z}\right)\\
&+2\mu\left[\left(\frac{\partial u}{\partial x}\right)^2+\left(\frac{\partial v}{\partial y}\right)^2+\left(\frac{\partial w}{\partial z}\right)^2\right]+\mu\left[\left(\frac{\partial v}{\partial x}+\frac{\partial u}{\partial y}\right)^2\right.\\
&\left.+\left(\frac{\partial v}{\partial z}+\frac{\partial w}{\partial y}\right)^2+\left(\frac{\partial u}{\partial z}+\frac{\partial w}{\partial x}\right)^2\right].
\end{aligned}\right\} \quad (8.1.8)$$

圆柱坐标系(r,θ,z)：

$$\left.\begin{aligned}
&\frac{1}{r}\frac{\partial(v_r r)}{\partial r}+\frac{1}{r}\frac{\partial v_\theta}{\partial \theta}+\frac{\partial v_z}{\partial z}=0,\\
&\frac{\partial v_r}{\partial t}+v_r\frac{\partial v_r}{\partial r}+\frac{v_\theta}{r}\frac{\partial v_r}{\partial \theta}+v_z\frac{\partial v_r}{\partial z}-\frac{v_\theta^2}{r}=F_{br}-\frac{1}{\rho}\frac{\partial p}{\partial r}\\
&+\nu\left[\frac{1}{r}\frac{\partial}{\partial r}\left(r\frac{\partial v_r}{\partial r}\right)+\frac{1}{r^2}\frac{\partial^2 v_r}{\partial \theta^2}+\frac{\partial^2 v_r}{\partial z^2}-\frac{2}{r^2}\frac{\partial v_\theta}{\partial \theta}-\frac{v_r}{r^2}\right],\\
&\frac{\partial v_\theta}{\partial t}+v_r\frac{\partial v_\theta}{\partial r}+\frac{v_\theta}{r}\frac{\partial v_\theta}{\partial \theta}+v_z\frac{\partial v_\theta}{\partial z}+\frac{v_r v_\theta}{r}=F_{b\theta}-\frac{1}{\rho r}\frac{\partial p}{\partial \theta}\\
&+\nu\left[\frac{1}{r}\frac{\partial}{\partial r}\left(r\frac{\partial v_\theta}{\partial r}\right)+\frac{1}{r^2}\frac{\partial^2 v_\theta}{\partial \theta^2}+\frac{\partial^2 v_\theta}{\partial z^2}+\frac{2}{r^2}\frac{\partial v_r}{\partial \theta}-\frac{v_\theta}{r^2}\right],\\
&\frac{\partial v_z}{\partial t}+v_r\frac{\partial v_z}{\partial r}+\frac{v_\theta}{r}\frac{\partial v_z}{\partial \theta}+v_z\frac{\partial v_z}{\partial z}=F_{bz}-\frac{1}{\rho}\frac{\partial p}{\partial z}\\
&+\nu\left[\frac{1}{r}\frac{\partial}{\partial r}\left(r\frac{\partial v_z}{\partial r}\right)+\frac{1}{r^2}\frac{\partial^2 v_z}{\partial \theta^2}+\frac{\partial^2 v_z}{\partial z^2}\right],\\
&\rho c\left[\frac{\partial T}{\partial t}+v_r\frac{\partial T}{\partial r}+\frac{v_\theta}{r}\frac{\partial T}{\partial \theta}+v_z\frac{\partial T}{\partial z}\right]=\frac{1}{r}\frac{\partial}{\partial r}\left(kr\frac{\partial T}{\partial r}\right)+\frac{1}{r^2}\frac{\partial}{\partial \theta}\left(k\frac{\partial T}{\partial \theta}\right)\\
&+\frac{\partial}{\partial z}\left(k\frac{\partial T}{\partial z}\right)+2\mu\left[\left(\frac{\partial v_r}{\partial r}\right)^2+\left(\frac{1}{r}\frac{\partial v_\theta}{\partial \theta}+\frac{v_r}{r}\right)^2+\left(\frac{\partial v_z}{\partial z}\right)^2\right]\\
&+\mu\left[\left(\frac{1}{r}\frac{\partial v_z}{\partial \theta}+\frac{\partial v_\theta}{\partial z}\right)^2+\left(\frac{\partial v_r}{\partial z}+\frac{\partial v_z}{\partial r}\right)^2+\left(\frac{1}{r}\frac{\partial v_r}{\partial \theta}+\frac{\partial v_\theta}{\partial r}-\frac{v_\theta}{r}\right)^2\right].
\end{aligned}\right\} \quad (8.1.9)$$

球坐标系(R,θ,λ)：

$$\left.\begin{aligned}
& \frac{1}{R}\frac{\partial}{\partial R}(R^2 v_R) + \frac{1}{\sin\theta}\frac{\partial}{\partial\theta}(v_\theta \sin\theta) + \frac{1}{\sin\theta}\frac{\partial v_\lambda}{\partial\lambda} = 0, \\
& \frac{\partial v_R}{\partial t} + v_R\frac{\partial v_R}{\partial R} + \frac{v_\theta}{R}\frac{\partial v_R}{\partial\theta} + \frac{v_\varphi}{R\sin\theta}\frac{\partial v_R}{\partial\lambda} - \frac{v_\theta^2 + v_\lambda^2}{R} = F_{bR} - \frac{1}{\rho}\frac{\partial p}{\partial R} \\
& \quad + \nu\Big[\frac{1}{R^2}\frac{\partial}{\partial R}\Big(r^2\frac{\partial v_R}{\partial R}\Big) + \frac{1}{R^2\sin\theta}\frac{\partial}{\partial\theta}\Big(\sin\theta\frac{\partial v_R}{\partial\theta}\Big) \\
& \quad + \frac{1}{R^2\sin\theta}\frac{\partial^2 v_R}{\partial\lambda^2} - \frac{2v_R}{R^2} - \frac{2}{R^2\sin\theta}\frac{\partial(v_\theta\sin\theta)}{\partial\theta} - \frac{2}{R^2\sin\theta}\frac{\partial v_\lambda}{\partial\lambda}\Big], \\
& \frac{\partial v_\theta}{\partial t} + v_R\frac{\partial v_\theta}{\partial R} + \frac{v_\theta}{R}\frac{\partial v_\theta}{\partial\theta} + \frac{v_\lambda}{R\sin\theta}\frac{\partial v_\theta}{\partial\lambda} + \frac{v_R v_\theta}{R} - \frac{v_\lambda^2 \text{ctg}\,\theta}{R} \\
& = F_{b\theta} - \frac{1}{\rho R}\frac{\partial p}{\partial\theta} + \nu\Big[\frac{1}{R^2}\frac{\partial}{\partial R}\Big(R^2\frac{\partial v_\theta}{\partial R}\Big) \\
& \quad + \frac{1}{R^2\sin\theta}\frac{\partial}{\partial\theta}\Big(\sin\theta\frac{\partial v_\theta}{\partial\theta}\Big) + \frac{1}{R^2\sin^2\theta}\frac{\partial^2 v_\theta}{\partial\lambda^2} \\
& \quad + \frac{2}{R^2}\frac{\partial v_R}{\partial\theta} - \frac{v_\theta}{R^2\sin^2\theta} - \frac{2\cos\theta}{R^2\sin^2\theta}\frac{\partial v_\lambda}{\partial\lambda}\Big], \\
& \frac{\partial v_\lambda}{\partial t} + v_r\frac{\partial v_\lambda}{\partial R} + \frac{v_\theta}{R}\frac{\partial v_\lambda}{\partial\theta} + \frac{v_\lambda}{R\sin\theta}\frac{\partial v_\lambda}{\partial\lambda} + \frac{v_\lambda v_R}{R} + \frac{v_\theta v_\lambda \text{ctg}\,\theta}{R} \\
& = F_{b\lambda} - \frac{1}{\rho R\sin\theta}\frac{\partial p}{\partial\lambda} + \nu\Big[\frac{1}{R^2}\frac{\partial}{\partial R}\Big(R^2\frac{\partial v_\lambda}{\partial R}\Big) \\
& \quad + \frac{1}{R^2\sin\theta}\frac{\partial}{\partial\theta}\Big(\sin\theta\frac{\partial v_\lambda}{\partial\theta}\Big) + \frac{1}{R^2\sin^2\theta}\frac{\partial^2 v_\lambda}{\partial\lambda^2} \\
& \quad + \frac{2}{R^2\sin\theta}\frac{\partial v_R}{\partial\lambda} + \frac{2\cos\theta}{R^2\sin^2\theta}\frac{\partial v_\theta}{\partial\lambda} - \frac{v_\lambda}{R^2\sin^2\theta}\Big], \\
& \rho c\Big[\frac{\partial T}{\partial t} + v_R\frac{\partial T}{\partial R} + \frac{v_\theta}{R}\frac{\partial T}{\partial\theta} + \frac{v_\lambda}{R\sin\theta}\frac{\partial T}{\partial\lambda}\Big] \\
& = \frac{1}{R^2}\frac{\partial}{\partial R}\Big(kR^2\frac{\partial T}{\partial R}\Big) + \frac{1}{R^2\sin\theta}\frac{\partial}{\partial\theta}\Big(k\sin\theta\frac{\partial T}{\partial\theta}\Big) \\
& \quad + \frac{1}{R^2\sin^2\theta}\frac{\partial}{\partial\lambda}\Big(k\frac{\partial T}{\partial\lambda}\Big) + 2\mu\Big[\Big(\frac{\partial v_R}{\partial R}\Big)^2 \\
& \quad + \Big(\frac{1}{R}\frac{\partial v_\theta}{\partial\theta} + \frac{v_R}{R}\Big)^2 + \Big(\frac{1}{R\sin\theta}\frac{\partial v_\lambda}{\partial\lambda} + \frac{v_R}{R} + \frac{v_\theta\cot\theta}{R}\Big)^2\Big] \\
& \quad + \mu\Big\{\Big[\frac{1}{R\sin\theta}\frac{\partial v_\theta}{\partial\lambda} + \frac{\sin\theta}{R}\frac{\partial}{\partial\theta}\Big(\frac{v_\lambda}{\sin\theta}\Big)\Big]^2 + \Big[\frac{1}{R\sin\theta}\frac{\partial v_R}{\partial\lambda} \\
& \quad + R\frac{\partial}{\partial R}\Big(\frac{v_\theta}{R}\Big)\Big]^2 + \Big[R\frac{\partial}{\partial R}\Big(\frac{v_\theta}{R}\Big) + \frac{1}{R}\frac{\partial v_R}{\partial\theta}\Big]^2\Big\}.
\end{aligned}\right\} \quad (8.1.10)$$

在第三章中,我们还导出了粘性流体流动的边界条件. 简而言之,常用的有

以下几种:

(1) 在流体与固体分界面上:

对于不可渗透的固壁有无滑移条件:

$$v_{流} = v_{固}. \tag{8.1.11}$$

在流体与固体分界面上通常没有温差. 如果壁面温度 $T_{固}$ 已知,则有

$$T_{流} = T_{固}. \tag{8.1.12}$$

如果固壁传导给流体的单位面积热流量 q_w 已知,则有热流连续条件:

$$\left(-k\frac{\partial T}{\partial n}\right)_{流} = q_w. \tag{8.1.13}$$

这里 n 是从固壁指向流体内的法线方向.

(2) 在两种液体的分界面上:

界面两侧流体的速度、温度、压强分别相等,而且切应力和热流量各自连续:

$$\left.\begin{array}{l} v_1 = v_2, T_1 = T_2, p_1 = p_2, \\ \mu_1\left(\dfrac{\partial U}{\partial n}\right)_1 = \mu_2\left(\dfrac{\partial U}{\partial n}\right)_2, k_1\left(\dfrac{\partial T}{\partial n}\right)_1 = k_2\left(\dfrac{\partial T}{\partial n}\right)_2. \end{array}\right\} \tag{8.1.14}$$

这里 n 是界面法向坐标,U 是界面切向的速度分量.

(3) 在液体与气体的分界面(自由面)上:

在忽略表面张力时,自由面上的液体压强等于界面上方气体的压强 p_0.

$$p_{液} = p_0. \tag{8.1.15}$$

这时自由面两侧流体的法向速度连续,而切向速度可有滑移. 由于气体的粘度系数和热传导系数都比液体中小得多,自由面上切应力和热流都近似为零:

$$\left(\frac{\partial U}{\partial n}\right)_{液} = 0, \left(\frac{\partial T}{\partial n}\right)_{液} = 0. \tag{8.1.16}$$

在非定常情形中,还要给定初始时刻 v, p, T 在空间的分布这些初始条件.

在各种实际应用中,最重要的体力是重力. 在除重力外没有其它体力作用时,动量方程(8.1.7)式有如下形式:

$$\rho\frac{Dv}{Dt} = -\rho g\boldsymbol{k} - \nabla p + \mu\nabla^2 v. \tag{8.1.17}$$

这里假定重力指向 z 轴负向. 这时如果引入广义压强 $p' = p - [p_0 + \rho g(z_0 - z)]$,可将(8.1.17)式化为

$$\rho\frac{Dv}{Dt} = -\nabla p' + \mu\nabla^2 v, \tag{8.1.18}$$

即形式上与无体力时的动量方程一致. (8.1.18)与(8.1.17)式的速度场是一样的,不同的只是两个压强场相差一个流体静压强 $p_0 + \rho g(z_0 - z)$(参看上册中(2.3.3)式). 这就是说:流体静压强并不引起流场速度的改变,只有流体压强 p

与其静压强 $p_0 + \rho g(z_0 - z)$ 之差才引起流场速度的变化. 既然重力的影响可以通过引入广义压强而消去,它的作用就仅限于产生流体静压强,我们也就可以在今后的讨论中不再考虑重力. 但有自由面的情形是例外,因为引入广义压强后边界条件(8.1.15)中会引入 g,这时重力的影响不能消去.

粘性流体力学中最重要的问题是给定固壁与流体的相对运动,求流体作用于固壁上的作用力和通过固壁单位面积的热流量. 通常定义固壁上的局部表面摩擦系数 c_f 为

$$c_f = \frac{\tau_w}{\frac{1}{2}\rho U_\infty^2} = \frac{\mu \left(\frac{\partial u}{\partial n}\right)_w}{\frac{1}{2}\rho U_\infty^2} \tag{8.1.19}$$

这里 τ_w 是壁面切应力,U_∞ 是流体特征速度,u 是平行于壁面方向的流体速度分量,n 是壁面法向的坐标. 对于壁面的传热,通常定义表面对流传热系数 h 为

$$h = \frac{q_w}{T_s - T_f} = \frac{-k\frac{\partial T}{\partial n}}{T_s - T_f} \tag{8.1.20}$$

其中 q_w 是通过壁面单位表面积的热流量(以从壁面流向流体方向为正),T_s 是固壁温度,T_f 是流体中的某一特征温度. 在上式中用到了 $q_w = -k\frac{\partial T}{\partial n}$. 为导出此式可在单位表面积的壁面两侧取一无限薄的小控制体积考虑其能量守恒,由于壁面流体速度为零不必考虑对流传热,因而由固壁传入的热量 q_w 等于由流体一侧通过热传导带走的热量 $-k\frac{\partial T}{\partial n}$.

纳维-斯托克斯方程组是讨论粘性流体流动的出发点,正如前几章中讨论无粘流体流动由欧拉方程出发一样. 在第四章中,我们曾对重力场中无粘不可压缩流体做定常流动时,导出沿流线成立的伯努利积分(见上册中(4.2.6)式):

$$\frac{v_1^2}{2} + \frac{p_1}{\rho} + gz_1 = \frac{v_2^2}{2} + \frac{p_2}{\rho} + gz_2,$$

式中下标 1 和 2 表示同一流线上两点,z 是竖直向上的坐标. 仔细研究一下(8.1.17)式,发现它与无粘流动的欧拉方程相比,区别只在最后一项 $\mu \nabla^2 \boldsymbol{v}$. 仿照第四章推导伯努利方程时的论证,可以导出:重力场中粘性不可压缩流体做定常流动时,沿流线由点 1 到点 2 有

$$\frac{v_1^2}{2} + \frac{p_1}{\rho} + gz_1 = \frac{v_2^2}{2} + \frac{p_2}{\rho} + gz_2 + h_1, \tag{8.1.21}$$

式中

$$h_1 = -\nu \int_1^2 \nabla^2 \boldsymbol{v} \cdot \mathrm{d}\boldsymbol{l} = -\nu \int_1^2 \frac{\boldsymbol{v}}{v} \cdot \nabla^2 \boldsymbol{v}\, \mathrm{d}l \tag{8.1.22}$$

积分沿流线进行. h_l 项称为压头损失,表示由于粘性作用所引起的流体能量的不可逆损失. (8.1.21)式叫做修正的伯努利方程,它在计算流体通过管道长途输送的问题时非常有用. 在这类问题中,由于累计的粘性损耗相当严重,不能再应用无粘流的伯努利方程(4.2.6)式. 本书 8.5,9.5,9.6 节中将要举例说明管流中的 h_l 如何计算.

8.2 相 似 律

粘性流体的纳维-斯托克斯方程组在数学上相当复杂,除了极少数特殊情形外,无法求得它的解析解. 因此为了解决各种工程实际问题,需要广泛进行各种模拟实验. 例如,把飞机或火箭模型放到风洞中吹风,或者把舰船模型放到拖曳水池中做牵引试验. 很自然,把模型做得和实物一样大小是很不经济的或者不现实的,因此模拟实验中一般采用缩小了的模型. 这就产生了两个问题:为了保持模拟流场与实物流场之间的一定对应关系,或者说相似性,实验中的各种特征参数(例如所用的流体性质,来流速度,壁面温度等)要不要相应地调整?由模拟实验测出的各种数据,例如模型所受的流体作用力和通过壁面的热流量,又需要怎样换算才能给出实物上的对应值? 这些就是本节的相似律所要讨论的内容. 在本节中,我们只限于讨论不可压缩均质粘性流体流动的相似律.

我们首先定义怎样的两个流动称为彼此相似的. 所谓两个流动现象彼此相似,有以下四个不同的层次:

1. 几何相似:指两流场中的被绕流物体和流场中各对应线元之间夹角相等,且对应长度成比例. 分别取模型与实物的特征长度和特征时间构成无量纲量,那么两流场中无量纲坐标和无量纲时间相同的点称为时空对应点;

2. 运动相似:指两个几何相似的流场中时空对应点上的速度方向相同,大小成比例;

3. 动力相似:指两个运动相似的流场中时空对应点上对应面元所受的力方向相同,大小成比例;

4. 热力相似:指两个动力相似的流场中时空对应点的温度成比例,通过对应点上对应面元的热流方向相同,大小成比例.

显然,对于不同的实际问题,我们需要提出不同层次的相似要求. 例如,如果某一工程设计只需要知道物体所受的流体作用力而对传热不感兴趣,那就只需令模型流场与实物流场动力相似,而不必要求它们热力相似. 需要强调指出的是,单有模型与实物的几何相似并不能保证两个流场之间动力相似. 举例说,如果两个几何尺寸相同的机翼模型,放在两个来流速度相同的风洞中做实验,但这两个风洞中使用粘度不同的流体. 那么由于机翼所受的升力与流体的粘性无关(见第六章),所以两个机翼上所受的升力相同,而由于机翼所受的阻力大部分来源于流体的粘性摩擦力,所以两个机翼上所受的阻力会彼此不同. 这样一来,两个机翼所受的流体作用合力(等于升力与阻力的矢量和)不仅大小不同,方向也不一样. 在实验所测得的两机翼模型所受流体作用合力之间,就没有简单的办法互相换算了. 可见,为了使实验结果能够模拟实物的受力情况,必须要求两个流场动力相似.

那么,两个流场之间要满足些什么条件,才能在动力学上或热力学上彼此相似呢? 由于这个问题的重要性,我们将采用两种不同的方法进行推导. 一种是量纲分析法,另一种是由方程组和边界条件出发的方法. 为了清晰起见,下面将以重力场中粘度系数 μ 为常数的均质不可压缩流体绕过某一物体的流动为例,假设来流速度 U_∞ 在 Oxz 平面上,与 x 轴成 α 角,重力指向 z 轴负向,流体自由面上方是大气压 p_0.

量纲分析的 π 定理告诉我们,在一个物理问题中如果有 n 个物理量,其中包含 r 个基本量纲,那么这个问题就可以用 $n-r$ 个独立的无量纲量来描述. 在我们这个绕流问题中的几何特征量取为物体的特征尺度 L;时间特征量取为某一 t_0(例如物体的振动周期,它在定常问题中不出现);运动学特征量有来流速度 U_∞ 和攻角 α;动力学特征量有重力加速度 g,流体密度 ρ 和粘度系数 μ,大气压 p_0(注意:在动力学中有意义的是压强差而不是压强的绝对大小,因而可把来流压强 p_∞ 取作基准值,各点压强由 p_∞ 起算. 这样, p_∞ 就不再是特征量);热力学特征量有流体的热传导系数 k,比热 c 以及物面与来流的温差 $T_w - T_\infty$(和压强类似,对传热起作用的只是温差而不是绝对温度). 如前所述,当 μ 为常数时流体力学问题与热力学问题可以分开依次求解. 流场中各点 (x,y,z) 在时刻 t 的压强 p 和速度 v 除了是时空点 (x,y,z,t) 的函数之外,还依赖于上述前八个特征量 $L, t_0, U_\infty, \alpha, g, \rho, \mu$ 和 p_0;而流场中的温度 T 与 T_∞ 之差则除了是 (x,y,z,t) 的函数之外,还依赖于上述全部十一个特征量. 后者可用函数关系表示为:

$$T - T_\infty = f(x,y,z,t; L, t_0, U_\infty, \alpha, g, \rho, \mu, p_0, k, c, T_w - T_\infty). \tag{8.2.1}$$

在这一关系式中,出现 $n = 16$ 个物理量,其中有 $r = 4$ 个基本量纲(长度,时间,质量,温度),因而按照 π 定理,可以把它化为 $n - r = 12$ 个无量纲量之间的函数关系. 这十二个无量纲量可以有无穷多种取法,因为任一个无量纲量的幂也是无量纲量,任意两个无量纲量相乘仍得无量纲量. 在(8.2.1)式中若取 L, $t_0, p_0, T_w - T_\infty$ 为基本量,与所有其它量分别构成无量纲量的话,就会得到无量纲温度 $T^* = \dfrac{T - T_\infty}{T_w - T_\infty}$ 与无量纲坐标 $x' = \dfrac{x}{L}, y' = \dfrac{y}{L}, z' = \dfrac{z}{L}$,无量纲时间 $t' = \dfrac{t}{t_0}$,

以及其它无量纲参数 π_1 到 π_7 的如下函数关系：

$$T^* = f_1(x', y', z', t'; \pi_1, \pi_2, \pi_3, \pi_4, \pi_5, \pi_6, \pi_7).$$

这里 $\pi_1 = \dfrac{U_\infty t_0}{L}, \pi_2 = \alpha, \pi_3 = \dfrac{gt_0^2}{L}, \pi_4 = \dfrac{p_0 t_0^2}{\rho L^2}, \pi_5 = \dfrac{\mu}{p_0 t_0}, \pi_6 = \dfrac{k(T_w - T_\infty)t_0}{p_0 L^2}, \pi_7 = \dfrac{c(T_w - T_\infty)t_0^2}{L^2}$. 适当组合这些无量纲参数可以得到不同的函数形式，一种方便的形式是：

$$T^* = F_1(x', y', z', t'; St, \alpha, Fr, Eu, Re, Pr, Ec), \tag{8.2.2}$$

式中

$$\left.\begin{aligned} St &= \frac{L}{U_\infty t_0}, Fr = \frac{U_\infty^2}{gL}, Eu = \frac{p_0}{\rho U_\infty^2}, \\ Re &= \frac{\rho U_\infty L}{\mu}, Pr = \frac{c\mu}{k}, Ec = \frac{U_\infty^2}{c(T_w - T_\infty)}. \end{aligned}\right\} \tag{8.2.3}$$

很显然，这些无量参数可由前面的 π_1 至 π_7 按如下方式组合而得：

$$\left.\begin{aligned} St &= \frac{1}{\pi_1}, Fr = \frac{\pi_1^2}{\pi_3}, Eu = \frac{\pi_4}{\pi_1^2}, \\ Re &= \frac{\pi_1}{\pi_4 \pi_5}, Pr = \frac{\pi_5 \pi_7}{\pi_6}, Ec = \frac{\pi_1^2}{\pi_7}. \end{aligned}\right\}$$

类似地，可以用量纲分析方法导出：

$$\left.\begin{aligned} \boldsymbol{v}/U_\infty &= F_2(x', y', z', t'; St, \alpha, Fr, Eu, Re), \\ p/(\rho U_\infty^2) &= F_3(x', y', z', t'; St, \alpha, Fr, Eu, Re). \end{aligned}\right\} \tag{8.2.4}$$

根据我们前面的定义，在无量纲初始条件相同时，要想使几何相似的模型与实物的流场动力相似（即在时空对应点上有相同的 $\boldsymbol{v}/U_\infty$ 和 $p/(\rho U_\infty^2)$），必须要求两流场有相同的 St, α, Fr, Eu 和 Re；要想使这两个流场同时也热力相似（即在时空对应点上有相同的 T^*），二者除上述参数相同外，还必须有相同的 Pr 和 Ec，所有这些无量纲参数叫做相似参数（或相似准则），它们都各有明确的物理意义.

在解释这些相似参数的物理意义之前，我们试用另一种方法来导出相似的条件. 这种方法从问题的方程组和定解条件出发，有助于更清晰地揭示相似参数的物理意义. 重力场中粘度系数 μ 为常数的均质不可压缩绕流满足(8.1.1)，(8.1.17)和(8.1.3)式. 在这些方程中，p 和 T 都出现在微商号下，可取 p 由 p_∞ 算起，并取 $T - T_\infty$ 代替 T 作为因变量，于是我们考虑的问题的数学提法为：

$$\nabla \cdot \boldsymbol{v} = 0, \tag{8.2.5}$$

$$\rho \frac{\mathrm{D}\boldsymbol{v}}{\mathrm{D}t} = -\rho g \boldsymbol{k} - \nabla p + \mu \nabla^2 \boldsymbol{v}, \tag{8.2.6}$$

$$\rho c \frac{\mathrm{D}(T-T_\infty)}{\mathrm{D}t} = \nabla \cdot [k\nabla(T-T_\infty)] + \Phi, \qquad (8.2.7)$$

物面(固壁)$z = f_b(x,y): \boldsymbol{v} = 0, T - T_\infty = T_w - T_\infty,$ (8.2.8)

自由面 $z = z_0: p = p_0,$ (8.2.9)

来流 $\sqrt{x^2+y^2+z^2} \longrightarrow \infty: \boldsymbol{v} = U_\infty(\cos\alpha\boldsymbol{i} + \sin\alpha\boldsymbol{k}),$

$$p = 0, \; T - T_\infty = 0 \qquad (8.2.10)$$

在非定常问题中,还要加上初始条件:

$$t = 0: \boldsymbol{v} = \boldsymbol{v}_1(x,y,z), p = p_1(x,y,z), T = T_1(x,y,z). \qquad (8.2.11)$$

下面我们就从数学提法(8.2.5)~(8.2.11)出发,来推导动力相似与热力相似所必须满足的条件. 首先引入下列无量纲量:

$$\left. \begin{aligned} x' &= \frac{x}{L}, y' = \frac{y}{L}, z' = \frac{z}{L}, t' = \frac{t}{t_0}, \\ \boldsymbol{v}' &= \frac{\boldsymbol{v}}{U_\infty}, p' = \frac{p}{\rho U_\infty^2}, T^* = \frac{T-T_\infty}{T_w - T_\infty}. \end{aligned} \right\} \qquad (8.2.12)$$

将方程组和定解条件无量纲化. 记 $\nabla' = \boldsymbol{i}\frac{\partial}{\partial x'} + \boldsymbol{j}\frac{\partial}{\partial y'} + \boldsymbol{k}\frac{\partial}{\partial z'}$,连续方程(8.2.5)的无量纲形式是:

$$\nabla' \cdot \boldsymbol{v}' = 0. \qquad (8.2.13)$$

此方程仅变换了变量,而不出现任何无量纲参数. 这说明:连续性不受任何流动参数的直接影响. 注意 $\frac{\mathrm{D}}{\mathrm{D}t} = \frac{\partial}{\partial t} + \boldsymbol{v}\cdot\nabla$,可得动量方程(8.2.6)的无量纲形式:

$$\underbrace{\underbrace{St\frac{\partial \boldsymbol{v}'}{\partial t'}}_{\text{非定常}} + \underbrace{(\boldsymbol{v}\cdot\nabla')\boldsymbol{v}'}_{\text{对流}}}_{\text{负的惯性力}} = -\underbrace{\frac{1}{Fr}\boldsymbol{k}}_{\text{重力}} - \underbrace{\nabla'p'}_{\text{压差}} + \underbrace{\frac{1}{Re}\nabla'^2\boldsymbol{v}'}_{\text{粘性应力}}. \qquad (8.2.14)$$

这里出现了三个无量纲参数:斯特劳哈尔数 St,弗劳德数 Fr 和雷诺数 Re,它们的定义见(8.2.3)式. 由上式中注出的各项物理意义可以看出:Re 表征惯性力与粘性应力的相对大小,Fr 表征惯性力与重力的相对大小,而 St 表征非定常效应的相对重要性. 例如,St 可写成 $St = \frac{L/U_\infty}{t_0}$,即流体以特征速度 U_∞ 流过特征长度 L 所需时间(L/U_∞)与非定常特征时间 t_0(例如振动周期)之比. 如果物体尺度很小,流速和振动周期较大,那么 St 就会很小,非定常效应就可以忽略不计. 从物理上说,这时流体流过物面所需时间很短. 物面还来不及明显地振动,所以非定常效应不明显. 以后我们还会看到,无量纲形式的方程对于分析不同物理效应的相对重要性是非常方便的,它提供了一把统一的尺子来度量不同物理量的大小. 在上述某一相似参数很大或很小时,常常可以忽略方程中的一些项而使数学处理大大简化。注意(8.1.5)和(8.1.4)式所给出的 Φ 的定义,能量方程(8.2.7)可以无量纲化为

$$\frac{\mathrm{D}T^*}{\mathrm{D}t'} = \frac{1}{Re}\nabla' \cdot \left(\frac{1}{Pr}\nabla'T^*\right) + \frac{Ec}{Re}\Phi' . \quad (8.2.15)$$

对流传热　　　热传导　　粘性耗散热

式中 $\Phi' = \frac{\Phi L^2}{\mu U_\infty^2}$。在这一方程中引入了两个新的无量纲参数:普朗特数 Pr 和埃克特数 Ec,它们的定义也见(8.2.3)式。由定义看出,$Pr = \frac{c_\gamma \mu}{k}$ 表示粘性效应与热传导效应的相对重要性,$Ec = \frac{U_\infty^2}{c(T_w - T_\infty)}$ 表示动能与耗散功的相对重要性。由(8.2.15)式可知,对流传热、热传导和粘性耗散热的相对重要性正比于 $1:\frac{1}{RePr}$:$\frac{Ec}{Re}$。边界条件与初始条件(8.2.8)~(8.2.11)式的无量纲形式是

$$\left.\begin{array}{l} z' = F(x',y'): \boldsymbol{v}' = 0, T^* = 1, \\ z' = z_0': p' = Eu, \\ \sqrt{x'^2 + y'^2 + z'^2} \longrightarrow \infty : \boldsymbol{v}' = \cos \alpha \boldsymbol{i} + \sin \alpha \boldsymbol{k}, p' = 0, T^* = 0, \\ t' = 0: \boldsymbol{v}' = \boldsymbol{v}_1'(x',y',z'), p' = p_1'(x',y',z'), \\ T^* = T_1^*(x',y',z'). \end{array}\right\} \quad (8.2.16)$$

这些条件中出现的无量纲参数有欧拉数 Eu(定义见(8.2.3)式),攻角 α 和初始条件 $\boldsymbol{v}_1, p_1', T_1^*$。这里 Eu 表示压差力与惯性力的相对大小。总结一下无量纲方程和定解条件(8.2.13)—(8.2.16),我们可以得到如下的相似律:对于重力场中粘度系数 μ 为常数的均质不可压缩流体的绕流问题,两个几何相似(即上式中 F 与 z_0' 相同)的流场彼此动力相似的充分必要条件是:

1) 它们有相同的相似参数 St, Fr, Eu 和 Re;
2) 它们有相同的攻角 α;
3) 它们有相同的无量纲初始条件 $\boldsymbol{v}_1'(x',y',z'), p_1'(x',y',z')$(对定常问题无此项要求);

为使这两个流场彼此热力相似,除满足以上条件外,还要求满足:

4) 它们有相同的相似参数 Pr 和 Ec;
5) 它们有相同的无量纲初始条件 $T_1^*(x',y',z')$。(对定常问题无此项要求。)

很显然,这些结论和前面应用量纲分析方法导出的(8.2.2)、(8.2.4)式是完全一致的。

值得指出的是,上述具体的相似条件是针对重力场中 μ 为常数的均质不可压缩流体绕流问题导出的。对于不同的流体力学问题可以导出不同的相似条

件,其中许多问题里可以出现别的相似参数. 我们学习流体力学,应该着重学会推导相似律的方法,以便在实际工作中针对不同的情况自行推导具体的相似条件. 上面介绍的两种方法各有其优缺点,由方程与定解条件无量纲化的方法能够直观地给出相似参数的物理意义,但对有些复杂现象不易列出全部方程和定解条件时,从物理上分析出各种影响因素采用量纲分析往往更为方便.

还应指出,即使对于重力场中 μ 为常数的均质不可压缩流体绕流问题,也并不总是同时出现所有上述相似参数. 例如,当自由面不存在时,可以通过引入广义压强的方法消除重力对流场的影响(参看(8.1.18)式前后的论述),从而使无量纲动量方程(8.2.14)中不出现含 Fr 的项. 这时边界条件中也不出现欧拉数 Eu. 于是动力相似所要求的四个相似参数 St,Fr,Eu 和 Re 就只剩下两个:St 和 Re. 在定常流动问题时,不出现 St 数. 对于温差较大而流速很低的流动,Ec 数会很小,往往可以忽略不计. 因此我们可以总结出:

1) 对于粘性流动来说,Re 数通常是最重要的相似参数;
2) 为使非定常流动相似,必须保持 St 数相同;
3) 为使有自由面的流动相似,必须保证其 Fr 数和 Eu 数分别相同;
4) 在考虑有传热的流动相似时,必须保证其 Pr 数相同.
5) 在流速较高的传热问题中,必须保证其 Ec 数相同.

相似律在工程实践上有重要应用. 下面举例加以说明.

例 8.1 为确定在深水航行的潜艇所受的阻力,采用 1/20 缩尺的模型在水洞中进行模拟实验. 若潜艇速度为 $U_P = 2.572 \text{m/s}$,海水密度 $\rho_P = 1\,010\text{kg/m}^3$,运动学粘度系数 $\nu_P = 1.30 \times 10^{-6} \text{m}^2/\text{s}$,水洞中水密度 $\rho_m = 988\text{kg/m}^3$,运动粘度系数 $\nu_m = 0.556 \times 10^{-6} \text{m}^2/\text{s}$. 试确定潜艇与模型的阻力比.

解 按题意,要求几何相似的模型与潜艇的流场动力相似. 因问题为定常,不存在 St 和初始条件;因潜艇在深水中远离自由面,故不考虑 Fr 和 Eu;因问题的攻角 $\alpha=0$ 故亦不必加以考虑. 由本节导出的相似律,只要两个流场的雷诺数 $Re_P = Re_m$,就有两个流场动力相似.

若潜艇长为 L_P,则 $Re_P = \dfrac{U_P L_P}{\nu_P} = \dfrac{2.572 \times L_P}{1.30 \times 10^{-6}} = 1.978 \times 10^6 L_P.$

因模型长 $L_m = \dfrac{1}{20}L_P$ 有 $Re_m = \dfrac{U_m L_m}{\nu_m} = \dfrac{U_m \dfrac{1}{20}L_P}{0.556 \times 10^{-6}}.$

由 $Re_P = Re_m$ 解出模型试验中水速 $U_m = 22.0 \text{ m/s}.$

根据(8.2.4)式,这时应该有

$$p/(\rho U_\infty^2) = F_3(x',y',z';Re)$$

由于阻力 D 等于压强和剪切应力投影沿物面的积分,具有 pL^2 的量纲,而模型

与潜艇的形状又是几何相似的,可知:无量纲阻力 C_D(又叫阻力系数)只是 Re 的函数,即

$$C_D = \frac{D}{\rho U_\infty^2 L^2} = F_4(Re).$$

由于模型与潜艇流场的 Re 相等,故其 C_D 应该等. 于是

$$\frac{D_P}{\rho_P U_P^2 L_P^2} = \frac{D_m}{\rho_m U_m^2 L_m^2},$$

由此可以推出:

$$D_P : D_m = \left(\frac{\rho_P U_P^2}{\rho_m U_m^2}\right)\left(\frac{L_P}{L_m}\right)^2 = \frac{1\,010 \times 2.572^2}{988 \times 22^2} 20^2 = 5.59.$$

所以潜艇与模型所受阻力之比为 5.59.

注意,由此例我们知道,两个动力相似的流动中物体所受无量纲力是相等的,但其有量纲力一般并不相等,而要按一定比例换算.

例 8.2 已知粘性不可压缩均质流体通过长为 l 的直圆管的压降 Δp 是 ρ, μ, U, D, l 和 e 的函数,其中 ρ, μ, U 分别是流体的密度、粘度系数和平均速度,D 是圆管内直径,e 是管内壁的表面粗糙度(定义为内半径的平均偏差). 试用量纲分析证明,它们之间的关系可用无量纲量表示成:

$$\frac{\Delta p}{\rho U^2} = f\left(Re, \frac{l}{D}, \frac{e}{D}\right), \tag{8.2.17}$$

式中

$$Re = \frac{\rho U D}{\mu}.$$

解 按题意

$$\Delta p = f_1(\rho, \mu, U, D, l, e).$$

此式中有 $n=7$ 个物理量,其中含 $r=3$ 个基本量纲,按 π 定理可简化为 $n-r=4$ 个无量纲量之间的函数关系. 记质量、长度与时间的基本量纲分别为 M, L 和 T,写出各量的量纲如下:

$$[\Delta p] = ML^{-1}T^{-2}, [\rho] = ML^{-3}, [\mu] = ML^{-1}T^{-1},$$
$$[U] = LT^{-1}, [D] = L, [e] = L.$$

现取 ρ, U, D 为基本量,将其余各量与这些基本量组合成无量纲量. 例如,设 $[\Delta p] = [\rho]^\alpha [U]^\beta [D]^\gamma$,列出此式两侧的量纲有:

$$ML^{-1}T^{-2} = (ML^{-3})^\alpha (LT^{-1})^\beta L^\gamma$$

显然两侧的 M, L, T 的幂次应该分别相等:

对 M 有: $1 = \alpha,$

对 L 有: $-1 = -3\alpha + \beta + \gamma,$

对 T 有: $-2 = -\beta.$

由此解得：
$$\alpha = 1, \beta = 2, \gamma = 0$$

即 $[\Delta p] = [\rho][U]^2$，于是 $\Delta p/\rho U^2$ 构成一个无量纲量. 对 μ, l, e，类似地构造无量纲参数，可以得到

$$\frac{\Delta p}{\rho U^2} = f_2\left(\frac{\rho U D}{\mu}, \frac{l}{D}, \frac{e}{D}\right).$$

这就是(8.2.17)式.

注意，如果没有(8.2.17)式，在设计管道时，每改变 ρ, U, μ, D, l, e 中任何一个参数，都要做一次实验测量其压降 Δp. 有了(8.2.17)式，只要分别改变 $\frac{\rho U D}{\mu}$，$\frac{l}{D}, \frac{e}{D}$ 做实验测定其 $\frac{\Delta p}{\rho U^2}$，画出图表，就可以用于任何场合. 特别是当 $\frac{e}{D}$ 和 $\frac{l}{D}$ 保持不变时，只要测定 $\frac{\Delta p}{\rho U^2}$ 随 $\frac{\rho U D}{\mu}$ 的变化这一条曲线，就可以用于 ρ, U, D, μ 分别任意变化的情形. 可见量纲分析不只能帮助我们推导相似律，而且能帮助我们设计实验，大大减少实验的工作量.

例 8.3 为了估算船在水面行驶的阻力，用缩尺 1/20 的模型在拖曳水池做实验. 设船体长 30 m，速度 5 m/s，水的密度 1 000 kg/m³，粘度系数 $\mu = 0.001$ kg/(m·s). 试问如何安排试验条件才能保证试验与真实情况动力相似？

解 这两个流动都是攻角 $\alpha = 0$ 的定常流动，不出现 St 和初始条件. 自由面上方的压强 $p_0 = p_\infty$，按上文由 p_∞ 起算的 p_0 都是 0，因而都有 $Eu = 0$. 因此在这一问题中重要的相似参数是 Re 和 Fr. 为保持实验与真实流动动力相似，必须要求两流动的 Re 和 Fr 都相等.

对实物：$Fr = \dfrac{U_P^2}{gL_P} = \dfrac{5^2}{9.8 \times 30} = 0.085.$

对模型：$Fr = \dfrac{U_m^2}{gL_m} = \dfrac{U_m^2}{9.8 \times \dfrac{1}{20} \times 30} = 0.085,$

由此算出：$U_m = 1.118$ m/s.

实物的：$Re = \dfrac{\rho_P U_P L_P}{\mu_P} = \dfrac{1000 \times 5 \times 30}{0.001} = 1.50 \times 10^8.$

模型的：$Re = \dfrac{\rho_m U_m L_m}{\mu_m} = \dfrac{U_m L_m}{\nu_m} = \dfrac{1.118 \times \dfrac{1}{20} \times 30}{\nu_m} = 1.50 \times 10^8.$

由此解出：$\nu_m = 1.118 \times 10^{-8}$ m²/s.

因此要实现模型试验与真实流动的动力相似，必须使模型以速度 1.118 m/s 在运动粘度系数为 1.118×10^{-8} m²/s 的液体表面运动. 要实现这样的拖曳速度

并不困难,难的是找不到任何一种流体有这样低的运动粘度系数. 举例说,20℃下水的 $\nu = 1.02 \times 10^{-6} \mathrm{m^2/s}$,汽油的 $\nu = 4.37 \times 10^{-7} \mathrm{m^2/s}$. 运动粘度系数最低的水银有 $\nu = 1.21 \times 10^{-7} \mathrm{m^2/s}$,仍比所要求的 ν_m 高一个数量级. 在这种情况下,根本无法实现两个流动间的动力相似. 因而人们只得退而求其次,只保证一个主要的相似参数相同. 因为船体所受的波阻取决于 Fr,而船体所受的粘性阻力依赖于 Re,在实际试验时人们往往采用水作为试验流体,通过调节拖曳速度 U_m 保证其 Fr 与真实情况一致,然后通过理论计算对测量值加以修正,以考虑 Re 不一致所引起的误差. 这种只能保证试验与真实流动部分相似的做法也常用于其它种类的试验,例如风洞试验.

从这些例题我们看到,模型试验必须在理论的指导之下进行. 而且,由于模型试验常常不能完全模拟真实流动,也由于模型实验有时仍需要消耗巨大的人力物力,所以对于一些典型情况进行理论探讨或者数值计算仍有着重要意义. 我们学习流体力学,必须认识到实验,理论和计算这三者是相辅相成,互为补充的. 我们一定要熟练地掌握这三方面的技能,不可偏废.

8.3 粘性流动的一般性质

前面几章中,我们主要讲无粘性流体的运动. 粘性流体的运动有一些显著不同于无粘性流体的特点,这就是:运动的有旋性,机械能的耗散性和涡旋的扩散性. 下面分别加以说明.

(一) 粘性流体运动的有旋性

第五章的凯尔文定理告诉我们,在有势体力作用下的正压无粘性流体,一旦无旋就永远无旋. 当然,无粘性流动也可能变为有旋,例如当流体为斜压或者体力为无势时. 但是,粘性流体的流动除了极个别特例外,几乎都是有旋的. 这可以用下述方法反证.

为了数学上简明,我们从 μ 为常数的均质不可压缩粘性流体的纳维-斯托克斯方程组(8.1.6)—(8.1.7)式出发,但所得结论对一般粘性流体运动均成立. 这一方程组是

$$\nabla \cdot \boldsymbol{v} = 0, \quad (8.3.1)$$

$$\frac{\mathrm{D}\boldsymbol{v}}{\mathrm{D}t} = \boldsymbol{F}_b - \frac{1}{\rho}\nabla p + \nu \nabla^2 \boldsymbol{v}. \quad (8.3.2)$$

根据矢量计算法则,(8.3.2)式的最后一项中,

$$\nabla^2 \boldsymbol{v} = \nabla(\nabla \cdot \boldsymbol{v}) - \nabla \times (\nabla \times \boldsymbol{v}) = -\nabla \times \boldsymbol{\omega}.$$

这里 $\boldsymbol{\omega} = \nabla \times \boldsymbol{v}$ 是流体的涡量. 如果粘性流体无旋,那么 $\boldsymbol{\omega} = 0$,于是(8.3.2)式

最后一项为零,纳维-斯托克斯方程组变为

$$\nabla \cdot \boldsymbol{v} = 0,$$

$$\frac{\mathrm{D}\boldsymbol{v}}{\mathrm{D}t} = \boldsymbol{F}_\mathrm{b} - \frac{1}{\rho}\nabla p.$$

它在形式上与无粘性流体的欧拉方程组一样。根据第六章,无粘性流体的欧拉方程组在一定条件下有唯一解。乍一看来似乎无旋的粘性流动与无粘性流动应有相同的解。但实际上一般并不如此。这是因为无粘性流动与粘性流动的边界条件提法不同。在固壁上,无粘性流动只要求流体法向速度与固壁法向速度相同,而粘性流动则要求流体与固壁的法向、切向速度都相同。一般说来,欧拉方程组的解满足法向速度连续条件,但并不满足切向速度无滑移条件。举例说,大家熟知的圆柱无粘绕流解,圆柱表面的流动法向速度为零,但该处流体切向速度并不恒等于零,无论怎样增加环量均不行。从数学上说,这是因为欧拉方程的微分阶数低于纳维-斯托克斯方程(包含 $\nu \nabla^2 \boldsymbol{v}$ 项)的微分阶数,因而前者满足边界条件的个数应该少于后者。这就是说,尽管纳维-斯托克斯方程组原则上允许有无旋解,但由于固壁边界条件的限制,无旋的粘性流解一般不存在。也就是说,除了极个别特例之外,粘性流动一般都是有旋的。

所谓极个别特例,是指无粘流动的解恰巧也满足切向速度无滑移条件的情形。例如图8.1(a)画的是无粘性流中一个环量为 Γ 的孤立直线涡所引起的速度分布 $v_\theta(r)$,它在 $r=a$ 处的值是 $v_\theta = \dfrac{\Gamma}{2\pi a} =$ 常数;图8.1(b)画的是一个以角速度 ω 绕轴旋转的圆柱(半径为 a)在圆柱以外粘性流体中引起的流动。这时的粘性流动恰巧是无旋的,因为只要令(a)中的 $\Gamma = 2\pi\omega a^2$,那么(a)的解在 $r=a$ 处刚好是 $v_\theta = \omega a$,恰巧满足(b)中旋转的圆柱表面的切向速度无滑移条件。(a)和(b)在 $r\to\infty$ 的边界条件也相同:$v_\theta \to 0$。

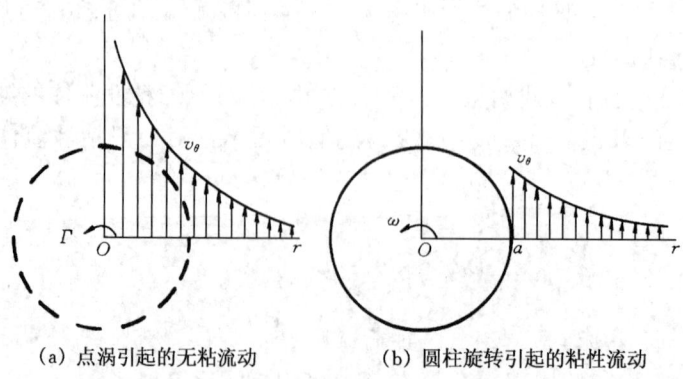

(a) 点涡引起的无粘流动　　(b) 圆柱旋转引起的粘性流动

图 8.1

(二) 粘性流体运动机械能的耗散性

在第三章中我们已经导出流体质点熵的变化率为(参见上册中(3.6.28)式):

$$\rho T \frac{Ds}{Dt} = \nabla \cdot (k \nabla T) + \rho q + \Phi. \tag{8.3.3}$$

显然,右方第一项表示热传导引起的熵增,第二项表示流体内辐射传热引起的熵增,而第三项则表示由于粘性力作功而引起的熵增. 由(8.1.5)式知

$$\Phi = 2\mu S : S = \mu \left[2\left(\frac{\partial u}{\partial x}\right)^2 + 2\left(\frac{\partial v}{\partial y}\right)^2 + 2\left(\frac{\partial w}{\partial z}\right)^2 + \left(\frac{\partial v}{\partial x} + \frac{\partial u}{\partial y}\right)^2 + \left(\frac{\partial w}{\partial y} + \frac{\partial v}{\partial z}\right)^2 + \left(\frac{\partial u}{\partial z} + \frac{\partial w}{\partial x}\right)^2 \right]. \tag{8.3.4}$$

因为 $\mu > 0$,除非 $S \equiv 0$(即流体象刚体一样运动时),恒有 $\Phi > 0$. 于是可知,粘性力所做的功只有一部分变为动能,而另一部分则引起耗散性的不可逆过程. 而由(8.3.3)可知,无粘性无热传导的流动则是非耗散性的. 这是粘性流动与无粘性流动的一大区别. 由(8.3.4)式看出,流体变形率越大,或粘性越大时,机械功的耗散就越大. 我们平时观测到的轴承发热,飞行器表面温升等,都是机械功耗散的具体表现.

作为一个例子,我们现在来计算一个静止封闭容器中均质不可压缩粘性流体的能量耗散率

$$E = \int_\tau \Phi d\tau. \tag{8.3.5}$$

这里 τ 是容器的体积,假设它的边界面是 S. 在(8.3.4)右方减去恒等于零的 $2\mu(\nabla \cdot v)^2 = 2\mu\left(\frac{\partial u}{\partial x} + \frac{\partial v}{\partial y} + \frac{\partial w}{\partial z}\right)^2$,并引入涡量 $\boldsymbol{\omega} = \mathrm{rot} v$,得到

$$\Phi = \mu \omega^2 - 4\mu \left[\frac{\partial v}{\partial y}\frac{\partial w}{\partial z} - \frac{\partial v}{\partial z}\frac{\partial w}{\partial y} + \frac{\partial w}{\partial z}\frac{\partial u}{\partial x} - \frac{\partial w}{\partial x}\frac{\partial u}{\partial z} + \frac{\partial u}{\partial x}\frac{\partial v}{\partial y} - \frac{\partial u}{\partial y}\frac{\partial v}{\partial x} \right]. \tag{8.3.6}$$

将此式代入(8.3.5),并注意

$$\int_\tau \left(\frac{\partial v}{\partial y}\frac{\partial w}{\partial z} - \frac{\partial v}{\partial z}\frac{\partial w}{\partial y} \right) d\tau = \int_\tau \left[\frac{\partial}{\partial y}\left(v \frac{\partial w}{\partial z}\right) - \frac{\partial}{\partial z}\left(v \frac{\partial w}{\partial y}\right) \right] d\tau$$

$$= \oint_S v \left[\frac{\partial w}{\partial z} \cos(\widehat{n,y}) - \frac{\partial w}{\partial y} \cos(\widehat{n,z}) \right] dS = 0.$$

上式最后一步用了不动壁面上的粘附条件($v = 0$). 类似地,可以证明(8.3.6)中方括号内所有各项的体积分为零,于是(8.3.5)式变成

$$E = \int_\tau \Phi d\tau = \mu \int_\tau \omega^2 d\tau \tag{8.3.7}$$

此式表明:不动封闭容器中均质不可压缩粘性流体的总耗散率只与该体积内的涡旋强度有关. 由于不动封闭容器中不可压缩流体的运动总是有旋的,所以总是存在机械能耗散.

(三) 粘性流体运动中涡旋的扩散性

由第五章我们知道,均质不可压缩无粘性流体在有势力作用下,涡的强度保持不变,流场中的涡就好象"冻结"在涡线上一样. 但是在粘性流体中,不均匀的涡场却不断地变化着,涡较强的部分要变弱,而涡较弱的部分要变强. 总的看来,趋向于使涡场强度"拉平",就好象涡旋在扩散一样. 举例说,对于在有势力作用下平面均质不可压缩粘性流体的运动,由于 $\boldsymbol{\omega} \perp \boldsymbol{v}$,(5.2.1)式中的 $(\boldsymbol{\omega} \cdot \nabla)\boldsymbol{v}$ 等于零,该式在 ω 的极值点 $\left(\dfrac{\partial \omega}{\partial x} = \dfrac{\partial \omega}{\partial y} = 0\right)$ 变为

$$\frac{\partial \omega}{\partial t} = \nu \nabla^2 \omega = \nu \left(\frac{\partial^2 \omega}{\partial x^2} + \frac{\partial^2 \omega}{\partial y^2} \right). \tag{8.3.8}$$

这里假设 $\boldsymbol{\omega} = \omega \boldsymbol{k}$ 沿 z 轴方向. 显然,在 ω 的极小值点, $\dfrac{\partial^2 \omega}{\partial x^2} + \dfrac{\partial^2 \omega}{\partial y^2} > 0$,因而 $\dfrac{\partial \omega}{\partial t} > 0$;而在 ω 的极大值点,$\dfrac{\partial^2 \omega}{\partial x^2} + \dfrac{\partial^2 \omega}{\partial y^2} < 0$,因而 $\dfrac{\partial \omega}{\partial t} < 0$. 这就说明了,原来弱处要变强,原来强处要变弱. 这样在粘性流动中即使原来无旋的地方也会由于周围的涡的扩散而变为有旋. 这再一次说明了,粘性流动一般都是有旋的.

在第5.4节中,我们讲了粘性流体中直线涡扩散的例子,现在我们再来详细地考察一下它的演变过程,以期得到清晰的物理图象.

(5.4.20)式指出,若初始时刻 ($t = 0$) 位于 $r = 0$ 的直线涡的环量是 Γ_0,则在任意时刻 $t > 0$ 位于 r 处的涡量 ω 为

$$\omega = \frac{\Gamma_0}{4\pi \nu t} \exp\left(-\frac{r^2}{4\nu t}\right). \tag{8.3.9}$$

图 8.2 对于不同的时刻 νt 画出了涡强度 $\omega(r, t)$ 随空间坐标 r 的变化. 在 $t = 0$ (图中未画),全部涡强集中于 $r = 0$,而任何 $r \neq 0$ 点的涡强为零 (无旋). 而当 $t > 0$,在流场中任一点都有 $\omega > 0$,这说明整个空间在一瞬间产生了涡旋. 为了清晰起见,图中涡的强度采用对数标尺. 可以看到,一开始涡量集中于 z 轴附近,随 t 加大向外扩散并衰减得很快. 沿半径为 r 的圆周的环量是

$$\Gamma = \int_0^r \omega(r, t) 2\pi r \mathrm{d}r = \Gamma_0 \left(1 - e^{-\frac{r^2}{4\nu t}}\right). \tag{8.3.10}$$

如果定义使 $\Gamma = \dfrac{1}{2} \Gamma_0$ 的 r 值为 $r_{\frac{1}{2}}$,那么

$$r_{\frac{1}{2}} = 1.665 \sqrt{\nu t}.$$

可见 $r_{\frac{1}{2}}$ 随 $t^{\frac{1}{2}}$ 成正比而增大. 也就是说,随着时间的增长,涡旋逐渐向外扩散,

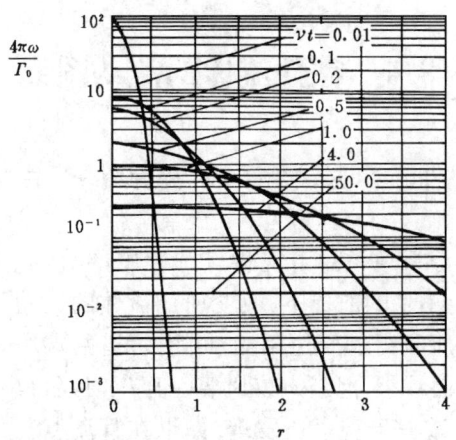

图 8.2

图中的 ω 随 r 变化越来越平缓,而 ω 的最大值(位于 $r=0$ 处)则越来越减弱. 直到 $t\to\infty$ 时,全流场 $\omega\to 0$,也就是流体的粘性耗散掉初始时孤立线涡的全部动能,所以流场静止下来. 现在请大家翻阅本书上册图 5.35,让我们考察流场中某一确定点(r 固定),那么 $t>0$ 时点涡强度先逐渐增大,到 $t=r^2/(4\nu)$ 时涡强达到最大值 $\omega_{max}=\dfrac{\Gamma_0}{\pi}e^{-r^2}$,然后逐渐减小到零. 可见 r 越大的点 ω 达到最大值的时间越晚,而其最大值更是随 r 的增大而急剧衰减. 所以,距 z 轴很远的地方虽然在涡扩散中也变为有旋,但其涡量却始终小得可以忽略不计. 也就是说,实际上一个孤立涡只须扩散某一有限距离,其强度就会衰减到几乎等于零了. 由(8.3.9)看出,显然运动粘度系数 ν 越大,涡就衰减得越快.

顺便指出,如果按照(8.3.9)式画出 $\omega/(\Gamma_0/\nu t)$ 随 $\xi=r^2/(\nu t)$ 而变的关系,我们会得到一条指数曲线. 也就是说,通过适当的无量纲化,图 8.2 的多条曲线归结为单一曲线. 与此相对应的是,原来描述流体运动的偏微分方程也会变为以 ξ 为自变量的常微分方程. 象这种能化为单一自变量表示的解叫做相似性解. 相似性解的存在有着严格的条件,即在所考虑的问题中不能有有限的特征长度或特征时间. 例如,用量纲分析容易证明,一个有限大小区域的涡在无界流体中扩散的问题就不存在相似性解. 5.4 节中讲过的无限长平板在粘性流体中突然起动的问题是存在相似解的又一例子,而有限长平板的相应问题就不存在相似性解. 在 8.10 节中我们还会进一步结合边界层理论讲解相似性解的概念和它的存在条件.

8.4 粘性流体的流动图案

在开始讨论求粘性流动的数学解之前,先介绍一些由实验观测到的粘性流动的物理图象.

1883 年,英国力学家 O. 雷诺观察直圆管中的流动. 他在保持流速和管径不变的前提下,改变所用流体的运动粘度系数 ν。他发现所测得的管道阻力(可由管道两端压差算出)先随 ν 减小而减小,但当 ν 减到某一值 ν_{cr} 时,阻力突然增大(图 8.3). 进一步观察还发现,如果在管流上游某一位置用细管注入染料,那么在上述 $\nu > \nu_{cr}$ 时染料形成平行管壁的直线(图 8.4(a)),而从 $\nu < \nu_{cr}$ 开始,染料线逐渐失去规则性(图 8.4(b)),直到 ν 进一步减小时染料杂乱无章地相互掺混,最终遍及全管形成一片模糊(图 8.4(c),(d)). 这里有两种不同的流动状态. 前一种流动中流线层次分明,互相平行,沿管道横截面的速度剖面成抛物面分布(见后面 8.5 节),称为**层流**. 后一种流动中流体质点的运动杂乱无章,其中含有大量的无规则的三维旋涡,流体质点的动量和能量高效率地相互混合,使其平均速度剖面中心部分平坦而边缘陡峭. 造成壁面剪应力增大,从而使管流阻力增大,这种流动状态叫**湍流**. 改变圆管直径 D 和平均流速 U,做大量实验发现,流动是层流还是湍流状态主要取决于雷诺数 $Re = \dfrac{UD}{\nu}$ 的大小,Re 数越大流动越容易处于湍流状态. 这一点很容易由雷诺数的物理意义加以说明. 雷诺数表征流体所受惯性力与粘性力之比. 粘性力倾向于使流体中的扰动衰减,而惯性力则倾向于使流体中的扰动增长. 这样,雷诺数大时流体的运动就较易于变成杂乱无章的湍流状态. 在雷诺管流试验中,减小 ν 就使 Re 增大,因而流动由层流变为湍流,使得流动阻力增大. 由层流过渡到湍流相应的雷诺数叫临界雷诺数 Re_{cr},它并不是一个确定的值,而和来流中所含扰动的大小,管壁的粗糙程度有关. 但是临界雷诺数存在一个下限 $Re_{cr,min}$. 当流动雷诺数 $Re < Re_{cr,min}$ 时,不管外加多大的扰动,流动总是保持层流状态而不过渡到湍流. 对于圆管中的流动,$Re_{cr,min}$ 大约是 2×10^3.

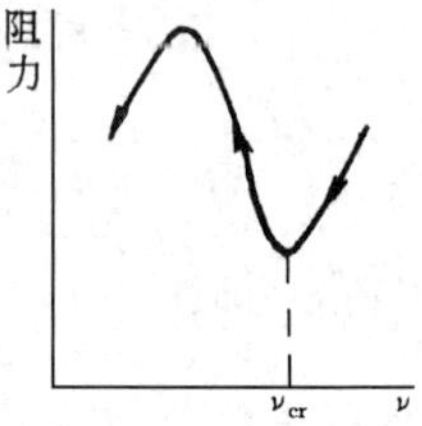

图 8.3 雷诺实验观测到的圆管阻力随运动学粘性变化

层流和湍流的区别并不仅仅是对管流而言,而是粘性流动中普遍存在的. 层流和湍流中的物理现象、数学提法和力学规律都有着明显区别,在许多问题中必须区别对待.

雷诺数是粘性流动中最主要参数,不同雷诺数范围的流动图象常有明显不

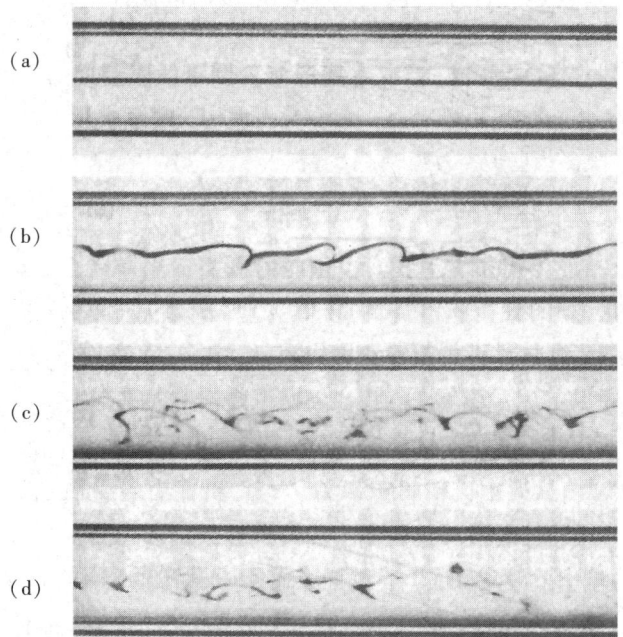

图8.4 在雷诺管流实验中自上游注入的染料所显示的形状,由(a)到(d)雷诺数逐渐增大.
(a)为层流;(b)开始由层流向湍流过渡 (c),(d)完全变为湍流.(照片取自 M. Van Dyke 编
《An Album of Fluid Mechanics》,The Parabolic Press, 1982, p.61)

同. 下面以圆柱的均质不可压缩粘性绕流为例来说明(图8.5 和附录(A)中照片5). 这时特征雷诺数用来流速度 U_∞,圆柱直径 d 和流体运动粘度系数 ν 定义为 $Re = \dfrac{U_\infty d}{\nu}$. 图 8.5 所注 Re 数并不是准确数值,而是大致的范围. 在 Re 数大约低于 1 时流场中的惯性力与粘性力相比居于次要地位,圆柱上下游的流线前后对称,圆柱对于均匀来流的扰动直到许多倍 d 之外仍能清晰地观察到(图 8.5(a)). 这种流动称为低雷诺数流. 随着 Re 的加大,圆柱上下游的流线逐渐失去对称性,对下游的影响比对上游深远. 当 $Re > 4$ 时,沿圆柱表面的流体质点在到达圆柱后缘之前就由物面脱落(称为"分离"),并在圆柱下游形成两个"附着涡". 注意:涡内的流体自成封闭回路,并不向下游远处流去,称为"死水区"(图 8.5(b)). 随着 Re 增大,死水区逐渐拉长,圆柱前后流场的非对称性更趋明显. 当 $Re > 40$ 以后,即使来流仍然保持定常,流场也不再是定常的,圆柱的两侧后方周期性地轮流有涡脱落,各自形成等间隔规则排列的涡列. 同一涡列中涡的旋转方向相同,而两列涡的方向彼此相反,每一个涡的纵向位置在另一列两相邻涡的正中间. 这样的涡列是著名的美籍匈牙利裔力学家 T. von 卡门在 1912 年

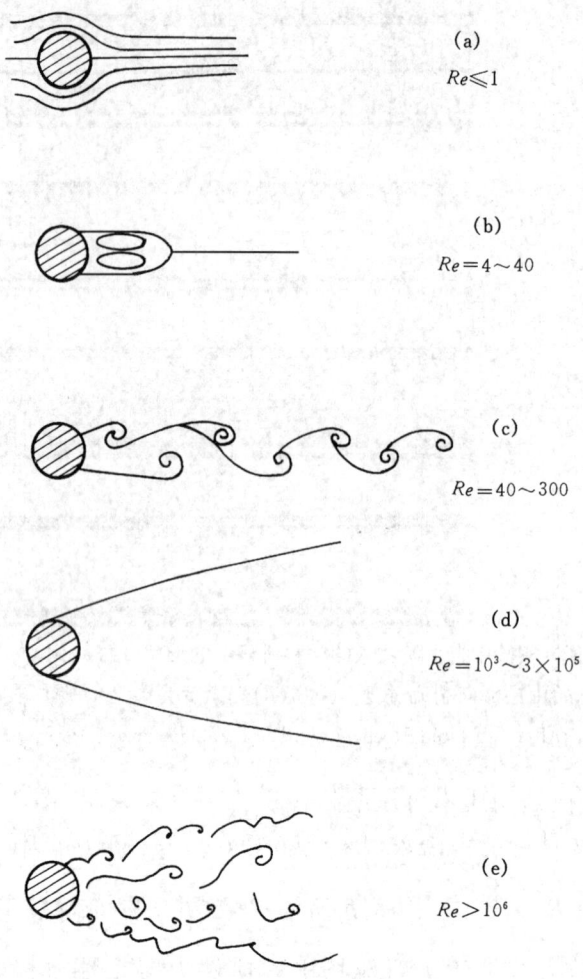

图 8.5 圆柱绕流图案随雷诺数的变化

首先作出理论分析的,称为卡门涡街(图 8.5(c)). 当 $Re > 300$ 以后,圆柱后方的涡排列逐渐失去其规则性和周期性. 当 Re 进一步升高时,流场中的大部分区域惯性力远远大于粘性力,可以当作无粘性无旋流对待. 但在贴近物面的一个薄层内流体速度梯度很大,物面上流速为零而在这一薄层外迅速变到 U_∞ 量级,于是此薄层内的粘性力与惯性力为同量级,不能当作无粘性流. 这一薄层称为边界层,边界层中的流体流到圆柱下游构成尾流(图 8.5(d)). 边界层和尾流中都是有旋的粘性流动. 当 Re 大约小于 3×10^5 时,边界层中的流动为层流状态. 而当 Re 大于这一值时,边界层中的流动有可能变为湍流状态(图 8.5(e)). 层流边界层和湍流边界层中物面流线分离的位置是不同的. 湍流边界层中流体带有较大的动能，能够更有效地克服壁面的摩擦阻力，因而分离发生得较晚。详情将在9.14一节中解释.

与上述不同雷诺数范围的不同流动图案相对应，圆柱所受流体阻力的大小也不相同. 通常定义阻力系数 C_D 为

$$C_D = \frac{D}{\frac{1}{2}\rho U_\infty^2 d}. \tag{8.4.1}$$

式中 D 是周围流体给予单位长度圆柱的阻力. 图 8.6 根据实验结果画出圆柱体 C_D 随 Re 变化的曲线. 注意图中 C_D 和 Re 都是用的对数标尺. 我们看到，在低雷诺数 Re 范围，近似有 $C_D \sim Re^{-1}$，这说明低雷诺数下圆柱所受阻力 D 正比于来流速度 U_∞. 而在较高的雷诺数下 ($Re = 10^2 \sim 3 \times 10^5$)，$C_D$ 几乎不随 Re 而变，说明这时 $D \sim U_\infty^2$. 大家记得，速度为 U_∞ 的物体迎面碰壁所产生的作用力也正比于 U_∞^2. 从物理图象上看出，这一 Re 范围的阻力主要是由圆柱前后的压差引起的：圆柱下游尾流中的压强显著低于上游的流体压强（回想一下无粘性无旋流中圆柱下游的压强应该恢复到上游同等水平）. 在图 8.6 中最为引人注目的是在 $Re = 3 \times 10^5$ 附近 C_D 的急剧下降，而正是在这一 Re 附近边界层由层流向湍流过渡. 由于湍流边界层分离较晚，圆柱下游的尾流中压强恢复得比层流时

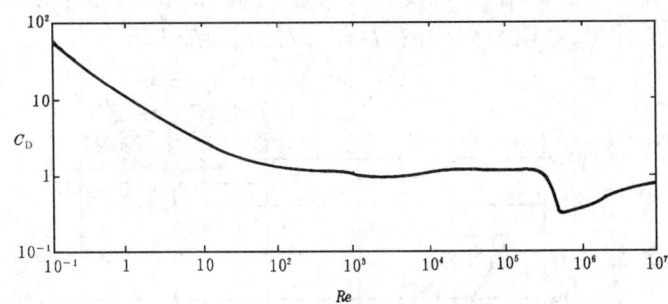

图 8.6 圆柱的阻力系数随雷诺数的变化

高，从而使圆柱前后压差在湍流时比层流时低. 这就是上述 C_D 突然下降的原因，这一现象称为"失阻". 失阻现象不只发生于圆柱绕流，也发生于圆球或其他钝头体的绕流. 钝头体所受的流体阻力主要来源于物体上下游的压差. 为了减少它在高速下的阻力，常希望物面上的边界层变为湍流（例如：高尔夫球表面划上许多沟痕以扰动边界层中的流动）. 而流线型物体或细长体所受的流体阻力则主要来源于壁面的粘性摩擦应力. 由于湍流边界层中的表面摩擦力显著大于层流边界层中的值，人们常设法保持细长体表面的边界层为层流. 这个例子启发我们，在研究粘性流动时一定要注意研究流动的物理现象，才能充分利用不同

自然现象的特点,更好地为工程设计和经济建设服务.

顺便指出,一般把物体在流体中运动时所受的阻力分为摩擦阻力和压差阻力,前者指表面切应力的贡献,后者则为表面压强的贡献. 前者固然与流体的粘性分不开,后者也常与粘性有关. 第六章讲过的达朗贝尔详谬指出:在无粘性无旋流体的假设下,物体作定常运动所受的阻力为零. 其原因是物体前后所受的压强对称,而无粘性流体又没有剪应力. 物体在粘性流体中运动时,前后压强失去对称性,特别当雷诺数不是十分小时,常出现表面流线分离而形成尾涡,使前后压差形成对物体的阻力,这叫做尾涡阻力. 此外,我们还讲过,物体在流体中作非定常运动时要考虑附加质量而引起的非定常阻力(见6.8节);物体在具有自由面的重流体中运动时,会引起表面波浪而受到波阻(见7.8节). 我们没有讲过的有:有限长的机翼在流体中运动时,由于物面有涡脱落而引起诱导阻力;物体在气体中以很高速度飞行时,会在物体前形成激波(见10.5节)而引起激波阻力. 后面这四种阻力也属于压差阻力,但它们与流体有无粘性无关,即使物体在无粘性流体中运动也存在. 对于不同的工程问题,各种阻力的贡献大小不一,必须对具体问题做具体分析. 例如,图8.7画的是某双翼飞机的翼间支柱的阻力系数 C_D 随其剖面最大相对厚度 t/L 的变化. 设剖面最大厚度 t 固定,当改变其长度 L 时,压差阻力随 L 减小而增大(因剖面变钝,表面流线分离加剧),而摩擦阻力却随 L 增大而增大(因受到表面摩擦的面积增大). 压差阻力与摩擦阻力之和构成总阻力,总阻力大约在 $t/L=0.27$ 处达到最小值.

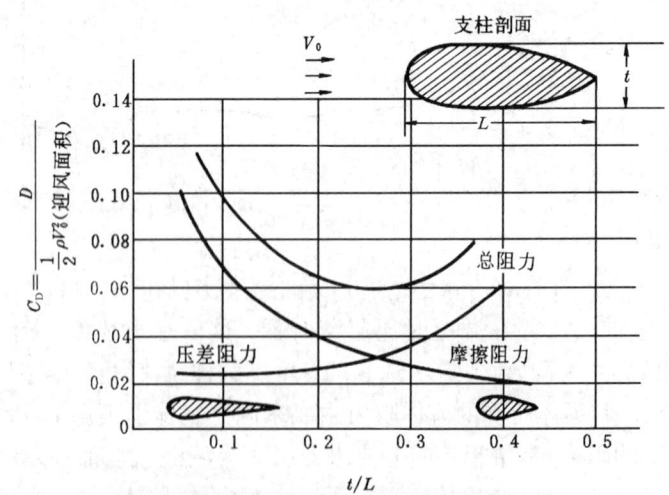

图8.7 一族双翼飞机翼间支柱的阻力系数

由上文我们看到,雷诺数是决定粘性流体流动图案的最重要参数. 下面我们将指出,对于不同的雷诺数范围,描述粘性流动的纳维－斯托克斯方程组可以做出完全不同的简化.

以 μ 为常数的均质不可压缩粘性流体运动的无量纲方程(8.2.13)和(8.2.14)式为例. 把它们重新写在这里:

$$\nabla' \cdot v' = 0 , \qquad (8.4.2)$$

$$St \frac{\partial v'}{\partial t} + (v' \cdot \nabla') v' = -\frac{1}{Fr} k - \nabla' p' + \frac{1}{Re} \nabla'^2 v'. \qquad (8.4.3)$$

大家记得,在完全不考虑粘性(相当 $Re \to \infty$)时,对于无旋流动可以先求解速度势方程给出速度场,再通过拉格朗日积分计算压力场,把运动学与动力学问题分别开来,从而避免了运动方程中对流项是非线性的困难. 在 Re 为有限值的粘性流问题中,由于流场的有旋性不再存在速度势,因而无法象上面那样分两步求解. 由于(8.4.3)式中的非线性项,除了极少数特殊情形之外,N-S 方程组无法准确地求解析解. 但是在 Re 很小和 Re 很大这两种极端情形下,(8.4.3)可以得到很重要的简化. 当 Re 很小时,(8.4.3)式左方的惯性项可以忽略不计,如果把式中的 p' 理解为无量纲的广义压强(即把流体静压除外)就可去掉重力项,而得到如下的运动方程组(化为有量纲形式):

$$\left. \begin{aligned} \nabla \cdot v &= 0 , \\ \mu \nabla^2 v &= \nabla p . \end{aligned} \right\} \qquad (8.4.4)$$

这个方程组叫做斯托克斯方程组,适用于 Re 接近于零的粘性流动(为了简便,这里和下文用 p 表示广义压强). 由于(8.4.4)是线性方程组,求解起来就要容易多了. 另一方面,当 Re 很大时,在流场大部分区域可以忽略(8.4.4)的最后一项(粘性力),但在边界层内必须兼顾惯性力与粘性力. 必须注意,武断地在全流场忽略(8.4.4)最后一项会使微分方程降阶,壁面边界条件不能满足,因而不能这样做. 幸运的是,在边界层中 N-S 方程也能做出重大简化,尽管它仍保持非线性项,但却可以对许多有意义的情形方便地求解. 至于 Re 既不很大又不很小的一般情形,就只有对 N-S 方程数值求解了.

在下一节中,我们将介绍 N-S 方程的几个有代表性的精确解析解. 在第 6 节中介绍 $Re \to 0$ 的极限情形. Re 很大时的层流边界层将在 8.7—8.14 节中讲述. 粘性流体的湍流运动留待第九章讨论. 至于 N-S 方程的数值求解则是计算流体力学的重要内容.

8.5 层流流动的精确解

在文献中能够查到的纳维-斯托克斯方程组的精确解析解不过几十个. 这些精确解虽然为数不多,却能揭示粘性流动的一些本质特征,其中有些还有重要的实用价值. 在发展新的数值计算方法时,可取有精确解析解的情况作为算例,通过比较其结果便可以判断数值计算方法的精度. 在一些复杂的粘性流体力学问题中,有时还可以近似地用情况相近的精确解做初步估计或者作为用摄动法求解的基础. 在建立一些新的理论时,也常常从这些精确解的特殊情况出发,探讨在原有方程或定解条件中加入一些描写新现象的项会引起什么变动(例如,将在 9.1 节中介绍的流体力学的稳定性理论就用到本节(一)段描述的精确解). 因此,对于精确解的研究有重要的理论和实践意义.

纳维-斯托克斯方程的绝大多数精确解是对 μ 为常数的均质不可压缩流体求得的. 这时流体力学的速度场和温度场问题不再耦合,可以先解出速度与压强场,再算温度场. 如(8.1.18)式那样引入广义压强(以下如不加说明,p 均指广义压强)以消除重力影响,纳维-斯托克斯方程和能量方程形如下式:

$$\nabla \cdot \boldsymbol{v} = 0, \tag{8.5.1}$$

$$\rho \left[\frac{\partial \boldsymbol{v}}{\partial t} + (\boldsymbol{v} \cdot \nabla) \boldsymbol{v} \right] = -\nabla p + \mu \nabla^2 \boldsymbol{v}, \tag{8.5.2}$$

$$\rho c \left[\frac{\partial T}{\partial t} + (\boldsymbol{v} \cdot \nabla) T \right] = \nabla \cdot (k \nabla T) + \Phi. \tag{8.5.3}$$

如前所述,求解 N-S 方程的主要困难在于其中的对流项 $(\boldsymbol{v} \cdot \nabla)\boldsymbol{v}$ 是非线性的,因而不能应用叠加原理求得一般解. 但是对于某些简单的几何形状,当流体沿某一坐标单向流动时,恰好使得 $(\boldsymbol{v} \cdot \nabla)\boldsymbol{v}$ 变为恒等于零,从而使(8.5.2)化为线性微分方程而能精确求解. 这类精确解有:两平行平板间的定常流动,完全发展的定常管流,两同轴旋转圆柱面间的定常流动,沿有吸吮作用的平壁面的流动,非定常滑移平板引起的流动和圆管中的非定常流动等. 另一类问题的非线性项 $(\boldsymbol{v} \cdot \nabla)\boldsymbol{v}$ 并不变为恒等于零,但却化成较简单的形式,能使 N-S 方程化为常微分方程求解. 这类精确解有:收缩或扩张通道中的平面定常流动,驻点附近的流动和旋转圆盘引起的流动等. 下面只举三个属于第一类精确解的例子,其余可查阅参考书[19]~[22].

需要指出的是:上述方程组只适用于流动为层流状态的情形,所对应的雷诺数范围都不太高. 湍流问题的提法和解法将在第九章讨论.

(一) 两平行平板间的粘性流动

如图 8.8 所示的两无穷大平板间充满粘度系数 μ 为常数的均质不可压缩流体,上板以常速度 U 沿板面 x 方向滑动,温度均匀为 T_1,下板静止不动,温度均匀为 T_0. 设沿 x 方向的压强梯度 $\frac{\partial p}{\partial x} = P = $ 常数,两板间距为 $2h$. 取坐标系如图 8.8 所示,我们先来研究这一流动的速度剖面和板面所受的摩擦力,再来研究流体中的温度剖面和通过板面的传热率.

先研究速度场. 对于这个定常二维流动,(8.5.1)和(8.5.2)式在直角坐标系下的分量形式是：

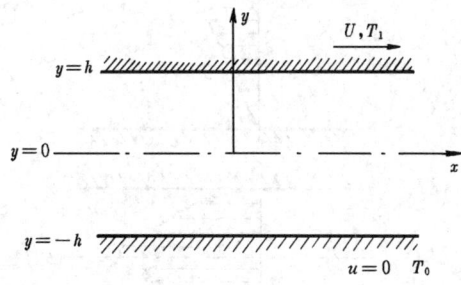

图 8.8

$$\frac{\partial u}{\partial x}+\frac{\partial v}{\partial y}=0,$$

$$u\frac{\partial u}{\partial x}+v\frac{\partial u}{\partial y}=-\frac{1}{\rho}\frac{\partial p}{\partial x}+\nu\left(\frac{\partial^2 u}{\partial x^2}+\frac{\partial^2 u}{\partial y^2}\right),$$

$$u\frac{\partial v}{\partial x}+v\frac{\partial v}{\partial y}=-\frac{1}{\rho}\frac{\partial p}{\partial y}+\nu\left(\frac{\partial^2 v}{\partial x^2}+\frac{\partial^2 v}{\partial y^2}\right).$$

边界条件是：

$$y=-h: u=0, \quad v=0,$$
$$y=h: \quad u=U, v=0.$$

首先我们分析一下这一流动的特点：因为 x 方向是无穷长，没有特征长度，所以 $\frac{\partial u}{\partial x}=0$，于是由上述第一个方程有 $\frac{\partial v}{\partial y}=0$，结合 v 的边界条件知 $v\equiv 0$，再由第三个方程知 $\frac{\partial p}{\partial y}=0$. 于是，这一流动的特点是：

$$u=\boldsymbol{u}(y), v\equiv 0, p=p(x). \tag{8.5.4}$$

由此可知上述第二个方程中的左端对流项 $u\frac{\partial u}{\partial x}+v\frac{\partial u}{\partial y}$ 这时恰好变为恒等于零，从而使方程变为线性的：

$$\mu\frac{\mathrm{d}^2 u}{\mathrm{d}y^2}=P.$$

它在满足所给 u 的边界条件时有如下解：

$$u=\frac{U}{2h}(y+h)+\frac{P}{2\mu}(y^2-h^2). \tag{8.5.5}$$

很显然，这是两个解的线性叠加：第一项表示 x 方向没有压强梯度（$P=0$）时，只由于上板滑移而引起的流体运动，称为简单库埃特流动，其速度剖面是 y 的线性函数（见图 8.9(a)）；第二项则表示上下板都静止不动（$U=0$）时，流体在 x 向压强梯度 P 作用下引起的运动，称为二维泊肃叶流动，其速度剖面为上下对称的

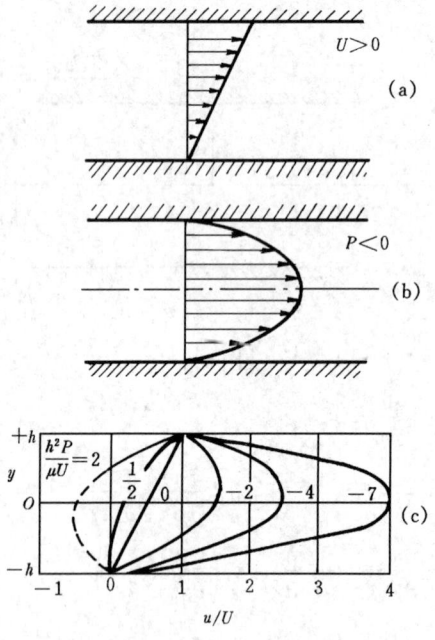

图 8.9 两平行板间定常流动的速度廓线
(a) 库埃特流 (b) 二维泊肃叶流 (c) 一般情形

抛物线形(见图 8.9(b)). 注意当 $\frac{\partial p}{\partial x} = P > 0$ 时,流动朝向负 x 方向;当 $\frac{\partial p}{\partial x} = P < 0$ 时,流动朝向正 x 方向,即流动总朝向压强减小的方向. 可以算出,二维泊肃叶流动的体积流量为

$$Q_V = \int_{-h}^{h} u\,dy = -\frac{2}{3}\frac{Ph^3}{\mu}. \tag{8.5.6}$$

显然 Q_V 正比于压强梯度 P 并正比于板间距 $2h$ 的三次方. 若定义平均速度 $\bar{u} = \frac{Q_V}{2h}$,那么,按绝对值来说,二维泊肃叶流动的最大速度(在 $y = 0$ 处) $u_{\max} = -\frac{P}{2\mu}h^2 = \frac{3}{2}\bar{u}$. 在 P 和 U 都不为零时,速度 u 为两项的叠加(见图 8.9(c)),在 P 与 U 异号时,整个流动都是单向的,在 P 与 U 同号且 $\frac{h^2}{\mu U}P > \frac{1}{2}$ 时,靠近下表面处出现逆向流动. 可以算出,上下壁面所受到的流体剪应力分别为:

$$\tau_w = \tau_{y=\pm h} = \mu\left(\frac{du}{dy}\right)_{y=\pm h} = \frac{\mu U}{2h} \pm Ph. \tag{8.5.7}$$

随着 U 和 P 大小方向的不同,上下板所受的剪应力的大小可以不同,只有对于 $P = 0$ 的简单库埃特流两壁所受剪应力才大小相等,方向相反.

现在研究温度场. 对于这一定常二维问题, (8.5.3)式在所取的坐标系下为

$$\rho c\left(u\frac{\partial T}{\partial x}+v\frac{\partial T}{\partial y}\right)=\frac{\partial}{\partial x}\left(k\frac{\partial T}{\partial x}\right)+\frac{\partial}{\partial y}\left(k\frac{\partial T}{\partial y}\right)+\Phi.$$

根据问题的特点: $u=u(y)$, $v=0$ 和 $T=T(y)$(因每一壁面等温), 上式左端变为零, 右端第一项消失, 最后一项 $\Phi=\mu\left(\dfrac{\partial u}{\partial y}\right)^2$. 如果温度变化范围不大, 可以假设热传导系数 $k=$ 常数, 于是上式化为

$$k\frac{\partial^2 T}{\partial y^2}+\mu\left(\frac{\mathrm{d}u}{\mathrm{d}y}\right)^2=0.$$

边界条件是:

$$y=-h: T=T_0,$$
$$y=+h: T=T_1.$$

将(8.5.5)式的 $u(y)$ 代入上式, 可以解出温度分布 $T(y)$ 如下:

$$T^*\equiv\frac{T-T_0}{T_1-T_0}=\frac{1}{2}(1+y^*)+\frac{PrEc}{8}(1-y^{*2})$$
$$-\frac{PrEcB}{6}(y^*-y^{*3})+\frac{PrEcB^2}{12}(1-y^{*4}). \tag{8.5.8}$$

式中 $y^*=y/h$, $B=-\dfrac{h^2 P}{\mu U}$, $Pr=\dfrac{\mu c}{k}$, $Ec=\dfrac{U^2}{c(T_1-T_0)}$. 此式中前两项表示简单库埃特流的贡献, 而后两项则表示二维泊肃叶流的贡献. 图 8.10 画出了(a) $B=0$ (库埃特流)和(b) $B=20$(大部分是二维泊肃叶流)两种情形下的温度剖面. 注意 T^* 的直线部分((8.5.8)式中第一项)相当于静止流体中的纯热传导, 而当 $B\to\infty$(纯二维泊肃叶流)时, T^* 趋于很平坦的四次分布而与 U 无关:

$$\lim_{B\to\infty}T^*=\frac{h^4 P^2}{12k\mu(T_1-T_0)}(1-y^{*4}).$$

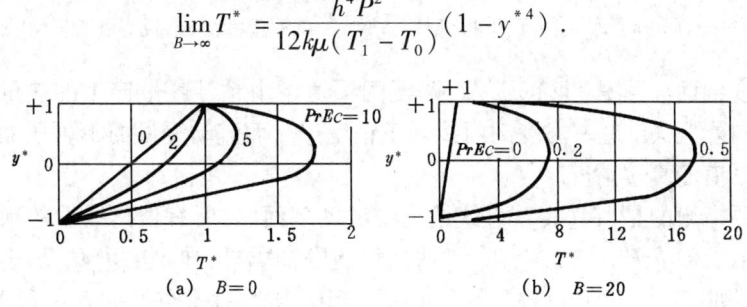

图 8.10 平行平板间定常流动的温度廓线

由(8.5.8)可以算出上下壁面单位表面积的热流量为

$$q_{y=\pm h}=-k\left(\frac{\partial T}{\partial y}\right)_{y=\pm h}$$

$$= -\frac{k(T_1 - T_0)}{2h} \mp \frac{\mu U^2}{4h} + \frac{1}{3} UPh \mp \frac{P}{3\mu} h^3. \qquad (8.5.9)$$

其中第一项为静止流体中的传热,第二、四项分别表示简单库埃特流和二维泊肃叶流的贡献,第三项则仅当 U, P 同时不为零时才出现. 对于 $P = 0$ 的简单库埃特流,若静止壁绝热($q_{y=-h} = 0$),可得

$$T_0 = T_1 + Pr \frac{U^2}{2c}. \qquad (8.5.10)$$

即下表面的温度高于上表面的温度,其温度剖面如图 8.11(a)所示,这时由粘性耗散产生的热量将由上壁面散出. 对于 $T_1 = T_0$ 的二维泊肃叶流动($U = 0$),(8.5.8)和(8.5.9)变为

$$T = T_0 + \frac{Pr}{12c} \frac{h^4}{\mu^2} P^2 \left(1 - \frac{y^4}{h^4}\right), \qquad (8.5.11)$$

$$q_{y=\pm h} = \pm \frac{h^3}{3\mu} P^2. \qquad (8.5.12)$$

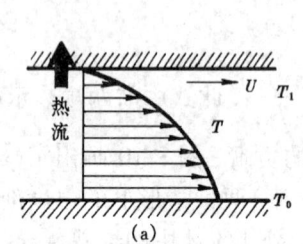
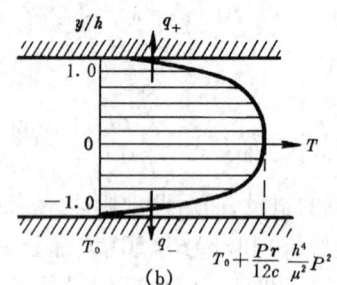

图 8.11 两大平行板间流动的温度剖面
(a) 库埃特流,下板绝热 (b) 二维泊肃叶流,二板等温

这一温度剖面如图 8.11(b)所示,两板间渠道中由粘性耗散产生的热量通过两侧板面向外散失. 这一温度剖面接近于粘度很大而流动缓慢的不可压缩流体通过二维渠道的真实情况.

需要指出的是,在(8.5.8)式给出的温度剖面中,所有偏离线性的项都正比于无量纲参数 $PrEc$. 事实上,除了粘性很高的油类外,典型的 $PrEc$ 都小得可以忽略. 例如,当 $U = 30$ m/s, $T_1 = 66°C$, $T_0 = 10°C$ 时,对于空气 $PrEc \approx 0.01$,对于水,$PrEc = 0.03$,对于原油,$PrEc = 9.0$. 因而对于油类以外的流体,一般可以不考虑粘性耗散对于温度场和传热的影响. 这时流场中的温度变化不大,我们在本节开始时所设的 μ 为常数自然就是一个合理的近似.

(二) 无限长直圆管中的粘性流动

在工程中广泛地应用各种截面形状的管道来输运流体,其中用得最多的是

直圆管. 实验观测发现,当远离管道入口某一距离 l_i(称为"入口段长度")之后,沿不同横截面的速度剖面不再随轴向距离 x 变化,这时称 $x > l_i$ 处的流动为完全发展的管流. 对于圆管中的层流运动,已知

$$\frac{l_i}{d} = \frac{1}{20}Re_d. \tag{8.5.13}$$

这里 d 是圆管的直径,$Re_d = \dfrac{\bar{u}d}{\nu}$ 是以平均流速和圆管直径为特征量的雷诺数. 如果管道的长度比 l_i 长得多,那么就可以忽略入口段的影响,把管道看成是无穷长的. 同理,上一段所讲的两无穷大平行平板间的流动也可以认为是平板的长与宽较其入口段长许多时的一种抽象.

对于横截面为任意形状的等截面无限长直管,若取流动方向为 x 轴,可由问题的特点 $u = u(y,z)$,$v = w = 0$,将(8.5.1)和(8.5.2)式简化为

$$\frac{\partial u}{\partial x} = 0,$$

$$0 = -\frac{\partial p}{\partial x} + \mu\left(\frac{\partial^2 u}{\partial y^2} + \frac{\partial^2 u}{\partial z^2}\right),$$

$$0 = -\frac{\partial p}{\partial y},$$

$$0 = -\frac{\partial p}{\partial z}.$$

由后两式知 $p = p(x)$. 于是第二式变为

$$\mu\left(\frac{\partial^2 u}{\partial y^2} + \frac{\partial^2 u}{\partial z^2}\right) = \frac{\mathrm{d}p}{\mathrm{d}x}. \tag{8.5.14}$$

边界条件是:

管壁边界上: $u = 0$.

由于(8.5.14)式左方只是 y,z 的函数,右方只是 x 的函数,双方相等必须双方同时为常数,于是

$$\frac{\mathrm{d}p}{\mathrm{d}x} = P(常数),$$

故 p 随 x 线性变化,只要知道在长为 l 的一段管道上的压降 $p_l - p_0$,就很容易算出

$$\frac{\mathrm{d}p}{\mathrm{d}x} = P = \frac{p_l - p_0}{l}. \tag{8.5.15}$$

将此值代回(8.5.14),该式变为关于 u 的泊桑方程,对于许多规则形状都可以解析求解. 其中横截面为圆形时,(8.5.14)式化为常微分方程,特别容易求解. 下面就来介绍这个解.

对于圆管流动,取圆柱坐标系,由于轴对称性,(8.5.14)式变为

$$\frac{1}{r}\frac{\mathrm{d}}{\mathrm{d}r}\left(r\frac{\mathrm{d}u}{\mathrm{d}r}\right)=\frac{P}{\mu}. \quad (8.5.16)$$

边界条件是

$$r=r_0(\text{圆管半径}): u=0. \quad (8.5.17)$$

将(8.5.16)式对 r 积分一次,得

$$\frac{\mathrm{d}u}{\mathrm{d}r}=\frac{P}{2\mu}r+\frac{C_1}{r}.$$

由于轴对称性应有 $r=0: \frac{\mathrm{d}u}{\mathrm{d}r}=0$,必须有 $C_1=0$,于是上式可以写为:

$$\frac{\mathrm{d}u}{\mathrm{d}r}=\frac{P}{2\mu}r. \quad (8.5.18)$$

注意到(8.5.15)式及 $\tau=\mu\frac{\mathrm{d}u}{\mathrm{d}r}$,很容易把此式改写为

$$\tau=\frac{p_l-p_0}{l}\frac{r}{2}. \quad (8.5.19)$$

这说明,在圆管流动中流体剪应力的大小与径向坐标 r 成正比,在管中心线上为 0,而在管壁上达到最大值。(8.5.19)式叫做斯托克斯公式,它也可以如图 8.12 那样在管中心取一半径为 r,长为 l 的小圆柱体(流体),考虑圆柱面上的剪应力 τ 与两端面上压强 p_0 和 p_l 的合力在 x 方向的平衡而导出:

$$\tau\cdot 2\pi r+(p_0-p_l)\pi r^2=0.$$

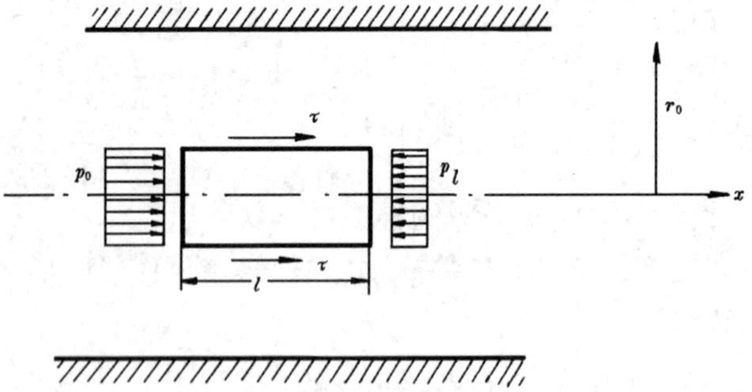

图 8.12 圆管流动中圆柱形流体元的受力平衡

注意,这里用到了流体惯性力 $\rho\frac{\mathrm{d}u}{\mathrm{d}t}=0$ 这一性质。将(8.5.18)再积分一次,考虑边界条件(8.5.17),得

$$u=\frac{P}{4\mu}(r^2-r_0^2), \quad r\leqslant r_0. \quad (8.5.20)$$

我们看到,无限长直圆管中的流动速度沿半径成抛物线分布,如图 8.13 所示.流动方向指向压强减小的方向(即 u 与 P 方向相反).速度 u 的大小在管中心

线($r=0$)处达到最大值

$$u_{\max} = -\frac{P}{4\mu}r_0^2 = \frac{p_0 - p_l}{4\mu l}r_0^2. \quad (8.5.21)$$

通过圆管的体积流量为

$$Q_V = \int_0^{r_0} u \cdot 2\pi r \mathrm{d}r = -\frac{\pi r_0^4 P}{8\mu}.$$

将(8.5.15)的 P 值代入得

$$Q_V = \frac{\pi r_0^4(p_0 - p_l)}{8\mu l}. \quad (8.5.22)$$

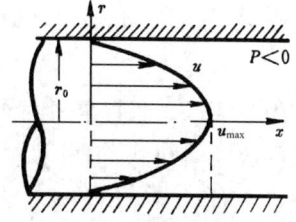

图 8.13 泊肃叶流的速度剖面

1839 年和 1841 年,德国工程师 G. H. L. 哈根和法国生理学家 J. L. M. 泊肃叶先后用玻璃管做了大量实验,得到了类似的关系. 但是直到 1858 年 E. 哈根巴赫才导出了如上的解析表达式. 后人把无限长直圆管中的流动称为泊肃叶流动,而把(8.5.22)式给出的圆管中流量与压降的关系称为哈根–泊肃叶定律,或简称为泊肃叶定律. 这一定律表明,流量与单位长度上的压降成正比,与粘度系数成反比. 尤其引人注意的是,流量与管半径的四次方成正比. 例如,一根直径 10cm 的圆管与四根直径 5cm 的圆管尽管总横截面积相等,但当其它条件相同时前者流过的流量却相当于后者总和的四倍! 这一结果很容易由图 8.13 的速度剖面加以说明.

由(8.5.22)易知圆管流动的平均速度

$$\bar{u} = \frac{Q_V}{\pi r_0^2} = \frac{p_0 - p_l}{8\mu l}r_0^2 = \frac{1}{2}u_{\max}. \quad (8.5.23)$$

(对比一下,二维泊肃叶流动 $\bar{u} = \frac{2}{3}u_{\max}$.)根据(8.5.19)和(8.5.23)式,可以算出壁面($r = r_0$)剪应力为

$$\tau_w = \mu \frac{\mathrm{d}u}{\mathrm{d}r}\bigg|_{r=r_0} = \frac{p_l - p_0}{2l}r_0 = -4\mu\frac{\bar{u}}{r_0}. \quad (8.5.24)$$

它与平均流速 $\bar{u}$ 和粘度系数 μ 成正比,而与管半径 r_0 成反比.

在文献中,常引入两种无量纲阻力系数. 一种叫 J. T. 范宁摩擦因子,定义为

$$C_f = \frac{|\tau_w|}{\frac{1}{2}\rho \bar{u}^2}. \quad (8.5.25)$$

由(8.5.24),对于圆管泊肃叶流动,有

$$C_f = \frac{8}{Re_r} = \frac{16}{Re_d}. \quad (8.5.26)$$

式中两种不同的雷诺数定义为

$$Re_r = \frac{\rho \bar{u} r_0}{\mu}, \quad Re_d = \frac{\rho \bar{u} d}{\mu} = \frac{\rho \bar{u}(2r)}{\mu}. \quad (8.5.27)$$

另一种无量纲阻力系数定义为

$$\lambda = \frac{|dp/dx| \, d}{\frac{1}{2}\rho \, \overline{u}^2} = \frac{|P|(2r_0)}{\frac{1}{2}\rho \, \overline{u}^2}. \tag{8.5.28}$$

称为 H. P. G. 达西摩擦因子,引入这种形式的理由将在第 9.5 节进一步说明. 根据(8.5.24)式,泊肃叶流动的 λ:

$$\lambda = \frac{8|\tau_w|}{\rho \, \overline{u}^2} = \frac{32}{Re_r} = \frac{64}{Re_d}. \tag{8.5.29}$$

(8.5.26)和(8.5.29)告诉我们,不管 C_f 还是 λ 都与雷诺数 Re_r(或 Re_d)成反比. 实验测量表明,在保持层流状态的整个雷诺数范围内,泊肃叶定律精确地成立. 一般说来,这要求 Re_d 小于大约 2 000. 对于直径 $d=20$cm 的水管来说,这要求平均流速 $\overline{u}<1$cm/s;若保持水的平均速度 $\overline{u}=1$m/s,则要求圆管直径 $d\leqslant 0.2$cm. 因而泊肃叶公式一般只适用于流速较慢的细管. 例如,中国早在古代便开始用漏壶来计时,为了维持通过细管的流量稳定,历代做了多次改进,关键是维持漏壶内水面高度不变,也就是哈根 - 泊肃叶公式中的压差不变. 早在汉代(公元元年前后),中国的文献就记载了温度变化引起粘度变化,因而引起流量变化这一事实. 这些都是与哈根 - 泊肃叶公式一致的.

哈根 - 泊肃叶定律的发现在流体力学理论发展史上有过不可磨灭的功绩. 事实上,斯托克斯在推导出粘性流体运动方程(现在称为纳维 - 斯托克斯方程)的同时,就推导过圆管中流动的理论解. 不过当时(1845 年)他还不知道哈根和泊肃叶的实验结果,说不准流体在管壁处是否有滑移,没敢发表他的理论解. 直到哈根和泊肃叶的大量实验结果公诸于世之后,纳维 - 斯托克斯方程、广义牛顿应力公式和固壁无滑移边界条件这一整套理论体系才雄辩般地得到证明,而被普遍接受. 这一事例又一次生动地显示了在流体力学发展史上理论与实验相互补充、缺一不可的辩证关系.

例 8.4 毛细管粘度计

毛细管粘度计是根据哈根 - 泊肃叶定律设计的一种简便经济的测量液体粘度的装置,在工程与医疗检测上有广泛应用. 图 8.14 画的是其中一种型号的原理示意图. 它的主要部件是一根竖直的毛细管,其内直径 $2a$ 远远小于其长度 L,其上方有一盛试样的容器,容器的横截面积远远大于毛细管的横截面积. 试样在重力作用下由下端流出. 如果测出当容器液面高度为 H 时流出的体积流量为 Q_V,则可由(8.5.22)式推算出液体试样的粘度. 注意我们在推导(8.5.22)式时并未考虑重力,而是把 p 当作广义压强看待的. 现在,装置上下端都是大气压 p_{atm},因而毛细管入出口的广义压强分别是 $p_0 = (p_{atm} + \rho g H) - (p_{atm} + \rho g H) = 0$ 和 $p_L = p_{atm} - [p_{atm} + \rho g(H+L)] = -\rho g(H+L)$,这里 ρ 是试样液体的密度，易于测定. 于是可由(8.5.22)式导出：

$$\mu = \frac{\pi a^4}{8Q_V} \rho g \left(1 + \frac{H}{L}\right). \qquad (8.5.30)$$

导出这一公式之后，我们要问一问：泊肃叶定律的成立是有条件的，毛细管粘度计是否满足这些条件呢？让我们逐一检视：(1) 毛细管无限长假设：实验证明，只要 $L/a > 200$，毛细管的入口效应就可以忽略不计；(2) 流动定常假设：随着液面降低，H 减小，毛细管中的流量 Q_V 也会逐渐减小，因而实际流动不可能是严格定常的；但因盛液容器的横截面积远远大于毛细管横截面积，所以液面降低的速度远比毛细管中平均流速慢得多，流动可以近似看作准

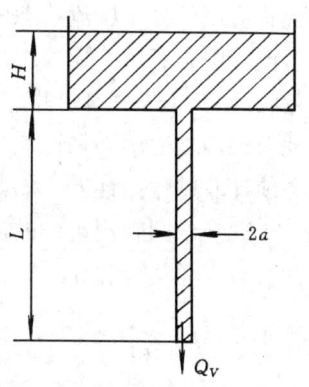

图 8.14 毛细管粘度计示意图

定常的. 在实际操作中，用两条刻线把盛试样容器的高度三等分，记录液面通过这两条刻线的时间用以计算在这一段时间内的平均流量 Q_V，取两刻线的平均高度当作 (8.5.30) 式中的 H. 实验证明，这样可以把流动的非定常效应减到允许误差范围；(3) 层流假设：毛细管直径很小（一般为毫米量级），流速很慢，其雷诺数很低，能够保证流动为层流；(4) 直圆管假设：实际上毛细管难免有椭圆度、锥度、弯度等几何缺陷，克服的办法除了在挑选毛细管时严格把关之外，还可采用相对测量法，即用两种流体在同一套装置分别做测试，于是由 (8.5.30) 可知 $\mu_2/\mu_1 = (\rho_2 Q_{V1})/(\rho_1 Q_{V2})$，如果其中一种流体是已知粘度的标准液，就可以算出另一种液体的未知粘度. 因为几何缺陷对两种流体的影响是大体相同的，此法可将它所引起的粘度测量误差减到很小. 除了以上这些因素外，液面的表面张力也常引起测量误差，在设计时应采取适当措施加以修正.

从这一例题我们看出，理想化的力学模型与实际的工程应用之间常常存在很大的差异. 在我们应用某一理论公式时，必须注意它成立的条件. 只要用这一观点来指导工程设计，理论成果常常可以发挥巨大的作用.

在结束这一例题时我们指出：工程上大多数管流是湍流，它的规律将在下章 9.5 和 9.6 节讲述.

现在我们可以回过头来计算修正的伯努利方程 (8.1.21) 式中的压头损失 h_1. 按定义 (8.1.22) 式，

$$h_1 = -\nu \int_0^l \nabla^2 u \, dx = -\frac{1}{\rho} \int_0^l \frac{dp}{dx} \, dx = \frac{p_0 - p_l}{\rho}.$$

于是，由泊肃叶公式 (8.5.22)，有

$$h_1 = \frac{8\mu l Q_V}{\pi r_0^4 \rho} = \frac{8\nu l \bar{u}}{r_0^2}. \qquad (8.5.31)$$

此式适用于处于层流状态的无限长直圆管中均质不可压缩粘性流动,在工程管道设计中很有用。显然,管道越长越细,或平均流速越大,或流体运动粘度系数越大,压头损失就越严重。这就说明了,为什么对较短较粗的管道常不计粘性损耗而近似地应用无粘性流动的伯努利积分(4.2.6)式,但对较长较细的管道,则必须计及粘性损耗 h_1,采用修正的伯努利积分(8.1.21)式。

现在求圆管流动中的温度分布。假设热传导系数 k 为常数,管壁温度 T_w 为常数与 x 无关,则由问题特点易知 $T=T(r)$ 与 x 无关。这时(8.5.3)式左端变为 0,而 $\Phi = \mu\left(\dfrac{\mathrm{d}u}{\mathrm{d}r}\right)^2$,式中 u 由(8.5.20)式给出,于是有

$$\frac{k}{r}\frac{\mathrm{d}}{\mathrm{d}r}\left(r\frac{\mathrm{d}T}{\mathrm{d}r}\right) = -\mu\left(\frac{\mathrm{d}u}{\mathrm{d}r}\right)^2 = -\frac{16\mu\,\overline{u}^2 r^2}{r_0^4}.$$

积分两次,可得通解为

$$T = -\frac{\mu\,\overline{u}^2}{k r_0^4} r^4 + C_1 \ln r + C_2.$$

根据 $r=0$ 处 T 为有限值和 $r=r_0$ 时 $T=T_w$,得到

$$T = T_w + \frac{\mu\,\overline{u}^2}{k}\left(1 - \frac{r^4}{r_0^4}\right). \tag{8.5.32}$$

式中第二项表示由于粘性耗散引起流体的温升。最大温度 $T_{\max}$ 在管中心线($r=0$)处达到:

$$T_{\max} = T_w + \frac{\mu\,\overline{u}^2}{k}.$$

事实上,除了粘性很高的油类之外,粘性耗散所引起的温升一般可以忽略不计。例如,当平均流速 $\overline{u}=30\text{m/s}$ 时,空气的最大温升约为 0.5℃,水的最大温升约为 1.5℃,而原油的最大温升约为 450℃。

由(8.5.31)式可求得壁面单位面积的热流量:

$$q_w = -k\left(\frac{\mathrm{d}T}{\mathrm{d}r}\right)_{r=r_0} = \frac{4\mu\,\overline{u}^2}{r_0}. \tag{8.5.33}$$

$q_w > 0$ 表明热流指向固壁内部,为维持壁面常温度 T_w,必须对固壁进行冷却使流体的耗散热传出。

*(三) 平板在自身平面内振动所引起的流动

如图 8.15 所示,无限大的平板位于 $y=0$,其上方($y>0$)充满粘度系数为 $\mu=$ 常数的均质不可压缩流体。设平板在其自身平面内以速度 $U_0 \cos \omega t$ 振动,由于粘性作用,它将带动上半空间的流体作周期性运动。现在来求流体的速度 u 随时间和位置的变化。假设广义压强 p 是均匀的。

根据问题的物理特点,板在 x 方向为无限长,坐标原点 O 可沿板面任意选

择，因而 $\frac{\partial u}{\partial x} = 0$，$u = u(y,t)$．根据连续性方程
(8.5.1)有 $\frac{\partial u}{\partial x} + \frac{\partial v}{\partial y} = 0$，再加上物面无渗透条件
($y=0:v=0$)，可推断出 $v \equiv 0$．于是由(8.5.2)得
到 x 方向的运动方程：

$$\frac{\partial u}{\partial t} = \nu \frac{\partial^2 u}{\partial y^2}. \qquad (8.5.34)$$

相应的边界条件是

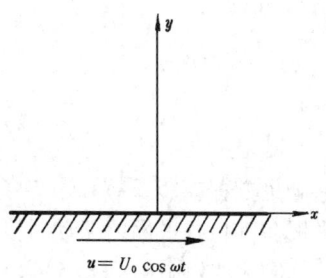

图 8.15 平板在自身平面振动

$$y = 0: u = U_0 \cos \omega t, \qquad (8.5.35)$$
$$y \to \infty: u = 0. \qquad (8.5.36)$$

因为这一问题的流体运动有周期性，所以不提初始条件．对比一下这一问题与 (5.4.23) 至 (5.4.26) 所描述的平板突然起动问题，我们看到两个问题所遵从的方程完全一样，主要差别在于 $y=0$ 处的边界条件．平板起动问题中没有有限大小的特征长度与特征时间，因而存在相似性解．而现在的问题中存在特征时间 $(1/\omega)$，因而不存在相似性解．这两个问题都是由英国力学家斯托克斯首先解决的，后人称平板突然起动的问题为斯托克斯第一问题，而称平板在自身平面内振动的问题为斯托克斯第二问题．

象斯托克斯第二问题这类用线性方程描述的周期性问题常常通过求复数解的方法来求解．我们知道，满足线性方程的任一复数解，其实部和虚部必然都满足同一方程．因此只要能找到满足以下方程和边界条件的复数解 $U(y,t)$，那么它的实部必然满足方程(8.5.34)和边界条件(8.5.35)与(8.5.36)：

$$\frac{\partial U}{\partial t} = \nu \frac{\partial^2 U}{\partial y^2}, \qquad (8.5.37)$$
$$y = 0: U = U_0 \mathrm{e}^{\mathrm{i}\omega t}, \qquad (8.5.38)$$
$$y \to \infty: U = 0. \qquad (8.5.39)$$

根据解的周期性，可设

$$U(y,t) = Y(y) \mathrm{e}^{\mathrm{i}\omega t}. \qquad (8.5.40)$$

将它代入(8.5.37)，得到 $Y(y)$ 满足的常微分方程

$$Y''(y) - \alpha^2 Y(y) = 0, \qquad (8.5.41)$$

式中

$$\alpha = \sqrt{\frac{\mathrm{i}\omega}{\nu}} = \sqrt{\frac{\omega}{2\nu}} + \mathrm{i}\sqrt{\frac{\omega}{2\nu}}. \qquad (8.5.42)$$

(8.5.41)式的一般解是

$$Y(y) = C_1 \mathrm{e}^{\alpha y} + C_2 \mathrm{e}^{-\alpha y}.$$

由边界条件(8.5.35)和(8.5.36)得：$C_1 = 0$，$C_2 = U_0$．于是

$$U(y,t) = U_0 e^{-\alpha y + i\omega t} = U_0 e^{-\sqrt{\frac{\omega}{2\nu}} y + i\left(\omega t - \sqrt{\frac{\omega}{2\nu}} y\right)}. \qquad (8.5.43)$$

$U(y,t)$ 的实部为

$$u(y,t) = U_0 e^{-\sqrt{\frac{\omega}{2\nu}} y} \cos\left(\omega t - \sqrt{\frac{\omega}{2\nu}} y\right). \qquad (8.5.44)$$

它满足方程(8.5.34)和边界条件(8.5.35)与(8.5.36)，因而也就是我们所要求的平板在其自身平面内振动时上半空间粘性流体做周期性运动的速度变化规律.

图 8.16 画出了(8.5.44)式所示的流体速度分布. 注意流体做周期性运动的频率与平板振动频率相同, 而速度的振幅 $U_0 e^{-\sqrt{\frac{\omega}{2\nu}} y}$ 随 y 增加按指数规律衰减. 与平板相距 y 处的流体层相对平板的相位滞后是 $(\sqrt{\omega/2\nu})y$. 流体中相距 $2\pi\sqrt{2\nu/\omega}$ 的二流体层的速度有相同相位, 这一距离可看作流体振荡的波长, 有时称为粘性项的穿透深度. 我们看到, 当 $y = 2\pi\sqrt{2\nu/\omega}$ 时, 其速度的振幅衰减到 $U_0 e^{-2\pi}$, 即平板振动速度振幅的 $1/535$, 在这一距离以外的流体几乎不动. 这说明, 被平板带动的流体层厚度正比于 $\sqrt{\nu/\omega}$. 也就是说, 当平板在很粘滞的流体中以低频振动时, 平板所带动的流体层较厚; 而在粘度很小的流体中以高频振动的平板只能带动与它毗邻的一薄层流体.

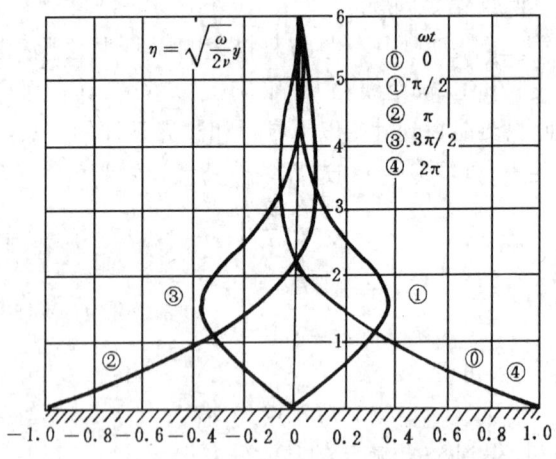

图 8.16　平板在自身平面内振动时附近流体的速度分布

8.6　低雷诺数流动

当一些尺寸微小的粒子在粘性流体中作缓慢运动时, 其特征雷诺数很低, 称为低雷诺数流动. 例如,大气中烟尘的沉降,云雾的水滴,胶体溶液中的胶体大分子,河流中的泥沙,水洗选矿中的矿尘粉末,原生物的泳动,血液中红细胞的运动等. 一个直径为 $10\mu m$ 的毛细血管,当血流速度为 $1mm/s$ 时,雷诺数约为 10^{-3} 量级.

(一) 斯托克斯流动

既然雷诺数表征流体惯性力与粘性力之比,低雷诺数流动的特点就是惯性力与粘性力相比居于次要地位. 当 $Re \to 0$ 时,可以在(8.5.2)式中完全忽略左方惯性力项,得到如下的运动方程组(参看(8.4.4)式):

$$\left.\begin{array}{l} \nabla \cdot \boldsymbol{v} = 0 , \\ \nabla p = \mu \nabla^2 \boldsymbol{v} . \end{array}\right\} \quad (8.6.1)$$

这叫做斯托克斯方程. 服从斯托克斯方程的流动叫做斯托克斯流动,又叫蠕动流.

对(8.6.1)后一式左右取旋度,可以消去压强 p 得到关于涡量 $\boldsymbol{\omega} \equiv \nabla \times \boldsymbol{v}$ 的方程:

$$\nabla^2 \boldsymbol{\omega} = 0 , \quad (8.6.2)$$

即,斯托克斯流动中的涡量满足拉普拉斯方程.

对于平面流动,由连续性方程引入流函数 ψ,使

$$u = \frac{\partial \psi}{\partial y}, \quad v = -\frac{\partial \psi}{\partial x}, \quad (8.6.3)$$

于是

$$\boldsymbol{\omega} = \boldsymbol{k}\left(\frac{\partial v}{\partial x} - \frac{\partial u}{\partial y}\right) = -\boldsymbol{k}\nabla^2 \psi. \quad (8.6.4)$$

将(8.6.4)代入(8.6.2)得到

$$\nabla^2 \nabla^2 \psi = 0 \quad (8.6.5)$$

即,平面斯托克斯流动的流函数满足双调和方程.

对于轴对称流动,由连续性方程引入斯托克斯流函数 ψ,使

$$u_x = \frac{1}{r}\frac{\partial \psi}{\partial r}, \quad u_r = -\frac{1}{r}\frac{\partial \psi}{\partial x}. \quad (8.6.6)$$

可以证明

$$\boldsymbol{\omega} = -\frac{\boldsymbol{e}_\theta}{r} D^2 \psi , \quad (8.6.7)$$

式中

$$D^2 = \frac{\partial^2}{\partial r^2} - \frac{1}{r}\frac{\partial}{\partial r} + \frac{\partial^2}{\partial x^2} \quad (8.6.8)$$

称为斯托克斯算子,(r, θ, x) 是圆柱坐标系,$\boldsymbol{e}_\theta$ 是圆周方向的单位矢量. 将(8.6.7)代入(8.6.2)式得

$$0 = \nabla^2 \boldsymbol{\omega} = -\nabla \times (\nabla \times \boldsymbol{\omega}) + \nabla(\nabla \cdot \boldsymbol{\omega}) = \nabla \times \left[\nabla \times \frac{\boldsymbol{e}_\theta}{r} D^2 \psi\right]$$

$$= \nabla \times \left[\frac{\boldsymbol{e}_x}{r}\frac{\partial}{\partial r}D^2\psi - \frac{\boldsymbol{e}_r}{r}\frac{\partial}{\partial x}D^2\psi\right]$$

$$= \frac{\boldsymbol{e}_\theta}{r}\left[\frac{\partial^2}{\partial r^2} - \frac{1}{r}\frac{\partial}{\partial r} + \frac{\partial^2}{\partial x^2}\right]D^2\psi = \frac{\boldsymbol{e}_\theta}{r}D^2(D^2\psi),$$

式中用到算子 $\nabla = e_r \dfrac{\partial}{\partial r} + \dfrac{e_\theta}{r}\dfrac{\partial}{\partial \theta} + e_x \dfrac{\partial}{\partial x}$. 由此公式可以推知, 轴对称斯托克斯流动的流函数满足

$$D^2 D^2 \psi = 0. \qquad (8.6.9)$$

解出 ψ 以后, 由 (8.6.6) 算出 v, 代回 (8.6.1) 第二式即可求得流场中的压强 p. 在圆柱坐标系下,

$$\left.\begin{aligned}\dfrac{\partial p}{\partial r} &= -\dfrac{\mu}{r}\dfrac{\partial}{\partial x}(D^2 \psi), \\ \dfrac{\partial p}{\partial x} &= \dfrac{\mu}{r}\dfrac{\partial}{\partial r}(D^2 \psi).\end{aligned}\right\} \qquad (8.6.10)$$

对于轴对称的斯托克斯流动, 如采用圆球坐标系 (R, θ, ϕ), 对应于 (8.6.6), (8.6.8) 和 (8.6.10) 的公式是

$$u_R = \dfrac{1}{R^2 \sin\theta}\dfrac{\partial \psi}{\partial \theta}, \quad u_\theta = -\dfrac{1}{R\sin\theta}\dfrac{\partial \psi}{\partial R}, \qquad (8.6.11)$$

$$D^2 = \dfrac{\partial^2}{\partial R^2} + \dfrac{\sin\theta}{R^2}\dfrac{\partial}{\partial \theta}\left(\dfrac{1}{\sin\theta}\dfrac{\partial}{\partial \theta}\right) \qquad (8.6.12)$$

和

$$\left.\begin{aligned}\dfrac{\partial p}{\partial R} &= \dfrac{\mu}{R^2 \sin\theta}\dfrac{\partial}{\partial \theta}(D^2 \psi), \\ \dfrac{\partial p}{\partial \theta} &= -\dfrac{\mu}{\sin\theta}\dfrac{\partial}{\partial R}(D^2 \psi).\end{aligned}\right\} \qquad (8.6.13)$$

总结一句, 斯托克斯流动的涡量 ω 满足拉普拉斯方程 (8.6.2), 平面和轴对称斯托克斯流动的流函数 ψ 分别满足简单的四阶偏微分方程 (8.6.5) 和 (8.6.9). 在这些方程和相应的边界条件中都不出现流体性质 μ 和 ρ, 也不出现对时间 t 的历史依赖关系. 这表明, 在 $Re \to 0$ 的极限情形下(即完全忽略流体的惯性力时), 流场中的运动学特性(速度、涡量、流线、涡线等)与流体粘度和密度无关, 也不依赖于流动的历史, 只与该瞬时的边界条件有关. 此外, 由于 (8.6.1) 式中只出现 μ 而不出现 ρ, 所以流场中的压强、应力和物体所受合力等动力学量只与流体粘度系数 μ 有关而与密度 ρ 无关. 这些都是斯托克斯流动的特点, 只有在 $Re \to 0$ 时才严格成立.

(二) 斯托克斯阻力公式

由于斯托克斯方程是线性的, 对一些与坐标面一致的物形易于求得准确的解析解. 下面举圆球在原来静止的无界流体中的平移为例说明如何求解.

取球坐标系 (R, θ, ϕ), 坐标原点位于该瞬时球心上, 球半径为 a, 球的平移速度 U_0 指向 $\theta = 0$ 方向(图 8.17), 此时流函数 ψ 满足的方程和边界条件为

$$\left.\begin{aligned}&D^2 D^2 \psi = 0, \\ R = a:\ &\dfrac{1}{a^2 \sin\theta}\dfrac{\partial \psi}{\partial \theta} = U_0 \cos\theta, \quad \dfrac{-1}{a\sin\theta}\dfrac{\partial \psi}{\partial R} = -U_0 \sin\theta, \\ R \to \infty:\ &\dfrac{1}{R^2 \sin\theta}\dfrac{\partial \psi}{\partial \theta} = \dfrac{-1}{R\sin\theta}\dfrac{\partial \psi}{\partial R} = 0.\end{aligned}\right\} \qquad (8.6.14)$$

让我们用分离变量法求解,设 $\psi(R,\theta) = F(R)G(\theta)$,则 $R = a$ 的两边界条件给出

$$F(a)G'(\theta) = U_0 a^2 \sin\theta\cos\theta,$$
$$F'(a)G(\theta) = U_0 a \sin^2\theta.$$

由此看出,若此问题能用分离变量法求解,$G(\theta)$ 必须正比于 $\sin^2\theta$。现取 $G(\theta) = \sin^2\theta$,即相当于设

$$\psi(R,\theta) = F(r)\sin^2\theta,$$

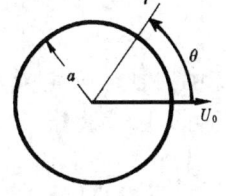

图 8.17 圆球在粘性流体中平移

则问题化为求解下列欧拉方程:

$$F'''' - \frac{4}{R^2}F'' + \frac{8}{R^3}F' - \frac{8}{R^4}F = 0.$$

它的一般解具有下列形式

$$F(R) = AR^4 + BR^2 + CR + \frac{D}{R},$$

式中的待定常数 A,B,C,D 由下列边界条件确定:

$$F(a) = \frac{1}{2}U_0 a^2, \quad F'(a) = U_0 a, \quad \lim_{R\to\infty}\frac{1}{R^2}F = \lim_{R\to\infty}\frac{1}{R}F' = 0.$$

最后得到

$$F(R) = \frac{3}{4}U_0 aR - \frac{1}{4}U_0\frac{a^3}{R},$$

因而

$$\psi(R,\theta) = \frac{1}{4}U_0\sin^2\theta\left(3aR - \frac{a^3}{R}\right). \tag{8.6.15}$$

按(8.6.11)式得到速度分布:

$$u_R = \frac{1}{2}U_0\cos\theta\left(\frac{3a}{R} - \frac{a^3}{R^3}\right), \tag{8.6.16}$$

$$u_\theta = -\frac{1}{4}U_0\sin\theta\left(\frac{3a}{R} + \frac{a^3}{R^3}\right). \tag{8.6.17}$$

在图 8.18 上画出了圆球在无界流体中平移的瞬时流线,其中上半部分是相对于无穷远处静止流体而言(即由(8.6.15)式所表示),而下半部分则是相对于运动的球心而言(相当于(8.6.15)式的 ψ 减去负 x 方向均匀流 $-\frac{1}{2}U_0 R^2\sin^2\theta$)。为了对比,图中除在(a)画出斯托克斯流解之外还在(b)画出了相应的势流解(见(6.8.21)式)。从公式和图看出,球平移所引起的斯托克斯流动有如下特点:

1. 正如前面所预言的,流线和速度与流体的粘度系数或密度无关,它们只取决于球在该瞬时的速度 U_0,而与它过去的运动历史无关.

2. 球前后的流线完全对称,在球后方不存在如图 8.5(b)至(e)所示的尾流区.

3. 相对于球来说,流体的速度处处都小于自由来流值,不像势流中球顶部的流体速度可能超过自由来流值. 在流线形状(见图的下部)方面,斯托克斯流

的流线比势流中的对应流线被排挤得更远一些. 如果从无穷远处的静止流体来看(见图的上部),圆球在粘性流体中平移时,会带动周围流体一起前进,而在势流中,圆球只不过将前部的无粘性流体推向外侧,待球经过后又从后侧吸回,流体并不随着圆球一起前进. 这是粘性流体与无粘性流体的本质区别.

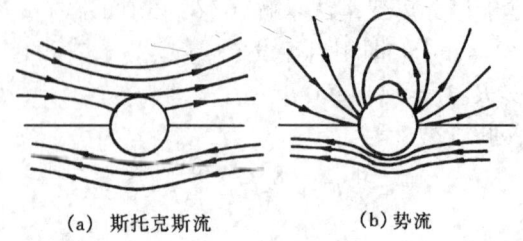

(a) 斯托克斯流 (b) 势流

图 8.18 圆球平移的斯托克斯流与势流的瞬时流线分布比较

4. 斯托克斯流中由圆球运动所引起的扰动其影响范围较势流中的大得多. 如(8.6.16)和(8.6.17)式所示,当 $R\to\infty$ 时,扰动速度的大小随 R 成反比地缓慢衰减;而在势流中,扰动速度随 R 的立方成反比地迅速衰减(见(6.8.22)和(6.8.23)式). 这就是说,即使在 $R=10a$ 这样远的距离上,球平移所引起的斯托克斯流速度仍为 $\frac{1}{10}U_0$ 的量级,而相应的势流速度早已衰减到 $\frac{1}{1\,000}U_0$ 量级.

下面我们来计算流场中的压强分布. 由(8.6.13)式有

$$\frac{\partial p}{\partial R} = -3\frac{\mu U_0 a}{R^3}\cos\theta,\quad \frac{\partial p}{\partial \theta} = -\frac{3}{2}\frac{\mu U_0 a}{R^2}\sin\theta, \tag{8.6.18}$$

再加上 $R\to\infty$ 时 $p=p_\infty$ 的条件可以解出

$$p = p_\infty + \frac{3}{2}\frac{\mu U_0 a}{R^2}\cos\theta. \tag{8.6.19}$$

在球面 $R=a$ 上的压强分布为

$$p\big|_{R=a} = p_\infty + \frac{3}{2}\frac{\mu U_0}{a}\cos\theta. \tag{8.6.20}$$

注意球朝向 $\theta=0$ 方向平移. 显然球的前方($0°<\theta<90°$)所受到的流体压强要高于球的后方($90°<\theta<180°$),也就是球面的流体压强分布不再象势流中那样具有前后对称性,于是前后的压差产生一个与 U_0 反向的合力,这就是压差阻力. 与势流的另一不同点是,这时不仅有压差阻力,还有摩擦阻力,总阻力是流体表面正应力 τ_{RR} 和切应力 $\tau_{R\theta}$ 的合力.

$$\tau_{RR}\big|_{R=a} = 2\mu\frac{\partial u_R}{\partial R}\bigg|_{R=a} = 0, \tag{8.6.21}$$

$$\tau_{R\theta}\big|_{R=a} = \mu\left(\frac{1}{R}\frac{\partial u_R}{\partial \theta} + \frac{\partial u_\theta}{\partial R} - \frac{u_\theta}{R}\right)\bigg|_{R=a} = \frac{3}{2}\frac{\mu U_0}{a}\sin\theta. \tag{8.6.22}$$

球所受的流体合力是(图 8.19)

$$F_x = 2\pi \int_0^\pi \left[(-p + \tau_{RR})\cos\theta - \tau_{R\theta}\sin\theta \right]_{R=a} a^2 \sin\theta d\theta$$
$$= -2\pi\mu U_0 a - 4\pi\mu U_0 a .$$

于是得到球所受的总阻力为

$$F_x = -6\pi\mu U_0 a , \quad (8.6.23)$$

其中压差阻力占 1/3,而摩擦阻力占 2/3. 这一公式是斯托克斯于 1851 年导出的,称为斯托克斯阻力公式.

斯托克斯阻力公式指出,在 $Re \to 0$ 因而流体惯性可以完全忽略不计的前提下,球在粘性流体中平移时所受的阻力与球平移的速度、流体的粘度系数和球的半径成正比. 大量的实验证明,尽管它是在 $Re \to 0$ 的前提下导出的,但直到 $Re \leqslant 1$ 时仍与实验结果符合得相当好.

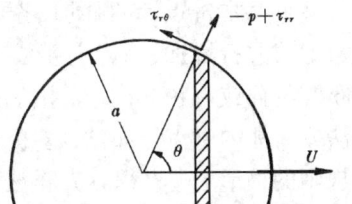

图 8.19 球平移所受阻力的计算

许多人研究了斯托克斯流动的其它精确解,发现不同形状的物体所受的阻力都与平移速度、流体粘度系数和物体特征尺寸成正比,只是前面的数字因子略有差别. 例如,一个半径为 a 的薄圆盘所受的阻力为:

$$当圆盘正面朝前运动时, F_x = -16\mu U_0 a ,$$
$$当圆盘侧缘朝前运动时, F_x = -\frac{32}{3}\mu U_0 a. \quad (8.6.24)$$

有意义的是,尽管其几何形状与圆球相差很远,圆盘在两种情形所受的阻力只比圆球的值分别低 15% 和 43%. 这就说明,斯托克斯流中物体所受阻力的大小对物形不太敏感. 对于与球形相差不多的沙粒,尘埃,大分子,细胞等,我们完全有理由用球的斯托克斯阻力公式初步估算其阻力. 1911 年,列勃钦斯基和哈达玛分别独立地解决了粘度系数为 μ_i 的球形液滴被另一种不相掺混的流体(粘度系数为 μ_0)绕过的问题,得到液滴所受的阻力为

$$F_x = -6\pi\mu_0 U_0 a \frac{1 + \frac{2\mu_0}{3\mu_i}}{1 + \frac{\mu_0}{\mu_i}} . \quad (8.6.25)$$

式中 U_0 是无穷远处来流速度,a 是液滴半径. 当液滴被气体绕流时,$\mu_0 \ll \mu_i$,液滴所受的阻力接近于固体球所受的阻力 $-6\pi\mu_0 U_0 a$;当气泡被液体绕流时,$\mu_i \ll \mu_0$,气泡所受阻力为 $-4\pi\mu_0 U_0 a$,即仅为固体球所受阻力的 2/3. 一个液滴被另一种流体绕流情形的阻力介于这两个极端值之间. 因为这两个极端值相差

不很多,所以斯托克斯阻力公式(8.6.23)也可用于估算液滴,气泡在各种斯托克斯流中所受的阻力.

斯托克斯流动的精确解析解只有对于少数特殊物形才能求得,例如单个长球或扁球,两个圆球或者单个圆球位于大平壁附近. 对于其他情形,必须用数值方法求解. 数值解法的基本思想是利用斯托克斯方程的线性,把方程的解表示为一系列基本奇点解的叠加,各奇点的未知强度由满足边界条件而确定. 采用级数形式进行叠加,用待定系数来表示奇点强度的方法叫做多极子法. 把奇点分布在物面或者物体内部,用待定函数来表示奇点强度的方法叫做边界积分方程法或者体内奇点分布法. 多极子法具有精度高、计算量小的优点,但只适用于较规则的物形. 边界积分方程法可以灵活地应用于任意边界形状,特别适宜于可变形边界,却有精度低、计算量大的缺点. 体内奇点分布法兼有二者的优点,但目前主要适用于轴对称物形. 近二十多年来,斯托克斯流动的数值计算方法取得了很大的进展. 现在,不仅可以计算数百个微粒在斯托克斯流动中的扰动,而且可以长时间跟踪其中每一个微粒的运动和变形,动态模拟该悬浮液的集合性质(例如:粘度、扩散、聚集、电泳等). 这些研究成果已经在化工、环境、气象、选矿、物理化学和生物医学工程等领域得到了广泛应用.

例8.5 雾滴在空气中的沉降速度

设雾滴近似为半径为 a 的球形,密度为 ρ_1,空气的密度和粘度系数分别为 ρ 和 μ,则由牛顿第二定律可知雾滴的沉降速度 V 随时间 t 的变化规律是

$$\frac{4}{3}\pi a^3 \left(\rho_1 + \frac{1}{2}\rho\right)\frac{dV}{dt} = (\rho_1 - \rho)\frac{4}{3}\pi a^3 g - 6\pi\mu a V. \quad (8.6.26)$$

(雾滴质量 + 附加质量)×加速度　　重力 − 浮力　　斯托克斯阻力

如果雾滴由静止开始沉降($t = 0$ 时 $V = 0$),它的解是

$$V = V_t \left(1 - e^{-\frac{9}{2}\frac{\mu}{(\rho_1 + \rho/2)a^2}t}\right),$$

式中

$$V_t = \frac{2}{9}(\rho_1 - \rho)\frac{ga^2}{\mu}. \quad (8.6.27)$$

是当 $t \to \infty$ 时所达到的定常沉降速度. 事实上,雾滴开始沉降后几乎瞬时就达到这一定常沉降速度. 例如,在 1 个大气压和 20℃ 之下,$\rho_1 = 998 \text{ kg/m}^3$,$\rho = 1.2$ kg/m^3,$\mu = 1.8 \times 10^{-5}$ Pa·s,取重力加速度 $g = 9.8$ m/s^2,可以算出,半径 $a = 10$ μm 的雾滴在 0.0057s 就达到 0.99V_t,在 0.011s 就达到 0.9999V_t. 而雾滴由 10km 高空以 $V_t = 1.2$cm/s 降落到地面需要 8.29×10^5 s(也就是 9 天 14 个小时多). 可见,对于雾滴或烟尘沉降这一类问题,我们可以放心地忽略其初始加速的非定常过程,采用定常的力学模型来处理. (8.6.27)式也可由直接考虑定常沉降时雾滴所受重力、浮力与阻力之间平衡而导出. 由此式可以看出,大雾滴要

比小雾滴沉降得快得多,当前者赶上后者合并之后沉降速度进一步加快,最后就可能发展为降雨.

最后需要指出,按上述数据算出雾滴雷诺数 $Re = \rho V_t a/\mu = 0.008$,因而 (8.6.26)式中应用斯托克斯阻力公式是合理的. 对于雾滴在空气中沉降的问题,为保证 $Re \leq 1$,(8.6.27)式给出的定常沉降速度只适用于半径小于 40~50μm 的微小雾滴. 当然,如果用于研究粒子在粘滞流体中沉降的问题,由于 V_t 更小,对于粒子特征尺寸的要求就可以大大放宽了.

(8.6.27)式有许多实际应用. 例如,知道 ρ_1,ρ 和 μ 时可以通过测量 U_t 推算出极小微粒的半径 a. 1911 年 R. A. 密立根在测量电子电荷的著名实验中就用这个办法推算了极小油滴的尺寸. 再如,知道 ρ_1,ρ 和 a 时,可以通过测量 U_t 而推算出流体的粘性 μ. 根据这一原理制成的落球式粘度计广泛应用于测量石油的粘度.

(三)斯托克斯近似的局限性和奥森近似

阻力公式(8.6.23)~(8.6.25)证实了我们在本节一开始的预言:斯托克斯流中物体所受的力只与流体的粘度系数 μ 有关而与流体的密度 ρ 无关,这当然是完全忽略流体惯性的直接后果. 斯托克斯流中一般物体所受阻力与 μ,U_0 的关系可以用下述量纲分析的方法导出:设原来静止的无界流体(粘度系数为 μ)中有一特征尺寸为 L 的三维物体以速度 U_0 平移,那么在完全忽略流体惯性时,物体所受阻力 F 依赖于 μ,U_0,L:

$$F = f_1(\mu, U_0, L).$$

根据量纲分析的 π 定理,它可以化为 $n - r = 4 - 3 = 1$ 个无量纲参数的表达式,取此无量纲量为 $\dfrac{F}{\mu U_0 L}$,则必有

$$\frac{F}{\mu U_0 L} = 常数. \tag{8.6.28}$$

此式的形式正和我们前面推导的(8.6.23)~(8.6.25)式一致,它适用于任意形状三维物体(包括轴对称物体,下同)平移所引起的斯托克斯流动(或等价地,三维物体的斯托克斯绕流). 但是对于二维物体,采用类似的论证却会导致荒谬的结论. 二维物体所受的阻力 $\tilde{F}$ 指的是单位宽度物体上所受的流体作用力,它与 F/L 具有相同量纲,于是上述量纲分析会得出

$$\frac{\tilde{F}}{\mu U_0} = 常数.$$

也就是说,二维物体单位宽度上所受的阻力与物体特征尺寸 L 无关,这当然与人们观测到的事实不符. 问题的原因在于:在二维低雷诺数流中惯性项是不能完全忽略掉的,因为无穷宽的物体所产生的扰动十分深远. 从数学上说,二维流动中斯托克斯方程的解不能同时满足物面和无穷远处的边界条件. 这就是为什

么在无界斯托克斯流动中,圆球绕流有解而圆柱绕流无解. 这就是著名的斯托克斯佯谬. 在二维低雷诺数流中只要适当考虑流体的惯性(惯性当然与流体密度 ρ 有关),流动就变得有解,量纲分析就会导致

$$\frac{\hat{F}}{\mu U_0}=f_2\left(\frac{\rho U_0 L}{\mu}\right), \tag{8.6.29}$$

于是避免了斯托克斯佯谬.

事实上,三维斯托克斯流中完全忽略流体惯性的假设只有当雷诺数等于零时才严格成立. 按定义,$Re=\dfrac{\rho U_0 L}{\mu}$,只有当 $U_0=0$ 时才有 $Re=0$,而这时也就没有了流动. 所以在真实的低雷诺数流中,不管 Re 多么小,它都不等于零. 所谓斯托克斯流动只不过是一个力学模型,表示 $Re\to 0$ 这一极限之下的流动状态. 仔细分析一下流场中惯性项的相对大小,我们会发现,当 Re 为小量但不等于零时,在物体附近忽略流体惯性是合理的,而在远场忽略流体惯性并不合理. 让我们用圆球的无界粘性绕流解来说明. 这时的流体速度等于(8.6.16)和(8.6.17)式所给的速度叠加一个平行于 $\theta=180°$ 方向的均匀流速度 U_0. 按照前面的分析,我们有:$|v|=U_0\left[1+aO\left(\dfrac{1}{R}\right)\right]$,这里 $O\left(\dfrac{1}{R}\right)$ 表示当 $R\to\infty$ 时与 $\dfrac{1}{R}$ 成正比而变化. 由简单的微商运算可知,$|\nabla v|=U_0 aO\left(\dfrac{1}{R^2}\right)$,$|\nabla^2 v|=U_0 aO\left(\dfrac{1}{R^3}\right)$. 记 $Re=\dfrac{\rho U_0 a}{\mu}$,我们有如下估值:

$$\frac{|惯性力|}{|粘性力|}=\frac{\rho|v\cdot\nabla v|}{\mu|\nabla^2 v|}=\frac{\rho U_0\cdot U_0 aO\left(\dfrac{1}{R^2}\right)}{\mu\cdot U_0 aO\left(\dfrac{1}{R^3}\right)}=\frac{\rho U_0}{\mu}O(R)$$

$$=\frac{\rho U_0 a}{\mu}O\left(\frac{R}{a}\right)=ReO\left(\frac{R}{a}\right). \tag{8.6.30}$$

由此可见,当球面附近 R/a 为 1 的量级时,惯性力与粘性力之比为 Re 量级,的确是小量;而当 $R\to\infty$ 时,不管 Re 多么小(只要它不为零),惯性力总会随 R 增大到可与粘性力相比的量级并进而超过后者. 这样,在远场也忽略惯性力就不合理了. 正是这一不合理,造成了斯托克斯流动解在物理图象上的某些失真. 例如:前面提到过的流动图案的前后对称性. 如果两个球一前一后地在无界流体中等速平移,那么按斯托克斯流的解,两球所受到的阻力相同,而实际上后球处于前球的尾流中,所受的阻力较小. 这一误差是因为斯托克斯流动完全不考虑惯性所造成的. 有人曾试图把斯托克斯流动的解当作零级近似,假设真实流动的解等于这个解加上一个小扰动,代回纳维-斯托克斯方程,用摄动法来求解扰动,结果因无法同时满足全部边界条件而失败. 因此,要想用逐次逼近法来考

虑低雷诺数流动的惯性效应,是不能从斯托克斯流的解出发的.这叫做怀特赫德佯谬.

这一困难是奥森在 1910 年克服的.他指出,如果把原来忽略掉的惯性项 $(v\cdot\nabla)v$ 的主要部分 $U_0\dfrac{\partial v}{\partial x}$ 保留下来,就能得到全流场一致有效的解.在远场,这一项合理地考虑了惯性效应;在物面附近,这一项自动变为小量(见上述(8.6.30)式后的讨论),从而与斯托克斯方程一致.这样得到的方程叫做奥森方程:

$$\left.\begin{array}{l}\nabla\cdot v=0,\\[4pt]\rho U_0\dfrac{\partial v}{\partial x}=-\nabla p+\mu\nabla^2 v.\end{array}\right\} \qquad (8.6.31)$$

注意:奥森方程与纳维-斯托克斯方程的主要不同点在于由非线性方程变为线性方程,从而便于求解.具体求解过程是很繁琐的.这里仅指出,所得到的解明显地表现出流动前后流线的不对称性(图 8.20 是相对于无穷远处静止流体画的流线).除了后方的狭长尾流之外,大部分区域的流场好象球心处点源产生的辐射状流动.用奥森方程算出沿两球连心线方向绕流的解,前后两球的阻力有明显差异,显示了尾流效应.用奥森方程算出的单个球在无界粘性流体中平移所受的阻力为

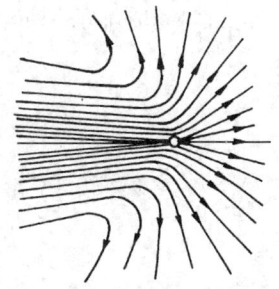

图 8.20 球平移所引起的奥森流动的流线

$$F_x=-6\pi\mu U_0 a\left(1+\dfrac{3}{8}Re\right)$$

式中 $Re=\rho U_0 a/\mu$.这一公式与斯托克斯阻力公式(8.6.23)的差别为 $O(Re)$ 量级,对低雷诺数流动相差不大.但是从奥森方程出发,可以通过逐次逼近的方法不断扩展解的适用范围.近年求得的三级近似解直到 $Re=6$ 都与实验符合得很好.此外,奥森近似下也避免了斯托克斯佯谬,例如,对于圆柱在无界粘性流体中的绕流问题也求得了满足全部边界条件的解.

(四)润滑理论

粘性流体低雷诺数运动的一个重要实际应用,是轴在轴承中转动时所引起的润滑油运动(图 8.21).由于轴上所承受的侧向载荷(例如轴的自重),轴与轴承通常是不同心的,其间形成一条很狭窄的楔形缝隙.当轴转动时,狭缝中会产生很高的压强把轴托起,从而避免轴与轴承固壁间的干摩擦.现在我们来说明狭缝中如何产生高压.为了说明问题的实质和避免繁琐的细节,考虑图 8.22 所示的两个相互倾斜的大平面之间的相互滑移,这相当于轴的长度比半径大得多而狭缝又比轴半径小得多这种极端情形.设图中 $h(x)\ll L$,让我们对下列二维定常流动的纳维-斯托克斯方程组中各项的相对重要性做一次估计:

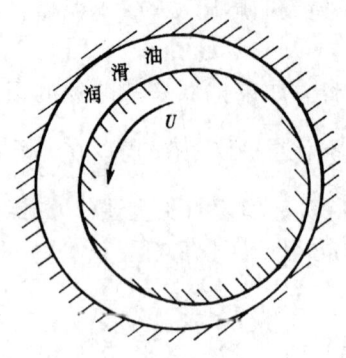
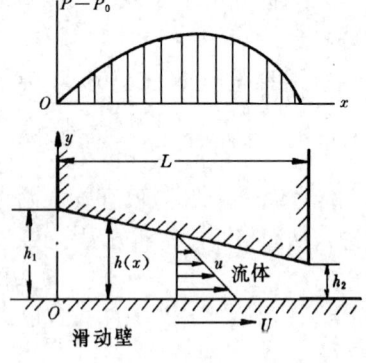

图 8.21 轴承中的润滑油运动　　图 8.22 楔形狭缝中的润滑流动

$$\frac{\partial u}{\partial x} + \frac{\partial v}{\partial y} = 0,$$

$$\rho u \frac{\partial u}{\partial x} + \rho v \frac{\partial u}{\partial y} = -\frac{\partial p}{\partial x} + \mu \left(\frac{\partial^2 u}{\partial x^2} + \frac{\partial^2 u}{\partial y^2} \right),$$

$$\rho u \frac{\partial v}{\partial x} + \rho v \frac{\partial v}{\partial y} = -\frac{\partial p}{\partial y} + \mu \left(\frac{\partial^2 v}{\partial x^2} + \frac{\partial^2 v}{\partial y^2} \right).$$

由第一式，$v = \int_0^y \frac{\partial u}{\partial x} dy$ 为 $U \frac{h}{L}$ 量级，故 $v \ll u$，可以忽略 v。于是最后一式给出 $\frac{\partial p}{\partial y} = 0$，即 $p = p(x)$。在第二式中 $\frac{\partial^2 u}{\partial x^2} \ll \frac{\partial^2 u}{\partial y^2}$，因而有

$$\left| \frac{惯性力}{粘性力} \right| = \left| \frac{\rho u \frac{\partial u}{\partial x}}{\mu \frac{\partial^2 u}{\partial y^2}} \right| \sim \frac{\frac{\rho U^2}{L}}{\frac{\mu U}{h^2}} = \frac{\rho U L}{\mu} \left(\frac{h}{L} \right)^2.$$

对大多数润滑问题 $h/L \sim 10^{-3}$，$\rho UL/\mu$ 很少超过 2×10^4，因而惯性力与粘性力之比小于 2×10^{-2}。在忽略惯性力时，方程变为：

$$\frac{dp}{dx} = \mu \frac{\partial^2 u}{\partial y^2}. \tag{8.6.32}$$

相应的边界条件是

$$y = 0: u = U; \quad y = h(x): u = 0, \tag{8.6.33}$$

$$x = 0: p = p_0; \quad x = L: p = p_0. \tag{8.6.34}$$

这一方程和前面第 5 节讨论的两平板间流动不同，润滑液中的 $\frac{dp}{dx}$ 不是常数，而随 x 改变。将 (8.6.32) 对 y 积分两次，利用边界条件 (8.6.33) 得到速度剖面

$$u = U \left(1 - \frac{y}{h} \right) - \frac{h^2}{2\mu} \frac{dp}{dx} \frac{y}{h} \left(1 - \frac{y}{h} \right). \tag{8.6.35}$$

垂直于纸面方向单位宽度上的润滑层体积流量为

$$Q_V = \int_0^h u \mathrm{d}y = \frac{Uh}{2} - \frac{h^3}{12\mu}\frac{\mathrm{d}p}{\mathrm{d}x}. \quad (8.6.36)$$

给定 Q_V 之后,便可由此式求压强分布:

$$\frac{\mathrm{d}p}{\mathrm{d}x} = 12\mu\left(\frac{U}{2h^2} - \frac{Q_V}{h^3}\right).$$

积分此式,利用边界条件(8.6.34)可得:

$$p - p_0 = \frac{6\mu UL}{h_1^2 - h_2^2}\frac{(h_1 - h)(h - h_2)}{h^2}. \quad (8.6.37)$$

由此可以算出单位宽度壁面上所受到的法向合力为

$$P = \int_0^L (p - p_0)\mathrm{d}x = \frac{6\mu UL^2}{(K-1)^2 h_2^2}\left(\ln K - 2\frac{K-1}{K+1}\right), \quad (8.6.38)$$

其中 $K = h_1/h_2$ 为狭缝两端的高度比. 当两润滑面相互平行时,$K=1$,此时 $P=0$,这样的轴承是不能支承载荷的. 还可以算出单位宽度壁面上受到沿 x 方向的剪应力的合力为:

$$F = \int_0^L \mu\left(\frac{\partial u}{\partial y}\right)_{y=0}\mathrm{d}x = \frac{2\mu UL}{(K-1)h_2}\left(2\ln K - 3\frac{K-1}{K+1}\right). \quad (8.6.39)$$

由(8.6.38)式知,当 K 大约等于 2.2 时,法向力 P 达到最大值 $P_{\max} = 0.16\frac{\mu UL^2}{h_2^2}$,而此时 $F = 0.75\frac{\mu UL}{h_2}$. 如果定义摩擦系数为 F/P,则此时

$$\frac{F}{P} = 4.7\frac{h_2}{L}.$$

由此可见,轴的摩擦系数只取决于狭缝的高长比,而与流体的粘度无关. 通常,对于滑动轴承 $h_2/L \sim 10^{-3}$,因此摩擦系数约为 5×10^{-3}. 这个数值是固体之间干摩擦系数的 1/100 至 1/20. 减小表面摩擦和产生巨大的法向支承力,是薄流体润滑层的两大特点.

上述(8.6.38)式指出,当 $U > 0$(即平板向狭端移动)时有 $P > 0$,即压力使轴与轴承分开;而当 $U < 0$(即平板向宽端移动)时有 $P < 0$,即压力使轴与轴承靠拢. 由此可以说明,初始由于自身重量而在下方形成狭窄缝隙的轴,当开始逆时针方向转动后会由于左下方产生 $P > 0$ 而右下方产生 $P < 0$ 而使轴向右偏移,直到如图 8.21 所示的位置才能达到平衡.

在上述润滑理论中我们假设润滑层是二维的. 实际轴承的长度都是有限的,会使法向力较上述计算值显著减小. 由于摩擦生热,润滑油的粘度会随温度而变. 在转速较高时,还必须考虑惯性效应所引起的修正. 这些都已有专门著作进行了细致的理论和实验研究.

8.7 边界层的概念和它的厚度

在上一节中,讨论了当雷诺数极低时,如何简化 N-S 方程组. 这里将讨论另一极端情况,即当雷诺数极高时,如何使 N-S 方程组简化.

空气和水是我们最常接触到的两种流体,它们的粘度系数都比较小(当温度为 293K 时,分别为 1.81×10^{-4} 与 1.002×10^{-2} g/(cm·s)),运动粘度系数也不大(分别为 0.15 与 1.004×10^{-2} cm²/s). 这意味着它们运动时,雷诺数一般都比较大. 例如取特征长度与速度分别为 1cm 与 1cm/s 时,对空气与水的雷诺数分别为 6.67 与 100(记住这两个常用的数字!). 在进行实验时,即使模型的特征长度与流体的速度仅分别为 10cm 与 100cm/s,而空气与水的雷诺数将分别达到 6.67×10^3 与 10^5. 这的确已是两个相当大的数值.

本章在讨论温度边界层时,均假定温度的值不太高,以致它对流体密度 ρ、粘度系数 μ、比热 c 与热传导率 k 的影响均可以忽略不计,即近似地把它们看成常数.

1904 年德国著名力学家 L. 普朗特通过几个简单实验来说明他的边界层理论,即当流体的粘度很小时,流经物体的流动可以分为两个区,物体附近一层很薄的边界层区和它以外的主流区. (参见附录(A)照片 8a). 在前一区域中流体的粘性摩擦力起主要作用,而在后一区域中摩擦力几乎可以忽略不计. 由于普朗特的这一理论是根据直观和从物理的角度提出的,当时他的论文很难令人理解也未引起足够重视. 后来,许多学者从数学的角度研究并完善了他的理论,结果证明它是完整 N-S 方程组渐近展开解的一级近似.

考虑在沿 x 方向的水平均匀来流 v_∞ 中放置一尖前缘、半无穷、零冲角薄平板,原点与 y 轴分别取在前缘与垂直于平板方向. 如图 8.23 所示. 假定来流的粘度很小,当其行至前缘处时,离平板任意距离 y 处的速度均为 v_∞. 进入前缘以后,由于流体与平板之间的粘附作用,与平板表面直接接触的流体层其速度将变为零,而与此层上方相邻的流体层则由于流体的粘性亦将受到直接接触层的阻滞,这样,上一层流体总是受到下一层流体的阻滞,而且随着 x 的增加,受阻滞流体在 y 方向的范围也逐渐扩大,以致形成一个有明显速度变化的区域,通常称为速度边界层. 在此层之外为主流区,流体仍以接近于 v_∞ 的速度运动. 如果用 u 表示边界层内 x 方向的速度分量,当 y 增加时,u 是以渐近的方式趋近于 v_∞ 的,因之,边界层与主流区之间并无明显的分界线,通常为了方便将 $u=0.99v_\infty$ 处的 y 值定义为速度边界层的名义厚度 $\delta_v(x)$. 这样,在边界层内,流体

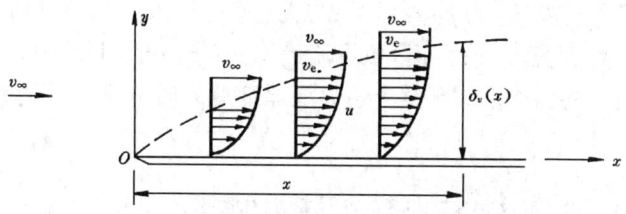

图 8.23 沿半无穷平板的速度边界层

的速度 u 将从板面处的零增至边界层上缘外侧处的 v_e,而边界层的名义厚度 $\delta_v(x)$ 一般说来是很薄的,因之,在层内存在很大的速度梯度(参见附录(A)照片 8b),根据牛顿的剪应力公式,即使流体的粘度很小,流体内部的剪应力也是相当可观的. 这表明边界层内流体的粘性起着重要作用.

另一面,边界层内的速度梯度分布也意味着存在涡量分布. 对于层流运动,平板处的涡量应为最大,以后,随着 y 的增加而逐渐减小. 如果用一很薄的集中涡层去代替沿平板的涡量分布,这一涡层的涡量将向外扩散,并认为在 y 方向的扩散距离即为边界层的名义厚度. 根据 8.3 节,直线涡丝在时间 t 内向外扩散的距离 y 与 $(\nu t)^{1/2}$ 同阶,同时,在这段时间内,来流速度 v_∞ 将携带此涡量沿 x 方向走一距离 x,其量级为 $x = v_\infty t$,由此二式可得出层流速度边界层的名义厚度 $\delta_v(x)$ 的量级为

$$\delta_v(x) \sim x Re_x^{-1/2}, \tag{8.7.1}$$

其中 Re_x 系以距离 x 为特征长度的雷诺数. 利用上式可以估算边界层的名义厚度,例如 $Re_x = 10^3$ 时,$\delta_v/x \sim \dfrac{1}{32}$. 这表明 δ_v 与特征长度 x 相比的确是个小量.

应当指出:对一确定的 x 值有时也可用长度 l 去置换,这时雷诺数记为 Re_l. 此外,还可用速度边界层的名义厚度 δ_v 去定义雷诺数 Re_{δ_v}. 对于沿平板的层流流动,它们之间的关系可以用(8.7.1)式和雷诺数的定义得到,即

$$Re_{\delta_v} = Re_x^{1/2}. \tag{8.7.2}$$

以后涉及到雷诺数时一定要注意它所使用的特征长度.

从前面可以看出速度边界层的名义厚度具有一定的任意性,要准确地确定它也比较困难. 为了使用方便,在工程中常常定义下列两种边界层厚度. 它们不仅与边界层内的速度分布有关,而且具有明确的物理意义,即分别与质量和动量守恒原理有关. 在下面的讨论中,这些量所通过的横截面均取为单位展宽(垂直于纸面),因之,仅与边界层的厚度有关.

(一) 位移厚度

对某一给定 x,边界层内任一距离 y 处的速度为 u,每单位时间通过微元

$\mathrm{d}y$ 的质量(即质量流量)为 $\rho u \mathrm{d}y$,如果与无粘性流动的质量流量 $\rho v_e \mathrm{d}y$ 相比,边界层流动在该处少流过(或亏损)质量流量 $\rho(v_e - u)\mathrm{d}y$,即每单位时间有如此多的质量被排挤入主流中. 对于整个边界层厚度总的质量流量亏损为

$$\int_0^{\delta_v} \rho(v_e - u)\mathrm{d}y.$$

如果定义一厚度 δ_d 使这些被排挤(或亏损)的质量流量正好与无粘性流体在壁面附近厚度为 δ_d 的质量流量相等(即在图 8.24 中面积② + ③ = 面积① + ③)
则

$$\rho v_e \delta_d = \int_0^{\delta_v} \rho(v_e - u)\mathrm{d}y.$$

对于不可压缩流体有

$$\delta_d = \int_0^{\delta_v}\left[1 - \frac{u}{v_e}\right]\mathrm{d}y, \qquad (8.7.3a)$$

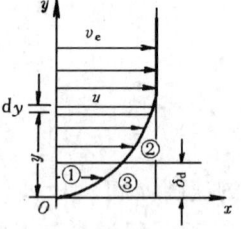

图 8.24 速度边界层的位移厚度

δ_d 称为位移厚度. 它代表整个边界层厚度内,有粘性流动相对于无粘性流动所亏损的质量流量与单位厚度内无粘性流动的质量流量之比. 同时它也表明为了保持有粘性与无粘性流动的质量流量相等,在用无粘理论设计管道时应将管壁向外放大 δ_d.

应当注意:(8.7.3a)式是根据边界层的厚度为有限的(即 δ_v)概念导出的. 有时也用根据边界层的速度分布为渐近的概念导出相应的表达式即

$$\delta_d = \int_0^{\infty}\left[1 - \frac{u}{v_{\infty}}\right]\mathrm{d}y \qquad (8.7.3b)$$

(二) 动量厚度

与位移厚度相似,在 x 点处,无粘性与有粘性流体通过微元 $\mathrm{d}y$ 的动量流量分别为 $\rho v_e u \mathrm{d}y$ 与 $\rho u^2 \mathrm{d}y$. 该处的动量流量亏损为 $\rho u[v_e - u]\mathrm{d}y$,即每单位时间有如此多的动量被排挤入主流中. 对于整个边界层厚度,总的动量流量亏损为

$$\int_0^{\delta_v} \rho u[v_e - u]\mathrm{d}y.$$

如果定义一厚度 δ_m 使这些被排挤(或亏损)的动量流量正好与无粘性流体在壁面附近厚度为 δ_m 的动量流量相等,即

$$\rho v_e^2 \delta_m = \int_0^{\delta_v} \rho u[v_e - u]\mathrm{d}y.$$

对不可压缩流体有

$$\delta_m = \int_0^{\delta_v}\frac{u}{v_e}\left[1 - \frac{u}{v_e}\right]\mathrm{d}y, \qquad (8.7.4a)$$

δ_m 称为动量厚度. 它代表整个边界层厚度内有粘性流动相对于无粘性流动所亏损的动量流量与单位厚度内无粘性流动的动量流量之比.

根据渐近的边界层厚度概念,对应于(8.7.3b)式有

$$\delta_m = \int_0^\infty \frac{u}{v_\infty}\Big[1 - \frac{u}{v_\infty}\Big]\mathrm{d}y. \tag{8.7.4b}$$

从图 8.25 和边界层位移与动量厚度的定义可以清楚地看出,位移厚度 δ_d 总是大于动量厚度 δ_m.

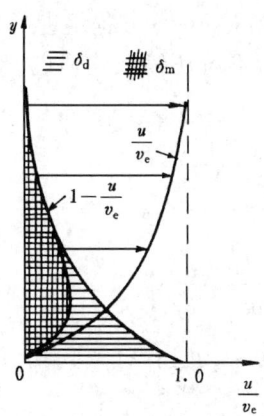

图 8.25　速度边界层的位移
与动量厚度

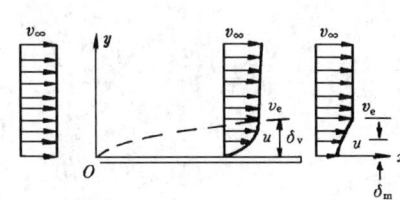

图 8.26　有限长平板尾流
的速度分布

考虑一均匀来流 v_∞ 流经一零冲角有限长薄板,其尾流中的速度分布如图 8.26 所示,其中 v_e 与 δ_m 分别为尾流的外缘速度与动量厚度. 根据动量定理,动量流量的亏损应等于单位展宽(垂直于纸面)壁面上所受的总摩擦力 D_f,即

$$D_f = \rho \int_0^\infty u[v_\infty - u]\mathrm{d}y = \rho v_\infty^2 \delta_m. \tag{8.7.5}$$

普朗特的边界层概念与理论最初是根据不可压缩流体沿固壁作层流运动提出的. 以后得到极大发展和广泛应用. 首先,它被推广至湍流情况,因而出现了湍流边界层. 其次,它被应用于自由剪切流,如射流,尾流等. 本世纪 30 年代以后它又被用来研究可压缩粘性流体的运动. 更为重要的是动量、热量与质量输运现象是很相似的,既然动量输运导致了速度边界层,热量与质量输运也可能导致温度与浓度边界层,事实已证明了这点. 这样,边界层的概念与理论目前已成为研究流体三种输运现象的强有力工具.

(三) 温度与浓度边界层的名义厚度

与速度边界层相类似,温度边界层的名义厚度 δ_t 与浓度边界层的名义厚度 δ_c 分别定义为 $T = 0.99 T_\infty$ 与 $C_A = 0.99 C_{A\infty}$ 处的 y 值,其中 T, C_A 和 $T_\infty, C_{A\infty}$ 分别为边界层内和无穷远处的温度与浓度值. 此外,还引进了与动量厚度相对应的焓厚度 δ_h 与浓度厚度 δ_M,它们的定义将分别在 8.14 与 11.8 节中给出.

8.8 平面层流速度与温度边界层方程组

本节将利用边界层流动的特点如流体的粘度小、速度与温度分布梯度大和边界层的厚度与物体的特征长度相比为一小量等对 N-S 方程组进行简化从而导出边界层方程组。在简化过程中，假定流体为不可压缩和均质的，作平面运动，且 μ 与 k 等均近似为常数。

对于平面运动，(8.1.8)式变为：

$$\frac{\partial u}{\partial x} + \frac{\partial v}{\partial y} = 0, \quad (8.8.1a)$$

$$\frac{\partial u}{\partial t} + u\frac{\partial u}{\partial x} + v\frac{\partial u}{\partial y} = \frac{F_{b_x}}{\rho} - \frac{1}{\rho}\frac{\partial p}{\partial x} + \nu\left[\frac{\partial^2 u}{\partial x^2} + \frac{\partial^2 u}{\partial y^2}\right], \quad (8.8.1b)$$

$$\frac{\partial v}{\partial t} + u\frac{\partial v}{\partial x} + v\frac{\partial v}{\partial y} = \frac{F_{b_y}}{\rho} - \frac{1}{\rho}\frac{\partial p}{\partial y} + \nu\left[\frac{\partial^2 v}{\partial x^2} + \frac{\partial^2 v}{\partial y^2}\right], \quad (8.8.1c)$$

$$\frac{\partial T}{\partial t} + u\frac{\partial T}{\partial x} + v\frac{\partial T}{\partial y} = \frac{k}{c\rho}\left[\frac{\partial^2 T}{\partial x^2} + \frac{\partial^2 T}{\partial y^2}\right] +$$

$$\frac{2\nu}{c}\left[\left(\frac{\partial u}{\partial x}\right)^2 + \left(\frac{\partial v}{\partial y}\right)^2\right] + \frac{\nu}{c}\left(\frac{\partial v}{\partial x} + \frac{\partial u}{\partial y}\right)^2, \quad (8.8.1d)$$

其中(8.8.1d)式称为能量方程，以区别于机械能方程。

首先，应当注意：如果简单地认为流体的粘度小而把动量方程(8.8.1b)与(8.8.1c)右边的粘性项完全忽略不计，则上方程组变为欧拉方程组。这不仅意味着未考虑流体的粘性，而且方程组的阶也从二阶降为一阶，这使固壁处的无滑移条件难于满足，因之，应至少部分地保留动量方程中的粘性项。其次，如果认为速度与温度的梯度都很大，而对它们本身以及它们的二次偏微商缺乏相对大小的了解，也很难对上方程进行合理的简化。一种可行的方法是认为速度与温度边界层的厚度与物体的特征长度相比均为小量，然后，应用量级比较法对上述方程组的各项进行量级估计，并将其中的高级小量项略去。

为了估计方便，首先将上方程组无量纲化。为此考虑一半无穷加热平板，所取坐标如图 8.27 所示。假定平行来流在无穷远处的速度与温度分别为 v_∞ 与 T_∞。平板的温度保持为恒温 T_w，且 $T_w > T_\infty$。于是在平板附近将形成速度与温度边界层，它们的名义厚度分别为 δ_v 与 δ_t。一般说它们的值并不相等，如图中所示。记平板前缘至某点的距离为 L，取长度 L，时间 t_c（如周期），速度 v_∞ 与温度 T_∞（或温度边界层上缘外侧的温度 T_e）为特征量，定义下列无量纲参数：

$$x^* = \frac{x}{L} \quad y^* = \frac{y}{L} \quad \delta_v^* = \frac{\delta_v}{L} \quad \delta_t^* = \frac{\delta_t}{L}$$

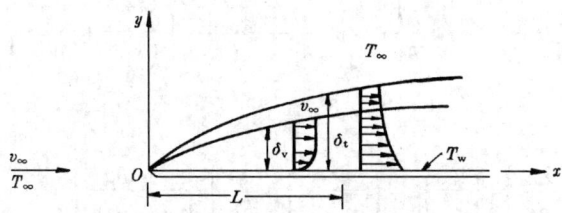

图 8.27　沿半无穷平板的速度与温度边界层

$$t^* = \frac{t}{t_c} \quad u^* = \frac{u}{v_\infty} \quad v^* = \frac{v}{v_\infty} \tag{8.8.2}$$

$$p^* = \frac{p}{\rho v_\infty^2} \quad T^* = \frac{T - T_\infty}{T_w - T_\infty}.$$

应当注意在温度边界层的研究中可以根据边界层厚度的渐近概念与有限厚度概念分别定义温度无量纲参数为

$$T^* = \frac{T - T_\infty}{T_w - T_\infty} \quad \text{与} \quad T^* = \frac{T - T_e}{T_w - T_e},$$

有时为了研究方便还相应地引进新的温度无量纲参数

$$T^{**} = \frac{T_w - T}{T_w - T_\infty} \quad \text{与} \quad T^{**} = \frac{T_w - T}{T_w - T_e},$$

但应注意相应的 T^* 与 T^{**} 之间存在下列简单关系

$$T^* = 1 - T^{**}. \tag{8.8.3}$$

分别用 $\frac{L}{v_\infty}, \frac{L}{v_\infty^2}, \frac{L}{v_\infty^2}$ 和 $\frac{L}{v_\infty} \cdot \frac{1}{T_w - T_\infty}$ 乘方程(8.8.1a),(8.8.1b),(8.8.1c)和(8.8.1d)并利用无量纲参数的定义(8.8.2)式,则(8.8.1)各式变为无量纲形式

$$\frac{\partial u^*}{\partial x^*} + \frac{\partial v^*}{\partial y^*} = 0, \tag{8.8.4a}$$

$$St\frac{\partial u^*}{\partial t^*} + u^*\frac{\partial u^*}{\partial x^*} + v^*\frac{\partial u^*}{\partial y^*} = \frac{L}{v_\infty^2}\frac{F_{bx}}{\rho} - \frac{\partial p^*}{\partial x^*} + \frac{1}{Re_L}\left[\frac{\partial^2 u^*}{\partial x^{*2}} + \frac{\partial^2 u^*}{\partial y^{*2}}\right],$$

$$\quad 1 \qquad 1\cdot 1 \qquad \delta_v^*\cdot\frac{1}{\delta_v^*} \qquad\qquad 1 \qquad \delta_v^{*2} \qquad 1 \qquad \frac{1}{\delta_v^{*2}}$$

$$\tag{8.8.4b}$$

$$St\frac{\partial v^*}{\partial t^*} + u^*\frac{\partial v^*}{\partial x^*} + v^*\frac{\partial v^*}{\partial y^*} = \frac{L}{v_\infty^2}\cdot\frac{F_{by}}{\rho} - \frac{\partial p^*}{\partial y^*} + \frac{1}{Re_L}\left[\frac{\partial^2 v^*}{\partial x^{*2}} + \frac{\partial^2 v^*}{\partial y^{*2}}\right],$$

$$\delta_v^* \qquad 1\cdot\delta_v^* \qquad \delta_v^*\cdot 1 \qquad\qquad \delta_v^* \qquad \delta_v^{*2} \qquad \delta_v^* \qquad \frac{1}{\delta_v^*}$$

$$\tag{8.8.4c}$$

$$St\frac{\partial T^*}{\partial t^*} + u^*\frac{\partial T^*}{\partial x^*} + v^*\frac{\partial T^*}{\partial y^*} = \frac{1}{PrRe_L}\left[\frac{\partial^2 T^*}{\partial x^{*2}} + \frac{\partial^2 T^*}{\partial y^{*2}}\right]$$

$$\quad 1 \qquad 1\cdot 1 \qquad \delta_v^*\frac{1}{\delta_t^*} \qquad\qquad 1 \qquad \frac{1}{\delta_t^{*3}}$$

$$+\frac{2Ec}{Re_L}\left[\left(\frac{\partial u^*}{\partial x^*}\right)^2 + \left(\frac{\partial v^*}{\partial y^*}\right)^2\right] + \frac{Ec}{Re_L}\left[\frac{\partial v^*}{\partial x^*} + \frac{\partial u^*}{\partial y^*}\right]^2 \tag{8.8.4d}$$

$$\qquad\quad 1 \qquad\quad 1 \qquad\qquad\qquad \left[\delta_v^* \quad \frac{1}{\delta_v^*}\right]^2$$

其中斯特劳哈尔数 $St = \frac{L}{v_\infty t_c}$,雷诺数 $Re_L = \frac{v_\infty L}{\nu}$,普朗特数 $Pr = \frac{c\mu}{k}$,埃克特数 $Ec = \frac{v_\infty^2}{c(T_w - T_\infty)}$.

现在来估计方程组(8.8.4)中各项的量级,并将它们记于各项的下方,由于 $\delta_v \ll L$ 与 $\delta_t \ll L$ 故 $\delta_v^* = \frac{\delta_v}{L}$ 与 $\delta_t^* = \frac{\delta_t}{L}$ 均为小量. 在边界层内,x 在 0 与 L,y 在 0 与 δ_v 或 δ_t,u 在 0 与 v_∞ 和 T 在 T_w 与 T_∞ 之间变化. 于是

$$x^* = \frac{x}{L} \sim 1 \qquad y^* = \frac{y}{L} \sim \delta_v^* \text{ 或 } \delta_t^* \qquad u^* = \frac{u}{v_\infty} \sim 1$$

$$t^* = \frac{t}{t_c} \sim 1 \qquad T^* = \frac{T - T_\infty}{T_w - T_\infty} \sim 1 \qquad \frac{\partial u^*}{\partial x^*} \sim \frac{1}{1} \sim 1.$$

由连续性方程(8.8.4a)有 $\frac{\partial v^*}{\partial y^*} = -\frac{\partial u^*}{\partial x^*} \sim 1$,故 $v^* \sim \delta_v^*$ 或 δ_t^*. 随之有

$$\frac{\partial^2 u^*}{\partial x^{*2}} \sim 1 \qquad \left(\frac{\partial u^*}{\partial x^*}\right)^2 \sim 1 \qquad \frac{\partial u^*}{\partial y^*} \sim \frac{1}{\delta_v^*} \qquad \frac{\partial^2 u^*}{\partial y^{*2}} \sim \frac{1}{\delta_v^{*2}}$$

$$\frac{\partial^2 v^*}{\partial y^{*2}} \sim \frac{1}{\delta_v^*} \qquad \left(\frac{\partial v^*}{\partial y^*}\right)^2 \sim 1 \qquad \frac{\partial v^*}{\partial x^*} \sim \delta_v^* \qquad \frac{\partial^2 v^*}{\partial x^{*2}} \sim \delta_v^*$$

$$\frac{\partial u^*}{\partial t^*} = \frac{\partial u^*}{\partial x^*} \cdot \frac{\partial x^*}{\partial t^*} = u^*\frac{\partial u^*}{\partial x^*} \sim 1\cdot 1 \sim 1 \qquad \frac{\partial v^*}{\partial t^*} \sim \delta_v^*$$

$$\frac{\partial T^*}{\partial t^*} \sim 1 \qquad \frac{\partial T^*}{\partial x^*} \sim 1 \qquad \frac{\partial T^*}{\partial y^*} \sim \frac{1}{\delta_t^*} \qquad \frac{\partial^2 T^*}{\partial x^{*2}} \sim 1$$

$$\frac{\partial^2 T^*}{\partial y^{*2}} \sim \frac{1}{\delta_t^{*2}}.$$

根据压强梯度必须与惯性力和粘性力平衡的原则,于是有 $\frac{\partial p^*}{\partial x^*} \sim 1$ 与 $\frac{\partial p^*}{\partial y^*} \sim \delta_v^*$.

比较各项的量级,在(8.8.4a)式中两项的量级均为 1. 在(8.8.4b)与(8.8.4c)中,左边各项的量级均分别为 1 与 δ_v^*,而右边压强项的量级亦分别为 1 与 δ_v^*. 在这两个方程中共有 $\frac{\partial^2 u^*}{\partial x^{*2}}$,$\frac{\partial^2 u^*}{\partial y^{*2}}$,$\frac{\partial^2 v^*}{\partial x^{*2}}$ 和 $\frac{\partial^2 v^*}{\partial y^{*2}}$ 四个粘性项,它们的量

级分别为 $1, \frac{1}{\delta_v^{*2}}, \delta_v^*$ 和 $\frac{1}{\delta_v^*}$, 其中以 $\frac{\partial^2 u^*}{\partial y^{*2}}$ 的量级 $\frac{1}{\delta_v^{*2}}$ 为最大, 如果简化后仅保留此项, 并令它与 $\frac{1}{Re_L}$ 相乘后的量级与该式其它项的量级相等, 即 $\frac{1}{Re_L} \cdot \frac{1}{\delta_v^{*2}} \sim 1$ 或 $\frac{1}{Re_L} \sim \delta_v^{*2}$. 于是对绕半无穷平板的层流速度边界层有 $\delta_v^* \sim Re_L^{-\frac{1}{2}}$ 这与(8.7.1)式的结果是一致的. 它表明层流速度边界层的无量纲厚度与雷诺数的平方根成反比, 雷诺数愈大厚度愈小. 这样, 除体力外, (8.8.4b)式中仅 $\frac{\partial^2 v^*}{\partial x^{*2}}$ 项的量级小于1, 而(8.8.4c)式中各项的量级均小于1. 类似地, 在(8.8.4d)式中, 由于 δ_v 与 δ_t 的量级相同, 左边各项的量级均为1, 而右边各项中以 $\frac{\partial^2 T^*}{\partial y^{*2}}$ 与 $\left(\frac{\partial u^*}{\partial y^*}\right)^2$ 的量级为最大, 均为 $\frac{1}{\delta_v^{*2}}$. 普朗特数 Pr 的量级一般为1, 而埃克特数 Ec 的量级最大时为1, 低速时一般均小于1. 这样, (8.8.4d)式的右边仅 $\frac{1}{PrRe_L}\frac{\partial^2 T^*}{\partial y^{*2}}$ 与 $\frac{Ec}{Re_L}\left(\frac{\partial u^*}{\partial y^*}\right)^2$ 两项的量级为1, 其余各项的量级均小于1. 如果仅保留方程组(8.8.4)中量级为1的项则变为

$$\frac{\partial u^*}{\partial x^*} + \frac{\partial v^*}{\partial y^*} = 0, \tag{8.8.5a}$$

$$St\frac{\partial u^*}{\partial t^*} + u^*\frac{\partial u^*}{\partial x^*} + v^*\frac{\partial u^*}{\partial y^*} = \frac{L}{v_\infty^2}\frac{F_{bx}}{\rho} - \frac{\partial p^*}{\partial x^*} + \frac{1}{Re_L}\frac{\partial^2 u^*}{\partial y^{*2}}, \tag{8.8.5b}$$

$$St\frac{\partial T^*}{\partial t^*} + u^*\frac{\partial T^*}{\partial x^*} + v^*\frac{\partial T^*}{\partial y^*} = \frac{1}{PrRe_L}\frac{\partial^2 T^*}{\partial y^{*2}} + \frac{Ec}{Re_L}\left(\frac{\partial u^*}{\partial y^*}\right)^2. \tag{8.8.5c}$$

这就是无量纲形式的平面层流边界层方程组.

如果忽略体力并引进下列无量纲变换

$$y^{**} = \sqrt{Re_L}\, y^*, \tag{8.8.6a}$$

$$v^{**} = \sqrt{Re_L}\, v^*, \tag{8.8.6b}$$

则方程组(8.8.5)变为

$$\frac{\partial u^*}{\partial x^*} + \frac{\partial v^{**}}{\partial y^{**}} = 0, \tag{8.8.7a}$$

$$St\frac{\partial u^*}{\partial t^*} + u^*\frac{\partial u^*}{\partial x^*} + v^{**}\frac{\partial u^*}{\partial y^{**}} = -\frac{\partial p^*}{\partial x^*} + \frac{\partial^2 u^*}{\partial y^{**2}}, \tag{8.8.7b}$$

$$St\frac{\partial T^*}{\partial t^*} + u^*\frac{\partial T^*}{\partial x^*} + v^{**}\frac{\partial T^*}{\partial y^{**}} = \frac{1}{Pr}\frac{\partial^2 T^*}{\partial y^{**2}} + Ec\left(\frac{\partial u^*}{\partial y^{**}}\right)^2. \tag{8.8.7c}$$

如果运动为定常的, 并将方程组(8.8.7)转换回有量纲形式则成为

$$\frac{\partial u}{\partial x}+\frac{\partial v}{\partial y}=0, \tag{8.8.8a}$$

$$u\frac{\partial u}{\partial x}+v\frac{\partial u}{\partial y}=-\frac{1}{\rho}\frac{\partial p}{\partial x}+\nu\frac{\partial^2 u}{\partial y^2}, \tag{8.8.8b}$$

$$u\frac{\partial T}{\partial x}+v\frac{\partial T}{\partial y}=\frac{k}{c\rho}\frac{\partial^2 T}{\partial y^2}+\frac{\mu}{c\rho}\left(\frac{\partial u}{\partial y}\right)^2. \tag{8.8.8c}$$

应当指出在前面的简化中，$\frac{\partial p^*}{\partial y^*}$ 项的量级为 δ_v^*，故忽略不计。这意味着边界层内的压强仅近似地依赖于 x 而不依赖于 y。如果进一步假定边界层的存在并不影响主流无粘性流场，于是边界层内的压强 p 可用主流流场的压强去置换，因为沿边界层上缘有伯努利方程

$$\frac{p_e}{\rho}+\frac{1}{2}v_e^2=\text{常数 } C,$$

其中 p_e 与 v_e 分别为边界层上缘外侧的压强与速度，微分上式后有

$$-\frac{1}{\rho}\frac{\mathrm{d}p_e}{\mathrm{d}x}=v_e\frac{\mathrm{d}v_e}{\mathrm{d}x}. \tag{8.8.9}$$

这样动量方程(8.8.8b)中的压强项可以近似地用上式去置换，于是方程组(8.8.8)变为

$$\frac{\partial u}{\partial x}+\frac{\partial v}{\partial y}=0, \tag{8.8.10a}$$

$$u\frac{\partial u}{\partial x}+v\frac{\partial u}{\partial y}=v_e\frac{\mathrm{d}v_0}{\mathrm{d}x}+\nu\frac{\partial^2 u}{\partial y^2}, \tag{8.8.10b}$$

$$u\frac{\partial T}{\partial x}+v\frac{\partial T}{\partial y}=\frac{k}{c\rho}\frac{\partial^2 T}{\partial y^2}+\frac{\mu}{c\rho}\left(\frac{\partial u}{\partial y}\right)^2. \tag{8.8.10c}$$

如果所考虑问题的无粘性流动解 $v_e(x)$ 为已知，则解边界层时，压强就是已知函数了。

对于绕物体流动，边界层方程组(8.8.8)的边界条件通常为：

$$y=0 \quad 0\leqslant x\leqslant L \quad u=0 \quad v=0 \quad T=T_w, \tag{8.8.11a}$$

$$y=\infty\ (\delta_v) \quad 0\leqslant x\leqslant L \quad u=v_\infty(v_e);$$

$$y=\infty\ (\delta_t) \quad 0\leqslant x\leqslant L \quad T=T_\infty(T_e), \tag{8.8.11b}$$

$$x=0 \quad \text{对一切 } y \text{ 值} \quad u=v_\infty(v_e) \quad T=T_\infty(T_e). \tag{8.8.11c}$$

除了用量级比较法以外，还可从 N-S 方程组对大雷诺数的渐近展开法中获得速度边界层方程组及其边界条件。为此可取 $\frac{1}{\sqrt{Re}}$ 作为摄动参数。运用所谓的奇异摄动法，将所求的渐近展开式解分为外展开式(主流)与内展开式(边界层流动)，利用匹配内外二展开式的方法即可获得完全的渐近展开式解。

内展开式的第一项将给出一级速度边界层方程组及其边界条件,它与普朗特提出的经典速度边界层方程组和边界条件完全相同,而内展开式的第二项给出二级速度边界层方程组及其边界条件,其它项还会给出更高级的方程组和边界条件.这样,不仅完善了普朗特边界层理论的数学基础,而且还推广了它成为多级的边界层理论.

8.9 动量与热量之间的雷诺类比

在研究一些具体流动之前,先利用层流边界层方程组讨论一下动量与热量传递之间的类比关系是很有好处的.两个或两个以上的过程,如果描述它们的无量纲方程具有相同的形式,则它们之间存在着类比关系.

考虑定常平面流动,如果忽略动量方程中的体力与压强项和能量方程中的粘性耗散项,同时为了方便用 $T^{**} = \dfrac{T_w - T}{T_w - T_\infty}$ 去置换 $T^* = \dfrac{T - T_\infty}{T_w - T_\infty}$ 并注意到(8.8.3)式,则方程组(8.8.5)变为:

$$\frac{\partial u^*}{\partial x^*} + \frac{\partial v^*}{\partial y^*} = 0, \tag{8.9.1a}$$

$$u^* \frac{\partial u^*}{\partial x^*} + v^* \frac{\partial u^*}{\partial y^*} = \frac{1}{Re_L} \frac{\partial^2 u^*}{\partial y^{*2}}, \tag{8.9.1b}$$

$$u^* \frac{\partial T^{**}}{\partial x^*} + v^* \frac{\partial T^{**}}{\partial y^*} = \frac{1}{PrRe_L} \frac{\partial^2 T^{**}}{\partial y^{*2}}. \tag{8.9.1c}$$

显然,方程(8.9.1b)与(8.9.1c)在形式上极为相似,而且它们的右边项分别与流体的分子动量与热量输运有关.如果壁面摩擦力与壁面传热之间存在着某种关系,则可在求得其中的一个量以后,利用此关系去求另一个量.

假定连续性方程(8.9.1a)与动量方程(8.9.1b)的解为

$$u^* = f_1(x^*, y^*, Re_L), \tag{8.9.2}$$

壁剪应力 $\quad \tau_w = \mu \left.\dfrac{\partial u}{\partial y}\right|_{y=0} = \dfrac{\mu v_\infty}{L} \left.\dfrac{\partial u^*}{\partial y^*}\right|_{y^*=0},$

壁摩擦系数 $\quad C_f = \dfrac{\tau_w}{\frac{1}{2}\rho v_\infty^2} = \dfrac{2}{Re_L} \left.\dfrac{\partial u^*}{\partial y^*}\right|_{y^*=0}, \tag{8.9.3}$

从(8.9.2)式有

$$\left.\frac{\partial u^*}{\partial y^*}\right|_{y^*=0} = \left.\frac{\partial f_1}{\partial y^*}\right|_{y^*=0} = f_2(x^*, Re_L). \tag{8.9.4}$$

将(8.9.4)式代入(8.9.3)式有

$$C_f = \frac{2}{Re_L} f_2(x^*, Re_L)\ . \tag{8.9.5}$$

类似地,假定能量方程(8.9.1c)的解为

$$T^{**} = f_3(x^*, y^*, Re_L, Pr)\ , \tag{8.9.6}$$

壁处每单位面积的热流量

$$q_w = -k \frac{\partial T}{\partial y}\bigg|_{y=0} = \frac{k}{L}(T_w - T_\infty) \frac{\partial T^{**}}{\partial y^*}\bigg|_{y^*=0},$$

壁努塞尔数
$$Nu = \frac{q_w L}{k(T_w - T_\infty)} = \frac{\partial T^{**}}{\partial y^*}\bigg|_{y^*=0}. \tag{8.9.7}$$

从(8.9.6)式有

$$\frac{\partial T^{**}}{\partial y^*}\bigg|_{y^*=0} = \frac{\partial f_3}{\partial y^*}\bigg|_{y^*=0} = f_4(x^*, Re_L, Pr)\ , \tag{8.9.8}$$

将(8.9.8)式代入(8.9.7)式有

$$Nu = f_4(x^*, Re_L, Pr)\ , \tag{8.9.9}$$

(8.9.9)式除以(8.9.5)式有

$$Nu = \frac{1}{2} C_f f(x^*, Re_L, Pr) \cdot Re_L, \tag{8.9.10}$$

其中 $f(x^*, Re_L, Pr) = \frac{f_4}{f_2}$. (8.9.10)式即为一般形式的雷诺类比. 它表明在忽略体力,压强梯度与粘性耗散的情况下,壁努塞尔数与壁摩擦系数之比和雷诺数成正比. 值得注意的是获得这一结果并未用任何边界条件. 因之,它对方程组(8.9.1)的一切解均成立. 同时理论与实验均表明这一结果还可近似地推广至包括压强梯度,粘性耗散甚至湍流流动情况.

当 $Pr = 1$ 时,方程(8.9.1b)与(8.9.1c)变为完全相同的形式. 如果边界条件为

$$y^* = 0 \quad u^* = 0 \quad v^* = 0 \quad T^{**} = 0,$$
$$y^* = \infty \quad u^* = 1 \quad \quad\quad\quad T^{**} = 1,$$

则它们又相同. 这样,u^* 与 T^{**} 是等价的,即 $f_1 = f_3$,随之,$f_2 = f_4$ 或 $f = 1$. 最后,(8.9.10)式变为

$$Nu = \frac{1}{2} C_f \cdot Re_L. \tag{8.9.11}$$

它表明只要 C_f 与 Re_L 已知,即可用此式求出 Nu 或者相反 Re_L 与 Nu 已知求得 C_f.

8.10 相似性解的概念和它的存在条件

在流体力学的理论分析中,对于某些简单流动,有时会存在所谓的相似性解. 为了简单,这里以速度边界层为例. 实际上,这些讨论也完全适用于温度与浓度边界层.

相似性解是指流体沿 x 方向运动时,不同 x 点的速度剖面具有某些相似性. 即当坐标 y 用一函数 $g(x)$ 放大或缩小时,速度 $u(x,y)$ 也随之相应地放大或缩小为 $u\left(x,\dfrac{y}{g(x)}\right)$. 通常将函数 $g(x)$ 称为比例因子. 它只是 x 的函数而与 y 无关. 以后可以看到对于绕半无穷平板的流动,比例因子 $g(x)$ 与 $\delta_v(x)$ 成正比. 如果用边界层上缘外侧的速度 $v_e(x)$ 去无量纲化速度 u,则相似性解意味着对任意二点 x_1 与 x_2,它们的无量纲速度应相等,即满足

$$\frac{u\left[x_1,\dfrac{y}{g(x_1)}\right]}{v_e(x_1)} = \frac{u\left[x_2,\dfrac{y}{g(x_2)}\right]}{v_e(x_2)} \tag{8.10.1}$$

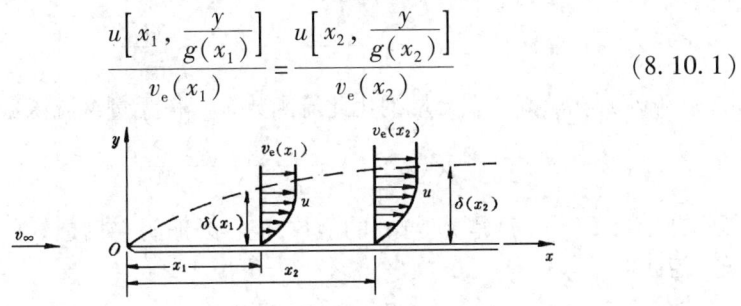

图 8.28 边界层速度剖面的相似性

见图 8.28. 换言之,如果以 $\dfrac{u}{v_e(x)}$ 与 $\dfrac{y}{g(x)}$ 为坐标绘制速度剖面,则它们将会重合为一条曲线. 这也意味着速度剖面 $\dfrac{u}{v_e}$ 只是 $\eta = \dfrac{y}{g(x)}$ 的函数而与 x 无关,虽然 $v_e(x)$ 与 $g(x)$ 本身仍是 x 的函数. 但应注意 η 已是一个由 x 与 y 构成的新变量,通常称为相似性变量. 很显然,如果所讨论的问题存在相似性解,则可使层流边界层的偏微分方程组变为一个对 η 的常微分方程,这将使问题从数学上得到大大简化.

一般说来,无论是对 N-S 方程组抑还是对层流边界层方程组,如果问题中没有特征长度均可能存在相似性解(为什么?).

对一给定边值问题,如何判断它是否存在相似性解? 存在的条件是什么? 以及如何求相似性变量 η? 等,都是理论与实验分析流体运动时的重要问题.

这里以定常平面层流边界层流动为例加以说明。

如果将(8.8.9)式用 $v_e^* = \dfrac{v_e}{v_\infty}$ 无量纲化后并代入(8.8.7b)式,则对定常情况方程组(8.8.7)变为:

$$\frac{\partial u^*}{\partial x^*} + \frac{\partial v^{**}}{\partial y^{**}} = 0, \tag{8.10.2a}$$

$$u^* \frac{\partial u^*}{\partial x^*} + v^{**} \frac{\partial u^*}{\partial y^{**}} = v_e^* \frac{dv_e^*}{dx^*} + \frac{\partial^2 u^*}{\partial y^{**2}}, \tag{8.10.2b}$$

$$u^* \frac{\partial T^*}{\partial x^*} + v^{**} \frac{\partial T^*}{\partial y^{**}} = \frac{1}{Pr} \frac{\partial^2 T^*}{\partial y^{**2}} + Ec \left(\frac{\partial u^*}{\partial y^{**}} \right)^2. \tag{8.10.2c}$$

首先,利用(8.10.2a)与(8.10.2b)式讨论速度边界层的相似性解。在(x^*, y^{**})坐标系中引进比例因子 $g(x^*)$,令相似性变量

$$\eta = \frac{y^{**}}{g(x^*)} \tag{8.10.3}$$

同时引进满足(8.10.2a)式的流函数 $\psi^*(x^*, y^{**})$

$$u^* = \frac{\partial \psi^*}{\partial y^{**}} \qquad v^{**} = -\frac{\partial \psi^*}{\partial x^*}$$

并用 $g(x^*)$ 与 $v_e^*(x^*)$ 去无量纲化此流函数 ψ^*,得无量纲流函数

$$F(x^*, \eta) = \frac{\psi^*(x^*, y^{**})}{g(x^*) v_e^*(x^*)}. \tag{8.10.4}$$

从形式上看 $F(x^*, \eta)$ 是 x^* 与 η 的函数,但容易证明它只是 η 的函数而与 x^* 无关。为此求

$$u^* = \frac{\partial \psi^*}{\partial y^{**}} = v_e^* F' \quad \text{或} \quad \frac{u^*}{v_e^*} = F', \tag{8.10.5}$$

其中 $F' = \dfrac{\partial F}{\partial \eta}$。如果速度剖面是相似的,$\dfrac{u^*}{v_e^*}$ 只是 η 的函数,随之,F' 也只是 η 的函数。另一面,如果能证明 $\left(\dfrac{\partial F}{\partial x^*}\right)_\eta$ 的值为零,则 F 也只是 η 的函数了。其中下脚标表示微分时该变量保持不变。为此,利用(8.10.4)式考虑

$$\left(\frac{\partial F}{\partial x^*}\right)_\eta = \left(\frac{\partial F}{\partial x^*}\right)_{y^{**}} \left(\frac{\partial x^*}{\partial x^*}\right)_\eta + \left(\frac{\partial F}{\partial y^{**}}\right)_{x^*} \left(\frac{\partial y^{**}}{\partial x^*}\right)_\eta$$

$$= -\frac{1}{g v_e^*} \left[v^{**} + F \frac{d}{dx^*}(g v_e^*) - \eta F' v_e^* \frac{dg}{dx^*} \right]. \tag{8.10.6}$$

下面可以证明上式括号中的第二、三两项之和正好等于 $-v^{**}$。从(8.10.2a)式有

$$-v^{**} = \int_0^{y^{**}} \frac{\partial u^*}{\partial x^*} dy^{**}. \tag{8.10.7}$$

从(8.10.5)式有

$$\left(\frac{\partial u^*}{\partial x^*}\right)_{y^{**}} = \left[\frac{\partial(F'v_e^*)}{\partial x^*}\right]_\eta \cdot \left(\frac{\partial x^*}{\partial x^*}\right)_{y^{**}} + \left[\frac{\partial(F'v_e^*)}{\partial \eta}\right]_{x^*} \cdot \left(\frac{\partial \eta}{\partial x^*}\right)_{y^{**}}$$

$$= F'\frac{dv_e^*}{dx^*} - \eta F'' v_e^* \frac{dg}{dx^*}, \tag{8.10.8}$$

将此式代入(8.10.7)式并考虑到 $dy^{**} = g d\eta$ 和利用分部积分后有

$$-v^{**} = \int_0^\eta \left[F'g\frac{dv_e^*}{dx^*} - \eta F''v_e^*\frac{dg}{dx^*}\right]d\eta$$

$$= F\frac{d}{dx^*}(gv_e^*) - \eta F'v_e^*\frac{dg}{dx^*}. \tag{8.10.9}$$

将(8.10.9)式代入(8.10.6)式,即有 $\left(\frac{\partial F}{\partial x^*}\right)_\eta = 0$. 这就证明了 $F(x^*,\eta)$ 只是 η 的函数.

对函数 u^*, v^{**} 与 $\frac{\partial u^*}{\partial x^*}$ 已有用函数 F, g, v_e^* 和相似变量 η 表示的表达式 (8.10.5),(8.10.8) 和 (8.10.9). 同时,利用(8.10.5)式可求得

$$\frac{\partial u^*}{\partial y^{**}} = v_e^* F'' \frac{1}{g}, \tag{8.10.10}$$

$$\frac{\partial^2 u^*}{\partial y^{**2}} = \frac{1}{g^2}v_e^* F'''. \tag{8.10.11}$$

将这些表达式代入动量方程(8.10.2b),并加以整理后有

$$F''' + \alpha_1 FF'' + \beta_1(1 - F'^2) = 0, \tag{8.10.12a}$$

其中

$$\alpha_1 = g\frac{d}{dx^*}(gv_e^*), \tag{8.10.12b}$$

$$\beta_1 = g^2\frac{dv_e^*}{dx^*}. \tag{8.10.12c}$$

这就是著名的福尔克纳-斯坎方程. 显然,要使此方程的解仅依赖于 η 而不依赖于 x^*,必须使 α_1 与 β_1 均为常数. 而它们又是由函数 g 与 v_e^* 通过(8.10.12b)与(8.10.12c)式表达的. 这样,存在相似性解的条件变为对无粘性流动速度 v_e^* 与比例因子 g 的要求. 现在来进一步加以讨论.

从(8.10.12b)与(8.10.12c)式有 $2\alpha_1 - \beta_1 = \frac{d}{dx^*}(v_e^* g^2)$. 如果 $2\alpha_1 - \beta_1 \neq 0$,积分后有

$$v_e^* g^2 = (2\alpha_1 - \beta_1)x^*, \tag{8.10.13a}$$

或

$$g = \left[\frac{2\alpha_1 - \beta_1}{v_e^*}x^*\right]^{1/2}. \tag{8.10.13b}$$

另一面,从(8.10.12b)与(8.10.12c)式还有 $\alpha_1 - \beta_1 = gv_e^* \dfrac{\mathrm{d}g}{\mathrm{d}x^*}$ 或 $\dfrac{\alpha_1 - \beta_1}{v_e^*} = g\dfrac{\mathrm{d}g}{\mathrm{d}x^*}$,

全式乘以 $\dfrac{\mathrm{d}v_e^*}{\mathrm{d}x^*}$ 后,考虑到(8.10.12c)式并积分有

$$(\alpha_1 - \beta_1)\ln v_e^* = \beta_1 \ln g + \ln K$$

或
$$v_e^{*(\alpha_1 - \beta_1)} = Kg^{\beta_1}, \tag{8.10.14}$$

其中 K 为一常数. 利用(8.10.13b)式可将上式改写为

$$v_e^* = K^{\frac{2}{2\alpha_1 - \beta_1}}\left[(2\alpha_1 - \beta_1)x^*\right]^{\frac{\beta_1}{2\alpha_1 - \beta_1}}. \tag{8.10.15}$$

表达式(8.10.13b)与(8.10.15)就是方程组(8.10.2a)与(8.10.2b)存在速度相似性解时,函数 g 与 v_e^* 所应满足的条件.

由于 $2\alpha_1 - \beta_1$ 与 β_1 均必须为常数,从(8.10.15)式可以看出无粘性流速 v_e^* 必须与 x^* 的乘幂成正比. 如果将 x^* 的幂次记为

$$\frac{\beta_1}{2\alpha_1 - \beta_1} = m \quad \text{或} \quad \frac{\alpha_1}{\beta_1} = \frac{1+m}{2m}.$$

这里有两个常数但只有一个条件. 故对 α_1 与 β_1 的取法有一定的任意性. 幸运的是这并不影响问题的最后结果. 为了方便,通常有两种取法,一种是令

$$\alpha_1 = \frac{1+m}{2} \quad \text{与} \quad \beta_1 = m. \tag{8.10.16}$$

随之, $2\alpha_1 - \beta_1 = 1$, 于是(8.10.15),(8.10.13)与(8.10.3)式分别给出

$$\frac{v_e}{v_\infty} = K^2\left(\frac{x}{L}\right)^m \quad \text{或} \quad v_e = v_1 x^m, \tag{8.10.17a}$$

$$g(x) = \left[\frac{v_\infty}{v_e}\frac{x}{L}\right]^{1/2}, \tag{8.10.17b}$$

和
$$\eta = y\left[\frac{v_e}{\nu x}\right]^{1/2}, \tag{8.10.17c}$$

其中 $v_1 = \dfrac{v_\infty K^2}{L^m}$ 为一常数. 不同的幂次 m 对应于不同的流动. 这时方程(8.10.12a)变为

$$F''' + \frac{1+m}{2}FF'' + m(1 - F'^2) = 0. \tag{8.10.18}$$

另一种取法是令 $\alpha_1 = 1$, 则 $\beta_1 = \dfrac{2m}{1+m}$, $2\alpha_1 - \beta_1 = \dfrac{2}{1+m}$, 于是(8.10.15),(8.10.13b)与(8.10.3)式分别给出

$$\frac{v_e}{v_\infty} = K^{1+m}\left[\frac{2}{1+m}\frac{x}{L}\right]^m \quad \text{或} \quad v_e = v_2 x^m, \tag{8.10.19a}$$

$$g(x) = \left[\frac{2}{1+m}\frac{x}{L}\frac{v_\infty}{v_e}\right]^{1/2} \qquad (8.10.19\text{b})$$

和
$$\eta = \left[\frac{1+m}{2}\frac{v_e}{\nu x}\right]^{1/2} y , \qquad (8.10.19\text{c})$$

其中 $v_2 = K^{1+m} v_\infty \left[\dfrac{2}{(1+m)L}\right]^m$. 相应的方程 (8.10.12a) 变为

$$F''' + FF'' + \frac{2m}{1+m}(1 - F'^2) = 0 . \qquad (8.10.20)$$

其次,考虑温度边界层的相似性解问题. 这里只讨论固壁为恒温 T_w 的情况. 利用 (8.10.3) 式有

$$\frac{\partial T^*}{\partial x^*} = -\frac{1}{g}\eta \frac{\mathrm{d}g}{\mathrm{d}x^*} T^{*\prime} , \qquad (8.10.21\text{a})$$

$$\frac{\partial T^*}{\partial y^*} = \frac{1}{g} T^{*\prime} , \qquad (8.10.21\text{b})$$

$$\frac{\partial^2 T^*}{\partial y^{*2}} = \frac{1}{g^2} T^{*\prime\prime} . \qquad (8.10.21\text{c})$$

将 (8.10.5)、(8.10.9)、(8.10.10) 和 (8.10.21) 等式代入 (8.10.2c) 式,并注意到 (8.10.13a) 式,经过整理后可得到与 (8.10.12a) 式相对应的表达式

$$T^{*\prime\prime} + \alpha Pr F T^{*\prime} = -Ec Pr (v_e^* F'')^2 . \qquad (8.10.22)$$

如果将 $\alpha = \dfrac{1+m}{2}$ 与 $v_e = v_1 x^m$ 代入上式则可得到与 (8.10.18) 式相对应的表达式

$$T^{*\prime\prime} + \frac{1+m}{2} Pr F T^{*\prime} = -Ec_1 Pr x^{2m} F''^2 , \qquad (8.10.23\text{a})$$

其中 $Ec_1 = \dfrac{v_1^2}{c(T_w - T_\infty)}$. 方程 (8.10.23a) 的右边代表耗散项,对于恒壁温温度边界层存在相似性解的条件是此方程仅为 η 的函数而不依赖于 x. 显然,忽略耗散时一切解均为相似性解,此时,方程 (8.10.23a) 变为

$$T^{*\prime\prime} + \frac{1+m}{2} Pr F T^* = 0 . \qquad (8.10.23\text{b})$$

如果考虑耗散项,则只有 $m=0$ 时才存在相似性解,这时方程 (8.10.23a) 变为:

$$T^{*\prime\prime} + \frac{1}{2} Pr F T^{*\prime} = -Ec_1 Pr F''^2 . \qquad (8.10.23\text{c})$$

完全类似地将 $\alpha_1 = 1$ 与 $v_e = v_2 x^m$ 代入 (8.10.22) 式则可得到与 (8.10.20) 式相对的表达式

$$T^{*\prime\prime} + Pr F T^{*\prime} = -Ec_2 Pr x^{2m} F''^2 \qquad (8.10.24\text{a})$$

其中 $Ec_2 = \dfrac{v_\infty^2}{c(T_w - T_\infty)}$. 如果分别令耗散项与 m 为零则可获得与(8.10.23b)和(8.10.23c)相对应的表达式

$$T^{*\,\prime\prime} + PrFT^{*\,\prime} = 0 \tag{8.10.24b}$$

与
$$T^{*\,\prime\prime} + PrFT^{*\,\prime} = -Ec_2 PrF^{\prime\prime 2}. \tag{8.10.24c}$$

最后,对于绕恒温固壁流动,方程(8.10.18),(8.10.20),(8.10.23b),(8.10.23c),(8.10.24b)与(8.10.24c)的边界条件可从(8.8.11)式利用(8.10.3),(8.10.5)与(8.10.9)等式作变量变换后得到,即

$$\eta = 0 \quad 0 \leqslant x \leqslant L \quad F' = 0 \quad F = 0 \quad T^* = 1, \tag{8.10.25a}$$
$$\eta = \infty \quad 0 \leqslant x \leqslant L \quad F' = 1 \quad\quad\quad\quad T^* = 0. \tag{8.10.25b}$$

8.11 沿半无穷加热恒温平板的层流速度与温度边界层

现在利用上节的分析结果来研究一个简单而又实际的问题. 即不可压缩粘性均质流体沿平板的定常平面流动. 在速度与温度分别为 v_∞ 与 T_∞ 的均匀来流中,放置一尖前缘、半无穷、零冲角的薄平板. x 与 y 轴分别平行与垂直于平板方向,原点 O 取在前缘处:如图8.29所示. 平板加热但壁温 T_w 保持为常数

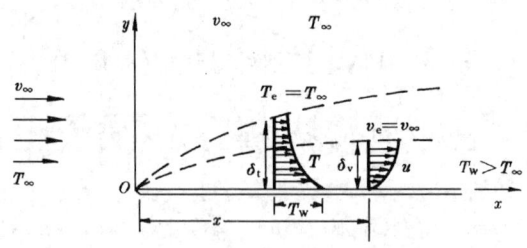

图 8.29　半无穷加热恒温平板的层流速度与温度边界层

且 T_w 大于 T_∞. 这样,在平板附近会同时形成速度与温度梯度均很大的薄层,即速度与温度边界层. 一般说来,它们的厚度并不相同. 假定来流速度与壁温都不是很高,以致流体的物理性质如 μ, k, c 等均可近似地看成为常数. 同时忽略能量方程中的耗散项. 并注意到:对于绕半无穷平板的无粘性流动,全流场的速度均为 v_∞,随之 $v_e = v_\infty$ 和流场中不存在压强梯度. 这样,与(8.10.2)式相对应的有量纲边界层方程组(8.8.8)变为:

$$\dfrac{\partial u}{\partial x} + \dfrac{\partial v}{\partial y} = 0, \tag{8.11.1a}$$

$$u\frac{\partial u}{\partial x}+v\frac{\partial u}{\partial y}=\nu\frac{\partial^2 u}{\partial y^2}, \quad (8.11.1b)$$

$$u\frac{\partial T}{\partial x}+v\frac{\partial T}{\partial y}=\frac{\nu}{Pr}\frac{\partial^2 T}{\partial y^2}, \quad (8.11.1c)$$

而边界条件(8.8.11)则变为:

$$y=0 \quad x>0 \quad u=0 \quad v=0 \quad T=T_w \quad (8.11.2a)$$
$$y=\infty \quad x>0 \quad u=v_\infty \quad T=T_\infty \quad (8.11.2b)$$
$$x=0 \quad 对一切 y \quad u=v_\infty \quad T=T_\infty$$

由于忽略了能量方程中的耗散项和从(8.10.17a)式有 $v_e=v_1 x^m=v_\infty$,即 $m=0$ 与 $v_1=v_\infty$,根据8.10节的分析,这问题不仅存在速度边界层相似性解而且还存在温度边界层相似性解.

根据流函数与无纲量坐标的定义可以证明函数 ψ^* 与有量纲流函数 ψ 之间存在下列关系:

$$\psi^*=\frac{\sqrt{Re_L}}{Lv_\infty}\psi. \quad (8.11.3)$$

应用此式,并在(8.10.17b),(8.10.17c),(8.10.4)式与(8.10.18),(8.10.23b)式中分别令 $v_e=v_\infty$ 与 $m=0$,则可得绕半无穷平板流动的比例因子 g,相似性变量 η,函数 F,运动与能量微分方程和边界条件(8.10.25)式等为:

$$g=\left[\frac{x}{L}\right]^{1/2}, \quad (8.11.4a)$$

$$\eta=y\left[\frac{v_\infty}{\nu x}\right]^{1/2}, \quad (8.11.4b)$$

$$F(\eta)=\left[\frac{1}{\nu x v_\infty}\right]^{1/2}, \quad (8.11.4c)$$

$$2F'''+FF''=0, \quad (8.11.5)$$

$$T^{*''}+\frac{1}{2}PrFT^{*'}=0, \quad (8.11.6)$$

$$\eta=0 \quad F=F'=0 \quad T^*=1. \quad (8.10.25a)$$
$$\eta=\infty \quad F'=1 \quad T^*=0. \quad (8.10.25b)$$

这样,边值问题(8.11.1),(8.11.2)式通过相似性变换(8.11.4)式即成为边值问题(8.11.5),(8.11.6)与(8.10.25)式.

顺便指出,对于沿半无穷平板流动已知 $\delta_v^* \sim [Re_L]^{-\frac{1}{2}}$,如果令 $\eta=\frac{y}{\delta_v}$,并将 δ_v^* 与 Re_L 中的长度 L 用 x 去置换则有 $\eta \sim y\sqrt{\frac{v_\infty}{\nu x}}$,这表明如果取比例常数为1,即可得(8.11.4b)式.

从方程(8.11.5)与(8.11.6)可以看出在所假定的条件下,速度与温度边界层并不互相偶联,因而,可以分别求解.

(一) 速度边界层

这一问题的微分方程与边界条件为

$$2F''' + FF'' = 0, \tag{8.11.5}$$

$$\eta = 0, \ F = F' = 0, \tag{8.10.25a}$$

$$\eta = \infty, \ F' = 1. \tag{8.10.25b}$$

它的解是1908年首先由 H. 布拉修斯给出的,所以有时又称布拉修斯解. (8.11.5)式是一个三阶非线性常微分方程,它没有封闭形式的解析解,只能用数值计算. 最初,布拉修斯是将函数 $F(\eta)$ 在 $\eta = 0$ 与 $\eta \to \infty$ 附近分别写成级数表达式与渐近展开式,并在适当的地方将两个解衔接匹配起来,以求得全流场的解. 这一结果比较粗略,后来,不少学者利用不同的数值方法,获得了更为精确的结果. 现将1938年 L. 霍华斯计算的结果列在表8.1. 表中对每一 η 值给出了函数 $F(\eta)$ 和它的一、二次微商值 $F'(\eta)$, $F''(\eta)$. 利用这些数值可以计算出边界层的速度分布,厚度和摩擦系数等.

1. 速度分布(见附录(A)中的照片8)

将(8.11.4a)式与 $v_e = v_\infty$ 代入(8.10.5)与(8.10.9)式后有

$$\frac{u}{v_\infty} = F'(\eta) \tag{8.11.7a}$$

$$\frac{v}{v_\infty} = \frac{\eta F'(\eta) - F(\eta)}{2}\sqrt{\frac{\nu}{v_\infty x}} \tag{8.11.7b}$$

利用上两式和表8.1可绘制出图8.30. 图中还附有1942年尼库拉德塞的实验结果. 显然,理论与实验结果符合得很好. 同时,当 $\eta = 5$ 时, $\frac{u}{v_\infty} = 0.99$. 应当注意曲线 $\frac{v}{v_\infty}$ 是用 $\sqrt{\frac{v_\infty x}{\nu}}$ 放大后绘制的. 而且 $\eta \to \infty$ 时, $\frac{1}{2}(\eta F' - F) \to 0.8604$, 或 $y \to \infty$ 时,

$$\frac{v}{v_\infty} = \frac{0.8604}{\sqrt{Re_x}}. \tag{8.11.7c}$$

这表明在边界层内,速度分量 v 不为零且方向向上. 即在边界层上缘处有一垂直于主流的速度分量,这意味着边界层内的流动对外面无粘流动有一定排挤作用. 但由于 v 与 u 相比是高级小量 $\left(\frac{v}{u} \sim \frac{1}{\sqrt{Re_x}}\right)$,通常不予注意.

2. 各种边界层厚度

如果定义速度边界层的名义厚度 δ_v 为 $\frac{u}{v_\infty} = 0.99$ 处的 y 值,则由表8.1或

8.11 沿半无穷加热恒温平板的层流速度与温度边界层

表 8.1 沿零冲角平板边界层的函数 $F(\eta)$

$\eta = y\sqrt{\dfrac{v_\infty}{\nu x}}$	F	$F' = \dfrac{u}{v_\infty}$	F''
0	0	0	0.332 06
0.2	0.006 64	0.066 41	0.331 99
0.4	0.026 56	0.132 77	0.331 47
0.6	0.059 74	0.198 94	0.330 08
0.8	0.106 11	0.264 71	0.327 39
1.0	0.165 57	0.329 79	0.323 01
1.2	0.237 95	0.393 78	0.316 59
1.4	0.322 98	0.456 27	0.307 87
1.6	0.420 32	0.516 76	0.296 67
1.8	0.529 52	0.574 77	0.282 93
2.0	0.650 03	0.629 77	0.266 75
2.2	0.781 20	0.681 32	0.248 35
2.4	0.922 30	0.728 99	0.228 09
2.6	1.072 52	0.772 46	0.206 46
2.8	1.230 99	0.811 52	0.184 01
3.0	1.396 82	0.846 05	0.161 36
3.2	1.569 11	0.876 09	0.139 13
3.4	1.746 96	0.901 77	0.117 88
3.6	1.929 54	0.923 33	0.098 09
3.8	2.116 05	0.941 12	0.080 13
4.0	2.305 76	0.955 52	0.064 24
4.2	2.498 06	0.966 96	0.050 52
4.4	2.692 38	0.975 87	0.038 97
4.6	2.888 26	0.982 69	0.029 48
4.8	3.085 34	0.987 79	0.021 87
5.0	3.283 29	0.991 55	0.015 91
5.2	3.481 89	0.994 25	0.011 34
5.4	3.680 94	0.996 16	0.007 93
5.6	3.880 31	0.997 48	0.005 43
5.8	4.079 90	0.998 38	0.003 65
6.0	4.279 64	0.998 98	0.002 40

续表

$\eta = y\sqrt{\dfrac{v_\infty}{\nu x}}$	F	$F' = \dfrac{u}{v_\infty}$	F''
6.2	4.479 48	0.999 37	0.001 55
6.4	4.679 38	0.999 61	0.000 98
6.6	4.879 31	0.999 77	0.000 61
6.8	5.079 28	0.999 87	0.000 37
7.0	5.279 26	0.999 92	0.000 22
7.2	5.479 25	0.999 96	0.000 13
7.4	5.679 24	0.999 98	0.000 07
7.6	5.879 24	0.999 99	0.000 04
7.8	6.079 23	1.000 00	0.000 02
8.0	6.279 23	1.000 00	0.000 01
8.2	6.479 23	1.000 00	0.000 01
8.4	6.679 23	1.000 00	0.000 00
8.6	6.879 23	1.000 00	0.000 00
8.8	7.079 23	1.000 00	0.000 00

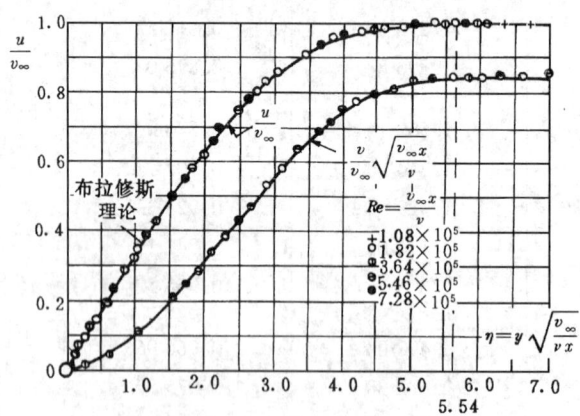

图 8.30　另冲角平板层流边界层的速度分布和尼库拉德塞的测量结果

图 8.30 可得这时的 $\eta \doteq 5$，利用 (8.11.4b) 式有

$$\delta_v = \frac{5x}{\sqrt{Re_x}}. \tag{8.11.8}$$

这与 (8.7.1) 式的定性分析是一致的. 并表明在该式中比例常数应为 5.

利用位移厚度的定义 (8.7.3b) 式，将 (8.11.7a) 式代入，并注意用 (8.11.4b) 式改变积分变量和在名义厚度 δ_v 上缘处 $\eta = 5$ 与 $F(5) = 3.28$，则可得

$$\delta_d = \frac{1.72x}{\sqrt{Re_x}}. \tag{8.11.9}$$

完全类似,利用动量厚度的定义(8.7.4b)式,但积分时注意利用分部积分与方程(8.11.5)和 $F'''(0)=0.332$,则可得

$$\delta_m = \frac{0.664x}{\sqrt{Re_x}}. \tag{8.11.10}$$

这些结果表明层流速度边界层的各种厚度均与 $x^{\frac{1}{2}}$ 成正比,即随 x 按抛物线分布,如图8.31所示.同时,位移厚度与动量厚度之比,通常称为形状因子,并用 H_{dm} 表示,对于层流

$$H_{dm} = \frac{\delta_d}{\delta_m} = 2.59. \tag{8.11.11}$$

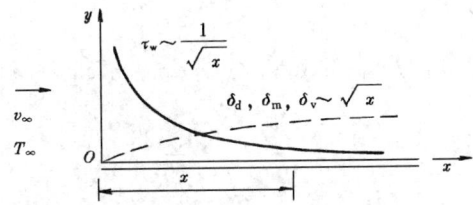

图8.31 平板层流边界层的厚度与壁剪应力分布

3. 壁摩擦系数

利用牛顿的壁剪应力表达式,(8.11.7a)式与(8.11.4b)式和 $F'''(0)=0.332$,可得壁剪应力

$$\tau_w = 0.332 \frac{\rho v_\infty^2}{\sqrt{Re_x}}. \tag{8.11.12}$$

与壁摩擦系数

$$C_f = \frac{\tau_w}{\frac{1}{2}\rho v_\infty^2} = \frac{0.664}{\sqrt{Re_x}}. \tag{8.11.13}$$

上两式表明对于层流边界层,壁剪应力 τ_w 与壁摩擦系数 C_f 均与 $x^{\frac{1}{2}}$ 成反比.如图8.31所示.壁摩擦系数的理论与实验值比较见图8.32.

其次,考虑壁的总摩擦力.自平板前缘起作用于展宽为1,长度为 L 上的壁的总摩擦力为

$$D_f = \int_0^L \tau_w dx = 0.664 \frac{\rho v_\infty^2 L}{\sqrt{Re_L}} \tag{8.11.14}$$

可见壁的总摩擦力 D_f 与 $v_\infty^{3/2}$ 成正比.引进壁的总摩擦系数

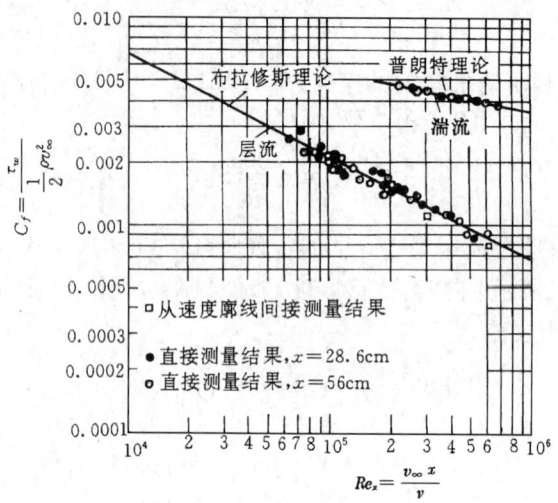

图 8.32 平板的壁摩擦系数理论与实验结果比较(引自参考书[19])

$$C_{D_f} = \frac{D_f}{\frac{1}{2}\rho v_\infty^2 L} = \frac{1.328}{\sqrt{Re_L}} \ . \tag{8.11.15}$$

总摩擦系数的理论与实验值比较,见图 8.33. 应当注意,这些对 C_f, D_f 和 C_{D_f} 的表达式都是代表单面平板的,如果平板的上下两面均浸没在来流中,则总摩擦力应乘以 2,而 C_f 与 C_{D_f} 则保持不变.

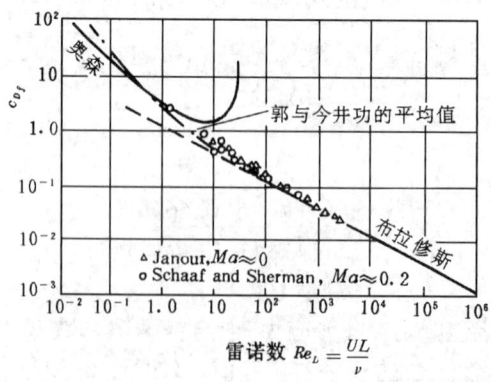

图 8.33 平板的理论阻力和实验阻力(引自参考书[21])

1966 年 S. R. C. 丹尼斯与 J. 邓伍迪从 N-S 方程组出发,在 $0.1 < Re_L < 1\,000$ 的范围内,直接求粘性流体绕半无穷平板的数值解,他们所得到的局部摩擦系数与局部表面压强分布,分别表示在图 8.34 的(a)与(b)中. 可以看出:$Re_L \geqslant 1\,000$ 时布拉修

斯解与数值解比较符合,同时低 Re_L 数时,前缘与后缘的影响显著.

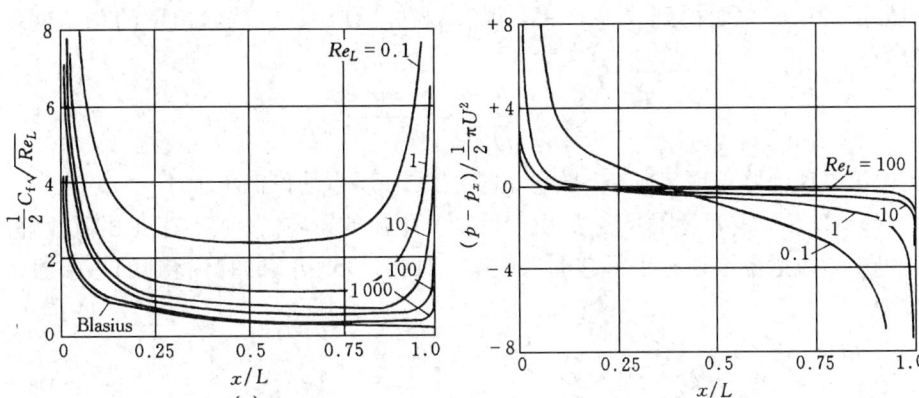

图 8.34　沿半无穷平板的 N-S 方程组数值解(引自参考书[21])

最后,对这一问题作一些说明.

1. 图 8.30,8.32 和 8.33 表明沿半无穷平板层流边界层的速度分量 $\dfrac{u}{v_\infty}$,壁摩擦系数 C_f 与总摩擦系数 C_{D_f} 的理论与实验值分别在 $1.08\times 10^5 \leqslant Re_x \leqslant 7.28 \times 10^5$, $6\times 10^4 < Re_x < 6\times 10^5$ 和 $10^3 < Re_L < 4\times 10^3$ 的范围内符合得相当好,这从实验上验证了边界层理论的正确性.

2. 根据定义 $\eta = y\sqrt{\dfrac{v_\infty}{\nu x}}$,由此

$y=0$　　$x>0$　　$\eta=0$　　$F'(0)=0$　　$F(0)=0$,
$y=\infty$　　$x>0$　　$\eta=\infty$　　$F'(\infty)=1$,
$x=0$　　$y>0$　　$\eta=\infty$　　$F'(\infty)=1$.

故除 $x=0,y=0$ 一点外,(9.5.2)式中有关速度的边界条件均得到满足.

3. 从(8.11.7b)与(8.11.12)式或图 8.31 可以看出,当 $x\to 0$ 时,$v\to\infty$ 和 $\tau_w\to\infty$,这是与实际不符的,产生这些结果的原因是在前缘附近 $\dfrac{\partial^2 u}{\partial x^2}$ 与 $\dfrac{\partial^2 u}{\partial y^2}$ 项已属相同的量级,不再满足边界层理论中所假设的 $\dfrac{\partial^2 u}{\partial x^2}\ll\dfrac{\partial^2 u}{\partial y^2}$.

4. 边界层理论仅适用于 Re_x 数足够大的情况,在前缘附近 Re_x 很小,随着 x 的增加,Re_x 也增加. 另一面,当 Re_x 数达到某一定数值后(它依赖于来流湍流度和壁面粗糙度等),流动不再是层流而成为湍流. 根据实验与理论结果比较,通常认为布拉修斯解至少在 $10^3 < Re_x < 2\times 10^5$ 的范围内是适用的.

5. 布拉修斯解是一级边界层理论的结果,对于前缘奇异性还可通过求二级边界层理论的解而得到改善. 1957 年 I. 今井功利用这方法给出壁的总摩擦系数为

$$C_{D_f} = \frac{1.328}{\sqrt{Re_L}} + \frac{2.326}{Re_L},$$

其中第二项为修正项. 当 Re_L 数愈小时,第二项所占的份额愈大.

6. 如果平板为有限长度 L,由于后缘及尾流的影响,一般不存在相似性解,但可用二级边界层理论求得它的近似解. 对此,1953 年郭永怀得到的总摩擦系数为

$$C_{D_f} = \frac{1.328}{\sqrt{Re_L}} + \frac{4.12}{Re_L}.$$

而 1970 年 A. F. 梅西特与 1974 年 K. 施棣华特逊的结果却为

$$C_{D_f} = \frac{1.328}{\sqrt{Re_L}} + \frac{2.668}{Re_L^{7/8}}.$$

计算表明二者的修正值在 $Re_L = 34$ 时大致相同,$Re_L < 34$ 时,前者的值较后者的值大,反之亦反. 但它们与实验或精确计算的结果均比较符合,如图 8.35 与 8.36 所示.

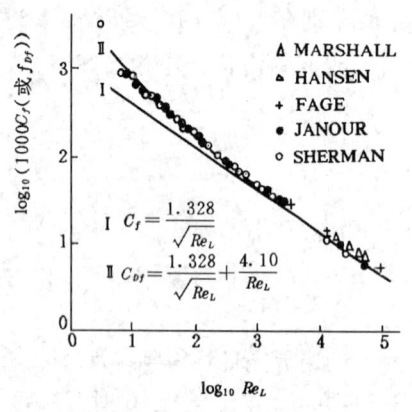

图 8.35 有限与半无限长平板摩擦系数比较(引自参考书[35])

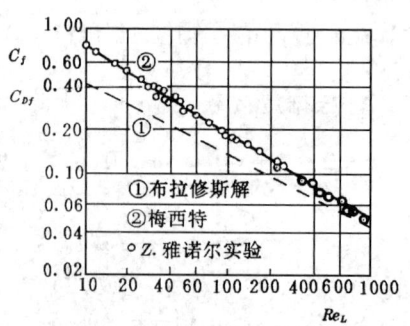

图 8.36 有限与半无限长平板摩擦系数比较(引自参考书[19])

7. 除了绕半无穷平板的流动具有相似解外,还有几种简单流动也存在相似性解,它们的流动类型,主流方向,常微分方程和边界条件等如表 8.2 所示. 其中驻点流动与绕尖楔流动具有重要的实际意义.

(二) 温度边界层

这一问题的微分方程和边界条件为

8.11 沿半无穷加热恒温平板的层流速度与温度边界层

表 8.2 几种具有相似性解的流动

流 动 类 型		主流速度分布	常微分方程与边界条件
平板驻点附近的流动		$v_e = ax$ $m = 1$ $\alpha_1 = 1$ $\beta_1 = 1$	$F''' + FF'' - F'^2 + 1 = 0$ $\eta = 0 \quad F = F' = 0$ $\eta = \infty \quad F' = 1$
绕尖楔的流动 $\beta_1 = 0$ 平行平板		$v_e = cx^m$ $m = \dfrac{\beta_1}{2-\beta_1}$ $\alpha_1 = 1$ $-2 \leq \beta_1 < 2$	$F''' + FF'' + \beta_1(1 - F'^2) = 0$ $\eta = 0 \quad F = F' = 0$ $\eta = \infty \quad F' = 1$
二维收缩流动		$\dfrac{v_e}{v_\infty} = -\dfrac{L}{x}$ $m = \dfrac{\beta_1}{2\alpha_1 - \beta_1}$ $m = -1$ $\alpha_1 = 0 \quad \beta_1 = 1$	$F''' - F'^2 + 1 = 0$ $\eta = 0 \quad F' = 0$ $\eta = \infty \quad F' = 1 \quad F'' = 0$

$$T^{*''} + \frac{1}{2} Pr F T^{*'} = 0 \tag{8.11.6}$$

$$\eta = 0 \quad T^* = 1 \tag{8.10.25a}$$

$$\eta = \infty \quad T^* = 0 \tag{8.10.25b}$$

这类边值问题有时又称冷却问题. 它大量存在于核反应堆,换热器与发动机中. 很显然,(8.11.6)式为一线性齐次常微分方程,其中 $F(\eta)$ 为一已知函数,Pr 数可取任意值,求解的目的是要获得温度边界层的温度分布和壁面处的传热性质等.

方程(8.11.6)可以进行直接积分,它的通解为

$$T^* = c_1 \int_0^\eta e^{-\frac{Pr}{2} \int_0^\eta F(\eta) d\eta} d\eta + c_2. \tag{8.11.16}$$

利用边界条件(8.10.25a)与(8.10.25b)确定常数 c_1 与 c_2 有

$$c_2 = 1, \quad c_1 = \frac{-1}{\int_0^\infty e^{-\frac{Pr}{2} \int_0^\eta F(\eta) d\eta} d\eta}.$$

代入(8.11.16)式后,边值问题的解为

$$T^*(\eta) = 1 - \frac{\int_0^\eta e^{-\frac{Pr}{2} \int_0^\eta F(\eta) d\eta} d\eta}{\int_0^\infty e^{-\frac{Pr}{2} \int_0^\eta F(\eta) d\eta} d\eta} = \frac{\int_\eta^\infty e^{-\frac{Pr}{2} \int_0^\eta F(\eta) d\eta} d\eta}{\int_0^\infty e^{-\frac{Pr}{2} \int_0^\eta F(\eta) d\eta} d\eta}. \tag{8.11.17}$$

利用(8.11.5)式有 $\int_0^\eta F(\eta)\mathrm{d}\eta = -2\int_0^\eta \dfrac{F'''}{F''}\mathrm{d}\eta = -2\ln\dfrac{F''(\eta)}{F''(0)}$ 将此式代入(8.11.17)式后得到

$$T^*(\eta) = \dfrac{\int_\eta^\infty [F''(\eta)]^{Pr}\mathrm{d}\eta}{\int_0^\infty [F''(\eta)]^{Pr}\mathrm{d}\eta}. \qquad (8.11.18a)$$

这个解是 1921 年 K. 波尔豪森首先得到的. 当 $Pr=1$ 时上式可积分为

$$T^* = 1 - F'(\eta). \qquad (8.11.18b)$$

注意到(8.8.3)式,上式可改写为

$$T^{**} = \dfrac{T_w - T}{T_w - T_\infty} = F'(\eta) = \dfrac{u}{v_\infty}. \qquad (8.11.18c)$$

这表明当 $Pr=1$ 时,无量纲温度 T^{**} 与无量纲速度 $\dfrac{u}{v_\infty}$ 的分布相同,厚度相等. 当 $Pr\neq 1$ 时,对某一给定 Pr 数可用数值积分法求(8.11.18a)式的解,其结果如图 8.37 所示. 可以看出当 $Pr>1$ 时,$\delta_t < \delta_v$,$Pr<1$ 时,$\delta_t > \delta_v$. 而 K. 波尔豪森则曾证明两种边界层厚度之间存在下列简单近似关系

$$\dfrac{\delta_v}{\delta_t} = Pr^{1/3} \qquad (8.11.18d)$$

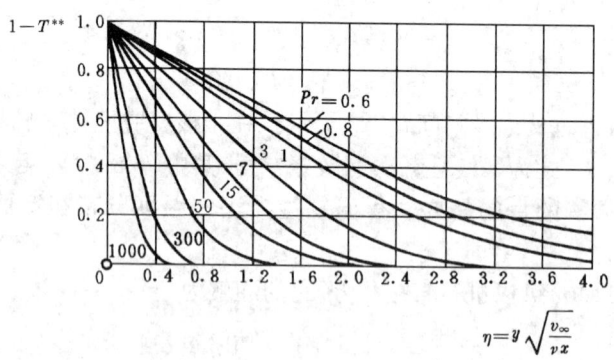

图 8.37 零冲角加热平板上的温度分布(引自参考书[19])

其次,利用解(8.11.18a)和相似性变量表达式(8.11.4b)求壁处单位面积的热流量和壁努塞尔数. 根据定义,它们的值分别为

$$q_w(x, Pr) = -k\left.\dfrac{\partial T}{\partial y}\right|_{y=0} = k(T_w - T_\infty)\dfrac{\sqrt{Re_x}}{x}A(Pr) \qquad (8.11.19a)$$

与

$$Nu = \dfrac{q_w x}{k(T_w - T_\infty)} = \sqrt{Re_x}A(Pr), \qquad (8.11.19b)$$

其中

$$A(Pr) = \left.\frac{\partial T^*}{\partial \eta}\right|_{\eta=0} = \frac{-[F''(0)]^{Pr}}{\int_0^\infty [F''(\eta)]^{Pr} d\eta}. \qquad (8.11.19c)$$

而在从前缘起的 l 长度内它们的平均值分别为

$$\overline{q_{w_l}} = \frac{1}{l}\int_0^l q_w(x,Pr) dx = \frac{2k}{l}(T_w - T_\infty)\sqrt{Re_l} A(Pr) \qquad (8.11.20a)$$

与

$$\overline{Nu_l} = \frac{\overline{q_{w_l}} l}{k(T_w - T_\infty)} = 2\sqrt{Re_l} A(Pr) \qquad (8.11.20b)$$

从(8.11.19a),(8.11.19b),(8.11.20a)与(8.11.20b)式可以看出无论求壁或平均每单位面积的热流量与努塞尔数均依赖于函数 $A(Pr)$,而它的具体数值则可利用表 8.1 对(8.11.19c)式进行数值积分. 现将波尔豪森所得到的结果列在表 8.3:

表 8.3 函数 $A(Pr)$ 随 Pr 数的变化

Pr	0.6	0.7	0.8	0.9	1.0	1.1	7.0	10.0	15.0
A	0.276	0.293	0.307	0.320	0.332	0.344	0.645	0.730	0.835

为了使用方便,通过分析,发现在下述范围内用下列近似表达式,其误差不超过1.5%.

$$A(Pr) = F''(0) Pr^{1/3} = 0.332 Pr^{1/3},\ 0.6 < Pr < 10. \qquad (8.11.19d)$$

此式仅适用于气体,水和一部分轻的液体. 对于液态金属和油类,它们的 Pr 数可以分别低于 10^{-2} 和高于 10^2,如表 8.4 所示.

表 8.4 流体的 Pr 数范围

因之,需要进一步研究当 $Pr \to 0$ 与 $Pr \to \infty$ 时,函数 $A(Pr)$ 的表达式. 对这两种极端情况,它们的速度与温度分布如图 8.38 所示. 现分别加以讨论.

当 $Pr \to 0$ 时,温度边界层与速度边界层相比将变得愈来愈厚,以致在整个温度边界层中可以近似地认为速度为一常数 v_∞. 这样,$\frac{u}{v_\infty} = F' \approx 1$ 即

$$F(\eta) = \eta. \qquad (8.11.19e)$$

将此式代入(8.11.17)式并进行积分后有

$$T^*(\eta,Pr) = 1 - \frac{\int_0^\eta e^{-\frac{1}{4}Pr\eta^2} d\eta}{\int_0^\infty e^{-\frac{1}{4}Pr\eta^2} d\eta}.$$

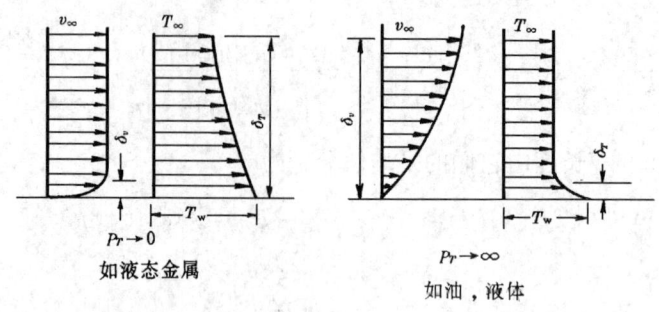

图 8.38

利用此式与函数 $A(Pr)$ 的定义(8.11.19c)式,给出

$$A(Pr) = -\frac{\partial T^*}{\partial \eta}\bigg|_{\eta=0} = \frac{1}{\int_0^\infty e^{-\frac{1}{4}Pr\eta^2}d\eta}.$$

对分母利用积分公式

$$\int_0^\infty x^{2n} e^{-ax} dx = \frac{1\cdot 3\cdot 5\cdots(2n-1)}{2^{n+1}a^n}\sqrt{\frac{\pi}{a}} \tag{A}$$

后有

$$A(Pr) = \frac{1}{\sqrt{\pi}}Pr^{1/2} = 0.564 Pr^{1/2}, \quad 对 Pr\to 0 \tag{8.11.19f}$$

实验表明此式在 $0.005 < Pr < 0.05$ 范围内成立.

类似地,当 $Pr\to\infty$ 时,温度边界层与速度边界层相比将变得愈来愈薄,以致可以近似地认为速度边界层内的速度分布为线性分布,同时,注意到 $\tau_w \sim F''(0)$,故可取 $F''(0)$ 为比例常数,于是有

$$\frac{u}{u_\infty} = F'(\eta) = F''(0)\eta$$

或

$$F = \frac{F''(0)}{2}\eta^2. \tag{8.11.19g}$$

将此式代入(8.11.17)式并进行积分后有

$$T^*(\eta, Pr) = 1 - \frac{\int_0^\eta e^{-\frac{1}{12}F''(0)Pr\eta^3}d\eta}{\int_0^\infty e^{-\frac{1}{12}F''(0)Pr\eta^3}d\eta}.$$

利用此式与(8.11.19c)式给出

$$A(Pr) = \frac{1}{\int_0^\infty e^{-\frac{1}{12}F''(0)Pr\eta^3}d\eta}.$$

再对分母利用上面的(A)式有

$$\int_0^\infty e^{-\frac{1}{12}F''(0)Pr\eta^3}d\eta = 2.93Pr^{1/3},$$

随之 $A(Pr) = 0.341Pr^{1/3}$, $Pr \to \infty$. (8.11.19h)

此式与(8.11.19d)式相比相差无几,可近似地用于 $Pr > 10$ 的广大范围内.

将函数 $A(Pr)$ 的表达式(8.11.19d),(8.11.19f)与(8.11.19h)分别代入(8.11.19a),(8.11.19b)与(8.11.20a),(8.11.20b)等式即可获得适用于不同 Pr 数范围的壁与平均每单位面积的热流量和努塞尔数. 例如,对局部与平均努塞尔数有

$$Nu = 0.332Pr^{1/3}Re_x^{1/2}, \qquad 0.6 < Pr < 10, \qquad (8.11.21a)$$
$$Nu = 0.564Pr^{1/2}Re_x^{1/2}, \qquad 0.005 < Pr < 0.05, \qquad (8.11.21b)$$
$$Nu = 0.341Pr^{1/3}Re_x^{1/2}, \qquad Pr > 10, \qquad (8.11.21c)$$

与

$$\overline{Nu_l} = 2 \times 0.332Pr^{1/3}Re_l^{1/2}, \qquad 0.6 < Pr < 10, \qquad (8.11.22a)$$
$$\overline{Nu_l} = 2 \times 0.564Pr^{1/2}Re_l^{1/2}, \qquad 0.005 < Pr < 0.05, \qquad (8.11.22b)$$
$$\overline{Nu_l} = 2 \times 0.341Pr^{1/3}Re_l^{1/2}, \qquad Pr > 10. \qquad (8.11.22c)$$

壁努塞尔数(8.11.21a)和(8.11.21b)式与数值计算结果的比较见图8.39.

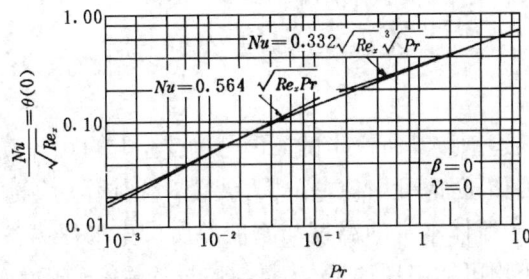

图 8.39 平板层流边界层的壁努塞尔数随普朗特数的变化(引自参考书[28])

从这些结果可以看出:

1. 平均努塞尔数是 $x = l$ 处的壁努塞尔数的2倍,即
$$\overline{Nu_l} = 2 Nu_l.$$

2. 从(8.11.21a)式有壁努塞尔数
$$Nu = 0.332Re_x^{1/2}Pr^{1/3}, \quad 0.6 < Pr < 10.$$

另一面,从(8.11.13)式有摩擦系数
$$C_f = \frac{0.664}{\sqrt{Re_x}}.$$

将上两式相除后有

$$Nu = \frac{1}{2} C_f Re_x Pr^{1/3}, \quad 0.6 < Pr < 10. \quad (8.11.23)$$

这就是一般形式的雷诺类比表达式(8.9.10). 如果令此式中的 $Pr = 1$ 和 Re_x 中的 x 用 L 去置换,则得到特殊($Pr = 1$)的雷诺类比表达式(8.9.11).

3. 在传热学中,除了努塞尔数以外,还引进另一无量纲传热系数,它被定义为

$$\text{传热斯坦顿数} \quad St = \frac{Nu}{P_r Re_x} = \frac{h}{c_p \rho v_\infty}. \quad (8.11.24)$$

它的物理意义是从壁面到流体的实际传热率与由对流产生的理论传热率之比. 而这种对流是由具有质量速度 ρv_∞ 的流体受到参考温度差所引起的. 利用上述定义可将(8.11.23)式改写为

$$St Pr^{2/3} = \frac{1}{2} C_f, \quad 0.6 < Pr < 10 \quad (8.11.25)$$

这关系称为奇尔顿-科尔伯恩类比(或 j-因子). 并把 $j_H = St Pr^{2/3}$ 称为传热 j-因子. 与此相对应尚有一传质 j-因子将在第 11 章介绍.

8.12 垂直半无穷加热恒温平板层流自由对流的速度与温度边界层

通常将流体的运动按其所产生的原因分为受迫与自由流动两大类. 前者是由于各种外界原因如压强梯度,位差,动力装置对流体作功等迫使流体产生的运动,而后者则是由于流体本身的温度与密度差所产生的浮力效应引起的. 在这两大类流体运动中均可能出现动量,热量与质量的输运(或传递)现象. 在 8.11 节中已讨论了受迫流动的动量与热量传递问题,这里将介绍自由流动的相应问题. 至于受迫与自由流动中的质量传递现象则将在第 11 章中讨论.

自由流动中的传热,传质现象广泛存在于自然界和各种工程技术问题中,例如,气冷式气缸,水暖系统与地面晚间的散热和工业排烟的浮力上升等均是.

严格说来,在前一节所讨论的问题中,由于有温度梯度存在也存在密度差异和浮力效应,但它的作用与外界的作用力相比,仍然是很微小的,可以忽略不计,从而使速度与温度问题能够分别求解. 对于自由流动则完全不同,温度与密度差所产生的浮力效应是它运动的主要驱动力,因之,必须考虑温度对速度的影响,这样,两种边界层是相互偶联的,动量与能量方程必须联立求解.

先考虑一放置在静止流体中的水平加热平板,可以认为在紧靠平板处流体的温度最高,离开平板以后逐渐减小,在不远的地方达到环境温度. 高温流体密

8.12 垂直半无穷加热恒温平板层流自由对流的速度与温度边界层

度将变小,在重力作用下,它会向上运动.但在同一水平面上的流体温度与密度都大致相同,难以形成全面地向上流动,于是,开始寻求向上运动的"渠道",以致形成许多垂直空心柱状的蜂窝形小空腔.在每一空腔中热流体由中心区向上运动,而离平板较远的低温流体则沿空腔侧壁向下运动,形成空腔内的环状流动(有时流动方向相反).这些小空腔称为贝纳德空腔,以纪念他对这一现象的发现.可以看出这是一个相当复杂的流动现象,也不会形成自由流动的速度与温度边界层.

相反,在静止流体中放置一垂直半无穷长加热平板,通过流场显示,可以清楚地看到在平板附近存在一温度边界层,如图 8.40(a) 所示. 令壁温与环境温度分别为 T_w 与 T_∞,假定它们之间的差别不是很大,以致流体的各种物性参数,除了密度 ρ 以外,均可近似地看成为常数. 至于密度 ρ,它随温度的变化(由浮力项代表)是产生自由流动的驱动力,必须予以适当考虑. 于是,假定在平板附近温度较高的区域,它随温度变化,而在其它区域仍为一常数. 坐标原点取在平板前缘处, x 与 y 轴分别平行与垂直于平板, 如图 8.40(b) 所示.

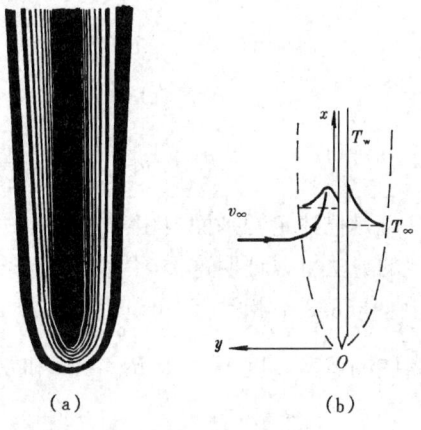

图 8.40 自由对流温度边界层

首先考虑无量纲边界层方程(8.8.5b)中的压强梯度与体力项. 在所讨论的问题中,每一水平面上的压强均相等,且在小范围内沿 x 方向的变化也很小,故可近似地认为 $\dfrac{dp^*}{dx^*}$ 项为零. 至于体力 F_{b_x},它等于每单位体积的浮力 $(\rho_\infty - \rho')g$,其中 ρ_∞ 与 ρ' 分别为未受与已受温度影响的密度. 一般说来,密度随温度与压强变化,但在小的重力场范围内,压强的变化很小,因之,仅随温度变化,并对小温度差可近似表示为

$$\rho' \approx \rho_\infty - \beta(T - T_\infty)\rho_\infty,$$

其中 $\beta = -\dfrac{1}{\rho}\left(\dfrac{\partial \rho}{\partial T}\right)_p$. 于是,每单位体积的浮力 F_{b_x} 变为

$$F_{b_x} = \beta\rho_\infty(T - T_\infty)g.$$

利用此式将(8.8.5b)式中的体力项无量纲化,并注意将其中的 ρ 用这里的 ρ_∞ 置换,于是有

$$\frac{F_{b_x}}{\rho_\infty}\frac{L}{v_\infty^2} = \frac{Gr}{Re_L^2}T^*, \qquad (8.12.1)$$

其中 $Gr = \dfrac{g\beta L^3(T_w - T_\infty)}{\nu^2}$, $T^* = \dfrac{T - T_\infty}{T_w - T_\infty}$. Gr 称为格拉斯霍夫数,它代表浮力与粘性力之比再乘以 Re_L 数. 很显然此项的量级应为 1, 即 Gr 数与 Re_L^2 数同量级. 将(8.12.1)式代入(8.8.5b)式,忽略压强梯度项,和能量方程(8.8.5c)中的耗散项,并考虑定常情况,则方程组(8.8.5)变为

$$\frac{\partial u^*}{\partial x^*} + \frac{\partial v^*}{\partial y^*} = 0, \qquad (8.12.2a)$$

$$u^* \frac{\partial u^*}{\partial x^*} + v^* \frac{\partial u^*}{\partial y^*} = \frac{Gr}{Re_L^2} T^* + \frac{1}{Re_L} \frac{\partial^2 u^*}{\partial y^{*2}}, \qquad (8.12.2b)$$

$$\begin{array}{ccccc} 1 & & 1 & \delta_v^{*2} & \dfrac{1}{\delta_v^*} \end{array}$$

$$u^* \frac{\partial T^*}{\partial x^*} + v^* \frac{\partial T^*}{\partial y^*} = \frac{1}{PrRe_L} \frac{\partial^2 T^*}{\partial y^{*2}}. \qquad (8.12.2c)$$

这就是描述定常平面自由对流层流边界层的无量方程组. 利用与 8.10 节相类似的方法可以证明这类问题在一定条件下也存在相似性解. 这将留作为习题.

与 8.8 节相类似,可利用(8.12.2b)式的右边两项来估计自由对流速度边界层的名义厚度 δ_v^*. 因 $Re_L^2 \sim Gr$ 和 $\delta_v^* \sim \dfrac{1}{Re_L^{1/2}}$, 故

$$\delta_v^* \sim \frac{1}{Gr^{1/4}}. \qquad (8.12.3)$$

将方程组(8.12.2)变为有量纲形式则成为

$$\frac{\partial u}{\partial x} + \frac{\partial v}{\partial y} = 0, \qquad (8.12.4a)$$

$$u \frac{\partial u}{\partial x} + v \frac{\partial u}{\partial y} = \nu \frac{\partial^2 u}{\partial y^2} + g\beta(T_w - T_\infty)T^*, \qquad (8.12.4b)$$

$$u \frac{\partial T^*}{\partial x} + v \frac{\partial T^*}{\partial y} = \frac{k}{c\rho} \frac{\partial^2 T^*}{\partial y^2}. \qquad (8.12.4c)$$

边界条件为:

$$y = 0 \quad u = 0 \quad v = 0 \quad T^* = 1, \qquad (8.12.5a)$$

$$y = \infty \quad u = 0 \quad \quad T^* = 0, \qquad (8.12.5b)$$

$$x = 0 \quad u = 0 \quad \quad T^* = 0. \qquad (8.12.5c)$$

这里有三个未知函数 u, v, T^* 和三个方程. 为了求这边值问题的相似性解,必须首先求出相似性变量 η. 8.11 节中已经提到,对沿平板流动有 $\eta = \dfrac{y}{\delta_v}$, 其中 δ_v 可由(8.12.3)式给出,但应注意目前所讨论的问题没有特征长度,应将该式中 L 用 x 去置换. 于是有 $\eta \sim \dfrac{y}{x}[Gr_x]^{1/4}$. 与以前一样,式中的比例常数可

以任意选取,通常取为$\left[\frac{1}{4}\right]^{1/4}$,这样,

$$\eta = \frac{y}{x}\left[\frac{Gr_x}{4}\right]^{1/4} = c'\frac{y}{x^{1/4}}, \quad (8.12.6a)$$

其中 $Gr_x = \frac{g\beta x^3(T_w - T_\infty)}{\nu^2}$ 和 $c' = \left[\frac{g\beta(T_w - T_\infty)}{4\nu^2}\right]^{1/4} = $ 常数. 引进满足连续性方程(8.12.4a)的流函数 ψ 并将其无量纲化有

$$\psi(x,y) = 4\nu c x^{3/4} f(\eta), \quad (8.12.6b)$$

随之

$$u = \frac{\partial \psi}{\partial y} = 4\nu c^2 x^{1/2} f'(\eta), \quad (8.12.6c)$$

$$v = -\frac{\partial \psi}{\partial x} = \nu c x^{-1/4}[\eta f' - 3f]. \quad (8.12.6d)$$

利用(8.12.6a)至(8.12.6d)各式和它们的微商可将边值问题(8.12.4)与(8.12.5)变为:

$$f''' + 3ff'' - 2f'^2 + T^* = 0, \quad (8.12.7a)$$

$$T^{*''} + 3PrfT^{*'} = 0, \quad (8.12.7b)$$

$$\eta = 0 \quad f = f' = 0 \quad T^* = 1, \quad (8.12.7c)$$

$$\eta = \infty \quad f' = 0 \quad T^* = 0. \quad (8.12.7d)$$

这是两个相互偶联的常微分方程. f 与 T^* 都是 η 和 Pr 数的未知函数. 需要对它们用数值方法联立求解. 1921 年 K. 波尔豪森对这一问题首先进行了计算. 1930 年 E. 施米特与 W. 贝克曼作了实验研究. 后来,1953 年 S. 奥斯特拉赫对不同 Pr 数又进行了系统的精确计算. 他们得到的速度与温度分布如图 8.41 与图 8.42,而实验结果如图 8.43 与 8.44. 显然,理论结果与实验数据符合得 相当好. 同时,值得注意的是(1)在离开平板不远的地方,速度达最大值,远离

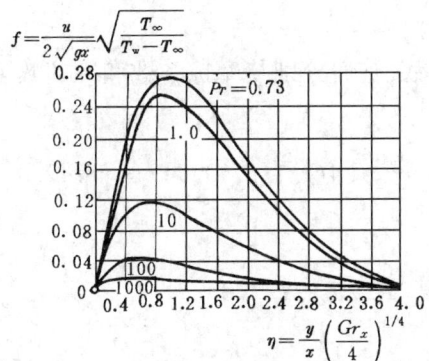

图 8.41 垂直加热平板自由对流层流边界层的速度分布(引自参考书[19])

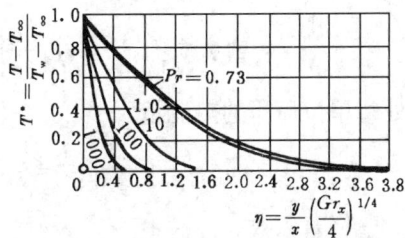

图 8.42 垂直加热平板自由对流层流边界层的温度分布(引自参考书[19])

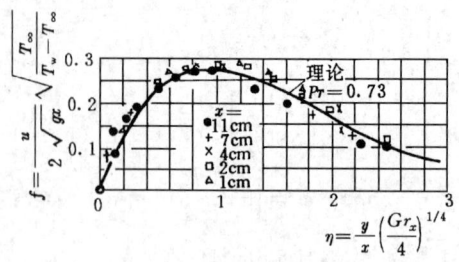

图 8.43 速度分布的理论与实验结果比较(引自参考书[19])

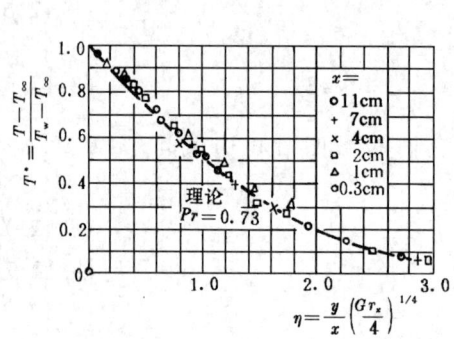

图 8.44 温度分布的理论与实验结果
比较(引自参考书[19])

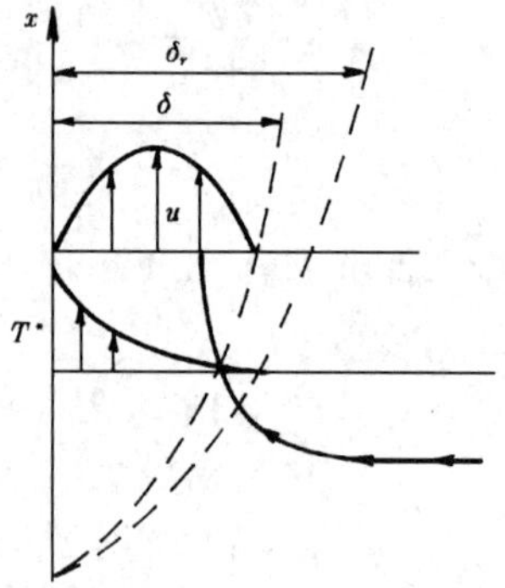

图 8.45 流体质点的迹线

平板以后,与温度一样均趋于环境流体值.(2)当 Pr 数很大时,温度边界层的厚度远较速度边界层的为薄.(3)远离平板的流体质点是以垂直于平板的方向趋向平板的,如图 8.44 所示.这可简单地证明如下:利用(8.12.6c),(8.12.6d),(8.12.7d)等式和从图 8.41 给出 $f(\infty) \to$ 常数 K,于是有

$$\eta = \infty, \quad u = 4\nu x^{1/2} c^2 f'(\infty) \to 0,$$
$$v = \nu c x^{-1/4} [\eta f'(\infty) - 3f(\infty)] \to -3K\nu c x^{-1/4}.$$

最后,考虑壁面处的剪应力与努塞尔数,它们分别与摩擦系数和冷却效率有关.

壁剪应力 $\quad \tau_w = \mu \left.\dfrac{\partial u}{\partial y}\right|_{y=0} = \dfrac{\rho_\infty \nu^2}{x^2}[4Gr_x^3]^{\frac{1}{4}} f''(0).$ （8.12.8a）

壁处每单位面积的热流量

$$q_w = -k \left.\dfrac{\partial T}{\partial y}\right|_{y=0} = -kcx^{-\frac{1}{4}}(T_w - T_\infty) T^{*\prime}(0).$$

壁努塞尔数

$$Nu = \dfrac{q_w x}{k(T_w - T_\infty)} = -\left[\dfrac{1}{4}Gr_x\right]^{\frac{1}{4}} T^{*\prime}(0). \quad (8.12.8b)$$

对于不同的 Pr 数,上列各式中的 $f''(0)$ 与 $T^{*\prime}(0)$ 可从表 8.5 中查出.

表 8.5 函数 $T^{*\prime}(0)$ 与 $f''(0)$ 随 Pr 数的变化 （引自参考书[28]）

Pr	$T^{*\prime}(0)$	$f''(0)$	Pr	$T^{*\prime}(0)$	$f''(0)$
0	$0.849\,126Pr^{1/2}$		2.0	0.716 483	0.571 3
0.01	0.080 592	0.986 2	3.5	0.855 821	
0.03	0.136		5.0	0.953 956	
0.09	0.219		7.0	1.054 18	
0.5	0.442		10	1.168	0.419 2
0.72	0.504 63	0.676	100	2.191 4	0.251 7
0.733	0.507 89	0.674 1	1 000	3.97	0.145 0
1.0	0.567 14	0.642 1	10 000	7.091 3	
1.5	0.651 534		∞	$0.710\,989\,Pr^{1/4}$	

在离前缘距离为 l 展宽为 1 的范围内,它们的平均值分别为:

平均剪应力

$$\overline{\tau_{w_l}} = \frac{1}{l}\int_0^l \tau_w \mathrm{d}x = \frac{4}{5}\tau_{w_l}, \tag{8.12.9a}$$

壁处每单位面积的热流量

$$\overline{q_{w_l}} = \frac{1}{l}\int_0^l q_w \mathrm{d}x = -\frac{4}{3}\frac{k}{l}(T_w - T_\infty)\left[\frac{Gr_l}{4}\right]^{\frac{1}{4}}T^{*\prime}(0),$$

平均努塞尔数

$$\overline{Nu_l} = \frac{\overline{q_w}l}{k(T_w - T_\infty)} = -\frac{4}{3}\left[\frac{Gr_l}{4}\right]^{\frac{1}{4}}T^{*\prime}(0) = \frac{4}{3}Nu_l, \tag{8.12.9b}$$

其中 τ_{w_l} 与 Nu_l 为 τ_w 与 Nu 在 $x = l$ 处的值. 可以看出对自由对流 $\tau_w \sim x^{1/4}$ 和 $\overline{Nu_l} \sim \frac{4}{3}$,而对受迫流动 $\tau_w \sim x^{-\frac{1}{2}}$ 与 $\overline{Nu_l} \sim 2$.

8.13 不存在相似性解的层流边界层

前面所讨论的都是存在相似性解的边界层流动,这类流动毕竟是少数. 大量实际问题都是不存在相似性解的. 对此,必须直接求解非线性层流边界层方程组. 1908 年 H. 布拉修斯首先用级数展开法研究了绕对称翼型的层流边界层问题. 1934 年霍华斯对他的方法作了改进并研究了非对称翼型的绕流问题. 1957 年 H. 格特勒提出另一种级数展开法,它的优点是用相似性变量来处理非相似性流动问题,而且它很容易被推广至回转轴对称和湍流情况.

近 30—40 年来,由于计算技术的迅猛发展,人们多采用数值方法来直接解边界层方程组. 这里仅简单介绍 1963 年由 A. M. O 史密斯与 D. W. 克拉特提出,(参考文献[4])1968 年又由 R. E. 谢里登(参考文献[5])加以改进的一种方法. 它的优点是比较简单,相当精确,并已有完整的 Fortran 程序. 现以定常平面速度边界层为例. 即解边值问题:

$$\frac{\partial u}{\partial x} + \frac{\partial v}{\partial y} = 0 , \tag{8.8.10a}$$

$$u \frac{\partial u}{\partial x} + v \frac{\partial u}{\partial y} = v_e \frac{dv_e}{dx} + \nu \frac{\partial^2 u}{\partial y^2} , \tag{8.8.10b}$$

$$y = 0 \quad u = 0 \quad v = 0 , \tag{8.8.11a}$$

$$y = \infty \quad v = v_\infty . \tag{8.8.11b}$$

他们引进无量纲变量

$$\eta = y \sqrt{\frac{v_e}{\nu x}} , \tag{8.13.1a}$$

和满足连续性方程的

$$u = \frac{\partial \psi}{\partial y}, \quad v = -\frac{\partial \psi}{\partial x}, \tag{8.13.1b}$$

并定义流函数 ψ 为

$$\psi(x,y) = \sqrt{v_e \nu x} \, F(x,\eta) . \tag{8.13.1c}$$

利用(8.13.1)式对方程(8.8.10b)进行坐标变换后有

$$F''' + \frac{1+\beta_2}{2} FF'' + \beta_2(1 - F'^2) = x\left(F' \frac{\partial F'}{\partial x} - F'' \frac{\partial F}{\partial x} \right) \tag{8.13.2a}$$

其中 $\beta_2 = \frac{x}{v_e} \frac{dv_e}{dx}$. 边界条件为

$$\eta = 0 \quad F(x,0) = 0 \quad F'(x,0) = 0 , \tag{8.13.2b}$$

$$\eta = \infty \quad F'(x,\infty) = 1 . \tag{8.13.2c}$$

为了求边值问题(8.13.2)的解,他们将边界层沿 x 方向划分为若干小区,其间距为 Δx,如图 8.46 所示. 然后用有限差分法求解. 根据该方法的离散化近似. 单变量函数 $f(x)$ 在 x_n 点的 m 次微商可用下式近似

$$\frac{d^m f(x_n)}{dx} \cong \sum_{j=-J_1}^{j=J_2} a_n f_{n+j}$$

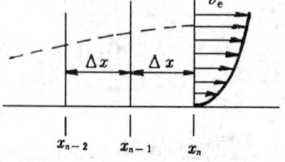

图 8.46

其中 a_n 可从泰勒级数展开式求出. J_1 与 J_2 则依赖于微商的次数和近似的精度. 如果采用后向三点差分格式,令 $J_1 = 2$ 与 $J_2 = 0$,并从泰勒展开式求 a_n,则对一次微商二级精度有

$$\left.\frac{\mathrm{d}f}{\mathrm{d}x}\right|_n = \frac{\mathrm{d}f(x_n)}{\mathrm{d}x} \cong \frac{1}{2\Delta x}[3f_n - 4f_{n-1} + f_{n-2}]. \tag{8.13.3a}$$

类似地 $\left.\dfrac{\mathrm{d}f'}{\mathrm{d}x}\right|_n \cong \dfrac{1}{2\Delta x}[3f'_n - 4f'_{n-1} + f'_{n-2}].$ (8.13.3b)

这一格式由于假定 f_{n-1} 与 f_{n-2} 均为已知,故较后向两点差分格式准确得多. (8.13.3)式也完全适用于双变量函数 $F(x,\eta)$ 对 x 偏微商的情况. 如果函数 $F(x,\eta)$ 与 $\beta_2(x)$ 中的 x 用 x_n 置换后,用 F_n 与 β_n 表示. 将(8.13.3)式应用于方程(8.13.2a)的右边,则该式变为

$$F'''_n + \frac{1+\beta_n}{2}F_n F''_n + \beta_n(1 - F'^2_n),$$

$$\frac{x_n}{2\Delta x}[3(F'^2_n - F_n F''_n) - 4(F'_{n-1}F'_n - F_{n-1}F''_n) + (F'_{n-2}F'_n - F_{n-2}F''_n)].$$

(8.13.4a)

边界条件(8.13.2)变为

$$\eta = 0 \quad F_n(x_n,0) = 0 \quad F'_n(x_n,0) = 0, \tag{8.13.4b}$$

$$\eta = \infty \quad F'_n(x_n,\infty) = 1. \tag{8.13.4c}$$

显然,如果(8.13.4a)式右边的 $F_{n-1}, F_{n-2}, F'_{n-1}$ 与 F'_{n-2} 均为已知,则该式为一对 $F_n(\eta)$ 的常微分方程. 即可用数值法求解. 此法的另一个优点是当 x 为零时,如果对 x 的微商为有限值,则(8.13.4a)式的右边为零. 这样,起始的速度分布对应于 $\beta(0)$ 的绕尖楔流动. 以后,可用离散方程和边界条件依次往前进行计算. 如果取 Δx 足够小,使 $\dfrac{x}{\Delta x} < 25$,此法的计算精度相当高,而且对许多情况(包括轴对称流动)均能适用.

8.14 定常平面层流边界层的动量与能量积分关系式

对于任意初始与边界条件,求层流边界层方程组的分析解是相当困难的. 自电子计算机出现以后,许多边界层问题可以通过计算方法获得令人满意的数值结果. 但从工程的角度看,20年代以后所发展的许多解边界层方程的近似方法至今仍有很大的实用价值,因为,它不需要任何特殊设备(如计算机)却能省时省力地给出许多很重要的结果.

在这些近似方法中,动量与能量积分关系式是最简单而又使用得最普遍的一种. 它不要求在边界层内每一点准确地满足边界层方程组,而只是在边界层

的每一横截面上总体地满足这些方程. 建立这些关系式通常有两种方法:一种是沿边界层厚度方向积分边界层方程组,另一种是在边界层内直接应用动量与能量守恒原理. 这里采用前一方法,后一方法作为习题.

对定常平面不可压缩均质流体的层流边界层流动,从(8.8.10)与(8.8.11)式有方程组和边界条件

$$\frac{\partial u}{\partial x} + \frac{\partial v}{\partial y} = 0 , \tag{8.8.10a}$$

$$u\frac{\partial u}{\partial x} + v\frac{\partial u}{\partial y} = v_e \frac{dv_e}{dx} + \nu \frac{\partial^2 u}{\partial y^2} , \tag{8.8.10b}$$

$$u\frac{\partial T}{\partial x} + v\frac{\partial T}{\partial y} = \frac{k}{c\rho}\frac{\partial^2 T}{\partial y^2} + \frac{\nu}{c}\left(\frac{\partial u}{\partial y}\right)^2 , \tag{8.8.10c}$$

$$y = 0 \quad u = 0 \quad v = 0, \quad T = T_w , \tag{8.8.11a}$$

$$y = \infty \; (\delta_v) \quad u = v_\infty \; (v_e) \quad y = \infty \; (\delta_t) \quad T = T_\infty \; (T_e) . \tag{8.8.11b}$$

现在分别加以讨论.

(一) 动量积分关系式

首先将连续和动量方程进行改写与合并,使成为全微分,以利于积分. 同时注意它们应与边界层位移与动量厚度定义中的被积函数有直接联系. 为此,利用连续方程(8.8.10a)将动量方程(8.8.10b)改写为

$$\frac{\partial u^2}{\partial x} + \frac{\partial uv}{\partial y} = v_e \frac{dv_e}{dx} + \nu \frac{\partial^2 u}{\partial y^2} . \tag{8.14.1}$$

同时考虑到 $v_e(x)$ 仅是 x 的函数,又可将连续性方程(8.8.10a)改写为

$$\frac{\partial (uv_e)}{\partial x} + \frac{\partial (vv_e)}{\partial y} = u\frac{dv_e}{dx} \tag{8.14.2}$$

从(8.14.2)式减去(8.14.1)式有

$$\frac{\partial}{\partial x}[u(v_e - u)] + \frac{\partial}{\partial y}[v(v_e - u)] + (v_e - u)\frac{dv_e}{dx} = -\nu \frac{\partial^2 u}{\partial y^2} .$$

将上式从 0 到 δ_v 对 y 进行积分,并注意对左边第一项交换积分与微分的顺序,于是有

$$\frac{d}{dx}\int_0^{\delta_v} u(v_e - u)dy + [v(v_e - u)]_0^{\delta_v}$$

$$+ \frac{dv_e}{dx}\int_0^{\delta_v}(v_e - u)dy = -\nu \left.\frac{\partial u}{\partial y}\right|_0^{\delta_v} . \tag{8.14.3}$$

左边第一与第三项分别利用动量与位移厚度的定义,第二项利用边界条件后变为零. 右边利用边界条件与壁剪应力的定义,则(8.14.3)式成为

$$\frac{d}{dx}(v_e^2 \delta_m) + \delta_d v_e \frac{dv_e}{dx} = \frac{\tau_w}{\rho} \tag{8.14.4a}$$

或
$$\frac{d\delta_m}{dx} + \frac{\delta_d + 2\delta_m}{v_e}\frac{dv_e}{dx} = \frac{\tau_w}{\rho v_e^2}. \tag{8.14.4b}$$

这就是定常平面情况下的动量积分关系式. 它是 1921 年首先由冯·卡门导出的, 有时又称卡门积分关系式. 几十年来, 以此方程为基础又发展了许多解边界层方程的近似方法.

为了说明动量积分关系式中各项的物理意义还可将(8.14.4a)式改写为
$$\frac{d}{dx}(\rho v_e^2 \delta_m) + (\rho v_e \delta_d)\frac{dv_e}{dx} = \tau_w. \tag{8.14.4c}$$

这里的左边第一项表示边界层横截面上动量流量亏损 (即被排挤动量) 在 x 方向的变化率. 第二项表示边界层横截面上质量流量亏损 (即被排挤质量) 与边界层上缘处速度 v_e 在 x 方向的变化率所引起的动量变化, 右边的项表示壁剪应力.

(8.14.4b)式还可改写为
$$\frac{d\delta_m}{dx} + (2 + H_{dm})\delta_m \frac{v_e'}{v_e} = \frac{1}{2}C_f, \tag{8.14.4d}$$

其中 $C_f = \dfrac{\tau_w}{\dfrac{1}{2}\rho v_e^2}$, $H_{dm} = \dfrac{\delta_d}{\delta_m}$, $v_e' = \dfrac{dv_e}{dx}$. C_f 与 H_{dm} 分别为壁摩擦系数与形状因子. 后者表示边界层内速度分布的形状, 它的值愈小, 层内的速度分布愈呈凸出, 随着 H_{dm} 值的增加, 它的形状变得愈益凹入, 如图 8.47 所示. 由于 δ_d 总是大于 δ_m, 故 H_{dm} 总是大于 1. 对于层流, 驻点处大约为 2, 到分离点处大约为 3.5. 对于湍流, 则在 1.3 与 2.5 之间.

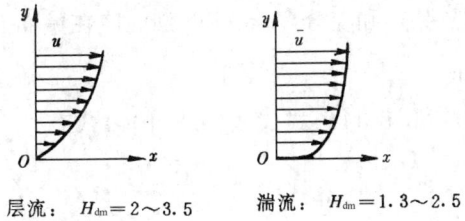

层流: $H_{dm} = 2 \sim 3.5$　　湍流: $H_{dm} = 1.3 \sim 2.5$

图 8.47　形状因子随速度剖面的变化

如果沿 x 方向不存在压强梯度, 即 $v_e'(x) = 0$, 则(8.14.4d)式简化为
$$\frac{d\delta_m}{dx} = \frac{1}{2}C_f. \tag{8.14.4e}$$

应当注意: (1) 即使方程组相同, 但边界条件不同, 则所得的积分关系式也不同; (2) 积分关系式是一个一阶常微分方程, 但它有 δ_m, δ_d 和 C_f 三个未知函数, 它们都随 x 而变, 如果它们是彼此独立的, 则方程并不封闭. 为了求解, 必须减

少两个未知变量，通常是对速度分布函数 $\dfrac{u}{v_e}$，形状因子 H_{dm} 或 τ_w 与 δ_m 之间的关系作出假定，这样，就产生了各种不同的近似方法。

如果是对速度分布函数作假定，则应注意所谓的相容性边界条件问题。在动量积分关系式(8.14.4d)中，共含有三个对 x 的未知函数，即 δ_m，δ_d（或 H_{dm}）和 C_f。幸运的是它们均依赖于边界层内的速度分布。如果能找到一个适当的速度剖面使这些未知函数均能简单地用另一个对 x 的未知函数 $\Lambda(x)$ 表示，则将这些简单关系式代入(8.14.4d)式后，即可得到一个对 $\Lambda(x)$ 的一阶常微分方程，解此方程可得 $\Lambda(x)$，随之求得 δ_m，δ_d（或 H_{dm}），C_f 和边界层的其它特征物理量。未知函数 $\Lambda(x)$ 通常称为形参数。在解问题时，如果只采用一个形参数，则称为单参数法，它是发展得最早与使用得最广泛的一种方法。

在寻找适当的速度剖面 f 时，常常把函数 f 近似地写为 η 的幂次多项式，确定多项式中各项的系数，除了应满足壁面处（$\eta=0$）的无滑移条件和边界层上缘处（$\eta=1$）与主流的连续性要求以外，还需要在这两处给出更多的边界条件，它们必须与边界层方程和已给的边界条件

$$\frac{\partial u}{\partial x}+\frac{\partial v}{\partial y}=0\,, \tag{8.8.10a}$$

$$u\frac{\partial u}{\partial x}+v\frac{\partial u}{\partial y}=v_e v_e'+\nu\frac{\partial^2 u}{\partial y^2}\,, \tag{8.8.10b}$$

$$y=0\qquad u=v=0\,, \tag{8.8.11a}$$

$$y=\delta_v\qquad u=v_e(x)\,. \tag{8.8.11b}$$

相容，通常称这些条件为相容性边界条件。它们包括在逆压与顺压区，速度剖面应分别出现与不出现拐点，和在分离点，速度剖面应在壁面处满足 $\left.\dfrac{\partial u}{\partial y}\right|_{y=0}=0$ 等。现在来考虑这些条件

1. 在 $y=0$ 处。将(8.8.11a)式代入(8.8.10b)式有

$$\left.\frac{\partial^2 u}{\partial y^2}\right|_{y=0}=-\frac{v_e v_e'}{\nu}\,. \tag{8.14.5a}$$

2. 将动量方程(8.8.10b)对 y 偏微分一次，并应用连续性方程(8.8.10a)后有

$$u\frac{\partial}{\partial x}\left(\frac{\partial u}{\partial y}\right)+v\frac{\partial}{\partial y}\left(\frac{\partial u}{\partial y}\right)=\nu\frac{\partial^3 u}{\partial y^3}\,. \tag{8.14.5b}$$

在 $y=0$ 处将(8.8.11a)式代入有

$$\left.\frac{\partial^3 u}{\partial y^3}\right|_{y=0}=0. \tag{8.14.5c}$$

3. 在 $y=\delta_v$ 处，由(8.8.11b)式有

$$\left.\frac{\partial u}{\partial y}\right|_{y=\delta_v} = 0. \tag{8.14.5d}$$

随之,从(8.8.10b)式有

$$\left.\frac{\partial^2 u}{\partial y^2}\right|_{y=\delta_v} = 0. \tag{8.14.5e}$$

4. 从(8.14.5b)与(8.14.5d)式在 $y=\delta_v$ 处有

$$\left.\frac{\partial^3 u}{\partial y^3}\right|_{y=\delta_v} = 0. \tag{8.14.5f}$$

5. 如果对动量方程(8.8.10b)继续对 y 偏微分还可得到

$$\left.\frac{\partial^4 u}{\partial y^4}\right|_{y=\delta_v} = \left.\frac{\partial^5 u}{\partial y^5}\right|_{y=\delta_v} = \cdots = 0. \tag{8.14.5g}$$

在这些相容性边界条件中,(8.14.5a)式最为重要.因为它反映了在逆压与顺压区,速度剖面分别存在与不存在拐点,选择速度表达式应尽量满足这一条件.

(二) 能量积分关系式

与推导动量积分关系式相似,用 $(T-T_\infty)$ 乘连续性方程(8.8.10a)和改写能量方程(8.8.10c)后有

$$(T-T_\infty)\frac{\partial u}{\partial x} + (T-T_\infty)\frac{\partial v}{\partial y} = 0, \tag{8.14.6}$$

$$u\frac{\partial(T-T_\infty)}{\partial x} + v\frac{\partial(T-T_\infty)}{\partial y} = \frac{k}{c\rho}\frac{\partial^2(T-T_\infty)}{\partial y^2} + \frac{\nu}{c}\left(\frac{\partial u}{\partial y}\right)^2. \tag{8.14.7}$$

将上两式相加后有

$$\frac{\partial}{\partial x}[u(T-T_\infty)] + \frac{\partial}{\partial y}[v(T-T_\infty)] = \frac{k}{c\rho}\frac{\partial^2(T-T_\infty)}{\partial y^2} + \frac{\nu}{c}\left(\frac{\partial u}{\partial y}\right)^2. \tag{8.14.8}$$

全式从 0 到 ∞ 对 y 积分.并注意左边第一项交换积分与微分顺序.第二项利用边界条件后变为零,右边第一项利用边界条件和壁处每单位面积的热流量的定义后,上式变为

$$\frac{d}{dx}\int_0^\infty u(T-T_\infty)dy = \frac{q_w}{c\rho} + \frac{D_i}{c\rho}, \tag{8.14.9a}$$

其中耗散积分 $D_i = \int_0^\infty \mu\left(\frac{\partial u}{\partial y}\right)^2 dy$. 它代表垂直于 y 方向的横截面积为 1,高度为 δ_t 的小方柱内每单位时间的总能量耗散.这就是能量积分关系式.

如果壁温 T_w 为常数,用 $v_\infty(T_w-T_\infty)$ 除(8.14.9a)式后有

$$\frac{d\delta_h}{dx} = \frac{Nu}{PrRe_x} + D_1 = St + D_1, \tag{8.14.9b}$$

其中耗散项
$$D_1 = \frac{D_i}{c\rho v_\infty (T_w - T_\infty)}, \quad (8.14.9c)$$

斯坦顿数
$$St = \frac{Nu}{Pr\, Re_x} \quad (8.14.9d)$$

和焓厚度
$$\delta_1 = \int_0^\infty \frac{u}{v_\infty}\left[\frac{T - T_\infty}{T_w - T_\infty}\right]dy = \int_0^\infty \frac{u}{v_\infty}\left[1 - \frac{T_w - T}{T_w - T_\infty}\right]dy, \quad (8.14.9e)$$

(8.14.9e) 代表边界层内每单位面积的焓流量相对于无粘性流动时每单位面积的焓流量的增加量,如果将其折合为壁面附近一无粘性流层的焓流量,则此流层的厚度即为焓厚度. 与位移和动量厚度相似,焓厚度也可定义为

$$\delta_1 = \int_0^{\delta_1} \frac{u}{v_e}\left[\frac{T - T_e}{T_w - T_e}\right]dy = \int_0^{\delta_1} \frac{u}{v_\infty}\left[1 - \frac{T_w - T}{T_w - T_e}\right]dy. \quad (8.14.9f)$$

如图 8.48 所示. 这两种定义均适用于低速流动情况,因为这时每单位质量流体的焓 $i = cT$,故温度即可代表焓. 对于高速可压缩流动,能量积分关系式与焓厚度除了应考虑密度 ρ 的变化外一切温度均应用焓表示.

如果忽略耗散项,(8.14.9b) 式简化为
$$\frac{d\delta_1}{dx} = St. \quad (8.14.9g)$$

应当注意:关系式 (8.14.9a), (8.14.9b) 与 (8.14.9g) 仅当 T_∞ 与 T_w 为常数时才成立.

有些著者在研究较复杂的速度边界层问题时,除了使用动量积分关系式外,还使用机械能(包括动能与势能)关系式,如果机械能中的势能又主要是由重力引起的,可以忽略不计. 于是机械能积分关系式实际上变为动能积分关系式,它可以从连续性与动量方程导出.

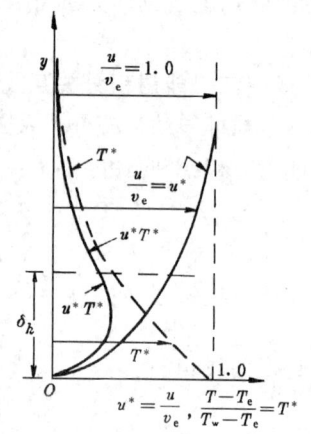

图 8.48 焓厚度定义

小 结

这一章讲述了不可压缩粘性流体作层流运动时的基本知识. 主要包括两个方面,即粘性流体的层流流动和层流边界层理论. 在学习本章时,首先要注意粘性流动与无粘性流动在物理现象上的重要差别,这就是粘性流动的有旋性,机械能耗散性和涡旋的扩散性. 其次,要学会根据问题的特点,合理地简化纳维-斯

托克斯方程组和定解条件,以便用分析、数值或实验方法求解. 在流动相似性理论方面,读者不仅应记住它的一般结论,而且还要学会针对具体问题导出自己所需的相似律. 量纲分析方法是一种有力的解题工具,它不仅可以用来推导相似律,指导实验设计,而且还能简化理论解的形式,包括判断一个问题是否存在相似性解.

几乎对于所有的粘性流动来说,雷诺数 $Re = \dfrac{UL}{\nu}$ 是最重要的相似参数,必须透彻地了解它的物理意义. 在工程应用中常可取不同的特征量 U 或 L 来定义雷诺数,在每一具体问题中要注意如何定义更为方便和更具意义. 本章的粘性层流流动与层流边界层流动分别属于中、低与高雷诺数范畴,注意它们处理方法的异同.

本章仔细分析了几个粘性层流流动的精确解,其中包括工程应用性很强的圆管中的层流流动和低雷诺数流动. 对于边界层理论则阐明了它的基本概念,建立了层流边界层方程组,讨论了动量与热量之间的类比关系,和相似性解的含义和它的存在条件. 详细分析了沿水平与竖直平板的层流速度与温度边界层问题,并导出了层流边界层的动量与能量积分关系式.

*实验中的发现

(十二) 流体的粘性剪应力

17 世纪末叶,英国的 I. 牛顿(1642—1727)与意大利的吉尔米尼分别独立地发表了他们有关流体粘性剪应力的著作,1697 年,吉尔米尼试图分析流体与固壁间摩擦力的物理性质,并建立它们的数学表达式,但他的努力无论从时间上还是从本质上均被 1687 年牛顿的工作所取代.

人们在生活与工作中早就观察到这样一种自然现象,即一团流体中的一部分如果出现运动,则此运动将被流体自身传播至这团流体的其它部分,而且如果没有外力作用的话,这种传播的运动将会逐渐衰减. 牛顿一直认为流体是由一群质点组成,它们彼此之间可以存在相对运动,也可以产生摩擦力,于是他在 1687 年出版的"原理"第二册中,对于流体的粘性行为作出如下的简单阐述:"如果其它情况相同,流体各组成部分之间由于缺乏润滑性所产生的阻力是与它们之间的相对速度成正比的"这是在文献中发现的第一个有关粘性剪应力的明确叙述,牛顿为了证明他的假说,又作了第一个粘性流动分析,导出了旋转圆柱所引起的正确速度分布并用大量实验加以验证,具体地,他考虑:"一无穷长的固体圆柱,在一无限、静止与均质的流体中作围绕轴线的均匀旋转运动,由于流体粘性,圆柱附近的流体被迫运动,并带动其它部分的流体也作连续均匀运动,这是一种轴对称运动,而且距轴越远运动也越缓慢,牛顿认为各圆环上的流体运动周期是与圆环距轴的半径成正比的".

在图中,令 AFL 为一旋转圆柱,其半径为 r_0,旋转速度为 ω_0,再令同心圆 BGM,CHN,…等将流体划分为无数个厚度相同的同心圆环实体,由于流体是均质的,两个接触的圆环柱面上,彼此相互施加的影响(或力)是与它们的彼此相互移动和相互施加影响(或力)的接触面积一样的. 如果施加于任何圆环柱上的影响(或力)是凹表面较凸表面为大或小,则较强的影响将占优势,根据它与流体的运动方向相同或相反,圆环的运动将变为加速或减速,因此,要保持每一圆环柱继续作均匀运动,则施加于两面上的影响(或力)必相等,且方向相反,由于影响(或力)与接触面积和它们的相互移动是一样的,而影响与面积

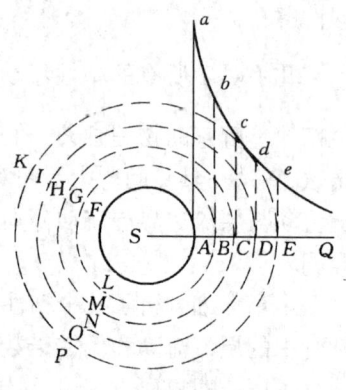

图 围绕旋转圆柱的速度分布

成反比,则移动亦与面积成反比,即与面积至轴的距离成反比,但绕轴的旋转运动之差是与那些施于各距离处的移动一样的,即与移动成正比和与距离成反比,而移动亦与距离成反比,综合这些比例就有旋转运动之差与距离的平方成反比. 这样,如果在垂直于无穷水平直线 SABCDEQ 的竖立直线 Aa,Bb,Cc,Dd,Ee 等上分别取长度反比于 SA,SB,SC,SD,SE 等之平方,并通过这些端点 a,b,c,d,e 等画一双曲线,这些差之和(即总的转动 ω)将为 Aa,Bb,Cc,Dd,Ee 等线的相应和,如果流体由均匀介质构成,圆环柱的数量可无限增加,它们的宽度可无限减小,则变为双曲面积 AaQ,BbQ,CcQ,DdQ,EeQ 等,类似于这些和,周期时间与旋转运动 ω 成反比,亦即与双曲面积成反比. 对双曲线积分后,很容易证明:周期与距离成正比. 牛顿由此引出 6 条推论,并用大量实验证明这些推论都是正确的,其中最重要的也是第 1 条推论为:流体质点的旋转运动 ω 反比于它们的距离 r.

牛顿对这一问题的分析与实验到此即告结束. 现在我们来作一些探讨. 牛顿已证明:$\omega \sim \dfrac{1}{r}$,而切向速度 $v_\theta \sim \omega$,即 $v_\theta \sim \dfrac{1}{r}$,如果按牛顿假说剪切应力 τ 正比于速度 $\dfrac{\partial v_\theta}{\partial r}$,而 $\dfrac{\partial v_\theta}{\partial r} \sim -\dfrac{1}{r^2}$ 故

$$\tau \sim -\dfrac{1}{r^2} \tag{A}$$

另一面从一般的柱坐标 $N-S$ 方程有剪应力

$$\tau_{r\theta} = \tau_{\theta r} = \mu \left[r \frac{\partial}{\partial r}\left(\frac{v_\theta}{r}\right) + \frac{1}{r}\frac{\partial v_r}{\partial \theta} \right].$$

对于牛顿所考虑的轴对称情况,有 $\frac{\partial v_r}{\partial \theta}=0$,于是上式简化为

$$\tau_{r\theta} = \tau_{\theta r} = \mu \left[r \frac{\partial}{\partial r}\left(\frac{v_\theta}{r}\right) \right] = \mu \left[\frac{\partial v_\theta}{\partial r} - \frac{v_\theta}{r} \right] \tag{B}$$

同时还应注意牛顿所研究的问题是本章习题 * 8.15 的一个特例,在该题中令 $r_2 \to \infty$ 即为牛顿的问题,可以证明它的速度分布为:

$$v_\theta = \omega_0 \frac{r_0^2}{r} \quad \text{和} \quad \frac{\partial v_\theta}{\partial r} = -\omega_0\left(\frac{r_0}{r}\right)^2,$$

代入(B)式后有

$$\tau_{r\theta} = \tau_{\theta r} = -2\mu\omega_0 \left(\frac{r_0}{r}\right)^2 \tag{B_1}$$

将(A)式与(B_1)式相比,如果将(A)式中的比例常数取为 $2\mu\omega_0 r_0^2$,则不仅二式完全相同,而且也满足了边界条件与量纲要求,同时它也表明牛顿的假说是正确的,只不过是一个简单的特例而已.

(十三) 雷诺数

虽然早在 1839 年 G. H. L. 哈根(1797—1884)进行圆管中的流动实验时,就已观察到流体的运动有层流和湍流两种不同的状态,和 1873 年 H. 亥姆霍兹(1821—1894)在给柏林科学院的一份报告中就曾阐述了粘性-惯性相似性条件,但 1883 年 O. 雷诺(1842—1912)的著名文章表明:他是第一个引入粘度系数组成一无量纲参数 $\frac{\rho U c}{\mu}$,并用它来划分层流与湍流状态的人. 通过他的大量实验也证实这一无量纲参数是描述粘性流体运动的相似性参数,有趣的是雷诺自己和他以后的各英国科学家均未给这无量纲参数一个专有的名称,直至 1908 年 A. 萨默菲尔德(1868—1950)为了纪念他,才建议命名为雷诺数.

雷诺仔细分析纳维-斯托克斯方程组之后,认为方程组还可能含有流体的运动性质依赖于量纲性质与运动的外部环境之间的关系被忽视的迹象,这种已被发现的迹象表明它们之间不仅有联系而且有确定的联系,即使在方程组没有被积分的情况下,为了说明这一点,他假定管内的平均流动速度为 U,管的半径为 c,用通常的方法消去方程组中的压强项后,加速度项被表示为两种不同的形式,一种的因子为 U^2/c^3,另一种的因子为 $\mu U/\rho\ c^4$,它们的相对值分别随 U 与 $\mu/\rho\ c$ 变化. 其比值为 $U\rho\ c/\mu$,这就是他所寻求的确定关系. 当然,如果不积分方程组只给出这关系式,那是完全无法表明运动是如何依赖于它的,但似乎可以肯定,如果涡是由于某一特定原因,则积分以后会表明涡的诞生依赖于 $U\rho\ c/\mu$

的某一确定值.

为了证实这一论断,雷诺利用各种管径(大至 2 英□),与不同长度(长至 4 英尺 6 英□)的玻璃管和各种流体进行了大量而有系统的实验(具体设备和方法可参阅本书 8.4 节和流体实验课的有关内容),他用苯胺染液作为示踪剂,在早期阶段由于缺乏实验室,他的实验是在家中进行的,而设备的加工却是在他工作的学校完成的.这些实验结果的确表明:流体开始出现涡运动的速度随管径与流体性质而变,但在出现涡的瞬时,它们的值总可以构成一具有相同确定数值的无量纲参数.即今所谓的下临界雷诺数.最初他对这一参数的具体数值并未给予足够重视,随即将注意力转移至研究流动变为不稳定后,流体阻力的变化.他发现流体的阻力在下临界雷诺数前后有限大的改变,于是他就利用这一事实来比较精确地确定下临界速度,具体的作法是:将流体的阻力用水头损失来表示,对一给定圆管,只消通过实验画出水头损失对速度的曲线. 其下转折点所对应的速度即为下临界速度. 至于下临界雷诺数的具体数值. 根据雷诺的圆管实验结果为 1900~2000.

早在 1840 与 1839 年 J. L. M. 泊肃叶(1799—1869)与 G. H. L. 哈根(1797—1884)分别发表了在细小玻璃圆管中进行实验的结果. 1857 年 H. P. G. 达西(1803—1858)又发表了他在大、中型熟铁、铸铁、铝、沥青和玻璃圆管中进行实验的结果,前二者认为流体的阻力与速度成正比,而后者则认为与速度的平方成正比,这两种不同的结果构成了一个暂时未决的问题,直至 1883 年雷诺发现流体的阻力在下临界雷诺数前后有很大改变,从而使泊肃叶与达西的实验结果获得了合理的解释.

习 题

*8.1 无限大的圆盘在静止的不可压缩粘性流体中以等角速度 ω 旋转,试写出此流体动力学问题的封闭方程组(不计体力)及其边界条件(不必求解).

8.2 对于不可压缩粘性流体的平面运动,如果体力有势,试证明流函数满足以下方程:
$$\frac{\partial}{\partial t}\nabla^2\psi - \frac{\partial(\psi,\nabla^2\psi)}{\partial(x,y)} = \nu\nabla^4\psi,$$
其中

$$\frac{\partial(\psi,\nabla^2\psi)}{\partial(x,y)} = \begin{vmatrix} \frac{\partial\psi}{\partial x} & \frac{\partial\psi}{\partial y} \\ \frac{\partial}{\partial x}\nabla^2\psi & \frac{\partial}{\partial y}\nabla^2\psi \end{vmatrix}.$$

*8.3 对于不可压缩粘性流体的轴对称运动,如果体力有势,试证明斯托克斯流函数满足以下方程(r,θ,z 为柱坐标系):

$$\left(\nu D^2 - \frac{\partial}{\partial t}\right) D^2 \psi = \left[\left(\frac{1}{r}\frac{\partial \psi}{\partial z} - \frac{2\nu}{r}\right)\frac{\partial}{\partial r} - \frac{1}{r}\frac{\partial \psi}{\partial r}\frac{\partial}{\partial z} - \frac{1}{r^2}\frac{\partial \psi}{\partial z}\right] D^2 \psi,$$

其中

$$D^2 = \frac{\partial^2}{\partial r^2} - \frac{1}{r}\frac{\partial}{\partial r} + \frac{\partial^2}{\partial z^2}.$$

8.4 对于不可压缩粘性流体的定常运动,如果体力有势,试证

$$\left(\nabla^2 - \frac{1}{\nu}U\frac{\partial}{\partial s}\right)\left(\frac{p}{\rho} + \frac{U^2}{2} + \Pi\right) = \omega^2,$$

式中 s 为沿流线的曲线坐标(弧长),U 是流体运动的速度,p 为压强,ρ 为密度,ν 为运动粘度系数,ω 为涡量,Π 为体力的势函数.

8.5 试导出不可压缩牛顿流体定常轴对称运动在柱坐标 (r, θ, z) 中以流函数 ψ 和涡量 ω 为因变量的运动方程:

$$\begin{cases} \dfrac{\partial}{\partial z}\left(\dfrac{1}{r}\dfrac{\partial \psi}{\partial z}\right) + \dfrac{\partial}{\partial r}\left(\dfrac{1}{r}\dfrac{\partial \psi}{\partial r}\right) + \omega = 0, \\ r^2\left[\dfrac{\partial}{\partial z}\left(\dfrac{\partial \psi}{\partial r}\dfrac{\omega}{r}\right) - \dfrac{\partial}{\partial r}\left(\dfrac{\partial \psi}{\partial z}\dfrac{\omega}{r}\right)\right] - \nu\left\{\dfrac{\partial}{\partial z}\left[r^3\dfrac{\partial}{\partial z}\left(\dfrac{\omega}{r}\right)\right] + \dfrac{\partial}{\partial r}\left[r^3\dfrac{\partial}{\partial r}\left(\dfrac{\omega}{r}\right)\right]\right\} = 0, \end{cases}$$

其中

$$v_r = -\frac{1}{r}\frac{\partial \psi}{\partial z}, \quad v_z = \frac{1}{r}\frac{\partial \psi}{\partial r}, \quad \omega = \frac{\partial v_r}{\partial z} - \frac{\partial v_z}{\partial r}.$$

*__8.6__ 不可压缩粘性流体在无限长直圆管内流动. 由实验知,其壁面传热系数 h 与圆管的直径 D,热传导系数 k,流体的平均速度 U,密度 ρ,粘度系数 μ 和流体比热 c 有关. 其中 h 具有 k/D 的量纲(参看(8.1.20)式). 试由量纲分析证明

$$Nu = f(Re, Pr).$$

式中 $Nu = \dfrac{hD}{k}$ 叫努塞尔特(Nusselt)数,$Re = \dfrac{\rho UD}{\mu}$ 是雷诺数,$Pr = \dfrac{c\mu}{k}$ 是普朗特数.

*__8.7__ 如图所示水坝溢流,水的密度与粘度系数分别为 ρ 和 μ. 试用量纲分析导出溢过单位宽度水坝的体积流量 Q 与那些量有什么无量纲关系. 又若已知来流速度为 V_∞,求 H/h 与什么无量纲量有关.

8.8 截面为半圆形的无限长直管中的不可压缩流体做层流运动,沿管轴方向某一长度 l 上的降压为 Δp. 由实验知 $\Delta p/l$ 与 l 无关,且不沿管轴位置而变,只与管中的平均速度 U,管的半径 a 和流体粘度系数 μ 有关.

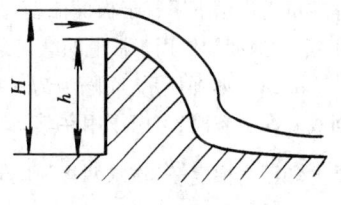

8.7 题图

试由量纲分析理论推出通过管的体积流量 Q 如何随 $a, \mu, \Delta p$ 和 l 变化.

*__8.9__ $\nu = 5.62 \times 10^{-6} \text{m}^2/\text{s}$ 的油以平均速度 $U_{油}$ 流过直径为 25cm 的光滑管道. 若用 15 ℃ 的水($\nu = 1.13 \times 10^{-6} \text{m}^2/\text{s}$)流过同一管道,流速需多大才能使两流动在动力学上相似?两流动在同样管长上的阻力比为多大?设油比重为 0.8.

8.10 气球在空气(20℃)中匀速上升,其直径为 1m,上升速度为 3 cm/s;塑料小球在水(20℃)中匀速下沉,其直径为 2cm. 问塑料小球下沉速度为何值时,气球与塑料小球的运动是动力相似的?若塑料小球的比重为 1.5 时,它在水中恰好以上述动力相似所要求的速度下

沉,求气球所受的空气阻力. 20℃下空气的 $\nu = 1.525 \times 10^{-5} \mathrm{m^2/s}$,水的 $\nu = 1.006 \times 10^{-6} \mathrm{m^2/s}$; 空气密度为 $1.23 \mathrm{kg/m^3}$,水的密度为 $999 \mathrm{kg/m^3}$.

*8.11 图中两个无穷大的平行平板之间有两层厚度都是 h 的互不混合的均质不可压缩流体,粘度系数各为 μ_1 和 μ_2. 下板不动,上板沿板面向右以匀速 U 滑动,试求两层流体中的速度分布以及上、下板面所受剪应力的大小和方向. 设上、下游远处压强相等,不计体力,请画图标出你所用的坐标系.

8.12 粘度系数为 μ 的均质不可压缩流体沿 x 方向流过平板($y=0$)上方的半无穷大空间,$y \to \infty$ 时速度为 U. 设平板为多孔介质,穿过它有流体吸出(法向速度 $v_w = $ 常数 <0). 设流场中压强均匀,处处 $v = v_w$,试求二维定常解 $u(y)$. 若任取一特征长度 L,定义 $u' = u/U$, $v'_w = v_w/U$, $y' = y/L$, $Re = UL/\nu$, 当 $v_w = -0.1$ 时,试对 $Re = 1, 10, 100$ 时画出剖面 $u'(y')$, 三条曲线在同一张图上. 请讨论:1)使 $u'(\delta') = 0.99$ 的 δ' 在三种情形下各取何值? 2)当流体粘性很小($Re \gg 1$)时, $u'(y')$ 与无粘流无旋解有何区别?

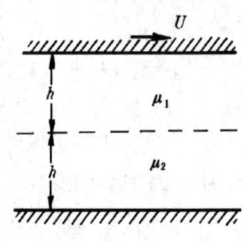

8.11 题图

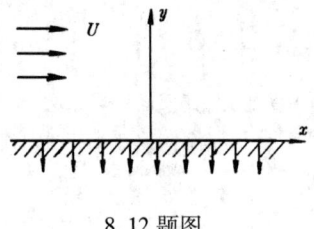

8.12 题图

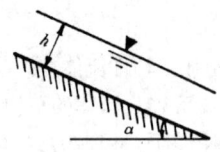

8.13 题图

8.13 无限长的平板与水平面的夹角为 α,其上有一层厚度为 h 的均质不可压缩粘性流体在重力作用下平行于板面流动,其上为自由面. 求此定常流动的速度分布、流量、平均速度、最大速度和作用于板上的摩擦力,并求流体中的压强分布.

*8.14 如图所示,间隔为 $2h$ 的两块大平行平板,在与水平面成 α 角放置时,考虑作用在其间均质不可压缩粘性流体上的重力和压力梯度 $\dfrac{\partial p}{\partial x}$,试求两板间层流的速度分布,并证明沿平板压强不变的条件是

$$\sin \alpha = 12 Fr/Re$$

其中 $Re = 2h\bar{u}/\nu$ 是雷诺数,$Fr = \bar{u}^2/(2gh)$ 是弗鲁德数,$\bar{u}$ 是两平行板间的平均速度.

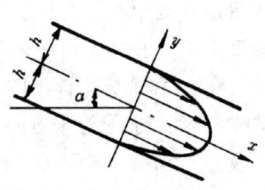

8.14 题图

*8.15 在两个同心圆管之间充满密度为 ρ 的均质不可压缩粘性流体,外管与内管半径之比 $r_2/r_1 = K$. 当外管静止而内管以角速度 ω 绕轴线旋转时,试求流体中速度分布,作用在内管和外管单位长度上的力矩以及内外管壁的流体压强差.

8.16 如图所示的装置可用来测定流体的粘度. 两个同心圆柱体的尺寸是:$r_1 = 3 \mathrm{cm}$, $r_2 = 3.5 \mathrm{cm}$, $b = 20 \mathrm{cm}$. 外筒固定,内筒在下落物体作用下受到外加力矩 $L = 9\,810 \mathrm{dyn \cdot cm}$(达

因厘米),以 $n = 1.7$ 转/min 旋转。试求两筒间流体的粘度(忽略筒上、下表面的摩擦阻力)。

*8.17 半径为 r_1 的圆柱面在另一半径为 r_2 的同轴圆柱面以内以等速度 U 做轴向运动,引起二圆柱面间的均质不可压缩粘性流体做层流流动。假设套管中流体压强均匀,试求流动的速度剖面,并确定内外圆柱面所受到的单位长度上的摩擦阻力。

*8.18 设两同心圆管之间的均质不可压缩粘性流体,在轴向压力梯度 $dp/dx\,(<0)$ 驱动下,做定常轴向层流运动。外管半径为 r_2,内管半径为 r_1,两管都静止不动。试求流体的速度剖面,流过圆形套管的流量,平均流速以及作用于内外壁单位长度上的摩擦力。

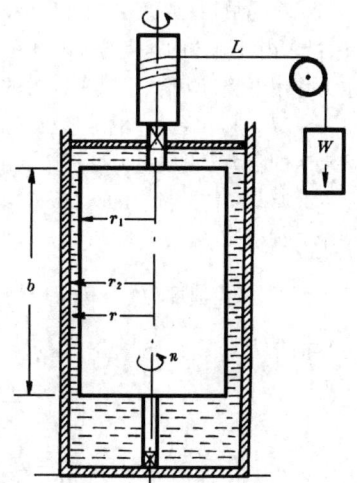

8.16 题图

*8.19 直径为 100mm,长度为 150mm 的活塞,质量为 10kg,处于直径为 100.2mm 的竖直的汽缸中,其间隙处润滑油的粘度系数为 $\mu = 0.25 \text{N} \cdot \text{s/m}^2$。设活塞在运动过程中始终与油缸同心,计算活塞匀速下落 100mm 所需的时间。(提示:当隙宽≪活塞半径时,可以近似用平面库埃特流公式计算活塞表面摩擦应力)。

*8.20 考虑二维扩大或收缩管内的定常层流。当以两平壁延长线的交点为原点取极坐标系时,流动只有径向速度分量 v_r。

1) 证明流体为不可压缩时,有
$$v_r = F(\theta)/r ;$$

2) 注意到 $F(\theta)$ 的量纲与 ν 一致,记 $f(\theta) = \dfrac{F(\theta)}{\nu}$,试写出 f 所满足的微分方程和边界条件,设壁面位置为 $\theta = \pm \alpha$。

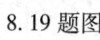

8.19 题图

8.21 求证:在 μ = 常数的斯托克斯流动中,压强 p 满足拉普拉斯方程,即
$$\nabla^2 p = 0 .$$

*8.22 试证明,在 μ = 常数的二维斯托克斯流动中,涡量 ω 和 p/μ 分别构成一个解析复变函数的实部和虚部,这里 p 是流体压强,μ 是粘度系数。

8.23 半径为 a 的小球在粘性很大的无界不可压缩流体中以常角速度 ω 缓慢地绕某一直径旋转,试求出周围流体速度分布。设体力不计,压强处处均匀不变。并求作用在球上的总摩擦力矩。

*8.24 考虑两个相交平板间的流体辐射运动。设两平板都无穷大,交角 $2\phi_0$ 很小,其间的不可压缩流体粘度很大。若流体流动缓慢,单位宽度截面上通过的流量 Q_V = 常数,体力不计,试求流动的速度分布和压强分布。

8.25 将金刚砂粉末撒入高 18cm 的盛有水的玻璃杯中,摇晃使之沉淀。已知水澄清的时间为 1min40s。若视粉末为球形状,试计算粉末的最小直径为多大?金刚砂的密度等于 4g/cm^3,水的粘度系数为 0.0012kg/(m·s)。

*8.26 粘度系数为 μ_i 的球形液滴,在粘度系数为 μ_e 的无界流体中以速度 U 等速直线运动,试求内外流体的速度分布和压强分布,并计算球形液滴所受到的阻力. 若此球形液滴在重力作用下竖直下降,求其平衡时的下降速度.

8.27 求半径为 a 的球形小气泡在原来静止的均质不可压缩液体中做极缓慢等速直线运动时的阻力. 设质量力可不计,流体粘度为 μ,气泡运动速度为 U.

8.28 海雷-肖(Hele-Shaw)装置是在两块透明的大平行平板 $z=-h$ 和 $z=h$ 之间放一个二维柱体(其边界为 $F(x,y)=0$,特征长度为 L). 沿 x 方向有 μ = 常数的不可压缩粘性流体流过,来流速度为 $u=U_\infty\left(1-\dfrac{z^2}{h^2}\right), v=w=0$. 假定 $h\ll L$,且 $\dfrac{U_\infty L}{\nu}\left(\dfrac{h}{L}\right)^2\ll 1$,试将运动方程简化为

$$\frac{\partial y}{\partial x}+\frac{\partial v}{\partial y}=0,$$
$$\frac{\partial p}{\partial x}=\mu\frac{\partial^2 y}{\partial z^2},$$
$$\frac{\partial p}{\partial y}=\mu\frac{\partial^2 v}{\partial z^2},$$
$$\frac{\partial p}{\partial z}=0,$$

并证明这时任一 z = 常数平面上的流线形状完全相同,而且与二维边界 $F(x,y)=0$ 的无粘无旋绕流流线完全一致. 正是利用这一性质,海尔-肖装置常用来显示二维无旋流动的流线.

8.29 有两块平行的半径为 R 的圆形平板,其中一块置于另一块的上方,其间充满不可压缩粘性流体,两板间距 h 很小,设平板以速度 U 缓慢地相互靠拢,排挤着流体. 试确定平板所受的阻力.

8.30 考虑如图所示轴对称润滑流动($\varepsilon=\delta/L\ll 1,\dfrac{\rho UL}{\mu}\varepsilon^2\ll 1$),试由轴对称的纳维-斯托克斯方程组出发,用量阶估计方法对 L 所限定的区域推导轴对称的润滑方程.

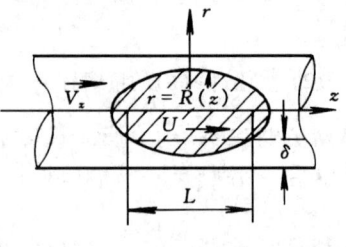

8.30 题图

8.31 给定边界层的速度分布为 $\dfrac{u}{v_\infty}=1-\mathrm{e}^{-K(y/\delta_v)}$,其中 δ_v 为边界层的速度名义厚度 试求 K、$\dfrac{\delta_d}{\delta_v}$ 和 $\dfrac{\delta_m}{\delta_v}$ 的值.

8.32 对绕半无穷平板的定常层流边界层,试用量纲分析法证明边界层的速度名义厚度 δ_v 是雷诺数 Re_x 的函数.

*8.33 试导出定常轴对称流动的层流边界层方程组并给出边界条件,取坐标系如 8.33 题图所示,假定 $h\delta$ 与 $\delta^2\dfrac{\mathrm{d}h}{\mathrm{d}x}$ 均很小,其中 h 为物面曲率 δ 为边界层厚度.

8.34 试从定常三维直角坐标的 N-S 方程组出发,导出绕斜柱体(如图所示)的定常三维层流边界层方程组和写出边界条件.

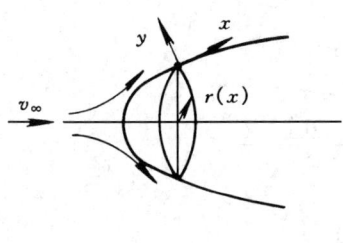
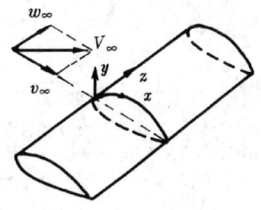

8.33 题图　　　　　　　　　　　8.34 题图

8.35　试证明无量纲流函数 ψ^* 与有量纲流函数 ψ 之间存在下列关系

$$\psi^* = \frac{\sqrt{Re_L}}{L v_\infty} \psi, \quad 其中\ Re_L = \frac{v_\infty L}{\nu}.$$

8.36　如果沿半无穷平板层流边界层的速度剖面分别为下列形式,试计算它们的 δ_v, δ_d, δ_m, τ_w 和形状因子 $H_{dm} = \dfrac{\delta_d}{\delta_m}.$ 并将这些结果与布拉修斯解进行比较

$$\frac{u}{v_\infty} = \eta, \quad \frac{u}{v_\infty} = \sin \frac{\pi}{2}\eta,$$

$$\frac{u}{v_\infty} = 2\eta - \eta^2,$$

$$\frac{u}{v_\infty} = \frac{3}{2}\eta - \frac{1}{2}\eta^3,$$

$$\frac{u}{v_\infty} = 2\eta - 2\eta^3 + \eta^4.$$

8.37　用量纲分析法证明在加热受迫流动中,很重要的无量纲参数组合是

$$\frac{v_\infty x \rho}{\mu}; \quad \frac{\mu c}{k}; \quad \frac{hx}{k}; \quad \frac{h}{\rho c v_\infty}.$$

在 350K 时对空气,水,水银和机油计算每一组合参数的值,距离 x 可取为 0.3m,$v_\infty = 15$m/s 和 $h = 34$W/$(m^2 \cdot K)$. 并比较这些结果.

8.38　考虑绕半无穷平板的层流流动,假定来流的速度与温度分别为1m/s 与 25℃. 平板温度为 75℃,试求离平板前缘 0.04m 处,流体分别为空气,水,机油和水银时,边界层的名义速度厚度,和空气与水的名义温度厚度.

8.39　考虑空气绕一长 1m 平板的层流流动,来流的速度与温度分别为 25m/s 与 25℃, 平板的温度为 125℃,试求

(a) 后缘处的速度与温度边界层名义厚度,

(b) 后缘处每单位面积的热流量与壁剪应力,

(c) 每单位展宽的总阻力和总传热量.

**8.40　流体流经一半无穷平板,从前缘以后的 X 距离内,平板与流体的温度相同,即 T_∞,对 $x > X$ 的区域,平板保持一恒温 T_w,且 $T_w > T_\infty$,如果速度与温度边界层的剖面为三次方形式,试证明

$$\frac{\delta_t}{\delta_v} = \frac{1}{Pr^{1/3}} \left[1 - \left(\frac{X}{x}\right)^{3/4} \right]^{1/3}$$

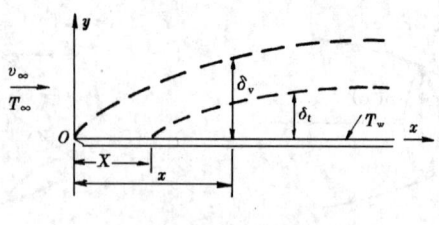

8.40 题图

和努塞尔数

$$Nu = 0.33\left[\frac{Pr}{1-\left(\frac{X}{x}\right)^{3/4}}\right]^{1/3} Re_x^{1/2}.$$

8.41 对垂直加热半无穷平板的自由流动问题,试从它的层流边界层方程组出发,求它的相似性变量 η 和无量纲流函数的表达式.

8.42 将动量与能量守恒原理应用于边界层内的一控制体积,从而直接导出定常平面层流边界层的动量与能量积分关系式.

8.43 假定在沿平板的层流边界层中,速度分布为线性的,即 $\frac{u}{U_\infty} = \eta$,其中 $\eta = \frac{y}{\delta_v}$,试证明

$$\frac{d}{dx}\delta_v^2 + \frac{10}{U_\infty}\delta_v^2\frac{dU_\infty}{dx} = \frac{12\nu}{U_\infty}$$

于是有

$$\delta_v^2 = \frac{12\nu}{U_\infty^{10}}\int U_\infty^9\,dx$$

8.44 一沿平板的层流边界层,平板长度为 L,来流速度为 U_∞,试证明每单位平板宽的阻力为

$$\rho U_\infty^2 L\sqrt{\frac{a\nu}{U_\infty L}} \qquad 其中 \qquad a = \frac{U_\infty \delta_m^2}{\nu x}.$$

8.45 试求半无穷垂直加热平板自由流动的动量与能量积分关系式.

*8.46 利用 8.45 题所得到的结果,假定速度与温度剖面分别为

$$\frac{u}{v_e} = \left(\frac{y}{\delta}\right)\left[1-\frac{y}{\delta}\right]^2,$$

$$\frac{T-T_\infty}{T_w-T_\infty} = \left[1-\frac{y}{\delta}\right]^2,$$

其中 δ 为速度与温度边界层的名义厚度,证明积分关系式的计算结果为

$$2\,\frac{k}{c\rho}\cdot\frac{1}{\delta} = \frac{d}{dx}\left(\frac{\delta u}{30}\right),$$

$$\frac{\nu u}{\delta} + \beta g\Delta T\,\frac{\delta}{3} = \frac{d}{dx}\left(\frac{\delta u^2}{105}\right),$$

再假定 $\delta = Ax^a$, $u = Bx^b$,其中 A, B, a 与 b 均为常数,代入求解后有

$$\frac{\delta}{x} = 3.94 Pr^{-\frac{1}{2}}(Pr+0.953)^{1/4} Gr_x^{-1/4}$$

和

$$Nu = 0.508 Pr^{1/2}(Pr+0.953)^{-1/4} Gr_x^{1/4}.$$

8.47 考虑沿半无穷平板的层流边界层,如果在壁面注入或吸出少量流体,即 $y=0$ 时 $u=0$,但 $v=\pm v_w$,且 $v_w \ll v$,试求这类流动的动量积分关系式.

8.48 一流体流过一零冲角且具有均匀分布微孔的薄平板,另一流体通过微孔以常速度 v_∞ 进入主流动,如果 v_∞ 足够小以致边界层仍保持为层流,试用边界层方程

$$u\frac{\partial u}{\partial x} + v\frac{\partial u}{\partial y} = -\frac{1}{\rho}\frac{\partial p}{\partial x} + \nu\frac{\partial^2 u}{\partial y^2}$$

证明 $U = U_\infty(1-\exp{-\frac{v_w y}{\nu}})$ 和 $\delta_m = \frac{\nu}{2v_\infty}$ 与 $C_f = \frac{2v_\infty}{U_\infty}$.

8.49 试用控制体积法与直接积分法导出定常平面层流边界层的机械能或动能积分关系式.

8.50 在推导动量与能量积分关系式中,如果 $v_e(x)$ 与 $T_e(x)$ 都是 x 的函数,和对 y 积分时分别取从 0 至 ∞ 和从 0 至 δ_v 或 δ_t,则所得积分关系式有无差别?

8.51 假定沿平板层流边界层中的速度剖面为下列形式,试利用边界和相容性条件确定各式中的常数:

(a) $\dfrac{U}{U_\infty} = a\eta + b\eta^2$,$\eta = \dfrac{y}{\delta_v}$,

(b) $\dfrac{U}{U_\infty} = a\eta + b\eta^2 + c\eta^3$,

(c) $\dfrac{U}{U_\infty} = a + b\eta + c\eta^2 + d\eta^3$,

(d) $\dfrac{U}{U_\infty} = a\eta + b\eta^2 + c\eta^3 + d\eta^4$,

8.52 已知无性绕流的速度分布为 $v_e = v_0 \cos\left(\dfrac{x}{a}\right)$,其中 a 为一常数,求层流边界层的分离点位置和动量厚度,假定 $x=0$ 时,$\delta_m = 0$.

第九章 粘性不可压缩流体的湍流运动

层流和湍流两种形态的流动在物理现象上有重大差别. 关于湍流运动的研究, 对于提高运输工具的速度与节约能源消耗, 对于改善大气与水的环境质量, 对于提高热交换效率或者加速化学反应的速率, 以及解决许多涉及国民经济的重要课题都有重要意义.

湍流的特点之一是它的物理量无论对时间还是对空间都是随机涨落的, 因此对于它的研究需要一些特殊的手段. 本章将在第9.2节中导出描述湍流时均运动的雷诺方程组, 通常研究湍流运动都从这一方程组出发. 由于这一方程组中引入了新的未知量, 它是不封闭的. 为了使它封闭, 一般沿两个方向进行: 采用数理统计方法的叫湍流统计理论, 目前还很不成熟; 采用半经验假设的叫湍流模式理论, 可以用于解决工程问题但有很大局限性. 本章9.3节将举例介绍一种半经验假设——混合长理论, 然后在9.4节中简单介绍湍流统计理论与模式理论的现状.

本章9.1和9.13节将介绍有关层流向湍流过渡的实验结果和部分理论结果. 第9.5和9.6节讨论光滑和粗糙圆管中的湍流运动。第9.7至9.12节研究湍流速度边界层与温度边界层. 第9.14至9.16节则探讨边界层的分离, 自由湍流和湍射流的一些性质. 请读者在阅读过程中特别注意湍流运动与层流运动的异同, 掌握湍流的研究方法.

9.1 层流运动的稳定性和它向湍流运动的过渡

前面讲过, 当流动雷诺数高于某一临界值时, 粘性流动就有可能从层流过渡到湍流状态. 雷诺数越高, 流动就越容易变为湍流. 但是发生过渡的雷诺数并不总是一定的, 它还取决于流体所受扰动的大小. 这些扰动可以是来流速度的不均匀, 物体表面的粗糙程度, 流体中掺混杂质的多少, 或是来流温度不均匀等. 在雷诺数较低时, 这些扰动受到粘性阻尼作用而衰减, 所以流动能保持层流状态.在雷诺数高到一定程度时,流体惯性力远远超过粘性力,惯性力使扰动放大超过了粘性力的阻尼作用,于是扰动得到发展,最终出现湍流.这说明雷诺数是决定层流向湍流过渡的最主要因素.另一方面,人们又可以通过小心控制实验条件,避免各种扰动因素,大大推迟发生过渡的雷诺数.例如,圆管流动的最小临界雷诺数大约为 2×10^3(当 Re 小于此值时,不管扰动多大也不会发生湍流),可是近来有人曾做到 $Re = 10^5$ 才开始过渡.目前还难于确切地说出临界雷诺数的上界有多大.(圆管流动的雷诺数定义为 $Re = Ud/\nu$,这里 U 是平均流速,d 是圆管直径,ν 是流体的运动学粘度.)

从层流到湍流的过渡并不是在某个位置上突然发生的,而是存在一个层流状态与湍流状态混合在一起的过渡区.图 9.1 画的是圆管中某一截面上两个不同位置上的流体速度随时间的变化,其中(a)是离管中心线较近的位置,而(b)是靠近壁面的位置.可以清楚地看出在同一位置上轮流出现层流(几乎没有涨落)和湍流(涨落显著)状态.这时可定义湍流出现的时间在全部时间中所占的百分比为间歇因子 Ω_i.$\Omega_i = 0$ 时为完全层流,$\Omega_i = 1$ 时为完全湍流,$0 < \Omega_i <$ 1 就是过渡区域.由图(a)与(b)对比发现,靠近壁面位置的 Ω_i 显然高于靠近中心位置的值.这是因为壁面附近流体剪切较为剧烈,引起的扰动较大的缘故.观察圆管流动中不同截面上间歇因子的变化,发现 Ω_i 随入口后的轴向距离 x 而增长.例如,当 $Re = 2.5 \times 10^3$ 时,在 $x/d = 200$ 处 $\Omega_i = 0.5$,而在 $x/d = 500$ 处已达到 $\Omega_i = 0.85$.层流到湍流的过渡并不发生于管的入口,而是入口后的某一位置,这一位置随雷诺数增大而向入口移动.在此位置以后有一个区域 Ω_i 明显增大,直到在下游达到 $\Omega_i = 1$,湍流会变得与初始扰动无关而得到充分发展.

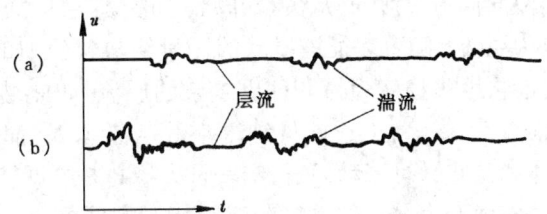

图 9.1 圆管中某一横截面上两不同位置的速度随时间变化

更细致的实验测量发现,一开始湍流只出现于圆管中某一范围很小的局部区域,但是它会很快扩展到圆管的整个横截面,形成一小段湍流区,其上下游仍然可以是层流区.这一段湍流区就象圆管中的一个栓塞,称为湍栓.对于圆管中某一固定空间位置而言,在湍栓到达前与通过后都测得层流状态,而当湍栓通过期间则表现为湍流状态.这就是圆管中给定截面上观测到湍流间歇性的原因.测量还表明,当湍栓沿圆管向下游运动时,其长度不断增加,这就是为什么

间歇因子 Ω_i 会随轴向距离 x 增大而增长. 当湍栓增长到一定长度时,其前缘可能追上前一个湍栓的后缘,于是二者融合成一个大湍栓. 到下游某处,所有湍栓都连成一片,其间不再存在层流区,也就是变为 $\Omega_i = 1$,圆管中的流动也就完全过渡为湍流状态了.

有关层流向湍流过渡的理论探讨目前还不够成熟. 我们知道,层流向湍流的过渡是与流动中受到扰动分不开的. 如第二章讲浮体的平衡与大气稳定度时的例子所示,一些外界因素(如重力、浮力、表面张力、惯性力等)可能使扰动趋于增长,而另一些因素(如流体中的粘性阻尼和热传导等)则有使扰动消减的倾向. 如果我们所考虑的层流流动中,这两种因素相抵消后使得扰动消减,那么这种层流流动就是稳定的;反之,若使扰动增长,那么这种层流流动就是不稳定的,也就有可能变为湍流. 流体运动稳定性理论的研究对象就是判断流体运动稳定的条件(通常是一些无量纲参数小于或大于某些临界值)并讨论层流失稳后的发展变化过程. 在理论探讨时,如果假定扰动为无限小并忽略高阶小量,可建立小扰动理论,即线化理论;如果扰动是有限值,可建立有限扰动理论.

流动不稳定的例子是很多的. 例如,两种静止流体的界面为水平面时,若上面流体的密度大于下面流体的密度,那么,在重力场中这种平衡态就是不稳定的. 再如,当海面上刮大风的时候,如果风速超过某一临界值,海面就会失稳而起浪. 又如,若对静止流体下方的水平平板加热,当与原来温度之差足够大时,流体中就会形成周期性分布的蜂窝形空腔结构,每一空腔中的流体在中心区上升而在边缘区下降形成热对流,称为贝纳德空腔(参见 8.12 节). 又如,两同轴圆筒之间的流体,当两圆筒的旋转角速度满足一定条件时,其流动也会失稳而形成周期性分布的涡流,称为泰勒涡.

应该指出,层流向湍流过渡,必从失稳开始. 但失稳后可能转变为另一种层流,而不一定过渡为湍流. 随着表征该流动的无量纲参数(例如雷诺数)逐渐增大,这一层流还可能再度失稳变为另一种更复杂的层流,如此继续下去,终于失去层流的规律性而变为湍流. 上述的贝纳德空腔与泰勒涡,都是另一种层流. 而对于圆管中流体和其它平行流动而言,却一旦失稳总是立即转变为湍流.

上述一种流动失稳变为另一种更复杂流动状态的现象,在非线性动力学中叫做**分叉**. 有人认为,随雷诺数增大而不断分叉,会使流动变成含有许多频率的拟周期运动,无限多次的连续分叉将导致湍流. 因而近年来有人主张用混沌理论来研究湍流. 但目前的研究仅限于低维的常微分方程组和差分方程组,只能部分地解释从层流向湍流过渡的某些现象,而充分发展的湍流则要用无穷多个自由度的高维偏微分方程组来描述. 所以混沌理论最终能否解释湍流,还有待于未来的发展. 本书不再赘述.

下面举一个简单的例子,说明层流稳定性理论的基本思想. 让我们考虑两

9.1 层流运动的稳定性和它向湍流运动的过渡

无穷大平板间的二维粘性流动,其层流解已于第8.5节讨论过(图8.8). 在层流运动时,我们有 $\bar{u} = \bar{u}(y)$, $\bar{v} = 0$ 和 $\bar{p} = \bar{p}(x)$(这里用上加"—"表示层流解),它们满足

$$-\frac{1}{\rho}\frac{d\bar{p}}{dx} + \nu\frac{d^2\bar{u}}{dy^2} = 0. \tag{9.1.1}$$

现在假设流动受到小的扰动,其速度与压强为

$$\left.\begin{array}{l} u(x,y,t) = \bar{u}(y) + u'(x,y,t), \\ v(x,y,t) = v'(x,y,t), \\ p(x,y,t) = \bar{p}(x) + p'(x,y,t). \end{array}\right\} \tag{9.1.2}$$

式中这些带"′"的量称为涨落量. 它们满足纳维-斯托克斯方程

$$\frac{\partial u}{\partial x} + \frac{\partial v}{\partial y} = 0,$$

$$\frac{\partial u}{\partial t} + u\frac{\partial u}{\partial x} + v\frac{\partial u}{\partial y} = -\frac{1}{\rho}\frac{\partial p}{\partial x} + \nu\left(\frac{\partial^2 u}{\partial x^2} + \frac{\partial^2 u}{\partial y^2}\right),$$

$$\frac{\partial v}{\partial t} + u\frac{\partial v}{\partial x} + v\frac{\partial v}{\partial y} = -\frac{1}{\rho}\frac{\partial p}{\partial y} + \nu\left(\frac{\partial^2 v}{\partial x^2} + \frac{\partial^2 v}{\partial y^2}\right).$$

将(9.1.2)代入上式,再减去(9.1.1)式,得到扰动量之间的关系式:

$$\left.\begin{array}{l} \dfrac{\partial u'}{\partial x} + \dfrac{\partial v'}{\partial y} = 0, \\[6pt] \dfrac{\partial u'}{\partial t} + \bar{u}\dfrac{\partial u'}{\partial x} + v'\dfrac{\partial \bar{u}}{\partial y} = -\dfrac{1}{\rho}\dfrac{\partial p'}{\partial x} + \nu\left(\dfrac{\partial^2 u'}{\partial x^2} + \dfrac{\partial^2 u'}{\partial y^2}\right), \\[6pt] \dfrac{\partial v'}{\partial t} + \bar{u}\dfrac{\partial v'}{\partial x} = -\dfrac{1}{\rho}\dfrac{\partial p'}{\partial y} + \nu\left(\dfrac{\partial^2 v'}{\partial x^2} + \dfrac{\partial^2 v'}{\partial y^2}\right). \end{array}\right\} \tag{9.1.3}$$

式中考虑到在湍流发生的初始阶段扰动很小,忽略了 u' 和 v' 的二次项. 这样得到的方程是线性的,这种稳定性理论属于线化稳定性理论. 设上板平移速度为 U,下板静止,两板间距为 $2h$(见图8.8),分别取 U,$2h$ 和 $2h/U$ 为特征量,将速度、距离、时间无量纲化,并从第二、第三两式消去 p',得到涡量 $\omega' = \dfrac{\partial v'}{\partial x} - \dfrac{\partial u'}{\partial y}$ 所满足的方程:

$$\frac{\partial \omega'}{\partial t} + \bar{u}\frac{\partial \omega'}{\partial x} - v'\frac{\partial^2 \bar{u}}{\partial y^2} = \frac{1}{Re}\left(\frac{\partial^2 \omega'}{\partial x^2} + \frac{\partial^2 \omega'}{\partial y^2}\right). \tag{9.1.4}$$

此式中各量都已是无量纲量,$Re = \dfrac{U(2h)}{\nu}$. 注意(9.1.3)第一式是涨落速度的连续性方程,它可通过引入涨落速度的流函数 ψ 而自动满足

$$u' = \frac{\partial \psi}{\partial y}, \quad v' = \frac{-\partial \psi}{\partial x}, \tag{9.1.5}$$

这样一来,

$$\omega' = -\frac{\partial^2 \psi}{\partial x^2} - \frac{\partial^2 \psi}{\partial y^2}. \tag{9.1.6}$$

(9.1.4)式可通过叠加法求解. 其方法是将 ψ 展开为傅立叶级数, 然后将每一频率的分量代入方程, 解出其随时间消长规律. 典型的分量是

$$\begin{aligned}\psi(x,y,t) &= \varphi(y)\mathrm{e}^{\mathrm{i}(\alpha x-\beta t)}\\ &= \varphi(y)\mathrm{e}^{\beta_2 t}[\cos(\alpha x-\beta_1 t)+\mathrm{i}\sin(\alpha x-\beta_1 t)]\end{aligned} \tag{9.1.7}$$

其中 $\alpha = 2\pi h/\lambda$, λ 称为扰动的波长, $\beta = \beta_1 + \mathrm{i}\beta_2$, $\mathrm{i} = \sqrt{-1}$. 由此可知, 当 β 的虚部 $\beta_2 > 0$ 时, 扰动将随时间增长, 流动不稳定; 当 $\beta_2 < 0$ 时, 扰动将随时间衰减, 流动稳定. $\beta = 0$ 的状态称为中性稳定的. 将(9.1.7)和(9.1.6)代入(9.1.3), 可得

$$\left(\bar{u}-\frac{\beta}{\alpha}\right)(\varphi''-\alpha^2\varphi)-\bar{u}''\varphi = -\frac{\mathrm{i}}{\alpha Re}(\varphi''''-2\alpha^2\varphi''+\alpha^4\varphi) \tag{9.1.8}$$

式中 "'" 表示对 y 的导数. 此式称为奥尔 - 萨默菲尔德方程, 它是四阶微分方程, 满足四个边界条件:

$$\left.\begin{array}{l}y=-h: \varphi=\varphi'=0,\\ y=+h: \varphi=\varphi'=0.\end{array}\right\} \tag{9.1.9}$$

这些条件相当于壁面上 $u'=v'=0$, 四阶线性常微分方程(9.1.8)应该有四个线性无关的解 $\varphi_i(y)$, $i=1,2,3,4$. $\varphi(y)$ 的一般解为 $\varphi(y) = \sum_{i=1}^{4} C_i \varphi_i(y)$, 其中 C_i 为待定常数, 代入齐次边界条件(9.1.9)得到关于 C_i 的四阶齐次线性代数方程组, 它有非零解的条件是由 C_i 的系数所构成的行列式为零. 这样就得了参数 α^2, β/α 和 αRe 之间的函数关系. 其中 α 和 Re 是实数, $\beta = \beta_1 + \mathrm{i}\beta_2$ 是复数, 因而从原则上可以写成

$$\beta_1 = \beta_1(\alpha, Re),$$
$$\beta_2 = \beta_2(\alpha, Re)$$

的形式. 但实际上这样的显式关系很难解出, 通常是给定一个 β_2 值, 画出相应的 α 随 Re 而变化的曲线. 特别是, 取 $\beta_2 = 0$ 就画出中性稳定曲线(图9.2), 从而在 $\alpha - Re$ 图上可以标出稳定区和不稳定区. 从图9.2看到使层流变为不稳定的最小雷诺数为 1.06×10^4, 对应的 $\alpha \approx 1$ (即波长 $\lambda \approx 2\pi h$). 按此理论, 临界雷诺数应该大于此值, 可是实验结果却是临界雷诺数约为 1.9×10^3, 即理论预言

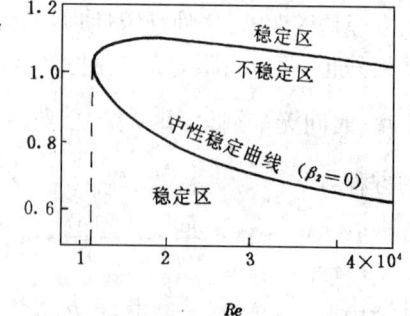

图9.2 平板间粘性流动的稳定性

值远远大于实验值. 这说明两无穷大平行平板间的层流稳定性不能用线化的小扰动理论来讨论. 而讨论有限振幅扰动的非线性稳定性理论的发展目前还不能令人满意. 此外,实验已经证实,在向湍流的过渡中,三维扰动起着重要作用. 因此,理论上考虑有限扰动问题时,不能仅限于二维扰动.

9.2 湍流运动的雷诺方程组

我们在第三章中推导纳维－斯托克斯方程时,并没有限制流动状态是层流还是湍流,因而它对层流或湍流同样成立. 但是层流和湍流物理图象上的巨大差别使得我们目前尚无法直接从纳维－斯托克斯方程出发来研究湍流运动. 这是因为在湍流中无时无地不存在剧烈的随机涨落. 每一流体微团的速度、压强、温度等物理量都不断地急剧变化,频率在 $1—10^5$ 赫之间. 这样强烈的无规则非定常变化不仅使得我们无法解析地求解流场,而且连数值跟踪每一流体微团的运动也难以办到. 据估计,90 年代最快的计算机用于直接数值模拟工程中的湍流运动,速度还差 3 个量级. 目前世界上只有极少数拥有最先进计算机的研究中心采用直接数值模拟方法对最简单的湍流流动进行机理研究(参见 9.4 节湍流的高级数值模拟). 因此,湍流的研究不能单单靠纳维－斯托克斯方程,必须寻求其他途径.

幸运的是,尽管湍流中每一微团的运动是随机的,可是我们感兴趣的一些量,例如它对物体的阻力和通过壁面的传热等,都是在某一段时间或某一块面积上的平均效果. 这正如储气罐中的壁面压强是大量气体分子无规则热运动碰撞壁面所产生的平均效果一样. 于是在实际应用中,主要研究湍流物理量的平均值. 平均的方法有许多种,最常用的是对时间取平均的方法,叫做时均法. 任一物理量 $f(x,y,z,t)$ 的时均值定义为

$$\bar{f}(x,y,z,t) = \frac{1}{T}\int_{t-\frac{T}{2}}^{t+\frac{T}{2}} f(x,y,z,\tau)\,\mathrm{d}\tau \tag{9.2.1}$$

式中的时均周期 T 应该取得比涨落周期大得多,以便包含大量涨落;T 又应该取得比宏观流动特征时间小得多,以便充分描述时均值 $\bar{f}$ 随 t 的变化. 例如,海湾的潮汐宏观上每 24 小时涨潮落潮一次,而流体微团的运动则以 1Hz 左右的频率随机地涨落. 这时如取 T 为几分钟进行时均,每一 T 中就包含有大量微团运动的涨落,而时均后的值仍能充分反映出潮汐以 24 小时为周期的宏观涨潮落潮变化. 如果 $\bar{f}$ 不随时间 t 而变,我们就称这时的流动为时均定常湍流,简称定常湍流. 图 9.3(b) 中细线画的是瞬时值,粗线是时均值. 由图可以看出,所谓湍流是否定常,是指其时均值而言,其瞬时值则永远是非定常的. 在图 9.3(a) 上

表明了层流时定常与非定常的定义,以资对照.

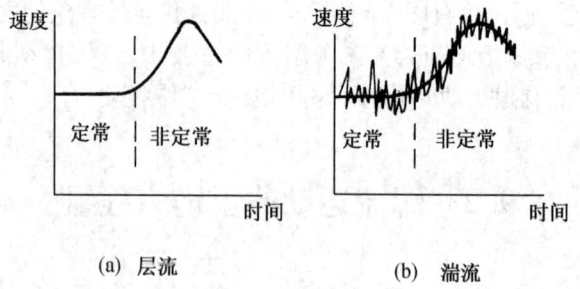

图 9.3 层流与湍流定常与非定常的定义

一般地,我们把物理量 $f(x,y,z,t)$ 分解为其时均值 $\bar{f}(x,y,z,t)$ 与涨落量 $f'(x,y,z,t)$ 之和:

$$f(x,y,z,t) = \bar{f}(x,y,z,t) + f'(x,y,z,t). \tag{9.2.2}$$

这些量具有如下性质:

1) $\bar{\bar{f}} = \bar{f}$;
2) $\overline{\bar{f}g} = \bar{f}\,\bar{g}$;
3) $\overline{f+g} = \bar{f} + \bar{g}$;
4) $\overline{f'} = 0$;
5) $\overline{fg} = \bar{f}\,\bar{g} + \overline{f'g'}$;
6) $\overline{\dfrac{\partial f}{\partial x}} = \dfrac{\partial \bar{f}}{\partial x}$;
7) $\overline{\dfrac{\partial f}{\partial t}} = \dfrac{\partial \bar{f}}{\partial t}$.

其中性质 1) 对定常湍流自然成立,对于不定常湍流近似成立,这是因为 T 远小于宏观特征时间,故可忽略这一短时间内时均量的变化. 其余各式可借助于定义 (9.2.1) 和 (9.2.2) 证明,留待读者自行练习. 这里我们只给出性质 5) 的证明:

$$\overline{fg} = \overline{(\bar{f}+f')(\bar{g}+g')} = \overline{\bar{f}\,\bar{g}} + \overline{\bar{f}g'} + \overline{f'\bar{g}} + \overline{f'g'}$$
$$= \bar{f}\,\bar{g} + \bar{f}\,\overline{g'} + \overline{f'}\,\bar{g} + \overline{f'g'} = \bar{f}\,\bar{g} + \overline{f'g'}.$$

证明中利用了性质 1) 至 4). 注意:尽管任一涨落量的时均值为零 ($\overline{f'} = \overline{g'} = 0$),但两个涨落量乘积的时均值一般并不为零. 举例说,若 f' 和 g' 不恒等于零但恒同号,那么 $f'g'$ 恒为非负量,自然有 $\overline{f'g'} > 0$.

下面我们推导均质不可压缩粘性流体湍流运动时均量满足的方程,由直角坐标系下的纳维-斯托克斯方程(应力形式)出发:

$$\frac{\partial u}{\partial x} + \frac{\partial v}{\partial y} + \frac{\partial w}{\partial z} = 0, \tag{9.2.3}$$

$$\rho\left(\frac{\partial u}{\partial t} + u\frac{\partial u}{\partial x} + v\frac{\partial u}{\partial y} + w\frac{\partial u}{\partial z}\right) = -\frac{\partial p}{\partial x} + \frac{\partial \tau_{xx}}{\partial x} + \frac{\partial \tau_{xy}}{\partial y} + \frac{\partial \tau_{xz}}{\partial z}, \quad (9.2.4)$$

$$\rho\left(\frac{\partial v}{\partial t} + u\frac{\partial v}{\partial x} + v\frac{\partial v}{\partial y} + w\frac{\partial v}{\partial z}\right) = -\frac{\partial p}{\partial y} + \frac{\partial \tau_{xy}}{\partial x} + \frac{\partial \tau_{yy}}{\partial y} + \frac{\partial \tau_{yz}}{\partial z}, \quad (9.2.5)$$

$$\rho\left(\frac{\partial w}{\partial t} + u\frac{\partial w}{\partial x} + v\frac{\partial w}{\partial y} + w\frac{\partial w}{\partial z}\right)$$

$$= -\frac{\partial p}{\partial z} + \frac{\partial \tau_{xz}}{\partial x} + \frac{\partial \tau_{yz}}{\partial y} + \frac{\partial \tau_{zz}}{\partial z}, \quad (9.2.6)$$

$$\rho c\left(\frac{\partial T}{\partial t} + u\frac{\partial T}{\partial x} + v\frac{\partial T}{\partial y} + w\frac{\partial T}{\partial z}\right)$$

$$= \frac{\partial}{\partial x}\left(k\frac{\partial T}{\partial x}\right) + \frac{\partial}{\partial y}\left(k\frac{\partial T}{\partial y}\right) + \frac{\partial}{\partial z}\left(k\frac{\partial T}{\partial z}\right) + \Phi. \quad (9.2.7)$$

式中

$$\Phi = 2\mu\left[\left(\frac{\partial u}{\partial x}\right)^2 + \left(\frac{\partial v}{\partial y}\right)^2 + \left(\frac{\partial w}{\partial z}\right)^2\right]$$

$$+ \mu\left[\left(\frac{\partial v}{\partial x} + \frac{\partial u}{\partial y}\right)^2 + \left(\frac{\partial v}{\partial z} + \frac{\partial w}{\partial y}\right)^2 + \left(\frac{\partial u}{\partial z} + \frac{\partial w}{\partial x}\right)^2\right],$$

$$\tau_{xx} = 2\mu\frac{\partial u}{\partial x}, \quad \tau_{yy} = 2\mu\frac{\partial v}{\partial y}, \quad \tau_{zz} = 2\mu\frac{\partial w}{\partial z},$$

$$\tau_{xy} = \mu\left(\frac{\partial v}{\partial x} + \frac{\partial u}{\partial y}\right), \quad \tau_{yz} = \mu\left(\frac{\partial v}{\partial z} + \frac{\partial w}{\partial y}\right), \quad \tau_{xz} = \mu\left(\frac{\partial u}{\partial z} + \frac{\partial w}{\partial x}\right).$$

首先对(9.2.3)逐项时均,利用性质5)得:

$$\frac{\partial \bar{u}}{\partial x} + \frac{\partial \bar{v}}{\partial y} + \frac{\partial \bar{w}}{\partial z} = 0. \quad (9.2.8)$$

将(9.2.3)乘以ρu,加于(9.2.4),得

$$\rho\left(\frac{\partial u}{\partial t} + \frac{\partial u^2}{\partial x} + \frac{\partial uv}{\partial y} + \frac{\partial uw}{\partial z}\right) = -\frac{\partial p}{\partial x} + \frac{\partial \tau_{xx}}{\partial x} + \frac{\partial \tau_{xy}}{\partial y} + \frac{\partial \tau_{xz}}{\partial z}.$$

对此式逐项时均,注意由性质5)和6)有

$$\overline{\frac{\partial uv}{\partial y}} = \frac{\partial}{\partial y}(\overline{uv}) = \frac{\partial \bar{u}\,\bar{v}}{\partial y} + \frac{\partial \overline{u'v'}}{\partial y}.$$

将时均所得方程减去(9.2.8)与$\rho\bar{u}$的乘积,得到

$$\rho\left(\frac{\partial \bar{u}}{\partial t} + \bar{u}\frac{\partial \bar{u}}{\partial x} + \bar{v}\frac{\partial \bar{u}}{\partial y} + \bar{w}\frac{\partial \bar{u}}{\partial z}\right)$$

$$= -\frac{\partial \bar{p}}{\partial x} + \frac{\partial}{\partial x}(\bar{\tau}_{xx} - \rho\overline{u'^2}) + \frac{\partial}{\partial y}(\bar{\tau}_{xy} - \rho\overline{u'v'}) + \frac{\partial}{\partial z}(\bar{\tau}_{xz} - \rho\overline{u'w'}). \quad (9.2.9)$$

类似地可得

$$\rho\left(\frac{\partial \bar{v}}{\partial t} + \bar{u}\frac{\partial \bar{v}}{\partial x} + \bar{v}\frac{\partial \bar{v}}{\partial y} + \bar{w}\frac{\partial \bar{v}}{\partial z}\right)$$

$$= -\frac{\partial \bar{p}}{\partial y} + \frac{\partial}{\partial x}(\bar{\tau}_{xy} - \rho \overline{u'v'}) + \frac{\partial}{\partial y}(\bar{\tau}_{yy} - \rho \overline{v'^2}) + \frac{\partial}{\partial z}(\bar{\tau}_{yz} - \rho \overline{u'w'}),$$

(9.2.10)

$$\rho\left(\frac{\partial \bar{w}}{\partial t} + \bar{u}\frac{\partial \bar{w}}{\partial x} + \bar{v}\frac{\partial \bar{w}}{\partial y} + \bar{w}\frac{\partial \bar{w}}{\partial z}\right)$$

$$= -\frac{\partial \bar{p}}{\partial z} + \frac{\partial}{\partial x}(\bar{\tau}_{xz} - \rho \overline{u'w'}) + \frac{\partial}{\partial y}(\bar{\tau}_{yz} - \rho \overline{v'w'}) + \frac{\partial}{\partial z}(\bar{\tau}_{zz} - \rho \overline{w'^2}),$$

(9.2.11)

$$\rho c\left(\frac{\partial \bar{T}}{\partial t} + \bar{u}\frac{\partial \bar{T}}{\partial x} + \bar{v}\frac{\partial \bar{T}}{\partial y} + w\frac{\partial \bar{T}}{\partial z}\right)$$

$$= \frac{\partial}{\partial x}\left(k\frac{\partial \bar{T}}{\partial x} - \rho c\overline{u'T'}\right) + \frac{\partial}{\partial y}\left(k\frac{\partial \bar{T}}{\partial y} - \rho c\overline{v'T'}\right) + \frac{\partial}{\partial z}\left(k\frac{\partial \bar{T}}{\partial z} - \rho c\overline{w'T'}\right) + \bar{\Phi}.$$

(9.2.12)

式中

$$\bar{\Phi} = 2\mu\left[\overline{\left(\frac{\partial u}{\partial x}\right)^2} + \overline{\left(\frac{\partial v}{\partial y}\right)^2} + \overline{\left(\frac{\partial w}{\partial z}\right)^2}\right] + \mu\left[\overline{\left(\frac{\partial v}{\partial x} + \frac{\partial u}{\partial y}\right)^2}\right.$$

$$\left. + \overline{\left(\frac{\partial v}{\partial z} + \frac{\partial w}{\partial y}\right)^2} + \overline{\left(\frac{\partial u}{\partial z} + \frac{\partial w}{\partial x}\right)^2}\right],$$

$$\bar{\tau}_{xx} = 2\mu\frac{\partial \bar{u}}{\partial x}, \quad \bar{\tau}_{yy} = 2\mu\frac{\partial \bar{v}}{\partial y}, \quad \bar{\tau}_{zz} = 2\mu\frac{\partial \bar{w}}{\partial z}, \quad \bar{\tau}_{xy} = \mu\left(\frac{\partial \bar{v}}{\partial x} + \frac{\partial \bar{u}}{\partial y}\right),$$

$$\bar{\tau}_{yz} = \mu\left(\frac{\partial \bar{v}}{\partial z} + \frac{\partial \bar{w}}{\partial y}\right), \quad \bar{\tau}_{xz} = \mu\left(\frac{\partial \bar{u}}{\partial z} + \frac{\partial \bar{w}}{\partial x}\right).$$

(9.2.8)~(9.2.12)式就是湍流时均量所满足的方程组,称为雷诺方程组. 和(9.2.3)~(9.2.7)式对比,除了原来的瞬时量现在变为时均量之外,只有右端的应力项和热传导项有所不同. 时均方程中的粘性应力张量由两部分组成,即

$$\begin{pmatrix} \bar{\tau}_{xx} & \bar{\tau}_{xy} & \bar{\tau}_{xz} \\ \bar{\tau}_{xy} & \bar{\tau}_{yy} & \bar{\tau}_{yz} \\ \bar{\tau}_{xz} & \bar{\tau}_{yz} & \bar{\tau}_{zz} \end{pmatrix} + \begin{pmatrix} -\rho \overline{u'^2} & -\rho \overline{u'v'} & -\rho \overline{u'w'} \\ -\rho \overline{u'v'} & -\rho \overline{v'^2} & -\rho \overline{v'w'} \\ -\rho \overline{u'w'} & -\rho \overline{v'w'} & -\rho \overline{w'^2} \end{pmatrix}.$$

(9.2.13)

前一部分和时均速度的关系与层流中粘性应力和速度的关系相同,称为分子粘性应力;而后一部分则是由湍流涨落所引起的时均效应,称为雷诺应力. 如果完全没有涨落,雷诺应力就变为零,而时均量也就和瞬时量一样,雷诺方程也就还原为原来的纳维-斯托克斯方程.

为了解释雷诺应力的物理意义,我们先来复习一下层流中粘性应力的物理意义. 为了简明起见,考虑单向剪切流,其速度 $u = u(y)$,如图9.4所示. 设图中 A 点流速小于相邻的 B 点,则当 A 处的流体分子由于热运动到达 B 点并与该处的流体分子碰撞时,分子 A 就倾向于使分子 B 减速,而分子 B 则倾向于使分子 A 加速. 宏观看来,就好象是 A 层流体阻滞 B 层流体的运动,且 B 层流体

带动 A 层流体前进,也就是两层流体之间产生了剪切应力. 如果把图 9.4 中的速度看作时均速度 $\bar{u}(y)$,那么,相邻流体层之间产生的剪切力也就是(9.2.13)式中的分子粘性应力 $\bar{\tau}_{xy}$. 在湍流中,除了分子间的这种热运动之外,还有尺度大得多的流体微团的无规则涨落. 如果某一流体微团由于 y 方向的涨落速度 v' 到达相邻的一层并与该处的流体微团发生碰撞,前者单位体积在 x 方向的动量与时均值之差为 $\rho u'$,则通过碰撞使后者在单位时间内得到 x 方向附加的动量为 $\rho u'v'$,取时均后即得到湍流涨落所产

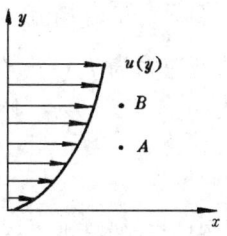

图 9.4 解释雷诺应力的物理意义示意图

生的附加应力 $\rho\overline{u'v'}$. 实验表明,尽管每一微团的 u' 和 v' 都是随机的,但对于大量的流体微团进行统计,却发现 u' 与 v' 是相关的:$v'>0$ 的微团大多数带来 $u'<0$,而 $v'<0$ 的微团则大多数带来 $u'>0$. 于是很自然地定义 $-\rho\overline{u'v'}$ 为应力的正方向,这正是(9.2.13)式中雷诺应力的分量.

在(9.2.12)式中,传热率向量也分解为两部分之和:

$$\begin{pmatrix} -k\dfrac{\partial \bar{T}}{\partial x} \\ -k\dfrac{\partial \bar{T}}{\partial y} \\ -k\dfrac{\partial \bar{T}}{\partial z} \end{pmatrix} + \begin{pmatrix} \rho c\,\overline{u'T'} \\ \rho c\,\overline{v'T'} \\ \rho c\,\overline{w'T'} \end{pmatrix}. \qquad (9.2.14)$$

式中前一部分表示分子热传导,和层流时的傅立叶定律一致,后一部分则表示湍流涨落所引起的附加热传导.

对于 μ 为常数的情形,(9.2.8)~(9.2.11)式与温度场无关,可以不依赖于(9.2.12)独立地求解. 可是这四个方程中,除了包含 $\bar{u},\bar{v},\bar{w},\bar{p}$ 四个未知量外,还新引入了 $\rho\overline{u'^2},\rho\overline{u'v'},\cdots\cdots$ 等六个雷诺应力分量(注意:雷诺应力张量是一个对称张量). 要想使方程组封闭,必须补充六个本构关系,把雷诺应力分量与时均量 $\bar{u},\bar{v},\bar{w},\bar{p}$ 联系起来. 这方面的理论工作正沿两个不同的方向进行. 采用统计数学方法的叫**湍流统计理论**,采用半经验假设的叫做**湍流模式理论**. 前者至今尚距解决工程问题相差甚远,后者能够满足一些工程实践的需要,但每种半经验假设都只适用于某些类别的流动. 下一节将介绍一种最简单的半经验假设,然后在第 9.4 节将对湍流的统计理论和模式理论加以系统的简介.

9.3 混合长理论

为了用最少的篇幅使大家对湍流的半经验假设有一个初步了解,这一节中

我们只讨论时均流为单向剪切流 $\bar{u}=\bar{u}(y)$ 的情形。根据 (9.2.13) 式,时均流中的剪应力为 $\bar{\tau}_{xy}-\rho\overline{u'v'}$。其中第一项是分子粘性应力,可写成时均速度 $\bar{u}$ 的函数:

$$\bar{\tau}_{xy} = \mu \frac{d\bar{u}}{dy}. \tag{9.3.1}$$

我们的目的是把雷诺应力 $-\rho\overline{u'v'}$ 也用 $\bar{u}$ 表示出来,布辛涅斯克建议引入湍流粘度系数 μ^t(因为湍流中充满大小旋涡,也有人把 μ^t 称为涡粘度系数),假设雷诺应力可表示成与上式类似的式子:

$$-\rho\overline{u'v'} = \mu^t \frac{d\bar{u}}{dy}. \tag{9.3.2}$$

这两个公式虽然形式上相象,但 μ 是流体本身的性质,而 μ^t 却是人为引入的系数。后者并不是流体本身的特性,而依赖于当地流场的运动学状况。问题正是要找出 μ^t 与哪些流场参数有关,如何有关。否则,只引入上式是于事无补的。

1925 年德国力学家普朗特提出了著名的混合长理论(又叫动量输运理论),回答了上述问题。他首先做了两个假设:

1)类似于分子的平均自由程,湍流中的流体微团有一个"混合长" l'。如图 9.5 所示,对于某一给定的点 y,流体微团由 $y-l'$ 和 $y+l'$ 各以随机的时间间隔达到 y 点。它们在到达 y 点之前,保持其原来的时均速度 $\bar{u}(y-l')$ 和 $\bar{u}(y+l')$ 不变。一旦到达 y 点就与该处原来的流体微团发生碰撞而产生动量交换;

2)x 方向和 y 方向上的速度涨落量 u' 与 v' 同量阶。

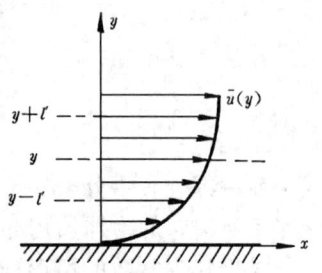

图 9.5 混合长概念示意图

根据假设 1,他推论说,当流体微团由 $y+l'$ 到达 y 点,它带来的时均速度 $\bar{u}(y+l')$ 与 y 处原有的时均速度 $\bar{u}(y)$ 有差异,可以看作是引起 y 处速度涨落的一种扰动,记作:

$$(\Delta u)_1 = \bar{u}(y+l') - \bar{u}(y) = l'\frac{d\bar{u}}{dy} + 高阶小量.$$

同理,由 $y-l'$ 到达 y 的流体微团引起 y 处速度涨落为,

$$(\Delta u)_2 = \bar{u}(y-l') - \bar{u}(y) = -l'\frac{d\bar{u}}{dy} + 高阶小量.$$

注意,到达 y 的流体微团是随机的由上下两方来的,在一段时间内由上方和由下方来的机会是相等的。故可假设 y 处的速度涨落量 u' 与以上两种扰动幅度的平均值同量级:

$$\overline{|u'|} = \frac{1}{2}[|(\Delta u)_1| + |(\Delta u)_2|] = l'\left|\frac{d\bar{u}}{dy}\right|.$$

由假设 2，v' 和 u' 同量阶：

$$\overline{|v'|} = c_1 \overline{|u'|} = c_1 l' \left|\frac{d\bar{u}}{dy}\right|.$$

式中 c_1 是量阶为 $O(1)$ 的比例常数. 再估计：

$$\overline{|u'v'|} = c_2 \overline{|u'|} \cdot \overline{|v'|} = c_1 c_2 l'^2 \left|\frac{d\bar{u}}{dy}\right|^2.$$

这里 c_2 是一个比例常数. 若记 $l^2 = c_1 c_2 l'^2$，则 l 仍是长度量纲. 于是雷诺应力的大小

$$|-\rho \overline{u'v'}| = \rho |\overline{u'v'}| = \rho l^2 \left|\frac{d\bar{u}}{dy}\right|^2.$$

注意应力的方向恒与 $\dfrac{d\bar{u}}{dy}$ 一致，可写成：

$$-\rho \overline{u'v'} = \rho u^2 \left|\frac{d\bar{u}}{dy}\right|\frac{d\bar{u}}{dy}. \tag{9.3.3}$$

此式给出了雷诺应力与流场中时均量 $\dfrac{d\bar{u}}{dy}$ 的关系，叫做普朗特混合长公式. 对照 (9.3.2) 定义的 μ^t，有

$$\mu^t = \rho l^2 \left|\frac{d\bar{u}}{dy}\right| \tag{9.3.4}$$

或

$$\nu^t = \frac{\mu^t}{\rho} = l^2 \left|\frac{d\bar{u}}{dy}\right|. \tag{9.3.5}$$

可见湍流运动粘度系数 ν^t 只依赖于流场的局部运动学特性，而与流体本身的性质无关.

看完上述的推演，许多读者难免怀疑普朗特所做的假设是否合理. 我们认为，他所提出的物理模型显然是不真实的. 因为现在是在连续介质力学的范畴内研究问题，湍流中的流体微团是一个接一个地充满整个流场空间的，不可能象分子动理论中那样有相当长的自由程. 由此，所谓混合长 l' 并不是一个真实的物理概念，流体微团不可能直到穿过距离 l' 才与其它微团相碰撞.

如此说来，普朗特的混合长理论似乎是很不合理的了. 可是他的混合长公式 (9.3.3) 用于平板附近的湍流，圆管中的湍流等情形，通过适当选择参数 l，都能给出合理的速度分布和可靠的摩擦阻力结果. 这又该如何解释呢？

原来，普朗特的混合长理论也有其重要的合理成份，这就是把湍流中的速度涨落量以及湍流雷诺应力与当地的运动学条件 $\bar{u}(y)$ 联系起来，而且保留一个待定参数（混合长 l' 或者参数 l）由实验确定，从而使这个模型的结果尽可能地

符合真实. 这样,我们看到,混合长并不是一个真实的物理概念,而只是一个长度量纲的可调整参数. 为了方便起见,以后我们就把(9.3.3)中的 l 称为混合长,而不再提 l'. 对于不同的流动,l 可以有不同的取法,我们下面将举例加以说明. 普朗特的混合长理论所以属于半经验理论正是由于其理论推导以及所依据的假设都是不严格的. 重要的是,他的混合长公式(9.3.3)使描述湍流时均量的雷诺方程封闭了,能用于解决一些有意义的实际问题.

本节一开始就曾提到,湍流中的时均应力由分子粘性应力 $\bar{\tau}_{xy}$ 和雷诺应力 $-\rho\,\overline{u'v'}$ 两部分组成,分别由(9.3.1)和(9.3.2)给出. 实验发现,这两种应力并不是在整个流场中同等重要的. 在固壁边界上,粘附条件在湍流中依然成立,也就是说壁面上速度的涨落量为零,因而壁面上雷诺应力 $-\rho\,\overline{u'v'} = 0$. 在壁面附近,涨落仍受到壁面的限制,$|-\rho\,\overline{u'v'}|$ 较小. 但在离固壁较远处,则涨落活跃,$|-\rho\,\overline{u'v'}|$ 一般远远超过 $|\bar{\tau}_{xy}|$ (注意: $\bar{\tau}_{xy} = \mu\dfrac{\mathrm{d}\bar{u}}{\mathrm{d}y}$,而在离壁面较远处 $\dfrac{\mathrm{d}\bar{u}}{\mathrm{d}y}$ 显著变小). 例如:在宽为 $2h$ 的两平行平板间的二维渠道流中,测得 $|-\rho\,\overline{u'v'}|$ 与 $|\bar{\tau}_{xy}|$ 之比,在壁面处为 0,在距壁面 $0.02h$ 处即已上升到 1 的量级,而在距壁面 $0.1h$ 以外直到中心线区域这一比值可达几十到几百. 于是,可以把湍流流动分为三个区域:

1) 粘性底(或次)层(靠近壁面):其中 $|\bar{\tau}_{xy}| \gg |-\rho\,\overline{u'v'}|$;
2) 完全湍流层或湍流核心(远离壁面):其中 $|\bar{\tau}_{xy}| \ll |-\rho\,\overline{u'v'}|$;
3) 缓冲层(二者之间):其中 $\bar{\tau}_{xy}$ 与 $-\rho\,\overline{u'v'}$ 同量级.

一般湍流中绝大部分区域是湍流核心,其它两个区域都很薄. 有时为了数学处理上的简便,忽略缓冲层,只考虑粘性底层和湍流核心.

下面我们举一个实例来说明如何应用普朗特的混合长公式求得湍流中的时均速度剖面. 设在无穷大平壁 $y=0$ 上方有均质不可压缩粘性流体平行于壁面做单向的时均定常湍流运动,整个流场压强相等,壁面静止. 设已知壁面剪应力为 τ_w,试求时均速度剖面 $\bar{u}(y)$ 的形状(图 9.6).

我们由描述 x 方向时均运动的雷诺方程 (9.2.9)式出发,由于问题是时均定常,单向流动,方程左方的惯性项和右方的一些项变为零,此式化为

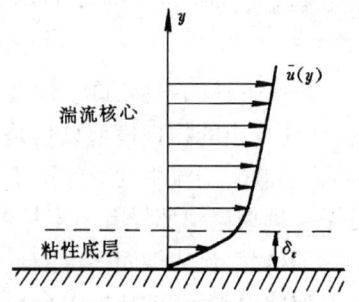

图 9.6 平壁附近的速度廓线

$$\frac{\mathrm{d}}{\mathrm{d}y}(\bar{\tau}_{xy} - \rho\,\overline{u'v'}) = 0.$$

壁面边界条件是：
$$y = 0: \bar{\tau}_{xy} = \tau_w, \quad -\rho\,\overline{u'v'} = 0.$$

由此可以解出：
$$\bar{\tau}_{xy} - \rho\,\overline{u'v'} = \tau_w. \tag{9.3.6}$$

下面我们采用简化的两层模型，分别求出粘性底层和湍流核心区的 $\bar{u}(y)$.

在粘性底层，$|\bar{\tau}_{xy}| \gg |-\rho\,\overline{u'v'}|$，因而略去 (9.3.6) 中第二项，注意 $\bar{\tau}_{xy}$ 由 (9.3.1) 给出，得
$$\mu\frac{d\bar{u}}{dy} = \tau_w,$$

它满足壁面粘附条件 $y=0: \bar{u}=0$ 的解是
$$\bar{u} = \frac{\tau_w}{\mu} y. \tag{9.3.7}$$

下面把此式写成无量纲形式. 在研究湍流时习惯上引入
$$U_* = \sqrt{\frac{\tau_w}{\rho}} \tag{9.3.8}$$

作为特征速度. 它称为摩擦速度，同时用粘性长度 $\dfrac{\nu}{U_*}$ 定义无量纲距离 y^+:
$$y^+ = \frac{U_* y}{\nu}, \tag{9.3.9}$$

于是 (9.3.7) 可改写为
$$\frac{\bar{u}}{U_*} = y^+. \tag{9.3.10}$$

式中 $\nu = \mu/\rho$. 特别是在粘性底层的外边界 $y = \delta_\varepsilon$ 上，$\bar{u} = \bar{u}_\varepsilon$ 的值可由下式确定
$$\frac{\bar{u}_\varepsilon}{U_*} = \frac{U_* \delta_\varepsilon}{\nu} = \alpha. \tag{9.3.11}$$

这里引入的 α 是一个待定的无量纲常数.

在湍流核心区 ($y > \delta_\varepsilon$)，$|\bar{\tau}_{xy}| \ll |-\rho\,\overline{u'v'}|$，因而略去 (9.3.6) 中的第一项，再由普朗特混合长公式 (9.3.3) 给出 $-\rho\,\overline{u'v'}$ 得到
$$\rho l^2 \left(\frac{d\bar{u}}{dy}\right)^2 = \tau_w.$$

注意，这时因 $\dfrac{d\bar{u}}{dy} > 0$，我们已令 $\left|\dfrac{d\bar{u}}{dy}\right| = \dfrac{d\bar{u}}{dy}$. 引入 (9.3.8) 定义的 U_*，上式可写

成

$$\frac{d\bar{u}}{dy} = \frac{U_*}{l}.$$

普朗特由实验观察到越远离壁面之处湍流涨落越为活跃,进一步假设混合长 l 与到壁面的距离 y 成正比,即

$$l = \kappa y. \qquad (9.3.12)$$

这里 κ 是待定的无量纲常数. 于是前面的公式就变为

$$\frac{d\bar{u}}{dy} = \frac{U_*}{\kappa y}.$$

它满足衔接条件 $y = \delta_\varepsilon : \bar{u} = \bar{u}_\varepsilon = U_* \alpha$ 的解是

$$\bar{u} - U_* \alpha = \frac{U_*}{\kappa} \ln \frac{y}{\delta_\varepsilon}. \qquad (9.3.13)$$

写成无量纲形式为

$$\frac{\bar{u}}{U_*} = \frac{1}{\kappa}\ln y^+ + \alpha - \frac{1}{\kappa}\ln\alpha \qquad (9.3.14)$$

上式中的常数 κ 和 α 均由实验数据确定,在本章 9.5 和 9.8 节中将给出一些具体流动中的 κ 和 α 值. 对数速度廓线(9.3.13)式较好地描述了渠道、圆管以及沿平板湍流边界层中的湍流流动. 但是它不能描述较复杂的湍流流动,特别是边界层分离区的湍流流动. 对于这些情况,人们提出过各种更复杂的半经验假设,我们将在下一节中扼要地介绍.

*9.4 湍流的统计理论和模式理论简介

湍流是一种无论在时间上还是空间上都变化很剧烈的随机运动. 一百多年来,对它的研究沿着两条截然不同的路线进行. 一种采用统计方法,侧重研究湍流机理,称为湍流统计理论;另一种则引入各种不同的半经验假设,侧重解决工程实际问题,称为湍流模式理论. 本节将对它们顺序加以简介,最后还将简要地提及湍流的高级数值模拟和实验研究方法.

(一) 湍流统计理论

湍流统计理论采用统计数学的方法来研究湍流中各物理量的随机变化. 例如,上节中的雷诺应力 $-\rho \overline{u'v'}$ 反映的是同一空间点上两个不同涨落量之间的关联. 类似地,可以定义空间中相距为 r 的两点 A 和 B 上速度涨落量 $u_i'(A)$ 和

$u'_j(B)$ 之间的相关系数为

$$R_{ij}(r) = \frac{\overline{u'_i(A)\ u'_j(B)}}{\sqrt{\overline{[u'_i(A)]^2}}\sqrt{\overline{[u'_j(B)]^2}}}. \tag{9.4.1}$$

严格地说,这里的 r 应该用矢量 $\boldsymbol{r}$ 表示. 为了简便起见,这里仅就一个方向考虑. 很显然,$0 \leqslant |R_{ij}(r)| \leqslant 1$. 如果我们把湍流想象为由大小不同的涡所组成,那么,当 r 较小时,A,B 两点处于同一湍涡中的可能性较大,因而 $u'_i(A)$ 与 $u'_j(B)$ 之间关联较强,使得 $|R_{ij}(r)|$ 较大,而当 $r \to \infty$ 时,$R_{ij}(r) \to 0$. 这样,通过研究空间相关函数有助于了解湍流中涡的大小和结构. 另一方面,可以定义同一空间点上任意时刻 t 与 $t+\tau$ 时速度涨落 u' 的相关系数为

$$R(\tau) = \frac{\overline{u'(t)u'(t+\tau)}}{\sqrt{\overline{[u'(t)]^2}}\sqrt{\overline{[u'(t+\tau)]^2}}}. \tag{9.4.2}$$

它是 τ 的函数,显然 $0 \leqslant |R(\tau)| \leqslant 1$ 且 $R(0) = 1$. 如果与涡团通过该点所需的时间相比,若 τ 越小,则两个速度涨落之间关联越强,而当 $\tau \to \infty$ 时 $R(\tau) \to 0$. 这样,通过时间相关可以研究通过一点的涡团随时间的变化.

采用傅里叶分析的方法可以把湍流形象化地描述为许许多多不同尺度的涡的运动相叠加. 例如,偶函数 $R(\tau)$ 的傅里叶余弦变换是

$$\left.\begin{aligned} R(\tau) &= \frac{2}{\pi}\int_0^\infty \varphi(\omega)\cos(\omega\tau)\,d\omega, \\ \varphi(\omega) &= \int_0^\infty R(\tau)\cos(\omega\tau)\,d\tau. \end{aligned}\right\} \tag{9.4.3}$$

此式表示角频率由零到无穷大的各种波,其振幅各为 $\dfrac{2}{\pi}\varphi(\omega)$. 特别是由 $R(0) = 1$ 知

$$\frac{2}{\pi}\int_0^\infty \varphi(\omega)\,d\omega = 1,$$

再由 (9.4.2) 和 (9.4.3) 两式可以写出

$$\overline{u'^2} = \int_0^\infty \frac{2}{\pi}\varphi(\omega)\,\overline{u'^2}\,d\omega.$$

此式指出,角频率在 ω 与 $\omega + d\omega$ 之间的波在 $\overline{u'^2}$ 中所占的比例是 $\dfrac{2}{\pi}\varphi(\omega)\overline{u'^2}d\omega$,因而 $\dfrac{2}{\pi}\varphi(\omega)\overline{u'^2}$ 称为 $\overline{u'^2}$ 的谱密度. 由于 $\dfrac{1}{2}\overline{u'^2}$ 表示湍流的涨落动能,通过这样的频谱分析可以研究不同尺度的涡对于湍流总能量的贡献. 湍流统计理论的一个重要发现是,对于充分发展的湍流,湍流能谱大体可分为三个区域,如图 9.7

所示.在频率较低的大涡区,湍流脉动从平均运动取得能量,直接与外界条件有关,是各向异性的;通过惯性的作用,低频的大尺度涡把能量逐级传给较高频的小尺度涡;高频的小尺度涡尽管所含的能量只占湍流总能量的一小部分,却承担了绝大部分的粘性耗散,把湍流动能转化为热能.

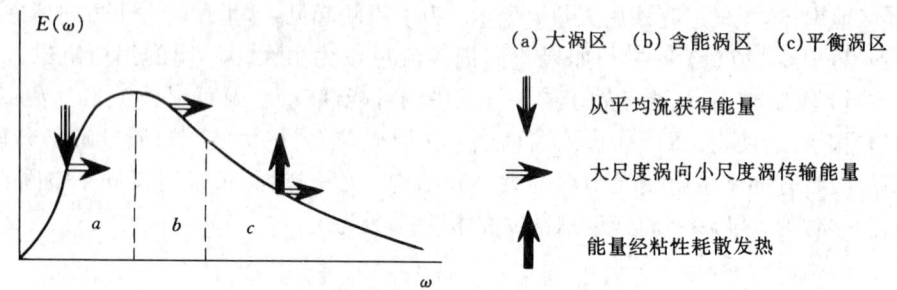

图9.7 湍流能谱示意图

湍流统计理论可以用两种方式进行:或者在物理空间研究相关函数,或者在波谱空间讨论谱函数.二者是互相平行的和完全等价的.要完全了解湍流运动,需要了解任意时间——空间点的无穷多个联合概率分布函数.为了简化问题,湍流统计理论主要研究一种理想化的湍流模型——均匀各向同性湍流,即一切统计平均性质与空间坐标的位置或方向无关的湍流,其中时均速度为零,不存在任何空间的对流、扩散和输运过程.在自然界中虽然不存在精确的均匀各向同性湍流,但在能量由大涡向小涡逐级传递的过程中,外部条件的烙印被逐渐磨灭和遗忘,同时压力的作用又使每一尺度的涡的能量在各个方向上的分布趋于均匀,充分高频率的小尺度涡可以近似地用均匀各向同性湍流模型描述.在均匀各项同性湍流中,各相关系数张量可以简化到只用少数标量函数来表示,理论上较易探讨.但即使对这样简化的模型,目前也只对某些特殊情形取得了有限的进展.要想把它推广到一般湍流,还有许多难以逾越的困难.

(二)湍流模式理论

由前面两节我们看到,求解湍流时均运动的困难在于:在雷诺方程中出现了如 $\overline{\rho u'v'}$ 这样一些未知的二阶相关项.如果再导出 $\overline{\rho u'v'}$ 等满足的微分方程,其中又出现未知的三阶相关项.依此类推.这种方程的不封闭性是湍流理论的致命伤.对于克服这一困难,湍流统计理论在近期内还看不到突破的希望.面对解决大量工程实践问题的需要,人们不得不放弃一些逻辑的严密性,凭借经验数据或物理类比构造出五花八门的模型假设.这就是湍流模式理论所遵循的途径.

模式理论的思想可以追溯到1872年布辛涅斯克引入的湍流粘度系数 μ' (见(9.3.2)式),随后许多学者都试图给出 μ' 与流场时均量的关系,根据所补充偏微方程数目的不同而称为零方程、一方程和二方程模式. 所谓零方程模式, 指的是只需补充代数方程的情形. 上节所讲的普朗特混合长理论就是其中最简单的一种. 为了扩大混合长理论的应用范围, 许多人对(9.3.12)式中的混合长 l 假设了不同的取法, 分别用于边界中的流动或射流等湍流运动. 还有人提出了一些其它形式的代数方程. 例如, 卡门假设各空间点邻域内涨落场的结构相似, 对于时均单向剪切流 $\bar{u} = \bar{u}(y)$ 导出:

$$\mu^t = \rho \kappa^2 \frac{\left|\frac{d\bar{u}}{dy}\right|^3}{\left(\frac{d^2\bar{u}}{dy^2}\right)^2} \tag{9.4.4}$$

式中 κ 称卡门常数(无量纲), 需由实验确定. 按照这一公式, 只要了解平均速度的空间分布(一阶和二阶导数), 就可以确定雷诺应力的分布. 但这一公式所依赖的假设并没有足够的根据. 普朗特和卡门的公式都只能适用于一些较简单的流动, 他们所给出的结果也是彼此接近的. 以上这些零方程模型都有一个共同的缺点, 就是湍流粘度系数只取决于当地局部的流动参数, 而与别处的流动无关. 这是与实验观测不符的. 例如, 管中流动的实验指出, 在管的中心轴线上, 时均速度的梯度为零, 此时按(9.3.4)或(9.4.4)算出的 μ^t 应该为零, 可实际上仍能观测到涨落速度, 而且在 $\frac{d\bar{u}}{dy} = 0$ 的地方 μ^t 也并未变为零. 所谓一方程或二方程模式, 正是为了弥补这一缺陷. 它们假定 μ^t 正比于一两个参数的某次幂, 而这一两个参数则由引入附加的偏微分方程在全流场联立求解, 不再由局部的流场性质决定. 目前应用较广而效果又较好的一种二方程模式是所谓"$K-\varepsilon$ 模型". 这一模式所引入的两个参数是湍流涨落动能 K 和湍能耗散率 ε, 它们的定义是:

$$K = \frac{1}{2} \overline{u'^2 + v'^2 + w'^2} \tag{9.4.5}$$

$$\varepsilon = \nu \overline{\left[\left(\frac{\partial u'}{\partial x}\right)^2 + \left(\frac{\partial u'}{\partial y}\right)^2 + \left(\frac{\partial u'}{\partial z}\right)^2 + \left(\frac{\partial v'}{\partial x}\right)^2\right.}$$
$$\overline{\left. + \left(\frac{\partial v'}{\partial y}\right)^2 + \left(\frac{\partial v'}{\partial z}\right)^2 + \left(\frac{\partial w'}{\partial x}\right)^2 + \left(\frac{\partial w'}{\partial y}\right)^2 + \left(\frac{\partial w'}{\partial z}\right)^2\right]}, \tag{9.4.6}$$

式中 ν 是运动粘度系数. K 和 ε 是表征湍流发生、发展和消减的最重要特征量, 因此很自然地把湍流粘度系数 μ^t 与 K 和 ε 联系起来. 根据量纲分析, 可设

$$\mu^t = C_\mu \rho \frac{K^2}{\varepsilon} \tag{9.4.7}$$

式中 C_μ 是一个待定的无量纲参数而 K 和 ε 的变化则可由纳维-斯托克斯方程组 (9.2.3)~(9.2.7) 经适当运算推导出, 它们所满足的偏微分方程一般有如下形式:

局部的时间变化项 + 对流项 = 扩散项 + 产生项 - 耗散项

在这些项中,出现一些更复杂的未知量,例如,涨落量三重乘积的时均值 $\overline{((u'^2+v'^2+w'^2)v'}$ 等). 对这些新未知量必须引入新的模型假设,例如,可以假定 $-\overline{(u'^2+v'^2+w'^2)v'} = \frac{\mu_\varepsilon}{Pr_K}\frac{\partial K}{\partial y}$ 等,这里 Pr_K 是新引入的无量纲常数,需由实验确定. 对于不可压缩二维薄剪切层中的流动,描述 K 和 ε 变化的方程可以写作:

$$\rho\frac{DK}{Dt} = \frac{\partial}{\partial y}\left[\left(\mu + \frac{\mu_\varepsilon}{Pr_K}\right)\frac{\partial K}{\partial y}\right] + \mu_\varepsilon\left(\frac{\partial \bar{u}}{\partial y}\right)^2 - \frac{C_D\rho K^{3/2}}{l}, \quad (9.4.8)$$

$$\rho\frac{D\varepsilon}{Dt} = \frac{\partial}{\partial y}\left(\frac{\mu_\varepsilon}{Pr_\varepsilon}\frac{\partial \varepsilon}{\partial y}\right) + \frac{C_2\mu_\varepsilon\varepsilon}{K}\left(\frac{\partial \bar{u}}{\partial y}\right)^2 - \frac{C_3\rho}{K}\varepsilon^2, \quad (9.4.9)$$

式中涉及的无量纲常数 $C_D, C_2, C_3, Pr_\varepsilon$ 都需要由实验确定,长度量纲的参数 l 需要由代数方程给出,$\frac{D}{Dt}$ 表示随体导数. 以上这些关系式加上雷诺方程(9.2.8)~(9.2.12)式即构成 $K-\varepsilon$ 模型下的封闭方程组. 这些方程中所涉及的各个常数,需要根据不同的流动条件小心地选取. $K-\varepsilon$ 模型已用于计算一些平面平行湍流,但用于计算更复杂的湍流,效果仍不够理想.

上述这一类以布辛涅斯克假设为基础的湍流模式,都假设湍流雷诺应力正比于湍流时均应变率,这一假设本身也是未经证实的. 另一类湍流模式则由纳维-斯托克斯方程组(9.2.3)~(9.2.7)出发,直接导出雷诺应力分量 $-\rho\overline{u'^2}$,$-\rho\overline{u'v'}$ 等所满足的偏微分方程组,与雷诺方程(9.2.8)~(9.2.12)联立求解. 但是因为雷诺应力所满足的方程中,又出现形如 $\rho\overline{u'^2v'}$ 等的新未知量,所以还得引入新的模型假设使其封闭,其中引入的半经验常数也需由实验确定. 对于高剪切流动和局部平衡流动,可将雷诺应力所满足方程中的对流项与扩散项消去,把偏微分方程化为代数方程,这时的雷诺应力模型叫做代数应力模型(简称ASM),计算量可大幅度减少. 雷诺应力模型最早是在 1940 年由我国科学家周培源教授提出的. 但由于当时计算手段的限制,他所建立的复杂方程组无法实际求解,这一模型被冷落了几十年. 直到 60 年代以后,由于计算机技术与数值方法的发展,周培源的奠基性工作才重新获得生命力. 雷诺应力模式又称为二阶矩封闭模式,因为它考虑了湍流的一阶统计矩(物理量的时均值)和二阶统计矩(雷诺应力)所满足的偏微分方程,而把雷诺应力方程中所出现的三阶统计矩通过模型假设近似地用一阶矩和二阶矩表示.

湍流模式理论在解决工程实际问题中发挥了很大的作用,但是各种模式理论都有一定的局限性. 这是因为在构造模型时对许多未知项知之甚少,有的根本没有直接的测量数据可供参考,另外一些参数则往往取自某些特定的实验,没有普适性.计算表明,对于那些只有一个剪切应变率分量起主要作用的薄剪切层,基于布辛涅斯克假设的湍流模式对流动总体特性的预测有一定准确性,这主要是因为模式中的经验常数取自局限性较大的同类流动的实验数据.而对于边界层分离点附近的流动,有大曲率的流动以及非圆截面的管道流或明渠流等情形,这些湍流模式的预测结果精度较差,甚至完全失败,而雷诺应力模型则取得了成功.当然,雷诺应力模型的较高精度是以较大的计算机容量和较长的计算机时间为代价的.例如,对于一个典型的二维边界层计算,采用雷诺应力模式,二方程模式和零方程模式得到收敛解所需 CPU 时间之比约为 10∶3∶1.因此,在实际应用中,只有用简单封闭模式得不到可靠预测结果时才采用较复杂的封闭模式.

在通常的湍流封闭模式中,雷诺应力对于平均量的依赖关系基本上是线性的,因而用于求解旋转管流时得到流体呈刚性旋转状的错误结论,用于求解方管流动时 $K-\varepsilon$ 模式无法再现流动中出现的二次流.近年来,新发展的非线性二阶矩封闭模式成功地解决了这些问题,可以用来解决较复杂的工程问题(有兴趣的读者可以参看符松的综述文章"非线性湍流模式研究及其进展",《力学进展》,25 卷 3 期,1995 年).

(三) 湍流的高级数值模拟

如上所述,湍流理论的主要困难在于它的时均方程不封闭性.那么,能不能不做时均而直接数值求解描述湍流瞬时运动的纳维－斯托克斯方程组呢?(纳维－斯托克斯方程组本来就是封闭的,不需要补充模型.)这种对湍流进行直接数值模拟的方法主要受到计算机速度与容量的限制.因为在湍流脉动运动中包含大小不同尺度的涡,计算区域应大到足以包含最大尺度的涡(与平均运动的特征长度可以相比),而计算网格和时间步长又必须小到足以分辨最小尺度涡的运动.有人估计过,为了模拟雷诺数为 10^5 的湍流运动,需要在每秒一亿次的超级计算机上运算 30 年.为了模拟更高雷诺数下的工程湍流问题,现有最快的计算机速度还差 3 个量级.因此,目前只有美国、德国、法国等国的极少数研究中心从事湍流的直接数值模拟,只能计算简单几何条件下雷诺数小于 200 的湍流运动.它主要用来做湍流的基础研究,例如发现新结构,揭示新机理,检验与改进湍流模型等.

既然精确地直接数值模拟的工作量太大,而工作量较小的模式理论又局限性很大,有没有可能找到一种折衷的办法呢?仔细分析一下,湍流中不同尺度的涡的特点是不同的.湍流中的大涡对于质量、动量与能量的传输起主要作用,但它们对流动的初始条件与边界形状有强烈的依赖性,难于用模式理论统一描述;而由大涡相互作用而产生的小涡,近似是各向同性的,有希望用较为普遍适用的模型来描述.而且由于小涡对平均运动的贡献较小,它的模型即使不太精确也对总体结果影响不太大。根据这一特点，有人提出了大涡模拟的方法。它的基本思想是把湍流运动用滤波方法分解成大尺度运动与小尺度运动，大尺度量通过数值求解运动微分方程组直接计算，小尺度运动对大尺度运动的影响则在运动方程中表现为类似雷诺应力一样的应力项，称之为亚格子雷诺应力，它们通过建立模型来模拟。由于计算是三维非定常的，计算量仍很大。近三十年来，大涡模拟方法已对发展气象学模型作出重大贡献，同时在改进湍流模型和增进了解湍流机理方面也取得了成绩，但要用来解决复杂的工程问题仍需解决不少困难问题。

（四）湍流实验研究

由上文可以看出，无论是湍流统计理论还是模式理论，都离不开实验所提供有关湍流机理的定性和定量结果。湍流实验的特点在于湍流中物理量是随机脉动的，能够测量这种脉动量的仪器有热线（热膜）风速仪（用探针在流体中散热的速率来推算流体的速度、温度甚至浓度的平均值和涨落值）和激光测速仪（用激光的多普勒效应来测量流体中悬浮小粒子速度的变化），还有各种流动显示技术，对于实验数据处理常要采用统计数学方法和图象识别技术。

近年来湍流实验的一大发现是：湍流并非是流体完全随机的无序运动，而是在紊乱中存在着相当有组织的有序运动，这种有组织的大尺度流动叫做"拟序结构"（又称相干结构）。它指的是在剪切湍流（例如边界层）中不规则地触发的一种序列运动，它的起始时刻和位置是不确定的，但一经触发，它就以某种确定的次序发展特定的流动状态。在通常的长时间平均中它们会和其它不规则运动一起被过滤掉，近年采用条件采样和图象识别技术才得以发现。这一发现表明，把湍流中的随机性和确定性信号正确结合起来进行研究，对全面认识湍流机理非常重要。目前，对拟序结构的认识及理论解释还远未完成。

9.5 光滑圆管中的湍流运动

在湍流研究中，均质不可压缩流体通过无限长直圆管的定常湍流流动具有重要意义。这不仅是因为广泛用于各种工程问题的圆管流动多属于湍流，而且还因为对圆管湍流的研究有助于更深入地了解较复杂的湍流运动。

考虑一个内表面粗糙的圆管，它的平均内直径为 D，表面粗糙度为 e（定义为实际内半径相对于平均内半径 $D/2$ 之偏差的绝对值的平均值），流体密度为 ρ，粘度系数为 μ，平均流速为 $\bar{U}_\text{平}$。我们在例 8.2 中已经证明，在长为 l 的一段圆管上流体的压降 $\Delta \bar{p}$ 依赖于下述无量纲量之间的待定函数关系（见(8.2.17)式）：

9.5 光滑圆管中的湍流运动

$$\frac{\Delta \bar{p}}{\rho \bar{U}_\text{平}^2} = f\left(Re_D, \frac{l}{D}, \frac{e}{D}\right)$$

式中

$$Re_D = \frac{\rho \bar{U}_\text{平} D}{\mu} = \frac{\bar{U}_\text{平} D}{\nu}. \tag{9.5.1}$$

现在讨论流动为湍流的情形,因此 $\bar{U}_\text{平}$ 和 $\Delta \bar{p}$ 都指湍流的时均量。实验指出,压降 $\Delta \bar{p}$ 与所考虑的长度 l 成正比,因此,上述函数关系可写成

$$\frac{\Delta \bar{p}}{\rho \bar{U}_\text{平}^2} = \frac{l}{D} f_1\left(Re_D, \frac{e}{D}\right). \tag{9.5.2}$$

这里 f_1 是一个待定的函数关系. 上式中 $\Delta \bar{p}$ 指广义压强(流体压强减去流体静力学压强)之差,或指管子水平放置时的流体压强差. 于是在修正的伯努利方程 (8.1.21)式中, 因 $v_1 = v_2$ (式中 v 应为现在的 $\bar{U}_\text{平}$),$z_1 = z_2$,有

$$h_l = \frac{p_1 - p_2}{\rho} = \frac{|\Delta \bar{p}|}{\rho}.$$

将(9.5.2)代入此式,得

$$h_l = \bar{U}_\text{平}^2 \frac{l}{D} f_1\left(Re_D, \frac{e}{D}\right). \tag{9.5.3}$$

回忆(8.5.28)式定义的达西摩擦因子 λ,用现在的符号可写成

$$\lambda = \frac{\frac{\Delta \bar{p}}{l} D}{\frac{1}{2}\rho \bar{U}_\text{平}^2} = \frac{|\Delta \bar{p}|}{\rho} \cdot 2 \cdot \frac{D}{l} \cdot \frac{1}{\bar{U}_\text{平}^2}, \tag{9.5.4}$$

或改写为

$$h_l = \frac{|\Delta p|}{\rho} = \frac{1}{2}\lambda \bar{U}_\text{平}^2 \frac{l}{D}. \tag{9.5.5}$$

由此可见,引入达西摩擦因子 λ 对于计算修正的伯努利方程中压头损失 h_l 是非常方便的. 对比(9.5.3)和(9.5.5)可知

$$\lambda = 2f_1\left(Re_D, \frac{e}{D}\right). \tag{9.5.6}$$

即 λ 是雷诺数和管的相对粗糙度的函数. 本节将讨论光滑管($e = 0$)中湍流的摩擦因子 λ 如何随 Re_D 而变,下节再讨论粗糙度 e 对圆管湍流摩擦力的影响.

下面先介绍一些圆管湍流的实验测量结果. 再讨论圆管湍流的时均速度剖面,最后讲述如何计算光滑圆管的摩擦阻力. 在所有讨论中,都只限于远离圆管入口段的完全发展湍流,这时的时均速度剖面不再随管轴方向的坐标 x 变化,因而可近似地把管看作无限长.

50年代初,J. 劳弗对光滑圆管流动中的各种湍流量进行了比较系统的测量. 劳弗用一根长度 $l = 5\text{m}$,内直径 $D = 247\text{mm}$ 的无缝黄铜管,以空气为介质

进行试验,管轴上的时均速度(即空气的最大时均速度)取为 $\bar{u}_{x,\max} = 3\mathrm{m/s}$ 和 $30\mathrm{m/s}$,用此速度定义的雷诺数 $\dfrac{\bar{u}_{x,\max}D}{\nu} = 5\times 10^4$ 和 5×10^5. 由管壁上实测的时均速度梯度或由轴向压强梯度,可以算出壁面剪应力 τ_w 的大小,然后按(9.3.8)式的定义算出摩擦速度 U_*,对于上述两种雷诺数得到 $U^*/\bar{u}_{x,\max}$ 分别为0.042和0.035. 图9.8 画出了他测出的湍流涨落速度的方均根平均值 $\tilde{u}_x,\tilde{u}_r,\tilde{u}_\varphi$ 沿径向的变化,图中 $\tilde{u}_x = \sqrt{\overline{u_x'^2}}, \tilde{u}_r = \sqrt{\overline{u_r'^2}}, \tilde{u}_\varphi = \sqrt{\overline{u_\varphi'^2}}$,无量纲坐标 $\xi = y/(D/2)$,y 是由壁面起算沿半径向内的距离,因此 $\xi = 0$ 相应于壁面,$\xi = 1$ 相应于轴线. 由图可以看出,尽管圆管中的时均流动是单向的,可是湍流涨落速度却是

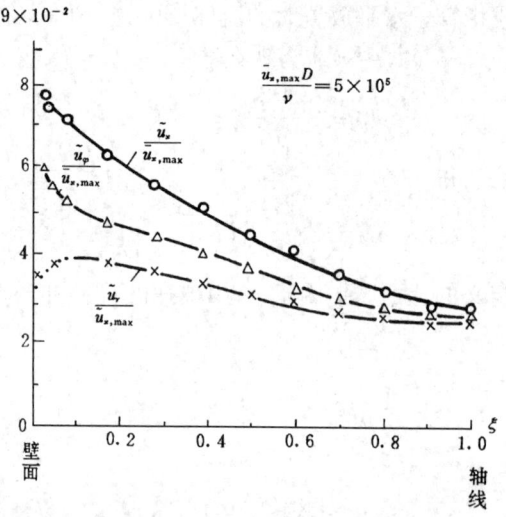

图9.8 劳弗测量的圆管中湍流涨落强度(或相对湍流度)沿径向分布

三维的. 在靠近轴线的区域,各个方向上湍流涨落的强度(或相对湍流度)相差不多,即接近于各向同性;而在壁面附近,由于粘性剪应力的影响越接近壁面越大,使各个方向上的湍流涨落强度也越来相差越大. 例如,在 $\xi = 0.1$ 附近,$\tilde{u}_x$ 达到最大值,这时 $\tilde{u}_x$ 约为 $\tilde{u}_r$ 的二倍. 劳弗的测量还表明,在紧靠壁面的一薄层内(约 $\xi < 0.002$,图9.8 上无法分辨),各个方向的湍流涨落强度都随着趋近于壁面而迅速减少,直到在壁面上变为零. 这一薄层就是9.3节所定义的粘性底层. 图9.9 上画出了劳弗测量的雷诺应力 $-\rho\overline{u_r'u_x'}$ 沿半径方向的变化. 可以看到,图中的雷诺应力几乎成一直线由壁面值降到轴线上的零. 与前面(8.5.19)式(斯托克斯公式)所给出的总剪应力 τ(与 r 成正比)相对比,可见雷诺应力几乎等于总剪应力. 需要说明的是,图中没法分辨出靠近壁面($\xi = 0$)的薄粘性底层,在此底层中雷诺应力随着趋近壁面而迅速减少到零. 图9.10 画出了根据这

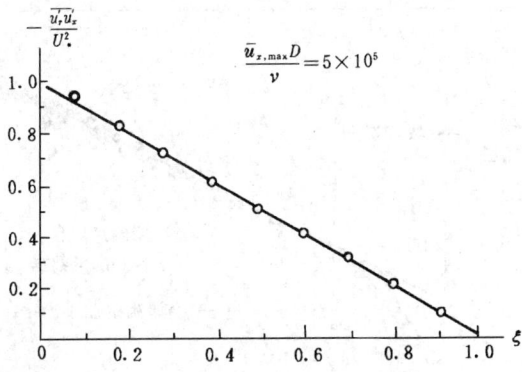

图 9.9 劳弗测量的圆管中雷诺应力沿径向变化

些数据用(9.3.2)推算出的 μ^t 沿半径方向变化. 随着远离壁面,μ^t 由零开始增大,并在 $\xi=0.3$ 附近达到最大值,随后稍减,并在 $\xi>0.5$ 时接近常数. 注意:轴线上 μ^t 并不变为零.

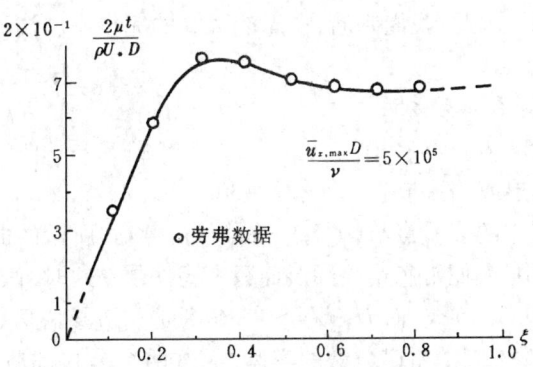

图 9.10 光滑圆管中湍流粘度系数沿径向变化

许多人测量了圆管中湍流的时均速度剖面. 有趣的是,若把测得的 $\bar{u}/U_*$ 与 $\ln y^+$ 的关系画出,在 $y^+\equiv U_* y/\nu$ 约大于 30 的范围内,实验点几乎成一直线. 这说明,9.3 节中湍流核心区速度的对数剖面(9.3.14)式尽管是对 $d\bar{p}/dx=0$ 的二维流动导出的,却能近似地用于 $d\bar{p}/dx=$ 常数 $\neq 0$ 的轴对称圆管湍流. 图 9.11 画出了当 $Re=4\times 10^3 \sim 3\times 10^6$ 时,尼库拉德塞测得的圆管湍流结果. 只要取 (9.3.14)式中 $\kappa=0.4$ 和 $\alpha=11.6$,所得的下式就与实验结果符合得很好.

$$\frac{\bar{u}}{U_*}=2.5\ln\frac{U_* y}{\nu}+5.5. \tag{9.5.7}$$

图中还画出了对粘性底层导出的速度剖面(9.3.9)式,它与实验点在 $y^+=$

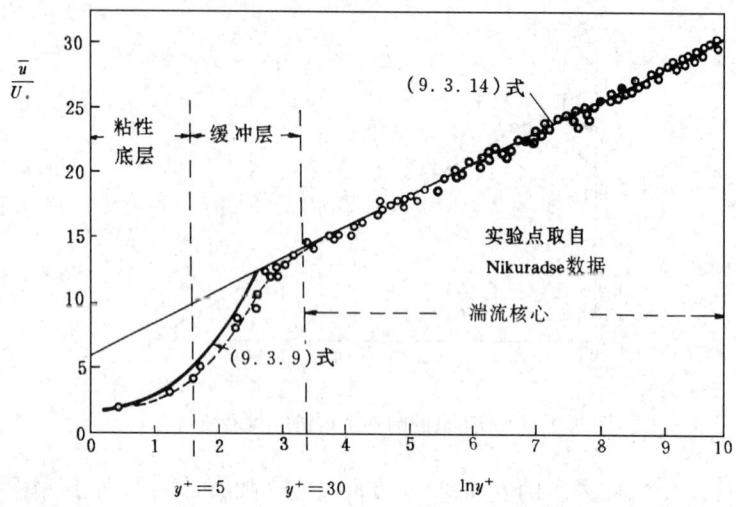

图 9.11 光滑圆管中湍流的速度剖面

$U_* y/\nu \leqslant 5$ 时一致. 因此,我们判断,在光滑圆管的完全发展湍流流动中,三个区域可如下划分:

1) 粘性底层: $U_* y/\nu \leqslant 5$;
2) 缓冲层: $5 < U_* y/\nu < 30$;
3) 完全湍流层或湍流核心: $U_* y/\nu \geqslant 30$.

由图可见,过渡层中的实验点与(9.3.9)或(9.3.14)式所示的曲线相差不远,因此在简化的模型中,人们常忽略缓冲层而只考虑两层. 这时,认为 $U_* y/\nu \leqslant 11.6$ 是粘性底层,用(9.3.9)式;而 $U_* y/\nu > 11.6$ 则是湍流核心区,用(9.3.14)式. 图中的实验点是对不同的雷诺数做的实验,而这两个公式都适用于所有的雷诺数范围,雷诺数 $Re = \bar{U}_平 D/\nu$ 的影响只体现在 U_* 的不同上. 可是在实际工程问题中常常已知平均流速 $\bar{U}_平$,而不知道 $U_* = \sqrt{\tau_w/\rho}$. 下面我们设法把 $\bar{U}_平$ 用 U_* 表示出来,就可以由给定的 $\bar{U}_平$ 求出 U_* 来了.

注意到上面公式中的 y 都是由壁面起算沿半径向内的距离,与管中心线算起的径向距离 r 的关系是 $r = a - y$,这里 $a = D/2$ 是圆管的内半径. 根据平均流速的定义,我们有

$$\bar{U}_平 = \frac{1}{\pi a^2}\int_0^a \bar{u} \cdot 2\pi r dr = 2\int_0^a \bar{u}\left(1 - \frac{y}{a}\right)d\left(\frac{y}{a}\right)$$

因为粘性底层和缓冲层都很薄,我们可以把湍流核心区的速度剖面(9.5.7)式代入上面 $\bar{u}$,这样产生的误差很小. 结果得到

$$\frac{\overline{U}_{平}}{U_*} = 2.5\ln\frac{U_* a}{\nu} + 1.75. \qquad (9.5.8)$$

在已知 $\overline{U}_{平}$ 时,此式给出了 U_* 的隐函数关系. 为了便于应用,我们把它化为用达西摩擦因子 λ 来表示. 根据(8.5.19)式给出的斯托克斯公式(它对层流和湍流同样成立),当 $r = a$ 时有

$$|\tau_w| = \frac{|\Delta\bar{p}|}{l} \cdot \frac{a}{2} = \frac{|\Delta\bar{p}|}{l} \cdot \frac{D}{4}.$$

将此式代入(9.5.4)式得

$$\lambda = \frac{|\Delta\bar{p}|}{\rho}2\frac{D}{l}\frac{1}{\overline{U}_{平}^2} = \frac{8|\tau_w|}{\rho\overline{U}_{平}^2} = \frac{8U_*^2}{\overline{U}_{平}^2}. \qquad (9.5.9)$$

由此得

$$\frac{\overline{U}_{平}}{U_*} = \frac{2\sqrt{2}}{\sqrt{\lambda}}.$$

将此式代入(9.5.8),得到

$$\frac{2\sqrt{2}}{\sqrt{\lambda}} = 2.5\ln\left(\frac{Re}{4}\sqrt{\frac{\lambda}{2}}\right) + 1.75.$$

这里 Re 就是由(9.5.1)式所定义的雷诺数 Re_D. 将式中的自然对数 ln 化为以 10 为底的常用对数 lg,有

$$\frac{1}{\sqrt{\lambda}} = 2.035\lg(Re\sqrt{\lambda}) - 0.913. \qquad (9.5.10)$$

此式与大量实验结果比较,发现只要将其中常数稍加调整,就能与 $Re = 3\times10^3 \sim 4\times10^6$ 范围内的实验点符合得很好,(图 9.12). 调整后的公式为

$$\frac{1}{\sqrt{\lambda}} = 2.0\lg(Re\sqrt{\lambda}) - 0.8. \qquad (9.5.11)$$

这些系数的调整可由(9.5.8)式中未考虑粘性底层来说明. (9.5.11)式称为普朗特-施里希廷公式. 当给定 $\overline{U}_{平}, D, \rho, \mu$ 之后,即可由(9.5.1)算出 Re,再由(9.5.11)式通过迭代算出 λ 来. 在图 9.12 左方,还画出了层流时圆管的达西摩擦因子(见(8.5.29)式). 显然,当圆管中流动由层流过渡为湍流时,摩擦阻力加大.

由(9.5.7)式可知,圆管湍流中的最大速度出现于圆管中心线上($y = a$),即

$$\frac{\bar{u}_{\max}}{U_*} = 2.5\ln\frac{U_* a}{\nu} + 5.5. \qquad (9.5.12)$$

由此式与(9.5.8)式可以算出,当 $Re_D = 5\times10^3$ 时,$\bar{u}_{\max}/\overline{U}_{平}$ 约为 1.3,而当 $Re_D = 3\times10^6$ 时,$\bar{u}_{\max}/\overline{U}_{平}$ 减少到 1.15. 对比一下,圆管层流的最大流速则为平均流速的 2 倍(见(8.5.23)式). 可见湍流的时均速度剖面的特征是中间大部分区

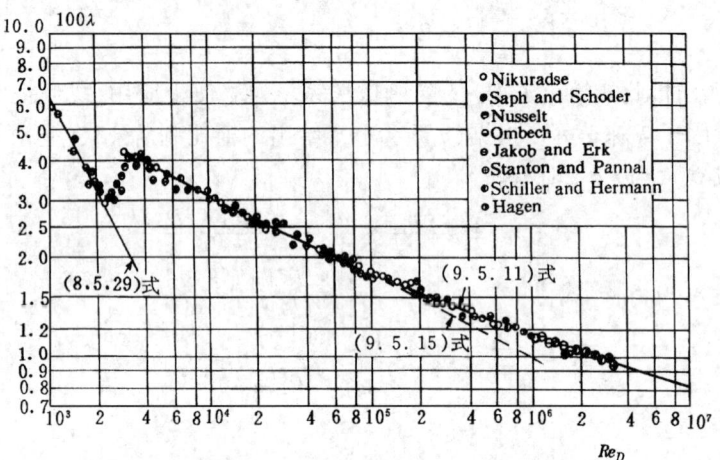

图 9.12　光滑圆管的达西摩擦因子 λ 随雷诺数 $Re_D = \dfrac{U_平 D}{\nu}$ 的变化

域平坦而边缘陡峭,而且雷诺数越高,中间平坦的区域就越大(见图 9.13).

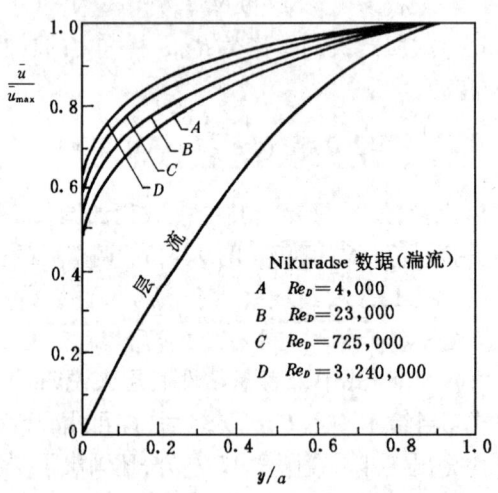

图 9.13　圆管中湍流的速度剖面与层流时比较

普朗特－施里希廷公式(9.5.11)虽然较准确地给出了计算摩擦因子 λ 的公式,但它是一个隐式,求解不太方便.由图 9.13 看到,每一确定 Re 之下的速度剖面可用下列幂次关系近似描述:

$$\frac{\bar{u}}{\bar{u}_{\max}} = \left(\frac{y}{a}\right)^n.$$

此式可改写成如下形式

$$\frac{\bar{u}}{U_*} = B\left(\frac{U_* y}{\nu}\right)^n. \tag{9.5.13}$$

式中 $B = \frac{\bar{u}_{max}}{U_*}\left(\frac{U_* a}{\nu}\right)^{-n}$ 是一个不依赖于 y 的无量纲参数. 由此式仿照推导 (9.5.8) 的方法可以求得平均流速 $\bar{U}_\Psi$ 与 U_* 的关系如下：

$$\bar{U}_\Psi = \frac{2BU_*}{2^n(n+1)(n+2)} Re_D^n \left(\frac{U_*}{\bar{U}_\Psi}\right)^n.$$

由此可解出

$$\frac{U_*}{\bar{U}_\Psi} = \left[\frac{2^n(n+1)(n+2)}{2B}\right]^{\frac{1}{1+n}} Re_D^{-\frac{n}{1+n}}.$$

然后由 (9.5.9) 式 (λ 与 $\bar{U}_\Psi/U_*$ 的关系) 可得

$$\lambda = 8\left[\frac{2^n(n+1)(n+2)}{2B}\right]^{\frac{2}{1+n}} Re_D^{-\frac{2n}{1+n}}. \tag{9.5.14}$$

H. 布拉修斯 1913 年以 $Re_D = 3 \times 10^3 \sim 10^5$ 范围做出的实验结果为基础，导出了下列经验公式：

$$\lambda = 0.3164 Re_D^{-\frac{1}{4}}. \tag{9.5.15}$$

这相当于 (9.5.13) 式中 $n = 1/7$, $B = 8.562$ 的情形, 此时的速度分布为

$$\frac{\bar{u}}{U_*} = 8.562 \left(\frac{U_* y}{\nu}\right)^{1/7} \tag{9.5.16}$$

或

$$\frac{\bar{u}}{\bar{u}_{max}} = \left(\frac{y}{D/2}\right)^{1/7} = \left(1 - \frac{r}{D/2}\right)^{1/7}. \tag{9.5.17}$$

这就是著名的圆管湍流的 1/7 次方速度剖面. (9.5.15) 式的 λ 是 Re 的显式函数, 便于计算. 由图 9.12 可以看出, 布拉修斯阻力公式 (9.5.15) 在 $Re_D = 3 \times 10^3 - 10^5$ 范围与实验数据和普朗特－施里希廷公式 (9.5.11) 都很一致, 但当 $Re_D > 10^5$ 时, (9.5.15) 式的结果变差. 这主要是因为, 如图 9.13 所示, 对应于不同 Re_D 的速度剖面应该用不同的 n 值来描述. 例如, 当 $Re_D = 5 \times 10^4 - 5 \times 10^6$ 时, 可以取 $n = 1/10$, $B = 11.5$, 这相当于 λ 正比于 $Re_D^{-2/11}$. 总的说来, 随着 Re_D 增大, n 趋于略变小, 因而 λ 随 Re_D 变化的曲线斜率 (绝对值) 也会略为变小.

9.6 粗糙圆管中的湍流运动

上节所讨论的速度剖面和阻力公式都是对光滑圆管而言的. 实际应用的管

子表面总有一定的粗糙度,表 9.1 列出的是新的工业管道内表面粗糙度的典型值.

表 9.1 工业管道的粗糙度

材　料	粗糙度 e(mm)
玻璃管	0.000 3
冷拔管	0.001 5
熟铁或钢管	0.046
涂沥青铸铁管	0.12
马口铁管	0.15
铸铁管	0.26
木　管	0.18～0.9
混凝土管	0.3～3.0
铆接钢管	0.9～9.0

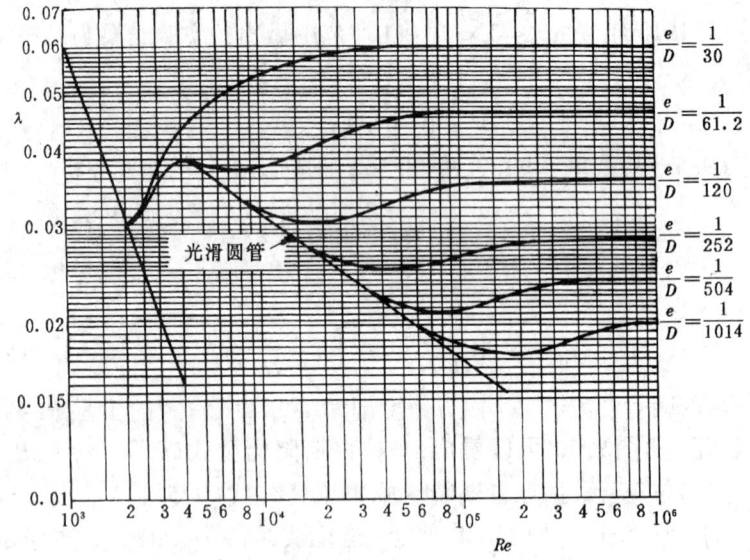

图 9.14　光滑与粗糙圆管中流动的摩擦因子 λ

(9.5.6)式已经表明,粗糙圆管湍流的摩擦因子 λ 除了取决于 $Re_D = \dfrac{\overline{U}_平 D}{\nu}$ 之外,还依赖于管内表面的相对粗糙度 e/D. 为了研究这种依赖关系,J. 尼库拉德塞在圆管内表面均匀地涂上砂粒,通过改变砂粒的大小和疏密程度来改变表面的粗糙度. 他既做了光滑管的实验又做了粗糙管的实验,既有层流情形又有湍流情形,典型结果如图 9.14 所示. 注意图中 λ 和 Re 都用的对数尺度. 图中左方直线表示层流情形;右下方的直线则表示光滑圆管的湍流情形;右上方的各条曲线则表示粗糙圆管的湍流情形,自下向上相对粗糙度 e/D 依次递增. 可以看出,对于层流情形,摩擦因子 λ 只依赖于 Re,而与管内表面粗糙度无关. 这是因为层流运动的流体微团都平行于管中心线运动,壁面微小的粗糙度只影响局部,对整个管流影响不大. 可是从图中看到,当圆管中为湍流时,粗糙度对于 $\lambda - Re$ 曲线有显著影响. 对于每一给定相对粗糙度 $e/D \neq 0$ 的圆管,当 $Re = \overline{U}_平 D/\nu$ 由小变大时,其摩擦因子 λ 的变化先后经历三个不同阶段:

1) 当 Re 不太大时,$\lambda = f(Re)$. 这时分不出粗糙管与光滑管,几何上并不光滑的管子所受到的流体力学阻力却与光滑管子无异. 所以处于这种状态的圆管叫做水力学光滑圆管.

2) 随着 Re 的增大,$\lambda = f(Re, e/D)$,开始显示出粗糙度的影响. 越是粗糙的管子,开始进入这一状态的 Re 越小,在同一 Re 下的 λ 值也越大. 这一状态下的圆管称为过渡型圆管;

3) 当 Re 很大时,$\lambda = f(e/D)$,即 λ 不再随 Re 而变,在图中变为水平线. e/D 越大,开始使曲线变为水平的 Re 就越小,水平线上的 λ 值也就越高. 处于这一状态的圆管称为完全粗糙圆管.

怎样解释上述几个阶段中 λ 的变化规律呢? 这是因为,在管壁附近($y \leqslant \delta_\varepsilon$)存在一个粘性底层,按照图 9.11,它的厚度 δ_ε 约为:

$$\frac{U_* \delta_\varepsilon}{\nu} = 5$$

在此层中,湍流的涨落很微弱. 当管壁粗糙度很小即 $e < \delta_\varepsilon$ 时,管壁上凹凸不平的隆起处全部淹没在粘性底层中,它们的扰动只限于底层内部,而对整个管流影响很小. 所以整个管流的摩擦阻力就和光滑圆管时一样,也就是圆管表现为水力学光滑圆管. 随着 Re 增大,管流中的湍流涨落越来越活跃,湍流核心区更朝向壁面附近扩展,从而使粘性底层变薄. 这时,上述同一管壁粗糙度 e 就开始超过粘性底层厚度 δ_ε,壁面隆起处部分地进入湍流核心区. 湍流核心区中流体微团的迅速涨落使得隆起处的扰动传得很远,影响到整个圆管流动图象,因而所受的摩擦阻力不同于光滑圆管中的值,即 $\lambda = f(Re, e/D)$,这就是上面讲的过渡型圆管. 显然,若圆管较粗糙(即 e 较大),那么在较低的 Re 数下(即 δ_ε 还相对较厚时),壁面隆起处就已超出粘性底层区,从而管子较早地变为过渡型. 现在假设粗糙度 e 保持不变,那么随着 Re 增高,粘性底层就越变越薄. 当 Re 很高时,粘性底层就非常薄,以致平均高度为 e 的壁面隆起处几乎全部暴露在湍流核心区中. 湍流核心区的流速较大,几乎是迎面撞到这些隆起处上. 也就是说,这时阻力的主要来源是迎风面和背风面的压差,而不再象光滑圆管中那样来源于沿表面的切向摩擦力. 大家知道,压差阻力是正比于来流的动能 $\frac{1}{2}\rho \overline{U}_平^2$ 的,而按

照定义(9.5.4)式,摩擦因子 λ 正比于压差 $|\Delta \bar{p}|$ 与 $\frac{1}{2}\rho \bar{U}_{平}^2$ 之比,因而是个常数. 这就是为什么完全粗糙圆管的 λ 与 Re 无关. 毫不奇怪,圆管几何上越粗糙(e 越大),也就越早进入完全粗糙圆管阶段,它所产生的阻力总值也就越高.

下面我们定量地给出粗糙圆管中的时均速度剖面和计算摩擦因子 λ 的公式.

由光滑圆管的对数速度剖面(9.5.7)式和最大速度公式(9.5.12)可得

$$\frac{\bar{u} - \bar{u}_{\max}}{U_*} = 2.5 \ln \frac{y}{a}. \tag{9.6.1}$$

尼库拉德塞对于光滑圆管和不同粗糙度的圆管做的大量实验表明,上述速度差公式与管的粗糙度无关,都与实验中湍流核心区的结果符合得很好(图 9.15). 也就是说,不论圆管是光滑或是粗糙的,其湍流核心区的时均速度剖面 $\bar{u}(y)$ 都服从对数规律,其差别只是体现在相加常数 $\bar{u}_{\max}/U_*$ 的不同上,因此,我们可以一般地设湍流核心区中

$$\frac{\bar{u}}{U_*} = 2.5 \ln \frac{U_* y}{\nu} + B, \tag{9.6.2}$$

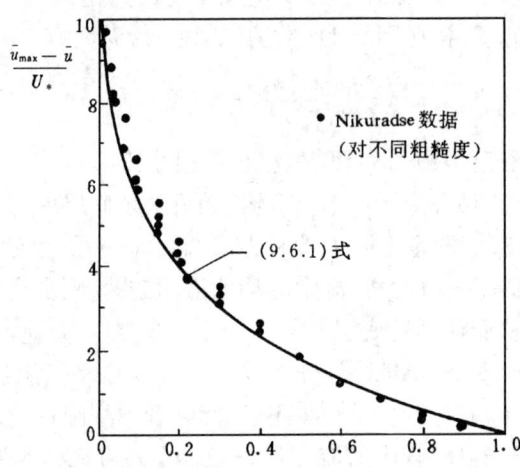

图9.15　圆管中速度剖面的另一种形式

式中相加常数 $B = \bar{u}_{\max}/U_* - 2.5 \ln(U_* a/\nu)$ 可随管壁粗糙度 e 而变,显然,当 $e = 0$ 时此式应化为光滑圆管的速度剖面(9.5.7)式. 由此可知,对于光滑圆管,应有 $B = 5.5$. 普朗特和施里希廷由实验得到,对于粗糙度为 e 的圆管湍流,有

$$B = 5.5 - 2.5 \ln\left(1 + 0.3 \frac{U_* e}{\nu}\right). \tag{9.6.3}$$

在 $(U_* e/\nu) < 5$ 时,第二项与第一项相比很小,因而 B 接近于光滑圆管值 5.5,

这时就是水力学光滑圆管情形. 在 $\dfrac{U_* e}{\nu} > 70$ 时,上式括号中的 $0.3\dfrac{U_* e}{\nu} \gg 1$,因而近似地 B 与 $\ln\dfrac{U_* e}{\nu}$ 成线性关系:

$$B = 5.5 - 2.5\ln\left(0.3\dfrac{U_* e}{\nu}\right) = 8.5 - 2.5\ln\dfrac{U_* e}{\nu}. \tag{9.6.4}$$

这就是完全粗糙圆管情形,此时的速度剖面(9.6.2)式变为

$$\dfrac{\bar{u}}{U_*} = 2.5\ln\dfrac{y}{e} + 8.5 \tag{9.6.5}$$

至于这两种极限情形之间,即 $5 \leqslant \dfrac{U_* e}{\nu} \leqslant 70$ 时,是过渡型圆管情形. 这时由(9.6.2)和(9.6.3)式有

$$\dfrac{\bar{u}}{U_*} = 2.5\ln\dfrac{U_* y}{\nu} + 5.5 - 2.5\ln\left(1 + 0.3\dfrac{U_* e}{\nu}\right). \tag{9.6.6}$$

此式实际上适用于任意粗糙度. 如果由实验测得某一圆管流动中湍流核心区的速度剖面,也可以通过与此式比较而估算出此圆管表面的平均粗糙度 e.

注意到上式中 $\dfrac{U_* e}{\nu} = \dfrac{\bar{U}_\Psi D}{\nu} \cdot \dfrac{U_*}{\bar{U}_\Psi} \cdot \dfrac{e}{D} = Re\dfrac{\sqrt{\lambda}}{2\sqrt{2}} \cdot \dfrac{e}{D}$,可以仿照推导(9.5.10)式的方法求得摩擦因子 λ 的隐式关系式:

$$\dfrac{1}{\sqrt{\lambda}} = 2.035\lg\dfrac{\sqrt{8}}{0.3} - 0.913 - 2.035\lg\left(\dfrac{\sqrt{8}/0.3}{Re\sqrt{\lambda}} + \dfrac{e}{D}\right). \tag{9.6.7}$$

注意此式中已将自然对数 $\ln$ 改写为常用对数 $\lg$(即以 10 为底). 基于把(9.5.10)变为(9.5.11)式同样的理由,把常数 2.035 和 0.913 分别变为 2.0 和 0.8,就得到 C.F.科尔布鲁克公式(1939 年):

$$\dfrac{1}{\sqrt{\lambda}} = 1.14 - 2.0\lg\left(\dfrac{9.35}{Re\sqrt{\lambda}} + \dfrac{e}{D}\right). \tag{9.6.8}$$

当 $e = 0$ 时,此式化为光滑圆管的普朗特-施里希廷公式(9.5.11). 所谓水力学光滑圆管情形 $\left(\dfrac{U_* e}{\nu} < 5\right)$,相当于上式括号中 $\dfrac{e}{D} \ll \dfrac{9.35}{Re\sqrt{\lambda}}$ 的情形,于是 e 的影响可忽略不计. 而完全粗糙圆管情形 $\left(\dfrac{U_* e}{\nu} > 70\right)$,则相当于 $\dfrac{e}{D} \gg \dfrac{9.35}{Re\sqrt{\lambda}}$,因此 Re 的影响可以忽略不计而得到

$$\dfrac{1}{\sqrt{\lambda}} = 1.14 - 2.0\lg\dfrac{e}{D}. \tag{9.6.9}$$

上述科尔布鲁克公式(9.6.8)虽然应用范围较广,却是 λ 的隐函数形式,不便应用,后来有人对它拟合出一个 λ 的显式表达式:

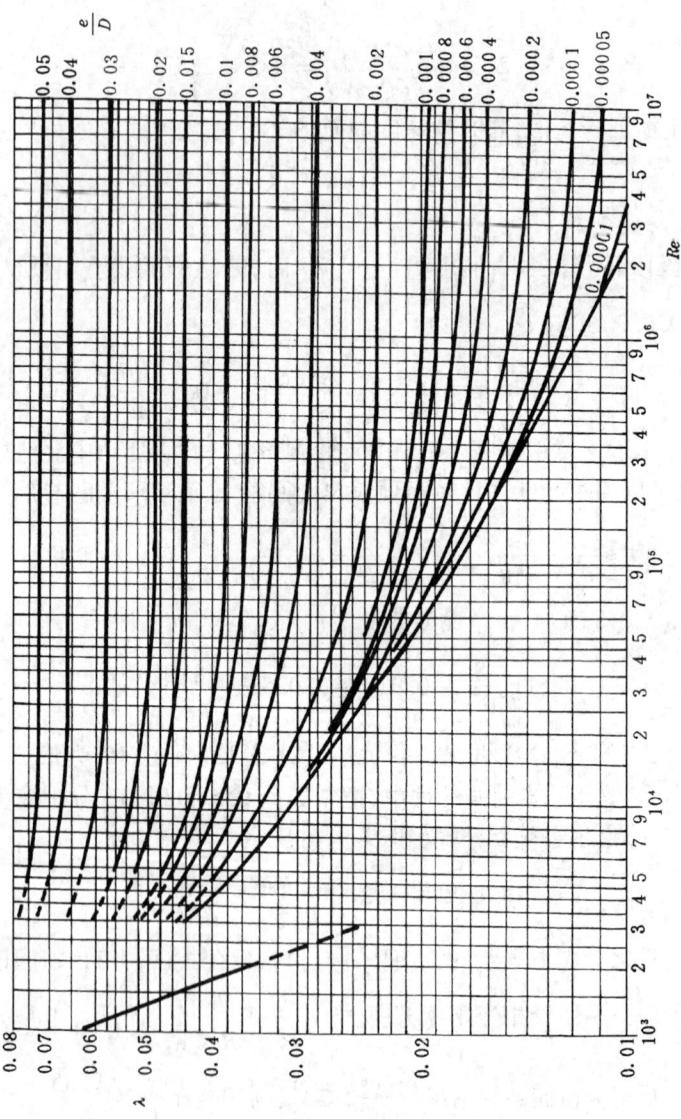

图 9.16 穆迪图

$$\lambda = 0.25[\lg(e/3.7D) + (5.74/Re^{0.9})]^{-2}. \qquad (9.6.10)$$

此式适用于大部分过渡型圆管,也适用于完全粗糙圆管.

以上的图和公式都是根据尼库拉德塞用人造粗糙管所做的实验发展起来的. 工程实践中应用的管子不见得完全满足实验中的条件. 1944 年穆迪用实验方法测出了不同粗糙度的市售圆管的摩擦因子 λ,并制成了方便的 $\lambda = \lambda(Re, e/D)$ 曲线,叫做穆迪图(图 9.16). 穆迪图在工程上有着广泛应用.

知道了摩擦因子 λ 之后,很容易由 (9.5.5) 式算出修正的伯努利方程中的压头损失 h_l.

下面的例题会告诉我们在具体问题中应如何根据 $\dfrac{U_* e}{\nu}$ 判断管子属于何种类型,从而选用正确的公式求解.

例 9.1 设汽油流过内直径 $D = 152$ mm 的铸铁管,汽油的运动粘度系数 $\nu = 0.37 \times 10^{-6}$ m²/s,密度 $\rho = 670$ kg/m³. 若体积流量 $Q_V = 170$ L/s,试求湍流核心区的时均速度剖面,并确定单位长度圆管壁所受到的流体阻力 F.

解 根据所给圆管材料,由表 9.1 查出壁面平均粗糙度为 $e = 0.26$ mm,由此算出:

$$\frac{e}{D} = \frac{0.26}{152} = 0.00171.$$

流动的平均速度为

$$\overline{U}_\Psi = \frac{Q_V}{\frac{1}{4}\pi D^2} = \frac{0.170 \text{ m}^3/\text{s}}{\frac{1}{4}\pi (0.152 \text{ m})^2} = 9.369 \text{ m/s}.$$

流动的雷诺数为

$$Re = \frac{\overline{U}_\Psi D}{\nu} = \frac{9.369 \times 0.152}{0.37 \times 10^{-6}} = 3.849 \times 10^6.$$

根据上述 e/D 和 Re 可由穆迪图(图 9.16)上查出

$$\lambda = 0.022.$$

(也可以用近似公式(9.6.10)来算,得 $\lambda = 0.02248$,相差不多.)根据(9.5.9)式可以求得壁面剪应力

$$|\tau_w| = \frac{1}{8}\lambda\rho\overline{U}_\Psi^2 = \frac{1}{8} \times 0.022 \times 670 \times (9.369)^2 = 161.7 \text{ Pa}.$$

于是易于算出单位长度圆管所受到的流体阻力为

$$F = |\tau_w|\pi D = 161.7 \times \pi \times 0.152 = 77.23 \text{ N/m}.$$

为了求其湍流核心区速度剖面,先计算 $\dfrac{U_* e}{\nu}$ 的大小,按定义,

$$U_* = \sqrt{\frac{|\tau_w|}{\rho}} = \sqrt{\frac{161.7}{670}} = 0.4913 \text{ m/s},$$

$$\frac{U_* e}{\nu} = \frac{0.4913 \times 0.00026}{0.37 \times 10^{-6}} = 345.2.$$

因为 $\dfrac{U_* e}{\nu} > 70$，本例题为完全粗糙管情形，可用(9.6.5)式求速度剖面：

$$\bar{u} = U_* \left(2.5 \ln \frac{y}{e} + 8.5\right) = 0.4913 \left(2.5 \ln \frac{y}{0.26 \times 10^{-3}} + 8.5\right)$$

即

$$\bar{u} = 1.228 \ln y + 14.315.$$

此式中 y 的单位是 m，$\bar{u}$ 的单位是 m/s. 由此式可知，当 $y = D/2 = 0.076$ m 时，速度达到最大值：

$$\bar{u}_{\max} = 11.150 \text{ m/s}.$$

而假若流动为层流，则应有 $u_{\max} = 2\bar{U}_{\Psi} = 18.738$ m/s. 可见湍流的速度剖面比层流的要平坦得多。

答案：单位管长流体阻力为 77.23 N/m，速度剖面为

$$\bar{u} = 1.228 \ln y + 14.315.$$

最后我们指出，在一般情况下尽管粗糙圆管比光滑圆管的流体阻力大，但近年的实验研究表明，如果在管内表面按一定的图案精心刻划细致的条纹，则可能使管流的阻力降低。这一想法最初是由对鲨鱼皮的观察得到启发的，目前实验室的试验已表明用此法最大可减阻 7%（见 AIAA85 - 0546 报告）. 有关这种减阻方法的机理仍在探索中。

9.7 平面湍流速度与温度边界层方程组

前一章中讨论了层流边界层问题，但在自然界和各种工程技术中更多的是湍流流动，因之，研究湍流边界层具有更重要的实际意义。它与摩擦，传热与传质系数等均有极密切的关系。

与平面层流边界层方程组不同，建立平面湍流边界层方程组应从雷诺方程组 (9.2.8) 至 (9.2.12) 出发。对于平面湍流运动，时均值 $\bar{w}, \dfrac{\partial \bar{w}}{\partial x}, \dfrac{\partial \bar{w}}{\partial y}, \dfrac{\partial \bar{w}}{\partial z}, \dfrac{\partial \bar{w}}{\partial x}; \dfrac{\partial \bar{v}}{\partial z}$, $\dfrac{\partial \bar{T}}{\partial z}, \dfrac{\partial \bar{p}}{\partial z}$ 均为零，但由于湍流的三维性，涨落速度分量 w' 并不为零。如果忽略涨落压强 p'，并应用这些条件去简化雷诺方程组 (9.2.8) 至 (9.2.12)，然后，与层流情况相类似，取长度 L，时间 t_c，速度 v_∞ 与温度 T_∞ 为特征量和定义下列无量纲参数

9.7 平面湍流速度与温度边界层方程组

$$x^* = \frac{x}{L} \quad y^* = \frac{y}{L} \quad \delta_v^* = \frac{\delta_v}{L} \quad \delta_t^* = \frac{\delta_t}{L},$$

$$t^* = \frac{t}{t_c} \quad \bar{u}^* = \frac{\bar{u}}{v_\infty} \quad \bar{v}^* = \frac{\bar{v}}{v_\infty} \quad \bar{p}^* = \frac{\bar{p}}{\rho v_\infty^2},$$

$$\bar{T}^* = \frac{\bar{T} - T_\infty}{T_w - T_\infty} \quad \overline{u'v'}^* = \frac{\overline{u'v'}}{v_\infty^2} \quad \overline{w'^2}^* = \frac{\overline{w'^2}}{v_\infty^2},$$

$$\overline{u'T'}^* = \frac{\overline{u'T'}}{v_\infty(T_w - T_\infty)}, \cdots 等等.$$

则无量纲化后的简化雷诺方程组为

$$\frac{\partial \bar{u}^*}{\partial x^*} + \frac{\partial \bar{v}^*}{\partial y^*} = 0, \tag{9.7.1a}$$

$$St\frac{\partial \bar{u}^*}{\partial t^*} + \bar{u}^*\frac{\partial \bar{u}^*}{\partial x^*} + \bar{v}^*\frac{\partial \bar{u}^*}{\partial y^*} = -\frac{\partial \bar{p}^*}{\partial x^*} + \frac{\partial}{\partial x^*}\left[\underset{\delta_v^{*2}}{\frac{2}{Re_L}\frac{\partial \bar{u}^*}{\partial x^*}} - \underset{\delta_v^*}{\overline{u'^2}^*}\right]$$

$$+ \frac{\partial}{\partial y^*}\left[\underset{\delta_v^{*2}}{\frac{1}{Re_L}\left(\frac{\partial \bar{v}^*}{\partial x^*} + \frac{\partial \bar{u}^*}{\partial y^*}\right)} - \underset{1}{\overline{u'v'}^*}\right] + \frac{\partial}{\partial z^*}(-\underset{\delta_v^*}{\overline{u'w'}^*}), \tag{9.7.1b}$$

$$St\frac{\partial \bar{v}^*}{\partial t^*} + \bar{u}^*\frac{\partial \bar{v}^*}{\partial x^*} + \bar{v}^*\frac{\partial \bar{v}^*}{\partial y^*} = -\frac{\partial \bar{p}^*}{\partial y^*} + \frac{\partial}{\partial x^*}\left[\underset{\delta_v^{*3}}{\frac{1}{Re_L}\left(\frac{\partial \bar{v}^*}{\partial x^*} + \frac{\partial \bar{u}^*}{\partial y^*}\right)} - \underset{\delta_v^*}{\overline{u'v'}^*}\right]$$

$$+ \frac{\partial}{\partial y^*}\left[\underset{\delta_v^*}{\frac{2}{Re_L}\frac{\partial \bar{v}^*}{\partial y^*}} - \underset{1}{\overline{v'^2}^*}\right] + \frac{\partial}{\partial z^*}[-\underset{\delta_v^*}{\overline{v'w'}^*}], \tag{9.7.1c}$$

$$0 = \frac{\partial}{\partial x^*}(-\underset{\delta_v^*}{\overline{u'w'}^*}) + \frac{\partial}{\partial y^*}(-\underset{1}{\overline{v'w'}^*}) + \frac{\partial}{\partial z^*}(-\underset{1}{\overline{w'^2}^*}), \tag{9.7.1d}$$

$$St\frac{\partial \bar{T}^*}{\partial t^*} + \bar{u}^*\frac{\partial \bar{T}^*}{\partial x^*} + \bar{v}^*\frac{\partial \bar{T}^*}{\partial y^*} = \frac{\partial}{\partial x^*}\left[\underset{\delta_v^{*2}}{\frac{1}{PrRe_L}\frac{\partial \bar{T}^*}{\partial x^*}} - \underset{\delta_t^*}{\overline{u'T'}^*}\right]$$

$$+ \frac{\partial}{\partial y^*}\left[\underset{1}{\frac{1}{PrRe_L}\frac{\partial \bar{T}^*}{\partial y^*}} - \underset{1}{\overline{v'T'}^*}\right] + \frac{\partial}{\partial z^*}(-\underset{\delta_t^*}{\overline{w'T'}^*}) + \bar{\Phi}^*. \tag{9.7.1e}$$

其中 $\bar{\Phi}^*$ 为无量纲化后的时均耗散函数. 无量纲参数中的 δ_v 与 δ_t 分别代表湍流边界层的速度与温度名义厚度.

现在来估计(9.7.1)式中各项的量级. 左边各时均量及其微商的量级与层流边界层时相同,故略去不记. 在右边各项中, $\bar{v}^* \sim \delta_v^*$, $\frac{\partial}{\partial y^*} \sim \frac{1}{\delta_v^*}$. 同时,一般认为 $\frac{\partial}{\partial z^*} \sim \frac{\partial}{\partial x^*} \sim 1$ 和 $\overline{u'^2}^*$, $\overline{u'v'}^*$, $\overline{v'w'}^*$, $\overline{u'T'}^*$, ……等的量级最高为 δ_v^*(或 δ_t^*). 将这些量级记在各项的下方.

先考虑(9.7.1d)式,如果仅保留量级为 1 的项,则在边界层内沿 y 方向,湍

流应力分量 $-\overline{v'w'}^*$ 为一常数，且与时均速度和温度无关，故可不予考虑.

其次，在(9.7.1c)式中，如果仅保留量级为 1 的项，可以看出它与层流边界层不同，在湍流边界层内沿 y 方向，时均压强 $\bar{p}^*$ 不再为常数. 如果从层内任一点沿 y 方向对该式积分至边界层上缘处一点，并令该点的时均压强 $\bar{p}^*$ 为 $\bar{p}_e(x)$，湍流应力 $\overline{v'^2}^* = \overline{v'_e}^* = 0$，则有

$$\bar{p}^* = \bar{p}_e^*(x) - \overline{v'^2}^*,$$

对 x 微分
$$\frac{d\bar{p}^*}{dx^*} = \frac{d\bar{p}_e^*}{dx^*} - \frac{d}{dx^*}\overline{v'^2}^*.$$

与层流情况相类似，在边界层上缘处应用伯努利定理后有

$$\frac{d\bar{p}_e^*}{dx^*} = -v_e^* \frac{dv_e^*}{dx^*},$$

随之
$$\frac{d\bar{p}^*}{dx^*} = -v_e^* \frac{dv_e^*}{dx^*} - \frac{d}{dx^*}\overline{v'^2}^*. \tag{9.7.1f}$$

将(9.7.1f)代入(9.7.1b)式，除了暂时保留该式中的

$$\frac{\partial}{\partial x^*}(\overline{v'^2}^* - \overline{u'^2}^*)$$

项以外，方程组(9.7.1)各式中仅保留量级为 1 的项，并将其有量纲化，则变为

$$\frac{\partial \bar{u}}{\partial x} + \frac{\partial \bar{v}}{\partial y} = 0, \tag{9.7.2a}$$

$$\frac{\partial \bar{u}}{\partial t} + \bar{u}\frac{\partial \bar{u}}{\partial x} + \bar{v}\frac{\partial \bar{u}}{\partial y} = v_e \frac{dv_e}{dx} + \frac{1}{\rho}\frac{\partial}{\partial y}\left[\mu \frac{\partial \bar{u}}{\partial y} - \rho \overline{u'v'}\right] + \frac{\partial}{\partial x}(\overline{v'^2} - \overline{u'^2}), \tag{9.7.2b}$$

$$\frac{\partial \bar{T}}{\partial t} + \bar{u}\frac{\partial \bar{T}}{\partial x} + \bar{v}\frac{\partial \bar{T}}{\partial y} = \frac{1}{c\rho}\frac{\partial}{\partial y}\left[k\frac{\partial \bar{T}}{\partial y} - \rho c \overline{v'T'}\right] + \bar{\Phi}, \tag{9.7.2c}$$

其中耗散函数的时均值通常用 $\bar{\Phi} = \left[\mu\frac{\partial \bar{u}}{\partial y} - \rho\overline{u'v'}\right]\frac{\partial \bar{u}}{\partial y}$ 近似. 这样，一方面可以不增加新的未知函数，另一方面 $-\rho\overline{u'v'}\frac{\partial \bar{u}}{\partial y}$ 代表湍流的生成项，亦即湍流从时均流中吸取的能量.

方程组(9.7.2)就是平面湍流边界层方程组. 一般情况下，(9.7.2b)式中的 $\frac{\partial}{\partial x}(\overline{v'^2} - \overline{u'^2})$ 项可以忽略不计(它的量级为 δ_v)，但在研究分离点时，它往往很重要.

对定常运动和不考虑分离点位置时，方程组简化为

$$\frac{\partial \bar{u}}{\partial x} + \frac{\partial \bar{v}}{\partial y} = 0, \tag{9.7.3a}$$

$$\bar{u}\frac{\partial \bar{u}}{\partial x} + \bar{v}\frac{\partial \bar{u}}{\partial y} = v_e \frac{dv_e}{dx} + \frac{1}{\rho}\frac{\partial}{\partial y}\left[\mu \frac{\partial \bar{u}}{\partial y} - \rho\overline{u'v'}\right], \tag{9.7.3b}$$

$$\bar{u}\frac{\partial \bar{T}}{\partial x} + \bar{v}\frac{\partial \bar{T}}{\partial y} = \frac{1}{c\rho}\frac{\partial}{\partial y}\left[k\frac{\partial \bar{T}}{\partial y} - \rho c\, \overline{v'T'}\right] + \left[\mu\frac{\partial \bar{u}}{\partial y} - \rho\, \overline{u'v'}\right]\frac{\partial \bar{u}}{\partial y}. \tag{9.7.3c}$$

比较层流与湍流边界层方程组(8.8.10)与(9.7.3),可以看出它们的不同只是(1)速度分量 u,v,与温度 T 用它们的时均值 $\bar{u},\bar{v}$ 与 $\bar{T}$ 去置换(2)压强项保持不变(3)粘性项 $\mu\frac{\partial^2 u}{\partial y^2}$ 与导热项 $k\frac{\partial^2 T}{\partial y^2}$ 分别用 $\frac{\partial}{\partial y}\left[\mu\frac{\partial \bar{u}}{\partial y} - \rho\, \overline{u'v'}\right]$ 与 $\frac{\partial}{\partial y}\left[k\frac{\partial \bar{T}}{\partial y} - \rho c\, \overline{v'T'}\right]$ 去置换和耗散项 $\mu\left(\frac{\partial u}{\partial y}\right)^2$ 用 $\left[\mu\frac{\partial \bar{u}}{\partial y} - \rho\, \overline{u'v'}\right]\frac{\partial \bar{u}}{\partial y}$ 去置换. 这样,定常平面层流与湍流边界层方程组可以合并写为:

$$\frac{\partial \bar{u}}{\partial x} + \frac{\partial \bar{v}}{\partial y} = 0, \tag{9.7.4a}$$

$$\bar{u}\frac{\partial \bar{u}}{\partial x} + \bar{v}\frac{\partial \bar{u}}{\partial y} = v_e \frac{dv_e}{dx} + \frac{1}{\rho}\frac{\partial \tau}{\partial y}, \tag{9.7.4b}$$

$$\bar{u}\frac{\partial \bar{T}}{\partial x} + \bar{v}\frac{\partial \bar{T}}{\partial y} = \frac{1}{c\rho}\left[\frac{\partial q}{\partial y} + \tau\frac{\partial \bar{u}}{\partial y}\right], \tag{9.7.4c}$$

其中
$$\tau = \mu\frac{\partial \bar{u}}{\partial y} - \rho\, \overline{u'v'} = \rho(\nu + \nu')\frac{\partial \bar{u}}{\partial y}, \tag{9.7.4d}$$

$$q = k\frac{\partial \bar{T}}{\partial y} - \rho c\, \overline{v'T'} = \rho c(\alpha + \alpha^t)\frac{\partial \bar{T}}{\partial y}. \tag{9.7.4e}$$

ν' 与 α^t 分别为湍流(或涡)动量与能量的扩散率(或系数).
对于湍流边界层问题,边界条件为:

$$y = 0 \quad \bar{u}(x,0) = \bar{v}(x,0) = 0 \quad \bar{T}(x,0) = T_w, \tag{9.7.5a}$$
$$\overline{u'v'} = \overline{v'T'} = 0,$$
$$y = \infty\,(\delta_v) \quad \bar{u} = v_\infty(v_e) \quad y = \infty\,(\delta_t) \quad \bar{T} = T_\infty(T_e), \tag{9.7.5b}$$
$$\overline{u'v'} = \overline{v'T'} = 0.$$

对于层流边界层,首先去掉上方程组及边界条件中的全部时均符号,然后令 $-\rho\, \overline{u'v'}=0$ 和 $-\rho c_v\, \overline{v'T'}=0$.

9.8 平面湍流速度边界层的多层模型和它的时均速度分布

大量实验结果表明:沿平面光滑壁的湍流边界层可以分为内层(或壁区)和外层(或外区)两个大层(或区). 它们的范围随来流与壁面的条件而异. 一般认为 $0 < \frac{y}{\delta_v} < 0.15 - 0.20$ 为内层, $0.15 - 0.20 < \frac{y}{\delta_v} < 1$ 为外层. 其中 y 为离壁面距离, δ_v 为湍流边界层的名义速度厚度. 外层以外的区域为无粘性主流区. 如

图 9.17 所示. 一般说来, 内层与外层分别受壁面与无粘性主流的影响较大.

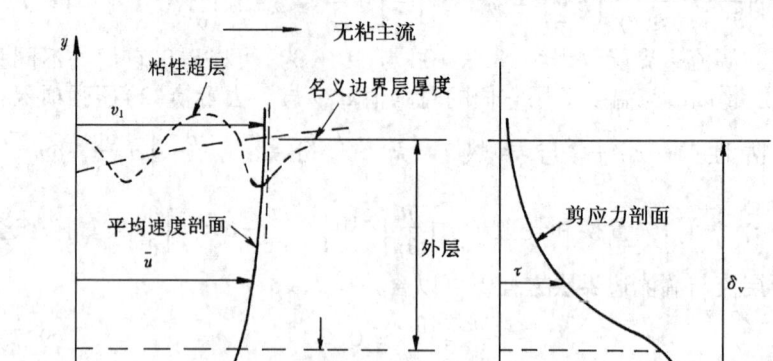

图 9.17 湍流边界层的划分

对于光滑壁,内层还可再分为三个子层,即粘性底层,缓冲层和完全湍流层. 粘性底层是直接与固壁相邻的一个薄层,它的流动特性,因受固壁影响,主要由流体的粘性(表现为剪切力)决定. 此层之外,湍流的惯性作用(表现为雷诺应力)相对于流体的粘性作用变得愈来愈重要. 以致到完全湍流层时,流动的特性主要由湍流的惯性作用决定. 而流体的粘性作用几乎可以完全忽略不计, 在这两个子层之间, 还存在一个相当薄的缓冲层, 在这层内, 湍流的惯性作用与流体的粘性作用几乎占同样重要地位. 当然, 三个子层内的流动特性实际上是逐渐变化的, 并没有明显的分界线.

外层是完全湍流流动, 具有较强的涡量分布, 它的流动特性受到无粘性主流与内层流动的影响, 一般具有更复杂的流动结构.

在外层与无粘性主流区之间存在一个界面, 它是由于两个区域内的涡量水平不同, 通过流体的粘性作用形成的, 这一界面通常称为粘性超层, 它的厚度一般认为与科莫哥洛夫的长度尺度同量级, 它是一个非常不规则而又极不稳定的界面. (参见附录(A)照片 9).

现在来简单讨论一下沿光滑固壁的湍流时均速度分布问题. 与圆管湍流的情况相类似, 对粘性底层, 完全湍流层和外层可以用量纲分析或混合长理论导出半经验的时均速度分布公式, 并利用实验结果确定其中的待定常数. 大量实验与分析结果表明:沿光滑固壁与沿光滑圆管的湍流流动, 在粘性底层与完全湍流两个子层内具有相同的时均速度分布. 而在缓冲层内, 由于流体的粘性与湍流的惯性起同样重要的作用, 难于从理论上处理, 一般均用经验公式, 这样, 在沿固

壁的湍流边界层内,其时均速度分布表达式为

内层的壁面律

粘性底层 $\quad u^+ = y^+, \quad\quad y^+ < 5,$ (9.8.6a)

缓冲层 $\quad u^+ = 5.0\ln y^+ - 3.05, \ 5 < y^+ < 30,$ (9.8.6b)

完全湍流层 $\quad u^+ = 2.5\ln y^+ + 5.5, \ y^+ > 30,$ (9.8.6c)

外层的速度亏损律

$$\frac{v_\infty - \bar{u}}{u_*} = 2.5 - 2.44\ln\frac{y}{\delta_v},$$ (9.8.6d)

其中 $\quad u^+ = \dfrac{\bar{u}}{u_*}, \quad y^+ = \dfrac{u_* y}{\nu}$ 和 $u_* = \sqrt{\dfrac{\tau_w}{\rho}}.$ (9.8.6e)

这些公式与实验结果的比较,见图9.18,一般说来,二者符合得相当好.

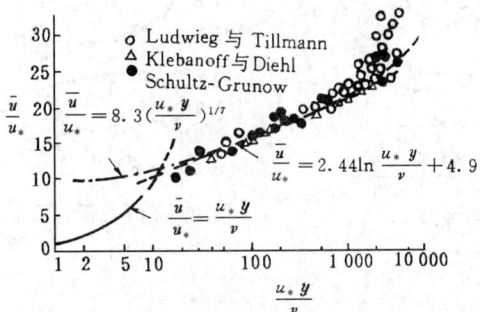

图 9.18 光滑壁附近的平均速度分布(引自参考书[33])

最后,还应指出:如果流动雷诺数很大,对数律(9.8.6c)的适用范围可高达 $y^+ = 1\,200$,但雷诺数较小或存在逆压梯度时,则将小于此值.

9.9 平面湍流速度边界层内一些重要湍流特性的实验结果

在研究湍流运动时,除了了解湍流的时均速度与温度分布以外,更为重要的是了解它的湍流特性如湍流度,雷诺应力和涡的扩散性等,因为它们直接关系到流体的各种输运性质. 不幸的是到目前为止仍不能用理论方法来进行这些研究,而只能依赖于实验来获取有关的资料. 现以沿光滑壁的湍流边界层为例,简单地介绍一下这些实验结果.

(一) 相对湍流度

这是一个代表湍性相对强弱的量. 它在 x, y 与 z 方向的分量分别用 $\dfrac{u'_1}{v_\infty}$,

$\dfrac{u'_2}{v_\infty}$ 和 $\dfrac{u'_3}{v_\infty}$ 表示,其中 $u'_i = \sqrt{\overline{u'^2_i}}, i = 1,2,3$。图 9.19(a) 与 (b) 为一沿零压强梯度光滑壁边界层内相对湍流度的分布曲线。图(a) 为一放大图,它代表最靠近壁面的结果。图中,$\dfrac{u'_2}{v_\infty}$ 与 $\dfrac{u'_3}{v_\infty}$ 的虚线部分表示目前尚缺乏可靠的数据,但可以推断 $\dfrac{u'_3}{v_\infty}$ 将随 y^+ 的减小线性地趋于零,而 $\dfrac{u'_2}{v_\infty}$ 则按连续性方程必须按 y^{+2} 的形式趋于零。图(b) 中还画出了时均速度廓线。从这些图中可以看出:

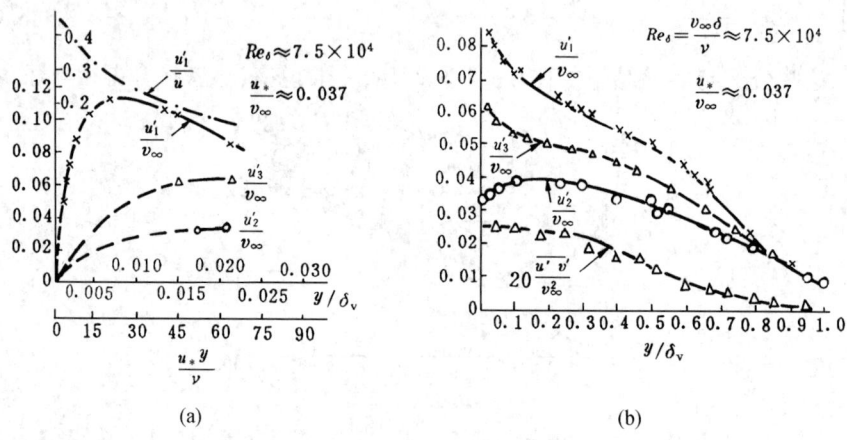

图 9.19 沿光滑平板湍流边界层内相对湍流度的变化(引自参考书[33])

1. 时均速度虽然是二维的,但涨落速度却三个方向均存在,这表明了湍流的三维性。

2. 三个方向的湍流度分量是不相同的,愈近壁面差别愈大,这表明边界层内的湍流是各向异性的,进入无粘性主流区以后,这种差别减小,并逐渐趋于零。

3. $\dfrac{u'_1}{v_\infty}$ 的值最大,$\dfrac{u'_3}{v_\infty}$ 次之,$\dfrac{u'_2}{v_\infty}$ 的值最小,这是由于时均速度主要沿 x 方向,在固壁附近它的变化较大,速度梯度也大,流动不够稳定,易于产生较大的速度涨落,而在 y 方向则由于受到固壁的限制,$\dfrac{u'_2}{v_\infty}$ 的值最小。

4. 湍流度分量 $\dfrac{u'_1}{v_\infty}, \dfrac{u'_3}{v_\infty}$ 与 $\dfrac{u'_2}{v_\infty}$ 分别在 $y^+ = 15,60$ 与 450 处达到最大值,这是因为由时均速度梯度所产生的涡在邻近固壁的粘性底层与过渡区内具有较强的二维性,使 $\dfrac{u'_1}{v_\infty}$ 的值在这区域内迅速增加,待涡旋进入完全湍流区以后,它的运动自由度增加并成为三维涡,这使三个湍流度分量可能同时增加,或者甚至出现 $\frac{u'_1}{v_\infty}$ 已开始下降,而 $\frac{u'_3}{v_\infty}$ 与 $\frac{u'_2}{v_\infty}$ 仍保持增加趋势.

5. 进入外层区以后,时均速度渐趋均匀,梯度减小,各湍流度分量均呈下降趋势,且它们的数值渐趋接近.

6. 粘性底层内虽然有较强的粘性作用,但湍流度分量 $\frac{u'_1}{v_\infty}$ 仍有较大的值,至于是否存在 $\frac{u'_3}{v_\infty}$ 与 $\frac{u'_2}{v_\infty}$ 分量尚不得而知.

(二) 雷诺应力

图 9.20(a) 与 (b) 为雷诺应力 $-\frac{\overline{u'_1 u'_2}}{v_\infty^2}$ (或 $\overline{\frac{u'_1 u'_2}{u_*^2}}$) 随 $\frac{y}{\delta_v}$ 或 y^+ 的变化. 其中图 (a) 为一放大图,它表示紧靠光滑壁的实验结果. 从这些图可以看出:

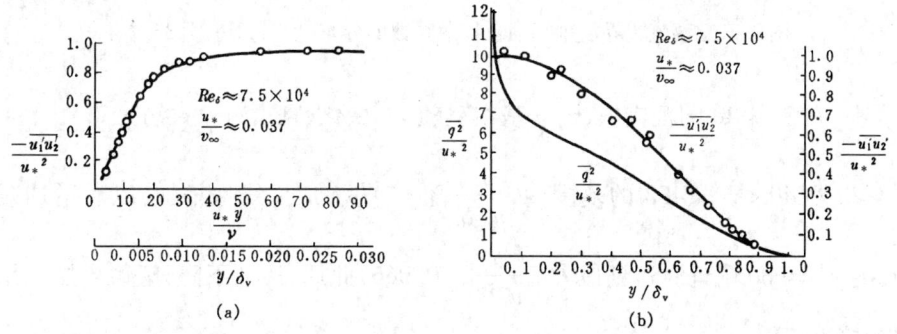

图 9.20 湍流边界层内的雷诺应力分布(引自参考书[33])

1. 雷诺应力 $\frac{\overline{u'_1 u'_2}}{v_\infty^2}$ 在 $y^+ = 20$ 以前呈线性上升,以后缓慢增加,直至 $y^+ = 40$ 左右. 在 $40 < y^+ < 300$ 之间几乎保持为常值,以后,开始下降,直至边界层上缘附近它的值才趋于零. 在大部分范围内它的值均仅为 $\frac{u'_1}{v_\infty}$ 与 $\frac{u'_2}{v_\infty}$ 值的 $\frac{1}{40} - \frac{1}{60}$,或者更小.

2. 为了与粘性剪应力 $\frac{\nu}{v_\infty^2}\frac{\partial u}{\partial y}$ 相比较,图 (a) 中也画了它在内层区的分布. 在粘性底层内($y^+ < 5$)粘性剪应力占主导地位,$y^+ > 30$ 以后,雷诺应力占主导地位,在这两区之间粘性剪应力与雷诺应力占同等重要地位.

(三) 湍流(或涡)动量扩散率(或系数)ν'

它相当于层流运动中的运动粘度(或动量分子扩散)系数 ν.

图 9.21(a)与(b)为无量纲涡动量扩散率(或系数). 在湍流边界层内随 y^+ 或 $\frac{y}{\delta_v}$ 的变化,其中(a)为一放大图. 从图中可以看出

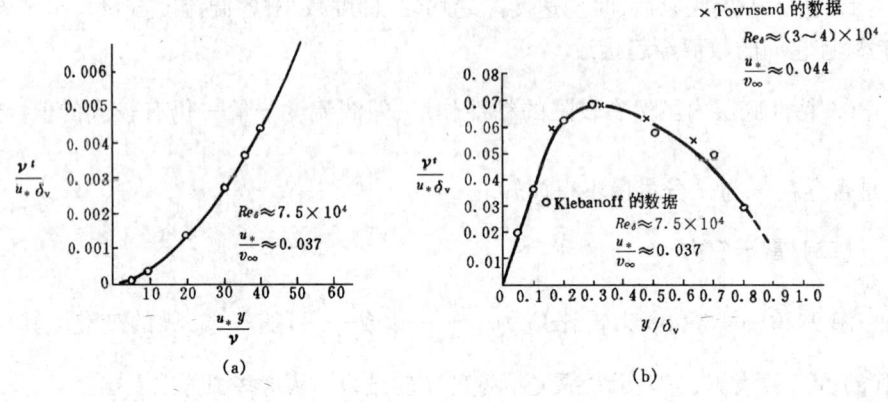

图 9.21　湍流边界层中涡动量扩散系数的分布(引自参考书[33])

1. 在 $y^+ < 40$ 的范围内,$\frac{\nu^t}{u_* \delta_v}$ 基本上随 y^{+n} 变化,且指数 n 大约为 2.

2. 在 $40 < y^+ < 450$ 的范围内,$\frac{\nu^t}{u_* \delta_v}$ 随 y^+ 的增加呈线性增加,以后增加减慢,到 $y^+ = 900$ 附近时达到最大值 $\frac{\nu^t}{u_* \delta_v} = 0.066$,此后,逐渐下降,至边界层上缘附近接近于零.

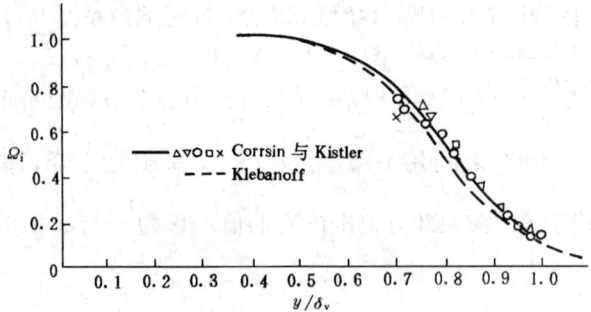

图 9.22　湍流边界层内间歇因子的分布(引自参考书[33])

(四)间歇因子

流场中某一给定点上,流动保持为湍流的时间分数称为间歇因子. 这里用 Ω_i 表示. 例如流动连续为湍流或层流时,它们的间歇因子 Ω_i 分别为 1 与 0. 从

图 9.22 可以看出:在 $0 < \frac{y}{\delta_v} < 0.45$ 的范围内,Ω_i 基本上保持为 1,$\frac{y}{\delta_v} > 1.1$ 以后 Ω_i 趋近于零,在 $0.45 < \frac{y}{\delta_v} < 1.1$ 之间,Ω_i 逐渐从 1 变为 0,并可近似地用高斯误差函数表示.

(五) 拟序运动(参阅参考文献[12])

近 40 年来,人们对湍流边界层内的拟序运动进行了大量实验研究,取得了丰硕成果,大大提高了人们对湍流结构的认识. 这些研究由于受到实验技术与方法的限制都是对低雷诺数($Re_{\delta m} < 5 \times 10^3$)和光滑平板进行的. 通常将 $y^+ > 100$ 与 $y^+ \leqslant 100$ 的区域分别称为外区与壁区(或外层与内层),壁区又分为三个子区,即粘性次层,缓冲区和完全湍流区,前二者有时又合称为近壁区,在下面的叙述中,"低速"与"高速"系指在 y 坐标点上对时均速度的扰动,通常用它们描述流向速度,即 $-u'$ 与 $+u'$ 分别为低速与高速.

在湍流边界层中,特别是在壁区内,充满了作随机运动的各种涡,也存在着大量各式各样的剪切层,一般认为它们的局部不稳定性导致了涡的诞生,但无论是在粘性次层,缓冲区或外区内,均尚存在着具有各自不同结构特征的拟序运动,对于大多数情况,这些结构属性的方差值相对于它们的时均值而言,还是比较大的,因而是可以测量的.

在外区,由于湍流/非湍流界面两侧的涡量不同,在界面上形成许多三维的凸块,它们在 x 与 z 方向的尺度大致与边界层的厚度相当,它们的特征是在平均应变方向作缓慢的旋转运动,在这些凸块的边缘上将产生无旋的深谷,通过它,自由流的流体被夹带入湍流区内,由于夹带与凸块的相互作用,在凸块的下方通常可以观察到一个大而弱的横向有旋涡,或称夹带涡,它的大尺度运动支配着外区的间歇性,也就是运动是拟序的,在夹带涡的上游,高速流体冲击着它的上游一侧,高速流体与下游低速流体的界面处存在着薄的 $\frac{\partial u'}{\partial x}$,$\frac{\partial u'}{\partial y}$ 和(或)$\frac{\partial u'}{\partial z}$ 的剪切层,这些倾斜的剪切层即使在高雷诺数情况下也能跨越大部分边界层,参见图 9.23(a) 与 (b).

粘性次层并不是层流,缓冲区也不是从层流过渡至湍流含义上的过渡区. 它们的流向速度场都被重组为许多高速 - 与低速 - 流向速度相交替而又细长的非定常区,或称流条,在粘性次层中,低速流条的平均展向间距大约是粘性长度 $\frac{\nu}{u_*}$ 的 100 倍(至少直到 $Re_{\delta m} \approx 6 \times 10^3$ 是如此). 在整个次层内,低速流体间歇地,局部地和猛烈地向外向上喷射,而上方的高速流体则间歇地和迅速地以小倾角直接入涌壁面,并伴以几乎与壁面平行的掠扫运动,这些近壁活动使边界层内的大部分湍流在缓冲区内生成. 并将这一过程称为湍流猝发,它由一喷射猝发

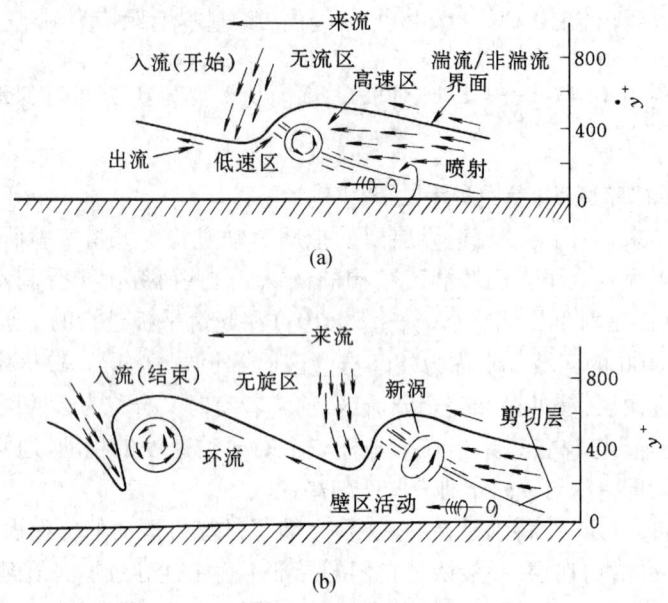

图 9.23 湍流边界层的拟序运动

与一入涌猝发构成一循环周期,而且前者远比后者强烈,实验结果表明:在 $y^+ \approx$ 12 以外的区域内,喷射运动是 $-\overline{u'v'}$ 的主要贡献者,而壁面附近的掠扫运动则支配着雷诺应力,参见图 9.24.

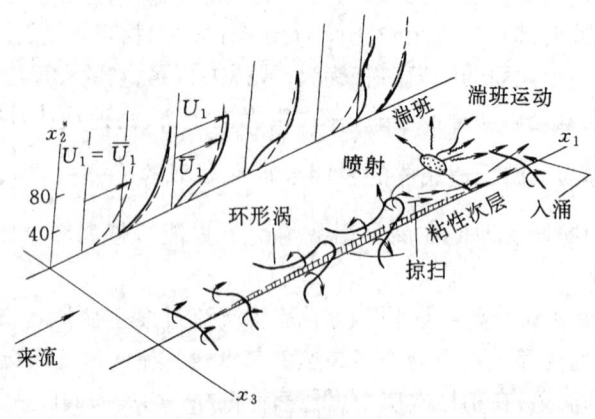

图 9.24 湍流边界层的环形涡

在生成湍流的过程中,缓冲区内也生成了许多涡,这些涡对于本区低速流条的形成起着重要作用,但与粘性次层中的低速流条相比,它们要短一个数量级. 同时,在喷射-入涌的循环过程中,速度剖面 $u(y)$ 与 $u(z)$ 内出现瞬时拐折是极可能的,它们可以滚卷起来成为相当强的半流向涡,随着运动的发展,涡的头部开始翘起,越往下游,翘得越高,离壁越远,形成环形(马蹄形、发夹形或 Λ 形)涡结构,参见图 9.24,它们在湍流的生成中也扮演着某种角色,但它们在空间的演化细节和具体几何形状尚缺乏共同的认识.

在近壁区内,湍流的生成周期看来大部分是自保持的,但区内的活动仍会直接和间接地影响着外区的行为,前者如喷射运动是一个相当快速的传质过程,而后者如半流向涡结构的逐渐加强与缓慢地向外移动,以及涡与涡之间的相互作用等,这些影响均可能依赖于雷诺数. 反过来,外区的流体活动如夹带涡也肯定会影响着近壁区的湍流生成过程,随之也影响着壁剪应力和壁传热性质等,也许这些影响不是支配性的. 目前这方面的情况是外区与壁区之间的动力关系了解甚少.

关于湍流边界层结构,需要进一步研究的问题包括:
(1) 近壁流条的形成
(2) 猝发过程
(3) 从壁区到外区的动量与质量传递
(4) 从外区到壁区的动量与质量传递
(5) 雷诺数效应和近壁湍流生成过程中所需的最佳尺度变量
(6) 马蹄/发夹/环形涡的存在与作用等.

其中最受人关注的是近壁区内湍流生成的猝发过程.

9.10 沿半无穷加热恒温平板的湍流速度与温度边界层

与层流边界层相类似,要想求湍流边界层的准确解,必须解湍流边界层方程组(9.7.3),但它是一个不封闭的方程组,因为,与层流情况相比,它多包含了两个未知函数,即雷诺应力 $-\rho \overline{u'v'}$ 和由于湍流所引起的每单位面积的能量流量 $-\rho c \overline{v'T'}$. 为了求速度与温度边界层的解,必须增加一定数量的辅助方程,使其成为一完整封闭的方程组. 目前,最常用的方法是对 $-\rho \overline{u'v'}$ 与 $-\rho c \overline{v'T'}$ 项作不同的假定,形成不同的模式. 以速度边界层为例,有一阶(或涡扩散率)模式和二阶(或雷诺应力)模式等. 前者将雷诺应力与时均速度场直接联系起来即

$$-\rho \overline{u'v'} = \rho \nu^t \frac{\partial \overline{u}}{\partial y},$$

其中 ν^t 为涡动量扩散率,它的量纲为 $L^2 S^{-1}$. 根据这点又可分为三种模式,即

$$\nu^t \sim \begin{cases} l^2 \left|\dfrac{\partial \bar{u}}{\partial y}\right|, & \text{零(或代数)方程模式,} \\ lK^{1/2}, & \text{一(或}K\text{-)方程模式,} \\ K^2/\varepsilon, & \text{二(或}K\text{-}\varepsilon\text{)方程模式,} \end{cases}$$

其中 l,K 与 ε 分别为混合长,湍流动能与湍能耗散. 第一种模式是将混合长用一代数方程去描述,第二种模式是除了给定混合长的代数方程以外,还加上一个代表湍流动能 K 保持平衡的偏微分方程,使它们与时均速度方程组联立求解. 这样,不仅可以获得时均速度分布,而且还可获得湍流动能 K 分布. 第三种模式是除了给定混合长与湍流动能方程之外,再加上一个表示湍能耗散 ε 保持平衡的偏微分方程,并使它们与时均速度方程组联合求解. 至于二阶(或雷诺应为)模式实际上是将各雷诺应力与湍能耗散等所应满足的偏微分方程和时均速度方程组联合求解,所以又称为多方程模式. 显然,这些模式所涉及的方程组都是相当复杂的,除了极简单的情况外,一般都只能用数值方法求解,这里不再讨论.

现在介绍一种计算平面湍流边界层的最简单而又实用的方法,即利用动量与能量积分关系式去求它们的近似解. 根据方程组(9.7.4)可知,湍流边界层的动量与能量积分关系式具有与层流情况完全相同的形式,只是它的左边用时均速度与时均温度值去置换速度与温度值,而它的右边则用湍流流动的壁剪应力与每单位面积的热流量去置换层流情况的相应值. 同时,在假定速度与温度剖面时亦应用时均值.

与层流边界层相类似,考虑在速度与温度分别为 v_∞ 与 T_∞ 的均匀来流中,放置一半无穷尖前缘,零冲角加热恒温光滑平板,x 与 y 轴分别平行与垂直于平板,原点取在前缘处,如图9.25所示. 假定壁温 T_w 为常数且 $T_w > T_\infty$ 和边界层是从原点开始的,即在该处厚度 δ_v 与 δ_t 均为零. 忽略能量方程中的耗散项,并认为沿平板方向不存在压强梯度.

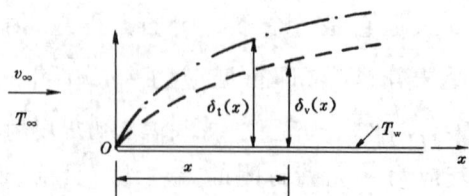

图9.25 沿加热恒温光滑平板的湍流速度与温度边界层

现在分别讨论速度与温度边界层.

(一) **速度边界层**(见附录(A)中的照片9)

对定常平面无压强梯度流动,从(8.14.4e)式有动量积分关系式

9.10 沿半无穷加热恒温平板的湍流速度与温度边界层

$$\frac{d\delta_m}{dx} = \frac{1}{2}C_f, \quad C_f = \frac{\tau_w}{\frac{1}{2}\rho v_\infty^2}, \tag{8.14.4e}$$

其中 δ_m, C_f 与 τ_w 分别代表湍流边界层的动量厚度,壁摩擦系数和壁剪应力.

根据(9.8.6)式,平面湍流边界层的时均速度剖面大部分具有对数形式,如果应用动量积分关系式时,假定速度剖面为这种形式,则将得不到简单的封闭形式解. 另一面,考虑到在 $4\times 10^3 < Re_D < 3.2\times 10^6$ 的广大范围内,圆管湍流的时均速度分布可以用幂次形式的表达式去近似,而沿平板与沿圆管的流动有许多相似之处,故可近似地假定沿平板湍流边界层的时均速度分布为

$$\bar{u} = A + B y^{\frac{1}{n}}.$$

利用边界条件 $y = 0, \bar{u} = 0, A = 0,$

$$y = \delta_v, \bar{u} = v_\infty, B = \frac{v_\infty}{\delta_v^{1/n}},$$

于是有

$$\frac{\bar{u}}{v_\infty} = \left(\frac{y}{\delta_v}\right)^{\frac{1}{n}}, \tag{9.10.1}$$

其中指数 n 是雷诺数的函数.

将(9.10.1)式代入动量与位移厚度定义,并进行积分后有

$$\frac{\delta_m}{\delta_v} = \frac{n}{(n+1)(n+2)} \tag{9.10.2a}$$

和

$$\frac{\delta_d}{\delta_v} = \frac{1}{1+n}. \tag{9.10.2b}$$

其次,将动量积分关系式(8.14.4e)的右边改写为 δ_v(或 δ_m)的函数. 为此,注意有

$$\frac{1}{2}C_f = \frac{\tau_w}{\rho v_\infty^2} = \left(\frac{u_*}{v_\infty}\right)^2,$$

并用 u_* 无量纲化(9.10.1)式有

$$\frac{\bar{u}}{u_*} = \frac{v_\infty}{u_*}\left(\frac{y}{\delta_v}\right)^{\frac{1}{n}} = C\left[\delta_v^+ \frac{y}{\delta_v}\right]^{\frac{1}{n}},$$

其中 $\delta_v^+ = \frac{\delta_v u_*}{\nu}, \quad C = \left(\frac{v_\infty}{u_*}\right)^{\frac{n+1}{n}} Re_{\delta v}^{-\frac{1}{n}}, \quad Re_{\delta v} = \frac{v_\infty \delta_v}{\nu},$

或

$$\frac{u_*}{v_\infty} = C^{-\frac{2n}{1+n}} Re_{\delta v}^{-\frac{1}{1+n}},$$

故

$$\frac{1}{2}C_f = C_1 Re_{\delta v}^{-\frac{2}{1+n}}, \tag{9.10.3a}$$

其中

$$C_1 = C^{-\frac{2n}{1+n}}. \tag{9.10.3b}$$

将(9.10.2a)与(9.10.2b)式代入动量积分关系式(8.14.4e)并稍加改写后变为

$$\frac{n+1}{n+3}\frac{\mathrm{d}}{\mathrm{d}x}\delta_v^{\frac{n+3}{n+1}} = \frac{(n+1)(n+3)}{n}C_1\left(\frac{\nu}{v_\infty}\right)^{\frac{2}{1+n}}. \qquad (9.10.4)$$

指数 n 虽然是雷诺数的函数,但对给定的流动,它可近似地看成为一常数. 积分(9.10.4)式,注意到 $x=0$,$\delta_v=0$,并用 $x^{\frac{n+3}{n+1}}$ 除所得结果的两边和开 $\frac{n+1}{n+3}$ 次方以后有

$$\frac{\delta_v}{x} = C_2 Re_x^{-\frac{2}{n+3}}, \qquad (9.10.5\mathrm{a})$$

其中

$$C_2 = \left[\frac{(n+2)(n+3)}{C_1}\right]^{\frac{n+1}{n+3}}. \qquad (9.10.5\mathrm{b})$$

这就是沿半无穷平板湍流边界层的名义速度厚度在 x 方向的变化规律. 很显然,对湍流边界层这里有 $\frac{\delta_v}{x} \sim Re^{-\frac{2}{n+3}}$,如果 $n=7$(对应于圆管湍流的 $Re_D = 1.1 \times 10^5$),则有 $\frac{\delta_v}{x} \sim Re_x^{-\frac{1}{5}}$ 或 $\delta_v \sim x^{4/5}$. 而在 8.11 节中,对层流边界层有 $\frac{\delta_v}{x} \sim Re_x^{-\frac{1}{2}}$ 或 $\delta_v \sim x^{1/2}$. 这表明湍流边界层的名义速度厚度较层流边界层的发展得更快. 这是由于(1)在固壁附近有更多的动量向外传递,(2)在不规则的上缘处有更多的无粘性主流流体被带入边界层内.

现在来确定(9.10.5)式中的常数 C_2. 对光滑圆管中的湍流流动,注意 $Re_D = 2Re_R$ 和当 $n=7$ 时 $v_\Psi = 0.817 v_{max}$ 从(9.5.9)与(9.5.15)式有

$$\tau_w = 0.0225 \rho v_{max}^2 Re_R^{-\frac{1}{4}}.$$

如果认为上表达式中的 Re_R 与 v_{max} 分别用 $Re_{\delta v}$ 与 v_∞ 去置换后,即可对光滑平板成立,则有

$$\frac{1}{2}C_f = \frac{\tau_w}{\rho v_\infty^2} = 0.0225 Re_{\delta v}^{-\frac{1}{4}}. \qquad (9.10.6\mathrm{a})$$

将此式与(9.10.3a)式相比有 $C_1 = 0.0225$. 再将此值与 $n=7$ 代入(9.10.5b)式有 $C_2 = 0.37$. 于是(9.10.5a)式变为

$$\frac{\delta_v(x)}{x} = 0.37 Re_x^{-\frac{1}{5}}. \qquad (9.10.7\mathrm{a})$$

随之,利用此式,(9.10.6a)式可改写为

$$\frac{1}{2}C_f = 0.02885 Re_x^{-\frac{1}{5}}. \qquad (9.10.6\mathrm{b})$$

再利用(9.10.2a)与(9.10.2b)式和 $n=7$,可得

$$\frac{\delta_m(x)}{x} = 0.036 Re_x^{-\frac{1}{5}}. \qquad (9.10.7b)$$

和
$$\frac{\delta_d(x)}{x} = 0.0462 Re_x^{-\frac{1}{5}}. \qquad (9.10.7c)$$

从(9.10.7c)与(9.10.7b)式有
$$H_{dm} = \frac{\delta_d}{\delta_m} = 1.286.$$

同时,注意对沿光滑平板湍流边界层,从(9.10.6a)式有 $\tau_w \sim v_\infty^{\frac{7}{4}}$,和利用(9.10.6b)与(9.10.7a)式有 $C_f \sim Re_x^{-\frac{1}{5}}$.

最后,计算展宽为1,长度为 l 的平板上所受的总摩擦力
$$D_f = \int_0^l \tau_w dx = 0.0255 \rho v_\infty^2 \left(\frac{\nu}{v_\infty}\right)^{\frac{1}{4}} \int_0^l \frac{dx}{\delta_v^{1/4}}.$$

将(9.10.7a)式代入,并积分有
$$D_f = 0.036 \rho v_\infty^2 l Re_l^{-\frac{1}{5}}. \qquad (9.10.8a)$$

这表明湍流边界层的总摩擦力与 $v_\infty^{9/5}$ 成正比,而层流情况则与 $v_\infty^{4/2}$ 成正比. 这意味着对同一速度,湍流的摩擦力较层流的为大. 总的摩擦系数
$$C_{Df} = \frac{D_f}{\frac{1}{2}\rho v_\infty^2 l} = 0.072 Re_l^{-\frac{1}{5}}. \qquad (9.10.8b)$$

根据实验结果,通常将系数0.072调整为0.074. 在 $5 \times 10^5 < Re_l < 2.5 \times 10^7$ 的范围内,理论与实验的结果符合得相当好. 如图9.26所示.

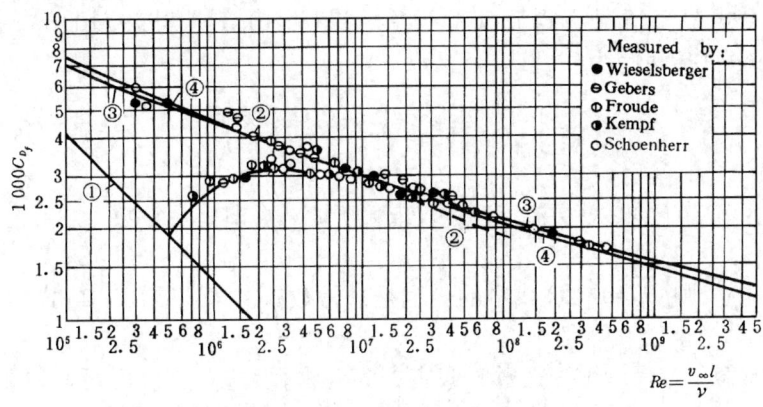

图9.26 光滑平板总的摩擦系数,理论与实验比较(引自参考书[19])
① 布拉修斯公式(8.11.15) ② 普朗特公式(9.10.8b)

(二) 温度边界层

根据前面的假定,从(8.14.9g)式有能量积分关系式

$$\frac{\mathrm{d}\delta_\mathrm{I}}{\mathrm{d}x} = \frac{q_\mathrm{w}}{c\rho v_\infty(T_\mathrm{w}-T_\infty)} = \frac{Nu}{PrRe_x}, \quad (8.14.9\mathrm{g})$$

其中焓厚度

$$\delta_\mathrm{I} = \int_0^{\delta_\mathrm{t}} \frac{\bar u}{v_\infty}\left[\frac{\bar T-T_\infty}{T_\mathrm{w}-T_\infty}\right]\mathrm{d}y. \quad (8.14.9\mathrm{e})$$

如果认为温度边界层与速度边界层一样,也具有相似性解.同时它的剖面与速度剖面相类似,则对应于(9.10.1)式,可假定温度分布为

$$\frac{\bar T-T_\infty}{T_\mathrm{w}-T_\infty} = 1-\left(\frac{y}{\delta_\mathrm{t}}\right)^{\frac{1}{n}}. \quad (9.10.9)$$

将(9.10.1)与(9.10.9)式代入(8.14.9e),进行积分,并注意利用 $x=0, \delta_\mathrm{t}=0$ 和(9.10.2a)式,于是有

$$\frac{\delta_\mathrm{I}}{\delta_\mathrm{t}} = \left(\frac{\delta_\mathrm{t}}{\delta_\mathrm{v}}\right)^{\frac{1}{n}}\frac{\delta_\mathrm{m}}{\delta_\mathrm{v}}. \quad (9.10.10)$$

现在来改写(8.14.9g)式的右边,对于沿平板的层流温度边界层,从(8.11.23)式有

$$Nu = \frac{1}{2}C_\mathrm{f}Re_x Pr^{1/3}, \quad 0.6<Pr<10. \quad (8.11.23)$$

这也是雷诺类比关系式.在8.9节中曾经提到过,雷诺类比对湍流流动也近似成立,只是式中的层流 C_f 值要用相应的湍流值去置换,这样,(8.11.23)式可改写为

$$\frac{Nu}{Re_x Pr} = St = \frac{1}{2}C_\mathrm{f}Pr^{-\frac{2}{3}}. \quad (9.10.11)$$

这一关系式湍流情况亦得到实验证实.将(9.10.11)与(9.10.3a)式代入(8.14.9g)式后可写为

$$\frac{\mathrm{d}}{\mathrm{d}x}\left[\frac{\delta_\mathrm{h}}{\delta_\mathrm{t}}\delta_\mathrm{t}\right] = C_1 Re_x^{-\frac{2}{1+n}} Pr^{-\frac{2}{3}}\left(\frac{x}{\delta_\mathrm{v}}\right)^{\frac{2}{1+n}}. \quad (9.10.12)$$

从8.11节已知,对层流流动 $\dfrac{\delta_\mathrm{t}}{\delta_\mathrm{v}}$ 仅依赖于 Pr 数,即为一常数.如果这对湍流流动也成立,则(9.10.10)式中的 $\dfrac{\delta_\mathrm{I}}{\delta_\mathrm{t}}$ 也是一常数.这样,(9.10.12)式为一对 δ_t 的一阶常微分方程.现在先暂时假定 $\dfrac{\delta_\mathrm{t}}{\delta_\mathrm{v}}$ 为一常数,这一点以后可以得到证明.于是,积分(9.10.12)式,注意利用 $x=0, \delta_\mathrm{t}=0$,并在所得式的两边除以 $x^{\frac{n+3}{n+1}}$ 和利用(9.10.2a)式,则有

9.10 沿半无穷加热恒温平板的湍流速度与温度边界层

$$\left(\frac{\delta_t}{x}\right)^{\frac{n+3}{n+1}} = \frac{(n+2)(n+3)}{n} C_1 Pr^{-\frac{2}{3}} Re_x^{-\frac{2}{n+1}} \left(\frac{\delta_t}{\delta_v}\right)^{\frac{n-1}{n(n+1)}}$$

或

$$\frac{\delta_t}{x} = C_2 Pr^{-\frac{2(n+1)}{3(n+3)}} Re_x^{-\frac{2}{n+3}} \left(\frac{\delta_t}{\delta_v}\right)^{\frac{n-1}{n(n+3)}}. \tag{9.10.13}$$

此式除以(9.10.5a)式后有

$$\frac{\delta_t}{\delta_v} = Pr^{-\frac{2(n+1)}{3(n+3)}} \left(\frac{\delta_t}{\delta_v}\right)^{\frac{n-1}{n(n+3)}}$$

或

$$\frac{\delta_t}{\delta_v} = Pr^{-\frac{2n}{3(n+1)}}. \tag{9.10.14}$$

这就证明了对湍流流动,$\frac{\delta_t}{\delta_v}$仍为一常数。将(9.10.14)代入(9.10.13)式,即可得温度边界层的名义厚度函数

$$\frac{\delta_t(x)}{x} = C_2 Re_x^{-\frac{2}{(n+3)}} Pr^{-\frac{2n}{3(n+1)}}. \tag{9.10.15a}$$

如果取 $n=7$,则有

$$\frac{\delta_t}{x} = 0.37 Re_x^{-\frac{1}{5}} Pr^{-\frac{7}{12}} \tag{9.10.15b}$$

和

$$\frac{\delta_t}{\delta_v} = Pr^{-\frac{7}{12}}. \tag{9.10.15c}$$

由(9.10.10)式可求出焓厚度

$$\delta_I = 0.361 Re_x^{-\frac{1}{5}} Pr^{-\frac{2}{3}}. \tag{9.10.15d}$$

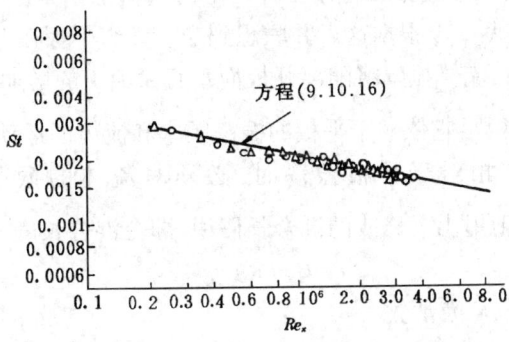

图 9.27 St 数随 Re_x 的变化(引自参考书[34])

如果所需要的不是边界层厚度而是传热性质,则可不必求方程(9.10.12)的解,而是直接利用雷诺类比关系式(9.10.11)即可得到 St 数或 Nu 数。当 $n=7$ 时,从(9.10.11)与(9.10.3)式,并注意到 $C_f = 0.0225$ 和 $Re_{\delta v} = 0.37 Pe_x^{\frac{4}{5}}$ 则有

$$St = 0.0288 Re_x^{-\frac{1}{5}} Pr^{-\frac{2}{3}}. \tag{9.10.16}$$

与对空气的实验结果相比,在 $0.5 < Pr < 1.0$ 与 $5 \times 10^5 < Re_x < 5 \times 10^6$ 的范围内,一般将右边 Pr 数的指数从 $\frac{2}{3}$ 调整为 $\frac{2}{5}$,则与实验结果更为符合,如图 9.27 所示.

将(9.10.15b)代入(9.10.9)式即可得温度分布函数 $\dfrac{\overline{T} - T_\infty}{T_w - T_\infty}$,它是 (x,y) 的函数.并以 Pr 数和指数 n 作为参数.

9.11 平面湍流速度与温度边界层的连续壁律模型

在 9.8 节中讨论了平面湍流边界层的多层模型.它是建立在经验与半经验理论之上的,对于描述时均速度分布,它能给出令人满意的结果.在该模型中曾经假定在整个粘性底层内流体的粘性起主导作用,以致由湍流速度与温度涨落所引起的输运现象可以完全忽略不计(即 $v^t = \alpha^t = 0$).实践表明如果用这一假定去求能量方程的解,往往会给出过低的对流传热系数,特别是在高 Pr 数时更是如此.这是因为在粘性底层内即使仅留一个很小而又有限的 v^t 值,也许它对动量输运的影响可以忽略,但它却可使传热系数的值大大提高.因之,需要这样一个模型,它在粘性底层内,v^t 与 α^t 为有限值,直到固壁处它们才趋于零.

实验也已证明在粘性底层内存在着一定的湍流涨落量. 1956 年 E.R.范·德律斯特(参考文献[3])根据这点并联想到当一无穷平板在粘性流体中沿水平方向作简谐振荡时,流体振幅将随离开板面垂直距离 y 的增加而衰减,其规律为 $\mathrm{e}^{-\frac{y}{A}}$,其中 A 为一常数,它依赖于平板的振荡频率和流体的运动粘度系数.反之,当平板固定,流体相对于平板振荡时,必须对流体的振荡加一阻尼因子 $[1 - \mathrm{e}^{-\frac{y}{A}}]$.于是,他提出了修改的混合长假说,即令混合长度

$$l = Kny, \tag{9.11.1}$$

其中 n 为阻尼因子,K 为常数.

现在来考虑适用于整个内层区的连续壁面律.假定压强梯度与耗散项的影响可以忽略,则定常平面湍流边界层方程组(9.7.4)变为

$$\frac{\partial u}{\partial x} + \frac{\partial v}{\partial y} = 0, \tag{9.11.2a}$$

$$\rho\left(u \frac{\partial u}{\partial x} + v \frac{\partial u}{\partial y}\right) = \frac{\partial \tau}{\partial y}, \tag{9.11.2b}$$

$$c\rho\left(u\frac{\partial T}{\partial x}+v\frac{\partial T}{\partial y}\right)=\frac{\partial q}{\partial y}, \tag{9.11.2c}$$

其中
$$\tau=\mu\frac{\partial u}{\partial y}-\rho\,\overline{u'v'}, \tag{9.11.2d}$$

$$q=k\frac{\partial T}{\partial y}-\rho\,c\,\overline{v'T'}. \tag{9.11.2e}$$

这里的 u,v 和 T 已将时均值符号略去. 边界条件为

$$y=0,\ u=v=0,\ T=T_w,\ \overline{u'v'}=\overline{v'T'}=0, \tag{9.11.3a}$$

$$y=\infty,\ u=v_\infty,\ v=0,\ T=T_\infty,\ \overline{u'v'}=\overline{v'T'}=0. \tag{9.11.3b}$$

根据边界层内层区与外层区的特点,可将这一方程组大大简化. 现以内层区为例,该区是一个紧邻壁面的流体薄层,在此层内,各时均量如 u,v,T 等对 x 的微分已小到可以忽略不计,同时,时均速度分量 v 的值也可近似地用壁面处 $v=0$ 的值去替代. 这样,方程组(9.11.2)中前三个方程简化为

$$\frac{\partial \tau}{\partial y}=0 \quad 和 \quad \frac{\partial q}{\partial y}=0.$$

这意味着 τ 与 q 仅依赖于 x 而不依赖于 y. 如果它们的值用壁面的值 τ_w 与 q_w 去近似,则方程组(9.11.2)中的后两个方程变为

$$\tau_w=\mu\frac{\partial u}{\partial y}-\rho\,\overline{u'v'}, \tag{9.11.4a}$$

$$q_w=k\frac{\partial T}{\partial y}-\rho\,cp\,\overline{v'T'}. \tag{9.11.4b}$$

如果用混合长理论来描述湍流输运现象,即令

$$-\overline{u'v'}=l^2\left(\frac{\partial u}{\partial y}\right)^2, \tag{9.11.5a}$$

$$-\overline{v'T'}=\frac{l^2}{Pr_t}\left(\frac{\partial u}{\partial y}\right)\left(\frac{\partial T}{\partial y}\right), \tag{9.11.5b}$$

其中 l 为混合长,Pr_t 为湍流普朗特数,它代表湍流动量输运与湍流能量输运之比,即

$$Pr_t=\frac{\overline{u'v'}}{\overline{v'T'}}=\frac{\dfrac{\mathrm{d}T}{\mathrm{d}y}}{\dfrac{\mathrm{d}u}{\mathrm{d}y}}. \tag{9.11.5c}$$

将(9.11.5a),(9.11.5b)式与(9.11.1)式代入(9.11.4a)与(9.11.4b)式后有

$$\tau_w=\mu\frac{\mathrm{d}u}{\mathrm{d}y}+\rho K^2 n^2 y^2\left(\frac{\mathrm{d}u}{\mathrm{d}y}\right)^2, \tag{9.11.6a}$$

$$q_w=k\frac{\mathrm{d}T}{\mathrm{d}y}+\rho c\frac{K^2 n^2}{Pr_t}y^2\frac{\mathrm{d}u}{\mathrm{d}y}\frac{\mathrm{d}T}{\mathrm{d}y}. \tag{9.11.6b}$$

用下列定义无量纲化上两式

$$u^+ = \frac{u}{u_*}, \quad y^+ = \frac{u_* y}{\nu}, \quad T^+ = \frac{T}{T_*},$$

$$u_* = \sqrt{\frac{\tau_w}{\rho}}, \quad T_* = \frac{q_w}{c\rho u_*}.$$

则方程组(9.11.6)变为

$$1 = \frac{\mathrm{d}u^+}{\mathrm{d}y^+} + K^2 n^2 y^{+2} \left(\frac{\mathrm{d}u^+}{\mathrm{d}y^+}\right)^2, \tag{9.11.7a}$$

$$1 = \frac{1}{Pr}\frac{\mathrm{d}T^+}{\mathrm{d}y^+} + \frac{K^2 n^2}{Pr_t} y^{+2} \frac{\mathrm{d}u^+}{\mathrm{d}y^+}\frac{\mathrm{d}T^+}{\mathrm{d}y^+}. \tag{9.11.7b}$$

注意(9.11.7a)式为对$\frac{\mathrm{d}u^+}{\mathrm{d}y^+}$的二次代数方程,而(9.11.7b)式则为对$\frac{\mathrm{d}T^+}{\mathrm{d}y^+}$的一次代数方程. 分别对它们求解有

$$\frac{\mathrm{d}u^+}{\mathrm{d}y^+} = \frac{2}{1 + \sqrt{1 + 4K^2 n^2 y^{+2}}}, \tag{9.11.8a}$$

$$\frac{\mathrm{d}T^+}{\mathrm{d}y^+} = \frac{1}{\frac{1}{Pr} + \frac{K^2 n^2}{Pr_t} y^{+2} \frac{\mathrm{d}u^+}{\mathrm{d}y^+}}, \tag{9.11.8b}$$

积分后变为

$$u^+ = \int_0^{y^+} \frac{2\mathrm{d}y^+}{1 + \sqrt{1 + 4K^2 n^2 y^{+2}}}, \tag{9.11.9a}$$

$$T^+ = \int_0^{y^+} \frac{\mathrm{d}y^+}{\frac{1}{Pr} + \frac{K^2 n^2}{Pr_t} y^{+2} \frac{\mathrm{d}u^+}{\mathrm{d}y^+}}. \tag{9.11.9b}$$

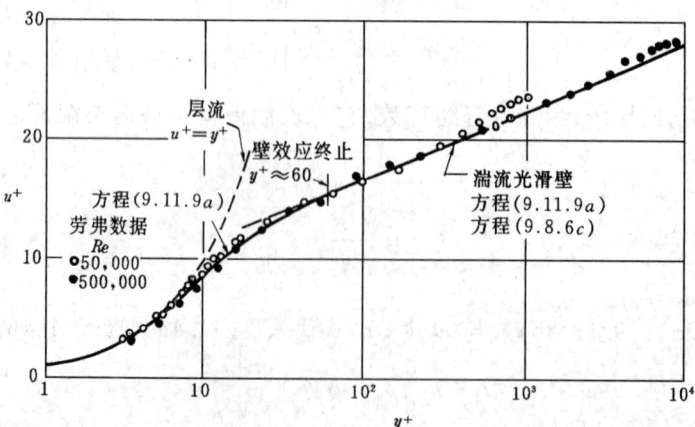

图9.28 光滑壁附近湍流时均速度廓线的理论与实验比较(引自参考文献[3])

这就是不考虑压强梯度与耗散项时,湍流边界层内层区内的速度与温度分布.

对(9.11.9a)式范·德律斯特进行了数值计算,他取 $K=0.4$ 和 $n=\left[1-\mathrm{e}^{-\frac{y^+}{A}}\right]$,其中 A 为一由实验确定的常数,它代表粘性底层的有效厚度,计算时,他取 A 为 26. 计算结果如图 9.28 所示. 对(9.11.9b)式,最近,朱考斯卡斯等人进行了实验和计算,他们建议

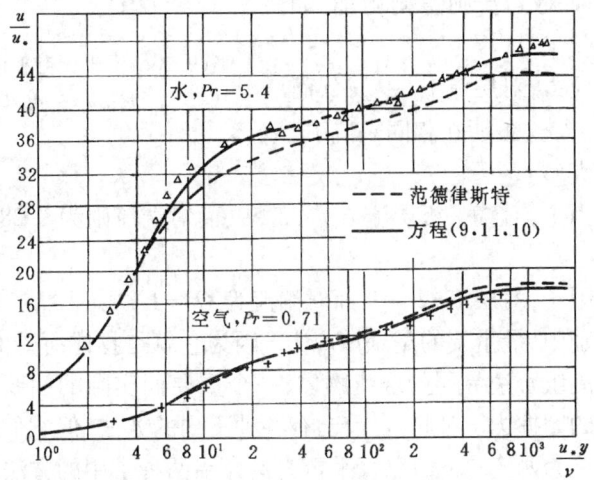

图 9.29 对不同流体沿平板理论与实验速度廓线的比较(引自参考书[29]).

$$y < A' \text{时取} \quad n = \exp\left[-\frac{1-y^+/A'}{\sigma}\right], \qquad (9.11.10)$$

$$y \geqslant A' \text{时取} \quad n = 1.$$

其中 A' 与 σ 为二常数,它们分别取为 23 与 0.4. 实验与计算结果如图 9.29 所示. 从这两图看来理论与实验结果符合得相当好.

9.12 沿半无穷平板的层流-湍流组合边界层

在前面的讨论中,总是假定从平板(或物体)的前缘(或驻点)就开始形成层流或湍流边界层. 实际上,绕物体的流动常常是个组合边界层问题,即在物体的前部分首先形成层流边界层,而在它的后部分形成湍流边界层. 在它们之间尚存在一个过渡段. 以绕半无穷平板流动为例如图 9.30 所示. 过渡段从层流的失稳点开始直到流动成为完全湍流之点结束. 前者称为层流不稳定点,后者称为湍流过渡点. 在这段内流动逐渐从层流过渡成湍流,它的性质介于二者之间,既有层流的成分也有湍流的成分. 因之,对层流与湍流边界层的一些重要差别作一简单回顾,对了解过渡段的流动性质是很有帮助的.

(1) 速度边界层的名义厚度,对层流为 $\delta_v \sim x^{\frac{1}{2}}$ 而对湍流为 $\delta_v \sim x^{\frac{4}{5}}$。这表明后者较前者增长得更快.

(2) 壁面附近,速度随 y 的变化. 对层流缓慢增加而对湍流则急剧增加,如图 9.30 所示.

(3) 壁剪应力,对层流 $\tau_w \sim v_\infty^{3/2}$,而对湍流 $\tau_w \sim v_\infty^{7/4}$,这表明在相同来流下,后者较前者为大.

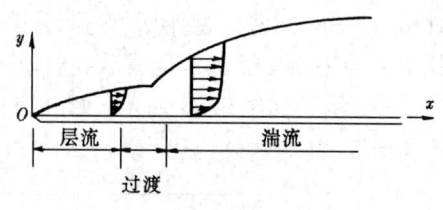

图 9.30 沿半无穷平板的层流 - 湍流组合边界层

(4) 形状因子,对绕平板层流 $H_{dm} = 2.59$,而对湍流则为 1.286,这表明前者较后者为大.

(5) 间歇因子,对层流 $\Omega_i = 0$,而对湍流为 $\Omega_i = 1$.

在这些差别中,最重要的是壁剪应力. 因为它就是物体所受的摩擦力,对于具有层流 - 湍流组合边界层的绕流物体,一个重要而实际的问题是如何较好地估计物体所受的摩擦力. 对此,目前已有各种不同的方法,但它们的共同点是将三个流动区简化为两个. 下面以绕平板为例介绍两种常用的方法.

(一) 普朗特法

他首先提出以过渡点为分界点,并假定过渡点以后的湍流边界层与从前缘起的湍流边界层具有相同的流动性质. 如果用 x_{ct} 表示过渡点的位置,如图 9.31(a) 所示. 则从前缘起距离为 x 的组合边界层的摩擦力等于距离为 x 的湍流边界层的摩擦力减去距离为 x_{ct} 的湍流边界层的摩擦力,再加上距离为 x_{ct} 的层流边界层的摩擦力,即在过渡点以前的距离 x_{ct} 内,单位展宽(垂直于纸面)所减少的摩擦力为

$$\Delta D = -\frac{1}{2}\rho v_\infty^2 x_{ct}(C_{f_t} - C_{f_l}),$$

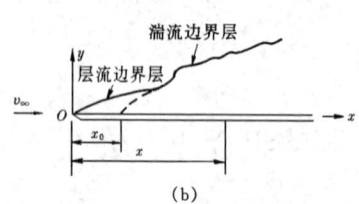

图 9.31 组合边界层壁摩擦力的估算

其中 C_{f_t} 与 C_{f_l} 分别为湍流与层流边界层在过滤点的总摩擦系数. 于是对组合边界层总摩擦系数 C_f 的修正值为

$$\Delta C_{D_f} = \frac{\Delta D}{\frac{1}{2}\rho v_\infty^2 x} = -\frac{x_{ct}}{x}(C_{f_t} - C_{f_l})$$

$$= -\frac{A}{Re_x},$$

其中 $A = Re_{x_{ct}}(C_{f_t} - C_{f_l})$. 这样,对组合边界层,$C_f$ 可写为

$$C_f = \frac{0.074}{Re_x^{1/5}} - \frac{A}{Re_x} \quad 5 \times 10^5 < Re_x < 10^7. \quad (9.12.1)$$

利用前面的结果 $C_{f_t} = \dfrac{0.074}{Re_x^{1/5}}$ 与 $C_{f_l} = 1.328 Re_x^{-\frac{1}{2}}$ 并注意计算 A 值时取 $Re_x = Re_{x_{ct}}$,则 A 有下列值

$Re_{x_{ct}}$	3×10^5	5×10^5	10^6	3×10^6
A	1 050	1 700	3 300	8 700

应当指出:(9.12.1)式中所用的 C_{f_t} 是利用 $\dfrac{1}{7}$ 幂次速度分布得出的. 它的适用范围只能在所示的雷诺数之内,施里希廷应用与此相似的方法,但从普适的对数速度分布出发,获得了适用范围更广的表达式,特别是在高雷诺数时.

(二)朱考斯卡斯法(参考书[29])

他假定边界层中的湍流部分存在一虚构原点,并以此点为分界点. 令虚原点的位置为 x_0,在它之前与后分别为层流与湍流边界层,如图 9.31b 所示. x_0 的位置是来流湍流度与雷诺数的函数. 他们用空气,水和变压器油对不同的来流速度和湍流度进行了大量实验. 获得了图 9.32,9.33 和 9.34. 如果来流湍流度与 Re_x 为已知,利用图 9.32 可求出 Re_{x-x_0}. 再用它和图 9.33 与 9.34 可求出湍流边界层的名义速度厚度,位移厚度,动量厚度和摩擦系数.

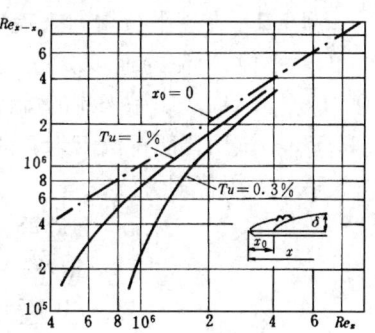

图 9.32 确定湍流边界层虚原点位置的曲线

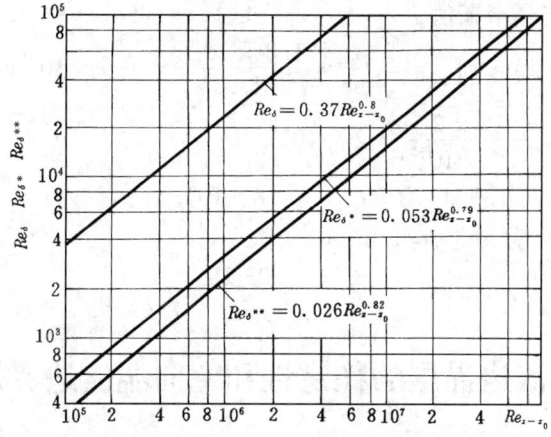

图 9.33 湍流边界层特征厚度与 $x - x_0$ 之间的关系 $\delta^* = \delta_d, \delta^{**} = \delta_m$

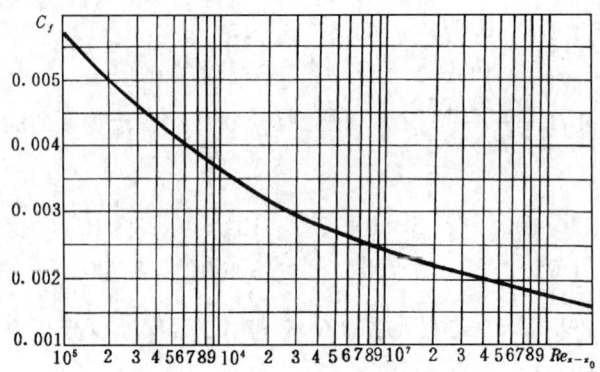

图 9.34　平板的摩擦系数

例 9.2　在一平行均匀来流中,沿来流方向放置一尖前缘,零冲角,长度为 2m 的薄平板,来流的速度、密度和粘度系数分别为 15m/s、1.2kg/m³ 和 1.8×10^{-5} kg/(m·s)。如果来流的湍流度 Tu 为 1% 和临界过渡点距前缘的位置 $x_{CT} = 0.57$m。试用普朗特法与朱考斯卡斯法求此组合边界层的摩擦系数。

解　先用普朗特法,

层流　　$C_{fe} = \dfrac{1.328}{\sqrt{Re_L}} = \dfrac{1.328}{\sqrt{2 \times 10^6}} = 0.000\,94$,

湍流　　$C_{ft} = \dfrac{0.074}{(Re_L)^{1/5}} = \dfrac{0.074}{(20)^{1/5} \times 10} = 0.004\,07$,

总摩擦系数　$C_f = 0.004\,07 - \dfrac{0.57}{2}(0.004\,07 - 0.000\,94)$

$= 0.003\,2.$

其次,用朱考斯卡斯法,

$v_\infty = 15 \text{m/s},\quad \nu = \dfrac{\mu}{\rho} = \dfrac{1.8 \times 10^{-5}}{1.2} = 1.5 \times 10^{-5} \text{m}^2/\text{s},$

$Re_x = \dfrac{15 \times 2}{1.5 \times 10^{-5}} = 2 \times 10^6.$

对 $Tu = 1\%$,从图 9.32 有 $Re_{x-x_0} = 1.8 \times 10^6$,

再从图 9.34,对 $Re_{x-x_0} = 1.8 \times 10^6$ 有

$C_f = 0.003\,25.$

9.13　层流边界层的稳定性和它向湍流边界层的过渡

在第 9.1 节中已讨论过二无穷平板间的层流稳定性和圆管流动中的层流向

湍流过渡问题．完全类似地，在边界层流动中也存在这一问题．

从前面已知，流体的粘性力与由瞬时速度变化所产生的惯性力在层流与湍流运动中分别起着决定性的作用．前者能阻尼扰动，增加稳定性，而后者却正好相反．同时，雷诺数代表着惯性力与粘性力之比．因之，用它来判断流动的稳定性和过渡是比较合理的．但应注意稳定与过渡均属局部现象，用局部雷诺数去描述它们较用整体雷诺数更为恰当．这意味着在所使用的雷诺数中不用物体的特征长度而用边界层的位移厚度，动量厚度或从前缘与驻点起算的距离 x 作为特征长度，它们分别用 Re_{δ_d}，Re_{δ_m} 与 Re_x 来表示．

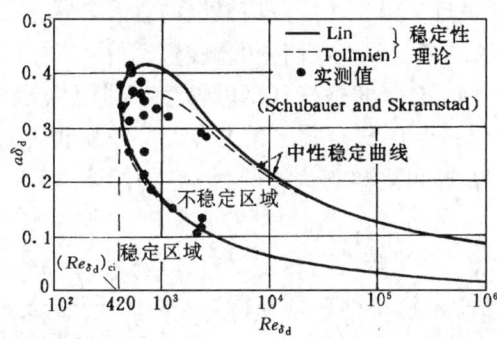

图 9.35　平板边界层的中性稳定曲线（引自参考书 [20]）

现以沿半无穷光滑平板的边界层流动为例．1929 年 W. 托尔明首先用奥尔-萨默菲尔德方程研究了布拉修斯速度分布的稳定性，后来，1944 年林家翘与 1954 年沈申甫等又作了更仔细的计算，他们把所得到的中性稳定曲线用 Re_{δ_d} 与 $\alpha\delta_d$ 坐标表示出来，如图 9.35 所示．其中 $Re_{\delta_d} = \dfrac{v_\infty \delta_d}{\nu}$，而 α 为扰动频率．从图中可以看出，开始出现不稳定的临界（或最低）雷诺数 $(Re_{\delta_d})_{ci} = 420$（即 $(Re_x)_{ci} = 6 \times 10^4$），相应的频率 $\alpha_2 = 0.34/\delta_d$．随之，最小的不稳定波长 $\lambda_{min} = 2\pi/\alpha_2 = 18.48\delta_d \approx 6.3\delta_v$．这表明最小不稳定波的波长较速度边界层的名义厚度大 6.3 倍．通常将具有此特定频率的扰动波称为托尔明-施里希廷波．1940 年 G. B. 舒鲍尔与 H. K. 斯克莱姆斯太德在低湍流风洞中证实了这种波的存在．他们的实验结果也表示在图中．可以看出当不稳定波的波幅很小时，渐近理论与实验结果相当吻合．另一面，在托尔明之后，1933 年 H. 施里希廷也对这一问题作了分析，他所获得的不稳定临界雷诺数 $(Re_{\delta_d})_{ci} = 575$．近年来，M. D. J. 巴里（1970）与 R. 乔丁森（1970）用数值方法更精确计算的结果为 500—520．但若恰当地估计涨落速度分量 u' 的最大值在流动方向的变化，这些数值亦可降低至 420 左右．因此，无论从理论或实验上均证明当 $(Re_{\delta_d})_{ci}$ 小于 420（或 Re_x 小于

6×10^4)时,即使有较大的扰动,由于流体的粘性,流动将始终保持为稳定的层流.

现在来讨论边界层的过渡问题.从层流边界层出现不稳定现象到它完全变为湍流边界层(即从不稳定点到过渡点)是一个非常复杂的过程.通常它依赖于流动的具体型态和环境扰动的不同性质(如声的、涡的、温度的和振动的涨落、表面粗糙度和自由流中的背景扰动等).目前,有关它的知识,主要来自实验,但尚未获得全面了解与深刻认识.这里仅对沿平板层流边界层的过渡问题作一扼要地定性描述.更详细的内容可参阅参考文献[6].

到目前为止,已发现的沿平板层流边界层的过渡方式主要有两种:一种称为K-式,另一种称为N-式.现将它们分别叙述如下:

K-式 1947年G.B.舒鲍尔与H.K.斯克莱姆斯太德首先用实验方法研究了这种过渡方式.1962年P.S.克莱巴诺夫等人又仔细地研究了它的碎裂机理.当环境扰动相当小时,就可观察到这种过渡.它的发展一般可分为七个阶段,如图9.36所示.

(1)稳定的层流 在平板的前缘附近是稳定的层流边界层,来流中即使存在微小的扰动也将被流体的粘性所阻尼.

(2)二维不稳定托尔明-施里希廷(T-S)波的形成 从前缘附近至不稳定点之间,局部 Re 数相当低,流动抗扰动的能力在减弱,以致对各种小扰动波也开始出现不稳定现象,并对某一特定频率的扰动波加以放大,使其成为一种沿流动方向传播的二维不稳定T-S波

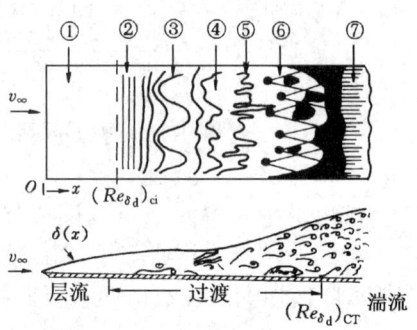

图9.36 沿平板边界层过渡区的示意图(引自参考书[19])

(3)三维不稳定波的发展和Λ涡的形成 当二维不稳定T-S波的波幅被放大至某一临界值后,在静止与运动扰动的相互作用下,流场中会出现展向扰动,即扰动波开始出现三维性,再继续往下游传播,速度剖面中会出现强剪切层,它对任何微小的三维效应均有极强的放大作用,以致沿展向的扰动速度也出现了近似周期性的变化,使二维不稳定波发展为三维不稳定波,同时还出现了其他波模的不稳定波,通过它们之间的相互作用形成了轴线沿流动方向的Λ涡.这是一个非线性过程.

(4)Λ不稳定涡的碎裂 如果三维不稳定波继续发展并与时均速度相互作用,时均速度剖面也会出现三维性,并形成局部的强剪切(或涡旋)区,在这些区内,Λ涡会出现突然的碎裂(或猝发)现象.

(5)Λ涡的级联碎裂与完全三维涨落量的出现 纵向延伸的Λ涡按K-

型,C-型和H-型三种不同的方式进行级联碎裂,它们的特征是:

涡型	涡排列	u'/U_∞	流向波长 λ_x	展向波长 λ_z	波的性质
K-型	同相	1%	$\lambda_x = \lambda_{T-S}$	$\lambda_z = \dfrac{1}{2}\lambda_x$	与T-S波相似
C-型	交错	0.3%	流向波数与频率约为T-S波的$\dfrac{1}{2}$	$\lambda_z \approx 1.5\lambda_x$	次简谐不稳定波
H-型	交错	0.6%	$\lambda_x = 2\lambda_{T-S}$	$\lambda_z \approx 0.7\lambda_x$	次简谐不稳定波

其中K-型,C-型和H-型分别为发现者P.S.克莱巴诺夫,A.D.D.克雷克和T.赫伯特姓氏的简称. 涡的排列可参见图9.37,u'为流向湍流涨落速度和λ_{T-S}为T-S波的波长. 通过级联碎裂使Λ涡变为越来越小的涡,直至出现完全三维的涨落量.

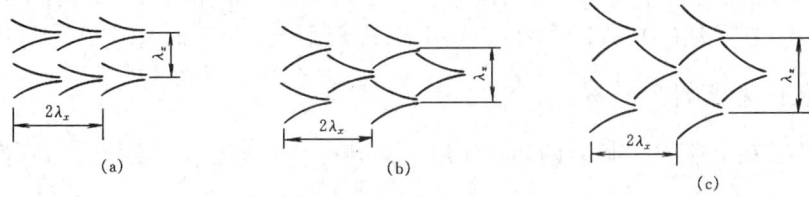

图9.37 不稳定Λ涡的级联碎裂型式 (a) K-型 (b) C-型 (c) H-型

(6) 湍流斑的形成 在涨落量比较集中的地方,特别是在壁附近的剪切层中,任何时间任何地点都可能发生急剧的变化,即出现局部性的有限湍流,或称湍流斑,它们的形状是不规则的,但随着往下游运动即成为楔形区,如图9.38所示. 其中α与θ分别为11.3°与15.3°,每一湍流斑的周围基本为层流,而它的内部则几乎完全为湍流(参见附录(A)照片10).

(7) 湍流斑合并为完全湍流 湍流斑随着流体往下游运动,它的下游端的速度较上游端为大,同时它的前缘与后缘的上表面有很强的夹带作用,能将周围的层流卷入湍流斑内,这样它就不断向纵向和展向扩大,并与其前后新产生的湍流斑合并成一体,直至整个边界层内变为完全湍流. 即流动到达了过渡点.

N-式 1977年Y.S.卡恰诺夫等人在俄罗斯的诺佛西比尔斯克详细研究了这一新的过渡方式. 当环境扰动足够大时,即可出现这种过渡. 它的特征有二:(a)在外界扰动的影响下,流动一开始就几乎直接与非线性层流碎裂相联系,即整个过渡过程都几乎是非线性的,(b)各种波模的准-次谐波之间相互作用产生共振放大. 其发展过程大致如下:

(1) 当低频、二维扰动基波($f=\omega_1$)的初始波幅不是很大时,扰动基波及其

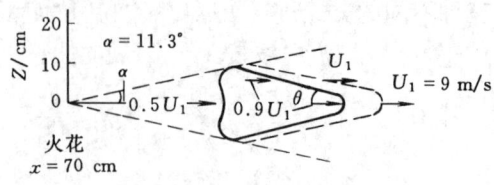
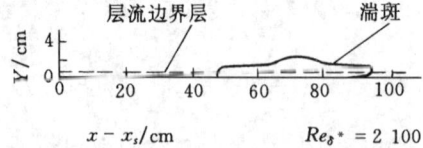

图 9.38 平板层流边界层中人工湍流斑的成长

确定谐波($f=n\omega_1,n=2,3,\cdots$)作缓慢(即弱)的增长.

(2) 流动中的初始线性不稳定波放大了准二维初始托尔明-施里希廷波.

(3) 在上述(1)与(2)的相互作用下,出现了低频、三维、宽连续扰动频谱,其中包括次谐波$\left(f=\dfrac{1}{2}\omega_1\right)$.

(4) 在上述(2)与(3)的相互作用下,低频、三维连续谱得到放大,并出现各种波模$\left(f=n\omega_1,n=\dfrac{3}{2},\dfrac{5}{2},\cdots\right)$的三维、准-次谐波.

(5) 各种波模的准-次谐波相互作用,迅速产生共振放大.

(6) 共振放大立即导致交错 Λ-涡和流动三维性与随机性的出现,最终产生非线性层流碎裂.

值得注意的是:这些结果都是在人工控制实验条件下获得的,即来流中的初始不稳波都是严格周期性的. 如果在自然(即非人工控制)条件下进行实验,则背景扰动波的频谱比较复杂,不稳定波往往会有波幅和相的调制. 同时,在 N-式过渡中也未发现有湍流斑.

其次,过渡方式主要依赖于初始条件. 当扰动基波的初幅足够大,或它的次谐起动扰动的初幅足够小时,会出现 K-式过渡. 如果改变为相反的初始条件,则将变为 N-过渡.

最后,关于边界层非线性碎裂的最新研究情况主要有两方面:即(a)共振现象在过渡过程中所起的决定性作用,(b)检测与描述过渡边界层中的拟序结构-孤立子. 前者使我们相信层流边界层的碎裂是一个共振现象,而后者则帮助我们进一步了解非线性层流碎裂晚期的实质.

总而言之,流动过渡是一个很复杂而又多样化的过程. 上面所描述的仅为沿平板无压强梯度的情况. 如果沿壁面存在顺压强梯度,其过程与上面描述的相似,但若为逆压强梯度,则可能出现不同的过渡过程,至于自由剪切流(如射流等)的过渡过程则与沿固壁流动的有相当大的差别,特别是在过渡后期,它们并不出现湍流斑。

最后,扼要地讨论一下影响不稳定点与过渡点位置的各种因素,根据实验结果,对沿光滑平板流动,最低的过渡临界雷诺数$(Re_{\delta_d})_{CT} = 950$(即$(Re_x)_{CT} = 3 \times 10^5$),这比不稳定临界雷诺数$(Re_{\delta_d})_{ci} = 420$大很多。不稳定点与过渡点之间的距离(即过渡段长度)依赖于许多因素,主要的有:

1. 来流湍流度 两点之间的距离随着来流湍流度的增加而减小,这是因为在强湍流度的作用下,不稳定扰动仅需很少的放大即可成为湍流。P. S. 格兰维尔将过渡点雷诺数与不稳定点雷诺数之差作为来流湍流度的函数,如图 9.39 所示。应当注意这里所使用的雷诺数都是以动量厚度 δ_m 作为特征长度。

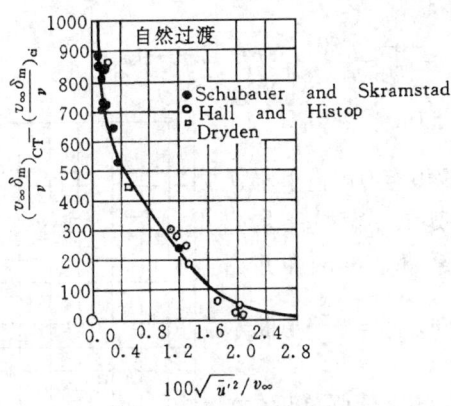

图 9.39 湍流度对过渡点的影响(引自参考书[19])

例 9.3 在例题 9.2 中,如果取来流的临界不稳定雷诺数$(Re_{\delta_d})_{ci} = 520$。(1)试求不稳定点距前缘的距离 x_{ci};(2)试证明临界过渡点距前缘的距离为 0.57m。

解 (1) $(Re_{\delta_d})_{ci} = \dfrac{v_\infty (\delta_d)_{ci}}{\nu} = 520$ 即 $(\delta_d)_{ci} = 520 \dfrac{\nu}{v_\infty}$。

从 8.11 节,对层流边界层有

$$(\delta_d)_{ci} = \dfrac{1.72 x_{ci}}{\sqrt{Re_{x_{ci}}}},$$

故

$$520 \dfrac{\nu}{v_\infty} = \dfrac{1.72 x_{ci}}{\sqrt{Re_{x_{ci}}}},$$

即
$$\sqrt{x_{ci}} = \frac{520}{1.72}\sqrt{\frac{\nu}{v_\infty}} = 0.3023$$

或
$$x_{ci} = 0.0914 \text{m}.$$

(2) 对湍流度 $Tu = 1\%$,从图 9.39 有
$$\left(\frac{v_\infty \delta_m}{\nu}\right)_{CT} - \left(\frac{v_\infty \delta_m}{\nu}\right)_{ci} = 300,$$

而
$$(Re_{\delta m})_{ci} = (Re_{\delta d})_{ci} \frac{\delta_m}{\delta_d} = \frac{520}{2.59} = 201,$$

故
$$(Re_{\delta m})_{CT} = 300 + 201 = 501$$

或
$$(\delta_m)_{CT} = 501 \frac{\nu}{v_\infty}.$$

从 8.11 节有
$$(\delta_m)_{CT} = \frac{0.664 x_{CT}}{\sqrt{Re_{x_{CT}}}}.$$

令两式相等有
$$\sqrt{x_{CT}} = \frac{501}{0.664}\sqrt{\frac{\nu}{v_\infty}} = 0.755,$$

$$x_{CT} = 0.57 \text{m}.$$

2. 压强梯度 1940 年 H. 施里希廷与 A. 乌尔里奇利用奥尔-萨默菲尔德方程研究了 K. 波尔豪森速度剖面并算出不稳定点雷诺数 $(Re_{\delta d})_{ci} = \frac{v_e \delta_d}{\nu}$ 与波尔豪森参数 $\Lambda = \frac{\delta_v^2}{\nu}\frac{dv_e}{dx}$(随之压强梯度)之间的关系,如图 9.40 所示. 应当注意这里的 v_e 是边界层上缘外侧的速度. 同时,在顺压区(p 随 x 的增加而减小)$\Lambda > 0$,反之,在逆压区(p 随 x 的增加而增加)$\Lambda < 0$. 在顺压区内,$(Re_{\delta d})_{ci}$ 将随 Λ 的增加而增加,在逆压区内,$(Re_{\delta d})_{ci}$ 将随 Λ 的减小而减小. 如果沿固壁的 v_e 与 δ_v 已知,即可得到 Λ,利用图 9.40 可查出相应的 $(Re_{\delta d})_{ci}$,算出 δ_d 后,便可求出不稳定点的位置.

至于压强梯度对过渡点位置的影

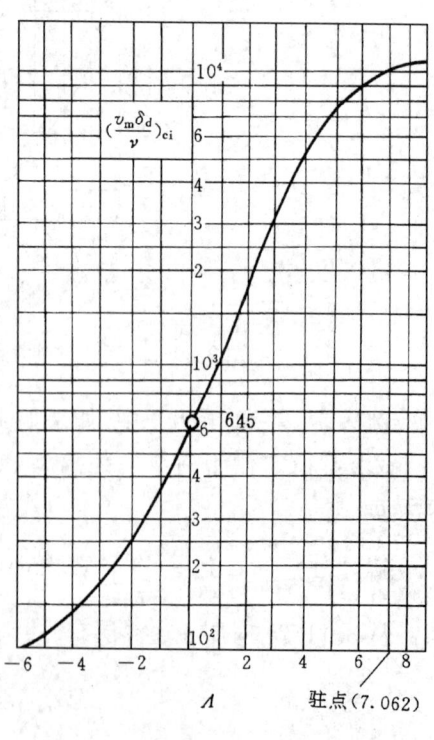

图 9.40 压强梯度对不稳定点的影响(引自参考书[19])

响,1953年P.S.格兰维尔发现过渡点雷诺数与不稳定点雷诺数之差(注意这里分别以v_e与δ_m作为雷诺数的特征速度与长度)与霍尔斯坦-波伦形参数K在不稳定点x_{ci}与过渡点x_{CT}之间的平均值$\bar{K}$有密切联系,其中

$$\bar{K} = \frac{1}{x_{CT} - x_{ci}} \int_{x_{ci}}^{x_{CT}} K dx = \frac{1}{x_{CT} - x_{ci}} \int_{x_{ci}}^{x_{CT}} \frac{\delta_m^2}{\nu} \frac{dv_e}{dx} dx. \qquad (9.13.1)$$

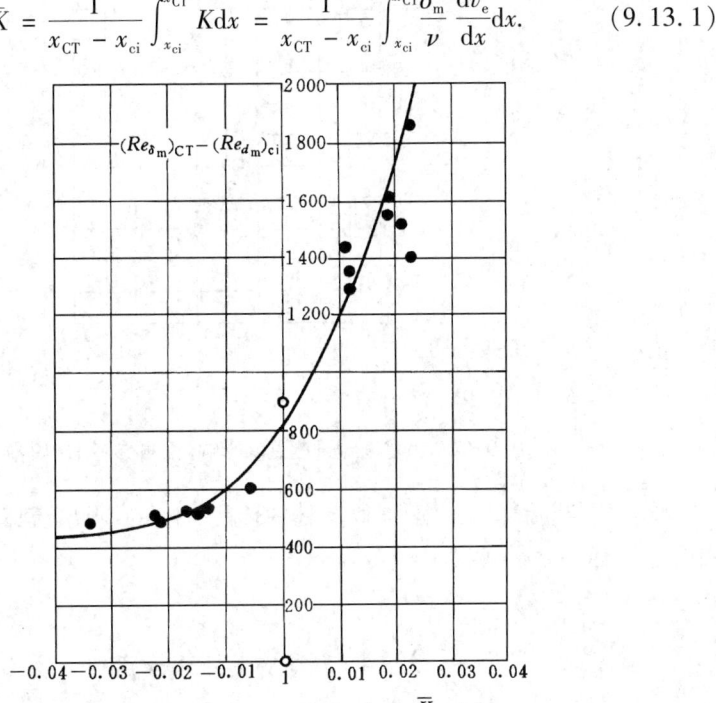

图9.41 压强梯度对过渡点的影响(引自参考书[19])

他的实验结果如图9.41所示.可以看出对顺压区,$\bar{K}>0$,对逆压区,$\bar{K}<0$.同时,对同样的$\bar{K}$差值,顺压区的两个雷诺数之间的差值较逆压区的大很多.具体计算过渡点位置时可用试凑法,即假定不稳定点的雷诺数$(Re_{\delta d})_{ci} = \frac{v_e \delta_d}{\nu}$为已知,由此算出$(Re_{\delta m})_{ci}$.如果超过不稳定点以后,流动仍假定为层流,则可算出$\delta_m(x)$.再任意假定一过渡点位置x_{CT},随之有一$(Re_{\delta m})_{CT}$值.另一面,利用(9.13.1)式与$\delta_m(x)$可算出一$\bar{K}$值,查图9.41可得另一$(Re_{\delta m})_{CT}$值.如果这两个$(Re_{\delta m})_{CT}$值有差异,则修改所假定的x_{CT}值,重复计算,直至二者完全相等,即可得过渡点位置.

3. 粗糙度 壁面粗糙度对过渡点位置有明显影响.1954与1955年H.L.德莱登将直径为k的金属丝贴于平板上并与来流垂直,粗糙壁与光滑壁的过渡

点雷诺数之比 $\frac{(Re_x)_{\text{CT粗}}}{(Re_x)_{\text{CT光}}}$ 随粗糙度 $\frac{k}{\delta_{d_k}}$ 的变化如图 9.40 所示. 其中 $(Re_x)_{\text{CT}} = \frac{v_\infty x_{\text{CT}}}{\nu}$ 和 δ_{d_k} 为粗糙元所在处的位移厚度, 从图中可以看出粗糙度愈大愈易过渡.

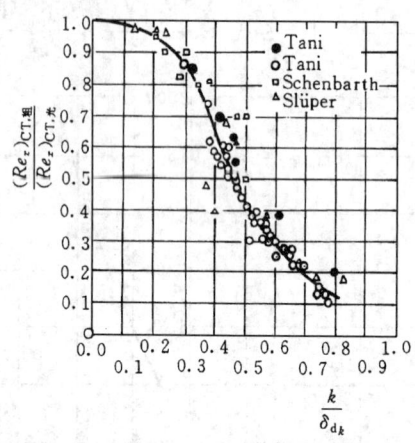

图 9.42　粗糙度对过渡点的影响 (引自参考书 [19])

除此以外, 流体的压缩性, 固壁处的传热, 注入或吸出流体等均对层流边界层的过渡有明显影响.

9.14　边界层的分离

从层流边界层的动量方程 (8.8.8b) 可以看出在边界层内支配流体运动的力主要有三种, 即惯性力, 粘性力和由压强梯度所引起的压强差. 它们在运动中总是保持着平衡. 其中粘性力一般作用在与流体运动相反的方向, 它能阻滞流体的运动使其减速. 压强差则根据情况的不同, 可能使流体的运动加速, 也可能使其减速.

考虑一平面收缩 - 扩散通道, x 轴取在沿流动方向, 如图 9.43 所示. 为了定性地了解流体在运动中速度与压强沿 x 方向的变化, 假定运动为一维的, 于是在 AA' 至 BB' 的收缩段内, 速度 u 是随 x 的增加而增加的, 即 $\frac{du}{dx} > 0$, 根据伯努利定理, 在此段内, 压强 p 是随 x 的增加而减小的, 即 $\frac{dp}{dx} < 0$. 这意味着在相邻二截面上, 上游截面的压强较下游截面的为大. 在 BB' 至 CC' 的扩散段内则

9.14 边界层的分离

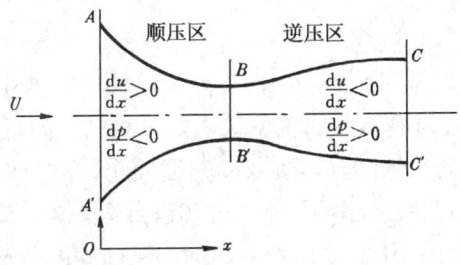

图 9.43 收缩-扩散通道的速度与压强变化

正好相反. 即 $\dfrac{du}{dx}<0$ 和 $\dfrac{dp}{dx}>0$. 即相邻二截面上,上游截面的压强较下游截面的为小. 截面 BB' 处的速度最大压强最小,通常将 $\dfrac{dp}{dx}<0$ 与 $\dfrac{dp}{dx}>0$ 分别称为顺压与逆压梯度,显然,前者有促使流体加速运动的作用,而后者则有使流体减速的作用.

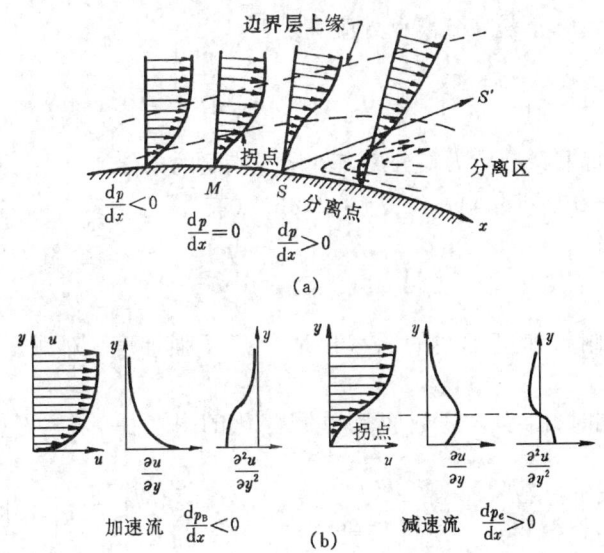

图 9.44 边界层分离

流体流经曲壁时也有类似的情况,如图 9.44(a) 所示. 其中 M 为速度最大,压强最小点,此点之前为顺压区,其后为逆压区. 在顺压区内,流体的惯性力与压强差克服流体的粘性力使流体顺利地沿固壁往下游流动. 在逆压区,流体的惯性力不仅要克服粘性力而且还要克服由逆压强梯度所产生的逆压强,在一定条件下,固壁附近的流体质点会出现停滞不前,或甚至向上游移动的情况,这就是所谓的边界层分离现象.

在邻近壁处,流体的粘性作用最强,离开壁面以后,随着距离的增加粘性作用逐渐减小. 而在边界层的同一截面上,由逆压梯度所产生的压强几乎是相同的. 这样,流体质点被阻滞不前的现象首先发生在固壁附近,然后向外扩展. 这一现象也可解释为在壁附近,流体质点的速度较小,亦即动量与能量均较小,随之,克服逆压强梯度的能力较差,易于首先出现分离现象. 流体质点开始离开壁面的点称为分离点,通常用 S 表示, S 点以前的壁面和离开壁面以后的各流体质点构成一极限流线 SS'. S 点以后的壁面与 SS' 极限流线之间形成一分离区,其中往往有较大的集中旋涡如图 9.44(a) 和照片 9.2 所示.

现在来讨论一下分离点所应满足的数学条件和顺压与逆压区速度剖面所具备的一些数学性质.

在分离点之前和之后,曲壁附近的流体质点分别沿 x 轴(即壁面)的正和负方向的运动. 在分离点之前,边界层内总是有 $\frac{\partial u}{\partial y} > 0$,随之 $\left.\frac{\partial u}{\partial y}\right|_{y=0} > 0$,在分离点之后有 $\left.\frac{\partial u}{\partial y}\right|_{y=0} < 0$. 于是在分离点处应满足

$$\left.\frac{\partial u}{\partial y}\right|_{y=0} = 0 \quad \text{或} \quad \left.\mu\frac{\partial u}{\partial y}\right|_{y=0} = 0 \qquad (9.14.1)$$

这就是速度剖面和壁剪应力在分离点处所应满足的条件.

在壁面 $y=0$ 处有 $u=v=0$,从 (9.2.8b) 式有

$$\mu\left(\frac{\partial^2 u}{\partial y^2}\right)_{y=0} = \frac{dp}{dx}. \qquad (9.14.2)$$

这表明在壁面附近速度廓线的曲率仅取决于压强梯度. 对顺压区, $\frac{dp}{dx} < 0$ 故 $\left.\frac{\partial^2 u}{\partial y^2}\right|_{y=0} < 0$. 同时,由于速度剖面是单调变化的,故对一切 y (包括 $y \to \delta_v$) 有 $\frac{\partial^2 u}{\partial y^2} < 0$. 对逆压区有 $\frac{dp}{dx} > 0$,故 $\left.\frac{\partial^2 u}{\partial y^2}\right|_{y=0} > 0$. 但在 $y \to \delta_v$ 处, $\left.\frac{\partial^2 u}{\partial y^2}\right|_{y \to \delta_v}$ 的性质仍应保持与顺压区的相同,即 $\left.\frac{\partial^2 u}{\partial y^2}\right|_{y \to \delta_v} < 0$. 这样,在逆压区的每一截面上,在 $0 < y < \delta_v$ 的范围内,必有一点 $\frac{\partial^2 u}{\partial y^2} = 0$,即速度剖面存在一拐点. 顺压区与逆压区的速度剖面和它们的曲率如图 9.44(b) 与 (a) 所示. 显然,在最大速度点 M 处, $\frac{dp}{dx} = 0$. 根据 (9.14.2) 式,拐点在壁面上,过 M 点以后,进入逆压区,拐点离开壁面逐渐向外移动,如图 9.44(a) 中所示.

最后应当指出：

（1）边界层分离现象是流体力学中的一个重要问题，它直接与物体所受的阻力有关．通常认为低速运动物体的阻力有两个来源：一是由于流体与物体表面摩擦所产生的壁剪应力，另一是由于物体表面非对称压强分布所产生的形状（或压差）阻力．边界层分离将在物体的后部形成分离区和尾流（见附录（A）中的照片3和4），它们都是低压区，易使形状阻力增加．因之，为了减小阻力，一般应尽量避免或推迟分离现象的出现以减小分离区或尾流的范围．

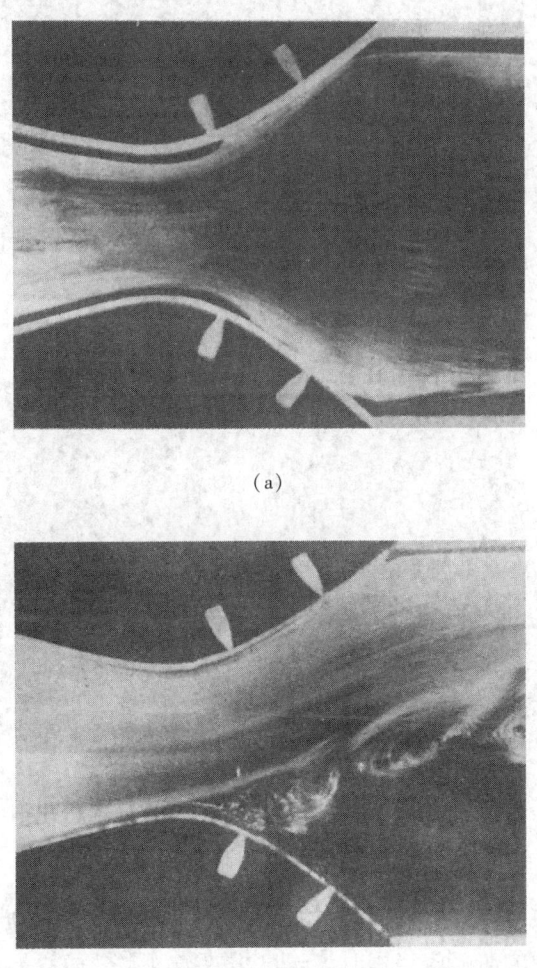

(a)

(b)

照片9.1 边界层控制对流动的影响

（2）减小物体阻力的另一种方法是采用边界层控制，最简单的方法有三种，一是精心设计物体外形,使逆压梯度很小从而达到不出现或推迟出现分离现象. 层流翼型即是一例. 二是将壁面附近被阻滞的流体设法吸去,三是通过壁面注入少量流体,使壁面附近被阻滞的流体获得更多的动量和能量以增强其克服逆压梯度的能力. 照片9.1a为上下两壁均吸去阻滞流体后的流动情况,而照片9.1b则仅上壁吸去阻滞流体,下壁未加控制,故出现分离涡.

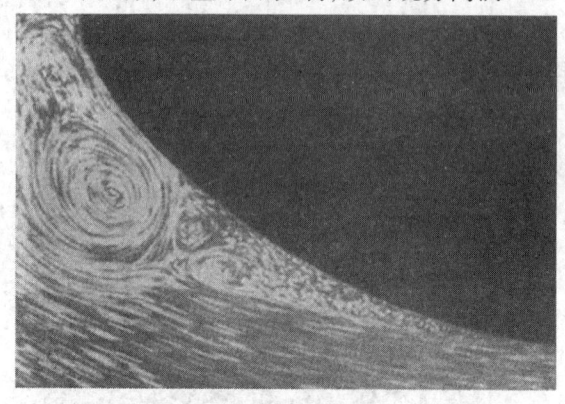

(a)

(b)

照片9.2　不同时刻分离区内的涡旋运动

(3) 上面的分析虽然是对层流边界层进行的,但也定性地适用于湍流边界层,只是上面所说的速度应当用时均速度去置换,因之,边界层分离有层流分离与湍流分离两种,即分别在层流区或湍流区出现分离现象,由于湍流边界层的时均速度剖面较为均匀,即有较强的克服逆压梯度的能力,故湍流分离一般出现较晚.

(4) 虽然分离现象总是发生在逆压区,但逆压区内并不一定出现分离现象.

因为边界层内的流动由惯性力,粘性力和压强梯度共同支配,如果惯性力足够大,而粘性力与逆压梯度又足够小,就有可能在逆压区内不出现分离现象.

（5）分离点以后边界层理论不再适用,而分离区与尾流近区的流动相当复杂,它们是随时间变化的. 如照片9.2所示. 这些都是目前尚未从理论上很好解决的流体力学问题.

（6）分离区内的旋涡运动是很不稳定的,如照片9.2a与b为不同时刻的流动情况. 这使得分离点的位置也不够稳定,同时为从理论上准确地确定分离点位置带来了很大困难.

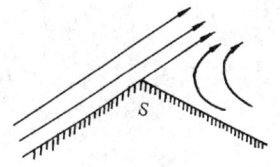

图 9.45　绕凸角流动的分离

（7）上面讨论的是沿光滑凸壁的情况,如果流动是沿凸角壁面,一般均在角尖处出现分离现象,而且分离点总是固定在角尖处,如图9.45所示.

*9.15　自由湍流和它的一些性质

除了沿固壁的层流与湍流边界层以外,还存在着许多不沿固壁的层流与湍流流动,但从自然界和各种工程实际问题来看,它们大部分都属于湍流运动. 通常将沿固壁的湍流称为壁湍流,而将不沿固壁的湍流称为自由湍流.

自由湍流主要包括自由剪切层、自由射流和尾流三大类.

自由剪切层通常发生在两个速度不同但运动方向相同的流体之间,如图9.46(a)所示. 其中x轴取在两速度的初始界面处,这种初始速度不连续的流动是不稳定的,由于流体的粘性,这种时均速度剖面的不连续分布会随着距离x的增加而逐渐变得光滑,同时,还形成一个比较狭窄的湍流混合区,它的半宽度b随着x的增加而增加.

自由射流是一流体从一喷管或孔口射入另一静止或运动流体中的流动现象,如图9.46(b)所示. 其中x轴取在沿射流中心线. 一般说来,即使射流的出口速度不大,它离开出口不远的地方就会成为湍流. 但时均速度剖面仍呈钟形. 射流在其边界处与周围静止或运动流体形成一个狭窄的混合区. 周围流体的质点不断被带入射流内,随着距离x的增加,射流的质量流量不断增加,半宽度b不断扩大,但速度逐渐下降以保持总的动量不变.

当一物体在流体中运动或当一流体流过固定物体时,在物体的后方将形成一尾流区,或简称尾流,如图9.46(c)所示. 其中x轴取在沿来流方向,原点取在物体后缘或后驻点处,由于物体受到阻力使流体的动量出现亏损,这表现为尾流中的速度小于主流速度,随着距离x的增加,尾流也在横向方向扩展,同时使尾流速度与主流速度的差别愈来愈小.

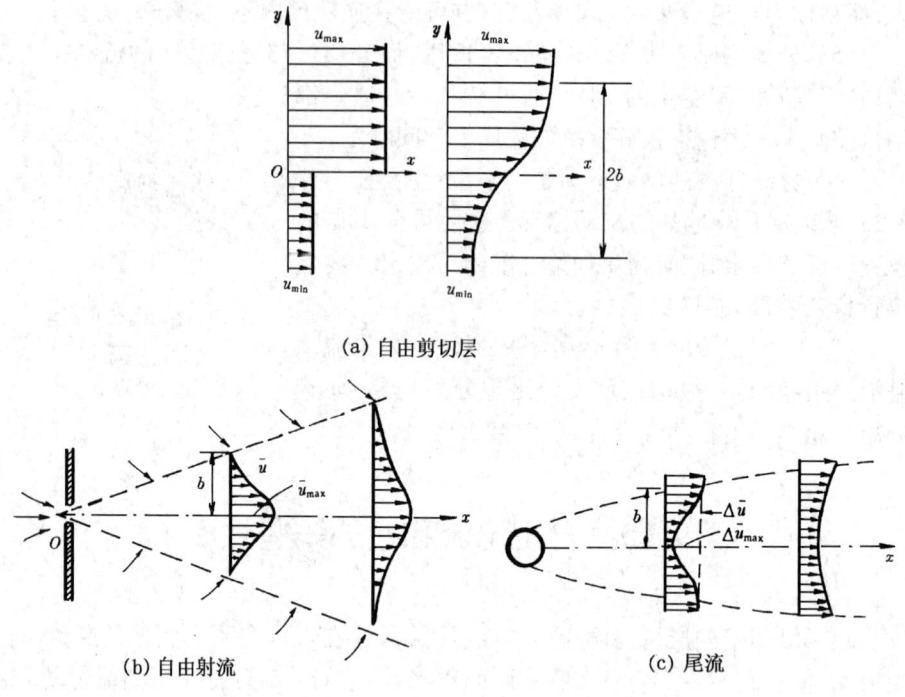

(a) 自由剪切层

(b) 自由射流　　　　　　　(c) 尾流

图 9.46　自由湍流

这些自由湍流均具有某些与边界层流动相似的性质,因之,可用边界层理论去作近似处理. 首先,它们均有一个半宽度 b,且随着 x 的增加而有不同程度的缓慢增加. 其次,它们都有一个狭窄的混合区,在此区域内,速度(或温度)的横向变化远较纵向的为大,即存在一大的横向速度(或温度)梯度. 另一面,在自由湍流区以外,环境流体的压强均几乎为常数,于是压强梯度的影响可以忽略不计. 同时,由于没有固壁,它的剪应力 τ 主要是由湍流运动引起的 τ_t,而层流剪应力 τ_l 几乎可以忽略不计,这样,从数学上说,求自由湍流的解要比求壁湍流的容易些.

现以定常平面自由湍射流为例,如果去掉时均符号,则方程组(9.7.4a),(9.7.4b)与(9.7.4d)简化为:

$$\frac{\partial u}{\partial x} + \frac{\partial v}{\partial y} = 0, \qquad (9.15.1a)$$

$$u\frac{\partial u}{\partial x} + v\frac{\partial u}{\partial y} = \frac{1}{\rho}\frac{\partial \tau_t}{\partial y}, \qquad (9.15.1b)$$

其中　　　　　　　　　　　$\tau_t = -\rho \overline{u'v'}. \qquad (9.15.1c)$

*9.15 自由湍流和它的一些性质

在自由湍流中,对湍流剪应力 τ_t 通常仍采用混合长理论,即

$$\tau_t = -\rho \overline{u'v'} = \rho l^2 \left(\frac{\partial u}{\partial y}\right)^2 = \rho \nu^t \frac{\partial u}{\partial y}, \tag{9.15.2a}$$

其中湍流(或涡)的动量扩散率(或系数)

$$\nu^t = l^2 \frac{\partial u}{\partial y}. \tag{9.15.2b}$$

但对混合长度 l 则采用不同的表达式,这是因为在壁湍流中,一般认为 l 与离开壁面的距离 y 成正比,这样 ν^t 也是 y 的函数,而壁湍流的时均速度剖面一般不出现最大或最小值,即不出现 $\frac{\partial u}{\partial y}=0$ 或 $\nu^t=0$ 的点,故 l 与 y 成正比的假定是恰当的. 但在自由湍流的时均速度剖面中常常出现最大或最小值,如果仍假定 l 与 y 成正比,则会出现 $\nu^t=0$ 的点. 但实际测量的结果表明,这些地方的 ν^t 并不为零,故在自由湍流中不能再简单地假定 l 与 y 成正比.

普朗特根据这些特点,并考虑到自由湍流中出现了一个半宽度 b,提出对这类流动采用

$$\nu^t = K_1 b(u_{\max} - u_{\min}), \tag{9.15.3a}$$

即用

$$l^2 = K_1 b(u_{\max} - u_{\min}) \bigg/ \frac{\partial u}{\partial y} \tag{9.15.3b}$$

去置换 l 与 y 成正比的假定,其中 K_1 为一由实验确定的常数. 应注意在自由湍流中,(9.15.2)式仍适用.

从前面已经清楚看出,在自由湍流中出现两个特征量,即半宽度 b 与沿中心线的最大速度 $u_{\max}$(或最小速度 $u_{\min}$),它们都是 x 的函数,但对不同的自由湍流,这种函数关系是不同的,定性地了解这些关系对从理论上研究自由湍流问题是大有裨益的.

现仍以周围为静止流体的定常平面湍射流为例,用量纲分析的方法来讨论 b 与 $u_{\max}$ 随 x 的变化规律,应当指出对于平面湍射流除了应满足方程组 (9.15.1) 以外,还应满足每单位时间通过任一单位展宽横截面的总动量 M 保持不变,即不依赖于 x,或

$$M = \rho \int_{-\infty}^{\infty} u^2 dy = 常数. \tag{9.15.4}$$

实验结果表明:在各种自由湍流的远区均近似地存在相似性解,对此,可假定

$$\frac{u}{u_{\max}} = f\left(\frac{y}{b}\right) \quad 与 \quad \frac{\tau_t}{u_{\max}^2} = g\left(\frac{y}{b}\right),$$

其中 f 与 g 为两个未知的无量纲函数. 如果将 b 与 $u_{\max}$ 随 x 的变化写为

$$u_{\max} \sim x^n \quad 与 \quad b \sim x^m,$$

其中 n 与 m 为待定指数. 为了满足(9.15.1b)式,惯性项与粘性项随 x 的变化必须保持一致,即

$$\frac{\partial u}{\partial x} \sim x^{n-1},$$

$$u\frac{\partial u}{\partial x} \sim x^{2n-1} \quad \text{和} \quad \frac{\partial \tau_t}{\partial y} \sim x^{2n-m},$$

于是有 $\quad 2n-1 = 2n-m \quad$ 即 $m=1$.

另外,从(9.15.4)式有

$$\rho \int_{-\infty}^{\infty} u^2 \mathrm{d}y \sim x^{2n+m},$$

$$2n+m = 0, \quad n = -\frac{1}{2}.$$

表 9.2 自由湍流宽度与中心线速度随距离增加与减小的幂次律

流动类型	层 流		湍 流	
	半宽 b	中心线速度 $u_{\max}$ 或 u_1	半宽 b	中心线速度 $u_{\max}$ 或 u_1
自由射流边界	$x^{1/2}$	x^0	x	x^0
平面射流	$x^{2/3}$	$x^{-1/3}$	x	$x^{-1/2}$
圆射流	x	x^{-1}	x	x^{-1}
平面尾流	$x^{1/2}$	$x^{-1/2}$	$x^{1/2}$	$x^{-1/2}$
圆尾流	$x^{1/2}$	x^{-1}	$x^{1/3}$	$x^{-2/3}$

于是对平面湍射流有 $u_{\max} \sim x^{-\frac{1}{2}}$ 和 $b \sim x$.

完全类似地,对其他自由湍流流动也可用相应的方程组和补充(如动量与阻力)关系式,求出相应流动的 b 与 $u_{\max}$ 随 x 的变化规律,其结果如表 9.2 所示.

*9.16 平面湍射流

在求这一问题的数学解之前,先谈谈湍射流的流动结构. (参见附录(A)中的照片 13)考虑一流体从一缝高为 $2b_0$ 的平面缝隙以均匀速度 v_0 向另一静止流体中喷射. 由于喷出流体与周围流体在界面附近形成很大的速度梯度. 即一不稳定的剪切(或旋涡)层,它能不断地将周围流体卷吸入射流内,使速度沿着流动方向不断减小,范围逐渐扩大. 射流是一种极不稳定的流动,它大约在雷诺数 $Re = \dfrac{v_0(2b_0)}{\nu} = 30$ 左右就开始向湍流过渡了. 通常将射流的发展分为三个阶段,如图 9.47 所示.

*9.16 平面湍射流

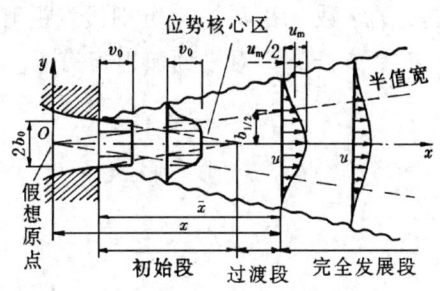

图 9.47 自由射流的结构

(1) 初始段 又分为两个子区，射流离开出口以后，即开始在边界上与周围流体混合，但在中心线附近仍保留一个尖劈形的势流区，它的速度仍保持为 v_0，势流区以外为混合区，在这区内存在着速度梯度，速度沿 y 方向减小，至界面处减小为零，势流核心区结束的地方也是混合区终结的地方．

(2) 过渡段 这是一个不太长的混合段．中心线上的射流速度 v_0 随着 x 的增加而逐渐减小．对任一横截面，中心线上的速度最大，随着距离 y 的增加，速度不断减小，直至界面处速度变为零．

(3) 完全发展段或称速度相似段 流体经过过渡段的充分混合以后，即进入完全发展段，这时，沿中心线各横截面上的时均速度剖面出现了一定的相似性，中心线上的速度沿 x 方向继续减小，直至为零时，射流即告终结．通常在出口缝高 58 倍距离内即可达到完全发展段．

在图 9.47 中，如果将 x 与 y 轴分别取在沿中心线与其垂直方向，它们的时均速度分量分别用 u 与 v 表示．坐标原点取在出口内的中心线上某一点，它的具体位置由实验结果确定．半速度值宽度线 $b_{1/2}$ 与中心线的交点如图中所示．这时，射流所应满足的方程组(9.15.1)与边界条件为：

$$\frac{\partial u}{\partial x} + \frac{\partial v}{\partial y} = 0, \qquad (9.15.1a)$$

$$u\frac{\partial u}{\partial x} + v\frac{\partial u}{\partial y} = \frac{1}{\rho}\frac{\partial \tau_t}{\partial y}, \qquad (9.15.1b)$$

其中

$$\tau_t = -\rho\,\overline{u'v'} = \rho v^t \frac{\partial u}{\partial y}, \qquad (9.15.1c)$$

$$y = 0, \ v = 0, \ u = u_{\max}, \frac{\partial u}{\partial y} = 0, \qquad (9.15.1d)$$

$$y = \infty, \ u = 0, \ \frac{\partial u}{\partial y} = 0. \qquad (9.15.1e)$$

这里，涡的动量扩散率（或系数）表达式(9.15.3a)简化为

$$v^t = K_1 b u_{\max}, \qquad (9.16.1a)$$

其中 K_1 为一由实验确定的常数。用 u_s 与 b_s 分别代表距出口 s 距离处的中心线速度与射流半宽度，从上节或表 9.2 对平面湍射流有 $u_{max} \sim x^{-1/2}$ 与 $b \sim x$ 变化，于是可写出

$$u_{max} = u_s \left(\frac{x}{s}\right)^{-\frac{1}{2}} \tag{9.16.2a}$$

和

$$b = b_s \frac{x}{s} \tag{9.16.2}$$

结果有

$$\nu^t = \nu_s^t \left(\frac{x}{s}\right)^{1/2}, \tag{9.16.1b}$$

其中 $\nu_s^t = K_1 b_s u_s$。进一步令

$$\eta = \sigma_1 \frac{y}{x}$$

其中 σ_1 为一任意常数。引进满足连续性方程(9.15.1a)的流函数

$$\psi = \sigma_1^{-1} u_s s^{1/2} x^{1/2} F(\eta),$$

由此有

$$u = \frac{\partial \psi}{\partial y} = u_s \left(\frac{x}{s}\right)^{-\frac{1}{2}} F'(\eta), \tag{9.16.3a}$$

$$v = -\frac{\partial \psi}{\partial x} = \sigma_1^{-1} u_s \left(\frac{s}{x}\right)^{1/2} \left[\eta F' - \frac{1}{2} F\right]. \tag{9.16.3b}$$

将上两式及其微商代入(9.15.1b)式，经整理后，并注意利用(9.16.1b)式有

$$\frac{1}{2} F'^2 + \frac{1}{2} F F'' + \frac{\nu_s^t}{u_s s} \sigma_1^2 F''' = 0, \tag{9.16.4a}$$

而边界条件(9.15.1d)与(9.15.1e)变为

$$\eta = 0, \quad F = 0, \quad F' = 1, \quad F'' = 0, \tag{9.16.4b}$$

$$\eta = \infty, \quad F' = 0, \quad F'' = 0. \tag{9.16.4c}$$

由于 ν_s^t 中含有任意常数 K_1，可令

$$\sigma_1 = \frac{1}{2} \left[\frac{u_s s}{\nu_s^t}\right]^{1/2}, \tag{9.16.5}$$

代入(9.16.4a)式后有

$$2 F'^2 + 2 F F'' + F''' = 0,$$

积分并利用条件(9.16.4c)确定积分常数为零后有

$$2 F F' + F'' = 0,$$

再积分并利用条件(9.16.4b)确定积分常数为 1 后有

$$F^2 + F' = 1. \tag{9.16.6}$$

这与定常平面层流射流的微分方程完全相同。它的解为：$F = \text{th}\eta$。随之速度 $u = u_s \left(\frac{x}{s}\right)^{-\frac{1}{2}} (1 - \text{th}^2 \eta)$。特征速度 u_s 可用每单位长度的常动量来表示，即 $M =$

$$\rho \int_{-\infty}^{\infty} u^2 \mathrm{d}y = \frac{4}{3}\rho u_s^2 \frac{s}{\sigma_1}.$$ 如果用 $K = \frac{M}{\rho}$，则最后的解为

$$u = \frac{\sqrt{3}}{2}\sqrt{\frac{K\sigma_1}{x}}(1 - \mathrm{th}^2\eta), \tag{9.16.7a}$$

$$v = \frac{\sqrt{3}}{4}\sqrt{\frac{K}{x\sigma_1}}\{27(1 - \mathrm{th}^2\eta) - \mathrm{th}\eta\}. \tag{9.16.7b}$$

H. 赖夏特通过实验确定 $\sigma_1 = 7.67$. 图 9.48 为理论与实验值的比较.

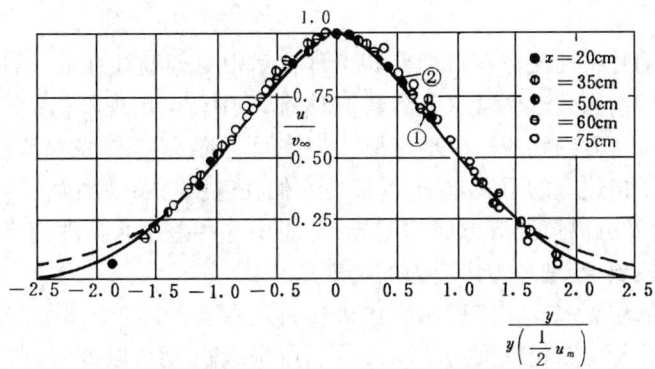

图 9.48　平面湍射流的速度分布. 理论:实线①托尔明的结果;虚线②方程 (9.16.7a 与 b)实验:E. Foerthmann 的测量结果(引自参考书[19])

从 σ_1 的实测值还可算出涡的动量扩散系数 ν^t. (9.16.5)式可改写为

$$4\sigma_1^2 = \frac{u_s s}{\nu_s^t}. \tag{9.16.5a}$$

(9.16.2a)与(9.16.1b)式相除后可改写为

$$\frac{u_s s}{\nu_s^t} = \frac{u_{\max} x}{\nu^t}. \tag{9.16.8}$$

将(9.16.8)式代入(9.16.5a)式有

$$\nu^t = \frac{u_{\max} x}{4\sigma_1^2}. \tag{9.16.9}$$

另一面,利用(9.16.7a)式令 η 分别为 0 与 $\eta_{\frac{1}{2}}$,

$$u_{\max} = \frac{\sqrt{3}}{2}\sqrt{\frac{K\sigma_1}{x}},$$

$$\frac{1}{2}u_{\max} = \frac{\sqrt{3}}{2}\sqrt{\frac{K\sigma_1}{x}}[1 - \mathrm{th}^2\eta_{\frac{1}{2}}],$$

此两式相除后有 $\eta_{\frac{1}{2}} = 0.881$,注意到 $\eta = \sigma_1 \frac{y}{x} = \sigma_1 \frac{b}{x}$ 有

$$\eta_{\frac{1}{2}} = \sigma_1 \frac{b_{\frac{1}{2}}}{x} \quad \text{或} \quad b_{\frac{1}{2}} = 0.1114\,x.$$

将此式代入(9.16.9)式后,最后有

$$\nu^t = 0.037 b_{\frac{1}{2}} u_{\max}.$$

小　结

湍流运动是粘性流体在自然界和工程技术中更普遍存在的一种运动方式. 当层流运动的雷诺数达到某一临界数值时,流场中就会出现不稳定现象,并使流动从层流逐步过渡到湍流. 在研究粘性流体运动时,必须注意层流与湍流在物理现象与数学描述上的重大差别,弄清楚它们在速度与温度剖面,表面剪应力与传热性质,以及分离情况等方面的差异,并能用这些差别来说明流动现象,解释雷诺方程中各项,特别是雷诺应力的物理意义.

圆管中的湍流流动在工程实践中处于特别重要的地位. 要注意,根据雷诺数的大小与圆管内壁粗糙度的不同,圆管中的湍流流动可以分为:水力学光滑圆管,过渡型圆管和完全粗糙圆管三种类型. 要学会判别所研究的流动属于哪种类型,以便选用不同的计算公式. 这些结果对于研究沿平板的湍流边界层流动有一定的参考意义.

与粘性层流流动相似,当层流边界层流动的雷诺数增加至一定数值时,也会出现不稳定现象,并从层流边界层逐步过渡至湍流边界层. 根据现有实验结果,过渡的方式随流动与条件的不同而不同. 沿水平平板的层流边界层有 K-式和 N-式两种过渡方式. 这些问题目前正在从实验与理论上作进一步的研究.

本章比较全面地讲述了沿水平平板的湍流边界层问题,不仅建立了它的能量与运动方程组和利用动量与能量积分关系式和圆管流动的一些实验结果求得它们的解,而且还详细介绍了许多重要的湍流实验结果,特别是时均速度与温度的分布律和组合边界层问题.

最后,对流动的分离现象也做了详细的分析. 有关各无量纲参数的定义、物理意义和它们在流体传递性质中的对比关系,请参见第十一章小结.

*实验中的发现

（十四）湍剪切流的拟序结构

湍剪切流中不仅存在着无数作随机无序运动的小尺度湍流,而且还存在着大量作拟序运动的大尺度涡.这是近40多年来,人们通过艰辛努力后,对湍流本质认识的一个重要突破.早在1943年,S.科辛利用热线测速技术对轴对称热空气湍射流进行实验研究时首先发现在射流的外界面处,湍流的出现是间歇性的.4年后,A.A.汤森在测量绕圆柱的湍尾流时也发现类似的情况.1954年科辛与A.L.基斯特勒和P.S.克莱巴诺夫分别对自由湍流边界和湍流边界层外边界进行广泛而仔细的测量后证实一切湍剪切流的外界面处均存在间歇现象,实际上,这种间歇性的出现是与湍剪切流中存在着作拟序运动的大涡密切相关的. 1956年A.A.汤森在总结前人成果与进行大量实验的基础上,提出小尺度湍流与大涡相结合的双重结构是湍剪切流的主要特征.并认为这些大涡应具有准-确定的形式,他强调大涡对湍流输运性质的重要性和描绘出第一张大涡的运动图.同年,H.A.爱因斯坦与H.李和1959年S.J.克兰与P.W.朗斯塔德勒分别用热线测量与流动显示研究了湍流边界层近壁区内拟序运动的特点,包括粘性次层的流条结构与近壁区的突然喷射等,不少发现是与当时对湍流的认识相反的,例如粘性次层中存在连续三维的非定常运动等.

进入60年代,斯坦福大学的一批科学家如S.J.克兰,W.C.雷诺,J.金和俄亥俄州立大学的R.S.布罗德基以及A.J.格拉斯,L.S.G.科瓦斯内等利用流动显示和热线技术广泛地对湍流边界层的缓冲区和粘性次层进行了实验研究,结果证实拟序运动的确在下述几个方面扮演着重要角色:(1)在壁附近产生新的湍流;(2)通过夹带使边界层增长;(3)沿两个方向按时均速度梯度实现动量输运等.

70年代及其以后,由于数字计算机的普遍使用和条件采样技术的不断提高,大大改变了湍流结构研究的面貌,不少流体力学家对湍流边界层内的拟序运动进行了更深入细致的实验研究,例如湍流边界层外界面处,湍流/非湍流的性质,大涡运动和夹带机理等,在近壁区内,猝发、喷射与湍流生成的机理,流向涡的形成与演化,以及壁压强涨落与速度涨落与近壁湍流结构的关系等.

经过很多科学家的长期辛勤工作,现在终于证实无论是在粘性次层,缓冲区或外区中均有各自的拟序运动,它们的结构特征是不相同的,但在大多数情况,这些结构属性的方差值与平均值相比都相当大,因而是可测量的,这样就大大地提高了人们对湍剪切流,特别是湍流边界层的认识与了解,在此基础上,1979 年 G. 格罗特巴赫与 U. 舒曼和 J. 金与 P. 莫英分别开始用直接数值模拟和大涡模拟研究渠道中的湍流运动.

习　题

9.1　试导出可压缩流体的湍流运动的时均连续方程式.

9.2　试导出,在不计体力时,均质不可压缩粘性流体湍流运动中 x 方向的涡量方程可以时均化得到

$$\frac{\partial \overline{\omega}_x}{\partial t} + \overline{u}\frac{\partial \overline{\omega}_x}{\partial x} + \overline{v}\frac{\partial \overline{\omega}_x}{\partial y} + \overline{w}\frac{\partial \overline{\omega}_x}{\partial z} + \frac{\partial \overline{u'\omega'_x}}{\partial x} + \frac{\partial \overline{v'\omega'_x}}{\partial y} + \frac{\partial \overline{w'\omega'_x}}{\partial z}$$

$$= \overline{\omega}_x \frac{\partial \overline{u}}{\partial x} + \overline{\omega}_y \frac{\partial \overline{u}}{\partial y} + \overline{\omega}_z \frac{\partial \overline{u}}{\partial z} + \frac{\partial \overline{u'\omega'_x}}{\partial x} + \frac{\partial \overline{u'\omega'_y}}{\partial y} + \frac{\partial \overline{u'\omega'_z}}{\partial z}$$

$$+ \nu \left(\frac{\partial^2 \overline{\omega}_x}{\partial x^2} + \frac{\partial^2 \overline{\omega}_x}{\partial y^2} + \frac{\partial^2 \overline{\omega}_x}{\partial z} \right).$$

9.3　考虑两平行平板间的不可压缩粘性流体的二维定常湍流运动,不计重力,并假定除压强以外所有物理量均与沿板面方向的坐标 x 无关.

1) 试导出其雷诺方程;

2) 试证明任一 x = 常数截面上的时均压力在板面达到最大值;

3) 试证明从对称面到平板边界,分子粘性力与雷诺应力之和呈线性变化.

*9.4　不可压缩粘性流体沿半径为 R 的圆管做定常湍流运动,圆管长为 L 的一段上压降为 Δp. 试证明:与管壁相距 y 处的湍流核心区中混合长可表示为

$$l = \frac{1}{\dfrac{\mathrm{d}\overline{u}}{\mathrm{d}y}} \left[\frac{\Delta p}{\rho} \frac{R}{2L} \left(1 - \frac{y}{R} \right) \right]^{1/2}.$$

9.5　在两平行平板间的湍流中,考虑 $\dfrac{\mathrm{d}p}{\mathrm{d}x} \neq 0$ 的情形.

1) 试证明距对称面 y 处的切应力 $\tau = -\tau_w \dfrac{y}{h}$,其中 τ_w 是壁面($y = h$ 处)的剪应力;

2) 由上式出发,用普朗特的混合长理论,导出湍流核心区速度剖面.

*9.6　在 $Re < 10^5$ 时,光滑圆管内湍流时均速度分布为

$$\overline{u}(r) = \overline{u}_{\max} \left(\frac{r_0 - r}{r_0} \right)^{1/7},$$

其中 r 为距轴心距离,r_0 为管半径,$\overline{u}_{\max}$ 为轴上值.
求证:

1) 管道中平均流速 $\overline{U} = \dfrac{49}{60} \overline{u}_{\max}$;

2) 混合长 $l = 7r_0 \dfrac{U_*}{\overline{u}_{\max}} \left(\dfrac{r_0 - r}{r_0} \right)^{6/7} \left(\dfrac{r}{r_0} \right)^{1/2}$,式中 $U_* = \sqrt{\dfrac{\tau_w}{\rho}}$.

*9.7 试由粗糙圆管的湍流核心区速度剖面(9.6.6)式推导摩擦因子 λ 满足的隐式关系(9.6.7)式。

9.8 一个水泵每秒钟把 0.028 3m³ 的水输送到内直径为 15cm 的钢制管道系统,其长度及与水平面倾角如图所示。设泵出口 A 处的压强比大气压高 6.9×10^5 Pa,问管道出口 B 处的水压强比大气压高多少？（不计接头与拐弯处的能量损失,水的 $\nu = 1.13 \times 10^{-6}$ m²/s。）

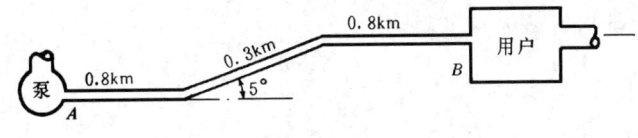

9.8 题图

*9.9 15℃的水流过内直径 0.305m 的市售钢管,流量为 1.986m²/s。其密度为 $\rho = 999$ kg/m³,运动粘度系数 $\nu = 1.16 \times 10^{-6}$ m²/s。用其时均速度剖面计算单位质量流体的平均动能,并与用平均速度算出的值相比较。再讨论层流圆管流中用两种方法算得的单位质量流体平均动能差别有多大。

9.10 求 $\overline{(fg)h}$ 与 $\overline{(fg)'h'}$ 的时均值表达式,其中函数 $f = \bar{f} + f'$, $g = \bar{g} + g'$ 和 $h = \bar{h} + h'$。

9.11 试导出无量纲形式的时均耗散函数 Φ^*,并用量级比较法求它各项的量级。

9.12 利用 8.33 题结果导出柱坐标轴对称的湍流边界层方程组,并与平面情况的相应方程组作比较。

9.13 试求图 9.18a 与 9.19a 中变量 $\dfrac{y}{\delta_v}$ 与 $y^+ = \dfrac{u_* y}{\nu}$ 之间的换算关系。

9.14 对绕半无穷平板的层流与湍流边界层,试导出各种雷诺数 Re_x, Re_{δ_d} 和 Re_{δ_m} 之间的换算关系。

9.15 速度为 16.5m/s 的自由平行来流,流经一零冲角平板,在平板某点 x 处,用微型庇托管测量边界层内的速度分布 u,其结果如下表:

y(mm)	2	4	6	8	10	12	14	16	18
u(m/s)	11.73	13.19	14.04	14.61	15.10	15.51	15.85	16.16	16.44

如果幂次律速度分布的形式为 $\dfrac{u}{u_\infty} = \eta^{\frac{1}{n}}$,其中 $\eta = \dfrac{y}{\delta_v}$。试确定与上述结果符合最好的幂次值 n。

9.16 用微型庇托管测量平板上某点的速度分布,其结果如下:

y(mm)	1.3	2.5	3.7	5.1	6.4	7.6	10.0
u(m/s)	11.0	18.0	23.0	27.0	29.0	30.0	34.0

其中 y 为垂直于平板面的距离,u 为局部速度,假定流体的密度为 1.2kg/m³,试计算摩擦速度和表面剪切应力。

9.17 一水流流经一长 3m 宽 1m 的平板,来流速度为 2.5m/s,水的运动粘度 $\nu = 1 \times 10^{-5}$ m²/s。假定为湍流边界层,其速度分布为 $\dfrac{u}{u_\infty} = \eta^{1/7}$, $\eta = \dfrac{y}{\delta_v}$。试计算尾缘点的边界层名义厚度和平板的阻力系数。

9.18 沿平板湍流边界层的压强梯度为零,试证明平板表面的剪切应力为 $\tau_w = \rho U_\infty^2 \dfrac{\mathrm{d}}{\mathrm{d}x}\delta_m$,如果速度分布为 $\dfrac{u}{U_\infty} = \eta^{1/7}$,其中 $\eta = \dfrac{y}{\delta_v}$,和 $\tau_w = 0.023 \rho U_\infty^2 \, Re_{\delta_v}^{-1/4}$ 试证明距前缘 x 处,名义厚度 $\delta_v = 0.38 x Re_x^{-1/5}$。计算形状因子 H_{dm},并将平板表面剪切应力用 Re_x 表示。

9.19 一流体流过一壁面,沿着它存在一压强梯度 $\dfrac{1}{\rho}\dfrac{\mathrm{d}p}{\mathrm{d}x} = -2a$ 其中 a 为一常加速度。假定从前缘点起即为湍流边界层。试证明

$$\frac{\mathrm{d}}{\mathrm{d}x}\delta_m + (H+2)\frac{2a\delta_m}{U_0^2 + 2ax} = \frac{1}{2}C_f,$$

其中 H 为形状因子,U_0 为来流在 $x=0$ 处的速度,如果边界层内的速度分布为 $\dfrac{1}{7}$ 幂次律,则其 $\delta_d = \dfrac{1}{8}\delta_v$ 与 $\delta_m = \dfrac{7}{72}\delta_v$,再假定 $C_f = 0.025 Re_{\delta_m}^{-1/4}$,试证明上方程变为:

$$\frac{\mathrm{d}}{\mathrm{d}x}\delta_m + \frac{46a\delta_m}{7U_0^2 + 14ax} = 0.0126\left[\frac{(U_0^2+2ax)^{1/2}\delta_m}{\nu}\right]^{-1/4}.$$

9.20 在沿平板的一湍流边界层中,其速度分布在湍流层与粘性底层中分别为:

$$\frac{u}{u_\infty} = C\left(\frac{u_* y}{\nu}\right)^{\frac{1}{n}} \quad \text{与} \quad \frac{u}{u_*} = A\ln\frac{u^* y}{\nu} + B$$

试证明此二速度剖面在一共同点光滑衔接时需满足 $C = nA\exp\left(\dfrac{B}{nA} - 1\right)$ 与 $\dfrac{u_* y}{\nu} = \exp\left(n - \dfrac{B}{A}\right)$。

[提示:在共同点,二速度剖面的 u 与 $\dfrac{\mathrm{d}u}{\mathrm{d}y}$ 应相等。]

9.21 考虑一淹没在静止粘性流体中的无穷水平平板,它在其自身平面内振荡,对层流情况,流体的运动可用下方程描述

$$\frac{\partial u}{\partial t} = \nu \frac{\partial^2 u}{\partial y^2}$$

初始和边界条件为 $u(0,t) = u_0\cos\omega t$
$u(\infty,t) \to 0$

其中 y 为垂直于板面的距离,(a) 证明流体的运动速度为 $u = u_0 e^{-ky}\cos(\omega t - ky)$ 其中 $k = \left(\dfrac{\omega}{2\nu}\right)^{1/2}$。(b) 利用 (a) 的结果,试证明如果平板不动,而流体作振荡运动,则在平板附近流体的速度为 $u' = u_0'[1 - e^{-ky}]$ 其中 $k = \left(\dfrac{\omega}{2\nu}\right)^{1/2}$,$u_0'$ 为远离平板处的流体速度. (c) 从 (b) 的结果证明范·德律斯特对混合长所提出的修改是合理的,其中 k 根据实验结果他取为 $\sqrt{\dfrac{\tau_w}{\rho}}\bigg/\nu A$ 和 $A = 25 - 27$。

9.22 在一均匀平行来流中,放置一尖前缘,零冲角的薄平板,使其长度沿来流方向,来流的速度,密度与粘度系数分别为 $1.5\,\mathrm{m/s}$,$1.2\,\mathrm{kg/m^3}$ 和 $1.8\times 10^{-5}\,\mathrm{kg/(s\cdot m)}$。试用普朗特法和朱考斯卡斯法求平板的组合摩擦系数。如果

(a) 板长 $L = 3.0$m，来流湍流度 $Tu = 0.8\%$，过渡点位置 $x_{CT} = 0.737$m；(b) 板长 $L = 5.0$m，来流湍流度 $Tu = 0.3\%$，过渡点位置 $x_{CT} = 1.276$m。

*9.23 流动情况如例题9，假定在临界过渡点层流与湍流边界层的动量厚度相等，试求(a)过渡点的动量厚度，(b)湍流边界层的虚原点位置，和(c)如果虚原点前与后，分别视为层流与湍流边界层，试求此组合边界层的摩擦系数并与例题的结果相比较。

9.24 在一均匀平行来流中，放置一尖前缘，零冲角薄平板，使其长度沿来流方向，来流的速度，密度和粘度系数分别为 1.5m/s，1.2kg/m^3 和 1.8×10^{-5} kg/(m·s)。如果临界不稳定点的雷诺数 $(Re_{\delta_d})_{ci} = 520$。试求临界不稳定点距前缘的距离。

9.25 流动情况如上题，并利用上题结果求临界过渡点距前缘的距离，如果来流的湍流度分别为：

(a) $Tu = 1\%$； (b) $Tu = 0.8\%$； (c) $Tu = 0.3\%$.

第十章 气体动力学初步

真实流体均具有一定程度的可压缩性。在某些情况下,如流场中压差或密度变化极小时,作为一种近似,可以把它作为不可压缩流体来处理,这就是前面几章所研究的不可压缩流体的内容,其结果和实际吻合得相当好。但是当流场中流体的运动速度很高,压差或密度的变化显著,甚至出现激波等许多在不可压缩流体中未曾出现过的现象时,考虑压缩性对流动的影响就成为必要了。

本章简单介绍了无粘性可压缩气体的运动规律及其和物体间的相互作用,主要内容:10.1 节为气体运动方程组、10.2 与 10.3 节分别为声速和马赫数的力学概念与气体动力学函数、10.4 节为变截面管中的一维定常流动、10.5 与 10.6 节分别为激波现象与拉瓦尔喷管内的流动。

10.1 无粘性可压缩流体运动方程组

研究可压缩性作用不可忽略的流体力学分支通常称为气体动力学或可压缩流体力学。它研究的对象具有可压缩流体在小范围空间中作高速运动的特点。例如飞机、导弹等飞行器在空气中高速运动所引起的空气流动、气轮机内流过叶轮的气流、强爆炸造成的气流等。对于这样的流动,根据第一章阐述,可作如下假设:

(1) 流体密度 ρ 是变化的。

(2) 忽略流体的粘性作用。

(3) 流动是等熵过程。由于流动的高速度,流体流过速度起显著变化区域所需的时间很短,加上气体传热能力很弱,因而可认为流动过程是绝热的。这样,在流动参量连续变化的区域中,无粘性绝热的流动过程就是等熵过程。

(4) 忽略重力的效应。例如,在温度 $T = 270$ K,垂直高度差 $\Delta z = 80$ m 时,完全气体由重力引起的压强变化 Δp 满足下式

$$\frac{\Delta p}{p} = \frac{\rho g \Delta z}{p} = \frac{g}{RT}\Delta z \approx 0.01.$$

因此在小范围空间内,由重力引起的压强变化可忽略,运动方程中略去重力项,能量方程中略去重力作功项.

在上面所述的基本假设下,第三章已导出无粘性可压缩流体运动的基本方程组.

在流场不断变化的区域中,无粘性可压缩流体运动的连续性方程和运动方程是

$$\frac{\mathrm{D}\rho}{\mathrm{D}t} + \rho \nabla \cdot v = 0, \tag{10.1.1}$$

$$\frac{\mathrm{D}v}{\mathrm{D}t} = -\frac{1}{\rho}\nabla p. \tag{10.1.2}$$

方程组没有封闭,需要补充物性方程,即完全气体的状态方程

$$p = \rho RT. \tag{10.1.3}$$

同时由于在前面假设中认为流动是等熵的,这样可写出完全气体的等熵方程

$$p = c\rho^\gamma. \tag{10.1.4}$$

现在六个方程(10.1.1)~(10.1.4)中有 ρ、v(三个)、p、T 六个未知量,构成了封闭的方程组.

定解条件如下:

初始条件.

一般给出 $t=t_0$ 时刻的速度 v_0,以及压强 p、密度 ρ 和温度 T 中任两个参量的分布.

对于定常流动,则不存在初始条件的问题.

边界条件.

在固体壁面上要给出速度条件和温度条件. 固壁上的速度边界条件的提法在不可压缩流动中已经讨论过,对于无粘性流体来说,流体在固壁表面上的法向速度应等于固壁运动速度的法向分量,即

$$(v \cdot \nabla F)\big|_w = -\frac{\partial F}{\partial t} \tag{10.1.5}$$

式中 $F(x,y,z;t)=0$ 是运动固壁的方程. 无粘性可压缩流体的固壁速度条件同样是(10.1.5)式.

固壁上的温度条件通常有两种:

(1) 无温度突跃条件. 即固壁表面上流体的温度应该等于物体表面的温度

$$T\big|_w = T_0(x,y,z;t) \tag{10.1.6}$$

其中 $T_0(x,y,z;t)$ 是物体表面的温度.

(2) 绝热条件. 即流体和固壁间没有热传导. 由于热传导是依赖于温度梯度的,因此这一条件意味着流体在固壁表面上的温度梯度为零

$$\left.\frac{\partial T}{\partial n}\right|_w = 0 \tag{10.1.7}$$

以上两种温度边界条件由问题的性质来决定给出哪一种表达.

对于如管流一类问题或其他的一些特殊流动问题,还应该视具体情况给出边界条件.

这一节给出了无粘性可压缩流体运动的基本方程组以及定解条件,它们都是微分形式,因此适用于流动参量连续的区域. 然而在许多问题中,流场不一定都是连续的,有时流动参量会在某些曲面上产生突变. 在包含这样一类曲面的流动区域中,基本方程将要采用控制体积分形式或者其他的一些形式.

10.2 小扰动在可压缩流体中的传播 声速和马赫数

上一节已经得到了无粘性可压缩流体流动的基本方程组和定解条件,在对这些方程作进一步讨论之前,先分析一下小扰动在可压缩流体中的传播,并且引进两个在可压缩流动问题中极其重要的物理参量:声速和马赫数.

(一)小扰动在可压缩流体中的传播和声速

图 10.1 表示了击鼓传声的情况. 用锤击鼓时,将引起鼓膜的振动,当鼓膜向外凸起时,势必挤压邻近一层空气,从而使这一层空气压强和密度稍微升高一些,由于这一层空气压强升高,又会挤压在它外面邻近的一层空气,从而使外面一层空气的压强和密度也稍微升高一些,于是它又挤压在它外面的一层空气……,这样一层一层向外挤压,原来使压强增值的扰动就从鼓膜处向周围传播出去. 当鼓膜内凹时,邻近一层空气就

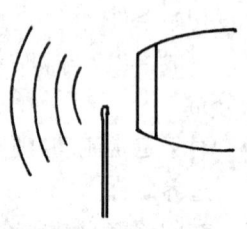

图 10.1 击鼓传声

会膨胀,从而压强和密度会稍微减低一些,同样地,这个使压强降低的扰动也会从鼓膜处向周围传播出去. 当鼓膜振动时,就会产生使邻近空气压强一升一降和密度一密一疏的微弱扰动,这个扰动将连续不断地向周围传播出去,当传到人的耳朵里时,就使耳膜发生相应振动,使人听到了鼓声. 因此,声音实际上是发声器所发生的微弱振动而引起周围空气的一种微弱扰动波(或称为小扰动波),一般也就称为声波(或音波).

从上面对声音在空气中传播的形象化说明中可以看出,扰动在流体中的传播是以"波"的形式进行的,它称为扰动波. 扰动波通过流体的某一部分介质后,这部分介质受到扰动从而流动参量发生改变. 在流体受扰部分与未受扰部分之间有一个分界面,它称为扰动波的波阵面. 扰动波的传播速度就是扰动波波阵

面的传播速度. 声速,就是小扰动波阵面在流体中的传播速度. 要特别注意的是,扰动波传播速度与流体本身的运动速度是完全不同的两回事,绝对不可混淆.

声速是一个十分重要的物理量,人们很早就力图推导出计算声速的公式来. 由于扰动使得流体的速度参量和热力学参量发生变化,因此在推导声速公式之前必须弄清楚声音的传播是个什么过程. 对此,牛顿在 1687 年曾认为声音的传播是一个等温过程. 初看起来,这个看法似乎是合理的,但是由此而算得的结果却同事实不符,这是因为假定等温过程就相当于假定空气热传导的能力非常大,而实际上空气热传导能力很小,在小扰动传播过程之中,流体的状态变化很快,流体微团不可能凭借与周围介质之间的热传导来维持自己的温度不发生改变,所以等温过程的这种假定是不合理的,无法得出正确的结果. 后来,拉普拉斯在 1816 年提出声音的传播是一个等熵过程,并导出了声速的计算公式. 实验的结果证明了等熵假定的合理性和计算公式的正确性.

下面用等熵过程来推导声速公式.

为了简便,设小扰动波阵面在压强为 p_1,密度为 ρ_1 的静止流体中以速度 a 自右向左传播,如图 10.2 所示. 小扰动波阵面后,流体有速度 $u_2 = du$,压强 $p_2 = p_1 + dp$,$\rho_2 = \rho_1 + d\rho$,式中 du,dp,$d\rho$ 均为小量.

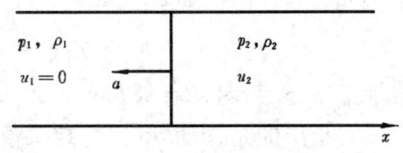

图 10.2　小扰动在静止气体中的传播

建立固连在波阵面上的运动坐标,并取控制体,运用质量守恒和动量定理得到

$$\rho_1 a = (\rho_1 + d\rho)(a + du),$$
$$-\rho_1 a^2 + (\rho_1 + d\rho)(a + du)^2 = p_1 - (p_1 + dp).$$

合并以上两式,略去二阶以上小量后有

$$a^2 d\rho = dp.$$

由于流体运动通常是正压过程,$p = p(\rho)$,于是从上式得到

$$a^2 = dp/d\rho. \tag{10.2.1}$$

前面已指出,小扰动传播是等熵过程,从 (10.2.1) 就导出声速公式

$$a = \sqrt{(dp/d\rho)_s}. \tag{10.2.2}$$

式中足标 "s" 代表等熵过程.

对于不均匀流体,可以把它每一个局部看作均匀的流团,引入 (10.2.2) 式,从而把它理解为局部声速或当地声速.

对于运动流体,我们可建立运动坐标而推导出同样的声速公式. 因而更确切地说,声速是相对于流体运动而言的小扰动传播速度.

从声速定义可以看出,声速是标志着流体压缩性的一个重要参数. 声速小,表示使密度改变 $d\rho$ 所需的压强 dp 小,这就表示流体易压缩;反之,声速大,表示使密度改变 $d\rho$ 所需的压强 dp 大,表示了流体较难压缩. 对于不可压缩流体,声速 a 趋于无穷大,意味着小扰动在不可压缩流体中的传播几乎是瞬时完成的. 而在可压缩流体中,小扰动的传播需要一定的时间,这也正是可压缩流体和不可压缩流体的本质差别之一. 严格意义下的不可压缩流体实际上并不存在,只是密度不易变化、声速较大,可以近似地看作是不可压缩的.

对于完全气体,熵是

$$S = c_v \ln \frac{p}{\rho^\gamma}.$$

在等熵过程中,S 是常数,于是

$$\left(\frac{\partial p}{\partial \rho}\right)_S = \gamma p/\rho.$$

因此完全气体的声速公式是

$$a = \sqrt{\gamma p/\rho} = \sqrt{\gamma RT}. \tag{10.2.3}$$

对于空气,$\gamma \approx 1.4, R \approx 287 \text{ N}\cdot\text{m}/(\text{kg}\cdot\text{K})$,因此 $a \approx 20.1\sqrt{T}\text{m/s}$.

要指出的是,上面得到的结果仅适用于小扰动的传播. 对于小扰动,扰动量是小量,因此扰动方程可以线化,从而得到了(10.2.2)式. 对于有限幅度的变化,上述结果不再适用,必须从基本方程出发讨论问题.

不同高度情况下标准大气的声速可见表 2.1.

例 10.1 在一根无限长的管道中,有一薄膜把管内静止气体分隔成两部分,压强各为 p_1 和 p_2,($p_2 > p_1$, $p_2 - p_1 = \tilde{p}$ 是小量),温度相同. 设薄膜位于 x 轴的原点处,试证当薄膜突然破裂后气体的压强 p 和速度 u 是

$$p - p_1 = \begin{cases} \tilde{p}, & x > at, \\ \frac{1}{2}\tilde{p}, & |x| < at, \\ 0, & x < -at, \end{cases}$$

$$u = \begin{cases} 0, & x > at, \\ -\tilde{p}/2a\rho_0, & |x| < at, \\ 0, & x < -at, \end{cases}$$

式中 a 是声速,ρ_0 是扰动部分的气体密度.

解 薄膜破裂后,高压气体向低压气体发出一扰动波,使之压强升高;另一方面低压气体同样向高压气体发出一扰动波,使之压强降低. 由于原来两侧的压强差是小量,因此这两个扰动波是小扰动波,以声速传播. 已知原来两侧温度

相同,所以这两个小扰动波的声速相同,中间形成一个受扰动区,两侧气体在波阵面未到之前仍保持原来状态.

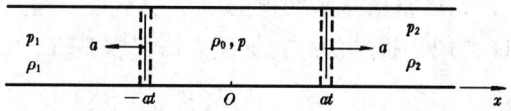

图 10.3 薄膜破裂后小扰动向两侧传播

建立两个随波阵面一起运动并包含波阵面的控制体. 对于波阵面 $x = -at$,其左侧气体相对速度是 a,右侧相对速度是 $a+u$,对控制体应用质量守恒和动量定律得

$$\rho_1 a = \rho_0(a+u),$$
$$p_1 + \rho_1 a^2 = p + \rho_0(a+u)^2.$$

联立后得到

$$p_1 = p + \rho_1 a u.$$

对于波阵面 $x = at$,同样可得

$$\rho_2 a = \rho_0(a-u),$$
$$p_2 + \rho_2 a^2 = p + \rho_0(a-u)^2.$$

联立得到

$$p_2 = p - \rho_2 a u,$$

因此有

$$p_2 - p_1 = \tilde{p} = -(\rho_1 + \rho_2)au,$$
$$p_2 + p_1 = 2p + (\rho_1 - \rho_2)au = 2p + 2\rho_0 u^2 \approx 2p.$$

由最后一式得到

$$p = \frac{1}{2}(p_2 + p_1) = \frac{1}{2}\tilde{p} + p_1,$$

即

$$p - p_1 = \frac{1}{2}\tilde{p}.$$

再把两个波阵面上得到的质量守恒表示式相加得

$$\rho_0 = \frac{1}{2}(\rho_1 + \rho_2).$$

代入前面的 $p_2 - p_1$ 一式中就求出 u,

$$u = -\frac{\tilde{p}}{2a\rho_0}.$$

这一题已知条件告诉我们薄膜两侧的压强差是一个小量,因此薄膜破裂后

产生小扰动分别向两侧传播,并且在扰动区中气体受扰动产生的扰动速度 u 是一个小量,在解题过程中略去了它的平方项,这和推导小扰动声速公式时所用的处理方法是一致的. 如果原来薄膜两侧的压强差不是小量,那么其物理现象就和现在的不同,不能再用小扰动的线化处理方法,其结果自然也不同.

(二)马赫数

研究可压缩流体的流动问题的另一个重要参量是流体的流动马赫数,记为 M. 马赫数的定义是

$$M = \frac{v}{a}. \tag{10.2.4}$$

它表示流体的流动速度与当地声速之比,是一个无量纲的参量.

对应于 $M<1, M=1$ 和 $M>1$ 这三种情况的流动分别称为亚声速流、声速流和超声速流,这三种流动在物理上有着本质的区别. 图 10.4 是小扰动在四种流动情况中的传播,显示出亚声速流,声速流和超声速流的区别.

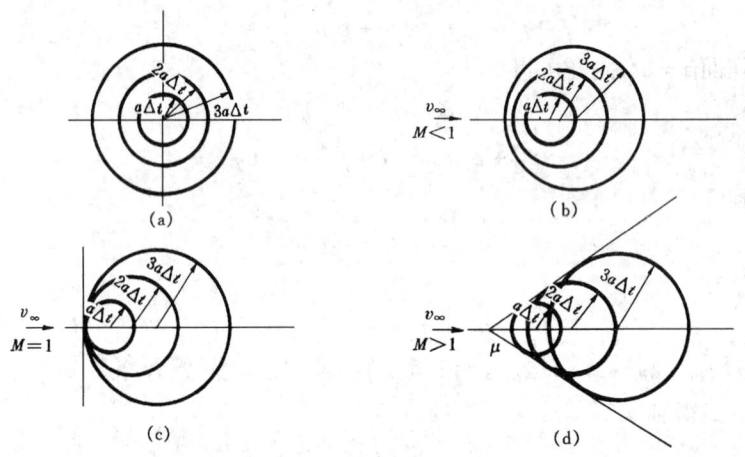

图 10.4 小扰动在不同来流速度流场内的传播

(1)小扰动在静止流体中传播(图10.4(a)). 由于流体是静止的,小扰动将以声速 a 向四面八方传播,而且它在各个方向上的传播速度都是相等的.

(2)小扰动在亚声速流场中传播(图10.4(b)). 从相对运动的观点看,在随流体一起运动的坐标系中,小扰动以声速向四面八方传播,传播速度仍是相等的. 但在绝对坐标系中,它在各个方向的传播速度就不相等了. 小扰动在顺流方向的传播速度为 $a+v_\infty$,在逆流方向的传播速度为 $a-v_\infty$,由于流动是亚声速的,即 $v_\infty<a$,所以小扰动仍可以向四面八方传播,但它的传播速度在各个方向不同,在顺流方向传播速度最大,而在逆流方向最小,小扰动波阵面是一族偏

心的球面.

（3）小扰动在声速流场中传播（图10.4（c））. 小扰动传播的情况同（2）的情况大致相同，但由于 $v_\infty = a$，因此它只能向顺流方向传播而不能向逆流方向传播，其结果是小扰动波只能在图中虚线右半平面内传播，而无法传播到左半平面.

（4）小扰动在超声速流场中传播（图10.4（d））. 此时 $v_\infty > a$，因此小扰动不能再向逆流方向传播. 每个波阵面相对于扰动中心而言，传播速度仍是声速 a，在 t 时刻构成以扰动中心为圆心，半径为 at 的球面；而扰动中心以速度 v_∞ 顺流而下，t 时刻已离开初始位置 $v_\infty t (> at)$，因此从绝对坐标中看，扰动传播的范围只在顺流方向的圆锥型区域之内，圆锥型区域以外的地方是不会受到小扰动影响的. 这个圆锥称为扰动锥或马赫锥，它的半顶角称为马赫角，

$$\mu = \arcsin \frac{a}{v_\infty} = \arcsin \frac{1}{M}. \tag{10.2.5}$$

从这个例子可以看到亚声速流和超声速流是两种性质截然不同的流动，也说明了马赫数是一个重要的物理参数.

完全气体的马赫数可以写为

$$M = v / \sqrt{\gamma R T}. \tag{10.2.6}$$

温度是气体分子运动动能的度量，所以（10.2.6）式说明马赫数是流体宏观运动动能和分子运动动能之比.

考虑可压缩流体作定常等熵运动，利用声速公式（10.2.2）及运动方程（10.1.2）式可以得到

$$M^2 = - \left(\frac{d\rho}{\rho} \right) \bigg/ \left(\frac{dv}{v} \right). \tag{10.2.7}$$

这个式子说明当马赫数很小时，速度的相对变化只能引起很小的密度相对变化，但当马赫数很大时则，将引起较大的密度相对变化，这也说明了马赫数是流体压缩性的一个表征.

10.3 伯努利方程和气体动力学函数

（一）无粘性可压缩流体定常等熵流动的伯努利方程

前面4.2节已导出了一般流体定常运动的伯努利方程（4.2.3）式. 对于完全气体的等熵运动，$p = c\rho^\gamma$，代入（4.2.3）式可得出下面（10.3.5）～（10.3.8）各式. 我们也可以利用热力学第一定律，从总能量角度出发来推导相应的伯努利方程.

热力学第一定律可写为

$$T\nabla s = \nabla i - \frac{1}{\rho}\nabla p. \tag{10.3.1}$$

代入动量方程(10.1.2)并记 $i_0 = i + \frac{v^2}{2}$,有

$$-v \times (\nabla \times v) = T\nabla s - \nabla i_0. \tag{10.3.2}$$

由于考虑定常运动,上式中已略去对时间偏导数项. 在流线上取微元 $d\boldsymbol{r} = \boldsymbol{v}dt$,在(10.3.2)式两侧点积 $d\boldsymbol{r}$ 后沿流线积分得 $i_0 = \text{const}$,或写成

$$\frac{v^2}{2} + i = \text{const}, \tag{10.3.3}$$

$$\frac{v^2}{2} + e + \frac{p}{\rho} = \text{const}. \tag{10.3.4}$$

这三式的右边是和流线有关的常数,在同一条流线上它的值不变,但不同的流线有不同的值. (10.3.4)式左边第一项是单位质量的动能,第二项是单位质量的内能,第三项是单位质量的压能,因此这三项之和表示了单位质量流体所具有的总能量,从而(10.3.3)、(10.3.4)式的物理意义就是无粘性不可压缩流体在作定常等熵流动时沿流线的总能量保持不变. 它们就是无粘性不可压缩流体定常等熵流动的伯努利方程的不同形式.

如果讨论的是完全气体,则根据焓的定义和声速公式,伯努利方程还可以写成下面几种形式

$$\frac{v^2}{2} + c_p T = \text{const}, \tag{10.3.5}$$

$$\frac{v^2}{2} + \frac{\gamma R}{\gamma - 1} T = \text{const}, \tag{10.3.6}$$

$$\frac{v^2}{2} + \frac{\gamma}{\gamma - 1} \frac{p}{\rho} = \text{const}, \tag{10.3.7}$$

$$\frac{v^2}{2} + \frac{a^2}{\gamma - 1} = \text{const}. \tag{10.3.8}$$

例10.2 完全气体从一个封闭的大容器中通过一根细管绝热定常地流入大气. 设容器中压强是 $np_a(n>1)$,大气压为 p_a、密度为 ρ_a,求气体流出时的速度 v_a.

解 根据题意,这是无粘性可压缩流体作定常等熵运动的问题,细管可以看成是流线,可用伯努利方程来求解. 以下标"0"表示大容器内状态,以下标"a"表示细管出口处大气的状态,于是有

$$\frac{v_0^2}{2} + \frac{\gamma}{\gamma - 1} \frac{p_0}{\rho_0} = \frac{v_a^2}{2} + \frac{\gamma}{\gamma - 1} \frac{p_a}{\rho_a}.$$

由于容器很大,可以认为细管内流动不影响它的状态,容器内气体是静止的,$v_0 = 0$. 完全气体等熵地从大容器经细管流入大气,还有等熵关系式

$$\frac{p_0}{\rho_0^\gamma} = \frac{p_a}{\rho_a^\gamma}.$$

又已知 $p_0 = n p_a$,于是伯努利方程可以写为

$$\frac{\gamma}{\gamma-1} \cdot n^{\frac{\gamma-1}{\gamma}} \frac{p_a}{\rho_a} = \frac{v_a^2}{2} + \frac{\gamma}{\gamma-1} \frac{p_a}{\rho_a}$$

可以解出 v_a 为

$$v_a = \sqrt{\frac{2\gamma}{\gamma-1} \frac{p_a}{\rho_a}(n^{\frac{\gamma-1}{\gamma}} - 1)}$$

伯努利方程中出现的常数是依赖于流线的,不同流线上的总能量不同,常数也就不同,因此要确定这个常数,必须要知道流线上某一点(某参考点)的流动参量. 为此,下面推导气体动力学函数(一维等熵关系式).

(二) 气体动力学函数(一维等熵关系式)

1. 滞止状态及滞止参量

我们引进一个特定的参考状态,称为"滞止状态". 滞止状态就是流体的流动速度为零时的状态. 流体质点若由某一个真实状态经等熵过程或经假想的等熵过程速度减少到零,这时流体质点的状态称为该真实状态所对应的滞止状态,流体质点所具有的流动参量称为该真实状态的滞止参量. 一个真实流动过程中每一状态都有相对应的滞止状态和滞止参量,一般说来它们是并不相同的.

考察某真实状态参量和它所对应滞止参量之间的关系. 以下标"0"表示滞止状态. 根据完全气体的等熵关系有

$$\frac{p}{p_0} = \left(\frac{\rho}{\rho_0}\right)^\gamma. \tag{10.3.9}$$

进一步利用状态方程,焓和声速的定义可得到

$$\frac{p}{p_0} = \left(\frac{\rho}{\rho_0}\right)^\gamma = \left(\frac{T}{T_0}\right)^{\frac{\gamma}{\gamma-1}} = \left(\frac{i}{i_0}\right)^{\frac{\gamma}{\gamma-1}} = \left(\frac{a}{a_0}\right)^{\frac{2\gamma}{\gamma-1}} \tag{10.3.10}$$

根据(10.3.10),只要知道流体某状态的参数和它的一个滞止参数,就可以求出此滞止状态的其他参数.

伯努利方程(10.3.3)可写成

$$\frac{v^2}{2} + i = i_0. \tag{10.3.11}$$

i_0 称为滞止焓,表示流体在某状态所具有的总能量,因此也称为总焓. 由焓的定义,$i_0 = c_p T_0$,c_p 通常是常数,所以滞止温度 T_0 也表示流体总能量. 由(10.3.11)式以及

$$i = c_p T = \frac{\gamma R}{\gamma - 1} T = \frac{a^2}{\gamma - 1}$$

可得到

$$\frac{i}{i_0} = \left(1 + \frac{\gamma - 1}{2} M^2\right)^{-1}. \tag{10.3.12}$$

再由(10.3.10)式得出下面通常被称为气体动力学函数的关系式(或一维等熵关系式)

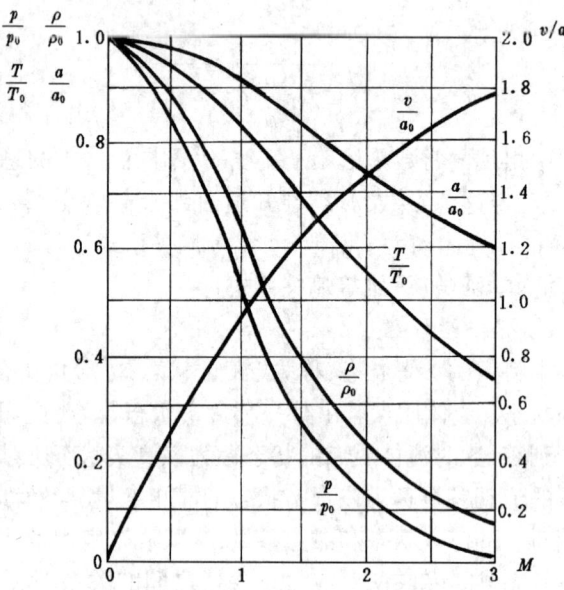

图10.5 气体动力学函数曲线

$$\frac{p}{p_0} = \pi(M) = \left(1 + \frac{\gamma - 1}{2} M^2\right)^{-\frac{\gamma}{\gamma - 1}}, \tag{10.3.13}$$

$$\frac{\rho}{\rho_0} = \varepsilon(M) = \left(1 + \frac{\gamma - 1}{2} M^2\right)^{-\frac{1}{\gamma - 1}}, \tag{10.3.14}$$

$$\frac{i}{i_0} = \frac{T}{T_0} = \tau(M) = \left(1 + \frac{\gamma - 1}{2} M^2\right)^{-1}, \tag{10.3.15}$$

$$\frac{a}{a_0} = \alpha(M) = \left(1 + \frac{\gamma - 1}{2} M^2\right)^{-\frac{1}{2}}, \tag{10.3.16}$$

$$\frac{v}{a_0} = \frac{v}{a} \cdot \frac{a}{a_0} = M \cdot \left(1 + \frac{\gamma - 1}{2} M^2\right)^{-\frac{1}{2}}. \tag{10.3.17}$$

图 10.5 绘出了气体动力学函数的曲线,可看出当马赫数 M 增大时,$\dfrac{p}{p_0}$、$\dfrac{\rho}{\rho_0}$、$\dfrac{T}{T_0}$ 和 $\dfrac{a}{a_0}$ 将减小,$\dfrac{v}{a_0}$ 将增大.

表 10.1 气体动力学函数(一维等熵关系)

M	$p/p_0 = \pi(M)$	$\rho/\rho_0 = \varepsilon(M)$	$T/T_0 = \tau(M)$	$a/a_0 = \alpha(M)$	v/a_0	$A_*/A = q$	$y = \dfrac{q}{\pi}$
0.0	1.000 0	1.000 0	1.000 0	1.000 0	0.000 0	0.000 0	0.000 0
0.1	0.993 0	0.995 0	0.998 0	0.999 0	0.099 9	0.171 8	0.173 0
0.2	0.972 5	0.980 3	0.992 1	0.996 0	0.199 2	0.337 4	0.346 9
0.3	0.939 5	0.956 4	0.982 3	0.991 1	0.297 3	0.491 4	0.523 0
0.4	0.895 6	0.924 3	0.969 0	0.984 4	0.393 7	0.628 8	0.702 2
0.5	0.843 0	0.885 2	0.952 4	0.975 9	0.487 9	0.746 4	0.885 3
0.6	0.784 0	0.840 5	0.932 8	0.965 8	0.579 5	0.841 6	1.073 5
0.7	0.720 9	0.791 6	0.910 7	0.954 3	0.668 0	0.913 8	1.267 5
0.8	0.656 0	0.740 0	0.886 5	0.941 6	0.753 2	0.963 2	1.468 2
0.9	0.591 3	0.687 0	0.860 6	0.927 7	0.834 9	0.991 2	1.676 4
1.0	0.528 3	0.633 9	0.833 3	0.912 9	0.912 9	1.000 0	1.892 9
1.1	0.468 4	0.581 7	0.805 2	0.893 1	0.987 0	0.992 1	2.118 4
1.5	0.272 4	0.395 0	0.689 7	0.830 5	1.245 7	0.850 2	3.121 2
2.0	0.127 8	0.230 0	0.555 6	0.745 4	1.490 7	0.592 0	4.636 7
2.5	0.058 5	0.131 7	0.444 4	0.666 7	1.666 7	0.379 3	6.480 0
3.0	0.027 2	0.076 2	0.357 1	0.597 6	1.792 8	0.236 2	8.674 5
5.0	0.001 9	0.011 3	0.166 7	0.408 2	2.041 2	0.040 0	21.164 0

2. 临界状态和临界参量

临界状态是流动速度 v 等于当地声速 a 的状态. 也就是流动马赫数等于 1 的状态. 同滞止状态一样,临界状态可能存在于真实流动之中,也可以由某个真实状态假想经过等熵过程达到. 临界状态的流动参量称为临界参量,如临界速度、临界压强、临界密度、临界温度等,以下标"*"表示临界状态,则它们分别记以 v_*、p_*、ρ_*、T_*.

同滞止参量一样,利用等熵公式可以得到

$$\frac{p}{p_*} = \left(\frac{\rho}{\rho_*}\right)^{\gamma} = \left(\frac{T}{T_*}\right)^{\frac{\gamma}{\gamma-1}} = \left(\frac{a}{a_*}\right)^{\frac{2\gamma}{\gamma-1}}. \qquad (10.3.18)$$

它表示某真实状态参数和它所对应的临界参量之间所满足的关系式.

在临界状态,$v_* = a_*$,把它代入伯努利方程(10.3.8)式后有

$$\frac{v^2}{2} + \frac{a^2}{\gamma-1} = \frac{(\gamma+1)}{2(\gamma-1)}a_*^2,$$

由此式得到

$$\frac{a}{a_*} = \left[\frac{2+(\gamma-1)M^2}{\gamma+1}\right]^{-\frac{1}{2}}. \tag{10.3.19}$$

再由(10.3.18)式可求出

$$\frac{T}{T_*} = \left[\frac{2+(\gamma-1)M^2}{\gamma+1}\right]^{-1}, \tag{10.3.20}$$

$$\frac{p}{p_*} = \left[\frac{2+(\gamma-1)M^2}{\gamma+1}\right]^{-\frac{\gamma}{\gamma-1}}, \tag{10.3.21}$$

$$\frac{\rho}{\rho_*} = \left[\frac{2+(\gamma-1)M^2}{\gamma+1}\right]^{-\frac{1}{\gamma-1}}. \tag{10.3.22}$$

(10.3.19)~(10.3.22)各式也称为气体动力学函数(一维等熵关系式).

以 $M=0$ 代入上面方程,可以得到某真实状态所对应的滞止状态参数和临界状态参数之间的关系

$$\frac{T_*}{T_0} = \frac{2}{\gamma+1}, \tag{10.3.23}$$

$$\frac{p_*}{p_0} = \left(\frac{2}{\gamma+1}\right)^{\frac{\gamma}{\gamma-1}}, \tag{10.3.24}$$

$$\frac{\rho_*}{\rho_0} = \left(\frac{2}{\gamma+1}\right)^{\frac{1}{\gamma-1}}, \tag{10.3.25}$$

$$\frac{a_*}{a_0} = \left(\frac{2}{\gamma+1}\right)^{\frac{1}{2}}. \tag{10.3.26}$$

3. 最大速度状态

速度达到最大焓为零时的状态称为最大速度状态,它同样是一种参考状态,可以由某真实状态经过假想的等熵变化过程而达到.

由伯努利方程易知

$$\frac{v^2}{2} + c_p T = \frac{v_{\max}^2}{2},$$

因此某状态所对应的最大速度是

$$v_{\max} = \sqrt{v^2 + 2c_p T}, \tag{10.3.27}$$

在最大速度状态时,除速度以外的其他一切参数都为零.

由(10.3.27)式可以得到

$$v_{\max} = \sqrt{v_*^2 + 2c_p T_*} = \sqrt{v_*^2 + 2\frac{a_*^2}{\gamma-1}} = \sqrt{\frac{\gamma+1}{\gamma-1}} v_* . \qquad (10.3.28)$$

它表示某真实状态的临界速度和最大速度间的关系.

以上所得到的是真实状态参数和它所对应各种参考参数的关系式. 一般说来,流动过程中不同真实状态所对应的参考状态参数是不同的,然而当真实流动是定常和等熵过程时,同一流线上任意两点的滞止参数就相等,因此有

$$\frac{i_1}{i_2} = \frac{i_1}{i_{10}} \frac{i_{10}}{i_{20}} \frac{i_{20}}{i_2} = \frac{i_1}{i_{10}} \frac{i_{20}}{i_2} = \frac{\tau(M_1)}{\tau(M_2)}, \qquad (10.3.29)$$

$$\frac{T_1}{T_2} = \frac{\tau(M_1)}{\tau(M_2)}, \qquad (10.3.30)$$

$$\frac{p_1}{p_2} = \frac{\pi(M_1)}{\pi(M_2)}, \qquad (10.3.31)$$

$$\frac{\rho_1}{\rho_2} = \frac{\varepsilon(M_1)}{\varepsilon(M_2)}, \qquad (10.3.32)$$

气体动力学函数和流体本身的真实运动情况是无关的,即使对不等熵的流动,它们依然是成立的,但是(10.3.29)~(10.3.32)式显然不再成立.

(三) 速度系数 λ

和马赫数相仿,在工程上经常用到一个无量纲参量 λ,它称为速度系数,其定义是

$$\lambda = \frac{v}{a_*}, \qquad (10.3.33)$$

速度系数 λ 和马赫数 M 的关系是

$$\lambda = \frac{v}{a_*} = \frac{v}{a} \cdot \frac{a}{a_*} = M\left[\frac{2+(\gamma-1)M^2}{\gamma+1}\right]^{-\frac{1}{2}}, \qquad (10.3.34)$$

或者

$$M = \lambda\left[\frac{(\gamma+1)-(\gamma-1)\lambda^2}{2}\right]^{-\frac{1}{2}}. \qquad (10.3.35)$$

从图 10.6 可以看到,$M<1$ 的亚声速流动对应于 $\lambda<1$,$M=1$ 的声速流对应于 $\lambda=1$,$M>1$ 的超声速流对应于 $\lambda>1$,所以也可以用 λ 作为亚声速和超声速的判别标志. 从图 10.6 还可看到 λ 有最大值 $\sqrt{\frac{\gamma+1}{\gamma-1}}$,所以有时用 λ 要比用 M 更加方便些.

利用(10.3.35)式可以把气体动力学函数写成关于 λ 的函数

$$\frac{T}{T_0} = 1 - \frac{\gamma-1}{\gamma+1}\lambda^2, \qquad (10.3.36)$$

$$\frac{p}{p_0} = \left(1 - \frac{\gamma-1}{\gamma+1}\lambda^2\right)^{\frac{\gamma}{\gamma-1}}, \qquad (10.3.37)$$

$$\frac{\rho}{\rho_0} = \left(1 - \frac{\gamma-1}{\gamma+1}\lambda^2\right)^{\frac{1}{\gamma-1}}, \qquad (10.3.38)$$

$$\frac{a}{a_0} = \left(1 - \frac{\gamma-1}{\gamma+1}\lambda^2\right)^{\frac{1}{2}}, \qquad (10.3.39)$$

$$\frac{T}{T_*} = \frac{(\gamma+1)-(\gamma-1)\lambda^2}{2}, \qquad (10.3.40)$$

$$\frac{p}{p_*} = \left[\frac{(\gamma+1)-(\gamma-1)\lambda^2}{2}\right]^{\frac{\gamma}{\gamma-1}}, \qquad (10.3.41)$$

$$\frac{\rho}{\rho_*} = \left[\frac{(\gamma+1)-(\gamma-1)\lambda^2}{2}\right]^{\frac{\gamma}{\gamma-1}}, \qquad (10.3.42)$$

$$\frac{a}{a_*} = \left[\frac{(\gamma+1)-(\gamma-1)\lambda^2}{2}\right]^{\frac{1}{2}}. \qquad (10.3.43)$$

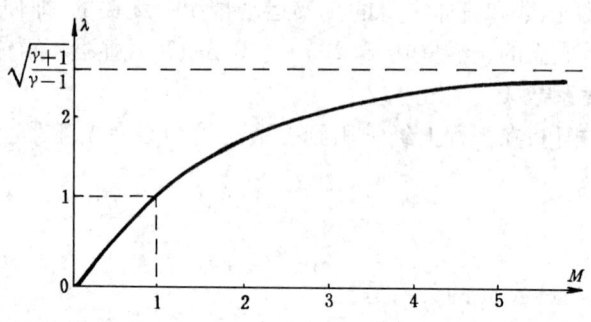

图 10.6 $\lambda - M$ 曲线

例 10.3 通过对总压的比较,讨论流动对流体压缩性的影响.

解 如果认为流体是不可压缩的,那么总压 p_0 是

$$p_0 = p + \frac{1}{2}\rho v^2.$$

当我们严格按可压缩流体处理时,总压 p_{0c} 根据气体动力学函数得到为

$$p_{0c} = p\left(1 + \frac{\gamma-1}{2}M^2\right)^{\frac{\gamma}{\gamma-1}}.$$

流动马赫数较低时, $\frac{\gamma-1}{2}M^2 < 1$,上式展开

$$p_{0c} = p\left[1 + \frac{\gamma}{2}M^2\left(1 + \frac{1}{4}M^2 + \frac{2-\gamma}{24}M^4 + \cdots\right)\right]$$

$$= p\left[1 + \frac{1}{2}\frac{\rho}{p}v^2\left(1 + \frac{1}{4}M^2 + \frac{2-\gamma}{24}M^4 + \cdots\right)\right]$$

$$= p + \frac{1}{2}\rho v^2(1+\varepsilon),$$

式中 $\varepsilon = \frac{1}{4}M^2 + \frac{2-\gamma}{24}M^4 + \cdots$,(图 10.7).

因此用不可压缩公式来计算总压时,密度应取 $\rho(1+\varepsilon)$ 的值,如果还是取 ρ 来计算,则将产生一定的误差. 从图 10.7 可以看到, 当流动很慢, $M < 0.2$ 时,由此引起的密度误差 $\varepsilon < 0.01$, 用不可压缩计算公式求得的总压值还是可用的;但当 $M > 0.2$ 时,密度误差超过了 0.01,这时就不可再将流体当作不可压缩流体.

本章一开始就指出,流体高速运动时,对压缩性的研究是必要的,此例就是一个很好的佐证.

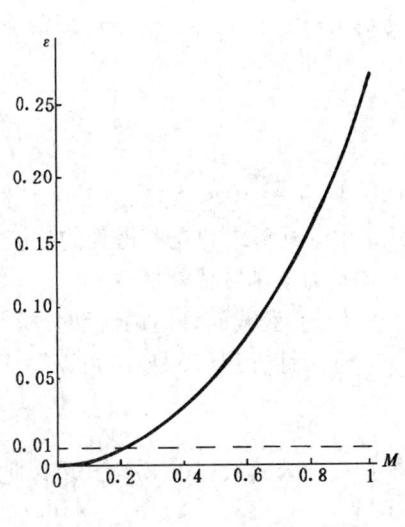

图 10.7 $\varepsilon - M$ 曲线

10.4 一维定常等熵管流

管道内流动一般至少是二维问题. 如果(1)管截面特征线尺度和特征长度相比很小;(2)管截面积 $A(x)$ 沿轴向变化很小;(3)管道曲率很小,这种管流就可以近似看作一维流动,取流动参量在管截面上平均值作为该处值.

取图示微元控制体,由质量守恒定律、动量定律和能量守恒定律容易得到

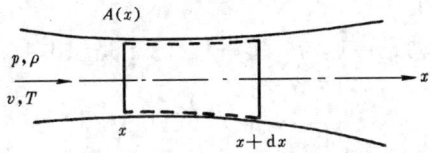

图 10.8 一维管流微元控制体

$$\frac{d}{dx}(vA\rho) = 0, \tag{10.4.1}$$

$$v\frac{dv}{dx} + \frac{1}{\rho}\frac{dp}{dx} = 0, \tag{10.4.2}$$

$$\frac{d}{dx}\left(\frac{1}{2}v^2 + i\right) = 0. \tag{10.4.3}$$

等熵方程和状态方程取平均后形式不变,仍为

$$\frac{d}{dx}\left(\frac{p}{\rho^\gamma}\right) = 0 \tag{10.4.4}$$

$$p = R\rho T. \tag{10.4.5}$$

(10.4.1)~(10.4.5)式就是无粘性可压缩流体一维定常等熵管流的基本方程组。由于其形式和先前得到的相应方程完全相同。因此上一节的伯努利方程和气体动力学函数依然成立。

(一)变截面管道内流动分析

连续性方程(10.4.1)可以写成

$$\frac{1}{\rho}\frac{d\rho}{dx} + \frac{1}{v}\frac{dv}{dx} + \frac{1}{A}\frac{dA}{dx} = 0.$$

根据声速公式及(10.4.2)式可以把它改写成

$$-\frac{v}{a^2}\frac{dv}{dx} + \frac{1}{v}\frac{dv}{dx} + \frac{1}{A}\frac{dA}{dx} = 0,$$

即

$$(M^2 - 1)\frac{dv}{v} = \frac{dA}{A}. \tag{10.4.6}$$

(1) 若 $M < 1$,流动是亚声速的。因 $M^2 - 1 < 0$,dv 与 dA 异号,说明在亚声速流中,若管道截面沿流动方向逐渐增大,流体速度 v 将逐渐减慢;反之,若管道截面沿流动方向逐渐减小,则流体速度 v 将逐渐加快。这和不可压缩流体在管中的流动情况基本相同。

(2) 若 $M > 1$,流动是超声速的。因 $M^2 - 1 > 0$,dv 与 dA 同号,说明在超声速流中,若管道截面沿流动方向逐渐增大,流体速度 v 也将逐渐增大;反之,若管道截面沿流动方向逐渐减小,则流体速度也将逐渐减慢。这和不可压缩流体在管中的流动情况恰恰相反。

(3) 若 $M = 1$,流动是声速流。$M^2 - 1 = 0$,于是(10.4.6)式退化为

$$\frac{dA}{dx} = 0.$$

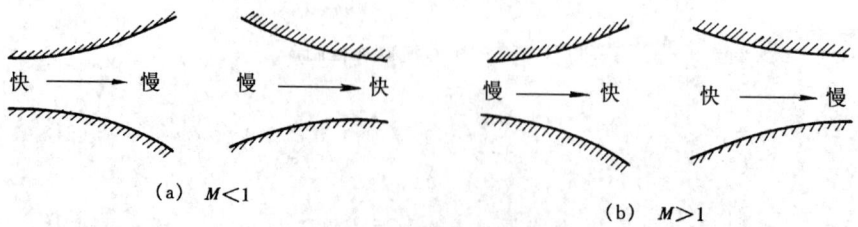

图 10.9 变截面管道中定常流

这说明要使流体的流动速度达到声速的话,必定是在截面积达到极值处. 从(1)和(2)的分析可见,这个截面必定是管道中的极小截面,而不可能是极大截面. 此时的状态是临界状态,此截面称为是这股来流的临界截面,记为 A_*.

通过这些分析又一次可以看到,亚声速流和超声速流动的物理性质存在本质的差别.

例 10.4 无粘性可压缩流体在变截面管中作定常等熵流动,讨论截面变化对各流动参数的影响.

解 可以把基本方程组写成

$$\frac{d\rho}{\rho} + \frac{dA}{A} + \frac{dv}{v} = 0,$$

$$\frac{dp}{\rho} + vdv = 0,$$

$$c_p dT + vdv = 0,$$

$$\frac{dp}{p} - \frac{d\rho}{\rho} - \frac{dT}{T} = 0.$$

根据题的要求,以 $\frac{dA}{A}$ 为独立变量,利用声速和马赫数定义,可以分别求出各流动参量和 $\frac{dA}{A}$ 的关系

$$(M^2 - 1)\frac{dv}{v} = \frac{dA}{A},$$

$$\frac{1 - M^2}{\gamma M^2}\frac{dp}{p} = \frac{dA}{A},$$

$$\frac{1 - M^2}{(\gamma - 1)M}\frac{dT}{T} = \frac{dA}{A},$$

$$\frac{1 - M^2}{M^2}\frac{d\rho}{\rho} = \frac{dA}{A}.$$

第一式已经作了详细的分析,后三式也可作类似的讨论. 其结果总结如表 10.2.

管道截面的变化对亚声速流和超声速流的影响是截然相反的,因此亚声速流和超声速流的过渡不能单靠收缩管或扩张管来实现,只有在先收缩后扩张的管中才能实现,在以后的拉瓦尔喷管这一节中将详细加以分析.

表 10.2 截面变化对流动参数的影响

	$M < 1$		$M > 1$	
U	↑	↓	↓	↑
p、ρ、T	↓	↑	↑	↓

（二）管截面积和流动马赫数的关系

流体在管道中作定常等熵流动，因此这两个截面上的滞止参量都相等，于是有

$$\frac{A_2}{A_1} = \frac{\rho_1 v_1}{\rho_2 v_2} = \frac{j_1}{j_2} = \frac{\rho_1 \left(\dfrac{v_1}{a_0}\right)}{\rho_2 \left(\dfrac{v_2}{a_0}\right)},$$

式中 $j = \rho v$，为每单位面积的质量流量. 利用公式（10.3.17）和（10.3.32）可得

$$\frac{A_2}{A_1} = \frac{M_1}{M_2}\left[\frac{2 + (\gamma - 1) M_2^2}{2 + (\gamma - 1) M_1^2}\right]^{\frac{\gamma+1}{2(\gamma-1)}}. \qquad (10.4.7)$$

这个式子反映了变截面管道中流体的流动马赫数 M 与管道截面积 A 之间的依赖关系. 这样，知道了两处的截面积和一处的马赫数，就可以由此式求出另一处的马赫数，然后利用气体动力学函数来求出流动参量.

从方程（10.4.7）可以看到，如果已知 M_2，要求 A_2 是很容易的；但是已知 A_2，要求 M_2 却不是很容易的，然而许多问题恰恰都是要求马赫数，因此我们面临着一个困难的问题. 为了能使问题顺利的解决，引进一个参考截面，称为临界截面，其面积记为 A_*，当流体流到此截面时流动马赫数为 1. 和其他参考状态一样，这个截面可以确实存在于实际流动之中，也可以是假想的. 可以求出任一截面 A 与临界截面积 A_* 之比. 在公式（10.4.7）中，去掉下标"2"，令 $M_1 = 1$，并把下标"1"改为"$*$"得到

$$\frac{A}{A_*} = \frac{j_*}{j} = \frac{1}{M}\left[\frac{2 + (\gamma - 1) M^2}{\gamma + 1}\right]^{\frac{\gamma+1}{2(\gamma-1)}}. \qquad (10.4.8)$$

这是一个只依赖于流动马赫数而不依赖于其他流动参量的函数，在一维管流的计算中被大量使用，由此公式算得的数据已列在表 10.2 之中.

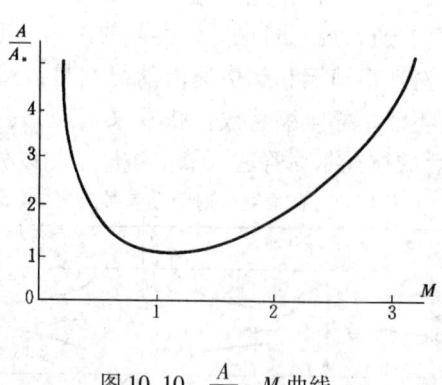

图 10.10　$\dfrac{A}{A_*} - M$ 曲线

图 10.10 绘出了根据(10.4.8)式得到的 $\dfrac{A}{A_*}$ – M 曲线. 可以看到,对于每一 M 值,有唯一的 $\dfrac{A}{A_*}$ 值与之对应;但对于每一 $\dfrac{A}{A_*}$ 值,有两个 M 值与之对应,这说明管道任一截面上都可能存在着亚声速和超声速流两种性质不同的流动状态. 还可以看到,对任 M 值,必定成立 $\dfrac{A}{A_*} \geqslant 1$,这说明临界截面如存在,则必定在管道截面积极小值处,这个性质在前面已叙述过.

用速度系数 λ 来表示 $\dfrac{A}{A_*}$ 也是十分常用的. 把(10.3.35)式代入(10.4.8)式得到

$$\frac{A}{A_*} = \frac{1}{\lambda}\left(\frac{\gamma+1}{2} - \frac{\gamma-1}{2}\lambda^2\right)^{-\frac{1}{\gamma-1}}. \tag{10.4.9}$$

(三) 流量函数

管道中气流的流量也是工程计算中常关心的问题. 下面给出几个根据不同流动参量来计算流量的公式

管内质量流量 Q_m 是

$$Q_m = \rho v A = j A.$$

引进无量纲流量函数 q,它的定义是

$$q = \frac{j}{j_*} = \frac{\rho v}{\rho_* v_*} = \frac{A_*}{A} = M\left[\frac{2}{\gamma+1}\left(1 - \frac{\gamma-1}{2}M^2\right)\right]^{-\frac{\gamma+1}{2(\gamma-1)}}$$

$$= \left(\frac{\gamma+1}{2}\right)^{\frac{1}{\gamma-1}} \lambda \left(1 - \frac{\gamma-1}{\gamma+1}\lambda^2\right)^{\frac{1}{\gamma-1}}. \tag{10.4.10}$$

由流量函数就可以得到质量流量

$$Q_m = \rho v A = \rho_* v_* q A = K \frac{p_0}{\sqrt{T_0}} A q. \tag{10.4.11}$$

式中

$$K = \sqrt{\frac{\gamma}{R}\left(\frac{2}{\gamma+1}\right)^{\frac{\gamma+1}{\gamma-1}}}. \tag{10.4.12}$$

流量函数 q 只与流动马赫数 M(或速度系数 λ)有关,所以(10.4.11)式给出了流动马赫数 M(或速度系数 λ)、截面积 A、相应的滞止压 p_0 和滞止温度 T_0 与质量流量 Q_m 的关系.

根据气体动力学函数(10.3.13)式,还可以把(10.4.11)写成

$$Q_{\mathrm{m}} = \frac{Ap}{\sqrt{RT_0}} \left(\frac{2\gamma}{\gamma-1}\right)^{\frac{1}{2}} \left(\frac{p_0}{p}\right)^{\frac{\gamma-1}{2\gamma}} \left[\left(\frac{p_0}{p}\right)^{\frac{\gamma-1}{\gamma}} - 1\right]^{\frac{1}{2}}. \qquad (10.4.13)$$

它给出了截面积 A、压强 p、相应的滞止压 p_0 和滞止温度 T_0 与质量流量 Q_{m} 的关系.

流量的极值问题是常常受到注意的问题，由 $\dfrac{\mathrm{d}Q_{\mathrm{m}}}{\mathrm{d}M}=0$ 可以得到

$$1 - M^2 \left(\frac{\gamma+1}{2}\right) \left(1 + \frac{\gamma-1}{2}M^2\right)^{-1} = 0.$$

由这个方程可以解出相应的马赫数 $M=1$，即流速达到声速时流量最大，为

$$Q_{\mathrm{m,max}} = A_* \left[\gamma p_0 \rho_0 \left(\frac{2}{\gamma+1}\right)^{\frac{\gamma+1}{\gamma-1}}\right]^{\frac{1}{2}}. \qquad (10.4.14)$$

例 10.5 气体自大容器通过渐缩管定常等熵地流入大气. 已知大容器内的状态，渐缩管面积，试根据出口处大气压强的变化分析管内的流动(图 10.11).

解 工程上常常称管外的压强为背压(或反压)，记为 p_{b}. 出口截面记为 e. 当 $\dfrac{p_{\mathrm{b}}}{p_0}=1$ 时，管内无流动. 当 p_{b} 下降，$\dfrac{p_{\mathrm{b}}}{p_0}<1$ 时，在压差作用下管内产生了流动. 由于声速只能在最小截面处达到，故而此渐缩管内只能是亚声速流动. 下面随 p_{b} 的逐渐下降，分几种情况讨论

(1) p_{b} 下降，但还没有达到在出口处管截面上是声速的程度. 此时，出口截面压 p_{e} 与背压 p_{b} 相同.

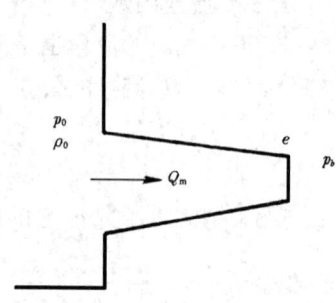

图 10.11 气体自大容器经渐缩管出流

由 $\dfrac{p}{p_0}=\pi(M)$ 可求得出口截面 e 处的流动马赫数 M_{e}，

$$M_{\mathrm{e}} = \frac{2}{\gamma-1}\left[\left(\frac{p_0}{p_{\mathrm{b}}}\right)^{\frac{\gamma-1}{\gamma}} - 1\right].$$

由流量公式可求出管内质量流量 Q_{m}，

$$Q_{\mathrm{m}} = A_{\mathrm{e}} \sqrt{\gamma p_0 \rho_0} \cdot M_{\mathrm{e}} \cdot \left(1 + \frac{\gamma-1}{2}M_{\mathrm{e}}^2\right)^{-\frac{\gamma+1}{2(\gamma-1)}}.$$

管内各截面上流动马赫数由(10.4.7)式确定，

$$\frac{A}{A_{\mathrm{e}}} = \frac{M_{\mathrm{e}}}{M}\left[\frac{2+(\gamma-1)M^2}{2+(\gamma-1)M_{\mathrm{e}}^2}\right]^{\frac{\gamma+1}{2(\gamma-1)}}.$$

(2) p_{b} 下降到一定程度，出口截面上达声速.

由(10.3.24)式可求出此时的 p_b 值

$$\frac{p_b}{p_0} = \frac{p_e}{p_0} = \frac{p_*}{p_0} = \left(\frac{2}{\gamma+1}\right)^{\frac{\gamma}{\gamma-1}}.$$

其他参量都可以由(1)中得到的式子求出,只需要令 $M_e = 1$ 就可.

管内质量流量 Q_m 是

$$Q_m = A_e \left[\gamma p_0 \rho_0 \left(\frac{2}{\gamma+1}\right)^{\frac{\gamma+1}{\gamma-1}}\right]^{\frac{1}{2}}.$$

(3) p_b 继续下降,小于 $\left(\frac{2}{\gamma+1}\right)^{\frac{\gamma}{\gamma-1}} \cdot p_0$. 此时管内流动不再变化,流量 Q_m 仍是(2)中所得的式子. 通常这种现象称为阻塞现象. 此时出口截面处压力 p_e 不再等于 p_b,气流流入大气,压强自管口的 p_e 值经过稀疏过程下降到 p_b.

10.5 正 激 波

前面讨论的是小扰动在无粘性可压缩流体中的传播. 所谓小扰动,指由于扰动而使流动参量发生的变化是个小量,因而在基本方程组中可以略去高阶小量使方程线性化. 它的特点是扰动以当地声速传播,扰动波形在传播过程中不变.

在自然界和工程技术中还有大量非小振幅的扰动问题,如爆炸波、气缸中活塞的运动引起的气流运动等. 特别在超声速气流中,还会出现称为激波的强大压强扰动,这是无粘性可压缩流体的一个十分重要的流动现象.

(一)激波现象

当飞机、炮弹和火箭以超声速飞行时,或者发生强爆炸、强爆震时,气流受到急剧的压缩,压强和密度突然显著增加,这时所产生的压强扰动将以比声速大得多的速度传播,波阵面所到之处气流的各种参数都将发生突然的显著变化,产生突跃. 这样一个强间断面叫做激波阵面. 通过激波阵面,气流的熵将发生变化.

激波是怎样形成的呢? 我们以活塞在管道中推进而产生激波为例来加以说明.

设活塞从静止开始加速,原来静止气体的状态是 p_0、ρ_0、T_0、活塞开始运动后紧邻活塞的气体首先受到压缩,压强升高,温度也升高,气体质点产生速度. 这团气体又推动和压缩前面的气体,使得压强升高,温度升高,产生速度. 这种依次受压被推动的状态向静止气体传播,其传播速度是静止气体的声速 a_0($= \sqrt{\gamma R T_0}$). 和击鼓传声的现象不同,现在活塞继续加速推进,在下一瞬时,活塞前原来已受压缩的气体又受到了新的压缩和推进. 新的压力波在已受压缩的并

已有流速 v 的气体中传播,速度将是 $v+a$,a 是已受压缩气体中的声速. 由于已受压缩气体的温度 $T>T_0$,所以 $a>a_0$,这样 $v+a$ 更大于 a_0 了,很快新的压力波将赶上原来压力波. 活塞在加速的过程中,所发出的压力波将依次赶上前面压力波,到某时刻,全部压力波叠加在一起,就形成了一个总的压力波,我们称为激波.

激波的性质和原来的各个小压力波有很大的不同. 激波是以大于其前方气体中的声速来传播的,而原来的小压力波以等于其前方气体中的声速来传播的. 气体受原来的小压力波影响,压强等参量的变化是很小的,而气体的流动参量在通过激波时要发生突变,并且不再等熵.

气流中的激波现象要借助光学等技术才能观察到,但可以借助于观察水流中的水跃来加深对激波的认识. 图 10.12 画出了河道中的水跃现象. 在河道中,当闸门突然打开或堤坝突然破裂时,高水位的水突然冲向下游,形成了一个水面陡峭改变的水跃区. 水跃以远大于低水位中波浪传播速度的速

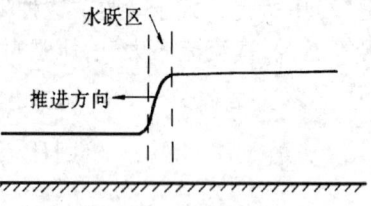

图 10.12 河道中的水跃现象

度向前推进,水跃两侧的流动参量都相差很大,因此可当作一个间断面来处理,相当上面所说的管流中的激波.

从拍摄到的激波照片中可以看到实际激波是一个具有一定厚度的薄层,但是这个厚度相当地小,要以分子自由程来度量,差不多在 10^{-6}m 以下的量级. 在这样一个薄层中,气流的参数从激波前的值迅速连续地变到激波后的值,梯度是极大的. 由于这个薄层厚度是如此之小,因此严格说在激波内连续介质模型已不再适用了,气体必须当作稀薄气体来处理. 然而我们实际关心的是气流通过激波后流动参量是如何变化的,对激波内的流动状态并不关心,因此在处理激波问题时常采用下述简化条件:

(1) 忽略激波厚度;(2) 激波前后气体是理想绝热完全气体,比热不变;(3) 激波前后气体满足基本物理规律.

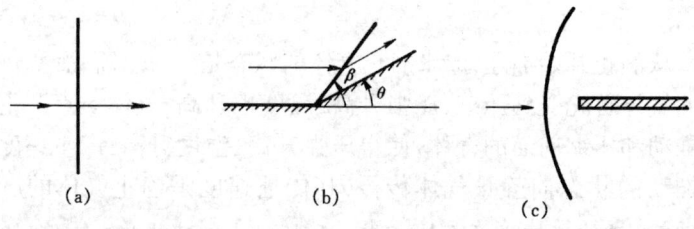

图 10.13 正激波、斜激波和脱体激波

激波可分为正激波和斜激波两类. 图 10.13(a)是正激波,图 10.13(b)是斜激波. 图 10.13(c)是超声速气流绕流一个钝头体的情况,此时在离开物体一定距离处有一道激波,叫做脱体激波. 可以看到在中间近头部那一段是正激波,其余部分激波和气流方向斜交,是斜激波(参见附录(A)中的照片 14).

本章仅讨论正激波,以便对激波现象有一个最基本的初步了解.

(二) 正激波基本方程组

正激波是一种最简单的激波现象,即激波阵面是直的,激波前后流场是均匀的,气流方向和激波阵面相垂直.

如图 10.14 所示,取平行于激波面两个侧面而又无限接近的两个面作为控制面侧面,由于其宽度是分子自由程量级,故控制体体积趋于零,方程中所有与体积分有关的项忽略不计,即略去非惯性效应. 对图示控制体考虑质量守恒、动量定律和能量守恒,可以得到以下的方程组:

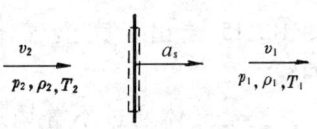

图 10.14 正激波

$$\rho_1(v_1 - a_s) = \rho_2(v_2 - a_s), \tag{10.5.1}$$

$$p_1 + \rho_1(v_1 - a_s)^2 = p_2 + \rho_2(v_2 - a_s)^2, \tag{10.5.2}$$

$$\frac{1}{2}(v_1 - a_s)^2 + e_1 + \frac{p_1}{\rho_1} = \frac{1}{2}(v_2 - a_s)^2 + e_2 + \frac{p_2}{\rho_2}. \tag{10.5.3}$$

式中 a_s 是正激波的传播速度,足标"1"表示激波前的参数,足标"2"表示激波后的参数. 这三个方程中含有九个参量:a_s、v_1、v_2、p_1、p_2、ρ_1、ρ_2、e_1 和 e_2. e 和 p、ρ 之间存在着热力学关系式,因此求解正激波问题一般需要已知其中四个参量或者参量之间关系式.

(三) 静止正激波

此时激波传播速度 a_s 为零,基本方程组简化为

$$\rho_1 v_1 = \rho_2 v_2, \tag{10.5.4}$$

$$p_1 + \rho_1 v_1^2 = p_2 + \rho_2 v_2^2, \tag{10.5.5}$$

$$\frac{1}{2}v_1^2 + e_1 + \frac{p_1}{\rho_1} = \frac{1}{2}v_2^2 + e_2 + \frac{p_2}{\rho_2}. \tag{10.5.6}$$

1. 兰金 - 雨果尼奥特激波绝热关系

组合(10.5.4)、(10.5.5) 和(10.5.6)三式,有

$$i_1 - i_2 = \left(e_1 + \frac{p_1}{\rho_1}\right) - \left(e_2 + \frac{p_2}{\rho_2}\right) = \frac{1}{2}(v_1^2 - v_2^2) = \frac{p_1 - p_2}{2}\left(\frac{1}{\rho_1} + \frac{1}{\rho_2}\right).$$

$$\tag{10.5.7}$$

这通常称为兰金 - 雨果尼奥特激波绝热关系式. 对完全气体,并考虑 c_p 和 γ 不变的情况,则(10.5.7)有如下形式

$$p_2/p_1 = \frac{(\gamma+1)\dfrac{\rho_2}{\rho_1} - (\gamma-1)}{(\gamma+1) - (\gamma-1)\dfrac{\rho_2}{\rho_1}}, \quad (10.5.8)$$

或写成

$$\rho_2/\rho_1 = \frac{(\gamma+1)\dfrac{p_2}{p_1} + (\gamma-1)}{(\gamma+1) + (\gamma-1)\dfrac{p_2}{p_1}}. \quad (10.5.9)$$

图 10.15 绘出了完全气体的激波绝热曲线.

完全气体通过不等熵过程后熵变化量是

$$\Delta s = s_2 - s_1 = c_V \ln\left[\frac{p_2}{p_1}\left(\frac{\rho_1}{\rho_2}\right)^\gamma\right],$$

即

$$\frac{p_2}{p_1} = \left(\frac{\rho_2}{\rho_1}\right)^\gamma e^{\frac{\Delta s}{c_V}}. \quad (10.5.10)$$

另一方面,对于同样密度比 $\dfrac{\rho_2}{\rho_1}$ 的等熵过程,其压强比 $\dfrac{p_2}{p_1}$ 应是

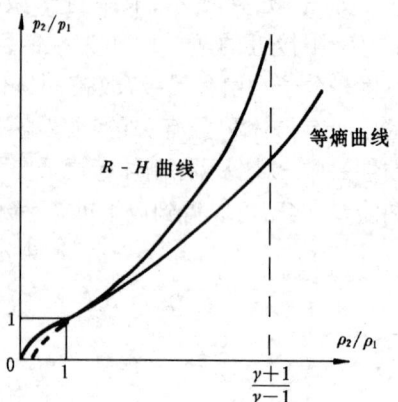

图 10.15 完全气体激波绝热曲线

$$\left(\frac{p_2}{p_1}\right)_s = \left(\frac{\rho_2}{\rho_1}\right)^\gamma,$$

式中足标 "s" 代表等熵过程. 这样通过静止正激波后的压强比 $\dfrac{p_2}{p_1}$ 可以用等熵过程的压强比 $\left(\dfrac{p_2}{p_1}\right)_s$ 表示为

$$\frac{p_2}{p_1} = \left(\frac{p_2}{p_1}\right)_s e^{\frac{\Delta s}{c_V}}.$$

根据熵增原理,通过静止正激波后熵改变量 $\Delta s > 0$,因此

$$\frac{p_2}{p_1} > \left(\frac{p_2}{p_1}\right)_s. \quad (10.5.11)$$

这个不等式说明,对于同样的 $\dfrac{\rho_2}{\rho_1}$,静止正激波的 $\dfrac{p_2}{p_1}$ 应大于等熵过程的 $\left(\dfrac{p_2}{p_1}\right)_s$. 因此在图 10.15 中,只有位于等熵曲线上方的那部分激波绝热曲线才是适用的,而下面部分由于破坏了这一不等式而不再适用,这也就是把它画成虚线的缘故.

对于上面那部分曲线,其适用范围可以看到是
$$p_2 > p_1, \rho_2 > \rho_1,$$
这说明通过静止正激波后气流压强上升,密度增大.

再由(10.5.4)及(10.5.7)式得到
$$v_2 < v_1, i_2 > i_1,$$
由焓定义则得到
$$T_2 > T_1, a_2 > a_1.$$

这一系列不等式说明,当气流通过静止正激波后,流速将要降低,热力学参量则将升高.

在图 10.15 中还可看到激波绝热曲线有一条渐近线
$$\frac{\rho_2}{\rho_1} = \frac{\gamma+1}{\gamma-1}.$$
这表示流体在通过静止正激波后,压强可以不断地增强,但是它的密度却不能无限地增大,密度比增加最大不超过 $\frac{\gamma+1}{\gamma-1}$ 倍. 对于空气,$\gamma \approx 1.4$,因此 $\frac{\gamma+1}{\gamma-1} \approx 6$,空气通过静止正激波后密度最多只能提高到原来的 6 倍.

2. 普朗特关系

由静止正激波基本方程组可得出
$$\frac{a_*^2}{v_1 v_2} = 1, \tag{10.5.12}$$
即
$$\lambda_1 \cdot \lambda_2 = 1. \tag{10.5.13}$$
通常称(10.5.13)式为普朗特关系式. 前面已说明气流通过静止正激波后减速,因此必有
$$\lambda_1 > 1, \lambda_2 < 1. \tag{10.5.14}$$
这是静止正激波的第二个重要性质:静止正激波前方的来流必定是超声速流,穿过正激波后必定成为亚声速流. 也说明了,对于定常流动,只有在超声速流中才会出现静止正激波,但要注意对非定常流这个结论不再成立.

3. 静止正激波前后流动参量关系

不作证明,直接列出静止正激波前后流动参量关系:
$$M_2^2 = \left(1 + \frac{\gamma-1}{2} M_1^2\right) \Big/ \left(\gamma M_1^2 - \frac{\gamma-1}{2}\right), \tag{10.5.15}$$
$$\frac{v_2}{v_1} = \frac{2 + (\gamma-1) M_1^2}{(\gamma+1) M_1^2}, \tag{10.5.16}$$
$$\frac{\rho_2}{\rho_1} = \frac{(\gamma+1) M_1^2}{2 + (\gamma-1) M_1^2}, \tag{10.5.17}$$

$$\frac{p_2}{p_1} = 1 + \frac{2\gamma}{\gamma+1}(M_1^2 - 1), \tag{10.5.18}$$

$$\frac{p_2 - p_1}{p_1} = \frac{2+\gamma}{\gamma+1}(M_1^2 - 1). \tag{10.5.19}$$

通常称 $\dfrac{p_2 - p_1}{p_1}$ 为激波强度, 由(10.5.19)可知, 当来流马赫数 M_1 越大时, 激波强度越大; 来流马赫数 M_1 越小时, 激波强度越小. 当 M_1 趋于 1 时, 激波强度趋于零, 激波退化为小扰动.

$$\frac{T_2}{T_1} = \left(\frac{\gamma-1}{\gamma+1}\right)^2 \frac{1}{M_1^2}\left(\frac{2\gamma}{\gamma-1}M_1^2 - 1\right)\left(M_1^2 + \frac{2}{\gamma-1}\right), \tag{10.5.20}$$

$$\frac{a_2}{a_1} = \frac{\gamma-1}{\gamma+1} \cdot \frac{1}{M_1} \sqrt{\left(\frac{2\gamma}{\gamma-1}M_1^2 - 1\right)\left(M_1^2 + \frac{2}{\gamma-1}\right)}, \tag{10.5.21}$$

$$\frac{p_{10}}{\rho_{10}} = \frac{p_{20}}{\rho_{20}}, \tag{10.5.22}$$

$$\frac{p_{20}}{p_{10}} = \left(\frac{\gamma+1}{2}\right)^{\frac{\gamma+1}{\gamma-1}} \cdot M_1^{\frac{2\gamma}{\gamma-1}} \cdot \left(1 + \frac{\gamma-1}{2}M_1^2\right)^{-\frac{\gamma}{\gamma-1}} \cdot \left(\gamma M_1^2 - \frac{\gamma-1}{2}\right)^{-\frac{1}{\gamma-1}}. \tag{10.5.23}$$

气流通过静止正激波后熵增量为

$$\Delta s = s_2 - s_1 = -R\ln\frac{p_{20}}{p_{10}}, \tag{10.5.24}$$

式中 $\dfrac{p_{20}}{p_{10}}$ 由(10.5.23)式确定.

当 M_1 很大时,

$$\frac{\Delta s}{R} \approx \frac{2}{\gamma-1}\ln M_1. \tag{10.5.25}$$

当 $M \to 1$ 时,

$$\frac{\Delta s}{R} \approx \frac{2\gamma}{(\gamma+1)^2}\frac{(M_1^2-1)^3}{3}. \tag{10.5.26}$$

可见小强度激波引起小熵增, 特别在二级近似内可以认为熵是不变的, 这一性质在讨论跨声速流和低超声速流时常被用到.

4. 速度-压强关系

最后来导出所谓的速度-压强关系, 它和激波绝热关系及普朗特关系一起被称为是静止正激波的三个重要的关系式.

前面已得出

$$v_1 - v_2 = \frac{p_2 - p_1}{\rho_1 v_1}.$$

表 10.3　正激波前后流动参量关系

M_1	M_2	p_2/p_1	$\dfrac{\rho_2}{\rho_1}=\dfrac{v_1}{v_2}$	T_2/T_1	a_2/a_1	$\dfrac{p_{20}}{p_{10}}=\dfrac{\rho_{20}}{\rho_{10}}$	p_{20}/p_{10}
1.000	1.000	1.000	1.000	1.000	1.000	1.0000	1.893
1.050	0.953	1.120	1.084	1.033	1.016	0.9998	2.008
1.100	0.912	1.245	1.169	1.065	1.032	0.9989	2.133
1.150	0.875	1.376	1.255	1.096	1.047	0.9967	2.266
1.200	0.842	1.514	1.341	1.129	1.062	0.9928	2.408
1.250	0.813	1.656	1.429	1.159	1.076	0.9871	2.557
1.300	0.786	1.805	1.515	1.191	1.091	0.9794	2.714
1.400	0.740	2.120	1.690	1.255	1.120	0.9582	3.049
1.500	0.701	2.458	1.862	1.320	1.149	0.9298	3.414
1.600	0.668	2.820	2.032	1.388	1.178	0.8952	3.805
1.700	0.641	3.205	2.198	1.458	1.207	0.8557	4.224
1.800	0.617	3.613	2.359	1.532	1.238	0.8127	4.670
1.900	0.596	4.045	2.516	1.608	1.268	0.7674	5.142
2.000	0.577	4.500	2.667	1.688	1.299	0.7209	5.641
2.200	0.547	5.480	2.952	1.857	1.363	0.6281	6.716
2.400	0.523	6.554	3.212	2.040	1.428	0.5401	7.897
2.600	0.504	7.720	3.449	2.238	1.496	0.4601	9.184

利用激波前后压强比公式(10.5.18)可得到

$$v_1^2 = \frac{a_1^2}{2\gamma p_1}[(\gamma+1)p_2 + (\gamma-1)p_1]$$

$$= \frac{(\gamma+1)p_2 + (\gamma-1)p_1}{2\rho_1}. \tag{10.5.27}$$

把这两式结合,得

$$v_1 - v_2 = \sqrt{\frac{2(p_2-p_1)^2}{\rho_1[(\gamma+1)p_2+(\gamma-1)p_1]}}. \tag{10.5.28}$$

这就是速度 – 压强关系. 在有关计算中,这是一个很有用的式子.

*(四) 运动正激波

1. 运动正激波基本方程组

把坐标固连在激波上考察气流相对运动. 记相对速度 $v_{r1} = v_1 - a_s$, $v_{r2} = v_2 - a_s$, 则得到和静止正激波基本方程组形式完全相同的方程

$$\rho_1 v_{r1} = \rho_2 v_{r2}, \tag{10.5.29}$$

$$p_1 + \rho_1 v_{r1}^2 = p_2 + \rho_2 v_{r2}^2, \tag{10.5.30}$$

$$\frac{v_{r1}^2}{2} + i_1 = \frac{v_{r2}^2}{2} + i_2. \tag{10.5.31}$$

完全一样的推导得到

$$\frac{p_2}{p_1} = \frac{(\gamma+1)\rho_2 - (\gamma-1)\rho_1}{(\gamma+1)\rho_1 - (\gamma-1)\rho_2}, \tag{10.5.32}$$

$$(v_1 - a_s)(v_2 - a_s) = a_{**}^2, \tag{10.5.33}$$

$$(v_1 - v_2)^2 = \frac{2(p_2 - p_1)^2}{\rho_1[(\gamma-1)p_2 + (\gamma+1)p_1]}. \tag{10.5.34}$$

有几点必须注意:

(1) 图 10.16 中速度箭头指的是正值方向. 因此在运用静止正激波有关公式时,应根据具体情况确定"波前区"和"波后区",实际上可注意到激波基本方程组对于足标具有对称性.

(2) (10.5.33) 中 a_{**} 不是静止坐标坐标系中的临界声速,而是相对于运动激波的速度恰等于当地声速状态时的那个声速值,因此不再能保证激波前一定是超声速流,激波后一定是亚声速流. 下面例 10.6 对此详细加以分析.

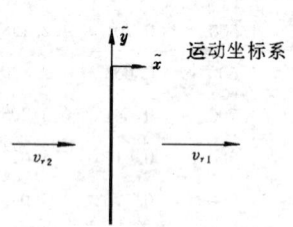

图 10.16 运动坐标系中气流的相对运动

例 10.6 分析下面四个激波运动问题中激波两侧的流场属于怎样的流动状态:

(1) 强度为 1.5 的正激波在静止空气中运动;

(2) 强度为 4 的正激波在静止空气中运动;

(3) 强度为 1.5 的正激波迎着马赫数为 2 的超声速来流运动;

(4) 强度为 4 的正激波迎着马赫数为 2 的超声速来流运动.

解 首先分析 (1) (2) 两个问题. 设激波强度是 $n-1$, 即 $\frac{p_2}{p_1} = n$, 其中"1"表示静止空气, "2"表示激波经过静止空气后的状态. 由于 $v_1 = 0$, 由速度 - 压强关系 (10.5.28) 和声速公式得激波经过静止空气后的流动马赫数 M_2,

$$M_2^2 = \left(\frac{v_2}{a_2}\right)^2 = \frac{2(p_2-p_1)^2}{\rho_1[(\gamma+1)p_2 + (\gamma-1)p_1]}\left(\frac{\rho_2}{\gamma p_2}\right)$$

$$= \frac{2(p_2-p_1)^2}{[(\gamma+1)p_2 + (\gamma-1)p_1]} \cdot \left[\frac{(\gamma+1)p_2 + (\gamma-1)p_1}{(\gamma+1)p_1 + (\gamma-1)p_2}\right] \cdot \left(\frac{1}{\gamma p_2}\right)$$

$$= \frac{2(p_2 - p_1)^2}{(\gamma+1)p_1 + (\gamma-1)p_2}\left(\frac{1}{\gamma p_2}\right).$$

以 $\frac{p_2}{p_1} = n$ 代入则有

$$M_2^2 = \frac{2(n-1)^2}{\gamma n[(\gamma+1) + (\gamma-1)n]}.$$

若 $M_2 < 1$,则可解得

$$n_1 < n < n_2,$$

其中

$$\left.\begin{array}{c}n_2\\n_1\end{array}\right\} = \frac{4 + \gamma^2 + \gamma \pm \sqrt{(4+\gamma^2+\gamma)^2 - 8 \times (2-\gamma^2+\gamma)}}{2 \times (2-\gamma^2+\gamma)} \approx \begin{cases}4.82,\\0.288.\end{cases}$$

而根据激波的性质,必定有 $n > 1$,因此使得 $M_2 < 1$ 成立的范围应是 $1 < n < 4.82$;而当 $n > 4.82$ 时, $M_2 > 1$.

(1) 题已知激波强度 1.5,即 $n = 2.5$,因此激波经过静止空气后的流场是亚声速流动.

(2) 题已知激波强度 4,即 $n = 5$,因此激波经过静止空气后的流场是超声速流动.

现在分析(3)、(4)两个问题.

把坐标建立在激波前方超声速来流上,现在情况就和(1)、(2)情况相同:在相对坐标系中,激波向静止空气运动. 此时激波后气流相对速度为 $v_2 + a_1 M_1$. 记波后相对马赫数为 M_2',利用(1)、(2)题中所得的结果,

$$M_2' = \frac{v_2 + a_1 M_1}{a_2} = \sqrt{\frac{2(n-1)^2}{\gamma n[(\gamma+1) + (\gamma-1)n]}}.$$

因此激波后的气流绝对马赫数 M_2 是

$$M_2 = \frac{v_2}{a_2} = \sqrt{\frac{2(n-1)^2}{\gamma n[(\gamma+1) + (\gamma-1)n]}} - M_1\sqrt{\frac{p_1}{p_2}\frac{\rho_2}{\rho_1}}$$

$$= \sqrt{\frac{2(n-1)^2}{\gamma n[(\gamma+1) + (\gamma-1)n]}} - M_1\sqrt{\frac{1}{n}\left[\frac{(\gamma+1)n + (\gamma-1)}{(\gamma+1) + (\gamma-1)n}\right]}.$$

在 M_1 确定的情况下,可以和上面一样解不等式求出使波后马赫数大于 1 或小于 1 所要求的激波强度 n 的范围. 由于比较复杂,我们不求普遍解,仅解本题给出的情况.

(3) 题已知激波强度 1.5,即 $n = 2.5$,又 $M_1 = 2$,求得 $M_2 = -1.12$,是超声速流

(4) 题已知激波强度 4，即 $n=5$；又 $M_1=2$，求得 $M_2=-0.48$，是亚声速流. (这两题中马赫数出现负号，意味着波后气体是反激波运动方向流动.)

这一个例题告诉我们，对于运动正激波，亚→亚、亚→超、超→超、超→亚四种情况都有可能出现，这与静止正激波是有重大区别的.

2. 激波在静止气体中的传播

激波在静止气体中传播是一种重要的激波现象，我们在这里作稍为详细的讨论.

激波在静止气体中传播时，使得原来的静止气体产生一定的速度而运动，称这种流动为伴流. 伴流速度的大小，是亚声速还是超声速，与激波的强度有关. 下面对激波传播速度、伴流和激波运动所产生的流动参量的变化进行分析.

静止状态记以下标"1"，伴流记以下标"2". 由于 $v_1=0$，基本方程(10.5.1)、(10.5.2)、(10.5.3)共有六个独立参量，因此只要给出三个参量或关系式，它们就封闭了. 通常静止气体的热力学参量 p_1 和 ρ_1 是已知的，另一条件可以是激波传播速度 a_s 或激波强度 $\dfrac{p_2}{p_1}$，或者是伴流速度 v_2，它们有如下关系：

因 $v_1=0$，动量方程及速压关系是

$$p_2-p_1=\rho_1 a_s^2-\rho_2(a_s-v_2)^2=\rho_1 a_s v_2,$$

$$v_2=\sqrt{\frac{2(p_2-p_1)^2}{\rho_1[(\gamma+1)p_2+(\gamma-1)p_1]}}.$$

合并此两式可求出

$$a_s=a_1\sqrt{\frac{\gamma+1}{2\gamma}\frac{p_2}{p_1}+\frac{\gamma-1}{2\gamma}}, \qquad (10.5.35)$$

或者

$$\frac{p_2}{p_1}=\frac{2\gamma}{\gamma-1}\left(\frac{a_s}{a_1}\right)^2-\frac{\gamma-1}{\gamma+1}, \qquad (10.5.36)$$

同时也得到

$$v_2=\frac{2}{\gamma+1}\left(a_s-\frac{a_1^2}{a_s}\right), \qquad (10.5.37)$$

或者

$$a_s=\frac{\gamma+1}{4}v_2+\sqrt{\left(\frac{\gamma+1}{4}v_2\right)^2+a_1^2}. \qquad (10.5.38)$$

(10.5.35)~(10.5.38)这四个式子表达了激波强度、激波传播速度和伴流速度之间的关系，只要给出了其中一个，另两个就可以求出，整个问题也就得解.

工程上还经常用激波马赫数 M_N 和伴流马赫数 M_2 这两个参量，他们定义是

$$M_N = \frac{a_s}{a_1}, M_2 = \frac{v_2}{a_2}. \tag{10.5.39}$$

利用激波绝热关系和上面的几个式子,可以得到

$$\frac{\rho_2}{\rho_1} = (\gamma+1)M_N^2/(2+(\gamma-1)M_N^2), \tag{10.5.40}$$

$$\frac{p_2}{p_1} = \frac{2\gamma}{\gamma+1}M_N^2 - \frac{\gamma-1}{\gamma+1}, \tag{10.5.41}$$

$$\frac{\Delta p}{p_1} = \frac{2\gamma}{\gamma+1}(M_N^2-1), \tag{10.5.42}$$

$$\frac{T_2}{T_1} = \left(\frac{\gamma-1}{\gamma+1}\right)^2 \frac{1}{M_N^2}\left(\frac{2\gamma}{\gamma-1}M_N^2-1\right)\left(\frac{2}{\gamma-1}+M_N^2\right), \tag{10.5.43}$$

$$\frac{a_2}{a_1} = \frac{\gamma-1}{\gamma+1}\frac{1}{M_N}\sqrt{\frac{2\gamma}{\gamma-1}M_N^2-1}\cdot\sqrt{\frac{1}{\gamma-1}+M_N^2}, \tag{10.5.44}$$

$$\frac{p_{20}}{p_{10}} = \left(1+\frac{\gamma-1}{2}M_2^2\right)^{\frac{\gamma}{\gamma-1}}\left(\frac{2\gamma}{\gamma+1}M_N^2-\frac{\gamma-1}{\gamma+1}\right), \tag{10.5.45}$$

$$\frac{\rho_{20}}{\rho_{10}} = \left(1+\frac{\gamma-1}{2}M_2^2\right)^{\frac{1}{\gamma-1}}(\gamma+1)M_N^2/[2+(\gamma-1)M_N^2], \tag{10.5.46}$$

$$\Delta s = c_V \ln\left\{\left(\frac{2\gamma}{\gamma+1}M_N^2-\frac{\gamma-1}{\gamma+1}\right)\cdot[2+(\gamma-1)M_N^2/(\gamma+1)M_N^2]^\gamma\right\}, \tag{10.5.47}$$

$$M_2 = \frac{2}{\gamma-1}(M_N^2-1)\left(\frac{2\gamma}{\gamma-1}M_N^2-1\right)^{-\frac{1}{2}}\left(\frac{2}{\gamma-1}+M_N^2\right)^{-\frac{1}{2}}. \tag{10.5.48}$$

当激波强度越来越大时,激波传播马赫数 M_N 也越来越大,伴流也达到了超声速流动状态,M_2 将增大,但从(10.5.48)式可以看到最大伴流马赫数 M_2 趋于 $\sqrt{\frac{2}{\gamma(\gamma-1)}} \approx 1.89$. 这说明激波向静止气体传播时,伴流是可以达超声速的,但伴流马赫数不会超过1.89.

例 10.7 一个长 L 的两端封闭的细长直管,中间充满状态为 p_0, ρ_0 和 T_0 的空气,如图所示安装在小车上. 在某一时刻,车子突然以速度 v_0 向右运动,求管内气体全部受到扰动所需的时间.

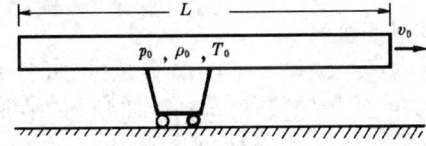

图7 盛有空气的细长直管突然以 v_0 速度向右运动

解 车子突然以速度 v_0 向右运动,管子右壁就如同活塞突然以速度 v_0 向右拉出一样,而管子左壁就如同活塞突然以速度 v_0 向右推进一样. 根据前面的分析,右壁运动产生稀疏波扰动管内空气,波阵面向左运动,速度是未扰静止空气的声速 $a_0 = \sqrt{\gamma R T_0}$. 左壁运动产生激波,以速度 a_s 向右运动,扰动静止空气. 由于激波后面的气体随壁一起以 v_0 向右运动,即伴流速 $v_2 = v_0$,根据式(10.5.38),可知激波传播速度为

$$a_s = \frac{\gamma+1}{4} v_0 + \sqrt{\left(\frac{\gamma+1}{4} v_0\right)^2 + a_0^2}.$$

当右端产生扰动波波阵面和左端产生的激波相遇时,就意味着管内气体全部受到了扰动,因此可求得扰动时间为

$$t = L/(a_0 + a_s)$$
$$= L \bigg/ \left[\frac{\gamma+1}{4} v_0 + \sqrt{\left(\frac{\gamma+1}{4} v_0\right)^2 + \gamma R T_0} + \sqrt{\gamma R T_0} \right].$$

10.6 拉瓦尔喷管内的流动

拉瓦尔喷管是一个渐缩–渐扩的管道,两端连接两个具有不同压强的空间,目的在于获得超声速流动. 它在工程和科研方面应用得十分广泛,因此分析拉瓦尔管内的流动和根据一定参量要求来设计拉瓦尔喷管是气动力学研究的一个重要课题.

图 10.18 是一个拉瓦尔喷管. 喷管前部进口处是滞止压 p_0,出口以后环境压强通常称为背压,记以 p_b,最小截面处通常称为喉道,这里的流动参量记以下标"t",出口截面处流动参量记以下标"e". 一般来说,拉瓦尔喷管截面几何变化规律是已知的,由于 p_0 和 p_b 的不同,在喷管中就形成了各种流动状态. 为了讨论的方便,假设滞止压 p_0 保持不变来看背压 p_b 变化而引起的喷管内流动的变化.

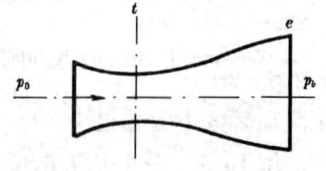

图 10.18 拉瓦尔喷管

当 $p_b/p_0 = 1$ 时,管内无流动.

当 $p_b/p_0 < 1$ 时,管内产生流动. p_b 的值不是太小时,整个管内都是亚声速流动. 如降低 p_b 至一定的值,喉道处将达到声速状态. 在收缩段,气体从滞止状态流出,所以是等熵的亚声速流动状态,根据管流的性质,即使 p_b 再下降,这里仍将是这样的流动状态而不会产生超声速流动. 扩张段的流动就比较复杂,

我们先来分析这里产生连续的等熵流动的情况。在确定的几何截面情况下,由式(10.4.8)可以知道有两种等熵流动,一种是亚声速流动,另一种是超声速流动。以出口处截面积 A_e 代入(10.4.8)式可求得出口处马赫数 M_e,

$$\frac{A_e}{A_t} = \frac{1}{M_e}\left[\frac{2+(\gamma-1)M_e^2}{\gamma+1}\right]^{\frac{\gamma+1}{2(\gamma-1)}}, \tag{10.6.1}$$

其中一个解 $M_{e_1}<1$,另一个 $M_{e_2}>1$。再由等熵关系式(10.3.13) $\frac{p}{p_0}=\pi(M)$ 求得相应的出口压强 p_{e_1}、p_{e_2}($p_{e_1}>p_{e_2}$)。因此,p_{e_1} 和 p_{e_2} 是背压在下降过程中起重要作用的值。下面作详细的分析

(1) $\frac{p_{e_1}}{p_0}<\frac{p_b}{p_0}<1$.

在喷管上下游压强差的作用下,气体流过喷管。在收缩段内是亚声速流,流动速度越来越快,压强不断下降。在喉部,马赫数最大,但小于1,压强最低。在扩张段内也是亚声速流,速度逐渐减慢,压强逐步上升,在出口处,出口压 $p_e = p_b$。

有关计算可以这样进行:由等熵关系式 $\frac{p_e}{p_0}=\pi(M_e)$ 先求出 M_e,再由(10.4.11)式求得流量 Q_m,

$$Q_m = k\frac{p_0}{\sqrt{T_0}}A_e \cdot q(M_e). \tag{10.6.2}$$

然后由(10.4.8)求出各处马赫数 M,再由气体动力学函数求别的参量。

(2) $\frac{p_b}{p_0}=\frac{p_{e_1}}{p_0}$.

此时喉部达声速,$M_t=1$,整个管内都是亚声速流。有关流动参量可用(1)中所述方法求。流量 Q_m 达极值,可以由(10.4.14)式求出

$$Q_{m,\max} = \left[A_t\gamma p_0\rho_0\left(\frac{2}{\gamma+1}\right)^{\frac{\gamma+1}{\gamma-1}}\right]^{1/2}. \tag{10.6.3}$$

(3) $\frac{p_{e_2}}{p_0}<\frac{p_b}{p_0}<\frac{p_{e_1}}{p_0}$(见附录(A)中的照片11(b))。

在收缩段内的流动和(2)所述情况完全一样,该量仍是(2)中给出的极大值 $Q_{m,\max}$,不再变化,通常称这种现象为流量堵塞现象。在扩张段中,由于不存在既要满足等熵条件同时又要满足所给不等式条件的流动,所以情况很复杂,在此将出现不可逆的激波现象。喉部处的声速流进入扩张段后成为超声速流,而在截面某处存在正激波,超声速流通过此激波后成为亚声速流,压强升高,直到出口

处达到了背压 p_b. 激波的位置是和 $\dfrac{p_b}{p_0}$ 有关的,随着 p_b 的降低,激波逐渐从喉道移向出口处. 当 p_b 小于一定值后,激波移出管道成为斜激波,整个扩张段为超声速流,并且不再随背压 p_b 而变.

在现在压强条件下拉瓦尔喷管内流动称为非计算工况,下面仅仅讨论在扩张段内存在激波时的流动(图 10.19),介绍确定激波位置的方法和步骤. 激波移出喷管的情况更加复杂(见附录(A)中的照片 12),读者可阅读有关的专业书刊.

首先要求出出口截面处的流动马赫数 M_e.

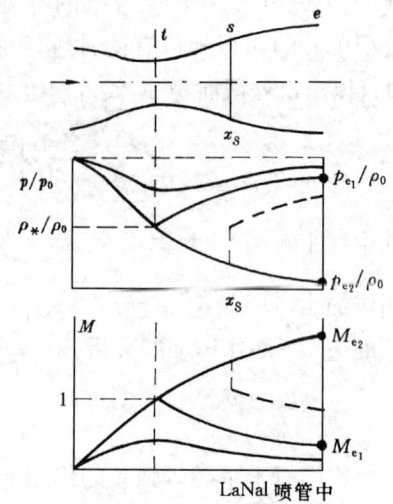

图 10.19 拉瓦尔喷管流动分析

根据质量守恒,在喉道和出口处流量相等,应用流量公式(10.4.11)以及气体动力学函数可得到

$$Q_m = k \dfrac{p_0}{\sqrt{T_0}} A_t = k \dfrac{p_e}{\sqrt{T_{e_0}}} A_e q(M_e)$$

$$= k \dfrac{p_e}{\sqrt{T_{e_0}}} \dfrac{1}{\pi(M_e)} \cdot A_e \cdot q(M_e). \tag{10.6.4}$$

因为 $p_e = p_b, T_{e_0} = T_0$,上式成为

$$\dfrac{q(M_e)}{\pi(M_e)} = \dfrac{p_0}{p_b} \cdot \dfrac{A_t}{A_e},$$

即

$$M_e \left[\dfrac{2}{\gamma+1}\left(1+\dfrac{\gamma-1}{2}M_e^2\right) \right]^{-\frac{\gamma+1}{2(\gamma-1)}} \cdot \left(1+\dfrac{\gamma-1}{2}M_e^2\right)^{\frac{\gamma}{\gamma-1}} = \dfrac{p_0}{p_b} \cdot \dfrac{A_t}{A_e} \tag{10.6.5}$$

由于 $\dfrac{p_0}{p_b}, A_t$ 和 A_e 都是已知的,就可以由上式求出出口截面处的流动马赫数 M_e.

第二步求激波两侧总压之比 $\dfrac{p_{e_0}}{p_0}$.

把已求得的 M_e 代入流量守恒式(10.6.4),

$$k \dfrac{p_0}{\sqrt{T_0}} A_t = k \dfrac{p_{e_0}}{\sqrt{T_{e_0}}} A_e q(M_e),$$

于是就可得到

$$\frac{p_{e_0}}{p_0} = \sqrt{\frac{T_{e_0}}{T_0}} \cdot \frac{A_t}{A_e} \cdot \frac{1}{q(M_e)} = \frac{A_t}{A_e} \cdot \frac{1}{q(M_e)}. \tag{10.6.6}$$

最后求激波所在位置的喷管截面积 A_s.

把(10.6.6)式得到的 $\dfrac{p_{e_0}}{p_0}$ 代入静止正激波前后总压比公式(10.5.24)就可计算出激波前的流动马赫数 M_{s_1}, 再利用面积公式(10.4.8)

$$\frac{A_s}{A_t} = \frac{1}{q(M_{s_1})}$$

就可以求出激波所在位置喷管的截面积 A_s. 喷管的形状是已知的, 因此也就知道了激波所在的位置.

上述一系列公式十分复杂, 尤其是已知其他参量求流动马赫数十分困难. 为了实际需要, 工程上已制成相应的表格, 以便使用. 表 10.2 列出了一部分数据. 其中

$$y = \frac{q}{\pi}$$

即(10.6.5)式左边关于 M 的函数式.

(4) $\dfrac{p_b}{p_0} = \dfrac{p_{e_2}}{p_0}$ (见附录(A)中的照片 11(a)).

收缩段内流动同(3), 扩张段内是等熵的超声速流动. 出口既无斜激波, 也无膨胀波.

(5) $\dfrac{p_b}{p_0} < \dfrac{p_{e_2}}{p_0}$.

整个管内的流动状态和(4)情况相同. 喷管外出现膨胀波(见附录(A)中的照片 12). 出口压强 p_{e_2} 经过一系列复杂的膨胀过程降低到背压 p_b.

小　结

可压缩性是流体的基本属性之一, 气体动力学是流体力学的一个分支, 它考虑了流体可压缩性对流动的影响. 在不可压缩流体中, 流体质点的密度随流动是不变的, 并且压强扰动瞬时传播到整个流场. 而在可压缩流体中, 流体密度是随流动变化的, 扰动以一定的速度传播, 这就在流动过程中出现了一系列新的物理现象, 对它们的研究也就不同于对不可压缩流体运动的研究.

本章仅仅是气体动力学的初步. 主要讨论了无粘性可压缩流体流动的若干

物理特性,重点在一维定常等熵流动.向读者介绍了气体动力学基本方程和气体动力学函数,引进了声速、马赫数和正激波等物理概念以及变截面管内的流动现象等,为读者进一步掌握气体动力学作初步准备.

[*] 实验中的发现

(十五) 声障现象

著名的英国弹道学家 B.罗宾斯(1707—1751)1742 年出版了他的专著《新炮弹学原理:包括火药威力的确定和在快速与慢速运动中空气阻力之差别的研究》一书,L.欧拉(1707—1783)阅读此书后,甚为赞赏,他不仅把它翻译成德文,而且用自己的评论,补充和修改去丰富与完善这本书,以致修改后的书页数为原来的 5 倍(720 页),并改用新的书名《新炮术原理》.欧拉在此书的前言中写道:"我是一个理论家,但我确信理论结果应受到实验验证的认可,不幸的是,条件不允许我花必要的时间去致力于实验研究,而罗宾斯先生用弹道摆所做的实验,内容是如此之丰富,所得结果是如此之重要,以致我想这些东西将会满足我的需要,特别是在空气阻力的作用下,有关炮弹作减速运动的研究."

罗宾斯这本书的下半部分主要是讲述实验外弹道学,他所发明的弹道摆是用来确定炮弹在弹道上任何给定点的速度(因而阻力)的,它的工作原理是利用冲击定律,即用一绳索悬挂一质量为 M 的重物体,使其能来回自由摆动,如同一简单摆一样,如果向此摆发射一质量为 m 的小圆球,冲击摆以后,重物体与小圆球以共同的速度 V 开始运动,令冲击时小圆球的速度为 v,则有

$$mv = (M+m)V \text{ 或 } v = \frac{M+m}{m}V.$$

这样,根据 M 与 m 的值和摆的摆度即可求出 v.

1740 年罗宾斯进行实验时,炮弹的时速超过 820 英里,即大于空气中的声波传播速度(约每小时 760 英里),在实验中他发现牛顿的平方律阻力公式仅适用于运动速度较低的情况.当运动速度比较高时,阻力的增加远较此公式所给出的为快.有时甚至高达 3~4 倍,特别是在运动速度到达声速之前,阻力出现一个非常突然的增加,过了声速以后,阻力又开始下降,逐渐趋向正常值,这种阻力在声速附近突然上升的现象就是所谓的"声障"现象,如图 10.20 所示.

对这一现象罗宾斯作了解释,他认为空气是由许多无穷小和作定常运动的质点组成,它们之间有很大的距离,是一种稀薄介质.能被一快速运动的物体所压缩,例如在炮弹的前方空气被压缩时,炮弹自身会直接感受到一种全新的力,

即空气弹性力,欧拉对这一现象也解释说"当速度增加时,从某一速度开始,流体质点被压缩,而且越来越厉害,质点之间的距离减小,物体的正前方,流体的压强增高,而它的后方则正好相反,这样,在高速时物体所受的阻力大一些,低速时小一些".

罗宾斯之后,1775 年赫顿与 1840 年迪戴恩也用圆弹头做过同样的实验,获得相同的效果,1865 年与 1870 年间 R. F. 巴什福思又用尖弹头做过实验,但他不用弹道摆而用自己发明的电记时器,他让弹头

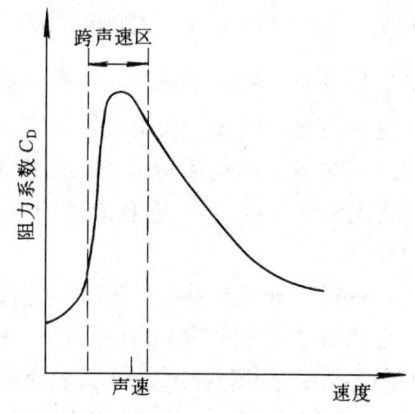

图 10.20 阻力系数随速度的变化

穿过一系列屏幕,很准确地确定弹头穿过屏幕的时间,然后找出沿弹道的速度,最后求出阻力规律,并对标准弹头列出阻力表,其速度范围约在每小时 70—2 000 英里之间.

20 世纪 50 年代,航空航天进入了超声速时代,人类再一次遇上了声障问题,在工程师们的多方努力和精心安排下已顺利地克服了这一困难.

(十六) 激波

声障现象虽然早在 1740 年就被 B. 罗宾斯(1707—1751)发现,他与 L. 欧拉(1707—1783)也都正确地认为这是由于流体的压缩性引起的,但对它所影响的流场情况却仍了解很少. 直到 1847 年 C. 多普勒(1803—1853)在发表有关多普勒原理的文章中才出现了一扰动源在可压缩流体中以亚声,超声和声速运动时所产生的三种完全不同流场的图形,而现在所称的"马赫锥",实际上是 C. 多普勒首先提出的,根据 J. 阿克雷特(1898—1981)的解释,现在不用"多普勒锥"而用"马赫锥"是为了避免与"多普勒效应"和"多普勒原理"相混淆. 自 19 世纪下叶以后才开始从实验与理论两方面进行探讨.

在实验方面,为了能观察与测量流场中的密度变化情况,必须发展能显示流场密度分布的仪器,1864 年 A. J. I. 托普勒(1836—1912)利用流场密度梯度变化发明了纹影法. 1880 年 V. 德沃夏克利用流场密度二次微商的变化发明了阴影法. 从 1873 年以后的 20 年间,E. 马赫(1838—1916)与很多人合作包括他的儿子 L. 马赫共同发展研究高速气体运动所需的光学系统与摄相技术,受到比利时弹道专家 H. 梅尔森斯的好评和激励. 从 1881 年起他承担了用摄相技术研究飞行抛射体的任务,6 年后,他与 P. 塞尔彻共同发表了利用纹影法摄到的第一张超声速运动弹头的照片,环绕弹头前方有一明显的包络线,即今所称的激波,同时还发现激波与弹头运动方向之间的夹角 α,当弹头速度 v 超过声速 a 时,满足

$\sin\alpha = \dfrac{a}{v}$. 1907 年,L. 普朗特(1875—1953)将 α 角命名为马赫角,马赫的这一贡献是对了解超声速流动的一大突破,大大推动了这一领域的研究工作. 1889 年他还提出一种直接利用流场密度变化和更适于空气动力研究的干扰法光学系统. 1929 年 J. 阿克雷特认为在高速流动中,流体速度 v 与声速 a 之比是一个重要的无量纲参数,它标志着流动的可压缩效应,为了纪念马赫的这一贡献,称之为马赫数.

在理论研究方面主要围绕气体波的传播,间断面(即激波)的形成和其前后各流动物理量之间的关系进行的. 1858 年 S. 厄恩肖研究声波在止压气体中的传播曾指出,当跨过压缩波时,由于局部传播速度增加,流场中可能出现间断现象,这与 10 年前 G. G. 斯托克斯所指出的颇为相似,1860 年 G. F. B. 黎曼(1826—1866)首先试图用特征线法分析平面定常大振幅压力波在传播时的波形变化,结果表明有限振幅波传播时,不能没有形状改变,他也计算了激波前后各流动物理量之间的关系,但他错误地假定跨激波的过程是绝热的和可逆的. 9 年后 W. J. M. 兰金(1820—1872)提出激波前后各流动物理量应满足的三个条件,同时认为跨激波为一非绝热过程. 1887 年 P. H. 雨果尼奥特(1851—1887)也提出激波的三个条件,同时,首次指出将跨激波的过程视为绝热和可逆的. 实际上是违反了能量守恒原理. 1903 年 J. S. 哈达马德(1865—1912)发现一重要定律:即激波前的无旋流动只有当激波是平直波时,经过激波后方能保持无旋,如果激波是弯曲波,波后将是有旋的. 7 年后,L. 瑞利(1842—1919)对有限振幅波的波形变化进行了具体计算,并指出跨激波后熵会增加.

习　题

10.1　气体由一点沿径向对称地向所有方向定常流动,压强和密度满足 $p = A\rho$(A 是常数). 设 v_r 是距该点 r 处速度,v_1 是距该点 $r = 1$ 处流速,Q_{v_1} 是 $r = 1$ 处球面上的体积流量,证明

$$4\pi v_r r^2 = Q_{v_1} \cdot \exp\left[\frac{1}{2A}(v_r^2 - v_1^2)\right].$$

10.2　若假定声速传播过程是等温过程,导出完全气体声速 a_T 的公式. 把它与正确的声速公式加以比较.

10.3　无粘性可压缩流体作定常等熵流动,证明在直角坐标系中速度分量 u, v, w 满足

$$(a^2 - u^2)\frac{\partial u}{\partial x} + (a^2 - v^2)\frac{\partial v}{\partial y} + (a^2 - w^2)\frac{\partial w}{\partial z}$$
$$= uv\left(\frac{\partial v}{\partial x} + \frac{\partial u}{\partial y}\right) + vw\left(\frac{\partial w}{\partial y} + \frac{\partial u}{\partial z}\right) + wu\left(\frac{\partial u}{\partial z} + \frac{\partial w}{\partial x}\right),$$

式中 a 是声速.

10.4 无粘性可压缩流体作一维定常流动. 若流动是等温过程, 证明
$$\frac{\rho_0}{\rho} = \exp\left(\frac{\gamma}{2}M^2\right).$$

10.5 飞机在 5 000m 高空以 600 000m/h 速度匀速飞行, 求飞机上总压管和总温计读数.

10.6 小扰动在静止的无粘性可压缩流体中传播. 原静止流体压强 p_0, 密度 ρ_0, 扰动压强 p', 密度 ρ', 扰动速度 $\boldsymbol{v}'$.

(1) 确定扰动量所满足的微分方程组;

(2) 证明扰动速度是无旋的;

(3) 证明扰动量以声速传播, 即成立 $\frac{\partial^2 f}{\partial t^2} - a^2 \Delta f = 0$. 式中 f 代表扰动量 p', ρ' 或 $\boldsymbol{v}'$, a 是声速.

10.7 导出气体等熵流动时, 以马赫数表示压强系数 C_p 的表达式, 并求马赫数分别为 0、1、2 时的 C_p 值.

10.8 用皮托管测无粘性可压缩流体的亚声速来流速度. 已测得来流静压 p, 滞止压 p_0, 滞止温度 T_0, 求来流速 v, 并证明在低速流动情况下成立
$$M = \sqrt{\frac{2}{\gamma}\left(\frac{p_0}{p} - 1\right)}.$$

10.9 已知气流速 120m/s, 温度 20℃, 用皮托管测速时如把气体看为不可压缩的, 求测速误差(即计算流速与实际流速之比).

10.10 对无粘性可压缩流体的定常等熵流, 证明下面无量纲量关系式
$$\frac{\mathrm{d}p}{p} = \gamma\frac{\mathrm{d}\rho}{\rho} = \frac{\gamma}{\gamma-1}\frac{\mathrm{d}T}{T} = \frac{\gamma}{\gamma-1}\frac{\mathrm{d}i}{i} = \frac{2\gamma}{\gamma-1}\frac{\mathrm{d}a}{a}$$
$$= -\frac{\gamma M}{1+\frac{\gamma-1}{2}M^2}\frac{\mathrm{d}M}{M} = -\frac{\frac{2\gamma}{\gamma+1}\lambda^2}{1-\frac{\gamma-1}{\gamma+1}\lambda^2}\frac{\mathrm{d}\lambda}{\lambda}.$$

10.11 对无粘性可压缩流体的一维定常等熵流, 证明沿流线有
$$\frac{\mathrm{d}\rho}{\mathrm{d}u} < 0, \frac{\mathrm{d}p}{\mathrm{d}u} < 0, \frac{\mathrm{d}a}{\mathrm{d}u} < 0, \frac{\mathrm{d}M}{\mathrm{d}u} > 0.$$
(注: 对于所有实际已知气体有 $\frac{\partial^2 p}{\partial \rho^2} > 0$.)

10.12 试导出下列以压强比 $\frac{p}{p_0}$ 为参数的等熵式:

(1) $v^2 = \frac{2\gamma}{\gamma-1}RT_0\left[1-\left(\frac{p}{p_0}\right)^{\frac{\gamma-1}{\gamma}}\right]$;

(2) $M^2 = \frac{2}{\gamma-1}\left[\left(\frac{p}{p_0}\right)^{\frac{\gamma-1}{\gamma}}-1\right]$;

(3) $\left(\frac{Q_\mathrm{m}}{Ap_0}\right)^2 = \left(\frac{p}{p_0}\right)^{\frac{2}{\gamma}}\frac{2\gamma}{(\gamma-1)RT_0}\left[1-\left(\frac{p}{p_0}\right)^{\frac{\gamma-1}{\gamma}}\right].$

10.13 导出文丘里流量计测量可压缩流体流量的公式

$$v_1^2 = \frac{\dfrac{2\gamma}{\gamma-1}\dfrac{p_1}{\rho_1}\left[1 - \left(\dfrac{p_2}{p_1}\right)^{\frac{\gamma-1}{\gamma}}\right]}{\left(\dfrac{p_1}{p_2}\right)^{\frac{2}{\gamma}}\left(\dfrac{A_1}{A_2}\right)^2 - 1}.$$

*10.14 一个大的贮气罐 A 中贮有空气,总压 $p_0 = 30 \times 10^5 \text{N/m}^2$,总温 $T_0 = 300\text{K}$,通过一收缩管流入另一大容器 B 中. 已知管道最小截面积(在出口端)为 50cm^2,

(1) 若容器 B 中压强 $p_B = 25 \times 10^5 \text{N/m}^2$,求最小截面处流动马赫数和质量流量;

(2) p_b 应多少,最小截面处马赫数为1? 此时质量流量为多少?

(3) 若 $p_b = 9.8 \times 10^4 \text{N/m}^2$,此时最小截面处流动马赫数和质量流量为多少?

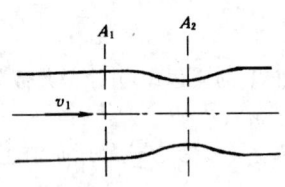
10.13 题图

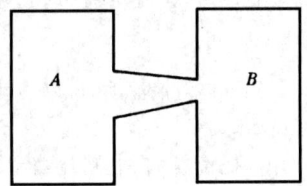
10.14 题图

10.15 空气沿扩张管道流动,其扩张面积比 $\dfrac{A_2}{A_1} = 2.5$,岩空气在进口处总压 $p_{10} = 3 \times 10^5 \text{N/m}^2$,速度系数 $\lambda_1 = 0.85$,求空气在出口处压强 p_2 和流动马赫数 M_2.

*10.16 证明对弱正激波 $\left(\dfrac{\Delta p}{p_1} \ll 1\right)$ 成立:

(1) $\dfrac{\Delta \rho}{\rho_1} \approx -\dfrac{\Delta v}{v_1} \approx \dfrac{1}{\gamma}\dfrac{\Delta p}{p_1} \approx \dfrac{1}{\gamma-1}\dfrac{\Delta T}{T_1}$;

(2) $M_2^2 \approx 1 - \dfrac{\gamma+1}{2\gamma}\dfrac{\Delta p}{p_1}$;

(3) $v_1 \approx a_1\left(1 + \dfrac{\gamma+1}{4\gamma}\dfrac{\Delta p}{p_1}\right)$;

(4) $\dfrac{\Delta s}{R} \approx \dfrac{\gamma+1}{12\gamma^2}\left(\dfrac{\Delta p}{p_1}\right)^3$.

10.17 证明对强正激波 $\left(\dfrac{\Delta p}{p_1} \gg 1\right)$ 成立:

(1) $\dfrac{v_1}{v_2} = \dfrac{\rho_2}{\rho_1} \approx \dfrac{\gamma+1}{\gamma-1}$;

(2) $\dfrac{T_2}{T_1} \approx \dfrac{\gamma-1}{\gamma+1}\dfrac{p_2}{p_1}$;

(3) $v_1 \approx a_1\left(\dfrac{\gamma+1}{2\gamma}\dfrac{p_2}{p_1}\right)^{\frac{1}{2}}$;

(4) $v_1 - v_2 \approx a_1\left[\dfrac{2p_2}{\gamma(\gamma+1)p_1}\right]^{\frac{1}{2}}$.

10.18 用总压管测超声速气流,其头部正前方形成一正激波。已测得总压 $2 \times 10^5 \text{N/m}^2$,来流静压 $3.9 \times 10^4 \text{N/m}^2$,求来流流动马赫数与所得压强关系式,以及来流马赫数值。

10.19 试求 $p_1 = 10^5 \text{N/m}^2$,$T_1 = 300\text{K}$ 的空气在通过强度为 2.5 的正激波后,其流动速度 v_2 和流动马赫数 M_2。

*10.20 证明静止正激波的普朗特关系式。

*10.21 证明静止正激波前后流动参量的各关系式。

*10.22 强度为 $\dfrac{\Delta p}{p_1} = 3$ 的正激波在 $p_1 = 10^5 \text{N/m}^2$,$T_1 = 288\text{K}$ 的静止空气中传播,求:

(1) 激波后的伴流速度;

(2) 该激波突然遇到固壁后反射,求反射激波的传播速度及激波后壁面附近空气压力和温度。

*10.23 强度为 $\dfrac{\Delta p}{p_1} = 3$ 的正激波在 $p_1 = 10^5 \text{N/m}^2$,$T = 288\text{K}$ 的静止空气中传播,在它后面 10m 远处有另一道强度为 $\dfrac{p_3 - p_2}{p_2} = 2$ 的正激波同方面传播,试问后面正激波能否追上前面正激波?要多少时间才能追上?

*10.24 空气在管道中以 150m/s 速度流动,压强为 $1.5 \times 10^5 \text{N/m}^2$,温度为 300K。某瞬时管道末端阀门突然关闭,于是形成一正激波逆流向管道传播,试求该激波相对于管壁的传播速度。

*10.25 空气在拉孔尔喷管内流动,滞止压强是 $7 \times 10^5 \text{N/m}^2$,滞止温度 500K,出口截面积与喉道截面积之比 $\dfrac{A_e}{A} = 11.91$。又已知扩张段中有一静止正激波停留在 $M = 3$ 位置上,试求出口截面上压强、温度和流动马赫数。

*10.26 空气在拉瓦尔喷管内流动,进口气流滞止压与背压之比 $\dfrac{p_0}{p_b} = 1.5$,喉道面积与出口端面积之比 $\dfrac{A_t}{A_e} = 0.2857$。喷管中有无激波存在?若有,求其位置 (A_s/A_t)。

第十一章 传质理论初步

在自然界和各种工程技术中,除了存在第八、九两章所讨论过的动量与能量传递以外,还广泛存在着另一种质量传递现象. 如食糖与盐块之溶于水,污染物在空气或水中的弥散以及水的蒸发等均是. 它们与化工、能源、动力、冶金、农业和环境保护等有着密切的关系. 一般说来,质量传递远较动量与能量传递复杂得多. 本章仅限于讨论最简单的与不具有化学反应的单向质量传递,即质量扩散问题.

这里主要包括分子扩散和对流传质问题,其中 11.1 至 11.3 节讲解一些基本概念,11.4 与 11.6 节建立双组分质量守恒与湍流扩散方程,11.5 与 11.7 节列举一些简单的应用例子. 11.8 至 11.12 节系统地介绍浓度边界层,其中 11.8,11.9 与 11.11 节分别建立浓度边界层方程,推导雷诺类比和质量积分关系式,11.10 与 11.12 节以沿半无穷平板的层流与湍流浓度边界层为例求它们的解.

11.1 质量传递的基本概念和它的主要传递方式

前面所讨论的动量或能量传递是在单组分的流体(如空气或水)中进行的,产生这种传递的原因是由于流场中出现了局部速度或温度差,以致高速度或高温度区的流体将动量或能量传递至低速度或低温度区,使流体的速度或温度有渐趋平衡的趋势. 而质量传递则是在气体、液体和可溶固体等所构成的多组分混合物中进行的,当混合物中的一种或多种组分(或成分)在流场中出现局部浓度差时,各组分相对于混合物,均有从高浓度区将其质量传递至低浓度区的趋势,使流场中各组分的浓度渐趋平衡. 同时,在传递过程中还可能伴随以物理或化学变化. 显然,质量传递是一个非常复杂的问题. 即使对双组分混合物,在一般情况下,它也是两组分相互(或双向)传递的,只有当混合物中的一种组分为静止或运动的均质流体时才可能出现单向传递现象. 从工程的观点,质量传递通常发生在各组分的界面上,如气-固,气-液与液-固界面等.

质量传递的方式主要有三种,即分子传质(或扩散),涡(或湍流)传质(或扩散)和对流传质,分子扩散几乎存在于一切传质现象中,它的大小和重要程度却视问题而定,涡扩散仅存在于湍流运动中,它的数值和重要程度往往大于分子扩散.而对流传质则是由于流体的稳定运动(包括时均情况)引起的.在许多实际问题中,质量传递多为二或三种方式相结合的形式,如对流与涡传质等.

分子扩散 主要是由于物质分子的随机运动引起的.考虑一容器,其中充满由二组分 A 与 B 构成的混合物,并用圆圈与黑点分别代表 A 与 B 的分子.假定容器内的压强与温度保持常数,和 A 与 B 均为稀疏气体,各分子可以自由运动而不互相碰撞.同时,为了简单,仅考虑一维情况,并设想有一截面 $A'-A''$ 将容器分为左右两区.开始时,在左区内,组分 A 的分子远较组分 B 的为多,而在右区则正好相反,如图 11.1(a) 所示,其初始浓度分布如图 11-1(b),即组分 A 的浓度随 x 的增加而减小,而组分 B 则随 x 的增加而增加,由于分子运动是随机的,即任何分子向左区或右区运动的概率是相等的.但左区内,组分 A 的分子较多,随之有较多组分 A 的分子向右区运动,而对组分 B 则有较多的分子向左区运动,即分子扩散向浓度低的方向进行,经过足够长的时间以后,容器内组分 A 与 B 的浓度将趋于均匀.亦即组分 A 与 B 跨过截面 $A'-A''$ 的分子数相等.

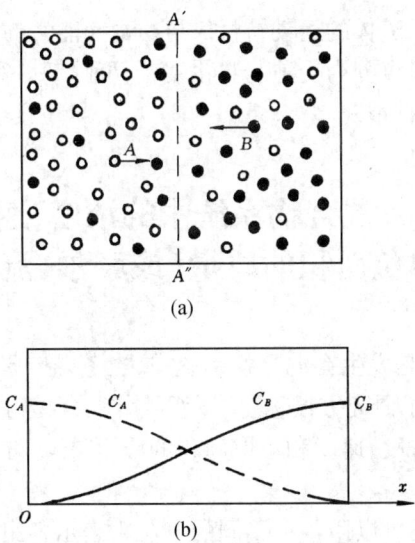

图 11.1 双组分气体混合物的扩散传质

分子扩散不仅存在于气相物质,也存在于液相与固相物质,而且还存在于两种不同相的物质之间,由于分子扩散的难易与分子之间的间距有密切的关系,故对气相最容易,液相次之,固相最难,这表现在扩散系数的大小上. 菲克第一定律即代表浓度差所引起的分子扩散结果.

除了浓度差能引起分子扩散外,其它如温度、压强与外力(重力除外)差也能引起分子扩散,通常将这些差称为分子扩散的驱动势,严格说来,对于一个实际流动问题往往几种驱动势会同时存在,即传热、传质与动量传递常常是互相影响的,但为了简化问题通常仅考虑主要的驱动势而忽略次要的.

湍流(或涡)扩散 在湍流运动中,流体质点除了具有时均运动以外,还具有随机的涨落运动. 这种运动与分子运动有相似之处,但本质上则完全不同. 后者是物质结构所固有,而前者乃由流动特性所引起. 与动量和能量传递相类似,速度与浓度的随机涨落会大大提高质量传递的效率或急剧增强扩散能力. 通常认为这些涨落运动与湍流中的涡运动有密切关系,故由涨落运动所引起的扩散又称涡扩散. 由于湍流是一种复杂的流动,要从理论或实验上去确定涡扩散系数与时均流动量之间的普适关系是很困难的,因为它不仅对不同流动有不同的值,即使对同一流动,在不同的位置与时间也有不同的值.

对流传质 当组分质点随流体作稳定(包括时均值)运动时,会产生质点迁移,这种质点迁移所引起的质量传递称为对流传质. 在各种实际问题中,对流传质往往与分子扩散或涡扩散同时存在,例如一流体流经一可溶物质表面时,它既有对流传质又有分子扩散或涡扩散,它的传质性质不仅依赖于流体与可溶物质的物理性质,还依赖于流体的运动特性. 与动量和能量的情况相似,根据流动产生的原因,对流传质又可分为受迫与自由对流两种,每一种中又因流动状态的不同分为层流与湍流两种情况.

11.2 混合物系统中的浓度、速度和单位面积的质量(或摩尔)流量

由于质量传递总是发生在混合物系统中,当考虑传质行为时,必然涉及到各组分对它的影响. 为了研究方便,这里以双组分混合物为例,引进一些基本的混合物流动参量,包括浓度、速度和单位面积的质量(或摩尔)流量.

(一) 浓度

在混合物系统中,可以用各种不同的方法来表示各组分的浓度,这里介绍两种最常用的,也是最简单的方法.

1. **质量浓度** 组分 A 的质量浓度 ρ_A 即每单位混合物体积中所含组分 A 的质量. 如果用 ρ 表示混合物的质量浓度(或密度),则有

$$\rho = \rho_A + \rho_B. \tag{11.2.1}$$

2. **摩尔浓度** 组分 A 的摩尔浓度 C_A 即每单位混合物体积中所含组分 A 的摩尔数,如果用 C 表示混合物的摩尔浓度,则有

$$C = C_A + C_B. \tag{11.2.2}$$

根据定义一摩尔的组分 A 含有与其分子量相等的质量,于是质量浓度与摩尔浓度之间存在下列关系

$$C_A = \frac{\rho_A}{M_A}, \tag{11.2.3}$$

其中 M_A 为组分 A 的分子量. 质量浓度与摩尔浓度的单位分别为 kg/m³ 与 mol/m³.

(二) 速度

在混合物系统中,各组分通常具有不同的速度. 气体混合物的速度需要对各种组分的速度取平均. 对应于质量浓度与摩尔浓度,也有两种平均方法,即

混合物的质量平均速度

$$v = \frac{\rho_A v_A + \rho_B v_B}{\rho_A + \rho_B} = \frac{\sum_{i=A}^{B} \rho_i v_i}{\rho}, \tag{11.2.4}$$

和混合物的摩尔平均速度

$$v^* = \frac{C_A v_A + C_B v_B}{C_A + C_B} = \frac{\sum_{i=A}^{B} C_i v_i}{C}. \tag{11.2.5}$$

其中 v_i 为组分 i(这里 i 按 $A,B,C,\cdots$ 的顺序取)相对于固定坐标的绝对速度. 在研究混合物的运动时,常常用各组分相对于 v 或 v^* 的速度,而不用相对于固定坐标的速度,这就引进了"扩散速度"的概念即 $v_A - v$ 为组分 A 相对于 v 的扩散速度,和 $v_A - v^*$ 为组分 A 相对于 v^* 的扩散速度.

(三) 单位面积的质量(或摩尔)流量

组分 A 的单位面积质量(或摩尔)流量为一矢量. 它代表组分 A 每单位时间通过垂直于此矢量的每单位面积的质量(或摩尔量). 相对于不同坐标系也可将组分 A 的这一量写为不同表达式.

相对于固定坐标系:

$$\begin{cases} 单位面积的质量流量 \quad \boldsymbol{n}_A = \rho_A v_A, & (11.2.6) \\ 单位面积的摩尔流量 \quad \boldsymbol{N}_A = C_A v_A. & (11.2.7) \end{cases}$$

相对于质量平均速度 v:

$$\begin{cases} 单位面积的质量流量 \quad \boldsymbol{j}_A = \rho_A(v_A - v), & (11.2.8) \\ 单位面积的摩尔流量 \quad \boldsymbol{J}_A = C_A(v_A - v). & (11.2.9) \end{cases}$$

相对于摩尔平均速度 v^*:

$$\begin{cases} \text{单位面积的质量流量} \quad j_A^* = \rho_A (v_A - v^*), & (11.2.10) \\ \text{单位面积的摩尔流量} \quad J_A^* = C_A (v_A - v^*). & (11.2.11) \end{cases}$$

11.3 菲克第一定律与质量扩散率(或系数)

在第一章中已经提到过菲克第一定律,这里需要进一步加以说明. 1855 年 A. 菲克首先从实验中发现这一定律. 它表明了当双组分混合物系统的组分 A 在组分 B 中进行分子扩散时,扩散物质 A 单位面积的质量流量与浓度之间的定量关系. 应当注意:这一定律只有在满足下列两条件下才能使用:(1) 双组分混合物系统是在等温等压条件下,或混合物的浓度 ρ 或 C 为常数时;(2) 是相对于质量平均速度或摩尔平均速度坐标系,而不是相对于固定坐标系的. 如果组分 A 仅沿 x 方向扩散,则菲克第一定律表示为

$$j_{A_x} = - D_{AB_x} \frac{d\rho_A}{dx}, \quad (11.3.1a)$$

与

$$J_{A_x} = - D_{AB_x} \frac{dC_A}{dx}, \quad (11.3.1b)$$

其中 j_{A_x} 与 J_{A_x} 分别为相对于质量平均速度单位面积的质量与摩尔流量在 x 方向的分量. D_{AB_x} 为在 x 方向的扩散系数. $\frac{d\rho_A}{dx}$ 与 $\frac{dC_A}{dx}$ 分别为组分 A 在 x 方向的质量浓度与摩尔浓度的梯度,D_{AB} 为组分 A 在组分 B 中扩散时的扩散系数,它在任何坐标系中都是相同的,它的单位为米^2/秒,式中取负号是因为流量沿浓度减小的方向. 上两式的三维或矢量形式为

$$\boldsymbol{j}_A = - D_{AB} \nabla \rho_A, \quad (11.3.1c)$$

与

$$\boldsymbol{J}_A = - D_{AB} \nabla C_A. \quad (11.3.1d)$$

完全类似地,相对于摩尔平均速度,沿 x 方向单位面积的质量与摩尔流量的分量分别为

$$j_{A_x}^* = - D_{AB_x} \frac{d\rho_A}{dx}, \quad (11.3.2a)$$

与

$$J_{A_x}^* = - D_{AB_x} \frac{dC_A}{dx}. \quad (11.3.2b)$$

相应地,它们的矢量形式分别为

$$\boldsymbol{j}_A^* = - D_{AB} \nabla \rho_A, \quad (11.3.2c)$$

与

$$\boldsymbol{J}_A^* = - D_{AB} \nabla C_A. \quad (11.3.2d)$$

现在来简单讨论一下质量扩散系数 D_{AB}. 对于低密度气体混合物,J. 琼斯,

S. 查普曼和 W. 萨瑟兰等早就利用气体动理(学理)论导出了质量扩散系数与系统的分子性质之间的理论函数关系. 1949 年 J. O. 赫希菲尔德等人又通过考虑分子之间的吸引力与排斥力以改进琼斯等人的理论,这些结果表明,质量扩散系数与其它两个分子输运系数(粘性与热传导率)不同,扩散系数明显地依赖于压强,绝对温度和成分. 在 25 个大气压强以下,扩散系数与压强成反比,与绝对温度的 $\frac{3}{2}$ 次方成正比. 实验结果表明,理论值与其符合得相当好.

对于液体,由于缺乏完善的结构和输运特性理论,难于严格地处理液体的质量扩散系数问题,但对低浓度溶液和非电解质溶质也发展了不少经验和半经验理论,如 A. 爱因斯坦的水动力理论, G. R. 威尔克 – P. 张理论和 H. 艾林的"孔"理论等. 它们对某些特定情况和范围是有效的,但更普适和可靠的方法是用实验测定,大量实验结果表明液体的质量扩散系数较气体的小好几个数量级,它们与气体扩散系数的主要区别是依赖于浓度和粘性.

对于固体,主要有两类扩散问题,一类是气体或液体在固体孔隙中扩散,另一类是通过原子运动形成固体成分之间的扩散,它们分别与催化和冶金问题密切相关. 一般说来,固体的质量扩散系数更难从理论上导出,目前主要用实验方法测定,但根据具体情况,也有用气体动理(学理)论发展扩散系数理论,或引进有效扩散系数概念对现有结果加以应用和改进的.

质量扩散系数是传质问题中的一个重要参数,它的大小直接影响到扩散过程的快慢,最常见物质的扩散系数可参见附录(D)中的表 D5. 在常温常压下,对大多数气体其值为 $10^{-4} \sim 10^{-5}\,\mathrm{m^2/s}$,对低粘度液体约为 $10^{-8} \sim 10^{-9}\,\mathrm{m^2/s}$,而对固体则为 $10^{-9} \sim 10^{-15}\,\mathrm{m^2/s}$ 或者更小. 质量扩散系数的单位为 $\mathrm{m^2/s}$.

11.4 双组分混合物的连续性方程

在第四章中已建立了单组分流体的质量守恒(或连续性)方程,并用以研究了单组分流体的各种动量与能量传递问题,质量传递是一个在混合物中出现的现象. 在传递过程中可能发生物理或化学变化,使得各组分的质量也发生变化. 因之,在研究这类问题时,除了应满足混合物总体的质量守恒条件外,还应满足各组分的质量守恒条件. 现仍以双组分 A 与 B 的混合物为例. 建立组分 A 的质量守恒方程.

在直角坐标系 $Oxyz$ 中取平行于各坐标平面的六面体 $ABCDA'B'C'D'$ 作为控制体如图 11 – 2 所示. 其长,宽,高分别为 $\mathrm{d}x,\mathrm{d}y$ 与 $\mathrm{d}z$. 组分 A 的质量守恒原理为:

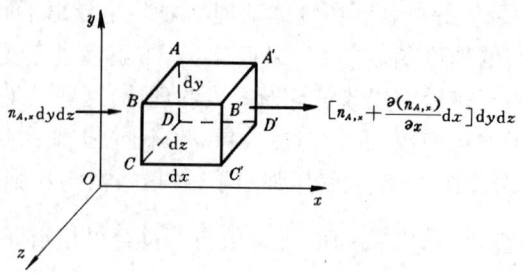

图 11.2　六面体积元

组分 A 流出控制体积每单位面积的质量流量 + 每单位时间组分 A 在控制体积内的累积量 = 组分 A 进入控制体积每单位面积的质量流量 + 每单位时间由于化学反应等组分 A 在控制体积内的生成量.

组分 A 沿 x 方向流出控制体积的净质量流量为 $\dfrac{\partial(n_{A,x})}{\partial x}\mathrm{d}x\mathrm{d}y\mathrm{d}z$. 类似地,沿 y 与 z 方向分别为 $\dfrac{\partial(n_{A,y})}{\partial y}\mathrm{d}y\mathrm{d}x\mathrm{d}z$ 与 $\dfrac{\partial(n_{A,z})}{\partial z}\mathrm{d}z\mathrm{d}x\mathrm{d}y$. 其中 $n_{A,x}, n_{A,y}$ 与 $n_{A,z}$, 分别为组分 A 每单位面积的质量流量在 x, y 与 z 方向的分量. 组分 A 每单位时间在控制体积内的累积量为 $\dfrac{\partial \rho_A}{\partial t}\mathrm{d}x\mathrm{d}y\mathrm{d}z$. 同时,令由于化学反应等每单位时间每单位体积内组分 A 的生成量为 r_A, 即每单位时间在控制体内组分 A 的生成量为 $r_A \mathrm{d}x\mathrm{d}y\mathrm{d}z$. 将这些结果代入组分 A 的质量守恒原理并除以 $\mathrm{d}x\mathrm{d}y\mathrm{d}z$ 后有

$$\frac{\partial \rho_A}{\partial t} + \frac{\partial(n_{A,x})}{\partial x} + \frac{\partial(n_{A,y})}{\partial y} + \frac{\partial(n_{A,z})}{\partial z} - r_A = 0. \qquad (11.4.1\mathrm{a})$$

这就是组分 A 的质量守恒(或连续性)方程. 或可改写为矢量形式

$$\frac{\partial \rho_A}{\partial t} + \nabla \cdot \boldsymbol{n}_A - r_A = 0, \qquad (11.4.1\mathrm{b})$$

其中 $\boldsymbol{n}_A$ 为组分 A 相对于固定坐标系每单位面积的质量流量. 完全类似地,对组分 B 有

$$\frac{\partial \rho_B}{\partial t} + \frac{\partial(n_{B,x})}{\partial x} + \frac{\partial(n_{B,y})}{\partial y} + \frac{\partial(n_{B,z})}{\partial z} - r_B = 0 \qquad (11.4.2\mathrm{a})$$

和

$$\frac{\partial \rho_B}{\partial t} + \nabla \cdot \boldsymbol{n}_B - r_B = 0, \qquad (11.4.2\mathrm{b})$$

其中 r_B 为每单位时间每单位体积内组分 B 的生成量. 对于双组分混合物有

$$\rho_A + \rho_B = \rho, \quad \boldsymbol{n}_A + \boldsymbol{n}_B = \rho_A \boldsymbol{v}_A + \rho_B \boldsymbol{v}_B = \rho \boldsymbol{v}$$

与

$$r_A = -r_B.$$

将(11.4.1b)与(11.4.2b)式相加则有

$$\frac{\partial(\rho_A+\rho_B)}{\partial t}+\nabla\cdot(\boldsymbol{n}_A+\boldsymbol{n}_B)-(r_A+r_B)=0 \qquad (11.4.3\text{a})$$

或

$$\frac{\partial\rho}{\partial t}+\nabla\cdot\rho\boldsymbol{v}=0 \qquad (11.4.3\text{b})$$

这就是混合物的质量守恒(或连续性)方程. 它与单组分流体的连续性方程具有完全相同的形式.

类似地,可以导出与上面各式相对应,但以每单位面积摩尔流量表示的方程. 如果用 R_A 与 R_B 分别代表每单位时间每单位体积内组分 A 与 B 的摩尔生成量. 应注意:当发生化学反应时,根据化学反应方程,组分 A 的增加(或减少)摩尔数未必与组分 B 的减少(或增加)摩尔数相等,于是

对组分 A
$$\frac{\partial C_A}{\partial t}+\nabla\cdot\boldsymbol{N}_A-R_A=0, \qquad (11.4.4\text{a})$$

对组分 B
$$\frac{\partial C_B}{\partial t}+\nabla\cdot\boldsymbol{N}_B-R_B=0, \qquad (11.4.4\text{b})$$

对混合物

$$\frac{\partial(C_A+C_B)}{\partial t}+\nabla\cdot(\boldsymbol{N}_A+\boldsymbol{N}_B)-(R_A+R_B)=0, \qquad (11.4.4\text{c})$$

对双组分混合物有 $C_A+C_B=C,$
$$\boldsymbol{N}_A+\boldsymbol{N}_B=C_A\boldsymbol{v}_A+C_B\boldsymbol{v}_B=C\boldsymbol{v}^*,$$

则(11.4.4c)式变为

$$\frac{\partial C}{\partial t}+\nabla\cdot(C\boldsymbol{v}^*)-(R_A+R_B)=0. \qquad (11.4.4\text{d})$$

上面的(11.4.1b)与(11.4.4d)式是对固定坐标系每单位面积的质量流量 $\boldsymbol{n}_A$ 与摩尔流量 $\boldsymbol{N}_A$ 推导的. 它们还可以利用相对于质量(或摩尔)平均速度每单位面积的质量(或摩尔)流量与由质量(或摩尔)平均速度所产生的质量(或摩尔)流量加以改写. 即利用(11.2.6),(11.2.8)与(11.3.1c)[或(11.2.7),(11.2.11)与(11.3.2d)]式后,分别有

$$\boldsymbol{n}_A=\rho_A\boldsymbol{v}-D_{AB}\nabla\rho_A$$

与
$$\boldsymbol{N}_A=C_A\boldsymbol{v}^*-D_{AB}\nabla C_A.$$

将此二式分别代入(11.4.1b)与(11.4.4a)式则有

$$\frac{\partial\rho_A}{\partial t}+\nabla\cdot(\rho_A\boldsymbol{v})-\nabla\cdot(D_{AB}\nabla\rho_A)-r_A=0 \qquad (11.4.5)$$

与
$$\frac{\partial C_A}{\partial t}+\nabla\cdot(C_A\boldsymbol{v}^*)-\nabla(D_{AB}\nabla C_A)-R_A=0. \qquad (11.4.6\text{a})$$

它们分别是用质量平均速度与质量浓度和摩尔平均速度与摩尔浓度表示的一般

组分质量守恒方程式,它们都比较难于直接应用. 现在讨论一下它们的简化形式.
(11.4.6a)式可以改写为

$$\frac{\partial C_A}{\partial t} + C_A \nabla \cdot v^* + v^* \cdot \nabla C_A - \nabla \cdot (D_{AB} \nabla C_A) - R_A = 0. \quad (11.4.6b)$$

从(11.4.4d)式有

$$\frac{\partial C}{\partial t} + C \nabla \cdot v^* + v^* \cdot \nabla C - (R_A + R_B) = 0. \quad (11.4.4e)$$

如果混合物的浓度 C 为常数,则 $\frac{\partial C}{\partial t} = 0$ 和 $\nabla C = 0$ 于是(11.4.4e)式给出

$$\nabla \cdot v^* = \frac{R_A + R_B}{C}. \quad (11.4.4f)$$

再假定 D_{AB} 也是常数,将(11.4.4f)式代入(11.4.6b)式后,该式变为

$$\frac{\partial C_A}{\partial t} + v^* \cdot \nabla C_A = D_{AB} \nabla^2 C_A + R_A - \frac{C_A}{C}(R_A + R_B). \quad (11.4.7)$$

这式有时用来研究低密度气体的扩散问题,应当注意这里的速度是摩尔平均速度 v^* 而不是质量平均速度 v.

其次考虑(11.4.5)式,它可改写为

$$\frac{\partial \rho_A}{\partial t} + \rho_A \nabla \cdot v + v \cdot \nabla \rho_A - \nabla \cdot (D_{AB} \nabla \rho_A) - r_A = 0. \quad (11.4.5a)$$

若 D_{AB} 为常数和流体为不可压缩的,即 $\nabla \cdot v = 0$,和用组分 A 的分子量 M_A 除全式则(11.4.5a)式变为

$$\frac{\partial C_A}{\partial t} + v \cdot \nabla C_A = \nabla \cdot (D_{AB} \nabla C_A) + R_A, \quad (11.4.8)$$

其中 $R_A = \frac{r_A}{M_A}$. 这式广泛地用来研究稀释液体或不可压缩流体中的扩散问题.
对应于(11.4.8)式在直角坐标系为

$$\frac{\partial C_A}{\partial t} + u \frac{\partial C_A}{\partial x} + v \frac{\partial C_A}{\partial y} + \omega \frac{\partial C_A}{\partial z}$$
$$= \frac{\partial}{\partial x}\left[D_{ABx} \frac{\partial C_A}{\partial x}\right] + \frac{\partial}{\partial y}\left[D_{ABy} \frac{\partial C_A}{\partial y}\right] + \frac{\partial}{\partial z}\left[D_{ABz} \frac{\partial C_A}{\partial z}\right] + R_A. \quad (11.4.8a)$$

在柱坐标系为

$$\frac{\partial C_A}{\partial t} + v_r \frac{\partial C_A}{\partial r} + \frac{v_\theta}{r} \frac{\partial C_A}{\partial \theta} + v_z \frac{\partial C_A}{\partial z}$$
$$= \frac{1}{r} \frac{\partial}{\partial r}\left[D_{ABr} r \frac{\partial C_A}{\partial r}\right] + \frac{1}{r^2} \frac{\partial}{\partial \theta}\left[D_{AB\theta} \frac{\partial C_A}{\partial \theta}\right]$$
$$+ \frac{\partial}{\partial z}\left[D_{ABz} \frac{\partial C_A}{\partial z}\right] + R_A. \quad (11.4.8b)$$

在球坐标系为

$$\frac{\partial C_A}{\partial t} + v_R \frac{\partial C_A}{\partial R} + \frac{v_\theta}{R} \frac{\partial C_A}{\partial \theta} + \frac{v_\lambda}{R\sin\theta} \frac{\partial C_A}{\partial \lambda}$$

$$= \frac{1}{R^2} \frac{1}{\partial R}\left[D_{AB_R} R^2 \frac{\partial C_A}{\partial R}\right] + \frac{1}{R^2 \sin\theta} \frac{\partial}{\partial \theta}\left[D_{AB_\theta} \sin\theta \frac{\partial C_A}{\partial \theta}\right]$$

$$+ \frac{1}{R^2 \sin^2\theta} \frac{\partial}{\partial \lambda}\left[D_{AB_\lambda} \frac{\partial C_A}{\partial \lambda}\right] + R_A. \tag{11.4.8c}$$

如果 $v = 0, v^* = 0, R_A = 0, R_B = 0$ 和各方向的扩散系数相同,则(11.4.7)与(11.4.8)各式均简化为:

$$\frac{\partial C_A}{\partial t} = D_{AB} \nabla^2 C_A. \tag{11.4.9}$$

这就是著名的菲克第二定律,又称扩散方程.它可用来研究液体或固体中的缓慢扩散过程.此式在直角坐标系为

$$\frac{\partial C_A}{\partial t} = D_{AB}\left[\frac{\partial^2 C_A}{\partial x^2} + \frac{\partial^2 C_A}{\partial y^2} + \frac{\partial^2 C_A}{\partial z^2}\right]. \tag{11.4.10a}$$

在柱坐标系为

$$\frac{\partial C_A}{\partial t} = D_{AB}\left[\frac{\partial^2 C_A}{\partial r^2} + \frac{1}{r}\frac{\partial C_A}{\partial r} + \frac{1}{r^2}\frac{\partial^2 C_A}{\partial \theta^2} + \frac{\partial^2 C_A}{\partial z^2}\right]. \tag{11.4.10b}$$

在球坐标系为

$$\frac{\partial C_A}{\partial t} = D_{AB}\left[\frac{1}{R^2}\frac{\partial}{\partial R}\left(R^2 \frac{\partial C_A}{\partial R}\right) + \frac{1}{R^2 \sin\theta}\frac{\partial}{\partial \theta}\left(\sin\theta \frac{\partial C_A}{\partial \theta}\right)\right.$$

$$\left. + \frac{1}{R^2 \sin^2\theta}\frac{\partial^2 C_A}{\partial \lambda^2}\right]. \tag{11.4.10c}$$

应当注意:方程(11.4.7)与(11.4.8)都是非线性的.它们与不可压缩流体的动量与能量传递方程是极相似的,现列表加以比较

表 11.1

	对流率	=	"扩散项"	+	"源项"
动量	$\dfrac{D v}{Dt}$	=	$\nu \nabla^2 v$	+	$-\dfrac{1}{\rho}\nabla p$
能量	$\dfrac{DT}{Dt}$	=	$\alpha \nabla^2 T$	+	$\dfrac{Q_a}{\rho C}$
质量	$\dfrac{DC_A}{Dt}$	=	$D_{AB}\nabla^2 C_A$	+	R_A

其中 Q_a 为系统中每单位体积流体增加或减少的热量,这些方程的主要差别是速度 v 为矢量,而温度 T 与浓度 C_A 为标量.很显然,当源项为零和 $\nu = \alpha = D_{AB}$

时,它们对一组相似的边界条件应有相似的解,如果 ν,α 与 D_{AB} 均为常数,除了上面的五个方程以外,再加上连续性方程,共有六个方程含有六个未知函数 v,T,C_A 和 p,构成了一个封闭方程组,理论上可以求解,但实际上却非常困难. 如果温度效应可以忽略,速度场可与浓度场联立求解,当浓度场对速度场的影响也较小时,可先解速度场再解浓度场. 至于方程(11.4.10a)为一线性方程,它缺乏含速度的项,不仅可以独立求解,而且它的基本解可以叠加.

最后来简单讨论一下研究扩散问题时所常用的起始条件和边界条件. 它们与传热问题中的条件很相似.

起始条件:$t=0$,$C_A=C_{A_0}$ 或 $\rho_A=\rho_{A_0}$. 其中 C_{A_0} 或 ρ_{A_0} 为一空间函数或常数.

边界条件:(1)在表面处浓度或单位面积的质量流量为一给定值,即

$$y=0, \quad C_A=C_{A_1} \quad 或 \quad \rho_A=\rho_{A_1},$$

$$J_A=J_{A_1} \quad 或 \quad j_A=j_{A_1}.$$

(2)当流体流过一具有扩散物质的表面时,流体与表面之间将出现对流传质即

$$N_{A_1}=h_m(C_{A_1}-C_{A_\infty}) 或 n_{A_1}=h_m(\rho_{A_1}-\rho_{A_\infty}),$$

其中 h_m 为对流传质系数,C_{A_1},ρ_{A_1} 与 $C_{A_\infty},\rho_{A_\infty}$ 分别为表面与无穷远处的浓度.

(3)在无穷远处

$$C_A=C_{A_\infty} 或 \rho_A=\rho_{A_\infty},$$

其中 C_{A_∞} 与 ρ_{A_∞} 为一常数或零.

关于每单位体积组分 A 的生成率 R_A,如果没有涉及组分 A 的化学反应,$R_A=0$. 当组分 A 参加化学反应时,通常取 $R_A=k_n C_A^n$ 的形式,其中 n 为一整数,当 n 等于 1 与 2 时,分别称为一级与二级反应. k_n 为常数,应注意 k_0 与 k_1 的单位分别为 $\mathrm{mol}/(\mathrm{m}^3\cdot\mathrm{s})$ 与 $1/\mathrm{s}$,同时,当反应的结果使组分 A 增加时,R_A 为正,反之为负.

11.5 扩散方程的应用

扩散方程(11.4.8)或(11.4.9)有着广泛的用途,这里举几个简单的例子.

例 11.1 考虑一开口容器,内盛液体 B,其上为一能溶于液体的气体 A. 它在液体中进行一级化学反应和定常扩散. 已知气体与液体界面处的浓度为 C_{A_0}. 假定容器底部对气体 A 是不可渗透的和液体 B 是稀释的,同时认为在化

学反应中,组分 A(气体)受到耗损. 试求(1) 容器底面处的浓度 C_A 和(2)界面处组分 A.

坐标取在界面处并以向下为正 y. 根据假定,方程(11.4.8)简化为一常微分方程

$$D_{AB}\frac{d^2 C_A}{dy^2} - k_1 C_A = 0, \quad (11.5.1)$$

边界条件为 $\quad y = 0, C_A(0) = C_{A_0},$

$$y = L, \quad \left.\frac{dC_A}{dy}\right|_{y=L} = 0.$$

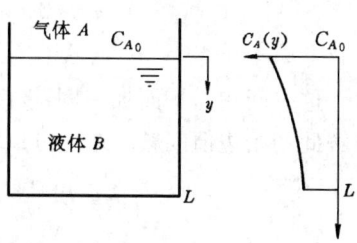

图 11.3 气体在容器中的扩散

方程(11.5.1)为一线性齐次常微分方程,它的一般解为

$$C_A(y) = C_1 e^{my} + C_2 e^{-my},$$

其中 $m = (k_1/D_{AB})^{1/2}$. 利用边界条件确定任意常数 C_1 与 C_2 并代入上式后,得到浓度分布表达式

$$C_A(y) = C_{A_0}[\text{ch } my - \text{th } mL \text{ sh } my].$$

在 $y = L$ 处,

$$C_A(L) = C_{A_0}\frac{\text{ch}^2 mL - \text{sh}^2 mL}{\text{ch } mL} = \frac{C_{A_0}}{\text{ch } mL}.$$

在界面处, $\quad J_A(0) = -D_{AB}\left.\frac{dC_A}{dy}\right|_{y=0} = D_{AB} C_{A_0} m \text{ th } mL \text{(mol)}.$

例 11.2 一厚度为 L,密度为 $\rho_A(s)$ 的固体盐层,其上为一半无穷深的静止水层. 当盐层与水接触后,盐将溶于水. 假定(1)盐在水中的扩散过程是一维不定常的. (2)扩散系数为常数且无化学反应,(3)在盐与水的界面处,盐保持一固定的质量浓度 ρ_{AS},和(4)在初始时刻,水中的盐浓度处处为零. 试求(1)盐层与水接触以后,水中盐的浓度 $\rho_A(y,t)$ 是如何随时间与空间变化的,和(2)盐层的表面溶解率 $\frac{dL}{dt}$ 又是如何随时间变化的.

坐标取在初始时刻的界面处,如图 11.4 所示. 根据假定,方程(11.4.5a)可简化为

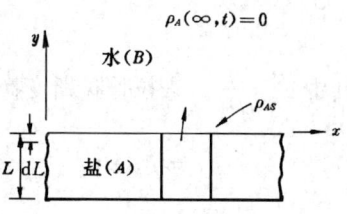

图 11.4 盐在水中的扩散

$$\frac{\partial \rho_A}{\partial t} = D_{AB}\frac{\partial^2 \rho_A}{\partial y^2}, \quad (11.5.2)$$

初始与边界条件为

$$t = 0, y > 0, \rho_A = 0, \quad (11.5.3a)$$

$$t > 0, \ y = 0, \ \rho_A(0,t) = \rho_{AS}, \quad (11.5.3b)$$

$$t > 0, \ y = \infty, \ \rho_A(\infty,t) = 0. \quad (11.5.3c)$$

这一问题与平面加热固壁在静止流体中的传热问题相似,现用拉普拉斯变换解此初始边值问题. 先将(11.5.2)式两边乘以 e^{-pt},并从 0 至 ∞ 对 t 积分,即

$$\int_0^\infty e^{-pt}\frac{\partial^2 \rho_A}{\partial y^2}\, dt - \frac{1}{D_{AB}}\int_0^\infty e^{-pt}\frac{\partial \rho_A}{\partial t}\, dt = 0. \quad (11.5.4)$$

对这里所考虑的函数可以证明将微分与积分运算顺序加以互换是合理的,于是上式第一项变为

$$\int_0^\infty e^{-pt}\frac{\partial^2 \rho_A}{\partial y^2}\, dt = \frac{\partial^2}{\partial y^2}\int_0^\infty \rho_A e^{-pt}\, dt = \frac{\partial^2 \bar{\rho}_A}{\partial y^2},$$

其中 $\bar{\rho}_A = \int_0^\infty \rho_A e^{-pt} dt$. (11.5.4) 式中的第二项利用分部积分有

$$\int_0^\infty e^{-pt}\frac{\partial \rho_A}{\partial t}\, dt = [\rho_A e^{-pt}]_0^\infty + p\int_0^\infty \rho_A e^{-pt} dt = p\bar{\rho}_A.$$

利用初始条件(11.5.3a),上式括号项为零,于是(11.5.4)式变为

$$D_{AB}\frac{\partial^2 \bar{\rho}_A}{\partial y^2} = p\bar{\rho}_A. \quad (11.5.5)$$

这样,拉普拉斯变换将偏微分方程(11.5.2)变为常微分方程(11.5.5).

对边界条件(11.5.3b),两边应用拉普拉斯变换有

$$\text{在 } y = 0 \text{ 处}, \quad \bar{\rho}_A = \int_0^\infty \rho_A e^{-pt} dt = \frac{\rho_{AS}}{p}. \quad (11.5.6)$$

满足方程(11.5.5)和边界条件(11.5.6)与(11.5.3c)的解为

$$\bar{\rho}_A = \frac{\rho_{AS}}{p}e^{-qy}, \quad (11.5.7)$$

其中 $q^2 = \frac{p}{D_{AB}}$. 查拉普拉斯变换表,(11.5.7)式的逆变换函数为

$$\rho_A = \rho_{AS}\,\text{erf}\,c\,\frac{y}{2(D_{AB}t)^{1/2}}, \quad (11.5.8)$$

其中补余误差函数 $\text{erf}\,cZ = 1 - \text{erf}Z$. 故 $\rho_A = \rho_{AS}\left[1 - \text{erf}\,\frac{y}{2(D_{AB}t)^{1/2}}\right]$ 这就是所求的浓度分布函数. 它随时间与空间的变化趋势如图 11.5 所示.

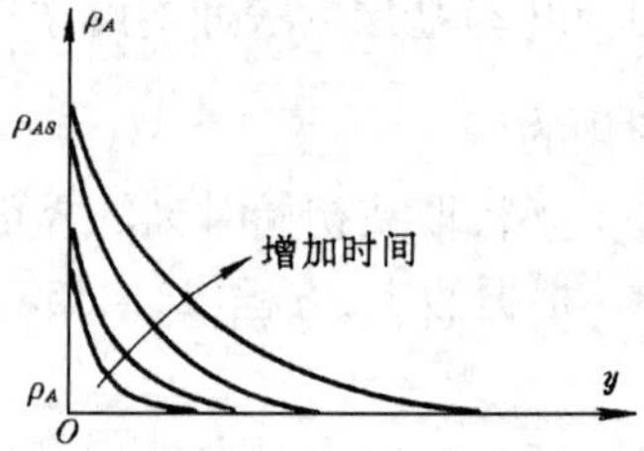

最后,考虑盐层表面的溶解率 $\frac{dL}{dt}$. 对盐层取一控制体积,这时,控制体积内没有质量生成也没有质量进入,根据质量守恒原理有:

图 11.5 浓度分布函数

流出每单位面积的质量流量 + 每单位时间单位面积高度为 L 的柱体内的积累量 $=0$,

即
$$-D_{AB}\frac{\partial \rho_A}{\partial y}\bigg|_{y=0} + \frac{\mathrm{d}[\rho_A(s)L]}{\mathrm{d}t} = 0, \qquad (11.5.9)$$

其中 $\rho_A(s)$ 为固体盐层的密度. 利用 (11.5.8) 式计算上式中的第一项,并注意对小的 y 值有

$$\mathrm{erf} y = \frac{2}{\sqrt{\pi}}\Big[y - \frac{y^2}{3\cdot 1} + \cdots\Big],$$

$$\frac{\partial}{\partial y}\mathrm{erf} y = \frac{2}{\sqrt{\pi}} - \cdots,$$

则 (11.5.11) 式变为

$$\frac{\mathrm{d}[\rho_A(s)L]}{\mathrm{d}t} = -\Big[\frac{D_{AB}}{\pi t}\Big]^{1/2}\rho_{AS},$$

或
$$\frac{\mathrm{d}L}{\mathrm{d}t} = -\frac{\rho_{AS}}{\rho_A(s)}\Big[\frac{D_{AB}}{\pi t}\Big]^{1/2},$$

积分
$$\int_0^{\Delta L}\mathrm{d}L = -\frac{\rho_{AS}}{\rho_A(s)}\sqrt{\frac{D_{AB}}{\pi}}\int_0^t\frac{\mathrm{d}t}{\sqrt{t}},$$

$$\Delta L = -\frac{2\rho_{AS}}{\rho_A(s)}\Big[\frac{D_{AB}t}{\pi}\Big]^{1/2},$$

这就是 t 时刻以后所减小的盐层厚度.

例 11.3 考虑一位于原点的污染源,在无界静止的流体中作非定常扩散. 假定扩散系数 D_{AB} 为常数,和在时刻 t 已经扩散出的污染物质的总量为 Q_t. 试求浓度分布函数 C_A.

这是一个球对称的问题,为了对直角坐标系中相应的一维与二维问题有更多的了解. 这里在直角坐标系求解. 根据假定,扩散方程为式 (11.4.10a) 即

$$\frac{\partial C_A}{\partial t} = D_{AB}\Big[\frac{\partial^2 C_A}{\partial x^2} + \frac{\partial^2 C_A}{\partial y^2} + \frac{\partial^2 C_A}{\partial z^2}\Big]. \qquad (11.4.10a)$$

初始与边界条件为

$$t = 0, \ x,y,z > 0, \ C_A = 0, \qquad (11.5.10a)$$

$$t > 0, \ x,y,z \to \infty, \ C_A = 0 \qquad (11.5.10b)$$

和
$$t = t, \ Q_t = \int_{-\infty}^{\infty}\int_{-\infty}^{\infty}\int_{-\infty}^{\infty} C_A \mathrm{d}x\mathrm{d}y\mathrm{d}z. \qquad (11.5.10c)$$

可以证明 (见本节末附录),对这类初始与边值问题,二维和三维问题的解可以表达为两个和三个单变量问题的解的乘积. 这样,先详细讨论一维情况.

考虑一位于 $x=0$ 处的污染源在一维无界静止流体中作非定常扩散,上面

的方程与初始和边界条件简化为

$$\frac{\partial C_A}{\partial t} = D_{AB}\frac{\partial^2 C_A}{\partial x^2}, \tag{11.5.11}$$

$$t = 0, \ x > 0, \ C_A = 0, \tag{11.5.12a}$$

$$t > 0, \ x \to \infty, \ C_A = 0, \tag{11.5.12b}$$

$$t = t, \ Q_{t_x} = \int_{-\infty}^{+\infty} C_A \mathrm{d}x, \tag{11.5.12c}$$

其中 Q_{t_x} 为时间 t 内沿 x 方向每单位横截面积从 $-\infty$ 至 $+\infty$ 排放的污染物量,其单位为 $\mathrm{mol/m^2}$.

与例 11.2 完全相类似,利用拉普拉斯变换和初始条件(11.5.12a),可将方程(11.5.11)变换为一常微分方程

$$D_{AB}\frac{\partial^2 \overline{C}_A}{\partial x^2} = p\overline{C}_A. \tag{11.5.13}$$

从此式的通解可以获得满足方程(11.5.13)与边界条件(11.5.12b)的解为

$$\overline{C}_A = C_2 \frac{\mathrm{e}^{-qx}}{q},$$

其中 $q^2 = \dfrac{p}{D_{AB}}$,C_2 为任意常数,查拉普拉斯逆变换表有

$$C_A = \frac{A}{t^{1/2}}\mathrm{e}^{-x^2/4D_{AB}t} \tag{11.5.14}$$

其中 $A = C_2\left[\dfrac{D_{AB}}{\pi}\right]^{1/2}$ 为一常数,现利用条件(11.5.12c)确定此常数.

$$Q_t = \int_{-\infty}^{+\infty} C_A \mathrm{d}x = \int_{-\infty}^{+\infty} \frac{A}{t^{1/2}}\mathrm{e}^{-x^2/4D_{AB}t}\mathrm{d}x.$$

令

$$\frac{x^2}{4D_{AB}t} = \xi^2, \quad \mathrm{d}x = 2(D_{AB}t)^{1/2}\mathrm{d}\xi,$$

$$Q_{t_x} = 2AD_{AB}^{1/2}\int_{-\infty}^{+\infty}\mathrm{e}^{-\xi^2}\mathrm{d}\xi = 2A(\pi D_{AB})^{1/2}$$

或

$$A = \frac{Q_{t_x}}{2(\pi D_{AB})^{1/2}},$$

将此式代入(11.5.14)式有所求一维问题的解

$$C_A = \frac{Q_{t_x}}{2(\pi D_{AB}t)^{1/2}}\mathrm{e}^{-x^2/4D_{AB}t}. \tag{11.5.15}$$

可以看出这一解是一正态分布,如图 11.6 所示.

通常用浓度分布的二次(或惯性)矩

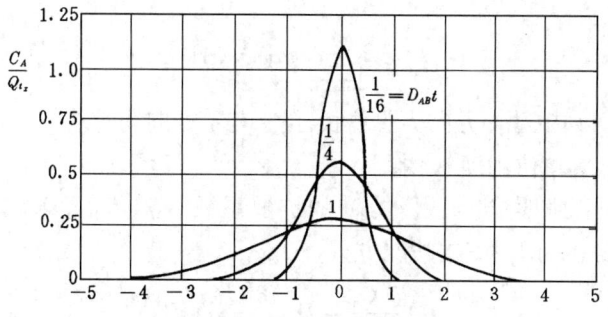

图 11.6 浓度 – 距离曲线

$$\int_{-\infty}^{+\infty} C_A x^2 \mathrm{d}x = 2QD_{AB}t$$

来表征扩散的扩展程度. 用 Q 除全式后有

$$\sigma^2 = 2D_{AB}t, \tag{11.5.16}$$

其中 σ^2 为一种与质点扩散的均方距离相类似的量. 长度 σ 是一个量度扩散宽度的量,称为浓度的"标准偏差",或弥散系数,显然 σ 随时间的平方根值增加. 于是解(11.5.15)变为

$$C_A = \frac{Q_{t_x}}{\sqrt{2\pi}\,\sigma}e^{-x^2/2\sigma^2}. \tag{11.5.17}$$

完全类似,与边值问题(11.5.11)与(11.5.12)式相对应,沿 y 与 z 方向一维扩散问题的解分别为

$$C_A = \frac{Q_{t_y}}{\sqrt{2\pi}\,\sigma}e^{-y^2/2\sigma^2} \tag{11.5.18}$$

与

$$C_A = \frac{Q_{t_z}}{\sqrt{2\pi}\,\sigma}e^{-z^2/2\sigma^2}. \tag{11.5.19}$$

根据解的乘积原理,三维扩散问题(11.4.10a)与(11.5.10)的解应为

$$C_A = \frac{Q_t}{(2\pi)^{3/2}\sigma\cdot\sigma\cdot\sigma}e^{-\left(\frac{x^2}{2\sigma^2}+\frac{y^2}{2\sigma^2}+\frac{z^2}{2\sigma^2}\right)}, \tag{11.5.20}$$

与此相对应的平面扩散问题

$$\frac{\partial C_A}{\partial t} = D_{AB}\left(\frac{\partial^2 C_A}{\partial x^2} + \frac{\partial^2 C_A}{\partial y^2}\right). \tag{11.5.21a}$$

$$t = 0, \quad x,y > 0, \quad C_A = 0, \tag{11.5.21b}$$

$$t > 0, \quad x,y \to \infty, \quad C_A = 0, \tag{11.5.21c}$$

$$t = t, \quad Q_{t_{xy}} = \int_{-\infty}^{+\infty}\int_{-\infty}^{+\infty} C_A \mathrm{d}x\mathrm{d}y. \tag{11.5.21d}$$

的解为

$$C_A = \frac{Q_{t_{xy}}}{2\pi\sigma\sigma} e^{-\left[\frac{x^2}{2\sigma^2}+\frac{y^2}{2\sigma^2}\right]}. \qquad (11.5.22)$$

其中 $Q_{t_{xy}}$ 为时间 t 内,沿 z 方向为单位长,沿 x 与 y 方向均为从 $-\infty$ 至 $+\infty$ 内所排放的污染物量,其单位为摩尔/米.

类似地,可以证明:当 x,y,z 方向的扩散系数 D_{AB_x},D_{AB_y},D_{AB_z} 为不同的常数时,此原理亦成立. 即对三维情况方程

$$\frac{\partial C_A}{\partial t} = D_{AB_x}\frac{\partial^2 C_A}{\partial x^2} + D_{AB_y}\frac{\partial^2 C_A}{\partial y^2} + D_{AB_z}\frac{\partial^2 C_A}{\partial z^2} \qquad (11.5.23)$$

和初始条件(11.5.10a)与边界条件(11.5.10b)(11.5.10c)的解为:

$$C_A = \frac{Q_t}{(2\pi)^{3/2}\sigma_x\sigma_y\sigma_z} e^{-\left[\frac{x^2}{2\sigma_x^2}+\frac{y^2}{2\sigma_y^2}+\frac{z^2}{2\sigma_z^2}\right]}, \qquad (11.5.24)$$

其中 $\sigma_x^2 = 2D_{AB_x}t$, $\sigma_y^2 = 2D_{AB_y}t$ 和 $\sigma_z^2 = 2D_{AB_z}t$.

附录:

1947 年 H.S. 卡斯劳与 J.C. 耶格证明:在某些初始和边界条件下,非定常二维或三维扩散方程的解是二或三个非定常一维扩散方程的解的乘积,为了方便,分别用脚标 1,2,3 代表 x,y,z 方向的值.

在矩形体 $a_1 < x_1 < b_1, a_2 < x_2 < b_2, a_3 < x_3 < b_3$ \qquad (A)

内求非定常三维扩散方程

$$\frac{1}{D_{AB}}\frac{\partial C}{\partial t} = \frac{\partial^2 C}{\partial x^2} + \frac{\partial^2 C}{\partial y^2} + \frac{\partial^2 C}{\partial z^2} \qquad (B)$$

的解,先假定满足非定常一维扩散方程

$$\frac{\partial^2 C_r}{\partial x_r^2} = \frac{1}{D}\frac{\partial C_r}{\partial t}, \quad a_r < x_r < b_r, \quad r = 1,2,3 \qquad (C)$$

和边界条件

$$t > 0, \quad x_r = a_r, \quad \alpha_r\frac{\partial C_r}{\partial x_r} - \beta_r C_r = 0,$$

$$t > 0, \quad x_r = b_r, \quad \alpha'_r\frac{\partial C_r}{\partial x_r} - \beta'_r C_r = 0$$

与初始条件

$$t = 0, a_r < x_r < b_r, C_r(x,t) = C_r(x_r).$$

的解为 $C_r(x_r,t)$. 其中 α_r,β_r 为常数,它们中的任何一个可以为零. 则在(A)所定义的范围内,方程(B)满足初始条件

$$t = 0, C = C_1(x_1)C_2(x_2)C_3(x_3) \qquad (D)$$

和边界条件
$$t > 0, \quad x_r = a_r, \quad \alpha_r \frac{\partial C}{\partial x_r} - \beta_r C = 0, r = 1,2,3 \tag{E}$$

与
$$t > 0, \quad x_r = b_r, \quad \alpha_r' \frac{\partial C}{\partial x_r} - \beta_r' C = 0, r = 1,2,3 \tag{F}$$

的解为
$$C = C_1(x_1,t) C_2(x_2,t) C_3(x_3,t). \tag{G}$$

因为将（H）式代入方程（B），并利用（D）式后有

$$C_2 C_3 \frac{\partial^2 C_1}{\partial x_1^2} + C_3 C_1 \frac{\partial^2 C_2}{\partial x_2^2} + C_1 C_2 \frac{\partial^2 C_3}{\partial x_3^2} = \frac{1}{D} \left(C_2 C_3 \frac{\partial C_1}{\partial t} + C_3 C_1 \frac{\partial C_2}{\partial t} + C_1 C_2 \frac{\partial C_3}{\partial t} \right).$$

显然，初始和边界条件（D）、（E）、（F）是满足的.

11.6 湍流扩散方程

与第九章中的动量和能量方程相类似，如果令 $u = \bar{u} + u', v = \bar{v} + v', w = \bar{w} + w'$ 和组分 A 的 $C_A = \bar{C}_A + C_A'$，并将它们代入对组分 A 的质量扩散方程（11.4.8a）即

$$\frac{\partial C_A}{\partial t} + u \frac{\partial C_A}{\partial x} + v \frac{\partial C_A}{\partial y} + w \frac{\partial C_A}{\partial z}$$

$$= \frac{\partial}{\partial x} \left[D_{AB_x} \frac{\partial C_A}{\partial x} \right] + \frac{\partial}{\partial y} \left[D_{AB_y} \frac{\partial C_A}{\partial y} \right] + \frac{\partial}{\partial z} \left[D_{AB_z} \frac{\partial C_A}{\partial z} \right].$$

再经过对全式取时间平均值和应用第八章给出的对时均涨落量的各种性质以后，可以得到湍流的质量扩散方程，即

$$\frac{\partial \bar{C}_A}{\partial t} + \bar{u} \frac{\partial \bar{C}_A}{\partial x} + \bar{v} \frac{\partial \bar{C}_A}{\partial y} + \bar{w} \frac{\partial \bar{C}_A}{\partial y} = \frac{\partial}{\partial x} \left[D_{AB_x} \frac{\partial \bar{C}_A}{\partial x} - \overline{u' C_A'} \right]$$

$$+ \frac{\partial}{\partial y} \left[D_{AB_y} \frac{\partial \bar{C}_A}{\partial y} - \overline{v' C_A'} \right] + \frac{\partial}{\partial z} \left[D_{AB_z} \frac{\partial \bar{C}_A}{\partial z} - \overline{w' C_A'} \right] + \bar{R}_A, \tag{11.6.1}$$

其中 $\overline{u' C_A'}, \overline{v' C_A'}$ 和 $\overline{w' C_A'}$ 称为每单位面积的湍流（或雷诺）摩尔流量. 对于一级化学反应有

$$\bar{R}_A = \overline{k_1(\bar{C}_A + C_A')} = k_1 \bar{C}_A.$$

如果定义每单位面积的湍流摩尔流量在 x 方向的分量为

$$J_{A_x}^{(t)} = \overline{u' C_A'}. \tag{11.6.2}$$

同时，当湍流为各向同性时可将其写为

$$J_{A_x}^{(t)} = - D_{AB_x}^{(t)} \frac{\partial \bar{C}_A}{\partial t}, \tag{11.6.3}$$

其中 $D_{AB_x}^{(t)}$ 为湍流质量扩散系数,则(11.6.1)式右边第一项中的

$$D_{AB_x}\frac{\partial \bar{C}_A}{\partial x} - \overline{u'C_A'} = D_{AB_x}\frac{\partial \bar{C}_A}{\partial x} + D_{AB_x}^{(t)}\frac{\partial \bar{C}_A}{\partial x} = -[J_{A_x} + J_{A_x}^{(t)}] = -J_{A_x}^{(s)},$$

其中 $J_{A_x}^{(s)}$ 为在 x 方向的分量,完全类似地,在 y 与 z 方向有

$$D_{AB_y}\frac{\partial \bar{C}_A}{\partial y} - \overline{v'C_A'} = -[J_{A_y} + J_{A_y}^{(t)}] = -J_{A_y}^{(s)},$$

$$D_{AB_z}\frac{\partial \bar{C}_A}{\partial z} - \overline{w'C_A'} = -[J_{A_z} + J_{A_z}^{(t)}] = -J_{A_z}^{(s)},$$

于是,方程(11.6.1)可写为向量形式

$$\frac{\partial \bar{C}_A}{\partial t} + \bar{\boldsymbol{v}} \cdot \nabla \bar{C}_A = -\nabla \cdot \bar{\boldsymbol{J}}_A^{(s)} + \bar{R}_A. \tag{11.6.4}$$

对应于方程(11.6.1),柱坐标系的湍流扩散方程为

$$\frac{\partial \bar{C}_A}{\partial t} + \bar{v}_r\frac{\partial \bar{C}_A}{\partial r} + \frac{\bar{v}_\theta}{r}\frac{\partial \bar{C}_A}{\partial \theta} + \bar{v}_z\frac{\partial \bar{C}_A}{\partial z} = -\left[\frac{1}{r}\frac{\partial}{\partial r}r\left(-D_{AB}\frac{\partial \bar{C}_A}{\partial r} + \overline{v_r'C_A'}\right) + \frac{1}{r}\frac{\partial}{\partial \theta}\left(-\frac{D_{AB}}{r}\frac{\partial \bar{C}_A}{\partial \theta} + \overline{v_\theta'C_A'}\right) + \frac{\partial}{\partial z}\left(-D_{AB}\frac{\partial \bar{C}_A}{\partial z} + \overline{v_z'C_A'}\right)\right]. \tag{11.6.5}$$

*11.7 污染物在大气中的扩散

考虑离地面 H 处有一连续不断作定常排放的污染源,如果平均风速为常值 U 且沿 x 方向. y 轴向上,原点取在地面如图 11.7 所示. 试在下述条件下,求污染物在空中的浓度分布. (1)没有化学反应,即 $R_A = 0$;(2)忽略重力影响和分子扩散效应;(3)忽略地面边界层效应,即时均速度 $\bar{u}$ 等于常值 $U, \bar{v} = \bar{w} = 0$;(4)地面为完全反射,即 $D_{AB_y}^{(t)}\frac{\partial \bar{C}_A}{\partial y}\bigg|_{y=0} = 0$;(5) x 方向的湍流扩散远远小于风的迁移作用,即 $U\frac{\partial \bar{C}_A}{\partial x} \gg \frac{\partial}{\partial x}\left[D_{AB_x}^{(t)}\frac{\partial \bar{C}_A}{\partial x}\right]$;(6) x, y, z 轴为扩散主轴.

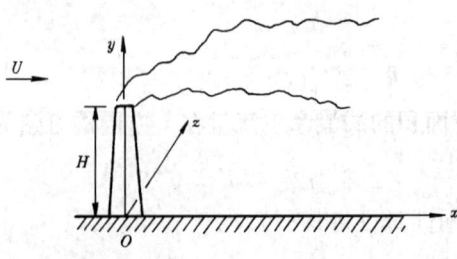

图 11.7 烟囱向大气中排放污染物

根据假定条件,方程(11.6.1)简化为

$$U\frac{\partial \overline{C}_A}{\partial x} = \frac{\partial}{\partial y}\left[D_{AB_y}^{(t)}\frac{\partial \overline{C}_A}{\partial y}\right] + \frac{\partial}{\partial z}\left[D_{AB_z}^{(t)}\frac{\partial \overline{C}_A}{\partial z}\right]. \tag{11.7.1}$$

其中 $D_{AB_y}^{(t)}$ 与 $D_{AB_z}^{(t)}$ 分别为沿 y 与 z 方向的湍流扩散系数. 边界条件为:

$$x, y, z \to \infty, \quad \overline{C}_A = 0, \tag{11.7.2a}$$

$$y = 0, \quad D_{AB_y}^{(t)}\frac{\partial \overline{C}_A}{\partial y}\bigg|_{y=0} = 0, \tag{11.7.2b}$$

$$x > 0, \quad Q_s = \int_{-\infty}^{\infty}\int_{-\infty}^{\infty} U\overline{C}_A \mathrm{d}y\mathrm{d}z. \tag{11.7.2c}$$

其中 Q_s 为污染源强度,它的单位为 mol/s.

如果将方程(11.7.1)左边的速度 U 改写为 $\dfrac{\mathrm{d}x}{\mathrm{d}t}$,并认为 $t=0$ 与 $y,z>0$ 时,$C_A=0$. 则从方程(11.5.23)与(11.5.24)可知方程(11.7.1)与边界条件(11.7.2a)和(11.7.2c)的解为

$$C_A = \frac{Q_s}{2\pi U \sigma_y \sigma_z} \mathrm{e}^{-\left[\frac{y^2}{2\sigma_y^2}+\frac{z^2}{2\sigma_z^2}\right]},$$

其中 $\sigma_y^2 = 2D_{AB_y}^{(t)} t = 2D_{AB_y}^{(t)} \cdot \dfrac{x}{U}, \sigma_z^2 = 2D_{AB_z}^{(t)} \cdot \dfrac{x}{U}$,它们与层流扩散中的(11.5.16)式相对应. 应当注意:这是污染源位于原点处的解,如果污染源位于 $y=H$ 处,则上式中的 y 应用 $y-H$ 去置换,同时,为了满足边界条件(11.7.2b),可使用镜像法. 于是,所考虑问题的最后解为

$$\overline{C}_A(x, y, z) = \frac{Q_s}{2\pi U \sigma_y \sigma_z}\exp\left[\frac{-z^2}{2\sigma_z^2}\right]\left\{\exp\frac{-(y-H)^2}{2\sigma_y^2}\right.$$

$$\left. + \exp\frac{-(y+H)^2}{2\sigma_y^2}\right\}, \tag{11.7.3}$$

其中 σ_y^2 与 σ_z^2 分别为污染物浓度在 y 与 z 方向的标准偏差. 这式表明在 y 与 z 方向,浓度是按正态分布的.

当预测地面的时均浓度分布时,须令 $y=0$ 即

$$\overline{C}_A(x, 0, z) = \frac{Q_s}{\pi U \sigma_y \sigma_z}\exp\left[-\frac{z^2}{2\sigma_z^2} - \frac{H^2}{2\sigma_y^2}\right]. \tag{11.7.3a}$$

如果再令 $z=0$,即得沿 x 方向的浓度分布

$$\overline{C}_A(x, 0, 0) = \frac{Q_s}{\pi U \sigma_y \sigma_z}\exp\left[-\frac{H^2}{2\sigma_y^2}\right] \tag{11.7.3b}$$

可以看出在 Q_s, U, σ_y 与 σ_z 不变的情况下,H 愈大 $\overline{C}_A$ 愈小,即提高排放高度可以减小地面上沿 x 方向的浓度分布.

余下的问题是如何选用适当的 σ_y 与 σ_z. 对大气来说，它们不仅依赖于距离 x，而且还依赖于大气的稳定程度，湍流结构等许多因素. F. 帕斯奎尔，F. A. 吉福德和 H. 特纳等人在各种不同的气象条件下（如风速，湍流结构与稳定程度等），对开旷地区顺风下游的扩散情况进行了大量现场实验，并将所得结果进行分析，整理，最后，研制成表 11.2 与图 11.8(a)，(b). 他们根据风速与日照条件等将大气稳定程度分为六类，并用大写英文字母代表，即 A 为极不稳定，B 为中等不稳定，C 为轻微不稳定，D 为中性稳定（适用于白天或晚间的浓阴天），E 为轻微稳定和 F 为中等稳定.

表 11.2 帕斯奎尔的大气稳定度分类

地表风速 m/s	白	天	日	照	夜	间	条	件
	强烈	中等	轻微		云量 $\geq \frac{4}{8}$		云量 $\leq \frac{3}{8}$	
2	A	$A \sim B$	B					
$2 \sim 3$	$A \sim B$	B	C		E		F	
$3 \sim 5$	B	$B \sim C$	C		D		E	
$5 \sim 6$	C	$C \sim D$	D		D		D	
6	C	D	D		D		D	

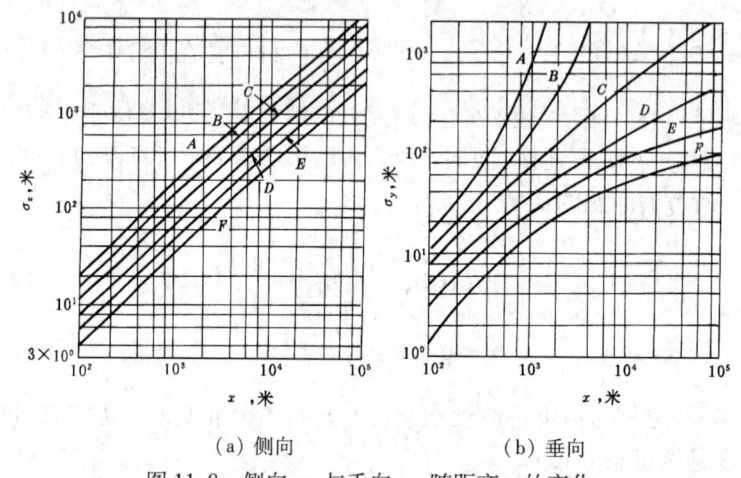

(a) 侧向　　　　　(b) 垂向

图 11.8　侧向 σ_z 与垂向 σ_y 随距离 x 的变化

根据风速与气象条件，从表 11.2 可查出大气稳定程度，再用此结果与距离从图 11.8(a)，(b)可查出 σ_y 与 σ_z. 最后，再利用公式(11.7.3)可算出 $\bar{C}_A$.

11.8　层流与湍流的浓度边界层方程

当某种流体流经一可溶（或含有可溶物质）的固体表面，或两种不太相混的

11.8 层流与湍流的浓度边界层方程

流体相互流过时,在它们的界面附近往往会出现对流传质或扩散现象. 即在界面处存在一很薄和浓度梯度很大的区域,通常称为浓度边界层. 与温度边界层相似,它的名义厚度 δ_c 定义为 $C_A = 0.99 C_{A\infty}$ 处的边界层厚度,而它的浓度厚度则为

$$\delta_M = \int_0^{\delta_c(\infty)} \frac{u}{v_e} \left[\frac{C_A - C_{A_e}}{C_{A_w} - C_{A_e}} \right] dy, \qquad (11.8.1)$$

其中 C_{A_w} 与 C_{A_e} 分别为界面处与边界层上缘外侧的浓度.

与动量和能量传递相似,可从层流扩散方程出发,利用量级比较,导出层流浓度边界层方程,现仍以平面问题为例,假定扩散系数为常数,则方程 (11.4.8a) 简化为:

$$\frac{\partial C_A}{\partial t} + u\frac{\partial C_A}{\partial x} + v\frac{\partial C_A}{\partial y} = D_{AB}\left[\frac{\partial^2 C_A}{\partial x^2} + \frac{\partial^2 C_A}{\partial y^2}\right] + R_A. \qquad (11.8.2)$$

和以前一样,引进无量纲量

$$x^* = \frac{x}{L} \sim 1, \quad y^* = \frac{y}{L} \sim \delta_c^*, \quad \delta_c^* = \frac{\delta_c}{L},$$

$$u^* = \frac{u}{v_\infty} \sim 1, \quad v^* = \frac{v}{v_\infty} \sim \delta^*, \quad t^* = \frac{t}{t_c} \sim 1,$$

$$C_A^* = \frac{C_A - C_{A\infty}}{C_{A_w} - C_{A\infty}} \sim 1.$$

用 $\dfrac{L}{v_\infty}\dfrac{1}{C_{A_w} - C_{A\infty}}$ 乘(11.8.2)式,并对该式进行无量纲化.

$$St\frac{\partial C_A^*}{\partial t^*} + u^*\frac{\partial C_A^*}{\partial x^*} + v^*\frac{\partial C_A^*}{\partial y^*} = \frac{1}{Pe_m}\left[\frac{\partial^2 C_A^*}{\partial x^{*2}} + \frac{\partial^2 C_A^*}{\partial y^{*2}}\right]$$

$$\quad 1 \qquad 1 \qquad 1 \quad \dfrac{\delta_v^*}{\delta_c^*} \qquad \dfrac{1}{Pe_m} \qquad \dfrac{1}{\delta_c^{*2}}$$

$$+ \frac{R_A L}{v_\infty(C_{A_w} - C_{A\infty})}, \qquad (11.8.3)$$

其中 $St = \dfrac{L}{v_\infty t_c}$ 为斯特劳哈尔数. $Pe_m = \dfrac{v_\infty L}{D_{AB}}$ 为质量佩克里数,它代表理论对流传质与流体层厚度为 L 内的分子质量扩散之比. 将各项的量级写在方程(11.8.3)的下面. 显然有

$$\frac{\partial^2 C_A^*}{\partial x^{*2}} \ll \frac{\partial^2 C_A^*}{\partial y^{*2}}.$$

于是忽略 $\dfrac{\partial^2 C_A^*}{\partial x^{*2}}$ 项后,有量纲的层流浓度边界层方程变为

$$\frac{\partial C_A}{\partial t} + u\frac{\partial C_A}{\partial x} + v\frac{\partial C_A}{\partial y} = D_{AB}\frac{\partial^2 C_A}{\partial y^2} + R_A. \tag{11.8.4}$$

质量佩克里数还可表示为 $Pe_m = Re_L Sc$. 其中第一施米特数 $Sc = \dfrac{\nu}{D_{AB}}$，它代表分子动量扩散率与分子质量扩散率之比，也相当于传热中的普朗特数，对于气体与蒸汽，施米特数在 0.7 与 2.5 之间，而对于液体则在 2×10^2 至 2.7×10^3 之间. 如表 11.3 所示.

表 11.3　各种流体的施米特数范围

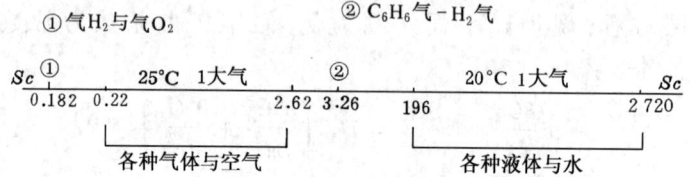

类似地，从湍流扩散方程(11.6.1)出发，对平面情况进行量级比较后，即可获得湍流的浓度边界层方程为

$$\frac{\partial \bar{C}_A}{\partial t} + \bar{u}\frac{\partial \bar{C}_A}{\partial x} + \bar{v}\frac{\partial \bar{C}_A}{\partial y} = \frac{\partial}{\partial y}\left[D_{AB}\frac{\partial \bar{C}_A}{\partial y} - \overline{v'C_A'}\right] + R_A, \tag{11.8.5}$$

其中涨落项通常可写为 $\overline{v'C_A'} = D_{AB}^{(t)}\dfrac{\partial \bar{C}_A}{\partial y}$.

11.9　热量与质量之间的雷诺类比

与动量和热量之间的类比相似，在热量与质量之间也存在着雷诺类比关系. 对于定常平面层流边界层流动，从方程(8.9.1c)与对方程(11.8.3)稍加改写后，有无量纲形式的能量与扩散方程

$$u^*\frac{\partial T^{**}}{\partial x^*} + v^*\frac{\partial T^{**}}{\partial y^*} = \frac{1}{Pr Re_L}\frac{\partial^2 T^{**}}{\partial y^{*2}}, \tag{8.9.1c}$$

$$u^*\frac{\partial C_A^{**}}{\partial x^*} + v^*\frac{\partial C_A^{**}}{\partial y^*} = \frac{1}{Sc Re_L}\frac{\partial^2 C_A^{**}}{\partial y^{*2}}, \tag{11.9.1}$$

其中 $T^{**} = \dfrac{T - T_w}{T_\infty - T_w}$，$C_A^{**} = \dfrac{C_A - C_{AS}}{C_{A\infty} - C_{AS}}$ 和 C_{AS} 为壁(或界)面处的浓度. 它们的边界条件为

$$y^* = 0, \quad u^* = v^* = 0, \quad T^{**} = 0, \quad C_A^{**} = 0, \tag{11.9.2a}$$

$$y^* \to \infty, \quad u^* = 1, \quad T^{**} = 1, \quad C_A^{**} = 1. \tag{11.9.2b}$$

显然,当 $Pr = Sc$ 时,对 T^{**} 与对 C_A^{**} 的边值问题的解是完全相同的,关于能量方程的解和它的传热性质已在第八章中讨论过. 现在假定方程(11.9.1)的解为:

$$C_A^{**} = f_5(x^*, y^*, Re_L, Sc). \tag{11.9.3}$$

根据菲克定律,壁面处

$$J_{AB} = -D_{AB}\frac{\partial C_A}{\partial y}\bigg|_{y=0}$$

$$= D_{AB}\frac{C_{AS} - C_{A\infty}}{L}\frac{\partial C_A^{**}}{\partial y^*}\bigg|_{y^*=0}. \tag{11.9.4}$$

与传热问题类似,定义一对流传质系数

$$h_m = \frac{J_{AB}}{C_{AS} - C_{A\infty}} = \frac{D_{AB}}{L}\frac{\partial C_A^{**}}{\partial y^*}\bigg|_{y^*=0}. \tag{11.9.5}$$

与对流传热中的努塞尔数 Nu 相对应,在对流传质中也定义一能代表对流传质特性的无量纲数,即舍伍德数 Sh. 它代表对流传质与流体层厚度为 L 内的分子扩散传质之比. 即

$$Sh = \frac{h_m L}{D_{AB}} = \frac{\partial C_A^{**}}{\partial y^*}\bigg|_{y^*=0}, \tag{11.9.6}$$

利用(11.9.3)式

$$Sh = \frac{\partial f_5}{\partial y^*}\bigg|_{y^*=0} = f_6(x^*, Re_L, Sc). \tag{11.9.7}$$

从(8.9.7)与(8.9.8)式有

$$Nu = \frac{\partial T^{**}}{\partial y^*}\bigg|_{y^*=0} = \frac{\partial f_3}{\partial y^*}\bigg|_{y^*=0} = f_4(x^*, Re_L, Pr). \tag{11.9.8}$$

用(11.9.8)式除(11.9.7)式给出

$$\frac{Sh}{Nu} = \frac{f_6(x^*, Re_L, Sc)}{f_4(x^*, Re_L, Pr)} = f_7(x^*, Re_L, Pr, Sc).$$

如果 $Pr = Sc = 1$,则

$$\frac{Sh}{Nu} = f_7(x^*, Re_L). \tag{11.9.9}$$

当两个边值问题的边界条件又相同时,函数 f_4 与 f_6 相同,即 $f_7 = 1$. 考虑到动量与热量之间的类比关系,于是有

$$Nu = Sh = \frac{1}{2}C_f \cdot Re_L. \tag{11.9.10}$$

进一步定义传热与传质的斯坦顿数,它们分别代表实际对流传热与理论对流传热(或流体热容量)之比和实际对流传质与理论对流传质之比. 即

$$St = \frac{h}{\rho C U_\infty} = \frac{Nu}{Re_L \cdot Pr}, \tag{11.9.11a}$$

$$St_m = \frac{h_m}{U_\infty} = \frac{Sh}{Re_L \cdot Sc}. \tag{11.9.11b}$$

当 $Pr = Sc = 1$ 时，(11.9.10)式可改写为：

$$St = St_m = \frac{1}{2} C_f. \tag{11.9.12}$$

(11.9.10)与(11.9.12)式就是动量,能量与质量之间的雷诺类比关系,它们对实际应用有重要价值. 因为只须知道它们之中的一个参数,即可利用这些公式求得其它两个参数.

但应注意:应用时须满足下述条件：
(1) 定常,平面,不可压缩流体的层流边界层流动.
(2) 沿来流方向的压强梯度为零.
(3) 一切物理性质参量均为常数. 和 Pr 与 Sc 均为1.
(4) 忽略粘性耗散.
(5) 系统内无化学反应,无能量或质量的生成等.

11.10 沿半无穷平板的层流浓度边界层

很多固体物质在一定压强与温度条件下能溶于某些液体或气体,如各种金属能溶于酸,苯甲酸、烧碱、蔗糖和食盐能溶于水等. 一般将被溶物质称为溶质,溶解物质称为溶剂.

考虑一溶剂以速度 v_∞ 流经一半无穷平板,此平板系由某种溶质构成,或在它的表面涂有一层溶质. 这样,在平板附近会出现扩散现象,形成浓度边界层,其廓线如图 11.9 所示. 其中 C_{A_w} 与 C_{A_∞} 分别为壁面与无穷远处的浓度,假定运动为定常的,扩散系数为常数. 浓度边界层方程与边界条件变为

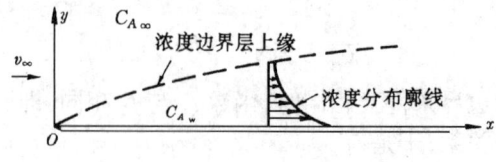

图 11.9

$$u \frac{\partial C_A}{\partial x} + v \frac{\partial C_A}{\partial y} = D_{AB} \frac{\partial^2 C_A}{\partial y^2}, \tag{11.10.1}$$

$$y = 0, \quad u = v = 0, \quad C_A = C_{A_w}, \tag{11.10.2a}$$

$$y \to \infty, \quad u = v_\infty, \quad C_A = C_{A_\infty}, \qquad (11.10.2b)$$

其中 u 与 v 为边界层内的速度分量,根据布拉修斯的解,它们是已知的. 这一边值问题与第 8.11 节中所讨论的加热平板问题完全相同,除了用 C_A 与 D_{AB} 去置换 (8.11.1c) 中的 T 与 $\dfrac{\nu}{Pr} = \dfrac{k}{c\rho}$ 以外. 这里的第一施米特数相当于传热中的普朗特数,现在仍分两种情况讨论.

(一) 第一施米特数 $Sc = 1$

与 (9.5.18c) 相对应,边值问题 (11.10.1) 与 (11.10.2) 的浓度分布函数为

$$\frac{C_A - C_{A_w}}{C_{A_\infty} - C_{A_w}} = C_A^{**} = F'(\eta), \qquad (11.10.3)$$

其中 $F'(\eta)$ 为布拉修斯解中的无量纲流函数 $F(\eta)$ 对 η 的一次微商,$\eta = y\left[\dfrac{v_\infty}{\nu x}\right]^{1/2}$.

由 (11.10.3) 式,壁面处单位面积的摩尔流量为

$$J_{AB}\bigg|_{y=0} = -D_{AB}\frac{\partial C_A}{\partial y}\bigg|_{y=0}$$

$$= D_{AB}(C_{A_w} - C_{A_\infty})\frac{\sqrt{Re_x}}{x}F''(0). \qquad (11.10.4)$$

根据定义,对流传质系数

$$h_m = \frac{J_{AB}}{C_{A_w} - C_{A_\infty}}. \qquad (11.10.5)$$

在壁面处

$$h_m = D_{AB}\frac{\sqrt{Re_x}}{x}F''(0). \qquad (11.10.6)$$

而与努塞尔数 Nu 相对应的舍伍德数

$$Sh = \frac{h_m x}{D_{AB}}\sqrt{Re_x}F''(0). \qquad (11.10.7)$$

从 (8.11.19b) 式,对 $Pr = 1$ 时,局部努塞尔数

$$Nu = \sqrt{Re_x}F''(0). \qquad (11.10.8)$$

这就证明了 $Pr = 1 = Sc$ 时雷诺类比的正确性.

其次,计算 J_{AB}, h_m 和 Sh 在单位展宽(垂直于纸面)和长度 L 内的平均值.

$$\bar{J}_{AB} = \frac{D_{AB}(C_{A_w} - C_{A_\infty})}{L}\sqrt{\frac{v_\infty}{\nu}}F''(0)\int_0^l \frac{dx}{x^{1/2}}$$

$$= \frac{2D_{AB}(C_{A_w} - C_{A_\infty})}{L}F''(0)\sqrt{Re_L},$$

$$\overline{h}_m = \frac{\overline{J}_{AB}}{C_{A_w} - C_{A_\infty}} = \frac{2D_{AB}}{L} F''(0) \sqrt{Re_L},$$

$$\overline{Sh} = \frac{\overline{h}_m L}{D_{AB}} = 2F''(0) \sqrt{Re_L}. \tag{11.10.9}$$

比较(11.10.7)与(11.10.9)式有

$$\overline{Sh} = 2Sh\big|_{x=L}. \tag{11.10.10}$$

这表明:对 $Sc=1$ 时,在长度为 L 内的平均舍伍德数是在 $x=L$ 处的舍伍德数的二倍. 这与传热问题中的努塞尔数结果相似.

(二) 第一施米特数 $Sc \neq 1$

与传热情况相似,这时存在相似性解,即利用布拉修斯的结果

$$u = v_\infty F'(\eta),$$

$$v = \frac{1}{2} \frac{1}{\sqrt{Re_x}} [\eta F'(\eta) - F(\eta)]$$

和定义无量纲浓度

$$C^*_A = \frac{C_A - C_{A_\infty}}{C_{A_w} - C_{A_\infty}}.$$

则可将边值问题(11.10.1)与(11.10.2)变换为与温度边值问题(9.5.6),(9.4.25a)与(9.4.25b)相对应的浓度边值问题

$$C^{*}_A{}'' + \frac{1}{2} Sc F C^*_A = 0, \tag{11.10.11}$$

$$\eta = 0, \quad C^*_A = 1, \tag{11.10.12a}$$

$$\eta \to \infty, \quad C^*_A = 0. \tag{11.10.12b}$$

经过与8.11节(二)完全相同的运算,获得这一边值问题的解为

$$C^*_A = \frac{\int_\eta^\infty [F''(\eta)]^{Sc} d\eta}{\int_0^\infty [F''(\eta)]^{Sc} d\eta}. \tag{11.10.13}$$

对每一给定的施米特数 Sc,可以对上式进行数值积分,求得问题的数值解. 同时,由于与传热问题相对应,也会得到 $\frac{\delta_v}{\delta_c} \sim Sc^{1/3}$. 最后,发现这些数值结果在很大的施米特数范围内,可以用下式很好地近似

$$C^*_A = 1 - Sc^{1/3} F'(\eta), \quad 0.6 < Sc < 2.5 \times 10^3. \tag{11.10.14}$$

由此可得壁面处

$$J_{AB}\big|_{y=0} = D_{AB}(C_{A_w} - C_{A_\infty}) \frac{\sqrt{Re_x}}{x} Sc^{1/3} F''(0) \tag{11.10.15}$$

和对流传质系数

$$h_m = D_{AB} \frac{\sqrt{Re}}{x} Sc^{1/3} F''(0), \qquad (11.10.16)$$

于是舍伍德数为

$$Sh = \sqrt{Re_x} Sc^{1/3} F''(0). \qquad (11.10.17)$$

在加热平板绕流中,与此式相对应的为

$$Nu = \sqrt{Re_x} Pr^{1/3} F''(0). \qquad (8.11.21a)$$

两式相除有

$$\frac{Sh}{Nu} = \left[\frac{Sc}{Pr}\right]^{1/3} = Le^{1/3}, \qquad (11.10.18)$$

其中刘易斯数 $Le = \dfrac{k}{c\rho D_{AB}}$. 它代表分子热扩散系数 $\dfrac{k}{c\rho}$ 与分子质量扩散系数 D_{AB} 之比. 它往往出现在同时具有热量与质量的对流传递过程中.

此外,从加热平板问题中尚有

$$\frac{1}{2} C_f = \frac{1}{\sqrt{Re_x}} F''(0). \qquad (8.11.13)$$

用此式除(11.10.17)式有

$$St_m Sc^{2/3} = \frac{1}{2} C_f, \quad 0.6 < Sc < 2.5 \times 10^3, \qquad (11.10.19)$$

其中传质斯坦顿数 $St_m = \dfrac{Sh}{Re_x Sc}$. (11.10.19)式称为奇尔顿-科尔伯恩类比. 并把 $j_M = St_m Sc^{2/3}$ 称为传质 j-因子. 如果再考虑到传热问题中的奇尔顿-科尔伯恩类比即

$$St\, Pr^{2/3} = \frac{1}{2} C_f, \qquad (8.11.25)$$

则可获得动量,能量与质量之间的类比关系

$$St\, Pr^{2/3} = St_m\, Sc^{2/3} = \frac{1}{2} C_f. \qquad (11.10.20)$$

奇尔顿-科尔伯恩类比是建立在大量层流与湍流实验数据之上的. 它推广了雷诺类比的适用范围. 对绕半无穷平板流动,(11.10.20)式准确地成立,对其它没有形状阻力的流动,如管流渠道流动等,它也近似地成立. 如果流动中存在形状阻力则仅

$$j_H = j_M \quad \text{或} \quad St\, Pr^{2/3} = St\, Sc^{2/3} \qquad (11.10.21)$$

成立,其中传热 j-因子 $j_H = St Pr^{2/3}$.

最后,计算在单位展宽与长度 l 内,J_{AB}, h_m 和 Sh 的平均值

$$\bar{J}_{AB} = \frac{2 D_{AB}(C_{A_w} - C_{A_\infty})}{l} \sqrt{Re_l} Sc^{1/3} F''(0),$$

$$\overline{h}_m = \frac{2D_{AB}}{l}\sqrt{Re_l}\,Sc^{1/3}F''(0),$$

$$\overline{Sh} = \frac{\overline{h}_m l}{D_{AB}} = 2\sqrt{Re_l}\,Sc^{1/3}F''(0). \tag{11.10.22}$$

将(11.10.22)式与(11.10.17)式相比较有

$$\overline{Sh} = 2Sh.$$

这表明当 $Sc=1$ 时,在长度为 l 内的平均舍伍德数是在 $x=l$ 处的舍伍德数的 2 倍。这与加热平板的平均努塞尔数的结果相对应。

11.11 质量积分关系式

与动量和能量边界层方程一样,作为一种近似方法,也可对质量边界层方程进行积分,使流动参量在总体上满足该方程,考虑定常、平面,扩散系数为常数和没有化学反应的流动,这时,从(11.8.4)式有浓度边界层方程

$$u\frac{\partial C_A}{\partial x} + v\frac{\partial C_A}{\partial y} = D_{AB}\frac{\partial^2 C_A}{\partial y^2}. \tag{11.11.1}$$

假定浓度边界层上缘处的浓度 C_{A_e} 为常数,对左边第一项应用二变量乘积的微分公式,(11.11.1)式变为

$$\frac{\partial[u(C_A - C_{A_e})]}{\partial x} - (C_A - C_{A_e})\frac{\partial u}{\partial x} + v\frac{\partial[C_A - C_{A_e}]}{\partial y}$$

$$= D_{AB}\frac{\partial^2[C_A - C_{A_e}]}{\partial y^2}.$$

对此式左边第二项应用连续性方程,并与第三项合并后有

$$\frac{\partial}{\partial x}[u(C_A - C_{A_e})] + \frac{\partial}{\partial y}[v(C_A - C_{A_e})]$$

$$= D_{AB}\frac{\partial}{\partial y}\left[\frac{\partial}{\partial y}(C_A - C_{A_e})\right].$$

对上式从 0 到 δ_c 对 y 进行积分,并注意 $y=0, v=0$ 和 $y=\delta_c, C_A = C_{A_e}$ 与 $\frac{\partial}{\partial y}[C_A - C_{A_e}] = 0$,则上式变为:

$$\frac{\partial}{\partial x}\int_0^{\delta_c} u(C_A - C_{A_e})\,\mathrm{d}y = D_{AB}\frac{\partial}{\partial y}(C_A - C_{A_e})\bigg|_{y=0}. \tag{11.11.2}$$

用 $U_e(C_{A_w} - C_{A_e})$ 除全式,使方程无量纲化

$$\frac{\partial}{\partial x}\delta_M = \frac{D_{AB}}{v_e(C_{A_w} - C_A)}\frac{\partial}{\partial y}[C_A - C_{A_e}]\bigg|_{y=0}, \tag{11.11.3a}$$

其中浓度厚度 $\delta_M = \int_0^{\delta_c} \frac{u}{v_e} \left[\frac{C_A - C_{A_e}}{C_{A_w} - C_{A_e}} \right] dy$. 而右边项

$$\frac{D_{AB}}{v_e(C_{A_w} - C_{A_e})} \frac{\partial}{\partial y}[C_A - C_{A_e}]|_{y=0} = \frac{J_{AB}|_{y=0}}{v_e(C_{A_w} - C_{A_e})}$$
$$= h_m|_{y=0}$$
$$= St_m|_{y=0}.$$

故(11.11.2a)式可改写为

$$\frac{\partial}{\partial x}\delta_M = St_m|_{y=0}. \tag{11.11.3b}$$

方程(11.11.2)与(11.11.3b)就是定常,平面,没有化学反应情况下的质量积分关系式. 它也适用于湍流浓度边界层,这时 C_A 代表它的时均值,而右边的质量斯坦顿数 St_m 则应用质量湍流斯坦顿数 $St_m^{(t)}$ 去置换. 亦即扩散系数应用分子扩散系数与湍流扩散系数之和去代替.

11.12 沿半无穷平板的湍流浓度边界层

现在,利用质量积分关系式和奇尔顿－科尔伯恩类比来研究沿半无穷平板的湍流浓度边界层问题. 假定施米特数 $Sc \equiv 1$,和速度与浓度边界层内的速度与浓度分布均遵循 $\frac{1}{7}$ 幂次律. 湍流速度边界层的局部摩擦系数,从(9.10.6b)式已知为

$$\frac{1}{2} C_f^t = 0.02885 Re_x^{-\frac{1}{5}} \tag{9.13.6b}$$

从(11.11.3b)式有质量积分关系式

$$\frac{d}{dx}\delta_M^{(t)} = St_m^{(t)}, \tag{11.12.1}$$

其中上标(t)表示湍流流动值. 根据假定速度与浓度分布为:

$$\frac{\bar{u}}{v_e} = \left[\frac{y}{\delta_v}\right]^{1/7}, \tag{11.12.2a}$$

$$\frac{\bar{C}_A - \bar{C}_{A_e}}{\bar{C}_{A_w} - \bar{C}_{A_e}} = 1 - \left[\frac{y}{\delta_v}\right]^{1/7}, \tag{11.12.2b}$$

边界条件为:

$$y = 0, \quad \bar{u} = 0, \quad \frac{\bar{C}_A - \bar{C}_{A_e}}{\bar{C}_{A_w} - \bar{C}_{A_e}} = 1, \tag{11.12.3a}$$

$$y = \delta_v \text{ 或 } \delta_c, \quad \bar{u} = v_e, \quad \frac{\bar{C}_A - \bar{C}_{A_e}}{\bar{C}_{A_w} - \bar{C}_{A_e}} = 0. \tag{11.12.3b}$$

首先考虑(11.12.1)式的左边,即利用(11.12.2a)与(11.12.2b)式计算浓度厚度

$$\delta_M^{(t)} = \int_0^{\delta_c} \frac{\bar{u}}{v_e} \left[\frac{\bar{C}_A - \bar{C}_{A_e}}{\bar{C}_{A_w} - \bar{C}_{A_e}} \right] dy$$

$$= \left[\frac{\delta_c}{\delta_v} \right]^{1/7} \frac{\delta_m}{\delta_v} \delta_c. \tag{11.12.4}$$

对 $n = 7$,从(9.10.2a)式有 $\frac{\delta_m}{\delta_v} = \frac{7}{72}$,同时与传热问题的(9.10.14)式相似,可以证明 $\frac{\delta_c}{\delta_v} = $ 常数 $= Sc^{-\frac{7}{12}}$,代入(11.12.4)式后有

$$\frac{\delta_M^{(t)}}{\delta_c} = \frac{7}{72} Sc^{-\frac{1}{12}} = \text{常数}.$$

于是,(11.12.1)式的左边可改写为

$$\frac{d}{dx} \delta_M^{(t)} = \frac{d}{dx} \left[\frac{\delta_M^{(t)}}{\delta_c} \cdot \delta_c \right] = \frac{7}{72} Sc^{-\frac{1}{12}} \frac{d\delta_c}{dx}. \tag{11.12.5}$$

其次,考虑(11.12.1)式的右边,根据奇尔顿-科尔伯恩类比,对湍流情况,从(11.10.19)式有

$$St_m^{(t)} = \frac{1}{2} C_f^{(t)} Sc^{-\frac{2}{3}}. \tag{11.12.6}$$

将(11.12.5),(11.12.6)和(9.10.6b)式代入(11.12.1)式,经整理后,该式变为

$$\frac{d\delta_c}{dx} = \frac{36}{7} \times 0.0577 Sc^{-\frac{7}{12}} \left(\frac{\nu}{v_\infty} \right)^{\frac{1}{5}} \left(\frac{1}{x} \right)^{\frac{1}{5}}. \tag{11.12.7}$$

这是对 δ_c 的一阶常微分方程,对它积分,并假定 $x = 0, \delta_c = 0$. 于是(11.12.7)式的解为

$$\frac{\delta_c}{x} = 0.371 Sc^{-\frac{7}{12}} Re_x^{-\frac{1}{5}}. \tag{11.12.8}$$

将此结果代入(11.12.4)式有

$$\delta_M^{(t)} = 0.0361 Sc^{-\frac{2}{3}} Re_x^{-\frac{1}{5}}. \tag{11.12.9}$$

从(11.12.6)与(9.13.6b)式有湍流质量斯坦顿数

$$St_m^{(t)} = 0.02885 Re_x^{-\frac{1}{5}} Sc^{-\frac{2}{3}}. \tag{11.12.10}$$

和湍流施伍德数

$$Sh^{(t)} = St_m^{(t)} Re_x Sc$$

$$= 0.028\,85 Re_x^{\frac{4}{5}} Sc^{\frac{1}{3}}. \tag{11.12.11}$$

小 结

　　本章的最大特点是研究混合系统中各组分的物质运动规律．除了介绍基本概念与建立基本方程以外，还寻求了一些简单应用问题的分析解，和讨论了与对流传热问题完全相对应的对流传质问题，其中包括层流与湍流浓度边界层的求解．在讨论中还引进了一批常用的无量纲参数，为了说明它们的定义，物理意义，以及它们在流体传递性质中的对比关系，现分别列表如下：

流体三种传递性质的对比关系

传递种类	扩散系数	扩散系数的组合	相似参数	对流传递参数	无量纲传递系数	无量纲独立传递参数
动量	$\nu = \dfrac{\mu}{\rho}$		Re	$C_f = \dfrac{\tau_w}{\frac{1}{2}\rho v_\infty}$		
能量	$\alpha = \dfrac{k}{C_p \rho}$	$Pr = \dfrac{\nu}{\alpha}$	Re, Pr	$Nu = \dfrac{hL}{k}$	$St = \dfrac{Nu}{Re\,Pr}$	$Pe = Re\,Pr$
质量	D_{AB}	$Sc = \dfrac{\nu}{D_{AB}}$	$Le = \dfrac{\alpha}{D_{AB}}$	$Re\,Sc$	$Sh = \dfrac{h_m L}{D_{AB}}$	$St_m = \dfrac{Sh}{Re\,Sc}$	$Pe_m = Re\,Sc$

流体力学无量纲参数的定义和它们的物理意义

无量纲参数	缩写	定 义	物理意义
埃克特数	Ec	$v^2/c_p(T_w - T_\infty)$	流体的动能/边界层的焓差
欧拉数	Eu	$p/\rho v^2$	压强/2×速度头
弗劳德数	Fr	v^2/gL	惯性力/重力
格拉斯霍夫数	Gr	$gb^3\rho^2\beta\Delta T/\mu^2$	Re×浮力/粘性力
刘易斯数	Le	$k/c_p\rho D_{AB} = \dfrac{Sc}{Pr}$	分子热扩散率/分子质量扩散率
马赫数	M	v/a	流体速度/声速
努塞尔数	Nu	hL/k	对流传热率/流体层厚度为 L 的导热传热率
佩克里数（传热）	Pe	$c_p\rho vL/k = Re\,Pr$	理论对流传热率（或流体热容量）/流体层厚度为 L 内的导热传热率
佩克里数（传质）	Pe_m	$vL/D_{AB} = Re\,Sc$	理论对流传质率/流体层厚度为 L 内的分子质量扩散率

续表

无量纲参数	缩写	定义	物理意义
普朗特数	Pr	$c_p \mu / k$	分子动量扩散率/分子热扩散率
雷诺数	Re	$\rho v L / \mu$	惯性力/粘性力
施密特数	Sc	$\mu / \rho D_{AB}$	分子动量扩散率/分子质量扩散率
舍伍德数	Sh	$h_m L / D_{AB}$	对流传质率 / 流体层厚度为 L 内的分子质量扩散率
斯坦顿数(传热)	St	$h/c_p \rho v = \dfrac{Nu}{RePr}$	实际对流传热率/理论对流传热率
斯坦顿数(传质)	St_m	h_m/v	实际对流传质率/理论对流传质率
斯特劳哈尔数	Str	L/vt_c	局部惯性力/迁移惯性力
韦伯数	We	$\rho v^2 L / \sigma$	惯性力/表面张力

习　题

11.1 试证明在双组分混合物系统中,相对于摩尔平均速度每单位面积的摩尔流量的总和为零. 即 J_A^* 与 J_B^* 的大小相等方向相反.

11.2 一含有裂变物质的核燃料柱棒,它的中子生成率与中子的浓度成正比. 假定扩散系数为常数,中子浓度分布是轴对称的,和核棒的长度远远大于它的半径. 试写出描绘这一传质过程的微分方程,并列出它的边界条件.

11.3 一共轴圆形套管,其内外半径分别为 a 与 b,一扩散物质在环形空间 $a<r<b$ 内作定常扩散,假定扩散系数为常数,$r=a$ 与 b 面上的浓度亦均分别保持为常数 C_{A_i} 与 C_{A_o}. 试求(a)环形空间内的浓度分布,(b)t 时间内通过单位长度柱面扩散出的物质总量 Q_t,(c)以 $\dfrac{r}{a}$ 与 $\dfrac{C_A}{C_{A_i}}$ 为纵横坐标分别对 $\dfrac{b}{a}=2,5,10$ 与 50 画出浓度分布曲线.

11.4 两个同心球形壳体的半径分别为 a 与 b 且 $b>a$. 某种扩散物质 A 在它们之间的 $a \leqslant r \leqslant b$ 区域内作定常扩散,假定扩散系数为常数,在 $r=a$ 与 $r=b$ 处的浓度分别为 C_{A_i} 与 C_{A_o},且 $C_{A_i}>C_{A_o}$ 试求(a)$a \leqslant r \leqslant b$ 区域内的浓度分布,(b)t 时间内通过球形壁面的总物质量 Q_t,(c)以 $\dfrac{r}{a}$ 与 C_A/C_{A_i} 为纵横坐标,对 $b/a=2,5,10$ 与 50 画出浓度分布曲线.

11.5 一横截面为矩形的通道,其高度与宽度分别为 L 与 W,通道内为静止流体,其上方壁面涂有可溶于流体的物质,其浓度为 C_{A_w},其余三个壁面浓度均为零,试求通道横截面内的浓度分布.

11.6 非定常三维扩散方程

$$\frac{\partial C_A}{\partial t} = D_{AB_x} \frac{\partial^2 C_A}{\partial x^2} + D_{AB_y} \frac{\partial^2 C_A}{\partial y^2} + D_{AB_z} \frac{\partial^2 C_A}{\partial z^2},$$

其中 $D_{AB_x}, D_{AB_y}, D_{AB_z}$ 为不同的常数. 试证明在某些初始和边界条件下,该式的解是三个非定常一维扩散方程

$$\frac{\partial C_A}{\partial t} = D_{AB_x}\frac{\partial^2 C_A}{\partial x^2}$$

的解的乘积.

11.7 从一容器的孔口流出一股圆形层流射流,假定它具有均匀流速 v_0,柱坐标系的 z 轴取在沿射流中心线,原点取在孔口中心,如图所示. 如果在原点处以每秒 Q_A 质量流量的速度连续不断地注入示踪剂 A,假定扩散是定常的,且扩散系数为常数.
(a)试证明射流内的浓度分布为

$$C_A = \frac{Q_A}{4\pi R D_{AB}}\exp\left[-\frac{v_0}{2D_{AB}}(R-z)\right],$$

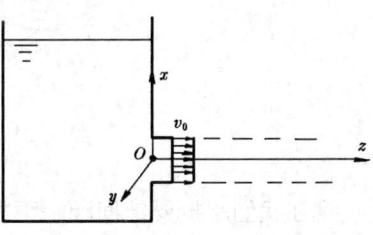

11.7 题图

其中 $R = [x^2 + y^2 + z^2]^{1/2}$. (b) 如果对某一给定的 v_0 与 Q_A 值,在一给定的 z 值处测出 C_A 是 $r = [x^2 + y^2]^{1/2}$ 的函数,试问如何利用这些资料确定出扩散系数 D_{AB}.

11.8 一液体在半径为 R 的圆管中作层流运动,柱坐标的 z 轴取在沿圆管的中心线,在 $z=0$ 处流动已成完全发展层流,管的内壁上涂有可溶于液体的物质 A,在管壁与 $z=0$ 截面处,其浓度分别为 C_{A_w} 与 C_{A_0},假定扩散系数为常数,无化学反应和忽略轴向扩散. 求管内的浓度分布.

11.9 导出对应于方程(11.6.1)的球坐标湍流扩散方程.

11.10 对于圆管湍流流动,F. W. 迪塔斯与 L. M. K. 贝尔特建议用下列传热系数

$$Nu = \frac{hD}{k} = 0.023Re^{4/5}Pr^{1/3},$$

其中 D 为圆管直径. 利用奇尔顿-科尔伯恩类比,求圆管湍流流动的舍伍德数.

11.11 利用质量积分关系式求沿半无穷平板的层流浓度边界层的近似解. 假定扩散系数为常数. 和浓度与速度剖面分别为

$$\frac{C_A - C_{As}}{C_{A\infty} - C_{As}} = \frac{3}{2}\left(\frac{y}{\delta_c}\right) - \frac{1}{2}\left(\frac{y}{\delta_c}\right)^3$$

与

$$\frac{u}{v_\infty} = \frac{3}{2}\left(\frac{y}{\delta_v}\right) - \frac{1}{2}\left(\frac{y}{\delta_v}\right)^3,$$

其中 C_{As} 为板的表面浓度,δ_v 与 δ_c 为名义速度与浓度厚度,并将所得结果与 11.10 节的结果比较. 特别是舍伍德数.

11.12 沿半无穷平板的层流边界层中,假定速度与浓度剖面均为线性的,(a)导出速度与浓度剖面表达式 (b)利用动量积分关系式证明壁剪应力 $\frac{\tau_w}{\rho} = \frac{1}{6}v_\infty^2\frac{d\delta_v}{dx}$ (c)利用质量积分关系式求浓度质量厚度表达式. (d)利用(b)与(c)的结果导出速度和浓度厚度与施米特数之间的关系.

回顾与展望

现在我们来扼要地回顾一下本书的主要内容和简单地展望一下流体力学的现状和它的发展趋势.

(一) 回顾

流体力学是一门基础性极强、应用性很广的学科. 它的研究对象是随着生产的发展和科学技术的进步而日益深化、更新和扩大的. 目前它主要研究的是流体在运动过程中它自身或与外界(如固壁或其它流体界面)之间的动量、热量和质量传递问题. 这些问题广泛存在于气象、海洋、航空航天、化工、石油、能源、环保和水利等工程中. 它与我国的现代化建设有着非常密切的关系.

流体是气体与液体的总称. 不同的流体具有程度不同的粘性, 可压缩性和热传导性. 这些物理性质不仅直接影响到流体的运动规律, 而且也与流动的各种输运性质密切相关. 这些性质是分别由牛顿、傅里叶和菲克通过实验与分析首先发现的, 这些结果为进一步从理论上研究这些现象奠定了基础.

通常研究流体运动时都把流体看成为是由无数连续的、具有物理量的数学点——即流体质点——组成, 故称为连续介质. 它是流体力学中的最基本假设, 有了它才可能使数学成为研究流体运动的工具. 流体质点携带有密度、速度、压强、温度和浓度等物理量的值, 流体的运动规律和输运性质正是通过它们来描述的. 描述的方法通常有欧拉和拉格朗日两种, 前者具有场的概念, 使用较多.

作用于流体上的力有体力和表面力两种. 它们都是分布力. 但应注意表面力与表面的取向有关, 故需用一二阶对称应力张量 P 来描述流体中某一给定点和给定时刻的应力状态. 流体的变形由三部分组成即(1)代表平动的线性速度, (2)代表转动的二阶、对称应变率张量 S 和(3)代表流体自旋转运动的二阶反对称旋转张量 A. 与固体的变形相比, 流体的多了一个由变形所引起的自旋转运动. 通常将应力张量 P 与应变率张量 S 之间的关系称为本构关系.

随体导数是指伴随流体质点或系统运动时所观测到的流体质点或系统的物理量(如速度, 密度和温度等)随时间的变化. 在欧拉描述法中, 通常表示为 $\dfrac{D}{Dt}$

$$= \frac{\partial}{\partial t} + (v \cdot \nabla).$$

流体运动必须遵循自然界的一般规律即质量守恒(连续性原理)、动量平衡(牛顿第二定律)、动量矩平衡和能量守恒(热力学第一定律). 运动方程组又有积分与微分两种形式. 对于前者,只消将基本定律分别应用于有限体积的流体系统,然后将其改写为对控制体积的积分形式方程组. 它们对解决工程中的实际问题有着极广泛的应用,既可以单独使用,也可以综合使用. 主要的方法是对所考虑的问题取一适当的控制体,然后在一定近似条件下计算控制体内及其表面的各项积分以求得问题的近似解. 第四章中列举了大量这样的例子. 如果将基本定律以微分的形式应用于固定在空间的微六面体,即可获得微分形式的方程组. 它们具有很强的非线性性质,而且是相互耦联的. 试图用现有的数学方法去求它们的分析解,除极少数简单情况外,几乎是不可能的. 数值方法出现以后,情况有所改变,但仍困难重重. 于是只能根据具体情况抓住事物的本质对流体的性质或运动方式作进一步的简化,以期获得问题的近似解. 这样就出现了流体力学中的理论模型,最常用的有:(1)无粘性流体,(2)不可压缩流体,(3)无旋运动,(4)定常运动,(5)绝热运动,(6)等熵运动,(7)无重力运动和(8)二维与一维运动等.

应当注意,对运动方程中的应力张量 P,斯托克斯作了如下假定:(1)流体是各向同性的,(2)应力张量 P 是应变率张量 S 的线性函数和(3)静止流体的应变率为零,其应力即静压强,从而导出

$$P = 2\mu S + \{-p + \lambda \mathrm{div} v\} I, \qquad (A)$$

其中 p、λ 与 I 分别为热力学压强、第二粘度系数和二阶单位张量. 为了探讨 λ 的函义,他还引入力学压强的概念(即三个法向应力的平均值),通过分析发现,对静止,无粘性和不可压缩等流体,力学压强与热力学压强相等,但对可压缩流体二者并不相等,且 λ 出现在 $\mathrm{div} v$ 项中,故可解释为由于体膨胀而引起的粘度系数. 由于对大多数流体 $\mathrm{div} v$ 并不很大,他进一步假定 $\lambda = -\frac{2}{3}\mu$,于是(A)式变为:

$$P = 2\mu S - \left\{p + \frac{2}{3}\mu \mathrm{div} v\right\} I. \qquad (B)$$

上两式可分别用于体膨胀率很大和一般的粘性流体. 满足这些关系式的流体均称为牛顿流体. 利用(B)式可得到

$$\rho \frac{D v}{D t} = \rho F - \mathrm{grad} p + \mathrm{div}(2\mu S) - \frac{2}{3}\mathrm{grad}(\mu \mathrm{div} v). \qquad (C_1)$$

如果流体是均质不可压缩的,且 μ 为常数则上式变为

$$\rho \frac{\mathrm{D}\boldsymbol{v}}{\mathrm{D}t} = \rho \boldsymbol{F} - \mathrm{grad}p + \mu \nabla^2 \boldsymbol{v} \tag{C_2}$$

上两式分别称为可压缩与不可压缩流体的纳维－斯托克斯方程. 加上连续性方程与能量方程后则合称为纳维－斯托克斯方程组.

对均质不可压缩流体,如果 $\boldsymbol{F}$、μ、k、C_v 为已知,则纳维－斯托克斯方程组共有 5 个方程含有 5 个未知函数 u、v、w、p、T,方程组是封闭的,且可先求速度场再求温度场. 对可压缩流体,方程数目未变但增加了一个未知函数 ρ,方程组是不封闭的. 需要寻求补充关系式. 如果流体是正压的或完全气体则可分别引入正压关系式或状态方程. 由于 ρ 是未知的,速度场与温度场相互耦联不能分别求解.

用微分方法求解流体力学问题,除了需要方程组封闭以外,还需要有适当的初始和边界条件,前者是未知函数的初始时刻值,后者是它们在界面处的值. 提这些条件时应注意,一要物理上正确,二要数目上恰当,即正好足以确定积分微分方程组时所出现的积分常数.

现在先来回顾一下不可压缩粘性流体运动及其方程组的一般特性. 任何粘性流体运动具有三个特点即(1)除极个别情况外,一切粘性流体运动都是有旋的,(2)粘性流场中不仅存在涡旋而且它们是扩散的和(3)由于流体的粘性与传热性粘性流体运动的机械能总是耗散的.

为了能在实验室中获得与真实流动相同的实验结果,模拟流动必须与真实流动相似. 这不仅意味着二者的几何与运动相似,而且还要求二者的动力与热力相似. 这些相似性条件(或参数)又称相似律,它们的求法有两种,即利用 π 定理与流体运动方程组,前者的优点是可用于缺乏数学描述的现象,而后者则仅适用于有数学描述的情况. 即选用适当的特征物理量如速度 U_∞、压强 ρU_∞^2,温度差 $T_w - T_\infty$,长度 L 和时间 t_0 等将不可压缩流体 N－S 方程组和定解条件无量纲化,稍加整理后,即可获得相似性参数 Fr、Re、St、Pr、Eu 和 Ec 等. 一般说来要完全满足这些相似性参数几乎是不可能的. 通常只能抓住问题的本质使一些重要的参数得到满足. 应当注意无量纲化法不仅用来求相似性参数,还可用于其它很多场合如分析相似性解存在的条件;寻求动量、热量与质量之间的类比关系. 和更为重要与经常使用的是选择适当的特征尺度和物理量去统一衡量方程组和定解条件中各项的相对大小,以便忽略次要项使问题简化. 如建立层流与湍流边界层方程组,推导表面波与低 Re 数流动方程组等也用到它. 一个流体力学工作者一定要熟练掌握这种方法.

现在来考虑流体处于平衡静止的情况. 这时,不存在运动,流体的粘性显示不出来,压强也与方向无关,使得流体运动方程组大大简化,连续性方程消失了.

对于均质不可压缩流体,只要给出恰当的体力分布即可用运动方程求出压强分布. 如果流体是非均质的,则可分为正压与斜压两种情况,前者须加一正压关系式而后者须加一状态方程和一能量方程方可求解. 后一情况的例子就是国际标准大气.

应当指出:(1)要使流体保持平衡,对于均质流体与非均质的正压流体必须满足体力有势,即它们的势函数分别为 $\Pi = -\dfrac{p}{\rho}$ 与 $\Pi = -P(p)$ 其中 $\mathrm{d}P = \dfrac{\mathrm{d}p}{\rho(p)}$. (2)对重力场中的非均质斜压流体还须满足在同一平面内密度应相同. (3)对均质静止流体的基本方程组也可用于非惯性系中均质流体的相对平衡,这时,体力中除重力外,还需包括惯性力,和(4)流体的静力学原理在水利和船舶工程中有着广泛的应用如第二章所述.

涡旋是自然界和工程技术中普遍存在的一种流体运动方式,大者如飓风、龙卷风,小者如湍流中的小涡均是. 通常用涡量(或涡度)$\boldsymbol{\omega}$来定义流体自身的旋转运动,它也是流体的速度旋度即 $\boldsymbol{\omega} = \mathrm{rot}\boldsymbol{v}$. 产生涡旋运动的原因很多也很复杂,在 N-S 方程组有效的范围内可以证明至少有三种:(1)流体流经固壁或界面时,由于流体粘性产生剪切层即出现涡量积累和形成涡旋如分离涡与尾涡;(2)即使假定流体是无粘的,如果它是斜压流体和处于有势体力的作用下,由于等压面与等容面不相重合也会产生涡旋如信风;(3)无粘性流体在无势体力的作用下也能生成涡旋如由地球自转产生的科里奥利力使总的体力成为无势时就可引起速度环量或涡量的变化.

要正确理解有关涡旋运动的基本概念和定理,前者如涡线、涡面、涡管,涡通量(或涡管强度)和速度环量等,后者如涡线、涡面,速度环量与涡管强度都是保持的. 在无粘不可压缩流体中涡旋能产生诱导速度场. 在第五章中还详细讨论了直线涡对、卡门涡街和兰金组合涡.

现在来回顾一下无粘性流体的运动. 如果暂不考虑温度变化则 N-S 方程组简化为欧拉方程组,其中欧拉方程也可改写为兰姆-葛罗米柯方程. 如果流体是正压的且体力有势则此方程在下述三种情况可直接积分:(1)定常情况,积分后可分别得到对可压缩流体与对不可压缩流体的伯努利积分,它们沿流线成立,对有旋或无旋流动均适用;(2)无旋情况,可引进速度势 φ,积分后可分别得到对可压流体与对不可压缩流体的拉格朗日积分,它们对全流场成立,但常数是随时间变化的;(3)定常与无旋情况,这时可分得对可压缩流体与对不可压缩流体的伯努利-拉格朗日积分,它们对全流场成立. 这些积分有很广泛的应用,既可单独使用如第四与第十章的有关内容,又可配合解初始或边值问题时使用如第六章的内容.

描述无粘性不可压缩流体运动的是欧拉方程组,它是非线性的,而且速度与压强相互偶联,要求它的一般解是相当困难的,除非对流体运动作进一步的近似. 例如(1)运动是无旋的,即可引进速度势 φ,使连续性方程变为对 φ 的线性拉普拉斯方程,在给定的初始或边界条件下,利用分离变数法求出 φ 的解,随之有 v,再利用拉格朗日积分求出压强 p;(2)运动是平面定常的,这时可引进流函数 ψ,使连续性方程变为对 ψ 的线性拉普拉斯方程,在给定边界条件下求 ψ 的解,随之有 v,再用伯努利积分求出压强 p;这一方法也可用于空间轴对称或球对称情况,但连续性方程已不再是拉普拉斯方程形式;(3)运动是定常平面无旋的,这时可同时引进速度势 φ 与流函数 ψ,它们都是调和函数并满足柯西-黎曼条件,于是可使它们构成复势 $w(z) = \varphi + i\psi$,然后根据具体情况应用复变函数中的奇点法、镜像法或共形映射法求出问题的复势,随之有速度 v,再利用伯努利-拉格朗日积分求出压强 p.

与平面情况相对应,对无粘性不可压缩流体作定常无旋轴对称或球对称运动则只能用奇点法求解. 一般的三维绕流问题可用数值法求解.

液体表面波是一种常见的流体运动现象. 由于它的自由面形状是未知的和面上的边界条件是非线性的,在无粘性不可压缩流体作无旋运动的假定条件下,试图用速度势 φ 和拉格朗日积分来求解这类问题是非常困难的,为了求得问题的近似解,必须根据问题的特点作进一步的简化,例如考虑小振幅波情况,即可利用此特点将方程和初始或边界条件无量纲化,比较各项大小,去掉次要项,即可使初始或边值问题线性化. 这一结果可用于(1)无限深的一维进行波,了解这类波的一些基本性质如自由面形状,质点速度与迹线和压强分布等. 如果使两个波幅与波长完全相同的一维进行波在相反的方向传播则可出现驻波. 同时,除自由面形状以外,液体的深度对这两种波的其它基本性质均有影响;(2)存在于两种不同深度、密度与速度而又不相混的液体交界处的界面波,这是一个两类边界条件相互联系的边值问题. 分析结果表明:只有当波长较长和下层液体的密度较上层为大时,波动才是稳定的.

与深水小振幅波相反,另一种波动现象是浅水长波,它的特点是液体的深度与波长相比是个小量,根据这一特点,用无量纲化法,可将欧拉方程组简化为非线性的浅水长波方程组. 如果进一步假定波动是小振幅的,则可获得浅水长波的解. 如果考虑它向深度为 d 的静水中传播则可获得 KdV 方程,利用它可分析孤立波的特点.

常见的波动现象都是由许多频率不同的波叠加起来的,这就引出群速度的概念,它代表波群的移动速度,也是波能的传播速度,而单个波的速度则称为相速度. 对于深水波和浅水波它们的群速度分别小于和等于相速度.

  根据实验观察粘性流体运动有层流和湍流两种状态. 描述层流运动的是 N-S 方程组,它的相似性参数是 Re 数与 Pr 数. 对于粘性不可压缩流体虽然 N-S 方程与能量方程可以分别求解,但由于它们具有很强的非线性,要求得一般分析解是非常困难的. 直到目前仅有有限个非常简单的流动可以求得 N-S 方程的精确解. 它们可以分为两种情况,一种是方程左边的对流项正好恒等于零,如两平行平板间与无限长圆管中的定常流动,另一种是左边的对流项虽不恒为零,但可使 N-S 方程简化为一常微分方程,如平面收缩(或扩散)通道与驻点附近的定常流动.

  如果希望获得更多的分析解必须根据运动的特点对 N-S 方程组作进一步的近似与简化. 通常有 Re 数极低与 Re 数极高两种情况.

  低 Re 数流动的特点是粘性力远远大于惯性力,如果完全忽略惯性力(即 $Re \to 0$)或者仅保留它的主要项,则 N-S 方程组分别简化为斯托克斯方程组与奥森方程组,可用它们研究极小圆球作缓慢运动时的阻力. 结果表明 Re 数分别 ≤ 1 和 < 6 时,理论值与实验值符合得相当好. 另一种低 Re 数流动出现在润滑问题中,由于润滑缝隙的宽度远较其长度为小,利用此特点无量纲化平面 N-S 方程组,结果发现惯性力远较粘性力为小,其量级约为 2×10^{-2},这样,忽略惯性力后即可求得问题的近似分析解.

  高 Re 数流动的典型例子是边界层流动. 根据普朗特提出的边界层概念,建立了边界层理论. 以后不断充实完善,应用范围日益扩大. 目前已用它来研究流体的动量,热量和质量输运现象,成为流体力学中最重要的理论之一.

  根据速度或温度边界层的厚度与特征长度相比是一小量这一特点将定常平面不可压缩流动的 N-S 方程组和边界条件无量纲化后,忽略量级较小的项,并利用伯努利积分将压强项改写,即可得到相应的层流边界层方程组和边界条件.

  一般说来,无论是对 N-S 方程组还是对层流边界层方程组,如果所考虑问题中没有特征长度均可能存在相似性解. 第八章中详细讨论了如何判断是否存在相似性解? 存在的条件是什么? 和如何求相似性变量等. 作为例子,分析了分别属于强迫与自由对流流动的沿半无穷水平与垂直加热恒温平板的速度与温度层流边界层问题,并用数值方法求得它们的解. 至于不存在相似性解的问题目前只能用数值计算.

  一个简单实用求边界层方程组近似解的方法就是利用动量与能量积分关系式,它们并不要求边界层内每一点准确地满足此方程组,而只是在边界层的每一横截面上整体的满足它. 这需要假定一满足边界条件和相容性条件的速度与温度分布函数,使动量或能量积分关系式简化为一一阶常微分方程,然后求解.

对圆管与二平行平板间的层流流动,当 Re 数逐渐增加至一定值时,流场中会出现不稳定现象,Re 数继续增加,这种现象可能是加剧,也可能是减弱. 如果是前者,则层流流动开始向湍流流动过渡,这时的 Re 数称为临界 Re 数. 它的具体数值依赖于许多因素,研究流动在各种条件下是否稳定以及失稳后如何发展的问题称为流动稳定性理论. 在边界层流动中也有类似的问题,实验与计算均表明:沿平板层流边界层的不稳定临界数$(Re_{\delta d})_{ci}$为 420. 在人工控制条件下,过渡的方式有 N-式和 K-式两种,它们分别依赖于环境扰动的大或小.

湍流是一种更为普遍存在的流体运动方式. 它的运动规律理应由 N-S 方程组描述. 但由于尚难跟踪其急剧涨落的随机物理量变化,目前仅注意其平均效应. 即将各瞬时物理量值看成为时均物理量值与涨落物理量值之和. 将这一假定应用于 N-S 方程组考虑到时均物理量的一些数学性质即可导出描述湍流运动的雷诺方程组. 它与原方程组不同之处,除了用时均值去置换瞬时值外,还在原应力张量与热传导向量中多了一个雷诺应力对称张量和一个附加热传导向量. 它们都是由于湍流的涨落运动引起的. 这样,雷诺方程组中就多了九个未知函数. 为了使方程组封闭,目前主要沿着湍流统计理论与半经验的湍流模式理论去寻求所需的补充关系式.

混合长理论是模式理论中构式最简单应用最广泛的一个. 将它应用于沿平板与光滑圆管的湍流流动,结果发现二者颇为相似,即在二层结构的粘性底层和完全湍流层中均分别有线性和对数形式的时均速度分布,且均与实验结果相当符合. 至于与输运性质密切相关的涨落量特性至今无法用分析或数值法求得,只能依靠实验,第九章中详细介绍了沿平板与光滑圆管湍流中这些涨落量的实验结果. 另一个重要实验成果是对人工与商用粗糙圆管的摩擦因子随 Re 数与相对粗糙度的变化进行了详细而系统的测量,为工程人员提供了可靠的设计依据.

应用推导雷诺方程组的同样方法,可以从层流边界层方程组导出湍流边界层方程组,对定常平面情况,增加了两个未知函数,方程组是不封闭的,需要从模式理论中寻求补充关系式.

沿半无穷恒温平板的湍流边界层问题可用动量和能量积分关系式求得它们的近似解. 但应注意关系式中的层流值应用湍流值去置换,同时在假定时均速度与温度分布函数时可采用 1/7 幂次形式. 结果表明:(1)湍流的名义速度厚度较层流的发展更快;(2)对同一速度,湍流的总摩擦力较层流的大;(3)对相同的 Re 数与 Pr 数湍流的 Nu 数较层流的大.

估计层流-湍流组合边界层的总摩擦系数可用普朗特法或朱考斯卡斯法.

它们分别以过渡点和虚构原点为分界点.实践表明当湍流段远长于层流段时,二者的结果相当符合.

当边界层流动中的粘性力与压强差之和大于或等于惯性力时就会出现复杂的边界层分离现象.分离点可以在层流区也可以在湍流区,它们称为层流与湍流分离.和层流的速度分布相比,湍流的时均速度分布较为均匀,有较强的抗逆压梯度(即抗分离)能力.

描述无粘可压缩气体作绝热运动需要连续性、欧拉、等熵和状态等含六个未知函数的六个方程和适当的初始或边界条件.声速 a 与马赫数 M 是可压缩气体运动中的两个重要参数,前者代表小扰动波在气体中的传播速度,后者为气体运动速度与声速之比.通常按 $M<1, M=1$ 与 $M>1$ 将流动分别称为亚声、跨声和超声速流.小扰动波在这三种流场中的传播情况是有本质差别的.当 $M<1$, $M=1$ 和 $M>1$ 时,它分别在整个流场、仅在右(或左)半个流场和仅在一称为马赫锥的锥形区域内传播.

如果忽略质量力并假定运动为定常的,则欧拉方程可积分为可压缩流体的伯努利方程.此方程利用声速定义、状态方程和热力学关系式还可改写为以 T 和 a^2 等表示的其它形式.

为了研究气体运动的方便,有时引进一些特定的参考状态和与它相应的参考物理量.它们与气体的真实流动并无必然联系,仅作为一种虚构的参考情况而已,最常用的有滞止和临界两种状态.利用伯努利方程、状态方程、等熵关系和焓与声速的定义等可导出各流动物理量对其相应参考物理量之比与马赫数之间的关系.它们称为气体动力学函数.工程中有时也用速度系数 λ 去代替马赫数,它是速度与临界声速之比且有一最大值.全部气体动力学函数也可用 λ 表示.

作为例子,考虑渐变收缩-扩散管道中的一维定常等熵流动.先导出管道截面积与马赫数之间的关系.这样,任意两个截面积及其两马赫数的四个量中,只消知道其中三个即可求得第四个,并可用气体动力学函数求截面上的各流动物理量和流量.

高速流动中还可能出现间断面或激波,它是由许多有限振幅波积累而成.跨过它不仅流动物理量有变化,而且熵会增加,但其前后方仍可视为等熵流动.激波有正激波和斜激波两类.对静止正激波,将质量、动量和能量守恒原理应用于激波前后,即可得前后各流动物理量之间的关系.结果表明波后除速度下降外,其余压强、密度、温度、焓和熵均上升,同时还可导出普朗特关系式即 $\lambda_1 \cdot \lambda_2 =1$,它表明波前为超声速波后必为亚声速.

上述基本知识可用来分析拉伐尔喷管内的各种流动状态.令上下游进口与

出口的压强分别为滞止压强 p_0 与环境（或背景）压强 p_b，出口截面处的压强为 p_e。若保持 p_0 不变，逐渐改变 p_b，则喷管内将出现各种不同的流动状态，如纯亚声速与部分亚声速部分超声速的等熵流动和在不同位置出现正激波的流动等。

与动量和热量传递不同，质量传递是在多组份的混合物中进行的，但它们产生的原因却类似，即分别由于流场中的速度、温度和组份浓度分布不均引起的。对双组份混合物一般是双向传递，只有当一组份为静止或作均质运动时才会出现单向传递。质量传递的方式有分子、涡（或湍流）和对流传递三种。对流传递又可分为受迫与自由对流两类，每类还可分为层流与湍流两种情况。

研究质量传递需要一些特殊的流动物理量如（1）浓度，又分为质量与摩尔浓度；（2）速度，在固定坐标系内又分为混合物的质量平均与摩尔平均速度；（3）单位面积流量、又分为质量与摩尔流量等。

与牛顿和傅里叶的输运公式相对应，菲克提出了质量扩散第一定律，即混合物在等温等压条件下

$$（扩散）流量 = - D_{AB} \times 浓度梯度，$$

其中流量与浓度均可采用质量值或摩尔值，D_{AB} 为组份 A 在组份 B 中的扩散系数，它不依赖于坐标系。但应注意这一定律是相对于质量平均或摩尔平均速度写的，它仅适用于这两个坐标系。

用建立单组分流体连续性方程的同样方法，可以导出对多组分流体的相应方程，它包括对混合物的与对各组分的，前者与单组分流体的连续性方程具有相同形式，而后则增加两项，一项为该组分的生成项，另一项为该组分扩散流量的散度。组分质量守恒方程可分别用质量平均速度与质量浓度和摩尔平均速度与摩尔浓度表示。一般说来，这类方程比较难于直接应用，通常多用其简化形式如（1）混合物的浓度为常数，适用于低密度气体的扩散问题；（2）流体是不可压缩的，适用于稀释液体或不可压缩流体的扩散问题；（3）质量平均或摩尔平均速度与各组分的生成项均为零，则上两简化式均进一步简化为著名的菲克第二定律或称层流扩散方程，它是线性的且与速度无关，它可广泛用于液体或固体中的缓慢扩散过程，第十一章中列举了不少这样的例子。应当注意上面（1）与（2）所得的简化方程都是非线性的，但它们的形式都与不可压缩流体的动量与能量方程相似。

与以前一样，假定瞬时浓度是时均浓度与涨落浓度之和，即可从层流扩散方程导出湍流扩散方程，并将其应用于大气中的污染物扩散。对层流与湍流扩散方程进行无量纲化，并比较各项大小，即可导出层流与湍流的浓度边界层方程。从前者还可导出与动量和能量积分关系式相应的质量积分关系式，它也可近似

地用于湍流情况,如果式中的层流值用湍流值去置换.

当不可压缩流体作定常平面运动时,试比较无量纲化后的速度、温度与浓度层流边界层方程组与边界条件,结果发现如果忽略压强梯度与粘性耗散,无化学反应与能量或质量生成,流体的一切物理系数为常数和普朗特数 Pr 与施密特数 Sc 均为1,则三种边界层的方程组和边界条件具有完全相同的形式,并有 $\frac{1}{2}C_f = St = St_m$ 其中 St 与 St_m 分别为传热与传质斯坦顿数. 这就是动量、能量与质量之间的雷诺类比关系. 它的优点是三个量中只需知其一即可知另外两个,故有很大的实用价值,后来又有人在大量实验结果的基础上,将这一类比关系推广至 Pr 数与 Sc 数均不为1的情况,现称它们为奇尔顿-科尔伯恩类比关系. 经适当调整后这两种类比关系均可近似地用于湍流边界层.

与半无穷加热恒温平板的温度层流边界层完全相对应,浓度层流边界层也可分为 $Sc = 1$ 与 $Sc \neq 1$ 两种情况. 后者存在相似性解,用与温度边界相同的方法可求得其数值解. 至于浓度湍流边界层则可用湍流质量积分关系式,$\frac{1}{7}$ 幂次律和奇尔顿-科尔伯恩类比关系等求得 $Sc \neq 1$ 时的近似解.

(二) 展望

现在来谈谈流体力学的现况和它的发展趋势.

20世纪70年代以前,除了几个有关涡的定理,涡的线性稳定性分析和点涡与单涡线的模拟以外,人们对涡运动的了解非常少,以后,采用了大规模计算与精细实验相结合的方法取得了很大进展. 开始注意无粘流中各种脱体涡的数值模拟和涡运动中的各种机理性研究,如涡的碎裂,同号涡量的合并,异号涡量的结合或挟带等. 从长远来看,无论是对大气或海洋中的大尺度涡,流动分离或尾迹中的中尺度涡抑还是湍流中的小尺度涡,研究重点都应放在涡量的生成、相互作用、分散或混合等过程和它们的稳定性上,只有深刻地了解这些过程才能更好地预测和控制涡的运动使其为人类服务. 特别应注意研究的是在有分布涡量存在的流场中,大尺度涡的形成,演化和拟序涡结构的持续过程以及波-涡的相互作用等.

自计算机问世以后,数值方法即被广泛应用于各类无粘流动的计算. 如航空航天领域中用以估计绕复杂外形物体(整个飞行器或弹体)的空气动力性能和各类发动机的内部流动与推力,获得了丰硕成果. 在定常、低速与分离区不大的情况下,数值结果与实验结果已相当吻合,故可用数值计算代替实验. 但对非定常、高马赫数与分离区大的复杂流动目前仍主要依靠实验或实验与数值计算相结合的方法. 在非航空领域内也存在着不少可压缩流体的流动问题,如空中,水下和地面爆炸,激光与真空技术和材料的等离子加工等.

近30多年来,应用分析与数值方法在非线性液体表面波方面也取得了很大进展. 早在1895年就发现能近似描述孤立波运动的KdV方程,直至1965年N.J.扎巴斯基与M.D.克鲁斯卡尔在数值积分该方程的过程中才发现. 在相同方向运动的孤立波虽经数次超越也不改变其形状,这种波包称为孤立子. 两年后,C.S.加德纳又发现通过量子力学中的反演散射法可使KdV方程与施罗丁格方程的本征值问题联系起来,这样,反演散射法就可用来求一系列非线性方程(如KdV-施罗丁格和赛恩-戈登等)的分析解. 它们都是描述非线性浅水波运动的. 此后,围绕孤立子与非线性现象做了大量工作,如波的失稳与共振导致分岔或混沌等. 与此同时还发展了一整套比较完善的数值方法,它们能模拟非线性波的演化和相互作用过程.

在深水波方面,虽然对了解海洋中波与流的起源、成长和运动路线等已取得不少重要进展,但由于这类大尺度运动受到地球自转,星体吸引和能量交换与转移的影响,要确切了解与预测它们的行为还相当困难,特别是对高波巨浪情况. 所以至今仍有许多急待解决的问题如各种非线性效应对液体表面波的影响,波-波、波-流、波-涡、波-风和波-结构之间的相互作用、船舶波阻、碎波对船舶结构的冲击载荷,以及地形与深度变化对深水波进入沿海浅水区的影响等. 此外,深入了解最大振幅波的出现和海啸潮波的产生与成长对准确预报减少自然灾害具有十分重要的意义.

与海洋的情况相似,大气也在作复杂的大尺度运动,也还存在不少需要解决的问题. 应特别指出的是它们相互偶联形成一个庞大的海洋-大气流体系统,全球的气候是由它们直接控制的,例如台风的形成,与厄尔尼诺现象的出现均与它们的相互作用有关.

自边界层理论提出以来,粘性流的研究工作有了巨大发展. 除了对一些比较简单的问题,根据它们的特点,简化N-S方程组,再用分析或数值方法求它们的解以外,最初是用欧拉-边界层方程组和渐近匹配无粘流与有粘流的方法求得全流场的解取得很大成功,不仅解决了不少生产问题,也逐渐形成和发展了广泛使用的渐进匹配法. 但边界层的存在总会或多或少地影响着全流场,特别是物面的间断或转折处和分离点附近,流动会受到强烈的干扰,使边界层内的法向压强梯度增大,粘性次层变厚,以致经典的边界层理论不再适用. 于是M.J.莱特希尔与K.斯图尔特森提出多层边界层理论和互干扰边界层理论(包括层流与湍流). 例如最常用的三层边界层理论即包括下层(或粘性次层)、主层和上层(或无粘层). 实践表明将这些理论用于前缘点、后缘点和分离点附近不仅获得了具有基准性的数值解,而且还揭示了边界层自诱导分离沿流向和法向具有渐近性质的小尺度结构,阐明了边界层分离的流动机理和提出与发展了同时沿流向与法向渐进匹配的数值方法. 美中不足的是它们都是局部性理论. 一个更具有重要意义的突破性进展是 R.T. 戴维斯、高智、A.N. 托利斯蒂赫几乎同时提出的扩散抛物化 N-S 方程组理论,又称简化或抛物化或薄层 N-S 方程组,它的依据是:如果粘性扩散在任一空间方向的特征距离 $\mu/\rho u$ 与在该方向的特征长度 L 相比是一小量,即雷诺数 $=\rho u L/\mu$ 远大于 1(如 $Re_L = 10^2$)则对该方向求偏导数的粘性诸项均可从 N-S 方程组中略去. 如果流动在三个方向均满足上述条件,则 N-S 方程组简化为欧拉方程组. 这一方法也适用于能量(热传导)方程,流体组分浓度守恒方程和流动稳定性方程组的简化. 扩散抛物化方程组是介于边界层(或欧拉)方程组和 N-S 方程组之间的一类方程组. 它们的共同特点是:(1)适用于全流场;(2)可描述边界层理论难于处理的无粘流-有粘流之间的相互干扰问题;(3)如果某流速分量大于当地声速,方程组变为双曲-抛物型. 对定常情况,则可沿该方向对方程组进行空间推进求解,这与解 N-S 方程组相比,将大大节省计算机的内存与机时;(4)扩散抛物方程组不存在对扩散抛物化方向坐标变量的二阶偏导数项,随之在扩散抛物化方向的下游不需要给定边界值. 这一理论被广泛用于附体流与分离区较小的流动计算取得很好的效果. 更多的有关资料可参阅参考书[6]和参考文献[7]与[13]. 对于分离较严重的流动往往会出现非定常现象,目前尚缺乏较好的理论.

流动不稳定是指流动从一种状态转变至另一种状态. 这类现象在流体力学中并不少见. 最有普遍意义和实用价值的是各种剪切流动(如管流、槽流、射流、尾流和边界流等)的稳定性. 电子计算机的应用与计算精度的提高大大推动了流动稳定性理论的发展. 20 世纪 60 年代以前相当重视时间稳定性的研究,以后则转至空间稳定性方面. 迄至目前,上述各种剪切流动的线性稳定性理论已相当成熟,但都是在平行流假定条件下获得的,与实验结果不太符合,所以必需考虑非平行性对扰动演化的影响,这意味着不仅研究扰动的自发演化过程也要研究外界扰动对流动中扰动发展的影响,即所谓接受性问题. 根据近期对布拉修斯流动的线性稳定性计算,在非平行流假定条件下,计算结果与实验结果已比较符合. 在非线性稳定性理论方面,近 30 年来由于分岔与波共振相互作用理论的推动也取得不少进展,所得结果已能解释过渡过程中所观察到的一些现象,如三维扰动的发展,不同排列 Λ 涡的出现和流条与湍班的发生等.

在实验研究方面,对沿平板层流边界层的稳定性和过渡问题做了大量工作取得了丰硕成果. 实验结果表明:在人工控制条件下,由于外界扰动大小的不同,可出现 N-式和 K-式两种过渡方式. 它们都会或早或迟地产生非线性碎裂.目前这方面的研究工作主要集中在(1)共振放大在非线性碎裂中所起的决定性作用;(2)检测与描述非线性碎裂晚期的拟序结构－孤立子等.

湍流是一种较层流更普遍存在的流体运动方式,它是流体力学中的一个基本问题,也是经典物理学中最后一个尚未获得解决的大问题.自从在实验室中相继发现拟序结构以后,人们已公认湍流是一种具有确定性与随机性、有序与无序并存的流体系统.而且正是这种结构对湍流的输运性质(如传热、摩阻等)起了决定性的作用.一百多年来,人们对湍流已有很多不完全的定性了解,但始终缺乏一个完整系统的理论.现对目前研究湍流的动向作一些简单评述,为了使雷诺方程组封闭,通常从两个方向去寻求补充关系式,(1)统计理论,即试图用统计的方法研究湍流的结构从而得到所需的关系式,看来这是一条艰难而漫长的道路.同时它仅适用于均匀各向同性湍流,虽然它也可以用来解释一些湍流的物理机理;(2)模式理论,它能解决工程中的实际问题,但尚存在不少缺点需要迅速改进,例如应努力发展二阶矩(雷诺应力)模式理论使其能体现更多的湍流特性,以便提高其准确度,扩大其应用范围和减少其计算量.又如大涡模拟具有很好的工程应用前景,应继续探索模拟小尺度运动的模型,特别要注意正确估计它给予大涡的影响等;(3)直接数值模拟,即从N－S方程组出发直接计算湍流流动的物理量,近年来,对一些简单的低 Re 数流动,采用并行计算技术已获得一些较好的结果,但耗资巨大,工作繁重,目前仅适宜用于湍流研究工作;(4)将动力系统理论应用于复杂的流体流动,特别是湍流和其过渡现象,最近,已对低维流动取得一些成果.它的优点是直接从N－S方程组出发而不是用人为的统计方法去处理问题,它的缺点是目前仅能用于自由度很少的情况;(5)湍流实验,它曾经为湍流的发现和发展做出过不朽的贡献,应当加强湍流的机理性研究,以便更深入更广泛地了解湍流的本质,同时也为改进模式理论提供更多更可靠的依据.

牛顿流与非牛顿流的本质差别是前者的本构关系是线性的而后者是非线性的.在流动观察中也可发现它们的许多行为是完全不同的.非牛顿流动大量存在于许多工业和生活用品的加工过程中,例如化学工业中的塑料、橡胶、纤维、玻璃、油脂、胶片、油漆、涂料;石油工业中的原油、各种半成品和成品;冶金工业中的某些液态金属;食品工业中的牛奶、蛋白、糖液、面糊、添加剂;日用化工中的牙膏、洗涤剂、洗发剂,以及人和动物的血液和部分体液等均是.由于目前对这类流动的运动规律缺乏足够了解,很多生产过程都是凭经验控制,这是不科学的,如果能改善这种情况,将可获得巨大的经济效益和社会效益,例如有了理论指导可以省时省钱地设计加工系统,提高产品的质量与数量,甚至生产出最优最理想的产品,特别是各种新材料等.

由于非牛顿流动经常伴有传热、传质过程而且边界条件也比较复杂,直至目前仅能对一些简单流动进行分析和计算. 与牛顿流的 N-S 方程组相对应,适宜于描述非牛顿流的一般方程组和边界条件至今尚未很好确立,更为困难的是一些已提出的模式方程很难求解,甚至标准的数值方法也无能为力,为了对非牛顿流体流变性质的特点提供更深入更全面的了解和为了描述非牛顿流体在流动过程中的微观结构状态,必须大力发展新的实验技术和方法,加强流动机理的实验研究. 同时首先发展适用于局部范围的半经验理论,以解决生产中的实际问题.

多相流与牛顿流和非牛顿流不同,它是由多种不同物质组成的共同运动系统如气-固、气-液、液-固、液-液和气-液-固等. 多相流也普遍存在于自然界和各种工程设施中,如自然界中的风-沙运动、含沙水流、含气水流、烟雾与云雾运动、含尘气流和血液循环等;热能工程中的核反应堆冷却系统、锅炉与水循环系统、核、地热和常规动力厂的冷却系统和沸水反应堆等;化学工程中的各种化工塔如蒸馏塔和萃取塔,各种流化床和反应器、管道流动和搅拌槽等;环境工程中的各种燃烧(如工业锅炉、内燃机、喷气发动机、火箭)的排放流、废水、废气排放和废料处理;石油工业中的油气藏开发、管道运输和炼制;轻工业中的造纸,食品和气力或液力运送固体等. 多相流是一种比较复杂的流动,它有时不仅伴有传热传质过程还可能伴有化学、物理反应或液相为非牛顿流体等.

30 多年来,有关多相流的实验技术和方法取得了相当大的进展,解决了不少生产问题,也进行了一定的基础性实验研究,大大提高了人们对这类流动的认识. 近来已有人提出描述多相流体运动的一般方程组和边界条件,但尚不封闭,主要是相与相之间的关系特别是界面处的各种交换过程缺乏足够了解,但在实验与经验的配合下已有一些局部性的半经验理论. 今后,应进一步发展新的实验技术和方法,加强相与相之间的机理性研究和发展更多更好适用范围更广的半经验理论.

渗流是指流体在多孔介质中的流动. 与其它流动相比它的特点是表面分子力和毛细管作用显著,阻力较大,流动缓慢. 这类流动也广泛存在于自然界和许多工程加工设施中,例如在自然界中,河水向堤坝渗透,海水向堤岸入侵,生物体内许多体液的运动和当植物根系吸水时,水在土壤中的运动等;水利与环境工程中,水的净化,地下水的开发,水利设施的安全设计,城市地面下沉与回灌和核污水与其它工业污水的处理等,这些大都属于比较简单的单相渗流;在石油工程中,石油与天然气的开发,地下热能的利用,特别是为了提高石油采收率采用注水或表面活性剂驱油技术以后,就出现了油-水-气或水-气并存的多相渗流,和在化学工程中,海水淡化与浓缩分离技术,利用人造多孔介质的填充塔、过滤器和固定流化床等.与多相流相似,渗流也相当复杂,不仅有时伴有传热、相变和化学反应,而且还可能出现液相是非牛顿流体和多孔介质是非均匀的或变形的(如裂缝-孔隙-孔洞结构等).

近30多年来,由于采用了数值计算与机理实验相结合的方针,使渗流力学在许多方面获得了迅速发展.例如我国的渗流工作者通过对模型实验的观测发现存在几种不同的水驱油机制和不同的表面活性剂会起不同的作用,在此基础上,结合数值计算为我国的油田开发做出了重要贡献.为了解决更多的生产问题和推动学科的不断前进,必须重视发展新的实验技术和数值方法,加强对渗流机理的实验研究.例如我国拥有丰富的煤层气田,它的大部分气体是牢牢吸附在煤层孔隙及微缝的内表面上,这与天然气田充满介质孔隙的情况完全不同,如果要开采这类气田,必须首先对它的吸附机理和运动规律进行实验研究.

结 束 语

从前面"流体力学发展简史","实验中的发现"和"回顾与展望"各节中可以清楚地看出：

(1) 流体力学来源于生产与生活实践，它必须服务于与生产直接有关的工程技术，不断解决它们所提出的生产问题，才能推动工程技术的进步和流体力学自身的发展；

(2) 实验是流体力学中的一种重要方法，通过实验几乎发现了流体力学中的全部重要现象和原理. 20 世纪上半叶，根据航空航天、船舶、水利等方面的需要，利用它解决了大量生产问题和开展了不少基础性研究，为流体力学的迅猛发展做出了巨大贡献；

(3) 20 世纪下半叶，由于数值方法的出现和广泛应用，使与上述各领域密切相关的单相牛顿流体力学得到进一步迅速发展，同时，在化工、石油、热能和环保等领域中又提出了大量与多相和非牛顿流体力学有关的问题，这种从动量传递至热量与质量传递，从牛顿流体到非牛顿流体，从单相流体到多相流体是流体力学发展的必然趋势；

(4) 目前在单相牛顿流体的范畴内，描述流体运动的数学方程组早已完整确立，尚待解决的基本问题如湍流、涡运动，非定常流和流动稳定性等都是宏观物理过程比较复杂的流动. 而在非牛顿流体与多相流体的范畴内，描述流体运动的数学方程组尚不完整，甚至尚付缺如，其宏观物理过程亦更为复杂，要解决这些问题显然仅用数值方法是不行的，必须使用实验与数值计算相结合的半经验方法，或者单纯的实验方法；

(5) 流体力学工作者所面临的问题是复杂的，任务是艰巨的. 这既是一个前所未有的挑战也是一次异常难得的机遇. 只要沿着密切联系生产实际的正确方向，熟练掌握分析、数值计算和实验三种方法，刻苦钻研，坚持不懈，不畏艰险，勇往直前，前景将是无限美好和广阔的.

附　录

（A）参考书、参考文献、照片和关于配套教学光盘的说明

参考书

[1]　戴念祖著．中国力学史．河北：河北教育出版社，1988

[2]　L. 普朗特等著．流体力学概论．郭永怀等译．北京：科学出版社，1981

[3]　Tritton D J. Physical Fluid Dynamics. 2nd ed. Van Nostrand Reinhold Co. ,1988

[4]　Lumley J L etc. Research Trends in Fluid Dynamlcs. AIP Press,1996

[5]　国家自然科学基金委员会．力学．北京：科学出版社，1997

[6]　Anderson D A etc. Computational Fluid Mechanics and Heat Transfer. Hemisphere, McGraw-Hill,1984

[7]　Gerhart P M etc. Fundamentals of Fluid Mechanics. Addison-Wesley Publishing Co. ,1985

[8]　冯康等著．数值计算方法．北京：国防工业出版社，1978

[9]　L. M. 米尔恩等著．理论流体动力学．李裕立译．北京：机械工业出版社，1984

[10]　H. 兰姆著．理论流体动力学．游镇雄等译．北京：科学出版社，1990

[11]　易家训著．流体力学．章克本等译．北京：高等教育出版社，1983

[12]　Shames I H. Mechanics of Fluids. 2nd ed. McGraw-Hill,1982

[13]　Fox R W etc. Introduction to Fluid Mechanics. 4th ed. John Wiley & Sons,. 1992

[14]　White F M. Fluid Mechanics. 3rd ed. McGraw-Hill,1994

[15]　G. 巴契勒著．流体动力学引论．沈青，贾复译．北京：科学出版社，1997

[16]　Paterson A R. A First Course in Fluid Dynamics. Cambridge University Press,1983

[17]　G. B. 惠瑟姆著．线性与非线性波．庄峰青译．北京：科学出版社，1986

[18]　文圣常等编著．海浪理论与计算原理．北京：科学出版社，1984

[19]　H. Schlichting. Boundary-Layer Theory. McGraw-Hill,1979

[20]　生井武文等著．粘性流体力学．伊增欣译．北京：海洋出版社，1984

[21]　White F M. Viscous Fluid Flow. 2nd ed. McGraw Hill, Inc. ,1991

[22] Roache P J 著. 计算流体动力学. 钟锡昌等译. 北京:科学出版社,1985

[23] Chung J T. Finite Elements Analysis in Fluid Dynamics. McGraw-Hill, N. Y. ,1978

[24] Brebbia C A. The Boundary Element Methods for Engineers. London：Pentech Press,1978

[25] 王振东,武际可著. 力学诗趣. 天津:南开大学出版社,1998

[26] 是勋刚主编. 湍流. 天津:天津大学出版社,1994

[27] Welty J R etc. Fundamentals of Momentum, Heat and Mass Transfer. 3rd ed. John Wiley & Sons,1984

[28] Burmeister L C. Convective Heat Transfer. John Wiley & Sons,1983

[29] Zukauskas A etc. Heat Transfer in Turbulent Fluid Flow. Springer-Verlag,1987

[30] 陈世训著. 气象学. 北京:农业出版社,1981

[31] Lugt H J. Vortex Flow in Nature and Technology. John Wiley & Sons,1983

[32] 肖国屏著. 热学. 北京:高等教育出版社,1987

[33] J. O. 欣茨著. 湍流(上,下册). 周光熲等译. 北京:科学出版社,1987

[34] Kays W M etc. Convective Heat and Mass Transfer. McGraw-Hill,1980

参考文献

[1] Fromm J E, Harlow F H. Numerical Solutions of the Problem of Vortex Street Development. Physics of Fluids,1963,6:975~982

[2] Lindgren E R. Vorticity and Rotation. Am. J. Physics,1980,48:468

[3] Driest E R van. On Turbulent Flow near a Wall. J. of Aeronautical Sci,1956,23(11):1007~1011

[4] Smith A M O,Clutter D W. Solution of the Incompressible Boundary Layer Equations. AIAA. J. ,1963,1:2062~2071

[5] Sherridan R E. Pa. State Univ. Ordnance Res. Lab. Tech. Mem. 502. 2421–19,1968

[6] Kachanov Y S. Physical Mechanisms of Laminar Boundary-Layer Transition. Annu. Rev. Fluid Mech. ,1994,26,411–82

[7] 高智. 论简化 Navier-Stokes 方程组. 中国科学(A. 辑),1987,(10):1058~70

[8] Hiroshi Sakamoto, Mikio Arie. Vortex Shedding from a Rectangular Prism and a Circular Cylinder Placed Vertically in a Turbulent Boundary Layer. JFM,1983,126:147~165

[9] Turgut Sarpkaya. An Inviscid Model of Two-Dimensional Vortex Shedding for Transient and Asymptotically Steady Separated Flow over an Inclined Plate. JFM,1975,68(1):109~128

[10] Peter Justesen. A Numerical Study of Oscillating Flow Around a Circular Cylinder. JFM,1991,222:157~196

[11] Macagno,E O,Tin-Kan Hung. Computational and Experimental Study of a Captive Annular Eddy. JFM,1967,28(1):43~64

[12] Robinson S K. Coherent Motions in the Turbulent Boundary Layer. Ann. Rev. Fluid Mech. ,1991,23:601~39

[13] 高智. 粘性流体力学研究的若干进展. 中国科学院院刊,1998,13(3):187~92

照片及其说明

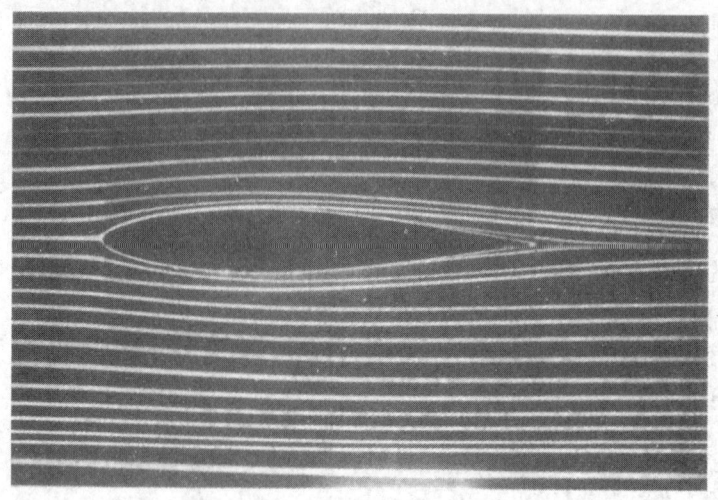

照片1 绕零攻角对称翼型的层流流动 Re 数 $\dfrac{vc}{\nu}=7\times 10^3$

其中 v 为来流速度,c 为翼型弦长

(a) $\dfrac{v}{v_\infty}=2$

(b) $\dfrac{v}{v_\infty}=6$

照片 2　绕旋转圆柱流动. v_∞ 与 v 分别为来流速度与圆柱表面的旋转线速度

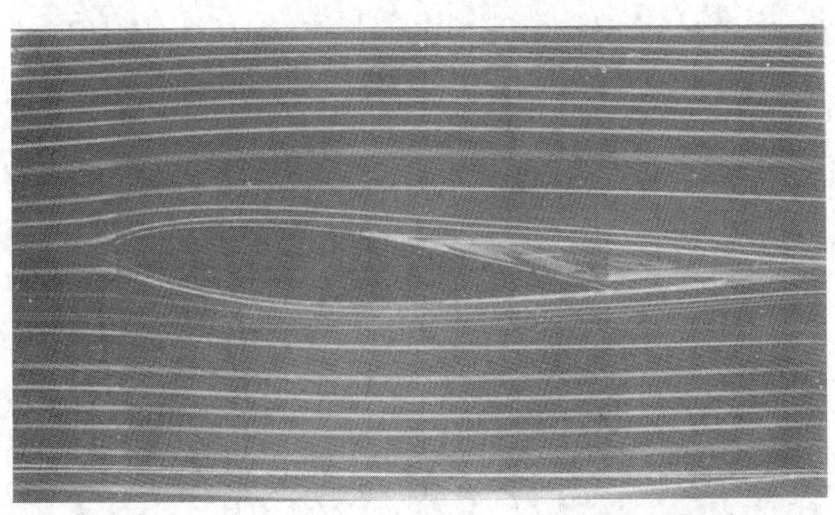

照片 3　绕小攻角翼型的流动分离. 攻角 $\alpha=5°$，流动在上表面后部分出现层流边界层分离，下表面则整个保持附着，直至后缘处始沿切向方向离开.

照片 4 绕大攻角平板的流动分离:攻角 $\alpha = 20°$, $Re = 10^4$
从平板前缘处即开始出现整个上表面的层流分离.

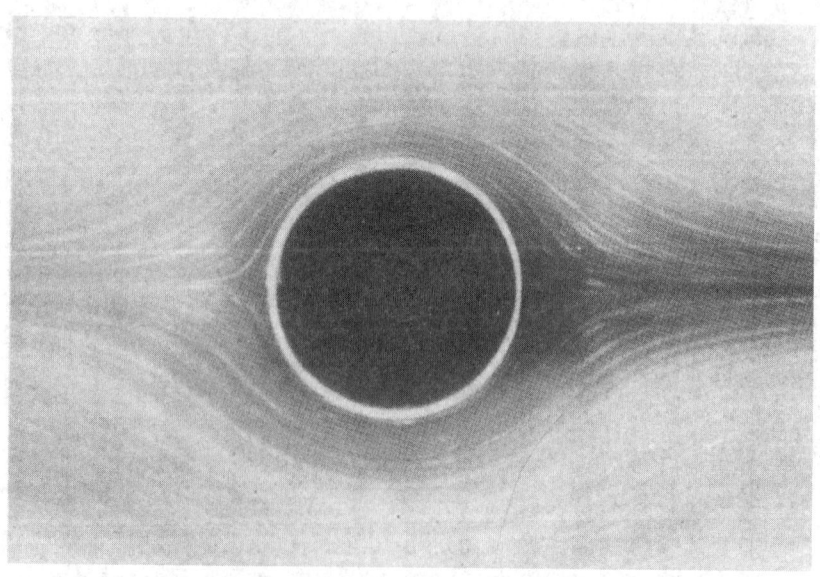

(a) $Re = 0.16$

(b) $Re = 9.6$

(c) $Re = 26$

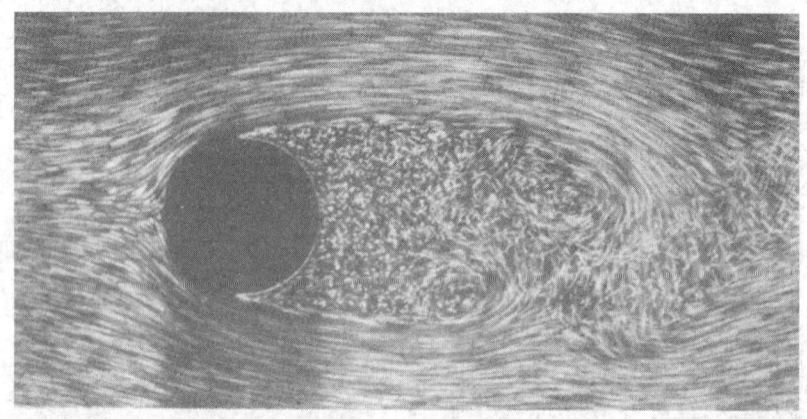

(d) $Re = 20 \times 10^4$

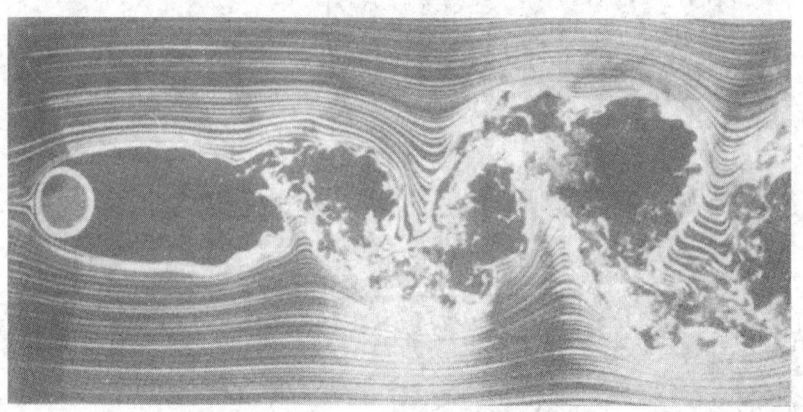

(e) $Re = 4 \times 10^4$

照片 5　绕圆柱流场随 Re 数的变化. (a) 表面上看,与势流绕圆柱的流场相似,但它对来流扰动的衰减慢许多;(b) 流动在后驻点附近分离并形成一对回流涡. 此照片是在有界容器中拍摄的. 如果圆柱在无界流体中运动. 则 $Re = 4$ 或 5 时流动即出现分离,而大部分数值计算给出的结果为 $Re = 5 - 7$. (c) 涡心与圆柱之间的距离随 Re 数的增加呈线性增加,而两涡心之间的横向距离似乎更接近于随 Re 数平方根的增加而增加;(d) 表面的前部分为层流边界层,分离出现后,涡破裂成湍尾流. 随着 Re 数的增加分离点向前移,此照片的分离点已达到其上游极限位置,即物体的最厚处附近;(e) 与 (d) 相比无太大变化,因此,在此二 Re 数之间阻力系数几乎为常数,待边界层变为湍流分离后,阻力系数将下降.

照片6 绝对运动中的涡街. 此照片是随涡街一起运动拍摄的. 流线图案与卡门用无粘性流体假设计算的结果极相似.

(a) 无反射, 纯行进波

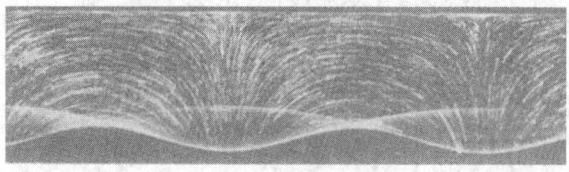

(b) 53% 反射

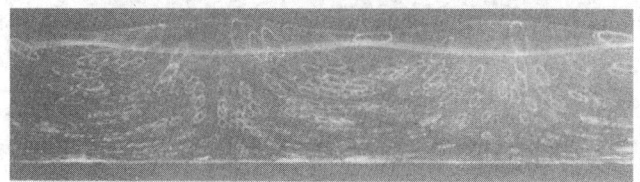

(c) 全反射, 纯驻波

照片7 平面周期水波的质点迹线. 一来自左边的行进波被一具有部分吸收能力的挡板反射后即生成二频率相同但运动方向相反的波系. 波幅与水深分别为波长的4%与22%. 拍摄水中悬浮白色质点的周期运动. (a) 质点的迹线实际上是顺时针方向的椭圆, 在自由面处为圆, 越接近底面变得越扁平; (b) 当反射增加时迹线变得更扁平并倾斜; (c) 迹线是流线, 水面的上, 下的包络线表明节点处存在垂直运动.

(a)

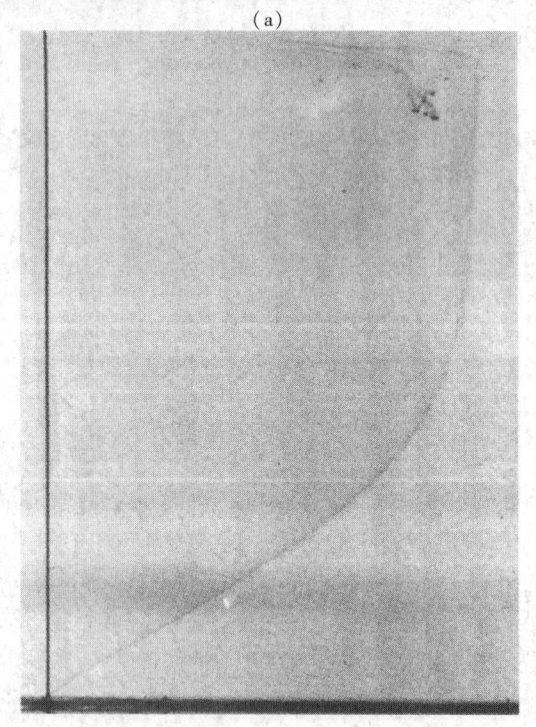

(b)

照片 8　绕零攻角平板的层流边界层．(a) 平板厚度为长度 L 的 2%，端缘尖削．Re 数 $\frac{vL}{\nu}=10^4$．均匀来流仅受到薄边界层的微弱扰动，后缘处出现一层尾流．边界层厚度仅为板长的百分之几，这与理论结果是一致的．(b) 边界层的切向速度剖面，水流速度为 9cm/s，Re 数 $\frac{v\,x}{\nu}=5\times 10^2$，$x$ 为离前缘距离．位移厚度约为 5mm．这些结果与理论值符合．

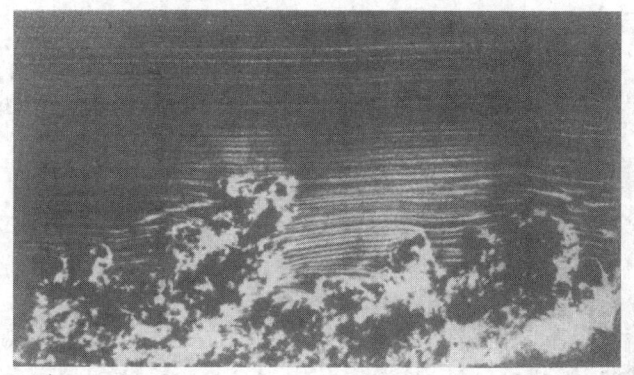

照片 9　沿平板的湍流边界层. 板长 3.3m, 边界层系自然发展而成, Re 数 $\dfrac{v\delta_m}{\nu} = 3.5 \times 10^3$, 其中 δ_m 为动量厚度. 边界层上缘处的间歇性清晰可见.

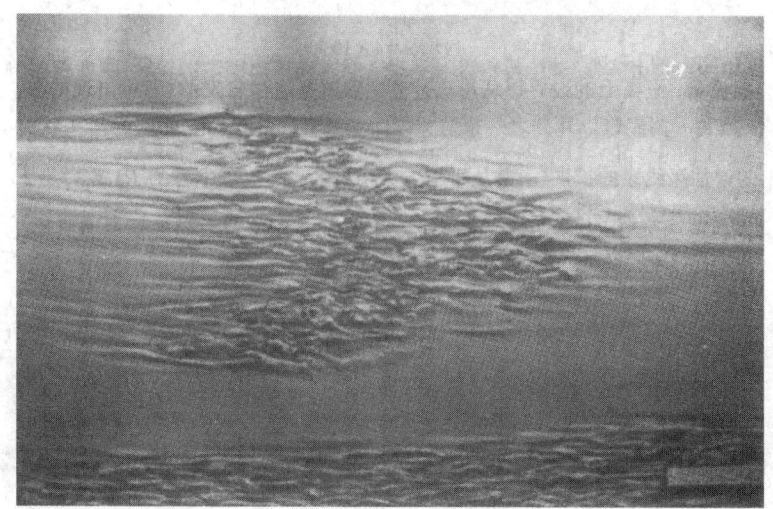

(a) $Re = 2 \times 10^5$

(b)

(c) $Re = 4 \times 10^5$

照片 10 湍流斑. 平板上的边界层从层流过渡到湍流是通过自发的,随机出现的湍流斑间歇地进行的. 当每一湍流斑以几分之一来流速度向下游移动并保持其前部为箭头状时,它近似地随距离的增加呈线性的扩展(a)是从平板上方拍摄的. 湍流斑中心的 Re 数 $\frac{vx}{\nu} = 2 \times 10^5$,其中 x 为自平板前缘距离;(b)是在湍流斑发展的早期垂直于来流方向的横截面照片;(c)湍流斑的外形随着 Re 数的增加变得更规则,箭头夹角也变得越小.

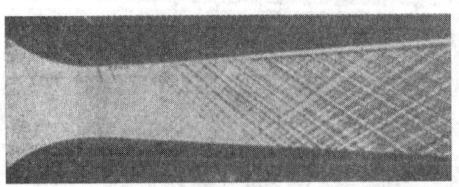

(a) $\frac{p_b}{p_0} = \frac{p_{e2}}{p_0}$

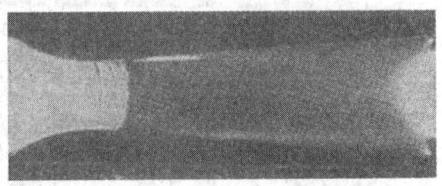

(b) $\frac{p_{e2}}{p_0} < \frac{p_b}{p_0} < \frac{p_{e1}}{p_0}$

照片 11 拉伐尔管内流动随 $\frac{p_b}{p_0}$ 的变化. (a) 喉的上游为纯亚声速流动,下游为纯超声速流动,喉部为声速. 整个流动无激波或膨胀波. 出现在超声速区内互相交叉的马赫波网络,是由于有意将喷管内壁锉粗糙后产生的;(b) 在喉的下游出现正激波. 其具体位置由 $\frac{p_b}{p_0}$ 的值决定. 激波后为亚声速区,在此区内,速度沿流动方向下降,密度上升. 在正激波前方尚可见几个微弱的驻声波.

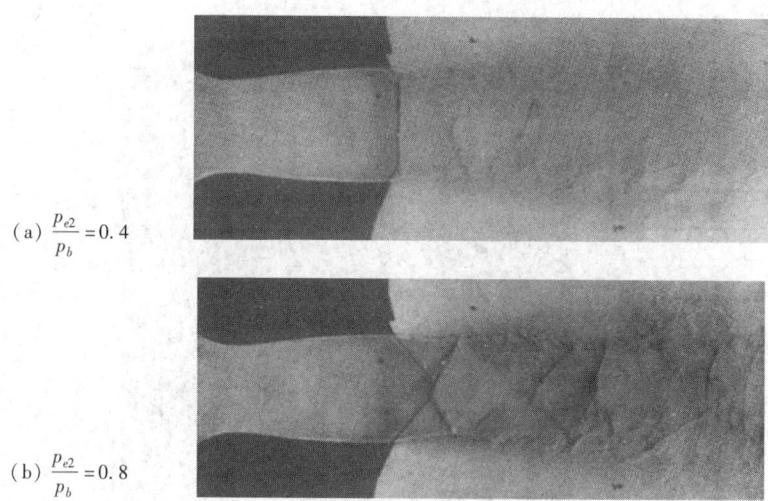

(a) $\dfrac{p_{e2}}{p_b} = 0.4$

(b) $\dfrac{p_{e2}}{p_b} = 0.8$

照片 12　拉伐尔管出口流动随 $\dfrac{p_{e2}}{p_b}$ 的变化. 当 $\dfrac{p_b}{p_0} < \dfrac{p_{e2}}{p_0}$ 时,气流离开喷管以后将出现复杂的激波系. 它的图案随 $\dfrac{p_{e2}}{p_b}$ 值的不同而不同. 对 $M = 1.6$ 的拉伐尔管(a)在出口后的中心大部分为正激波,上,下两侧的小部分为斜激波;(b)随着 $\dfrac{p_{e2}}{p_b}$ 的增加,正激波的部分逐渐缩小而斜激波部分则逐渐扩大.

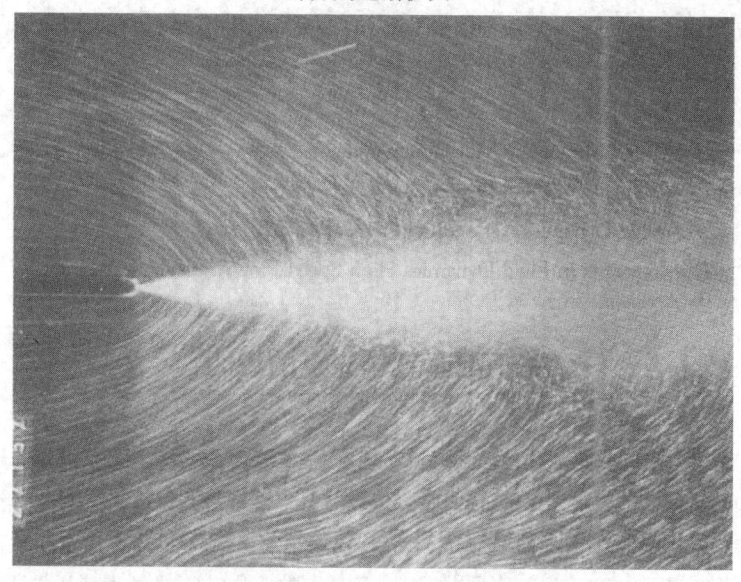

照片 13　平面湍射流的挟带现象　染色水射流以 100cm/s 的速度射入静止的水中,此照片中的流线显示出湍射流对周围流体的挟带作用.

照片14 绕小钝头炮弹的超声速流动 $M=1.015$ 在弹体的前方与后方分别出现微弱与曲率较大的弓形脱体激波. 尾缘后面产生湍尾流. 在最大直径附近和尾缘处有附体的斜激波.

以上各照片引自以下几种图书：

An Album of Fluid Motion, by Milton Van Dyke

Modern Developments in Fluid Dynamics, by S. Goldstein

Essentials of Fluid Dynamics, 1st. edition, by L. Prandtl.

Modern Developments in Fluid Dynamics High Speed Flow, by L. Howarth.

关于配套教学光盘的说明

为了提高教学质量,形象化地加强对流动现象、基本概念、数学模型和实验结果的物理理解,我们编选了配套的教学光盘《流体力学音像教材》(内部资料),包括教学演示软件和教学录像两部分(分别用 S-和 T-序列编号). 需要《流体力学音像教材》的读者请与北京大学音像出版社二部联系(邮政编码:100871). 下面的简表给出各章节使用哪些软件与录像进行教学的建议. 详细的光盘目录和软件使用说明请参看配套教学光盘第一张上的文件 Readme.doc (用 Microsoft Word 97 打开)或者 Readme.txt(用 Windows 下的任意文字处理软件打开)以及

（A）参考书、参考文献、照片和关于配套教学光盘的说明

随《流体力学音像教材》所附的说明书.

参加编选录像与创作软件的有北京大学力学与工程科学系、北京大学电化教育中心、中山大学应用力学与工程系、中山大学电化教育中心的部分老师和同学，部分录像选自天津大学力学系编译的国外教学录像. 在编辑过程中得到了这些单位和有关老师的大力支持，谨向他们表示诚挚的谢意.

章次	主题	教学演示软件			教学录像		
		编号	主要内容	使用章节	编号	主要内容	使用章节
绪论	自然界与工程技术中的流体力学问题				T-0a	流体力学在大气和海洋、化工与石油、能源、流体机械、航空与航天、环保、土木和水利等领域中的应用	0.1
1	流体物理量的描述	S-1	121-1 至 121-8 演示拉氏描述与欧拉描述	1.2	T-1a	欧拉描述与拉格朗日描述	1.2
			13-1 至 13-6 演示迹线、流线、时间线及脉线	1.3	T-1b	定常与非定常流动中的迹线、流线、时间线及脉线	1.3
2	流体的平衡						
3	流体运动方程组的建立	S-1	34-1 至 34-4 演示系统质量不变，控制体质量不变，细管中流体运动，河道水面波动	1.2	T-3a	体积流量守恒原理	3.4
			13-1 至 13-6 演示 U 型管中流体振动，V 型管中流体振动，直管中流体振动，流体流入空腔	1.3			

续表

章次	主题	教学演示软件			教学录像		
		编号	主要内容	使用章节	编号	主要内容	使用章节
4	积分关系式的应用	S-1	42-1 至 42-3 演示小孔出流,皮托管,文丘里管	4.2	T-4a	流体元沿曲线运动分析	4.2
			43-1 至 43-3 演示U型管中流体振动,直管中流体振动,流体流入空腔	4.3	T-4b	伯努利定理及其局限性	4.2
					T-4c	空化现象	4.2
5	涡旋运动				T-5a	涡量的含义及其检测	5.1
					T-5b	环量的含义及其与涡量的关系	5.1
					T-5c	凯尔文定理—涡量的生成与演化	5.2
					T-5d	龙卷风与台风	5.4
					T-5e	涡的生成、破裂与合并	5.4
					T-5f	二次流	5.4
6	无旋运动	S-1	63-1 至 63-3 演示温室,烟囱,桥墩等平面运动的实例	6.2	T-6a	"野渡无人舟自横"的实验演示	6.4
			62-1 至 62-4 演示平面均匀流,源汇,点涡,偶极子	6.3			
			63-4 至 63-5 演示不同环量下的圆柱绕流流线	6.5	T-6b	用 Hele-Shaw 装置显示的二维无旋流动图象	6.5
			64-1 演示平板绕流,机翼绕流	6.7			
			65-1 至 65-3 演示空间均匀流,源汇,偶极子	6.8			
		S-3	理想不可压缩流体平面定常运动的奇点叠加法	6.5			

续表

章次	主题	教学演示软件			教学录像		
		编号	主要内容	使用章节	编号	主要内容	使用章节
7	流体表面波				T-7a	流体中的波(重力波与压缩波)	7.1
					T-7b	重力波的特征与深度对它的影响	7.2
					T-7c	压缩波与水跃	7.4
					T-7d	二不同密度流界面的稳定性(包括加热)	7.4
					T-7e	风生波及其不稳定性	7.6
8	粘性层流运动	S-1	85-1至85-4演示两平行平板间粘性流,无限长圆管中粘性流,平板在自身平面中的振动	8.5	T-8a	层流与湍流	8.4
		S-2	1.(多孔板)演示均匀流过有吸吮的多孔平板时,速度剖面随雷诺数的变化	8.7	T-8b	低雷诺数流动的含义及举例	8.6
			2.(Prandtl)演示小质量的振动:当质量趋于零时,解表现出边界层类型性态	8.7	T-8c	边界层的概念	8.7
			3.(Stokes)演示Stokes第1问题:在不同粘度下流体速度和涡量剖面随时间变化	8.7	T-8d	自由对流(热效应)	8.12
			4.(半平板)演示在不同粘度下平板附近的边界层厚度和速度场	8.11			

续表

章次	主题	教学演示软件			教学录像		
		编号	主要内容	使用章节	编号	主要内容	使用章节
9	粘性湍流运动				T-9a	流动的不稳定性	9.1
					T-9b	从层流过渡到湍流	9.1
					T-9c	不同情况（旋转、分层、温度、浮力等）下的过渡	9.1
					T-9d	湍流的特征——无序与拟序，强输运与有旋性	9.2
					T-9e	流动的分离	9.14
					T-9f	边界层控制	9.14
10	气体运动				T-10a	压缩波与膨胀波	10.2
					T-10b	声波与激波	10.2
					T-10c	一维激波与多维激波	10.5
					T-10d	拉伐尔喷管内的流动	10.6
11	质量传递				T-11a	扩散现象举例	11.6

（B）符 号 表

$\boldsymbol{A}$ 面积矢量 m^2

A 面积 m^2

   横截面积 m^2

A 旋转张量 $1/s$

A_0 波幅 m

$\boldsymbol{a}(a_x, a_y, a_z)$ 加速度矢量（分量） m/s^2

(a, b, c) 流体质点坐标矢量 m

a 声速 m/s

   半径 m

a_1 椭圆半长轴 m

a_i $i = 1, 2 \cdots$ 幂级数系数

(B) 符 号 表

a_s 激波传播速度   m/s

B   矢量势

b 半径   m

b_1 椭圆半短轴   m

C 几何图形周界

c 比热   J/(kg·K); m²/(s²·K)

     混合物的摩尔浓度   mol/m³

c_A 组分 A 的摩尔浓度   mol/m³

$\bar{c}_A$ 组分 A 的时均摩尔浓度   mol/m³

c'_A 组分 A 的涨落摩尔浓度   mol/m³

c_D 阻力系数

c_{Df} 壁的总摩擦系数

c_g 群速度   m/s

c_L 升力系数

c_p 定压比热   J/(kg·K), m²/(s²·K)

     压强系数

     相速度   m/s

$c_p \rho \overline{u'T'}$ 每单位面积的湍流热流量   w/m²

c_v 定容比热   J/(kg·K), m²/(s²·K)

D 阻力   N

     质量扩散率(或系数)   m²/s

D_f 壁的总摩擦力   N

D_{AB} 组分 A 在组分 B 中的(分子)质量扩散率(或系数) m²/s

D'_{AB} 组分 A 在组分 B 中的湍流(或涡)质量扩散率(或系数) m²/s

D_1 由(9.8.7c)式定义的耗散项   无量纲量

D_i 由(9.8.7a)式中定义的总能量耗散积分   J/m²·s

$\dfrac{D}{Dt}$ 随体导数

d 直径   m

E 体积弹性模量   Pa, N/m²

     总的储存能量   J

Ec 埃克特数

$E_p(r)$ 分子间的相互作用势能   kg·m²/s²

Eu 欧拉数

e 每单位质量流体的内能   J/kg, m²/s²

e_s 每单位质量流体的储存能   J/kg, m²/s²

$\boldsymbol{e}_\theta, \boldsymbol{e}_r, \boldsymbol{e}_z$ 柱坐标系中三正交单位矢量

$F(F_x, F_y, F_z)$ 力的矢量（分量） N

$F_b(F_{bx}, F_{by}, F_{bz})$ 单位质量体力矢量（分量） m/s² 或 N/kg

$F(x,y,z,t)$ 运动固壁方程

Fr 弗劳德数

f 旋涡脱落频率 1/s

$f(r)$ 分子之间的相互作用力 N

$f(z)$ 复势函数

f^* 无量纲涡街频率

Gr 格拉斯霍夫数

g 重力加速度 m/s²

比例因子

H 高、深或宽度 m

H_{dm} 形状因子

h 对流传热系数 w/(m²·K)

h_l 压头损失 m²/s²

h_m 对流传质系数 m/s

$\bar{h}$ 平均对流传热系数 w/m²·K

$\bar{h}_m$ 平均对流传质系数 m/s

I 焓 J.

Im 复数虚部

i 每单位质量流体的焓 m²/s², J/kg

虚数单位

i, j, k 直角坐标系中三正交单位矢量

J 在给定时刻通过一横截面积的涡量（或称涡通量） m²/s

冲量 N/m²

函数行列式

$J_A = c_A(v_A - v)$ 组分 A 相对于质量平均速度每单位面积的摩尔流量 mol/(m²·s)

$J_A^* = c_A(v_A - v^*)$ 组分 A 相对于摩尔平均速度每单位面积的摩尔流量 mol/(m²·s)

$\overline{J_A}$ 组分 A 相对于质量平均速度每单位面积的平均摩尔流量 mol/(m²·s)

J_A^t 组分 A 相对于质量平均速度每单位面积的湍流摩尔流量 mol/(m²·s)

$j_A = \rho_A(v_A - v)$ 组分 A 相对于质量平均速度每单位面积的质量流量 kg/(m²·s)

$j_A^* = \rho_A(v_A - v^*)$ 组分 A 相对于摩尔平均速度每单位面积的质量流量 kg/(m²·s)

K 湍流动能 m²/s²

$K.E.$ 流体（包括波动）的动能 kg·m²/s²

k 热传导系数 w/(m·K)

波数 1/m

$k_n \ n = 0,1,2\cdots$ 组分 A 参加 n 级化学反应的系数

k_0 零级化学反应系数 mol/(m³·s)

符号	含义	单位
k_1	一级化学反应系数	$1/s$
L	升力	N
	长度	m
Le	刘易斯数	
l	混合长	m
	长度	m
	翼弦长	m
M	动量	$kg \cdot m/s$
	马赫数	
M_A	组分 A 的分子量	kg/mol
M_b	物体质量	kg
M_f	物体所排开流体的质量	kg
M_m	动量矩	$kg \cdot m^2/s$
M_N	激波马赫数	
M_t	外力矩	$kg \cdot m^2/s^2, N \cdot m$
	平面偶极矩	
$\widetilde{M}_t$	空间偶极矩	
m	流体质量	kg
	偏心矩	
m_∞	变换在无穷远处的微分值	
$\boldsymbol{N}_A = c_A \boldsymbol{v}_A$	组分 A 相对于固定坐标系每单位面积的摩尔流量	$mol/(m^2 \cdot s)$
N_A	$\boldsymbol{N}_A$ 的模量	$mol/(m^2 \cdot s)$
Nu	努塞尔数	
$\overline{Nu}_l$	长度为 l 内的平均努塞尔数	
$\boldsymbol{n}$	单位法向矢量	
$\boldsymbol{n}_A = \rho_A \boldsymbol{v}_A$	组分 A 相对于固定坐标系每单位面积的质量流量	$kg/(m^2 \cdot s)$
n_A	$\boldsymbol{n}_A$ 的模量	$kg/(m^2 \cdot s)$
P	正压函数	m^2/s^2
$\boldsymbol{P}$	应力张量	N/m^2
$P.E.$	流体(包括波动)的势能	$kg \cdot m^2/s^2$
$Pé$	佩克里数	
$Pé_m$	传质佩克里数	
Pr	普朗特数	
Pr_t	湍流普朗特数	
p	压强	Pa
p_a	大气压强	Pa
p_b	背压强	Pa

p_e	出口压强	Pa
$\boldsymbol{p}_n$	表面应力矢量	N/m²
p_{ij}	应力分量 N/m²；第一下标表示应力作用面的法线方向；第二下标表示该应力的投影方向	
Q	热量	J
Q_a	系统中每单位体积流体增加或减少的热量	w/m³
Q_h	热流量	w
Q_m	质量流量	kg/s mol/s
Q_s	污染源强度	mol/s
	点源或点汇强度	m³/s
Q_t	t 时间内排放的总污染物量	mol
Q_v	体积流量	m³/s
Q_{txy}	时间 t 内沿 y 方向为单位长,沿 x 与 y 方向均为从 $-\infty$ 至 $+\infty$ 内所排放的污染物量 mol/m	
Q_{ti} $i=x,y,z;$	时间 t 内沿 i 方向每单位横截面积从 $-\infty$ 至 $+\infty$ 排放的污染物量 mol/m²	
	每单位面积的热流量	w/m²
	无量纲流量函数	
	速度	m/s
	比湿即单位质量空气中含有的水汽质量	
q_m	每单位面积的质量流量	kg/(m²·s) mol/(m²·s)
q_w	壁处每单位面积的热流量	w/m²
$\bar{q}_{wl}$	壁长为 l 内每单位面积的平均热流量	w/m²
q^*	每单位面积的无量纲热流量	
q_r	每单位时间传入每单位质量流体的辐射热	w/kg
R	气体常数	m²/(s²·K)
	半径	m
	曲率半径	m
$R(\tau)$	相关系数	
R_A	每单位时间每单位体积内组分 A 的摩尔生成量	mol/(m³·s)
Re	雷诺数	
Re	复数实部	
Ri	理查森数	
R_w	波动阻力	N
Re_i $i=x,l,\delta_v,\cdots$	以 i 为特征长度的雷诺数	
$(Re_{\delta m})_{ci}$	不稳定点的临界雷诺数	
$(Re_x)_{CT}$	过渡点的临界雷诺数	

(B) 符 号 表

$r(x,y,z)$	位置矢量(分量)	m
r	半径	m
	复数 z 的模	
r,θ,z	柱坐标系中的自变量	
R,θ,λ	球坐标系中的自变量	
r_A	每单位时间每单位体积内组分 A 的质量生成量	kg/(m³·s)
S	应变率张量	1/s
s	每单位质量流体的熵	m²/(s²·K), J/(kg·K)
	面积	m²
	秒	
	区域边界	
Sc	施米特数	
Sh	舍伍德数	
$\overline{Sh}$	平均舍伍德数	
St	传热斯坦顿数	
St_m	传质斯坦顿数	
$St_m^{(t)}$	湍流传质斯坦顿数	
Str	斯特劳哈尔数	
T	温度	K
	波周期	s
t	时间	s
$v(u,v,w)$	速度矢量(分量)	m/s
	混合物的质量平均速度矢量	m/s
v_A	组分 A 的速度矢量	m/s
v^*	混合物的摩尔平均速度矢量	m/s
v	速度模	m/s
	比容	m³/kg
v_T	终极速度	m/s
v_*, u_*	摩擦速度	m/s
$\overline{u'C_{A'}}$	每单位面积的湍流摩尔流量	mol/(m²·s)
$\dfrac{u'_i}{v_\infty}$	$i=1,2,3, u'_i=\sqrt{u'^2_i}$ 流动在 i 方向的相对湍流度	
V	体积	m³
v_r, v_θ, v_z	柱坐标系中的速度分量	m/s
v_R, v_θ, v_λ	球坐标系中的速度分量	m/s
W	功	J, N·m
	复势	
We	韦伯数	

x, y, z		直角坐标系中的自变量
x_0, y_0		涡对的惯性中心
y		高度 m
z		物理平面
		复自变量
α		热扩散率(或系数) m^2/s
		角度 rad
		声速与滞止声速之比
α_1		福尔克纳-斯坎方程中的常数
α_2		最小不稳定波频率 $1/s$
α^t		湍流(或涡)热扩散率(或系数) m^2/s
β		流体膨胀系数 $1/K$
β_1		福尔克纳-斯坎方程中的常数
β_2		$(9.7.2a)$式中定义的函数
Γ		速度环量 m^2/s
γ		比热比
δ		机翼后掠角 rad
		平板涡扩散距离 m
δ_c		浓度边界层名义厚度 m
δ_d		速度边界层位移厚度 m
δ_I		温度边界层焓厚度 m
δ_M		浓度边界层浓度厚度 m
δ_m		速度边界层动量厚度 m
δ_t		温度边界层名义厚度 m
δ_v		速度边界层名义厚度 m
ζ		盐度
		映射平面
ε		湍能耗散率 m^2/s^3
		密度与滞止密度之比
η		无量纲自变量
		相似性变量
θ		角度变量
		角度 rad
$\Lambda(X)$		无量纲第一形参数
λ		波长 m
		无量纲速度系数
		体膨胀(或第二)粘度系数 $N \cdot s/m^2$
		圆管阻力系数(达西摩擦因子)

μ	粘度系数	$N \cdot s/m^2$;$Pa \cdot s$;$kg/(m \cdot s)$
	马赫角	rad
μ^t	湍流(或涡)粘度系数	$N \cdot s/m^2$
ν	运动粘度系数或动量扩散率(或系数)	m^2/s
ν^t	湍流(或涡)动量扩散率(或系数)	m^2/s
ξ,η,ζ	正交直角坐标系中的方向参量	m
π	体力势	m^2/s^2
	压强冲量	$N \cdot s/m^2$
	压强与滞止压强之比	
ρ	密度	kg/m^3
ρ_A	混合物中组分 A 的质量(或密度)浓度	kg/m^3
$\rho \overline{u'v'}$	湍流剪应力或雷诺应力或每单位面积的湍流(或涡)动量流量	$kg/(m/s^2)$
Σ	西格马效应	
σ	表面张力	N/m
	空化数	
σ_i	$i=x,y,z$ i 方向的标准偏差	m
σ^2	标准偏差	m^2
τ	剪应力	N/m^2,$kg/(m \cdot s^2)$
	体积或空间区域	m^3
	焓与滞止焓之比	
τ_w	壁剪应(或摩擦)力	$kg/(m \cdot s^2)$
τ_{wT}	总的壁剪应(或摩擦)力	$kg/(m \cdot s^2)$
Φ	耗散函数	m^2/s^2
ϕ,φ	速度势	m^2/s
ψ	流函数	m^2/s
$\boldsymbol{\Omega}$	角速度矢量	rad/s
Ω	角速度标量	rad/s
Ω_i	间歇因子	
$\boldsymbol{\omega}$	涡量矢量	1/s
ω	涡量标量	1/s
	圆频率	1/s
$\omega_x,\omega_y,\omega_z$	直角坐标系中涡量的分量	1/s
$\omega_r,\omega_\theta,\omega_z$	柱坐标系中涡量的分量	1/s

上标与下标符号

$y^+ = \dfrac{U_* y}{\nu}$　　无量纲距离

$y^+ = \dfrac{u_* y}{\nu}$　　无量纲距离

$u^t, y^t, T^t \cdots$ 　　　无量纲量

$U_\infty, v_\infty, T_\infty, c_{A\infty} \cdots$ 　　无穷远处值

v_e, T_e, p_e 　　边界层上缘外侧值

τ_w, q_w, T_w, c_{AS} 　　壁处值

$T_* = \dfrac{q_w}{c_p \rho u_*}$ 　　摩擦温度

$T^* = \dfrac{T - T_\infty}{T_w - T_\infty}$ 或 $\dfrac{T - T_e}{T_w - T_e}$ 　　无量纲温度

$T^{**} = \dfrac{T - T_w}{T_\infty - T_w}$ 或 $\dfrac{T - T_w}{T_e - T_w}$ 　　无量纲温度

$U_* = \sqrt{\dfrac{\tau_w}{\rho}}$ 　　摩擦速度

$u_* = \sqrt{\dfrac{\tau_w}{\rho}}$ 　　摩擦速度

$c_A^* = \dfrac{c_A - c_{A\infty}}{c_{Aw} - c_{A\infty}}$ 和 $c_A^{**} = \dfrac{c_A - c_{AS}}{c_{A\infty} - c_{AS}}$ 　　组分 A 的无量纲摩尔浓度

(C) 国际单位(SI)制

SI 单位	量名	单位	缩写	公式
SI 基本单位	长度	米	m	—
	质量	千克(公斤)	kg	—
	时间	秒	s	—
	温度	开(尔文)	K	—
	物质量	摩(尔)	mol	—
SI 辅助单位	平面角	弧度	rad	
SI 导出单位	力	牛(顿)	N	$kg \cdot m/s^2$
	能量	焦(耳)	J	$N \cdot m$
	功率	瓦(特)	W	J/s
	压强	帕(斯卡)	Pa	N/m^2
	功	焦(耳)	J	$N \cdot m$
	频率	赫(兹)	Hz	1/s
	热流量	瓦(特)	W	J/s
SI 常用词头	词头(英)	乘数	缩写	
	兆(mega-)	10^6	M	
	千(kilo-)	10^3	k	
	厘(centi-)*	10^{-2}	c	
	毫(milli-)	10^{-3}	m	
	微(micro-)	10^{-6}	μ	

* 尽可能时避免使用。

（D）某些常见流体的热物理性质

表 D.1　气体的热物理性质（在大气压）

气体	T K	ρ kg/m³	c_p kJ/(kg·K)	$\mu \cdot 10^7$ N·s/m²	$\nu \cdot 10^6$ m²/s	$k \cdot 10^3$ W/(m·K)	$\alpha \cdot 10^6$ m²/s	Pr
空气	100	3.556 2	1.032	71.1	2.00	9.34	2.54	0.786
	150	2.336 4	1.012	103.4	4.426	13.8	5.84	0.758
	200	1.745 8	1.007	132.5	7.590	18.1	10.3	0.737
	250	1.394 7	1.006	159.6	11.44	22.3	15.9	0.720
	300	1.161 4	1.007	184.6	15.89	26.3	22.5	0.707
	350	0.995 0	1.009	208.2	20.92	30.0	29.9	0.700
	400	0.871 1	1.014	230.1	26.41	33.8	38.3	0.690
	450	0.774 0	1.021	250.7	32.39	37.3	47.2	0.686
	500	0.696 4	1.030	270.1	38.79	40.7	56.7	0.684
	550	0.632 9	1.040	288.4	45.57	43.9	66.7	0.683
	600	0.580 4	1.051	305.8	52.69	46.9	76.9	0.685
	650	0.535 6	1.063	322.5	60.21	49.7	87.3	0.690
	700	0.497 5	1.075	338.8	68.10	52.4	98.0	0.695
	750	0.464 3	1.087	354.6	76.37	54.9	109	0.702
	800	0.435 4	1.099	369.8	84.93	57.3	120	0.709
	850	0.409 7	1.110	384.3	93.80	59.6	131	0.716
	900	0.386 8	1.121	398.1	102.9	62.0	143	0.720
	950	0.366 6	1.131	411.3	112.2	64.3	155	0.723
	1 000	0.348 2	1.141	424.4	121.9	66.7	168	0.726
	1 100	0.316 6	1.159	449.0	141.8	71.5	195	0.728
	1 200	0.290 2	1.175	473.0	162.9	76.3	224	0.728
	1 300	0.267 9	1.189	496.0	185.1	82	238	0.719
	1 400	0.248 8	1.207	530	213	91	303	0.703
	1 500	0.232 2	1.230	557	240	100	350	0.685
	1 600	0.217 7	1.248	584	268	106	390	0.688
	1 700	0.204 9	1.267	611	298	113	435	0.685
	1 800	0.193 5	1.286	637	329	120	482	0.683
	1 900	0.183 3	1.307	663	362	128	534	0.677
	2 000	0.174 1	1.337	689	396	137	589	0.672
	2 100	0.165 8	1.372	715	431	147	646	0.667
	2 200	0.158 2	1.417	740	468	160	714	0.655
	2 300	0.151 3	1.478	766	506	175	783	0.647
	2 400	0.144 8	1.558	792	547	196	869	0.630
	2 500	0.138 9	1.665	818	589	222	960	0.613
	3 000	0.113 5	2.726	955	841	486	1 570	0.536

续表 D.1

气体	T/K	ρ/(kg/m³)	c_p/kJ/(kg·K)	$\mu \cdot 10^7$/(N·s/m²)	$\nu \cdot 10^6$/(m²/s)	$k \cdot 10^3$/W/(m·K)	$\alpha \cdot 10^6$/(m²/s)	Pr
氨 NH_3	300	0.689 4	2.158	101.5	14.7	24.7	16.6	0.887
	320	0.644 8	2.170	109	16.9	27.2	19.4	0.870
	340	0.605 9	2.192	116.5	19.2	29.3	22.1	0.872
	360	0.571 6	2.221	124	21.7	31.6	24.9	0.872
	380	0.541 0	2.254	131	24.2	34.0	27.9	0.869
	400	0.513 6	2.287	138	26.9	37.0	31.5	0.853
	420	0.488 8	2.322	145	29.7	40.4	35.6	0.833
	440	0.466 4	2.357	152.5	32.7	43.5	39.6	0.826
	460	0.446 0	2.393	159	35.7	46.3	43.4	0.822
	480	0.427 3	2.430	166.5	39.0	49.2	47.4	0.822
	500	0.410 1	2.467	173	42.2	52.5	51.9	0.813
	520	0.394 2	2.504	180	45.7	54.5	55.2	0.827
	540	0.379 5	2.540	186.5	49.1	57.5	59.7	0.824
	560	0.370 8	2.577	193	52.0	60.6	63.4	0.827
	580	0.353 3	2.613	199.5	56.5	63.8	69.1	0.817
二氧化碳 CO_2	280	1.902 2	0.830	140	7.36	15.20	9.63	0.765
	300	1.773 0	0.851	149	8.40	16.55	11.0	0.766
	320	1.660 9	0.872	156	9.39	18.05	12.5	0.754
	340	1.561 8	0.891	165	10.6	19.70	14.2	0.746
	360	1.474 3	0.908	173	11.7	21.2	15.8	0.741
	380	1.396 1	0.926	181	13.0	22.75	17.6	0.737
	400	1.325 7	0.942	190	14.3	24.3	19.5	0.737
	450	1.178 2	0.981	210	17.8	28.3	24.5	0.728
	500	1.059 4	1.02	231	21.8	32.5	30.1	0.725
	550	0.962 5	1.05	251	26.1	36.6	36.2	0.721
	600	0.882 6	1.08	270	30.6	40.7	42.7	0.717
	650	0.814 3	1.10	288	35.4	44.5	49.7	0.712
	700	0.756 4	1.13	305	40.3	48.1	56.3	0.717
	750	0.705 7	1.15	321	45.5	51.7	63.7	0.714
	800	0.661 4	1.17	337	51.0	55.1	71.2	0.716
一氧化碳 CO	200	1.688 8	1.045	127	7.52	17.0	9.63	0.781
	220	1.534 1	1.044	137	8.93	19.0	11.9	0.753
	240	1.405 5	1.043	147	10.5	20.6	14.1	0.744
	260	1.296 7	1.043	157	12.1	22.1	16.3	0.741
	280	1.203 8	1.042	166	13.8	23.6	18.8	0.733
	300	1.123 3	1.043	175	15.6	25.0	21.3	0.730
	320	1.052 9	1.043	184	17.5	26.3	23.9	0.730
	340	0.990 9	1.044	193	19.5	27.8	26.9	0.725
	360	0.935 7	1.045	202	21.6	29.1	29.8	0.725

续表 D.1

气体	T K	ρ kg/m³	c_p kJ/(kg·K)	$\mu \cdot 10^7$ N·s/m²	$\nu \cdot 10^6$ m²/s	$k \cdot 10^3$ W/(m·K)	$\alpha \cdot 10^6$ m²/s	Pr
一氧化碳 CO	380	0.886 4	1.047	210	23.7	30.5	32.9	0.729
	400	0.842 1	1.049	218	25.9	31.8	36.0	0.719
	450	0.748 3	1.055	237	31.7	35.0	44.3	0.714
	500	0.673 52	1.065	254	37.7	38.1	53.1	0.710
	550	0.612 26	1.076	271	44.3	41.1	62.4	0.710
	600	0.561 26	1.088	286	51.0	44.0	72.1	0.707
	650	0.518 06	1.101	301	58.1	47.0	82.4	0.705
	700	0.481 02	1.114	315	65.5	50.0	93.3	0.702
	750	0.448 99	1.127	329	73.3	52.8	104	0.702
	800	0.420 95	1.140	343	81.5	55.5	116	0.705
氦 He	100	0.487 1	5.193	96.3	19.8	73.0	28.9	0.686
	120	0.406 0	5.193	107	26.4	81.9	38.8	0.679
	140	0.348 1	5.193	118	33.9	90.7	50.2	0.676
	160	—	5.193	129	—	99.2	—	—
	180	0.270 8	5.193	139	51.3	107.2	76.2	0.673
	200	—	5.193	150	—	115.1	—	—
	220	0.221 6	5.193	160	72.2	123.1	107	0.675
	240	—	5.193	170	—	130	—	—
	260	0.187 5	5.193	180	96.0	137	141	0.682
	280	—	5.193	190	—	145	—	—
	300	0.162 5	5.193	199	122	152	180	0.680
	350	—	5.193	221	—	170	—	—
	400	0.121 9	5.193	243	199	187	295	0.675
	450	—	5.193	263	—	204	—	—
	500	0.097 54	5.193	283	290	220	434	0.668
	550	—	5.193	—	—	—	—	—
	600	—	5.193	320	—	252	—	—
	650	—	5.193	332	—	264	—	—
	700	0.069 69	5.193	350	502	278	768	0.654
	750	—	5.193	364	—	291	—	—
	800	—	5.193	382	—	304	—	—
	900	—	5.193	414	—	330	—	—
	1 000	0.048 79	5.193	446	914	354	1 400	0.654
氢 H_2	100	0.242 55	11.23	42.1	17.4	67.0	24.6	0.707
	150	0.161 56	12.60	56.0	34.7	101	49.6	0.699
	200	0.121 15	13.54	68.1	56.2	131	79.9	0.704
	250	0.096 93	14.06	78.9	81.4	157	115	0.707
	300	0.080 78	14.31	89.6	111	183	158	0.701

续表 D.1

气体	T / K	ρ / (kg/m³)	c_p / (kJ/(kg·K))	$\mu \cdot 10^7$ / (N·s/m²)	$\nu \cdot 10^6$ / (m²/s)	$k \cdot 10^3$ / (W/(m·K))	$\alpha \cdot 10^6$ / (m²/s)	Pr
氢 H₂	350	0.069 24	14.43	98.8	143	204	204	0.700
	400	0.060 59	14.48	108.2	179	226	258	0.695
	450	0.053 86	14.50	117.2	218	247	316	0.689
	500	0.048 48	14.52	126.4	261	266	378	0.691
	550	0.044 07	14.53	134.3	305	285	445	0.685
	600	0.040 40	14.55	142.4	352	305	519	0.678
	700	0.034 63	14.61	157.8	456	342	676	0.675
	800	0.030 30	14.70	172.4	569	378	849	0.670
	900	0.026 94	14.83	186.5	692	412	1 030	0.671
	1 000	0.024 24	14.99	201.3	830	448	1 230	0.673
	1 100	0.022 04	15.17	213.0	966	488	1 460	0.662
	1 200	0.020 20	15.37	226.2	1 120	528	1 700	0.659
	1 300	0.018 65	15.59	238.5	1 279	568	1 955	0.655
	1 400	0.017 32	15.81	250.7	1 447	610	2 230	0.650
	1 500	0.016 16	16.02	262.7	1 626	655	2 530	0.643
	1 600	0.015 2	16.28	273.7	1 801	697	2 815	0.639
	1 700	0.014 3	16.58	284.9	1 992	742	3 130	0.637
	1 800	0.013 5	16.96	296.1	2 193	786	3 435	0.639
	1 900	0.012 8	17.49	307.2	2 400	835	3 730	0.643
	2 000	0.012 1	18.25	318.2	2 630	878	3 975	0.661
氮 N₂	100	3.438 8	1.070	68.8	2.00	9.58	2.60	0.768
	150	2.259 4	1.050	100.6	4.45	13.9	5.86	0.759
	200	1.688 3	1.043	129.2	7.65	18.3	10.4	0.736
	250	1.348 8	1.042	154.9	11.48	22.2	15.8	0.727
	300	1.123 3	1.041	178.2	15.86	25.9	22.1	0.716
	350	0.962 5	1.042	200.0	20.78	29.3	29.2	0.711
	400	0.842 5	1.045	220.4	26.16	32.7	37.1	0.704
	450	0.748 5	1.050	239.6	32.01	35.8	45.6	0.703
	500	0.673 9	1.056	257.7	38.24	38.9	54.7	0.700
	550	0.612 4	1.065	274.7	44.86	41.7	63.9	0.702
	600	0.561 5	1.075	290.8	51.79	44.6	73.9	0.701
	700	0.481 2	1.098	321.0	66.71	49.9	94.4	0.706
	800	0.421 1	1.122	349.1	82.90	54.8	116	0.715
	900	0.374 3	1.146	375.3	100.3	59.7	139	0.721
	1 000	0.336 8	1.167	399.9	118.7	64.7	165	0.721
	1 100	0.306 2	1.187	423.2	138.2	70.0	193	0.718
	1 200	0.280 7	1.204	445.3	158.6	75.8	224	0.707
	1 300	0.259 1	1.219	466.2	179.9	81.0	256	0.701

(D) 某些常见流体的热物理性质

续表 D.1

气体	T / K	ρ / (kg/m³)	c_p / (kJ/(kg·K))	$\mu \cdot 10^7$ / (N·s/m²)	$\nu \cdot 10^6$ / (m²/s)	$k \cdot 10^3$ / (W/(m·K))	$\alpha \cdot 10^6$ / (m²/s)	Pr
氧	100	3.945	0.962	76.4	1.94	9.25	2.44	0.796
	150	2.585	0.921	114.8	4.44	13.8	5.80	0.766
	200	1.930	0.915	147.5	7.64	18.3	10.4	0.737
	250	1.542	0.915	178.6	11.58	22.6	16.0	0.723
	300	1.284	0.920	207.2	16.14	26.8	22.7	0.711
	350	1.100	0.929	233.5	21.23	29.6	29.0	0.733
	400	0.9620	0.942	258.2	26.84	33.0	36.4	0.737
	450	0.8554	0.956	281.4	32.90	36.3	44.4	0.741
	500	0.7698	0.972	303.3	39.40	41.2	55.1	0.716
	550	0.6998	0.988	324.0	46.30	44.1	63.8	0.726
O_2	600	0.6414	1.003	343.7	53.59	47.3	73.5	0.729
	700	0.5498	1.031	380.8	69.26	52.8	93.1	0.744
	800	0.4810	1.054	415.2	86.32	58.9	116	0.743
	900	0.4275	1.074	447.2	104.6	64.9	141	0.740
	1 000	0.3848	1.090	477.0	124.0	71.0	169	0.733
	1 100	0.3498	1.103	505.5	144.5	75.8	196	0.736
	1 200	0.3206	1.115	532.5	166.1	81.9	229	0.725
	1 300	0.2960	1.125	588.4	188.6	87.1	262	0.721
水蒸气	380	0.5863	2.060	127.1	21.68	24.6	20.4	1.06
	400	0.5542	2.014	134.4	24.25	26.1	23.4	1.04
	450	0.4902	1.980	152.5	31.11	29.9	30.8	1.01
	500	0.4405	1.985	170.4	38.68	33.9	38.8	0.998
	550	0.4005	1.997	188.4	47.04	37.9	47.4	0.993
	600	0.3652	2.026	206.7	56.60	42.2	57.0	0.993
	650	0.3380	2.056	224.7	66.48	46.4	66.8	0.996
	700	0.3140	2.085	242.6	77.26	50.5	77.1	1.00
	750	0.2931	2.119	260.4	88.84	54.9	88.4	1.00
	800	0.2739	2.152	278.6	101.7	59.2	100	1.01
	850	0.2579	2.186	296.9	115.1	63.7	113	1.02

表 D.2　饱和液体的热物理性质

液体	T/K	ρ/(kg/m³)	c_p/(kJ/(kg·K))	$\mu \cdot 10^2$/(N·s/m²)	$\nu \cdot 10^6$/(m²/s)	$k \cdot 10^3$/(W/(m·K))	$\alpha \cdot 10^7$/(m²/s)	Pr	$\beta \cdot 10^3$/K⁻¹
润滑油	273	899.1	1.796	385	4 280	147	0.910	47 000	0.70
	280	895.3	1.827	217	2 430	144	0.880	27 500	0.70
	290	890.0	1.868	99.9	1 120	145	0.872	12 900	0.70
	300	884.1	1.909	48.6	550	145	0.859	6 400	0.70
	310	877.9	1.951	25.3	288	145	0.847	3 400	0.70
	320	871.8	1.993	14.1	161	143	0.823	1 965	0.70
	330	865.8	2.035	8.36	96.6	141	0.800	1 205	0.70
	340	859.9	2.076	5.31	61.7	139	0.779	793	0.70
	350	853.9	2.118	3.56	41.7	138	0.763	546	0.70
	360	847.8	2.161	2.52	29.7	138	0.753	395	0.70
	370	841.8	2.206	1.86	22.0	137	0.738	300	0.70
	380	836.0	2.250	1.41	16.9	136	0.723	233	0.70
	390	830.6	2.294	1.10	13.3	135	0.709	187	0.70
	400	825.1	2.337	0.874	10.6	134	0.695	152	0.70
	410	818.9	2.381	0.698	8.52	133	0.682	125	0.70
	420	812.1	2.427	0.564	6.94	133	0.675	103	0.70
	430	806.5	2.471	0.470	5.83	132	0.662	88	0.70
乙二醇 $C_2H_4(OH)_2$	273	1 130.8	2.294	6.51	57.6	242	0.933	617	0.65
	280	1 125.8	2.323	4.20	37.3	244	0.933	400	0.65
	290	1 118.8	2.368	2.47	22.1	248	0.936	236	0.65
	300	1 111.4	2.415	1.57	14.1	252	0.939	151	0.65
	310	1 103.7	2.460	1.07	9.65	255	0.939	103	0.65
	320	1 096.2	2.505	0.757	6.91	258	0.940	73.5	0.65
	330	1 089.5	2.549	0.561	5.15	260	0.936	55.0	0.65
	340	1 083.8	2.592	0.431	3.98	261	0.929	42.8	0.65
	350	1 079.0	2.637	0.342	3.17	261	0.917	34.6	0.65
	360	1 074.0	2.682	0.278	2.59	261	0.906	28.6	0.65
	370	1 066.7	2.728	0.228	2.14	262	0.900	23.7	0.65
	373	1 058.5	2.742	0.215	2.03	263	0.906	22.4	0.65

续表 D.2

液体	T K	ρ kg/m³	c_p kJ/(kg·K)	$\mu \cdot 10^2$ N·s/m²	$\nu \cdot 10^6$ m²/s	$k \cdot 10^3$ W/(m·K)	$\alpha \cdot 10^7$ m²/s	Pr	$\beta \cdot 10^3$ K⁻¹
甘油 C₃H₅(OH)₃	273	1 276.0	2.261	1 060	8 310	282	0.977	85 000	0.47
	280	1 271.9	2.298	534	4 200	284	0.972	43 200	0.47
	290	1 266.8	2.367	185	1 460	286	0.955	15 300	0.48
	300	1 259.9	2.427	79.9	634	286	0.935	6 780	0.48
	310	1 253.9	2.490	35.2	281	286	0.916	3 060	0.49
	320	1 247.2	2.564	21.0	168	287	0.897	1 870	0.50
氟利昂 CCl₂F₂	230	1 528.4	0.881 6	0.045 7	0.299	68	0.505	5.9	1.85
	240	1 498.0	0.892 3	0.038 5	0.257	69	0.516	5.0	1.90
	250	1 469.5	0.903 7	0.035 4	0.241	70	0.527	4.6	2.00
	260	1 439.0	0.916 3	0.032 2	0.224	73	0.554	4.0	2.10
	270	1 407.2	0.930 1	0.030 4	0.216	73	0.558	3.9	2.25
	280	1 374.4	0.945 0	0.028 3	0.206	73	0.562	3.7	2.35
	290	1 340.5	0.960 9	0.026 5	0.198	73	0.567	3.5	2.55
	300	1 305.8	0.978 1	0.025 4	0.195	72	0.564	3.5	2.75
	310	1 268.9	0.996 3	0.024 4	0.192	69	0.546	3.4	3.05
	320	1 228.6	1.015 5	0.023 3	0.190	68	0.545	3.5	3.5
水银 Hg	273	13 595	0.140 4	0.168 8	0.124 0	8 180	42.85	0.029 0	0.181
	300	13 529	0.139 3	0.152 3	0.112 5	8 540	45.30	0.024 8	0.181
	350	13 407	0.137 7	0.130 9	0.097 6	9 180	49.75	0.019 6	0.181
	400	13 287	0.136 5	0.117 1	0.088 2	9 800	54.05	0.016 3	0.181
	450	13 167	0.135 7	0.107 5	0.081 6	10 400	58.10	0.014 0	0.181
	500	13 048	0.135 3	0.100 7	0.077 1	10 950	61.90	0.012 5	0.182
	550	12 929	0.135 2	0.095 3	0.073 7	11 450	65.55	0.011 2	0.184
	600	12 809	0.135 5	0.091 1	0.071 1	11 950	68.80	0.010 3	0.187

表 D.3　饱和水的热物理性质

温度 (K) T	压强 (BAR) P	比容 (m^3/kg) $v_f \cdot 10^3$	v_k^*	蒸发热 (kJ/kg) h_{fk}	比热 (kJ/(kg·K)) c_{pf}	c_{pk}	粘度 (N·s/m²) $\mu_f \cdot 10^6$	$\mu_k \cdot 10^6$	热传导率 (W/(m·K)) $k_f \cdot 10^3$	$k \cdot 10^3$	Pr Pr_f	Pr_k	表面张力 (N/m) $\alpha_f \cdot 10^3$	膨胀系数 (K^{-1}) $\beta_f \cdot 10^6$	温度 (K) T
273.15	0.006 11	1.000	206.3	2 502	4.217	1.854	1 750	8.02	659	18.2	12.99	0.815	75.5	−68.05	273.15
275	0.006 97	1.000	181.7	2 497	4.211	1.855	1 652	8.09	574	18.3	12.22	0.817	75.3	−32.74	275
280	0.009 90	1.000	130.4	2 485	4.198	1.858	1 422	8.29	582	18.6	10.26	0.825	74.8	46.04	280
285	0.013 87	1.000	99.4	2 473	4.189	1.861	1 225	8.49	590	18.9	8.81	0.833	74.3	114.1	285
290	0.019 17	1.001	69.7	2 461	4.184	1.864	1 080	8.69	598	19.3	7.56	0.841	73.7	174.0	290
295	0.026 17	1.002	51.94	2 449	4.181	1.868	959	8.89	606	19.5	6.62	0.849	72.7	227.5	295
300	0.035 31	1.003	39.13	2 438	4.179	1.872	855	9.09	613	19.6	5.83	0.857	71.7	276.1	300
305	0.047 12	1.005	27.90	2 426	4.178	1.877	769	9.29	620	20.1	5.20	0.865	70.9	320.6	305
310	0.062 21	1.007	22.93	2 414	4.178	1.882	695	9.49	628	20.4	4.62	0.873	70.0	361.9	310
315	0.081 32	1.009	17.82	2 402	4.179	1.888	631	9.69	634	20.7	4.16	0.883	69.2	400.4	315
320	0.105 3	1.011	13.98	2 390	4.180	1.895	577	9.89	640	21.0	3.77	0.894	68.3	436.7	320
325	0.135 1	1.013	11.06	2 378	4.182	1.903	528	10.09	645	21.3	3.42	0.901	67.5	471.2	325
330	0.171 9	1.016	8.82	2 366	4.184	1.911	489	10.29	650	21.7	3.15	0.908	66.6	504.0	330
335	0.216 7	1.018	7.09	2 354	4.186	1.920	453	10.49	656	22.0	2.88	0.916	65.8	535.5	335
340	0.271 3	1.021	5.74	2 342	4.188	1.930	420	10.69	660	22.3	2.66	0.925	64.9	566.0	340
345	0.337 2	1.024	4.683	2 329	4.191	1.941	389	10.89	668	22.6	2.45	0.933	64.1	595.4	345
350	0.416 3	1.027	3.846	2 317	4.195	1.954	365	11.09	668	23.0	2.29	0.942	63.2	624.2	350
355	0.510 0	1.030	3.180	2 304	4.199	1.968	343	11.29	671	23.3	2.14	0.951	62.3	652.3	355
360	0.620 9	1.034	2.645	2 291	4.203	1.983	324	11.49	674	23.7	2.02	0.960	61.4	697.9	360
365	0.751 4	1.038	2.212	2 278	4.209	1.999	306	11.69	677	24.1	1.91	0.969	60.5	707.1	365

续表 D.3

温度 (K) T	压强 (BAR) P	比容 (m³/kg)·10³ v_f	v_k^*	蒸发热 (kJ/kg) h_{fk}	比热 (kJ/(kg·K)) c_{pf}	c_{pk}	粘度 (N·s/m²)·10⁶ μ_f	$\mu_k \cdot 10^6$	热传导率 (W/(m·K))·10³ k_f	$k \cdot 10^3$	Pr Pr_f	Pr_k	表面张力 (N/m)·10³ α_f	膨胀系数 (K⁻¹) $\beta_f \cdot 10^6$	温度 (K) T
370	0.904 0	1.041	1.861	2 265	4.214	2.017	289	11.89	679	24.5	1.80	0.978	59.5	728.7	370
373.15	1.013 3	1.044	1.679	2 257	4.217	2.029	279	12.02	680	24.8	1.76	0.984	58.9	750.1	373.15
375	1.031 5	1.045	1.574	2 252	4.220	2.036	274	12.09	681	24.9	1.70	0.987	58.6	761	375
380	1.286 9	1.049	1.337	2 239	4.226	2.057	260	12.29	683	25.4	1.61	0.999	57.6	788	380
385	1.523 3	1.053	1.142	2 225	4.232	2.080	248	12.49	685	25.8	1.53	1.004	56.6	814	385
390	1.794	1.058	0.980	2 212	4.239	2.104	237	12.69	686	26.3	1.47	1.013	55.6	841	390
400	2.455	1.067	0.731	2 183	4.256	2.158	217	13.05	688	27.2	1.34	1.033	53.6	896	400
410	3.302	1.077	0.553	2 153	4.278	2.221	200	13.42	688	28.2	1.24	1.054	51.5	952	410
420	4.370	1.088	0.425	2 123	4.302	2.291	185	13.79	688	29.8	1.16	1.075	49.4	1 010	420
430	5.699	1.099	0.331	2 091	4.331	2.369	173	14.14	685	30.4	1.09	1.10	47.2	—	430
440	7.333	1.110	0.261	2 059	4.36	2.46	162	14.50	682	31.7	1.04	1.12	45.1	—	440
450	9.319	1.123	0.208	2 024	4.40	2.56	152	14.85	678	33.1	0.99	1.14	42.9	—	450
460	11.71	1.137	0.167	1 989	4.44	2.68	143	15.19	673	34.6	0.95	1.17	40.7	—	460
470	14.55	1.152	0.136	1 951	4.48	2.79	136	15.54	667	36.3	0.92	1.20	38.5	—	470
480	17.90	1.167	0.111	1 912	4.53	2.94	129	15.88	660	38.1	0.89	1.23	36.2	—	480
490	21.83	1.184	0.092 2	1 870	4.59	3.10	124	16.23	651	40.1	0.87	1.25	33.9	—	490
500	26.40	1.203	0.076 6	1 825	4.66	3.27	118	16.59	642	42.3	0.86	1.28	31.6	—	500
510	31.66	1.222	0.063 1	1 779	4.74	3.47	113	16.95	631	44.7	0.85	1.31	29.3	—	510
520	37.70	1.244	0.052 5	1 730	4.84	3.70	108	17.33	621	47.5	0.84	1.35	26.9	—	520
530	44.58	1.268	0.044 5	1 679	4.95	3.96	104	17.72	608	50.6	0.85	1.39	24.5	—	530

续表 D.3

温度 (K) T	压强 (BAR) P	比容 (m³/kg) $v_f \cdot 10^3$	比容 v_k^*	蒸发热 (kJ/kg) h_{fk}	比热 (kJ/(kg·K)) c_{pf}	比热 c_{pk}	粘度 (N·s/m²) $\mu_f \cdot 10^6$	粘度 $\mu_k \cdot 10^6$	热传导率 (W/(m·K)) $k_f \cdot 10^3$	热传导率 $k \cdot 10^3$	Pr Pr_f	Pr Pr_k	表面张力 (N/m) $\alpha_f \cdot 10^3$	膨胀系数 (K⁻¹) $\beta_f \cdot 10^6$	温度 (K) T
540	52.38	1.294	0.0375	1 622	5.08	4.27	101	18.1	594	54.0	0.86	1.43	22.1	—	540
550	61.19	1.323	0.0317	1 564	5.24	4.64	97	18.6	580	58.3	0.87	1.47	19.7	—	550
560	71.08	1.355	0.0269	1 499	5.43	5.09	94	19.1	563	63.7	0.90	1.52	17.3	—	560
570	82.16	1.392	0.0228	1 429	5.68	5.67	91	19.7	548	76.7	0.94	1.59	15.0	—	570
580	94.51	1.433	0.0193	1 353	6.00	6.40	88	20.4	528	76.7	0.99	1.68	12.8	—	580
590	108.3	1.482	0.0163	1 274	6.41	7.35	84	21.5	513	84.1	1.05	1.84	10.5	—	590
600	123.5	1.541	0.0137	1 176	7.00	8.75	81	22.7	497	92.9	1.14	2.15	8.4	—	600
610	137.3	1.612	0.0115	1 068	7.85	11.1	77	24.1	467	103	1.30	2.60	6.3	—	610
620	159.1	1.705	0.0094	941	9.35	15.4	72	25.9	444	114	1.52	3.46	4.5	—	620
625	169.1	1.778	0.0085	858	10.6	18.3	70	27.0	430	121	1.65	4.20	3.5	—	625
630	179.7	1.856	0.0075	781	12.6	22.1	67	28.0	412	130	2.0	4.8	2.6	—	630
635	190.9	1.935	0.0066	683	16.4	27.6	64	30.0	392	141	2.7	6.0	1.5	—	635
640	202.7	2.075	0.0057	560	26	42	59	32.0	367	155	4.2	9.6	0.8	—	640
645	215.2	2.351	0.0045	361	90	—	54	37.0	331	178	12	26	0.1	—	645
647.3[b]	221.2	3.170	0.0032	0	α	α	45	45.0	238	238	α	α	0.0	—	647.3[b]

* 图中脚标 f 代表饱和液体情况，g 代表饱和蒸气情况。

表 D.4　液态金属的热物理性质

成分	熔点 K	T K	ρ kg/m³	c_p kJ/kg·K	$\nu \cdot 10^7$ m²/s	$k \cdot 10^3$ W/(m·K)	$\alpha \cdot 10^5$ m²/s	Pr
铋(Bi)	544	589	10 011	0.144 4	1.617	16.4	0.138	0.014 2
		811	9 739	0.154 5	1.133	15.6	1.035	0.011 0
		1 033	9 467	0.164 5	0.834 3	15.6	1.001	0.008 3
铅(Pb)	600	644	10 540	0.159	2.276	16.1	1.084	0.024
		755	10 412	0.155	1.849	15.6	1.223	0.017
		977	10 140	—	1.347	14.9	—	—
钾(K)	337	422	807.3	0.80	4.608	45.0	6.99	0.006 6
		700	741.7	0.75	2.397	39.5	7.07	0.003 4
		977	674.4	0.75	1.905	33.1	6.55	0.002 9
钠(Na)	371	366	929.1	1.38	7.516	86.2	6.71	0.011
		644	860.2	1.30	3.270	72.3	6.48	0.005 1
		977	778.5	1.26	2.285	59.7	6.12	0.003 7
NaK(45%/55%)	292	366	887.4	1.130	6.522	25.6	2.552	0.026
		644	821.7	1.055	2.871	27.5	3.17	0.009 1
		977	740.1	1.043	2.174	28.9	3.74	0.005 8
NaK(22%/78%)	262	366	849.0	0.946	5.797	24.4	3.05	0.019
		672	775.3	0.879	2.666	26.7	3.92	0.006 8
		1 033	690.4	0.883	2.118	—	—	—
PbBi(44.5%/55.5%)	398	422	10 524	0.147	—	9.05	0.586	—
		644	10 236	0.147	1.496	11.86	0.790	0.189
		922	9 835	—	1.171	—	—	—
水银		234	见表 D.2					

表 D.5　双组分扩散系数(在大气压)

	溶质 A	溶剂 B	T (K)	D_{AB} (m²/s)
气体	氨(NH_3)	空气	298	0.28×10^{-4}
	H_2O	空气	298	0.26×10^{-4}
	CO_2	空气	298	0.16×10^{-4}
	H_2	空气	298	0.41×10^{-4}
	O_2	空气	298	0.21×10^{-4}
	丙酮	空气	273	0.11×10^{-4}
	苯	空气	298	0.88×10^{-5}
	萘	空气	300	0.62×10^{-5}
	Ar	N_2	293	0.19×10^{-4}
	H_2	O_2	273	0.70×10^{-4}
	H_2	N_2	273	0.68×10^{-4}

续表 D.5

	溶质 A	溶剂 B	T (K)	D_{AB} (m²/s)
气体	H_2	CO_2	273	0.55×10^{-4}
	CO_2	N_2	293	0.16×10^{-4}
	CO_2	O_2	273	0.14×10^{-4}
	O_2	N_2	273	0.18×10^{-4}
稀溶液	咖啡碱	H_2O	298	0.63×10^{-9}
	酒精	H_2O	298	0.12×10^{-8}
	葡萄糖	H_2O	298	0.69×10^{-9}
	甘油	H_2O	298	0.94×10^{-9}
	丙酮	H_2O	298	0.13×10^{-8}
	CO_2	H_2O	298	0.20×10^{-8}
	O_2	H_2O	298	0.24×10^{-8}
	H_2	H_2O	298	0.63×10^{-8}
	N_2	H_2O	298	0.26×10^{-8}
	食盐(NaCl)	H_2O	288	1.1×10^{-9}
	高锰酸钾($KMnO_4$)	H_2O	288	1.4×10^{-9}
固体	O_2	硫化橡胶	298	0.21×10^{-9}
	N_2	硫化橡胶	298	0.15×10^{-9}
	CO_2	硫化橡胶	298	0.11×10^{-9}
	He	SiO_2	293	0.4×10^{-13}
	H_2	Fe	293	0.26×10^{-12}
	Cd	Cu	293	0.27×10^{-18}
	Al	Cu	293	0.13×10^{-33}
	H_2	塑料膜	298	0.87×10^{-7}

(E) 正交曲线坐标系中的流体力学运动方程组

一、正交曲线坐标系

空间任一点,可用直角坐标系的三个坐标数 x、y、z(或 x_1, x_2, x_3)表示。若有另一组数 q_1, q_2, q_3 存在,使

$$x_i = x_i(q_1, q_2, q_3), i = 1, 2, 3 \qquad (E.1)$$

且

$$q_i = q_i(x_1, x_2, x_3), i = 1, 2, 3, \qquad (E.2)$$

即 x_i 与 q_i 之间的关系是一对一的,则空间任一点也可用 q_1、q_2、q_3 这三个数来表示,这三个数 q_1、q_2、q_3 称为曲线坐标。

x_i 与 q_i 一一对应的条件是

$$J = \det\left(\frac{\partial x_i}{\partial q_j}\right) = \begin{vmatrix} \frac{\partial x_1}{\partial q_1} & \frac{\partial x_1}{\partial q_2} & \frac{\partial x_1}{\partial q_3} \\ \frac{\partial x_2}{\partial q_1} & \frac{\partial x_2}{\partial q_2} & \frac{\partial x_2}{\partial q_3} \\ \frac{\partial x_3}{\partial q_1} & \frac{\partial x_3}{\partial q_2} & \frac{\partial x_3}{\partial q_3} \end{vmatrix} \neq 0 \text{ 或 } \infty. \tag{E.3}$$

与直角坐标系一样，q_i = 常数组成三个坐标面，若这三个坐标面互相正交，则称这三个坐标为正交曲线坐标，由这三个坐标来确定空间位置的参考系，称为正交曲线坐标系．

正交曲线坐标系中最常见的是直角坐标系、柱坐标系及球坐标系．

柱坐标 r、θ、z 与直角坐标 x、y、z 有下列一一对应关系（见图 E.1）：

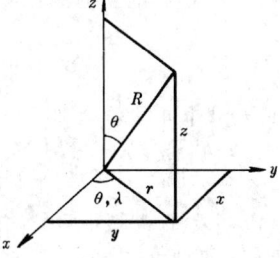

$$\begin{cases} x = r\cos\theta, \\ y = r\sin\theta, \\ z = z, \end{cases} \iff \begin{cases} r = \sqrt{x^2 + y^2}, \\ \theta = \arctan\frac{y}{x}, \\ z = z. \end{cases} \tag{E.4}$$

球坐标 R、θ、λ 与直角坐标 x、y、z 有下列一一对应关系（见图 E.1）：

$$\begin{cases} x = R\sin\theta\cos\lambda, \\ y = R\sin\theta\sin\lambda, \\ z = R\cos\theta, \end{cases} \iff \begin{cases} R = \sqrt{x^2 + y^2 + z^2}, \\ \theta = \arccos\dfrac{z}{\sqrt{x^2 + y^2 + z^2}}, \\ \lambda = \arctan\dfrac{y}{x}. \end{cases} \tag{E.5}$$

图 E.1

二、拉梅系数

坐标面两两相交的曲线，组成三个坐标轴线 q_1、q_2、q_3，在坐标轴线 q_i 上，只有坐标 q_i 改变，另两个坐标不变．沿三个坐标轴的切线且指向 q_i 值增加的方向的单位矢量，称为坐标轴单位矢量，以 e_i 表示（见图 E.2）．一般来说，e_i 的方向将随空间位置而改变，例如，在柱坐标

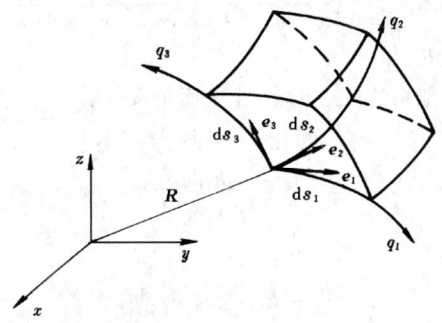

图 E.2

系中，r 坐标轴上的单位矢量 e_r 及 θ 坐标轴上的单位矢量 e_θ，在不同空间点上是不同的．

这与直角坐标系的情况不一样.

设空间中一点 M,可以用以指定点为原点的矢径 $\boldsymbol{R}$ 表示:
$$\boldsymbol{R} = x\boldsymbol{i} + y\boldsymbol{j} + z\boldsymbol{k}$$
$$= \boldsymbol{R}(q_1, q_2, q_3). \tag{E.6}$$

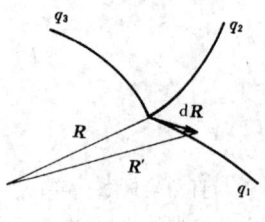

图 E.3

改变 q_i,则 $\boldsymbol{R}$ 也将随之改变. 由图 E.3 知,$\partial \boldsymbol{R}/\partial q_i$ 将指向 $\boldsymbol{e}_i$ 方向. 若设其大小为 h_i,则
$$\frac{\partial \boldsymbol{R}}{\partial q_i} = h_i \boldsymbol{e}_i. \tag{E.7}$$

易知,上式 $h_i = |\partial \boldsymbol{R}/\partial q_i|$,$h_i$ 称为拉梅系数,它等于
$$h_i = \sqrt{\left(\frac{\partial x}{\partial q_i}\right)^2 + \left(\frac{\partial y}{\partial q_i}\right)^2 + \left(\frac{\partial z}{\partial q_i}\right)^2}. \tag{E.8}$$

(E.7)式也可写为
$$\boldsymbol{e}_i = \frac{1}{h_i}\frac{\partial \boldsymbol{R}}{\partial q_i}. \tag{E.9}$$

((E.7)及(E.9)式中两个 i 并不表示求和,以后对 h_i 中之 i 约定不求和)后面将看到,拉梅系数 h_i 在曲线坐标中是一个重要的数.

由计算知,在柱坐标中,
$$h_1 = h_r = 1, h_2 = h_\theta = r, h_3 = h_z = 1, \tag{E.10}$$

在球坐标中
$$h_1 = h_R = 1, h_2 = h_\theta = R, h_3 = h_\lambda = R\sin\theta, \tag{E.11}$$

由式(E.6),
$$d\boldsymbol{R} = \frac{\partial \boldsymbol{R}}{\partial q_1}dq_1 + \frac{\partial \boldsymbol{R}}{\partial q_2}dq_2 + \frac{\partial \boldsymbol{R}}{\partial q_3}dq_3 = h_1\boldsymbol{e}_1 dq_1 + h_2\boldsymbol{e}_2 dq_2 + h_3\boldsymbol{e}_3 dq_3$$
$$= h_i \boldsymbol{e}_i dq_i = ds_i \boldsymbol{e}_i. \tag{E.12}$$

上式中乘积项有两重复指标 i(除 h_i),约定应 $i=1,2,3$ 求和 $\sum_{i=1}^{3}$,以下同. 显然,
$$|d\boldsymbol{R}| = \sqrt{ds_1^2 + ds_2^2 + ds_3^2}$$
$$= \sqrt{(h_1 dq_1)^2 + (h_2 dq_2)^2 + (h_3 dq_3)^2}, \tag{E.13}$$

其中 ds_i 为坐标轴上线元长.

由此线元 $ds_i = h_i dq_i$ 组成的在各坐标面上的面元 $d\sigma_i$ 为
$$d\sigma_1 = h_2 h_3 dq_2 dq_3,$$
$$d\sigma_2 = h_3 h_1 dq_3 dq_1, \tag{E.14}$$
$$d\sigma_3 = h_1 h_2 dq_1 dq_2.$$

由此线元组成的体元为
$$dV = h_1 h_2 h_3 dq_1 dq_2 dq_3. \tag{E.15}$$

对柱坐标,相应有(见图 E.4)

线元: $dr, rd\theta, dz,$

面元: $rd\theta dr, drdz, rd\theta dz,$ \hfill (E.16)

体元:$rdrd\theta dz$.

对球坐标,相应有(见图 E.4)

线元:$dR, Rd\theta, R\sin\theta d\lambda$

面元:$Rd\theta, R\sin\theta d\lambda; dR, R\sin\theta d\lambda, dR, Rd\theta,$ (E.17)

体元:$dR, Rd\theta, R\sin\theta d\lambda$.

三、坐标轴单位矢量的微商

后面将用到坐标轴单位矢量 e_i 的微商 $\partial e_i/\partial q_j$. 这里将先证明,对 $i \neq j$ 及 $i = j$ 两种情况分别有

$$\frac{\partial e_i}{\partial q_j} = \frac{1}{h_i}\frac{\partial h_j}{\partial q_i}e_j, \quad i \neq j.$$

$$\frac{\partial e_i}{\partial q_j} = \frac{\partial e_I}{\partial q_I} = -\left(\frac{1}{h_J}\frac{\partial h_I}{\partial q_J}e_J + \frac{1}{h_K}\frac{\partial h_I}{\partial q_K}e_K\right), i = j = I.$$

在后一式中,大写指标即使重复也不求和,且 J 与 K 为依 1、2、3 顺序取 I 值之后的两依次值,例如:

$$\frac{\partial e_2}{\partial q_2} = -\left(\frac{1}{h_3}\frac{\partial h_2}{\partial q_3}e_3 + \frac{1}{h_1}\frac{\partial h_2}{\partial q_1}e_1\right).$$

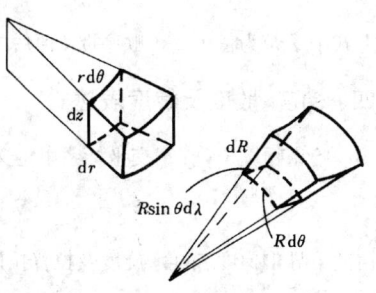

图 E.4

现证明之:

(1) $i \neq j$ 时

由

$$\frac{\partial}{\partial q_j}\frac{\partial \boldsymbol{R}}{\partial q_i} = \frac{\partial}{\partial q_i}\frac{\partial \boldsymbol{R}}{\partial q_j}$$

有

$$\frac{\partial}{\partial q_j}h_i e_i = \frac{\partial}{\partial q_i}h_j e_j$$

或

$$h_i\frac{\partial e_i}{\partial q_j} + \frac{\partial h_i}{\partial q_j}e_i = h_j\frac{\partial e_j}{\partial q_i} + \frac{\partial h_j}{\partial q_i}e_j.$$

上式点乘 e_j,有

$$h_i\frac{\partial e_i}{\partial q_j} \cdot e_j = h_j\frac{\partial e_j}{\partial q_i} \cdot e_j + \frac{\partial h_j}{\partial q_i}e_j \cdot e_j$$

$$= h_j\frac{\partial}{\partial q_i}\left(\frac{1}{2}e_j \cdot e_j\right) + \frac{\partial h_j}{\partial q_i}$$

$$= h_j\frac{\partial}{\partial q_i}\frac{1}{2} + \frac{\partial h_j}{\partial q_i} = \frac{\partial h_j}{\partial q_i}.$$

又显然,$\partial e_i/\partial q_j$ 与 e_j 同向(图 E.3),因而

$$\frac{\partial e_i}{\partial q_j} = \frac{1}{h_i}\frac{\partial h_j}{\partial q_i}e_j.$$ (E.18)

(2) $i = j = I$ 时

$$\frac{\partial e_i}{\partial q_j} = \frac{\partial e_I}{\partial q_I} = \frac{\partial}{\partial q_I}(e_J \times e_K)$$

$$= \frac{\partial \boldsymbol{e}_J}{\partial q_I} \times \boldsymbol{e}_K + \boldsymbol{e}_J \times \frac{\partial \boldsymbol{e}_K}{\partial q_I}$$

$$= \frac{1}{h_J}\frac{\partial h_I}{\partial q_J}\boldsymbol{e}_I \times \boldsymbol{e}_K + \boldsymbol{e}_J \times \frac{1}{h_K}\frac{\partial h_I}{\partial q_K}\boldsymbol{e}_I$$

$$= -\frac{1}{h_J}\frac{\partial h_I}{\partial q_J}\boldsymbol{e}_J - \frac{1}{h_K}\frac{\partial h_I}{\partial q_K}\boldsymbol{e}_K. \tag{E.19}$$

上式中 J、K 为依 $1, 2, 3$ 顺序取 I 值后之依次两值。

四、梯度、散度及旋度表达式

哈密顿算子 ∇ 在正交坐标系中定义为

$$\nabla = \boldsymbol{e}_i \frac{\partial}{\partial s_i} = \boldsymbol{e}_i \frac{\partial}{h_i \partial q_i}. \tag{E.20}$$

由此可导出梯度、散度、旋度及拉普拉斯算子等的表达式。

梯度

$$\text{grad } \psi = \nabla \psi = \boldsymbol{e}_i \frac{1}{h_i} \frac{\partial \psi}{\partial q_i}. \tag{E.21}$$

对柱坐标

$$\text{grad } \psi = \frac{\partial \psi}{\partial r}\boldsymbol{e}_r + \frac{1}{r}\frac{\partial \psi}{\partial \theta}\boldsymbol{e}_\theta + \frac{\partial \psi}{\partial z}\boldsymbol{e}_z. \tag{E.22}$$

对球坐标

$$\text{grad } \psi = \frac{\partial \psi}{\partial R}\boldsymbol{e}_R + \frac{1}{R}\frac{\partial \psi}{\partial \theta}\boldsymbol{e}_\theta + \frac{\partial \psi}{R\sin\theta\partial\lambda}\boldsymbol{e}_\lambda. \tag{E.23}$$

散度

$$\text{div } \boldsymbol{a} = \nabla \cdot \boldsymbol{a} = \boldsymbol{e}_i \frac{\partial}{h_i \partial q_i} \cdot (a_j \boldsymbol{e}_j)$$

$$= \frac{1}{h_i}\frac{\partial a_j}{\partial q_i}\boldsymbol{e}_i \cdot \boldsymbol{e}_j + \frac{1}{h_i}a_j \boldsymbol{e}_i \cdot \frac{\partial \boldsymbol{e}_j}{\partial q_i}$$

$$= \frac{1}{h_j}\frac{\partial a_j}{\partial q_j} + a_j\left(\frac{\boldsymbol{e}_I}{h_I}\cdot\frac{\partial \boldsymbol{e}_j}{\partial q_I} + \frac{\boldsymbol{e}_J}{h_J}\cdot\frac{\partial \boldsymbol{e}_j}{\partial q_J} + \frac{\boldsymbol{e}_K}{h_K}\cdot\frac{\partial \boldsymbol{e}_j}{\partial q_K}\right)$$

$$= \frac{1}{h_j}\frac{\partial a_j}{\partial q_j} + a_j\left[\frac{\boldsymbol{e}_I}{h_I}\cdot\frac{1}{h_j}\frac{\partial h_I}{\partial q_j}\boldsymbol{e}_I + \frac{\boldsymbol{e}_J}{h_J}\cdot\left(-\frac{1}{h_I}\frac{\partial h_j}{\partial q_I}\boldsymbol{e}_I\right.\right.$$

$$\left.\left.-\frac{1}{h_K}\frac{\partial h_j}{\partial q_K}\boldsymbol{e}_K\right) + \frac{\boldsymbol{e}_K}{h_K}\cdot\frac{1}{h_j}\frac{\partial h_K}{\partial q_j}\boldsymbol{e}_K\right]$$

$$= \frac{1}{h_j}\frac{\partial a_j}{\partial q_j} + a_j\left(\frac{1}{h_I h_j}\frac{\partial h_I}{\partial q_j} + 0 + 0 + \frac{1}{h_j h_K}\frac{\partial h_K}{\partial q_j}\right)$$

$$= \frac{1}{h_j}\frac{\partial a_j}{\partial q_j} + \frac{a_j}{h_I h_j h_K}\frac{\partial (h_I h_K)}{\partial q_j}$$

$$= \frac{1}{h_1 h_2 h_3}\frac{\partial}{\partial q_j}(h_I h_K a_j)$$

$$= \frac{1}{h_1 h_2 h_3}\left[\frac{\partial (h_2 h_3 a_1)}{\partial q_1} + \frac{\partial (h_3 h_1 a_2)}{\partial q_2} + \frac{\partial (h_1 h_2 a_3)}{\partial q_3}\right]. \tag{E.24}$$

对柱坐标
$$\text{div } \boldsymbol{a} = \frac{1}{r}\left[\frac{\partial(ra_r)}{\partial r} + \frac{\partial a_\theta}{\partial \theta} + \frac{\partial(ra_z)}{\partial z}\right]. \qquad (\text{E.25})$$

对球坐标
$$\text{div } \boldsymbol{a} = \frac{1}{R^2\sin\theta}\left[\frac{\partial(R^2\sin\theta a_R)}{\partial R} + \frac{\partial(R\sin\theta a_\theta)}{\partial \theta} + \frac{\partial(Ra_\lambda)}{\partial \lambda}\right]. \qquad (\text{E.26})$$

旋度
$$\begin{aligned}
\text{rot } \boldsymbol{a} &= \nabla \times \boldsymbol{a} = \boldsymbol{e}_i \frac{1}{h_i}\frac{\partial}{\partial q_i} \times (a_j \boldsymbol{e}_j) \\
&= \frac{\boldsymbol{e}_i}{h_i} \times \frac{\partial a_j}{\partial q_i}\boldsymbol{e}_j + \frac{\boldsymbol{e}_i}{h_i} \times a_j \frac{\partial \boldsymbol{e}_j}{\partial q_i} \\
&= \frac{1}{h_i}\varepsilon_{ijk}\frac{\partial a_j}{\partial q_i}\boldsymbol{e}_k + \frac{\boldsymbol{e}_i}{h_i} \times \left(a_I \frac{\partial \boldsymbol{e}_I}{\partial q_i} + a_J \frac{\partial \boldsymbol{e}_J}{\partial q_i} + a_K \frac{\partial \boldsymbol{e}_K}{\partial q_i}\right) \\
&= \varepsilon_{ijk}\frac{1}{h_i}\frac{\partial a_j}{\partial q_i}\boldsymbol{e}_k + \frac{\boldsymbol{e}_i}{h_i} \times \left[a_I\left(-\frac{1}{h_J}\frac{\partial h_i}{\partial q_J}\boldsymbol{e}_J - \frac{1}{h_K}\frac{\partial h_i}{\partial q_K}\boldsymbol{e}_K\right)\right.\\
&\quad \left. + \frac{a_J}{h_J}\frac{\partial h_i}{\partial q_J}\boldsymbol{e}_i + \frac{a_K}{h_K}\frac{\partial h_i}{\partial q_K}\boldsymbol{e}_i\right] \\
&= \varepsilon_{ijk}\frac{1}{h_i}\frac{\partial a_j}{\partial q_i}\boldsymbol{e}_k - \frac{\boldsymbol{e}_i}{h_i} \times \left(\frac{a_I}{h_J}\frac{\partial h_i}{\partial q_J}\boldsymbol{e}_J + \frac{a_I}{h_K}\frac{\partial h_i}{\partial q_K}\boldsymbol{e}_K\right) \\
&= \varepsilon_{ijk}\frac{1}{h_i}\frac{\partial a_j}{\partial q_i}\boldsymbol{e}_k - \frac{\boldsymbol{e}_i}{h_i} \times \left(\frac{a_I}{h_I}\frac{\partial h_i}{\partial q_I}\boldsymbol{e}_I + \frac{a_I}{h_J}\frac{\partial h_i}{\partial q_J}\boldsymbol{e}_J + \frac{a_I}{h_K}\frac{\partial h_i}{\partial q_K}\boldsymbol{e}_K\right) \\
&= \varepsilon_{ijk}\frac{1}{h_i}\frac{\partial a_j}{\partial q_i}\boldsymbol{e}_k - \frac{\boldsymbol{e}_i}{h_i} \times \frac{a_i}{h_j}\frac{\partial h_i}{\partial q_j}\boldsymbol{e}_j \\
&= \varepsilon_{ijk}\frac{1}{h_i}\frac{\partial a_j}{\partial q_i}\boldsymbol{e}_k - \varepsilon_{ijk}\frac{a_i}{h_i h_j}\frac{\partial h_i}{\partial q_j}\boldsymbol{e}_k \\
&= \varepsilon_{ijk}\frac{1}{h_i}\frac{\partial a_j}{\partial q_i}\boldsymbol{e}_k - \varepsilon_{jik}\frac{a_j}{h_i h_j}\frac{\partial h_j}{\partial q_i}\boldsymbol{e}_k \\
&= \varepsilon_{ijk}\frac{1}{h_i}\frac{\partial a_j}{\partial q_i}\boldsymbol{e}_k + \varepsilon_{ijk}\frac{a_j}{h_i h_j}\frac{\partial h_j}{\partial q_i}\boldsymbol{e}_k \\
&= \varepsilon_{ijk}\frac{1}{h_1 h_2 h_3}\left(h_j h_k \frac{\partial a_j}{\partial q_i} + a_j h_k \frac{\partial h_j}{\partial q_i}\right)\boldsymbol{e}_k \\
&= \varepsilon_{ijk}\frac{1}{h_1 h_2 h_3}\frac{\partial(h_j a_j)}{\partial q_i}h_k \boldsymbol{e}_k \\
&= \frac{1}{h_1 h_2 h_3}\begin{vmatrix} h_1 \boldsymbol{e}_1 & h_2 \boldsymbol{e}_2 & h_3 \boldsymbol{e}_3 \\ \dfrac{\partial}{\partial q_1} & \dfrac{\partial}{\partial q_2} & \dfrac{\partial}{\partial q_3} \\ h_1 a_1 & h_2 a_2 & h_3 a_3 \end{vmatrix}. \qquad (\text{E.27})
\end{aligned}$$

对柱坐标
$$\text{rot } \boldsymbol{a} = \frac{1}{r}\begin{vmatrix} \boldsymbol{e}_r & r\boldsymbol{e}_\theta & \boldsymbol{e}_z \\ \dfrac{\partial}{\partial r} & \dfrac{\partial}{\partial \theta} & \dfrac{\partial}{\partial z} \\ a_r & ra_\theta & a_z \end{vmatrix}. \qquad (\text{E.28})$$

对球坐标
$$\operatorname{rot}\boldsymbol{a} = \frac{1}{R^2\sin\theta}\begin{vmatrix} \boldsymbol{e}_R & R\boldsymbol{e}_\theta & R\sin\theta\boldsymbol{e}_\lambda \\ \frac{\partial}{\partial R} & \frac{\partial}{\partial \theta} & \frac{\partial}{\partial \lambda} \\ a_R & Ra_\theta & R\sin\theta a_\lambda \end{vmatrix}. \tag{E.29}$$

五、算子 Δ 及 $(\boldsymbol{b}\cdot\nabla)$ 的表达式

算子 Δ 定义为 $\Delta = \nabla\cdot\nabla$,故

$$\Delta\psi = \nabla\cdot\nabla\psi$$
$$= \frac{1}{h_1 h_2 h_3}\left[\frac{\partial}{\partial q_1}\left(\frac{h_2 h_3}{h_1}\frac{\partial\psi}{\partial q_1}\right) + \frac{\partial}{\partial q_2}\left(\frac{h_3 h_1}{h_2}\frac{\partial\psi}{\partial q_2}\right) + \frac{\partial}{\partial q_3}\left(\frac{h_1 h_2}{h_3}\frac{\partial\psi}{\partial q_3}\right)\right]. \tag{E.30}$$

$$\Delta\boldsymbol{a} = \nabla(\nabla\cdot\boldsymbol{a}) - \nabla\times(\nabla\times\boldsymbol{a})$$
$$= \boldsymbol{e}_i\left\{\frac{1}{h_i}\frac{\partial}{\partial q_i}\left[\frac{1}{h_1 h_2 h_3}\left(\frac{\partial h_2 h_3 a_1}{\partial q_1} + \frac{\partial h_3 h_1 a_2}{\partial q_2} + \frac{\partial h_1 h_2 a_3}{\partial q_3}\right)\right]\right.$$
$$\left. + (\delta_{jl}\delta_{im} - \delta_{jm}\delta_{il})\frac{1}{h_1 h_2 h_3}\frac{\partial}{\partial q_j}\left[\frac{h_j^2}{h_1 h_2 h_3}\frac{\partial(h_m a_m)}{\partial q_l}\right]h_i\right\} \tag{E.31}$$

$$(\boldsymbol{b}\cdot\nabla)\psi = \frac{b_1}{h_1}\frac{\partial\psi}{\partial q_1} + \frac{b_2}{h_2}\frac{\partial\psi}{\partial q_2} + \frac{b_3}{h_3}\frac{\partial\psi}{\partial q_3}. \tag{E.32}$$

$$(\boldsymbol{b}\cdot\nabla)\boldsymbol{a} = (\boldsymbol{b}\cdot\nabla)(a_j\boldsymbol{e}_j) = b_i\frac{\partial}{h_i\partial q_i}(a_j\boldsymbol{e}_j)$$
$$= \frac{b_i}{h_i}\frac{\partial a_j}{\partial q_i}\boldsymbol{e}_j + b_i a_j\frac{1}{h_i}\frac{\partial\boldsymbol{e}_j}{\partial q_i}$$
$$= \frac{b_i}{h_i}\frac{\partial a_j}{\partial q_i}\boldsymbol{e}_j + a_j\left(\frac{b_I}{h_I}\frac{\partial\boldsymbol{e}_j}{\partial q_I} + \frac{b_J}{h_J}\frac{\partial\boldsymbol{e}_j}{\partial q_J} + \frac{b_K}{h_K}\frac{\partial\boldsymbol{e}_j}{\partial q_K}\right)$$
$$= \frac{b_i}{h_i}\frac{\partial a_j}{\partial q_i}\boldsymbol{e}_j + a_j\left[\frac{b_I}{h_I}\frac{1}{h_j}\frac{\partial h_I}{\partial q_j}\boldsymbol{e}_I + \frac{b_J}{h_J}\left(-\frac{1}{h_I}\frac{\partial h_j}{\partial q_I}\boldsymbol{e}_I\right.\right.$$
$$\left.\left. - \frac{1}{h_K}\frac{\partial h_j}{\partial q_K}\boldsymbol{e}_K\right) + \frac{b_K}{h_K}\frac{1}{h_j}\frac{\partial h_K}{\partial q_j}\boldsymbol{e}_K\right]$$
$$= \frac{b_i}{h_i}\frac{\partial a_j}{\partial q_i}\boldsymbol{e}_j + a_j\left[\left(\frac{b_I}{h_I h_j}\frac{\partial h_I}{\partial q_j} - \frac{b_J}{h_I h_J}\frac{\partial h_j}{\partial q_I}\right)\boldsymbol{e}_I\right.$$
$$\left. + \left(\frac{b_K}{h_j h_K}\frac{\partial h_K}{\partial q_j} - \frac{b_J}{h_J h_K}\frac{\partial h_j}{\partial q_K}\right)\boldsymbol{e}_K\right]$$
$$= \frac{b_i}{h_i}\frac{\partial a_j}{\partial q_i}\boldsymbol{e}_j + a_j\left[\left(\frac{b_I}{h_I h_j}\frac{\partial h_I}{\partial q_j} - \frac{b_J}{h_I h_J}\frac{\partial h_j}{\partial q_I}\right)\boldsymbol{e}_I\right.$$
$$\left. + \left(\frac{b_I}{h_J h_j}\frac{\partial h_J}{\partial q_J} - \frac{b_J}{h_J h_j}\frac{\partial h_j}{\partial q_J}\right)\boldsymbol{e}_J + \left(\frac{b_K}{h_j h_K}\frac{\partial h_K}{\partial q_j} - \frac{b_J}{h_J h_K}\frac{\partial h_j}{\partial q_K}\right)\boldsymbol{e}_K\right]$$
$$= \left[\frac{b_j}{h_j}\frac{\partial a_i}{\partial q_j} + \frac{a_j}{h_i h_j}\left(b_i\frac{\partial h_i}{\partial q_j} - b_j\frac{\partial h_j}{\partial q_i}\right)\right]\boldsymbol{e}_i. \tag{E.33}$$

对柱坐标
$$\Delta\psi = \frac{1}{r}\left[\frac{\partial}{\partial r}\left(r\frac{\partial\psi}{\partial r}\right) + \frac{\partial^2\psi}{r\partial\theta^2} + \frac{\partial}{\partial z}\left(r\frac{\partial\psi}{\partial z}\right)\right]. \tag{E.34}$$

$$\Delta\boldsymbol{a} = \left(\Delta a_r - \frac{a_r}{r^2} - \frac{2}{r^2}\frac{\partial a_\theta}{\partial\theta}\right)\boldsymbol{e}_r + \left(\Delta a_\theta + \frac{2}{r^2}\frac{\partial a_z}{\partial\theta} - \frac{a_\theta}{r^2}\right)\boldsymbol{e}_\theta + \Delta a_z\boldsymbol{e}_z. \tag{E.35}$$

$$(\boldsymbol{b}\cdot\nabla)\psi = b_r\frac{\partial\psi}{\partial r} + \frac{b_\theta}{r}\frac{\partial\psi}{\partial\theta} + b_z\frac{\partial\psi}{\partial z} \tag{E.36}$$

$$(\boldsymbol{b}\cdot\nabla)\boldsymbol{a} = \left(b_r\frac{\partial a_r}{\partial r} + \frac{b_\theta}{r}\frac{\partial a_r}{\partial\theta} + b_z\frac{\partial a_r}{\partial z} - \frac{a_\theta b_\theta}{r}\right)\boldsymbol{e}_r$$

$$+ \left(b_r \frac{\partial a_\theta}{\partial r} + \frac{b_\theta}{r} \frac{\partial a_\theta}{\partial \theta} + b_z \frac{\partial a_\theta}{\partial z} + \frac{a_r b_\theta}{r} \right) \boldsymbol{e}_\theta$$

$$+ \left(b_r \frac{\partial a_z}{\partial r} + \frac{b_\theta}{r} \frac{\partial a_z}{\partial \theta} + b_z \frac{\partial a_z}{\partial z} \right) \boldsymbol{e}_z. \tag{E.37}$$

对球坐标

$$\Delta \psi = \frac{1}{R^2 \sin \theta} \left[\frac{\partial}{\partial R} \left(R^2 \sin \theta \frac{\partial \psi}{\partial R} \right) + \frac{\partial}{\partial \theta} \left(\sin \theta \frac{\partial \psi}{\partial \theta} \right) + \frac{\partial}{\partial \lambda} \left(\frac{1}{\sin \theta} \frac{\partial \psi}{\partial \lambda} \right) \right].$$

$$\Delta \boldsymbol{a} = \left[\Delta a_R - \frac{2a_R}{R^2} - \frac{2}{R^2 \sin \theta} \frac{\partial (a_\theta \sin \theta)}{\partial \theta} - \frac{2}{R^2 \sin \theta} \frac{\partial a_\lambda}{\partial \lambda} \right] \boldsymbol{e}_R$$

$$+ \left[\Delta a_\theta + \frac{2}{R^2} \frac{\partial a_R}{\partial \theta} - \frac{a_\theta}{R^2 \sin \theta} - \frac{2}{R^2 \sin^2 \theta} \frac{\partial a_\lambda}{\partial \lambda} \right] \boldsymbol{e}_\theta$$

$$+ \left[\Delta a_\lambda + \frac{2}{R^2 \sin \theta} \frac{\partial a_R}{\partial \theta} + \frac{2\cos \theta}{R^2 \sin^2 \theta} \frac{\partial a_\theta}{\partial \lambda} - \frac{a_\lambda}{R^2 \sin^2 \theta} \right] \boldsymbol{e}_\lambda. \tag{E.38}$$

$$(\boldsymbol{b} \cdot \nabla) \psi = b_R \frac{\partial \psi}{\partial R} + \frac{\frac{1}{\sin \theta}}{R} \frac{\partial \psi}{\partial \theta} + \frac{b_\lambda}{R \sin \theta} \frac{\partial \psi}{\partial \lambda}. \tag{E.39}$$

$$(\boldsymbol{b} \cdot \nabla) \boldsymbol{a} = \left[b_R \frac{\partial a_R}{\partial R} + \frac{b_\theta}{R} \frac{\partial a_R}{\partial \theta} + \frac{b_\lambda}{R \sin \theta} \frac{\partial a_R}{\partial \lambda} - \frac{a_\theta b_\theta}{R} - \frac{a_\lambda b_\lambda}{R} \right] \boldsymbol{e}_R$$

$$+ \left[b_R \frac{\partial a_\theta}{\partial R} + \frac{b_\theta}{R} \frac{\partial a_\theta}{\partial \theta} + \frac{b_\lambda}{R \sin \theta} \frac{\partial a_\theta}{\partial \lambda} + \frac{a_R b_\theta}{R} - \frac{a_\lambda b_\lambda \cos \theta}{R \sin \theta} \right] \boldsymbol{e}_\theta$$

$$+ \left[b_R \frac{\partial a_\lambda}{\partial R} + \frac{b_\theta}{R} \frac{\partial a_\lambda}{\partial \theta} + \frac{b_\lambda}{R \sin \theta} \frac{\partial a_\lambda}{\partial \lambda} + \frac{a_R b_\lambda}{R} + \frac{a_\theta b_\lambda \cos \theta}{R \sin \theta} \right] \boldsymbol{e}_\lambda. \tag{E.40}$$

六、速度梯度张量、应变率张量与旋转张量

由(E.33)式代入下式右端

$$\boldsymbol{b} \cdot \nabla \boldsymbol{v} = (\boldsymbol{b} \cdot \nabla) \boldsymbol{v} \tag{E.41}$$

求出$\nabla \boldsymbol{v}$各分量,将$\nabla \boldsymbol{v}$转置即得速度梯度张量为

$$\begin{bmatrix} \frac{\partial v_1}{h_1 \partial q_1} + \frac{v_2}{h_1 h_2} \frac{\partial h_1}{\partial q_2} + \frac{v_3}{h_1 h_3} \frac{\partial h_1}{\partial q_3} & \frac{\partial v_1}{h_2 \partial q_2} - \frac{v_2}{h_1 h_2} \frac{\partial h_2}{\partial q_1} & \frac{\partial v_1}{h_3 \partial q_3} - \frac{v_3}{h_1 h_3} \frac{\partial h_3}{\partial q_1} \\ \frac{\partial v_2}{h_1 \partial q_1} - \frac{v_1}{h_1 h_2} \frac{\partial h_1}{\partial q_2} & \frac{\partial v_2}{h_2 \partial q_2} + \frac{v_1}{h_1 h_2} \frac{\partial h_2}{\partial q_1} + \frac{v_3}{h_1 h_3} \frac{\partial h_2}{\partial q_3} & \frac{\partial v_2}{h_3 \partial q_3} - \frac{v_3}{h_2 h_3} \frac{\partial h_3}{\partial q_2} \\ \frac{\partial v_3}{h_1 \partial q_1} - \frac{v_1}{h_1 h_3} \frac{\partial h_1}{\partial q_3} & \frac{\partial v_3}{h_2 \partial q_2} - \frac{v_2}{h_2 h_3} \frac{\partial h_2}{\partial q_3} & \frac{\partial v_3}{h_3 \partial q_3} + \frac{v_1}{h_1 h_3} \frac{\partial h_3}{\partial q_1} + \frac{v_2}{h_2 h_3} \frac{\partial h_3}{\partial q_2} \end{bmatrix} \tag{E.42}$$

对柱坐标为

$$\begin{bmatrix} \frac{\partial v_r}{\partial r} & \frac{1}{r} \frac{\partial v_r}{\partial \theta} - \frac{v_\theta}{r} & \frac{\partial v_r}{\partial z} \\ \frac{\partial v_\theta}{\partial r} & \frac{1}{r} \frac{\partial v_\theta}{\partial \theta} + \frac{v_r}{r} & \frac{\partial v_\theta}{\partial z} \\ \frac{\partial v_z}{\partial r} & \frac{1}{r} \frac{\partial v_z}{\partial \theta} & \frac{\partial v_z}{\partial z} \end{bmatrix} \tag{E.43}$$

对球坐标为

$$\begin{bmatrix} \frac{\partial v_R}{\partial R} & \frac{\partial v_R}{R \partial \theta} - \frac{v_\theta}{R} & \frac{\partial v_R}{R \sin \theta \partial \lambda} - \frac{v_\theta}{R} \\ \frac{\partial v_\theta}{\partial R} & \frac{\partial v_\theta}{R \partial \theta} + \frac{v_R}{R} & \frac{\partial v_\theta}{R \sin \theta \partial \lambda} - \frac{v_\lambda}{R} \cot \theta \\ \frac{\partial v_\lambda}{\partial R} & \frac{\partial v_\lambda}{R \partial \theta} & \frac{\partial v_\lambda}{R \sin \theta \partial \lambda} + \frac{v_R}{R} + \frac{v_\theta}{R} \cot \theta \end{bmatrix} \tag{E.44}$$

速度梯度张量的对称部分，即应变率张量为

$$S = \begin{bmatrix} \frac{\partial v_1}{h_1 \partial q_1} & \frac{v_2}{h_1 h_2}\frac{\partial h_1}{\partial q_2} + \frac{v_3}{h_1 h_3}\frac{\partial h_1}{\partial q_3} & \frac{1}{2}\left[\frac{h_2}{h_1}\frac{\partial}{\partial q_1}\left(\frac{v_2}{h_2}\right) + \frac{h_1}{h_2}\frac{\partial}{\partial q_2}\left(\frac{v_1}{h_1}\right)\right] & \frac{1}{2}\left[\frac{h_1}{h_3}\frac{\partial}{\partial q_3}\left(\frac{v_1}{h_1}\right) + \frac{h_3}{h_1}\frac{\partial}{\partial q_1}\left(\frac{v_3}{h_3}\right)\right] \\ & 对 & \frac{\partial v_2}{h_2 \partial q_2} + \frac{v_1}{h_1 h_2}\frac{\partial h_2}{\partial q_1} + \frac{v_3}{h_2 h_3}\frac{\partial h_2}{\partial q_3} & \frac{1}{2}\left[\frac{h_3}{h_2}\frac{\partial}{\partial q_2}\left(\frac{v_3}{h_3}\right) + \frac{h_2}{h_3}\frac{\partial}{\partial q_3}\left(\frac{v_2}{h_2}\right)\right] \\ & & 称 & \frac{\partial v_3}{h_3 \partial q_3} + \frac{v_1}{h_1 h_3}\frac{\partial h_3}{\partial q_1} + \frac{v_2}{h_2 h_3}\frac{\partial h_3}{\partial q_2} \end{bmatrix}$$

(E.45)

对柱坐标为

$$S = \begin{bmatrix} \frac{\partial v_r}{\partial r} & \frac{1}{2}\left[\frac{1}{r}\frac{\partial v_r}{\partial \theta} + r\frac{\partial}{\partial r}\left(\frac{v_\theta}{r}\right)\right] & \frac{1}{2}\left(\frac{\partial v_r}{\partial z} + \frac{\partial v_z}{\partial r}\right) \\ 对 & \frac{1}{r}\frac{\partial v_\theta}{\partial \theta} + \frac{v_r}{r} & \frac{1}{2}\left(\frac{\partial v_\theta}{\partial z} + \frac{\partial v_z}{r\partial \theta}\right) \\ & 称 & \frac{\partial v_z}{\partial z} \end{bmatrix}$$

(E.46)

对球坐标为

$$S = \begin{bmatrix} \frac{\partial v_R}{\partial R} & \frac{1}{2}\left[\frac{\partial v_R}{R\partial \theta} + R\frac{\partial}{\partial R}\frac{v_\theta}{R}\right] & \frac{1}{2}\left[\frac{\partial v_R}{R\sin\theta \partial\lambda} + R\frac{\partial}{\partial R}\frac{v_\lambda}{R}\right] \\ 对 & \frac{\partial v_\theta}{R\partial\theta} + \frac{v_R}{R} & \frac{1}{2}\left[\frac{\partial v_\theta}{R\sin\theta \partial\lambda} + \frac{\sin\theta}{R}\frac{\partial}{\partial\theta}\frac{v_\lambda}{\sin\theta}\right] \\ & 称 & \frac{\partial v_\lambda}{R\sin\theta \partial\lambda} + \frac{v_R}{R} + \frac{v_\theta}{R}\cot\theta \end{bmatrix}$$

(E.47)

速度梯度张量的反对称部分，即旋转张量为

$$A = \begin{bmatrix} 0 & -\frac{1}{2h_1 h_2}\left[\frac{\partial(h_2 v_2)}{\partial q_1} - \frac{\partial(h_1 v_1)}{\partial q_2}\right] & \frac{1}{2h_1 h_3}\left[\frac{\partial(h_1 v_1)}{\partial q_3} - \frac{\partial(h_3 v_3)}{\partial q_1}\right] \\ 反 & 0 & -\frac{1}{2h_2 h_3}\left[\frac{\partial(h_3 v_3)}{\partial q_2} - \frac{\partial(h_2 v_2)}{\partial q_3}\right] \\ 对 & & \\ 称 & & 0 \end{bmatrix}$$

(E.48)

对柱坐标为

$$A = \begin{bmatrix} 0 & -\frac{1}{2r}\left[\frac{\partial(rv_\theta)}{\partial r} - \frac{\partial v_r}{\partial \theta}\right] & \frac{1}{2}\left(\frac{\partial v_r}{\partial z} - \frac{\partial v_z}{\partial r}\right) \\ 反 & 0 & -\frac{1}{2r}\left[\frac{\partial v_z}{\partial \theta} - \frac{\partial(rv_\theta)}{\partial z}\right] \\ 对 & & \\ 称 & & 0 \end{bmatrix}$$

(E.49)

对球坐标为

$$A = \begin{bmatrix} 0 & -\frac{1}{2R}\left[\frac{\partial(Rv_\theta)}{\partial R} - \frac{\partial v_R}{\partial \theta}\right] & \frac{1}{2R\sin\theta}\left[\frac{\partial v_R}{\partial \lambda} - \frac{\partial(R\sin\theta v_\lambda)}{\partial R}\right] \\ 反 & 0 & -\frac{1}{2R^2\sin\theta}\left[\frac{\partial(R\sin\theta v_\lambda)}{\partial \theta} - \frac{\partial(Rv_\theta)}{\partial \lambda}\right] \\ 对 & & \\ 称 & & 0 \end{bmatrix}$$

(E.50)

式(E.48)~(E.50)中的三个分量，即为旋度分量(E.27~E.29)之半。

七、$\text{div}\boldsymbol{P}$ 的表达式

利用散度表达式

$$\text{div}\boldsymbol{P} = \frac{1}{h_1 h_2 h_3}\left[\frac{\partial(\boldsymbol{p}_1 h_2 h_3)}{\partial q_1} + \frac{\partial(\boldsymbol{p}_2 h_1 h_3)}{\partial q_2} + \frac{\partial(\boldsymbol{p}_3 h_1 h_2)}{\partial q_3}\right]$$

$$= \frac{1}{h_1 h_2 h_3} \left\{ \frac{\partial \left[(p_{11}\boldsymbol{e}_1 + p_{12}\boldsymbol{e}_2 + p_{13}\boldsymbol{e}_3) h_2 h_3 \right]}{\partial q_1} + \frac{\partial \left[(p_{21}\boldsymbol{e}_1 + p_{22}\boldsymbol{e}_2 + p_{23}\boldsymbol{e}_3) h_1 h_3 \right]}{\partial q_2} \right.$$

$$\left. + \frac{\partial \left[(p_{31}\boldsymbol{e}_1 + p_{32}\boldsymbol{e}_2 + p_{33}\boldsymbol{e}_3) h_1 h_2 \right]}{\partial q_3} \right\}$$

$$= \frac{\boldsymbol{e}_1}{h_1 h_2 h_3} \left[\frac{\partial (p_{11} h_2 h_3)}{\partial q_1} + \frac{\partial (p_{21} h_1 h_3)}{\partial q_2} + \frac{\partial (p_{31} h_1 h_2)}{\partial q_3} \right.$$

$$\left. + p_{12} h_3 \frac{\partial h_1}{\partial q_2} + p_{13} h_2 \frac{\partial h_1}{\partial q_3} - p_{22} h_3 \frac{\partial h_2}{\partial q_1} - p_{33} h_2 \frac{\partial h_3}{\partial q_1} \right]$$

$$+ \frac{\boldsymbol{e}_2}{h_1 h_2 h_3} \left[\frac{\partial (p_{12} h_2 h_3)}{\partial q_1} + \frac{\partial (p_{22} h_1 h_3)}{\partial q_2} + \frac{\partial (p_{32} h_1 h_2)}{\partial q_3} \right.$$

$$\left. + p_{23} h_1 \frac{\partial h_2}{\partial q_3} + p_{21} h_3 \frac{\partial h_2}{\partial q_1} - p_{33} h_1 \frac{\partial h_3}{\partial q_2} - p_{11} h_3 \frac{\partial h_1}{\partial q_2} \right]$$

$$+ \frac{\boldsymbol{e}_3}{h_1 h_2 h_3} \left[\frac{\partial (p_{13} h_2 h_3)}{\partial q_1} + \frac{\partial (p_{23} h_1 h_3)}{\partial q_2} + \frac{\partial (p_{33} h_1 h_2)}{\partial q_3} \right.$$

$$\left. + p_{31} h_2 \frac{\partial h_3}{\partial q_1} + p_{32} h_1 \frac{\partial h_3}{\partial q_2} + p_{11} h_2 \frac{\partial h_1}{\partial q_3} - p_{22} h_1 \frac{\partial h_2}{\partial q_3} \right]. \tag{E.51}$$

对柱坐标为

$$\operatorname{div} \boldsymbol{P} = \frac{\boldsymbol{e}_r}{r} \left[\frac{\partial (p_{rr} r)}{\partial r} + \frac{\partial p_{r\theta}}{\partial \theta} + \frac{\partial (p_{rz} r)}{\partial z} - p_{\theta\theta} \right]$$

$$+ \frac{\boldsymbol{e}_\theta}{r} \left[\frac{\partial (p_{r\theta} r)}{\partial r} + \frac{\partial p_{\theta\theta}}{\partial \theta} + \frac{\partial (p_{z\theta} r)}{\partial z} + p_{\theta r} \right]$$

$$+ \frac{\boldsymbol{e}_z}{r} \left[\frac{\partial (p_{rz} r)}{\partial r} + \frac{\partial p_{\theta z}}{\partial \theta} + \frac{\partial (p_{zz} r)}{\partial z} \right] \tag{E.52}$$

对球坐标为

$$\operatorname{div} \boldsymbol{P} = \frac{\boldsymbol{e}_R}{R^2 \sin\theta} \left[\frac{\partial (p_{RR} R^2 \sin\theta)}{\partial R} + \frac{\partial (p_{\theta R} R \sin\theta)}{\partial \theta} + \frac{\partial (p_{\lambda R} R)}{\partial \lambda} - (p_{\theta\theta} + p_{\lambda\lambda}) R \sin\theta \right]$$

$$+ \frac{\boldsymbol{e}_\theta}{R^2 \sin\theta} \left[\frac{\partial (p_{R\theta} R^2 \sin\theta)}{\partial R} + \frac{\partial (p_{\theta\theta} R \sin\theta)}{\partial \theta} + \frac{\partial p_{\theta\lambda}}{\partial \lambda} + p_{R\theta} R \sin\theta - p_{\lambda\lambda} R \cos\theta \right]$$

$$+ \frac{\boldsymbol{e}_\lambda}{R^2 \sin\theta} \left[\frac{\partial (p_{\lambda R} R^2 \sin\theta)}{\partial R} + \frac{\partial (p_{\theta\lambda} R \sin\theta)}{\partial \theta} + \frac{\partial (p_{\lambda\lambda} R)}{\partial \lambda} + p_{R\lambda} R \sin\theta + p_{\theta\lambda} R \cos\theta \right]. \tag{E.53}$$

八、流体力学基本方程组

流体力学基本方程组包括连续性方程、运动方程、能量方程、状态方程及本构方程，它们用曲线坐标、柱坐标、球坐标形式写出时，可归纳如下：

1. 曲线坐标

$$\frac{\partial \rho}{\partial t} + \frac{1}{h_1 h_2 h_3} \left[\frac{\partial (\rho v_1 h_2 h_3)}{\partial q_1} + \frac{\partial (\rho v_2 h_1 h_3)}{\partial q_2} + \frac{\partial (\rho v_3 h_1 h_2)}{\partial q_3} \right] = 0, \tag{E.54}$$

$$\rho \left[\frac{\mathrm{d} v_1}{\mathrm{d} t} + \frac{v_2}{h_1 h_2} \left(v_1 \frac{\partial h_1}{\partial q_2} - v_2 \frac{\partial h_2}{\partial q_1} \right) + \frac{v_3}{h_1 h_3} \left(v_1 \frac{\partial h_1}{\partial q_3} - v_3 \frac{\partial h_3}{\partial q_1} \right) \right]$$

$$= \rho F_1 + \frac{1}{h_1 h_2 h_3}\left[\frac{\partial(p_{11}h_2 h_3)}{\partial q_1} + \frac{\partial(p_{21}h_1 h_3)}{\partial q_2} + \frac{\partial(p_{31}h_1 h_2)}{\partial q_3}\right.$$
$$\left. + p_{12}h_3 \frac{\partial h_1}{\partial q_2} + p_{13}h_2 \frac{\partial h_1}{\partial q_3} - p_{22}h_3 \frac{\partial h_2}{\partial q_1} - p_{33}h_2 \frac{\partial h_3}{\partial q_1}\right]. \quad (E.55)$$

$$\rho\left[\frac{dv_2}{dt} + \frac{v_1}{h_2 h_1}\left(v_2 \frac{\partial h_2}{\partial q_1} - v_1 \frac{\partial h_1}{\partial q_2}\right) + \frac{v_3}{h_2 h_3}\left(v_2 \frac{\partial h_2}{\partial q_3} - v_3 \frac{\partial h_3}{\partial q_2}\right)\right]$$
$$= \rho F_2 + \frac{1}{h_1 h_2 h_3}\left[\frac{\partial(p_{12}h_2 h_3)}{\partial q_1} + \frac{\partial(p_{22}h_1 h_3)}{\partial q_2} + \frac{\partial(p_{32}h_1 h_2)}{\partial q_3}\right.$$
$$\left. + p_{23}h_1 \frac{\partial h_2}{\partial q_3} + p_{21}h_3 \frac{\partial h_2}{\partial q_1} - p_{33}h_1 \frac{\partial h_3}{\partial q_2} - p_{11}h_3 \frac{\partial h_1}{\partial q_2}\right]. \quad (E.56)$$

$$\rho\left[\frac{dv_3}{dt} + \frac{v_1}{h_3 h_1}\left(v_3 \frac{\partial h_3}{\partial q_1} - v_1 \frac{\partial h_1}{\partial q_3}\right) + \frac{v_2}{h_3 h_2}\left(v_3 \frac{\partial h_3}{\partial q_2} - v_2 \frac{\partial h_2}{\partial q_3}\right)\right]$$
$$= \rho F_3 + \frac{1}{h_1 h_2 h_3}\left[\frac{\partial(p_{13}h_2 h_3)}{\partial q_1} + \frac{\partial(p_{23}h_1 h_3)}{\partial q_2} + \frac{\partial(p_{33}h_1 h_2)}{\partial q_3}\right.$$
$$\left. + p_{31}h_2 \frac{\partial h_3}{\partial q_1} + p_{32}h_1 \frac{\partial h_3}{\partial q_2} - p_{11}h_2 \frac{\partial h_1}{\partial q_3} - p_{22}h_1 \frac{\partial h_2}{\partial q_3}\right]. \quad (E.57)$$

$$\rho \frac{dH}{dt} = \frac{1}{h_1 h_2 h_3}\left[\frac{\partial}{\partial q_1}\left(\frac{h_2 h_3}{h_1} k \frac{\partial T}{\partial q_1}\right) + \frac{\partial}{\partial q_2}\left(\frac{h_3 h_1}{h_2} k \frac{\partial T}{\partial q_2}\right) + \frac{\partial}{\partial q_3}\left(\frac{h_1 h_2}{h_3} k \frac{\partial T}{\partial q_3}\right)\right]$$
$$+ \rho q + \frac{dp}{dt} + \varphi. \quad (E.58)$$

$$\rho = \rho(p, T) \quad (E.59)$$

$$p_{11} = -p + 2\mu\left(\frac{\partial v_1}{h_1 \partial q_1} + \frac{v_2}{h_1 h_2}\frac{\partial h_1}{\partial q_2} + \frac{v_3}{h_1 h_3}\frac{\partial h_1}{\partial q_3} - \frac{1}{3}\mathrm{div}\,\boldsymbol{v}\right), \quad (E.60)$$

$$p_{22} = -p + 2\mu\left(\frac{\partial v_2}{h_2 \partial q_2} + \frac{v_1}{h_1 h_2}\frac{\partial h_2}{\partial q_1} + \frac{v_3}{h_1 h_3}\frac{\partial h_2}{\partial q_3} - \frac{1}{3}\mathrm{div}\,\boldsymbol{v}\right), \quad (E.61)$$

$$p_{33} = -p + 2\mu\left(\frac{\partial v_3}{h_3 \partial q_3} + \frac{v_1}{h_1 h_3}\frac{\partial h_3}{\partial q_1} + \frac{v_2}{h_2 h_3}\frac{\partial h_3}{\partial q_2} - \frac{1}{3}\mathrm{div}\,\boldsymbol{v}\right), \quad (E.62)$$

$$p_{21} = p_{12} = \mu\left[\frac{h_2}{h_1}\frac{\partial}{\partial q_1}\frac{v_2}{h_2} + \frac{h_1}{h_2}\frac{\partial}{\partial q_2}\frac{v_1}{h_1}\right], \quad (E.63)$$

$$p_{32} = p_{23} = \mu\left[\frac{h_3}{h_2}\frac{\partial}{\partial q_2}\frac{v_3}{h_3} + \frac{h_2}{h_3}\frac{\partial}{\partial q_3}\frac{v_2}{h_2}\right], \quad (E.64)$$

$$p_{13} = p_{31} = \mu\left[\frac{h_1}{h_3}\frac{\partial}{\partial q_3}\frac{v_1}{h_1} + \frac{h_3}{h_1}\frac{\partial}{\partial q_1}\frac{v_3}{h_3}\right], \quad (E.65)$$

$$\frac{d}{dt} = \frac{\partial}{\partial t} + \frac{v_1}{h_1}\frac{\partial}{\partial q_1} + \frac{v_2}{h_2}\frac{\partial}{\partial q_2} + \frac{v_3}{h_3}\frac{\partial}{\partial q_3}, \quad (E.66)$$

$$\mathrm{div}\,\boldsymbol{v} = \frac{1}{h_1 h_2 h_3}\left[\frac{\partial(v_1 h_2 h_3)}{\partial q_1} + \frac{\partial(v_2 h_3 h_1)}{\partial q_2} + \frac{\partial(v_3 h_1 h_2)}{\partial q_3}\right], \quad (E.67)$$

$$\varphi = 2\mu\left[s_{11}^2 + s_{22}^2 + s_{33}^2 + 2s_{12}^2 + 2s_{13}^2 + 2s_{23}^2 - \frac{1}{3}(\mathrm{div}\,\boldsymbol{v})^2\right]. \quad (E.68)$$

其中已用到(E.24)、(E.33)、(E.51)各式.

2. 直角坐标形式

在直角坐标系中,(E.54)~(E.68)各式的形式为

$$\frac{\partial \rho}{\partial t} + \frac{\partial(\rho u)}{\partial x} + \frac{\partial(\rho v)}{\partial y} + \frac{\partial(\rho w)}{\partial z} = 0,$$

$$\rho \frac{du}{dt} = \rho F_{bx} + \frac{\partial p_{xx}}{\partial x} + \frac{\partial p_{yx}}{\partial y} + \frac{\partial p_{zx}}{\partial z},$$

$$\rho \frac{dv}{dt} = \rho F_{by} + \frac{\partial p_{xy}}{\partial x} + \frac{\partial p_{yy}}{\partial y} + \frac{\partial p_{zy}}{\partial z},$$

$$\rho \frac{dw}{dt} = \rho F_{bz} + \frac{\partial p_{xz}}{\partial x} + \frac{\partial p_{yz}}{\partial y} + \frac{\partial p_{zz}}{\partial z},$$

$$\rho \frac{dH}{dt} = \frac{\partial}{\partial x}\left(k \frac{\partial T}{\partial x}\right) + \frac{\partial}{\partial y}\left(k \frac{\partial T}{\partial y}\right) + \frac{\partial}{\partial z}\left(k \frac{\partial T}{\partial z}\right) + \rho q + \frac{dp}{dt} + \varphi,$$

$$\rho = \rho(p, T),$$

$$p_{xx} = -p + 2\mu\left[\frac{\partial u}{\partial x} - \frac{1}{3}\left(\frac{\partial u}{\partial x} + \frac{\partial v}{\partial y} + \frac{\partial w}{\partial z}\right)\right],$$

$$p_{yy} = -p + 2\mu\left[\frac{\partial v}{\partial y} - \frac{1}{3}\left(\frac{\partial u}{\partial x} + \frac{\partial v}{\partial y} + \frac{\partial w}{\partial z}\right)\right],$$

$$p_{zz} = -p + 2\mu\left[\frac{\partial w}{\partial z} - \frac{1}{3}\left(\frac{\partial u}{\partial x} + \frac{\partial v}{\partial y} + \frac{\partial w}{\partial z}\right)\right],$$

$$p_{xy} = p_{yx} = \mu\left(\frac{\partial v}{\partial x} + \frac{\partial u}{\partial y}\right),$$

$$p_{yz} = p_{zy} = \mu\left(\frac{\partial w}{\partial y} + \frac{\partial v}{\partial z}\right),$$

$$p_{zx} = p_{xz} = \mu\left(\frac{\partial u}{\partial z} + \frac{\partial w}{\partial x}\right),$$

$$\frac{d}{dt} = \frac{\partial}{\partial t} + u\frac{\partial}{\partial x} + v\frac{\partial}{\partial y} + w\frac{\partial}{\partial z},$$

$$\varphi = 2\mu\left[\left(\frac{\partial u}{\partial x}\right)^2 + \left(\frac{\partial v}{\partial y}\right)^2 + \left(\frac{\partial w}{\partial z}\right)^2 + \frac{1}{2}\left(\frac{\partial v}{\partial x} + \frac{\partial u}{\partial y}\right)^2 + \frac{1}{2}\left(\frac{\partial w}{\partial y} + \frac{\partial v}{\partial z}\right)^2 \right.$$
$$\left. + \frac{1}{2}\left(\frac{\partial u}{\partial z} + \frac{\partial w}{\partial x}\right)^2 - \frac{1}{3}\left(\frac{\partial u}{\partial x} + \frac{\partial v}{\partial y} + \frac{\partial w}{\partial z}\right)^2 \right].$$

3. 柱坐标形式

在柱坐标系中，(E.54) ~ (E.68) 的形式为

$$\frac{\partial \rho}{\partial t} + \frac{1}{r}\left[\frac{\partial(\rho v_r r)}{\partial r} + \frac{\partial(\rho v_\theta)}{\partial \theta} + \frac{\partial(\rho v_z r)}{\partial z}\right] = 0,$$

$$\rho\left(\frac{dv_r}{dt} - \frac{v_\theta^2}{r}\right) = \rho F_{br} + \frac{1}{r}\left[\frac{\partial(p_{rr} r)}{\partial r} + \frac{\partial(p_{r\theta})}{\partial \theta} + \frac{\partial(p_{rz} r)}{\partial z} - p_{\theta\theta}\right],$$

$$\rho\left(\frac{dv_\theta}{dt} + \frac{v_r v_\theta}{r}\right) = \rho F_{b\theta} + \frac{1}{r}\left[\frac{\partial(p_{r\theta} r)}{\partial r} + \frac{\partial(p_{\theta\theta})}{\partial \theta} + \frac{\partial(p_{\theta z} r)}{\partial z} + p_{r\theta}\right],$$

$$\rho \frac{dv_z}{dt} = \rho F_{bz} + \frac{1}{r}\left[\frac{\partial(p_{rz} r)}{\partial r} + \frac{\partial(p_{\theta z})}{\partial \theta} + \frac{\partial(p_{zz} r)}{\partial z}\right],$$

$$\rho \frac{dH}{dt} = \frac{1}{r}\left[\frac{\partial}{\partial r}\left(rk\frac{\partial T}{\partial r}\right) + \frac{\partial}{\partial \theta}\left(\frac{k}{r}\frac{\partial T}{\partial \theta}\right) + \frac{\partial}{\partial z}\left(rk\frac{\partial T}{\partial z}\right)\right] + \rho q + \frac{dp}{dt} + \varphi,$$

$$\rho = \rho(p, T),$$

$$p_{rr} = -p + 2\mu\left(\frac{\partial v_r}{\partial r} - \frac{1}{3}\operatorname{div} \boldsymbol{v}\right),$$

$$p_{\theta\theta} = -p + 2\mu\left(\frac{1}{r}\frac{\partial v_\theta}{\partial \theta} + \frac{v_r}{r} - \frac{1}{3}\mathrm{div}\,\boldsymbol{v}\right),$$

$$p_{zz} = -p + 2\mu\left(\frac{\partial v_z}{\partial z} - \frac{1}{3}\mathrm{div}\,\boldsymbol{v}\right),$$

$$p_{r\theta} = p_{\theta r} = \mu\left[r\frac{\partial}{\partial r}\frac{v_\theta}{r} + \frac{1}{r}\frac{\partial v_r}{\partial \theta}\right],$$

$$p_{\theta z} = p_{z\theta} = \mu\left(\frac{1}{r}\frac{\partial v_z}{\partial \theta} + \frac{\partial v_\theta}{\partial z}\right),$$

$$p_{zr} = p_{rz} = \mu\left(\frac{\partial v_r}{\partial z} + \frac{\partial v_z}{\partial r}\right),$$

$$\frac{\mathrm{d}}{\mathrm{d}t} = \frac{\partial}{\partial t} + v_r\frac{\partial}{\partial r} + \frac{v_\theta}{r}\frac{\partial}{\partial \theta} + v_z\frac{\partial}{\partial z},$$

$$\mathrm{div}\,\boldsymbol{v} = \frac{1}{r}\left[\frac{\partial}{\partial r}(rv_r) + \frac{\partial v_\theta}{\partial \theta} + \frac{\partial(v_z r)}{\partial z}\right],$$

$$\varphi = 2\mu\left[\left(\frac{\partial v_r}{\partial r}\right)^2 + \left(\frac{1}{r}\frac{\partial v_\theta}{\partial \theta} + \frac{v_r}{r}\right)^2 + \left(\frac{\partial v_z}{\partial z}\right)^2 + \frac{1}{2}\left(\frac{1}{r}\frac{\partial v_r}{\partial \theta} + r\frac{\partial}{\partial r}\frac{v_\theta}{r}\right)^2\right.$$
$$\left. + \frac{1}{2}\left(\frac{\partial v_r}{\partial z} + \frac{\partial v_z}{\partial r}\right)^2 + \frac{1}{2}\left(\frac{\partial v_\theta}{\partial z} + \frac{1}{r}\frac{\partial v_z}{\partial \theta}\right)^2 - \frac{1}{3}(\mathrm{div}\,\boldsymbol{v})^2\right].$$

4. 球坐标形式

在球坐标系中,(E.54)~(E.68)各式的形式为

$$\frac{\partial \rho}{\partial t} + \frac{1}{R^2\sin\theta}\left[\frac{\partial(\rho v_R R^2\sin\theta)}{\partial R} + \frac{\partial(\rho v_\theta R\sin\theta)}{\partial \theta} + \frac{\partial(\rho v_\lambda R)}{\partial \lambda}\right] = 0,$$

$$\rho\left(\frac{\partial v_R}{\mathrm{d}t} - \frac{v_\theta^2 + v_\lambda^2}{R}\right) = \rho F_{bR} + \frac{1}{R^2\sin\theta}\left[\frac{\partial(p_{RR}R^2\sin\theta)}{\partial R} + \frac{\partial(p_{\theta R}R\sin\theta)}{\partial \theta}\right.$$
$$\left. + \frac{\partial(p_{\lambda R}R)}{\partial \lambda} - R\sin\theta(p_{\theta\theta} + p_{\lambda\lambda})\right],$$

$$\rho\left(\frac{\mathrm{d}v_\theta}{\mathrm{d}t} + \frac{v_R v_\theta}{R} - \frac{v_\lambda^2\cot\theta}{R}\right) = \rho F_{b\theta} + \frac{1}{R^2\sin\theta}\left[\frac{\partial(p_{R\theta}R^2\sin\theta)}{\partial R}\right.$$
$$\left. + \frac{\partial(p_{\theta\theta}R\sin\theta)}{\partial \theta} + \frac{\partial p_{\theta\lambda}}{\partial \lambda} + p_{R\theta}R\sin\theta - p_{\lambda\lambda}R\cos\theta\right],$$

$$\rho\left(\frac{\mathrm{d}v_\lambda}{\mathrm{d}t} + \frac{v_\lambda v_R}{R} - \frac{v_\lambda v_\theta\cot\theta}{R}\right) = \rho F_{b\lambda} + \frac{1}{R^2\sin\theta}\left[\frac{\partial(p_{\lambda R}R^2\sin\theta)}{\partial R}\right.$$
$$\left. + \frac{\partial(p_{\theta\lambda}R\sin\theta)}{\partial \theta} + \frac{\partial(p_{\lambda\lambda}R)}{\partial \lambda} + p_{R\lambda}R\sin\theta - p_{\theta\lambda}R\cos\theta\right],$$

$$\rho\frac{\mathrm{d}H}{\mathrm{d}t} = \frac{1}{R^2\sin\theta}\left[\frac{\partial}{\partial R}\left(R^2\sin\theta k\frac{\partial T}{\partial R}\right) + \frac{\partial}{\partial \theta}\left(\sin\theta k\frac{\partial T}{\partial \theta}\right) + \frac{\partial}{\partial \lambda}\left(\frac{k}{\sin\theta}\frac{\partial T}{\partial \lambda}\right)\right] + \rho q + \frac{\mathrm{d}p}{\mathrm{d}t} + \varphi,$$

$$\rho = \rho(p, T),$$

$$p_{RR} = -p + 2\mu\left(\frac{\partial v_R}{\partial R} - \frac{1}{3}\mathrm{div}\,\boldsymbol{v}\right),$$

$$p_{\theta\theta} = -p + 2\mu\left(\frac{\partial v_\theta}{R\partial\theta} + \frac{v_R}{R} - \frac{1}{3}\operatorname{div}\boldsymbol{v}\right),$$

$$p_{\lambda\lambda} = -p + 2\mu\left(\frac{1}{R\sin\theta}\frac{\partial v_\lambda}{\partial\lambda} + \frac{v_R}{R} + \frac{v_\theta\cot\theta}{R} - \frac{1}{3}\operatorname{div}\boldsymbol{v}\right),$$

$$p_{\theta R} = p_{R\theta} = \mu\left(\frac{1}{R}\frac{\partial v_R}{\partial\theta} + \frac{\partial v_\theta}{\partial R} - \frac{v_\theta}{R}\right),$$

$$p_{\lambda\theta} = p_{\theta\lambda} = \mu\left(\frac{1}{R\sin\theta}\frac{\partial v_\theta}{\partial\lambda} + \frac{1}{R}\frac{\partial v_\lambda}{\partial\theta} - \frac{v_\lambda\cot\theta}{R}\right),$$

$$p_{R\lambda} = p_{\lambda R} = \mu\left(\frac{\partial v_\lambda}{\partial R} + \frac{1}{R\sin\theta}\frac{\partial v_R}{\partial\lambda} - \frac{v_\lambda}{R}\right),$$

$$\frac{d}{dt} = \frac{\partial}{\partial t} + v_R\frac{\partial}{\partial R} + \frac{v_\theta}{R}\frac{\partial}{\partial\theta} + \frac{v_\lambda}{R\sin\theta}\frac{\partial}{\partial\lambda},$$

$$\operatorname{div}\boldsymbol{v} = \frac{1}{R^2\sin\theta}\left[\frac{\partial(\rho v_R R^2\sin\theta)}{\partial R} + \frac{\partial(\rho v_\theta R\sin\theta)}{\partial\theta} + \frac{\partial(\rho v_\lambda R)}{\partial\lambda}\right],$$

$$\varphi = 2\mu\left[s_{11}^2 + s_{22}^2 + s_{33}^2 + 2s_{12}^2 + 2s_{23}^2 + 2s_{31}^2 - \frac{1}{3}(\operatorname{div}\boldsymbol{v})^2\right],$$

其中 S 各分量由(E.47)式表示.

(F) 矢量与张量分析初步

(一) 矢量分析初步

1. 梯度、矢量的散度和旋度

(1) 梯度

给定一个标量场 $\varphi(\boldsymbol{r})$，场内任一点 P 的等位面是 $\varphi(\boldsymbol{r}) = c$，其指向 φ 增长方向的法线方向的单位矢量是 $\boldsymbol{n}$，定义标量函数 $\varphi(\boldsymbol{r})$ 在该点的梯度为

$$\operatorname{grad}\varphi = \frac{\partial\varphi}{\partial n}\boldsymbol{n}.$$

在直角坐标系中它的表达式是

$$\operatorname{grad}\varphi = \frac{\partial\varphi}{\partial x}\boldsymbol{i} + \frac{\partial\varphi}{\partial y}\boldsymbol{j} + \frac{\partial\varphi}{\partial z}\boldsymbol{k}.$$

根据定义

$$d\varphi = d\boldsymbol{r}\cdot\operatorname{grad}\varphi,$$

$$\frac{\partial\varphi}{\partial s} = \operatorname{grad}\varphi\cdot\boldsymbol{s}_0,$$

式中 $\boldsymbol{s}_0$ 是 s 方向的单位矢量. 对于单值函数 $\varphi(\boldsymbol{r})$，沿任一封闭曲线 l 积分成立

$$\oint_l \operatorname{grad}\varphi\cdot d\boldsymbol{r} = 0.$$

(2) 矢量的散度

给定一个矢量场 $\boldsymbol{a}(\boldsymbol{r})$，对场内任一点 P 作一封闭曲面 S 包围此点，其体积为 V. 当体积 V 向 P 点无限缩小时，极限

$$\lim_{V \to 0} \frac{\oint \boldsymbol{a} \cdot \mathrm{d}\boldsymbol{s}}{V}$$

存在,定义此极限为 $\boldsymbol{a}$ 的散度,记为 div $\boldsymbol{a}$,

$$\mathrm{div}\, \boldsymbol{a} = \lim_{V \to 0} \frac{\oint \boldsymbol{a} \cdot \mathrm{d}\boldsymbol{S}}{V}.$$

在直角坐标系中散度表达式是

$$\mathrm{div}\, \boldsymbol{a} = \frac{\partial a_x}{\partial x} + \frac{\partial a_y}{\partial y} + \frac{\partial a_z}{\partial z}.$$

(3) 矢量的旋度

给定一个矢量场 $\boldsymbol{a}(\boldsymbol{r})$,对场内任一点 P 在其附近作无限小封闭曲线 l 和张在 l 上的曲面 S,取定某一个方向为 l 的正向,S 的法向是 $\boldsymbol{n}_0$,它和 l 的正向在右手坐标系中构成右手螺旋系统。当 l 向 P 点无限收缩,曲面 S 的大小趋于零,法向趋于固定方向 $\boldsymbol{n}$ 时,极限

$$\lim_{S \to 0} \frac{\oint_l \boldsymbol{a} \cdot \mathrm{d}\boldsymbol{r}}{S}$$

存在,定义此极限为矢量 $\boldsymbol{a}$ 的旋度 rot $\boldsymbol{a}$ 在 $\boldsymbol{n}$ 方向的投影

$$\mathrm{rot}_n \boldsymbol{a} = \lim_{S \to 0} \frac{\oint_l \boldsymbol{a} \cdot \mathrm{d}\boldsymbol{r}}{S}.$$

在直角坐标系中旋度表达式是

$$\mathrm{rot}\, \boldsymbol{a} = \begin{vmatrix} \boldsymbol{i} & \boldsymbol{j} & \boldsymbol{k} \\ \dfrac{\partial}{\partial x} & \dfrac{\partial}{\partial y} & \dfrac{\partial}{\partial z} \\ a_x & a_y & a_z \end{vmatrix}$$

$$= \left(\frac{\partial a_z}{\partial y} - \frac{\partial a_y}{\partial z} \right) \boldsymbol{i} + \left(\frac{\partial a_x}{\partial z} - \frac{\partial a_z}{\partial x} \right) \boldsymbol{j} + \left(\frac{\partial a_y}{\partial x} - \frac{\partial a_x}{\partial y} \right) \boldsymbol{k}.$$

(4) 奥高公式和斯托克斯公式

奥高公式

$$\oiint_S \boldsymbol{a} \cdot \mathrm{d}\boldsymbol{S} = \iiint_V \mathrm{div}\, \boldsymbol{a}\, \mathrm{d}V.$$

斯托克斯公式

$$\oint_l \boldsymbol{a} \cdot \mathrm{d}\boldsymbol{r} = \iint_S \mathrm{rot}\, \boldsymbol{a} \cdot \mathrm{d}\boldsymbol{S}.$$

2. 哈密顿算子 ∇

哈密顿算子定义是

$$\nabla = \boldsymbol{i}\frac{\partial}{\partial x} + \boldsymbol{j}\frac{\partial}{\partial y} + \boldsymbol{k}\frac{\partial}{\partial z}.$$

它具有矢量和对它右边的量微分的双重性.

由定义

$$\nabla \varphi = \mathrm{grad}\, \varphi,$$

$$\nabla \cdot \boldsymbol{a} = \text{div}\,\boldsymbol{a},$$
$$\nabla \times \boldsymbol{a} = \text{rot}\,\boldsymbol{a},$$
$$(\boldsymbol{s}_0 \cdot \nabla)\boldsymbol{a} = \frac{\partial \boldsymbol{a}}{\partial s},$$
$$\nabla^2 \varphi = (\nabla \cdot \nabla)\varphi = \Delta\varphi.$$

3. 矢量场的基本运算公式

微分公式

(1) $\text{grad}(\varphi + \psi) = \text{grad}\,\varphi + \text{grad}\,\psi$,

$\nabla(\varphi + \psi) = \nabla\varphi + \nabla\psi.$

(2) $\text{grad}(\varphi\psi) = \varphi\text{grad}\,\psi + \psi\text{grad}\,\varphi$,

$\nabla(\varphi\psi) = \varphi\nabla\psi + \psi\nabla\varphi.$

(3) $\text{grad}\,F(\varphi) = F'(\varphi)\text{grad}\,\varphi$,

$\nabla F(\varphi) = F'(\varphi)\nabla\varphi.$

(4) $\text{grad}\,\varphi(r) = \varphi'(r)\dfrac{\boldsymbol{r}}{r}$,

$\nabla\varphi(r) = \phi'(r)\dfrac{\boldsymbol{r}}{r}.$

(5) $\text{div}\,(\boldsymbol{a} + \boldsymbol{b}) = \text{div}\,\boldsymbol{a} + \text{div}\,\boldsymbol{b}$,

$\nabla \cdot (\boldsymbol{a} + \boldsymbol{b}) = \nabla \cdot \boldsymbol{a} + \nabla \cdot \boldsymbol{b}.$

(6) $\text{div}\,(\varphi\boldsymbol{a}) = \varphi\text{div}\,\boldsymbol{a} + \text{grad}\,\varphi \cdot \boldsymbol{a}$,

$\nabla \cdot (\varphi\boldsymbol{a}) = \varphi\nabla \cdot \boldsymbol{a} + \nabla\varphi \cdot \boldsymbol{a}.$

(7) $\text{div}(\boldsymbol{a} \times \boldsymbol{b}) = \boldsymbol{b} \cdot \text{rot}\,\boldsymbol{a} - \boldsymbol{a} \cdot \text{rot}\,\boldsymbol{b}$,

$\nabla \cdot (\boldsymbol{a} \times \boldsymbol{b}) = \boldsymbol{b} \cdot \nabla \times \boldsymbol{a} - \boldsymbol{a} \cdot \nabla \times \boldsymbol{b}.$

(8) $\text{rot}\,(\boldsymbol{a} + \boldsymbol{b}) = \text{rot}\,\boldsymbol{a} + \text{rot}\,\boldsymbol{b}$,

$\nabla \times (\boldsymbol{a} + \boldsymbol{b}) = \nabla \times \boldsymbol{a} + \nabla \times \boldsymbol{b}.$

(9) $\text{rot}(\varphi\boldsymbol{a}) = \varphi\text{rot}\,\boldsymbol{a} + \text{grad}\,\varphi \times \boldsymbol{a}$,

$\nabla \times (\varphi\boldsymbol{a}) = \varphi\nabla \times \boldsymbol{a} + \nabla\varphi \times \boldsymbol{a}.$

(10) $\text{rot}(\boldsymbol{a} \times \boldsymbol{b}) = (\boldsymbol{b} \cdot \nabla)\boldsymbol{a} - (\boldsymbol{a} \cdot \nabla)\boldsymbol{b} + \boldsymbol{a}\,\text{div}\,\boldsymbol{b} - \boldsymbol{b}\,\text{div}\,\boldsymbol{a}$,

$\nabla \times (\boldsymbol{a} \times \boldsymbol{b}) = (\boldsymbol{b} \cdot \nabla)\boldsymbol{a} - (\boldsymbol{a} \cdot \nabla)\boldsymbol{b} + \boldsymbol{a}\nabla \cdot \boldsymbol{b} - \boldsymbol{b}\nabla \cdot \boldsymbol{a}.$

(11) $\text{grad}(\boldsymbol{a} \cdot \boldsymbol{b}) = (\boldsymbol{b} \cdot \nabla)\boldsymbol{a} + (\boldsymbol{a} \cdot \nabla)\boldsymbol{b} + \boldsymbol{b} \times \text{rot}\,\boldsymbol{a} + \boldsymbol{a} \times \text{rot}\,\boldsymbol{b}$,

$\nabla(\boldsymbol{a} \cdot \boldsymbol{b}) = (\boldsymbol{b} \cdot \nabla)\boldsymbol{a} + (\boldsymbol{a} \cdot \nabla)\boldsymbol{b} + \boldsymbol{b} \times \nabla \times \boldsymbol{a} + \boldsymbol{a} \times \nabla \times \boldsymbol{b}.$

(12) $\text{grad}\,\dfrac{a^2}{2} = (\boldsymbol{a} \cdot \nabla)\boldsymbol{a} + \boldsymbol{a} \times \text{rot}\,\boldsymbol{a}$,

$\nabla\dfrac{a^2}{2} = (\boldsymbol{a} \cdot \nabla)\boldsymbol{a} + \boldsymbol{a} \times \nabla \times \boldsymbol{a}.$

(13) $\text{div}\,\text{grad}\,\varphi = \Delta\varphi$,

$\nabla \cdot (\nabla\varphi) = \nabla^2\varphi.$

(14) $\text{div}\,\text{rot}\,\boldsymbol{a} = 0$,

$\nabla \cdot (\nabla \times \boldsymbol{a}) = 0.$

(15) $\text{rot grad } \varphi = 0$,

$\nabla \times (\nabla \varphi) = 0$.

(16) $\text{rot rot} \boldsymbol{a} = \text{grad div } \boldsymbol{a} - \Delta \boldsymbol{a}$,

$\nabla \times (\nabla \times \boldsymbol{a}) = \nabla(\nabla \cdot \boldsymbol{a}) - \nabla^2 \boldsymbol{a}$.

(17) $\text{div}(\varphi \text{grad } \psi) = \varphi \Delta \psi + \text{grad } \varphi \cdot \text{grad } \psi$,

$\nabla \cdot (\varphi \nabla \psi) = \varphi \nabla^2 \psi + \nabla \varphi \cdot \nabla \psi$.

(18) $\Delta(\varphi \psi) = \psi \Delta \varphi + \varphi \Delta \psi + 2 \text{grad } \varphi \cdot \text{grad } \psi$,

$\nabla^2(\varphi \psi) = \psi \nabla^2 \varphi + \varphi \nabla^2 \psi + 2 \nabla \varphi \cdot \nabla \psi$.

积分公式

(1) $\iiint_V \text{grad } \varphi \, \mathrm{d}V = \oiint_S \varphi \mathrm{d}\boldsymbol{S}$,

$\iiint_V \nabla \varphi \, \mathrm{d}V = \oiint_S \varphi \mathrm{d}\boldsymbol{S}$.

(2) $\iiint_V \text{div } \boldsymbol{a} \, \mathrm{d}V = \oiint_S \boldsymbol{a} \cdot \mathrm{d}\boldsymbol{S}$,

$\iiint_V \nabla \cdot \boldsymbol{a} \, \mathrm{d}V = \oiint_S \boldsymbol{a} \cdot \mathrm{d}\boldsymbol{S}$.

(3) $\iiint_V \text{rot } \boldsymbol{a} \, \mathrm{d}V = \oiint_S \boldsymbol{n} \times \boldsymbol{a} \mathrm{d}S$,

$\iiint_V \nabla \times \boldsymbol{a} \, \mathrm{d}V = \oiint_S \boldsymbol{n} \times \boldsymbol{a} \mathrm{d}S$.

(4) $\iiint_V (\boldsymbol{v} \cdot \nabla) \boldsymbol{a} \, \mathrm{d}V = \oiint_S (\boldsymbol{v} \cdot \boldsymbol{n}) \boldsymbol{a} \mathrm{d}S$.

(5) $\iiint_V \Delta \varphi \, \mathrm{d}V = \oiint_S \frac{\partial \varphi}{\partial n} \mathrm{d}S = \oiint_S \text{grad } \varphi \cdot \mathrm{d}\boldsymbol{S}$,

$\iiint_V \nabla^2 \varphi \, \mathrm{d}V = \oiint_S \frac{\partial \varphi}{\partial n} \mathrm{d}S = \oiint_S \nabla \varphi \cdot \mathrm{d}\boldsymbol{S}$.

(6) $\iiint_V \Delta \boldsymbol{a} \, \mathrm{d}V = \oiint_S \frac{\partial \boldsymbol{a}}{\partial n} \mathrm{d}S = \oiint_S (\boldsymbol{n} \cdot \nabla) \boldsymbol{a} \mathrm{d}S$,

$\iiint_V \nabla^2 \boldsymbol{a} \, \mathrm{d}V = \oiint_S \frac{\partial \boldsymbol{a}}{\partial n} \mathrm{d}S = \oiint_S (\boldsymbol{n} \cdot \nabla) \boldsymbol{a} \mathrm{d}S$.

(7) $\iiint_V (\text{grad } \varphi)^2 \mathrm{d}V = \oiint_S \varphi \text{grad } \varphi \cdot \mathrm{d}\boldsymbol{S}$,其中 φ 满足 $\Delta \varphi = 0$,

$\iiint_V (\Delta \varphi)^2 \mathrm{d}V = \oiint_S \varphi \nabla \varphi \cdot \mathrm{d}\boldsymbol{S}$,其中 φ 满足 $\nabla^2 \varphi = 0$.

格林第一公式

$$\iiint_V (\varphi \Delta \psi + \text{grad } \varphi \cdot \text{grad } \psi) \mathrm{d}V = \oiint_S \varphi \frac{\partial \psi}{\partial n} \mathrm{d}S,$$

$$\iiint_V (\varphi \nabla^2 \psi + \nabla \varphi \cdot \nabla \psi) dV = \oiint_S \varphi \nabla \psi \cdot dS = \oiint_S \varphi \frac{\partial \psi}{\partial n} dS.$$

格林第二公式

$$\iiint_V (\varphi \nabla \psi - \psi \Delta \varphi) dV = \oiint_S \left(\varphi \frac{\partial \psi}{\partial n} - \psi \frac{\partial \varphi}{\partial n} \right) dS,$$

$$\iiint_V (\varphi \nabla^2 \psi - \psi \nabla^2 \varphi) dV = \oiint_S (\varphi \nabla \psi - \psi \nabla \varphi) \cdot dS = \oiint_S \left(\varphi \frac{\partial \psi}{\partial n} - \psi \frac{\partial \varphi}{\partial n} \right) dS.$$

4. 正交曲线坐标系

空间任一确定的点 $P(x,y,z)$ 可由其它三个独立变量 q_1、q_2、q_3 来表示. 如 (x,y,z) 和 (q_1,q_2,q_3) 之间存在一一对应关系,则 q_1、q_2、q_3 构成了一个坐标系. $q_1 =$ 常数, $q_2 =$ 常数, $q_3 =$ 常数分别构成了该坐标系的坐标面,两个不同坐标面的交线构成了坐标线. 沿任一点的三条坐标线方向作单位矢量 e_1、e_2、e_3,若 e_1、e_2、e_3 相互正交,称这坐标系为正交曲线坐标系.

常用的正交曲线坐标系是柱坐标系 (r,θ,z) 和球坐标系 (R,θ,λ).

(1) 弧元素和拉梅系数

$$d\boldsymbol{r} = \frac{\partial \boldsymbol{r}}{\partial q_1} dq_1 + \frac{\partial \boldsymbol{r}}{\partial q_2} dq_2 + \frac{\partial \boldsymbol{r}}{\partial q_3} dq_3,$$

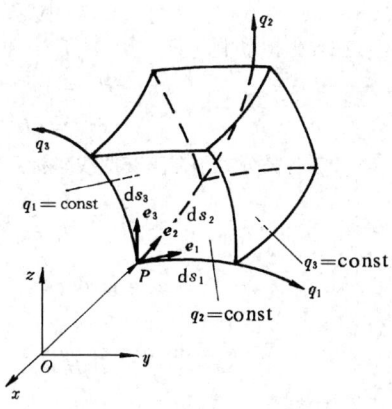

图 F.1 正交曲线坐标系

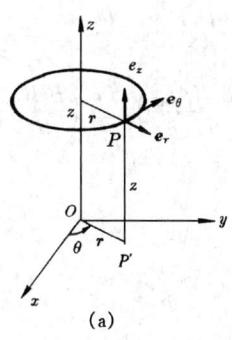
(a)

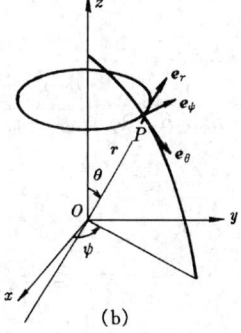
(b)

图 F.2 (a) 柱坐标系 (b) 球坐标系

$$\left| \frac{\partial \boldsymbol{r}}{\partial q_1} \right| = \sqrt{\left(\frac{\partial x}{\partial q_1}\right)^2 + \left(\frac{\partial y}{\partial q_1}\right)^2 + \left(\frac{\partial z}{\partial q_1}\right)^2} = H_1,$$

$$\left| \frac{\partial \boldsymbol{r}}{\partial q_2} \right| = \sqrt{\left(\frac{\partial x}{\partial q_2}\right)^2 + \left(\frac{\partial y}{\partial q_2}\right)^2 + \left(\frac{\partial z}{\partial q_2}\right)^2} = H_2,$$

$$\left| \frac{\partial \boldsymbol{r}}{\partial q_3} \right| = \sqrt{\left(\frac{\partial x}{\partial q_3}\right)^2 + \left(\frac{\partial y}{\partial q_3}\right)^2 + \left(\frac{\partial z}{\partial q_3}\right)^2} = H_3.$$

H_1, H_2, H_3 称为拉梅系数. 由此可得弧元素矢量 $d\boldsymbol{r}$ 为

$$d\boldsymbol{r} = H_1 dq_1 \boldsymbol{e}_1 + H_2 dq_2 \boldsymbol{e}_2 + H_3 dq_3 \boldsymbol{e}_3,$$

$d\boldsymbol{r}$ 在坐标轴上投影 ds_1, ds_2, ds_3 为

$$ds_1 = H_1 dq_1, \quad ds_2 = H_2 dq_2, \quad ds_3 = H_3 dq_3,$$

$d\boldsymbol{r}$ 的大小是

$$ds^2 = H_1^2 dq_1^2 + H_2^2 dq_2^2 + H_3^2 dq_3^2.$$

在柱坐标系中

$$H_1 = 1, \quad H_2 = r, \quad H_3 = 1,$$
$$ds^2 = dr^2 + r^2 d\theta^2 + dz^2.$$

在球坐标系中

$$H_1 = 1, \quad H_2 = R, \quad H_3 = R\sin\theta,$$
$$ds^2 = dR^2 + R^2 d\theta^2 + R^2 \sin^2\theta d\lambda^2.$$

(2) 各微分算子在正交曲线坐标系中的表达式

$$\nabla = \frac{1}{H_1}\frac{\partial}{\partial q_1}\boldsymbol{e}_1 + \frac{1}{H_2}\frac{\partial}{\partial q_2}\boldsymbol{e}_2 + \frac{1}{H_3}\frac{\partial}{\partial q_3}\boldsymbol{e}_3,$$

$$\nabla\varphi = \operatorname{grad}\varphi = \frac{1}{H_1}\frac{\partial\varphi}{\partial q_1}\boldsymbol{e}_1 + \frac{1}{H_2}\frac{\partial\varphi}{\partial q_2}\boldsymbol{e}_2 + \frac{1}{H_3}\frac{\partial\varphi}{\partial q_3}\boldsymbol{e}_3,$$

$$\nabla\cdot\boldsymbol{a} = \operatorname{div}\boldsymbol{a} = \frac{1}{H_1 H_2 H_3}\left[\frac{\partial(a_1 H_2 H_3)}{\partial q_1} + \frac{\partial(a_2 H_3 H_1)}{\partial q_2} + \frac{\partial(a_3 H_1 H_2)}{\partial q_3}\right],$$

$$\nabla\times\boldsymbol{a} = \operatorname{rot}\boldsymbol{a} = \frac{1}{H_1 H_2 H_3}\begin{vmatrix} H_1\boldsymbol{e}_1 & H_2\boldsymbol{e}_2 & H_3\boldsymbol{e}_3 \\ \dfrac{\partial}{\partial q_1} & \dfrac{\partial}{\partial q_2} & \dfrac{\partial}{\partial q_3} \\ H_1 a_1 & H_2 a_2 & H_3 a_3 \end{vmatrix}.$$

$$\nabla^2\varphi = \Delta\varphi$$
$$= \frac{1}{H_1 H_2 H_3}\left[\frac{\partial}{\partial q_1}\left(\frac{H_2 H_3}{H_1}\frac{\partial\varphi}{\partial q_1}\right) + \frac{\partial}{\partial q_2}\left(\frac{H_3 H_1}{H_2}\frac{\partial\varphi}{\partial q_2}\right) + \frac{\partial}{\partial q_3}\left(\frac{H_1 H_2}{H_3}\frac{\partial\varphi}{\partial q_3}\right)\right].$$

在柱坐标系中

$$\nabla = \frac{\partial}{\partial r}\boldsymbol{e}_r + \frac{1}{r}\frac{\partial}{\partial\theta}\boldsymbol{e}_\theta + \frac{\partial}{\partial z}\boldsymbol{e}_z,$$

$$\nabla\varphi = \frac{\partial\varphi}{\partial r}\boldsymbol{e}_r + \frac{1}{r}\frac{\partial\varphi}{\partial\theta}\boldsymbol{e}_\theta + \frac{\partial\varphi}{\partial z}\boldsymbol{e}_z,$$

$$\nabla\cdot\boldsymbol{a} = \frac{1}{r}\frac{\partial(r a_r)}{\partial r} + \frac{1}{r}\frac{\partial a_\theta}{\partial\theta} + \frac{\partial a_z}{\partial z},$$

$$\nabla\times\boldsymbol{a} = \left(\frac{1}{r}\frac{\partial a_z}{\partial\theta} - \frac{\partial a_\theta}{\partial z}\right)\boldsymbol{e}_r + \left(\frac{\partial a_r}{\partial z} - \frac{\partial a_z}{\partial r}\right)\boldsymbol{e}_\theta + \left(\frac{1}{r}\frac{\partial r a_\theta}{\partial r} - \frac{1}{r}\frac{\partial a_r}{\partial\theta}\right)\boldsymbol{e}_z,$$

$$\nabla^2\varphi = \frac{1}{r}\frac{\partial}{\partial r}\left(r\frac{\partial\varphi}{\partial r}\right) + \frac{1}{r^2}\frac{\partial^2\varphi}{\partial\theta^2} + \frac{\partial^2\varphi}{\partial z^2}.$$

在球坐标系中

$$\nabla = \frac{\partial}{\partial R}\boldsymbol{e}_R + \frac{1}{R}\frac{\partial}{\partial\theta}\boldsymbol{e}_\theta + \frac{1}{R\sin\theta}\frac{\partial}{\partial\lambda}\boldsymbol{e}_\lambda,$$

$$\nabla f = \frac{\partial f}{\partial R}\boldsymbol{e}_R + \frac{1}{R}\frac{\partial f}{\partial \theta}\boldsymbol{e}_\theta + \frac{1}{R\sin\theta}\frac{\partial f}{\partial \lambda}\boldsymbol{e}_\lambda,$$

$$\nabla \cdot \boldsymbol{a} = \frac{1}{R^2}\frac{\partial(R^2 a_R)}{\partial R} + \frac{1}{R\sin\theta}\frac{\partial(\sin\theta a_\theta)}{\partial \theta} + \frac{1}{R\sin\theta}\frac{\partial a_\lambda}{\partial \lambda},$$

$$\nabla \times \boldsymbol{a} = \left[\frac{1}{R\sin\theta}\frac{\partial(a_\lambda \sin\theta)}{\partial \theta} - \frac{1}{R\sin\theta}\frac{\partial a_\theta}{\partial \lambda}\right]\boldsymbol{e}_R$$

$$+ \left[\frac{1}{R\sin\theta}\frac{\partial a_R}{\partial \lambda} - \frac{1}{R}\frac{\partial(Ra_\lambda)}{\partial R}\right]\boldsymbol{e}_\theta + \left[\frac{1}{R}\frac{\partial(Ra_\theta)}{\partial R} - \frac{1}{R}\frac{\partial a_R}{\partial \theta}\right]\boldsymbol{e}_\lambda,$$

$$\nabla^2 f = \frac{1}{R^2}\frac{\partial}{\partial R}\left(R^2 \frac{\partial f}{\partial R}\right) + \frac{1}{R^2 \sin\theta}\frac{\partial}{\partial \theta}\left(\sin\theta \frac{\partial f}{\partial \theta}\right) + \frac{1}{R^2 \sin^2\theta}\frac{\partial^2 f}{\partial \lambda^2}.$$

(3) 单位矢量对曲线坐标的导数

$$\begin{cases}\dfrac{\partial \boldsymbol{e}_1}{\partial q_1} = -\left(\dfrac{1}{H_2}\dfrac{\partial H_1}{\partial q_2}\boldsymbol{e}_2 + \dfrac{1}{H_3}\dfrac{\partial H_1}{\partial q_3}\boldsymbol{e}_3\right), \\[4pt] \dfrac{\partial \boldsymbol{e}_2}{\partial q_2} = -\left(\dfrac{1}{H_3}\dfrac{\partial H_2}{\partial q_3}\boldsymbol{e}_3 + \dfrac{1}{H_1}\dfrac{\partial H_2}{\partial q_1}\boldsymbol{e}_1\right), \\[4pt] \dfrac{\partial \boldsymbol{e}_3}{\partial q_3} = -\left(\dfrac{1}{H_1}\dfrac{\partial H_3}{\partial q_1}\boldsymbol{e}_1 + \dfrac{1}{H_2}\dfrac{\partial H_2}{\partial q_2}\boldsymbol{e}_2\right).\end{cases}$$

$$\begin{cases}\dfrac{\partial \boldsymbol{e}_1}{\partial q_2} = \dfrac{1}{H_1}\dfrac{\partial H_2}{\partial q_1}\boldsymbol{e}_2, \quad \dfrac{\partial \boldsymbol{e}_1}{\partial q_3} = \dfrac{1}{H_1}\dfrac{\partial H_3}{\partial q_1}\boldsymbol{e}_3, \\[4pt] \dfrac{\partial \boldsymbol{e}_2}{\partial q_3} = \dfrac{1}{H_2}\dfrac{\partial H_3}{\partial q_2}\boldsymbol{e}_3, \quad \dfrac{\partial \boldsymbol{e}_2}{\partial q_1} = \dfrac{1}{H_2}\dfrac{\partial H_1}{\partial q_2}\boldsymbol{e}_1, \\[4pt] \dfrac{\partial \boldsymbol{e}_3}{\partial q_1} = \dfrac{1}{H_3}\dfrac{\partial H_1}{\partial q_3}\boldsymbol{e}_1, \quad \dfrac{\partial \boldsymbol{e}_3}{\partial q_2} = \dfrac{1}{H_3}\dfrac{\partial H_2}{\partial q_3}\boldsymbol{e}_2,\end{cases}$$

上述单位矢量对曲线坐标的导数可得出两个在流体力学中十分有用的表达式

$$\boldsymbol{b} \cdot \nabla \boldsymbol{a} = \left[\boldsymbol{b} \cdot \nabla a_1 + \frac{a_2}{H_1 H_2}\left(b_1 \frac{\partial H_1}{\partial q_2} - b_2 \frac{\partial H_2}{\partial q_1}\right) + \frac{a_3}{H_1 H_3}\left(b_1 \frac{\partial H_1}{\partial q_3} - b_3 \frac{\partial h_3}{\partial q_1}\right)\right]\boldsymbol{e}_1$$

$$+ \left[\boldsymbol{b} \cdot \nabla a_2 + \frac{a_3}{H_2 H_3}\left(b_2 \frac{\partial H_2}{\partial q_3} - b_3 \frac{\partial H_3}{\partial q_2}\right) + \frac{a_1}{H_1 H_2}\left(b_2 \frac{\partial H_2}{\partial q_1} - b_1 \frac{\partial H_1}{\partial q_2}\right)\right]\boldsymbol{e}_2$$

$$+ \left[\boldsymbol{b} \cdot \nabla a_3 + \frac{a_1}{H_1 H_3}\left(b_3 \frac{\partial H_3}{\partial q_1} - b_1 \frac{\partial H_1}{\partial q_3}\right) + \frac{a_2}{H_2 H_3}\left(b_3 \frac{\partial H_3}{\partial q_2} - b_2 \frac{\partial H_2}{\partial q_3}\right)\right]\boldsymbol{e}_3.$$

$$\nabla^2 \boldsymbol{a} = \left\{\frac{1}{H_1}\frac{\partial}{\partial q_1}\left[\frac{1}{H_1 H_2 H_3}\left(\frac{\partial H_2 H_3 a_1}{\partial q_1} + \frac{\partial H_1 H_3 a_2}{\partial q_2} + \frac{\partial H_1 H_2 a_3}{\partial q_3}\right)\right]\right.$$

$$- \frac{1}{H_2 H_3}\frac{\partial}{\partial q_2}\left[\frac{H_3}{H_1 H_2}\left(\frac{\partial H_2 a_2}{\partial q_1} - \frac{\partial H_1 a_1}{\partial q_2}\right)\right]$$

$$\left.+ \frac{1}{H_2 H_3}\frac{\partial}{\partial q_3}\left[\frac{H_2}{H_1 H_3}\left(\frac{\partial H_1 a_1}{\partial q_3} - \frac{\partial H_3 a_3}{\partial q_1}\right)\right]\right\}\boldsymbol{e}_1$$

$$+ \left\{\frac{1}{H_2}\frac{\partial}{\partial q_2}\left[\frac{1}{H_1 H_2 H_3}\left(\frac{\partial H_2 H_3 a_1}{\partial q_1} + \frac{\partial H_1 H_3 a_2}{\partial q_2} + \frac{\partial H_1 H_2 a_3}{\partial q_3}\right)\right]\right.$$

$$- \frac{1}{H_3 H_1}\frac{\partial}{\partial q_3}\left[\frac{H_1}{H_2 H_3}\left(\frac{\partial H_3 a_3}{\partial q_2} - \frac{\partial H_2 a_2}{\partial q_3}\right)\right]$$

$$\left.+ \frac{1}{H_3 H_1}\frac{\partial}{\partial q_1}\left[\frac{H_3}{H_1 H_2}\left(\frac{\partial H_2 a_2}{\partial q_1} - \frac{\partial H_1 a_1}{\partial q_2}\right)\right]\right\}\boldsymbol{e}_2$$

$$+ \left\{ \frac{1}{H_3} \frac{\partial}{\partial q_3} \left[\frac{1}{H_1 H_2 H_3} \left(\frac{\partial H_2 H_3 a_1}{\partial q_1} + \frac{\partial H_1 H_3 a_2}{\partial q_2} + \frac{\partial H_1 H_2 a_3}{\partial q_3} \right) \right] \right.$$

$$- \frac{1}{H_1 H_2} \frac{\partial}{\partial q_1} \left[\frac{H_2}{H_1 H_3} \left(\frac{\partial H_1 a_1}{\partial q_3} - \frac{\partial H_3 a_3}{\partial q_1} \right) \right]$$

$$\left. + \frac{1}{H_1 H_2} \frac{\partial}{\partial q_2} \left[\frac{H_1}{H_2 H_3} \left(\frac{\partial H_3 a_3}{\partial q_2} - \frac{\partial H_2 a_2}{\partial q_3} \right) \right] \right\} e_3.$$

(二) 笛卡儿张量分析初步

1. 指标和符号

（1）自由指标

如矢量 $\boldsymbol{a}$，其分量可表示为 $a_i, i = 1, 2, 3, i$ 称为自由指标.

（2）约定求和法则和哑指标

约定在同一项中如有两个指标相同，就表示对该指标从 1 到 3 求和. 这个约定称为爱因斯坦求和约定. 这重复的指标称为哑指标. 如：

$$\boldsymbol{a} \cdot \boldsymbol{b} = a_i b_i = a_1 b_1 + a_2 b_2 + a_3 b_3,$$

$$(\boldsymbol{v} \cdot \nabla) \boldsymbol{v} = v_j \frac{\partial v_i}{\partial x_j} = v_1 \frac{\partial v_i}{\partial x_1} + v_2 \frac{\partial v_i}{\partial x_2} + v_3 \frac{\partial v_i}{\partial x_3} (i = 1, 2, 3).$$

（3）克罗内克尔符号 δ_{ij}

定义 δ_{ij} 为

$$\delta_{ij} = \begin{cases} 0, & \text{当 } i \neq j \text{ 时,} \\ 1, & \text{当 } i = j \text{ 时.} \end{cases}$$

由定义可以得到

$$\delta_{ij} a_j = a_j,$$
$$\delta_{ik} T_{kj} = T_{ij}.$$

因此 δ_{ij} 具有替换下标的作用.

（4）置换符号 e_{ijk}

定义 e_{ijk} 为

$$e_{ijk} = \begin{cases} 0, & \text{当 } i, j, k \text{ 中有两个以上指标相同时,} \\ 1, & \text{当 } i, j, k \text{ 为 } 1, 2, 3 \text{ 偶排列时,} \\ -1, & \text{当 } i, j, k \text{ 为 } 1, 2, 3 \text{ 奇排列时.} \end{cases}$$

由定义可以得到

$$\boldsymbol{a} \times \boldsymbol{b} = e_{ijk} a_j b_k,$$
$$|a_{ij}| = e_{ijk} a_{i1} a_{j2} a_{k3}.$$

（5）$e_{ijk} - \delta_{ij}$ 恒等式

$$e_{ijk} e_{lmn} = \begin{vmatrix} \delta_{il} & \delta_{im} & \delta_{in} \\ \delta_{jl} & \delta_{jm} & \delta_{jn} \\ \delta_{kl} & \delta_{km} & \delta_{kn} \end{vmatrix},$$

其特例为

$$e_{ijk}e_{lmk} = \delta_{il}\delta_{jm} - \delta_{im}\delta_{jl},$$
$$e_{ijk}e_{ljk} = 2\delta_{il},$$
$$e_{ijk}e_{ijk} = 6.$$

2. 笛卡儿张量的定义

为了从数量方面描写物理量，必须引进坐标系。坐标系的取法是多样的，确定了一种坐标系，就相当于确定了一种观察和描写这些物理量的方法。

设原有笛卡儿直角坐标系 $Ox_1x_2x_3$，由于旋转而变到新的坐标系 $Ox'_1x'_2x'_3$，考虑同一物理量在这两个直角坐标系中所表示的不同坐标之间的关系。

首先考虑标量 φ。对于确定的点 P，它在新旧坐标系中坐标是 (x'_1, x'_2, x'_3) 和 (x_1, x_2, x_3)。标量的值不依赖于坐标系，于是有

$$\varphi(P) = \varphi(x_1, x_2, x_3) = \varphi(x'_1, x'_2, x'_3).$$

其次考虑矢量 $\boldsymbol{a}$。在新旧坐标系中分别表示为

$$\boldsymbol{a} = a'_i \boldsymbol{e}'_i = a_j \boldsymbol{e}_j.$$

式中 $\boldsymbol{e}'_i$ 和 $\boldsymbol{e}_j$ 分别是新旧坐标系的单位基矢量。于是有

$$a'_i = (a_j \boldsymbol{e}_j) \cdot \boldsymbol{e}'_i = \alpha_{ij} a_j,$$

其中 $\alpha_{ij} = \boldsymbol{e}_j \cdot \boldsymbol{e}'_i$ 是这两个坐标系中不同坐标轴夹角的余弦。

再来考虑一点的应力状态。它由 9 个分量来表示：p_{ij}，基应力矢量 $\boldsymbol{p}_i$ 为

$$\boldsymbol{p}_i = p_{ij}\boldsymbol{e}_j.$$

在新坐标系中，应力状态表示为 p'_{ij}，基应力矢量是 $\boldsymbol{p}'_i$。由于法向为 $\boldsymbol{n}$ 微面上应力 $\boldsymbol{p}_n$ 是

$$\boldsymbol{p}_n = (\boldsymbol{n} \cdot \boldsymbol{e}_j) \boldsymbol{p}_j,$$

因而

$$\boldsymbol{p}'_i = (\boldsymbol{e}'_i \cdot \boldsymbol{e}_j) \boldsymbol{p}_j = (\boldsymbol{e}'_i \cdot \boldsymbol{e}_j)(p_{jl}\boldsymbol{e}_l),$$

所以可得到

$$p'_{ik} = \boldsymbol{p}'_i \cdot \boldsymbol{e}'_k = (\boldsymbol{e}'_i \cdot \boldsymbol{e}_j)(p_{jl}\boldsymbol{e}_l) \cdot \boldsymbol{e}'_k = \alpha_{ij}\alpha_{kl}p_{jl}.$$

上述矢量和应力状态，它们在新旧坐标系中分量的关系具有相同的数学结构，称这类量为张量。下面给出更一般的张量定义：

若在一直角坐标系内给定了 3^n 个数 $a_{j_1j_2\cdots j_n}$，当坐标变换时，所得新的数 $a'_{i_1i_2\cdots i_n}$ 由下式确定

$$a'_{i_1i_2\cdots i_n} = \alpha_{i_1j_1}\alpha_{i_2j_2}\cdots\alpha_{i_nj_n}a_{j_1j_2\cdots j_n}.$$

则称此 3^n 个数 $a_{j_1j_2\cdots j_n}$ 为一个 n 阶张量，记为 $\boldsymbol{A}$。

由定义可见矢量是一阶张量，应力张量是二阶张量，标量是零阶张量。

如果将一个张量全部分量按其下标的一种确定置换办法重新编号，则新编号全部分量仍构成张量。但该张量和原张量一般来说是不相等的。

3. 张量代数运算法则

（1）同阶张量的加（减）法

设 $\boldsymbol{A} = a_{i_1i_2\cdots i_n}$ 和 $\boldsymbol{B} = b_{i_1i_2\cdots i_n}$ 是 n 阶张量，在同一坐标系内把这两个张量的分量相加（减）得

$$c_{i_1 i_2 \cdots i_n} = a_{i_1 i_2 \cdots i_n} \pm b_{i_1 i_2 \cdots i_n},$$

则 $c_{i_1 i_2 \cdots i_n}$ 也是一个 n 阶张量,记为

$$C = A + B.$$

(2) 张量乘法

设 $A = a_{i_1 i_2 \cdots i_r}$ 是 r 阶张量,$B = b_{j_1 j_2 \cdots j_s}$ 是 s 阶张量,在同一坐标系内把这两个张量的分量相乘得

$$c_{i_1 \cdots i_r j_1 \cdots j_s} = a_{i_1 \cdots i_r} b_{j_1 \cdots j_s},$$

则 $c_{i_1 \cdots i_r j_1 \cdots j_s}$ 构成一个 $r + s$ 阶张量,记为

$$C = AB.$$

由两个矢量 a, b 相乘得到的二阶张量 $c_{ij} = a_i b_j$ 称为并矢,记作 ab。

(3) 张量缩并和内积

对于阶数大于 1 的 n 阶张量,若有两个下标相同,则根据约定的求和法则得到一个 $n - 2$ 阶张量,称为原张量的缩并。

张量乘积 AB 中,r 阶张量 A 和 s 阶张量 B 中各取一个下标缩并,得到一个 $r + s - 2$ 阶的张量 C,称为 A 和 B 的内积,记为

$$C = A \cdot B.$$

并矢 ab 缩并得到一个标量 $a_i b_i$,即两个矢量的内积 $a \cdot b$。

4. 张量微分运算法则

设在空间一个区域内的每点 M 都给定了一个张量

$$A = a_{i_1 i_2 \cdots i_n}(M),$$

它构成了一个张量场。

(1) 张量导数

张量各分量对坐标求导为

$$\frac{\partial a_{i_1 i_2 \cdots i_n}}{\partial x_j},$$

其全体构成了一个 $n + 1$ 阶张量。

(2) 张量微分

n 阶张量的微分为

$$\mathrm{d} a_{i_1 i_2 \cdots i_n} = \frac{\partial a_{i_1 \cdots i_n}}{\partial x_j} \mathrm{d} x_j,$$

它是和 $a_{i_1 i_2 \cdots i_n}$ 同阶的张量,可以看作是导数张量 $\dfrac{\partial a_{i_1 \cdots i_n}}{\partial x_j}$ 和一阶微分张量 $\mathrm{d} x_k$ 相乘后再缩并的结果。

(3) 张量梯度

n 阶张量 $A = a_{i_1 i_2 \cdots i_n}$,其梯度为

$$\nabla A = \mathrm{grad}\, A = \frac{\partial a_{i_1 i_2 \cdots i_n}}{\partial x_j},$$

记为 $a_{i_1 i_2 \cdots i_n, j}$.

(4) 张量散度

n 阶张量 $\boldsymbol{A} = a_{j i_2 \cdots i_n}$,其散度为

$$\nabla \cdot \boldsymbol{A} = \mathrm{div}\, \boldsymbol{A} = \frac{\partial a_{j i_2 \cdots i_n}}{\partial x_j},$$

它是由 $\nabla \boldsymbol{A}$ 缩并一次得到的 $n-1$ 阶张量.

(5) 张量旋度

n 阶张量 $\boldsymbol{A} = a_{i_1 i_2 \cdots i_n}$,其旋度为

$$\nabla \times \boldsymbol{A} = \mathrm{rot}\, \boldsymbol{A} = e_{ijk} \frac{\partial a_{k i_2 \cdots i_n}}{\partial x_j}.$$

(6) 奥高公式

矢量中的奥高公式可推广到张量中来. 设 $\boldsymbol{A}$ 是 n 阶张量,则成立

$$\oiint_S \boldsymbol{A} \cdot \mathrm{d}\boldsymbol{S} = \iiint_V \nabla \cdot \boldsymbol{A}\, \mathrm{d}V.$$

5. 二阶张量

(1) 对称张量和反称张量

二阶张量 a_{ij},如果分量间满足对称关系

$$a_{ij} = a_{ji},$$

则称 a_{ij} 为二阶对称张量.

二阶对称张量只有六个独立分量.

由同一矢量组成的并矢是二阶对称张量.

二阶张量 b_{ij},如果分量间满足反对称关系

$$b_{ij} = -b_{ji},$$

则称 b_{ij} 为二阶反称张量.

二阶反称张量只有三个独立分量.

(2) 二阶张量分解

任一二阶张量 a_{ij},可以表示成

$$a_{ij} = \frac{1}{2}(a_{ij} + a_{ji}) + \frac{1}{2}(a_{ij} - a_{ji}),$$

其中 $\frac{1}{2}(a_{ij} + a_{ji})$ 是对称张量,$\frac{1}{2}(a_{ij} - a_{ji})$ 是反称张量. 所以,任何一个二阶张量可以分解成一个对称张量和一个反称张量之和.

流体力学中速度梯度张量 $\nabla \boldsymbol{v} = \frac{\partial v_i}{\partial x_j} = v_{i,j}$ 可分解为

$$v_{i,j} = \frac{1}{2}(v_{i,j} + v_{j,i}) + \frac{1}{2}(v_{i,j} - v_{j,i}),$$

其中 $\frac{1}{2}(v_{i,j} + v_{j,i})$ 是对称张量,即应变率张量 $\dot{\boldsymbol{E}}$;而 $\frac{1}{2}(v_{i,j} - v_{j,i})$ 是反称张量,只有三个独立分量,它们构成了一个矢量,就是质点旋转角速度矢量 $\boldsymbol{\Omega}$.

(3) 二阶张量的主值、主轴和不变量

设 P 为二阶张量，a 为非零矢量，λ 是一标量，若

$$P \cdot a = \lambda a,$$

则称矢量 a 的方向为张量 P 的主轴方向，λ 为张量 P 的主值。

由线性代数知识，易得到下述结论：

主值 λ 由下面的三次代数方程确定

$$\det |p_{ij} - \lambda \delta_{ij}| = -\lambda^3 + I_1 \lambda^2 - I_2 \lambda + I_3 = 0.$$

它有三个根 $\lambda_1, \lambda_2, \lambda_3$。由根和系数关系得到

$$\begin{cases} I_1 = p_{ii} = \lambda_1 + \lambda_2 + \lambda_3, \\ I_2 = \begin{vmatrix} p_{22} & p_{32} \\ p_{23} & p_{33} \end{vmatrix} + \begin{vmatrix} p_{11} & p_{31} \\ p_{13} & p_{33} \end{vmatrix} + \begin{vmatrix} p_{11} & p_{21} \\ p_{12} & p_{22} \end{vmatrix} = \lambda_1 \lambda_2 + \lambda_1 \lambda_3 + \lambda_2 \lambda_3, \\ I_3 = \det |p_{ij}| = \lambda_1 \lambda_2 \lambda_3. \end{cases}$$

I_1, I_2, I_3 由标量 $\lambda_1, \lambda_2, \lambda_3$ 组成，不随坐标系转换而改变，称为二阶张量 P 的第一、第二和第三不变量。

对于二阶对称张量 A，三个主值都是实数，且一定存在三个垂直主轴。在以主轴为坐标轴的坐标系中，二阶对称张量有标准形式

$$A = \begin{pmatrix} \lambda_1 & 0 & 0 \\ 0 & \lambda_2 & 0 \\ 0 & 0 & \lambda_3 \end{pmatrix}.$$

6. 流体力学基本方程组的笛卡儿张量形式

(1) 本构关系

$$p_{ij} = -p \delta_{ij} + 2\mu \left(s_{ij} - \frac{1}{3} s_{kk} \delta_{ij} \right).$$

式中

$$p = -\frac{1}{3} p_{ii}, \quad s_{ij} = \frac{1}{2} \left(\frac{\partial v_i}{\partial x_j} + \frac{\partial v_j}{\partial x_i} \right).$$

(2) 连续性方程

$$\frac{\partial \rho}{\partial t} + \frac{\partial (\rho v_i)}{\partial x_i} = 0.$$

(3) 运动方程

$$\left(\frac{\partial}{\partial t} + v_j \frac{\partial}{\partial x_j} \right) v_i = F_{bi} + \frac{1}{\rho} \frac{\partial p_{ij}}{\partial x_j}.$$

(4) 能量方程

$$\left(\frac{\partial}{\partial t} + v_j \frac{\partial}{\partial x_j} \right) \left(\frac{v_k v_k}{2} + e \right) = F_{bi} v_i + \frac{1}{\rho} \frac{\partial (p_{ij} v_j)}{\partial x_i} + \frac{1}{\rho} \frac{\partial}{\partial x_i} \left(k \frac{\partial T}{\partial x_i} \right) + q.$$

式中 e 是单位质量流体的内能，F_{bi} 是单位质量体力，k 是热传导系数，q 是单位质量流体从外界得到的除热传导以外的能量。

(5) 状态方程

对于可压缩流体，具有如下状态方程

$$p = f(\rho, T).$$

(G) 热力学基础知识

（一）状态方程和热力学过程

1. 状态方程

热力学系统的状态由热力学变量来描述，这些变量中最常见的是系统的温度 T、压强 p 和密度 ρ（或体积 V）。反映这些变量相互依赖关系的数学式子称为状态方程。真实气体的状态十分复杂，然而在压强不太高、温度不太低情况下，或者说在远离凝聚态情况下，状态方程可近似地写为

$$p = R\rho T.$$

式中 R 为气体常数。空气的气体常数 $R = 0.068\,5$ 千卡/千克·度 $= 286.85$ 牛·米/千克·度。满足此方程的气体称为完全气体。实际上它是真实气体在一定条件下的理想化。

2. 过程

如果系统的状态在变化过程中的每一时刻都处于平衡状态，并可用热力学状态参数加以描述，那末这种过程称为准静态过程，也称平衡过程。否则称为非准静态过程。

热力学中仅研究准静态过程。如果以气体微团作为系统，除去通过激波波阵面时属非准静态过程外，气体微团在流动过程中状态参数变化的经历都是可以确定的，因而属于准静态过程。以下所讨论的过程都是作为准静态过程来处理。

等容过程。系统所占据的容积保持不变的过程叫等容过程。对于确定的流体微团，在整个等容过程中密度将保持为常量，因此不可压缩流动过程实际上就是等容过程。

等压过程。系统的压强保持不变的过程叫等压过程。

等温过程。系统的温度保持不变的过程叫等温过程。在等温过程中，$p/\rho = RT =$ 常数，因此属于正压过程。

绝热过程。系统既不从外界吸收热量，也不向外界放热的过程，即系统与环境无热量交换的过程叫绝热过程。高速流动的气体微团，由于流速很快，和其它微团或固体壁面没有显著的热交换，因而可以近似地认为是绝热过程。

（二）热力学第一定律　焓

1. 热力学第一定律

能量转换和守恒在热力学中表示为热力学第一定律

$$\delta Q_a = de + \delta W.$$

式中 δQ_a 是单位质量的气体从外界吸收的热量，de 是单位质量气体内能的增加量，δW 是单位质量气体对外界所作的功。

内能是气体分子热运动而具有的能量，它是一个状态参量，完全气体的内能仅是温度的函数。

系统对外界所作的功不是状态参量,它与过程有关. 对准静态过程而言,有
$$\delta W = p\mathrm{d}\left(\frac{1}{\rho}\right) = p\mathrm{d}V.$$
在等容过程中,系统对外界作功为零. 在等温过程中,当由初态 p_1, V_1, T_1 变化为 p_2, V_2, T_2 ($T_2 = T_1$),系统对外界作功
$$\Delta W = \int_{V_1}^{V_2} p\mathrm{d}V = RT_1 \ln \frac{V_2}{V_1}.$$
在等压过程中,由初态 p_1, V_1, T_1 变化为 $p_2, V_2, T_2 (p_2 = p_1)$,系统对外界作功
$$\Delta W = \int_{V_1}^{V_2} p\mathrm{d}V = p_1(V_2 - V_1).$$
系统从外界吸收的热量根据热力学第一定律可知也不是状态参量.

准静态过程中热力学第一定律可表示为
$$\delta Q_a = \mathrm{d}e + p\mathrm{d}\left(\frac{1}{\rho}\right).$$

2. 焓

单位质量系统焓的定义是
$$i = e + \frac{p}{\rho}.$$
热力学第一定律也可写成
$$\delta Q_a = \mathrm{d}i - \frac{1}{\rho}\mathrm{d}p.$$
由此式可看出,系统在等压过程中从外界所吸收的热量就是系统焓的增加量.

由定义可知,完全气体的焓仅是温度的函数,是一个状态量.

3. 比热

比热是单位质量气体温度升高一度所需要从外界吸收的热量,是一个与过程有关的量.

等压比热. 等压过程下的比热称为等压比热,记为 c_p.
$$c_p = \left(\frac{\delta Q_a}{\delta T}\right)_p = \frac{\mathrm{d}i}{\mathrm{d}T}.$$
完全气体的等压比热 c_p 是常数,因此
$$i = c_p T.$$
等容比热. 等容过程下的比热称为等容比热,记为 c_V.
$$c_V = \left(\frac{\delta Q_a}{\delta T}\right)_V = \frac{\mathrm{d}e}{\mathrm{d}T}.$$
完全气体的等容比热 c_V 也是常数,因此
$$e = c_V T.$$
等压比热和等容比热有如下关系
$$c_p = c_V + R.$$
比热比 γ 的定义是
$$\gamma = c_p/c_V.$$

易知有
$$c_p = \frac{\gamma R}{\gamma - 1},$$
$$c_V = \frac{R}{\gamma - 1}.$$

对于单一气体 $\gamma = \frac{2n+3}{2n+1}$，其中 n 为分子的原子数。氢等单原子气体，$n=1$，因此 $\gamma \approx 1.67$。对于混合气体要另行计算 γ。对于空气，$\gamma = 1.4$。

（三）热力学第二定律　熵

1. 热力学第二定律

热力学第一定律反映了能量转换的数量关系，但不能说明过程进行的限度和方向。热力学第二定律解决了此问题。

热力学第二定律有几种等价说法：

克劳休斯说法．不可能使热从低温物体传到高温物体而不引起其它变化．

凯尔文说法．不可能从单一热源取热使之完全转变为有用的功而不引起其它变化．或者说，永动机是不可能的．

第二定律确定了过程进行的方向．宏观功转化为热是自发过程，热转化为宏观功是前一过程的逆过程．第二定律说明这一逆过程是不能自发地进行的，如一定要进行逆过程使体系回复到初态，则一定会在外界环境中留下痕迹．所以宏观功转化为热是不可逆过程．实际上一切牵涉到热现象的过程都是不可逆过程．

有时一些过程看作是可逆的，实际上是一种理想化的过程．

热力学第二定律可依靠引进一个新的状态函数——熵用数学形式表示出来．

2. 熵

考虑一个在一个循环中工作的热力学系统．该循环包括一些绝热过程以及在温度 T_1、T_2、$\cdots T_n$ 下与热源接触并吸收热量 δQ_1、δQ_2、$\cdots$、δQ_n 的等温过程．可以证明（略）成立

$$\sum_{i=1}^{n} \frac{\delta Q_i}{T_i} \leq 0.$$

先考虑这一循环过程是可逆的．

在逆循环中，Q_i 应成为 $-Q_i$，因而应有

$$\sum_{i=1}^{n} \frac{-\delta Q_i}{T_i} \leq 0.$$

由此可见对于可逆过程，为保证两个不等式成立，必有

$$\sum_{i=1}^{n} \frac{\delta Q_a}{T_i} = 0.$$

由于温度是连续变化的，上式可改写为

$$\oint \frac{\delta Q_a}{T} = 0$$

对于此循环中两种状态 A、B，上式意味 $\int_A^B \frac{\delta Q_a}{T}$ 与路径无关，仅仅是状态 A 和 B 的函数．以

下标"0"表示标准态,可得到一态函数,称为熵:
$$S(A) = \int_0^A \frac{\delta Q_a}{T}.$$
显然有
$$S(B) - S(A) = \left(\int_A^B \frac{\delta Q_a}{T}\right)_R.$$
上式中下标"R"说明可逆过程.

熵的定义常写成微分形式
$$T\mathrm{d}S = \delta Q_a.$$
热力学第一定律也就可表示为
$$T\mathrm{d}S = \mathrm{d}e + \delta W.$$
进而考虑这一循环过程是不可逆的.

此时应成立严格的不等式
$$\oint \frac{\delta Q_a}{T} < 0.$$
设想这样一个循环过程:从态 A 到态 B 是不可逆的过程,而从 B 到 A 是可逆过程. 由上面不等式得到
$$\int_A^B \frac{\delta Q_a}{T} + \left(\int_B^A \frac{\delta Q_a}{T}\right)_R < 0,$$
即
$$S(B) - S(A) > \int_A^B \frac{\delta Q_a}{T}.$$
这个式子以数学形式说明了热力学第二定律,表明不可逆的过程必定是向熵增加的方向进行的. 此结论叫熵增原理.

3. 完全气体熵的表达式

完全气体热力学第一定律是
$$\delta Q_a = c_V \mathrm{d}T + p\mathrm{d}\left(\frac{1}{\rho}\right).$$
对于可逆过程
$$\mathrm{d}S = \frac{\delta Q_a}{T} = c_V \frac{\mathrm{d}T}{T} + \frac{p}{T}\mathrm{d}\left(\frac{1}{\rho}\right),$$
于是有
$$S = c_V \ln T - R\ln \rho + S_0.$$
熵是状态参量,同过程无关. 因此上式同样适用于不可逆过程.

利用完全气体的物状方程,上式又可写成
$$\frac{p}{\rho^\gamma} = c \cdot \mathrm{e}^{\frac{S}{c_V}},$$
式中 c 是常数.

熵守恒过程称为等熵过程. 可逆的绝热过程一定是等熵过程.

等熵过程成立 $p = c\rho^\gamma$,因此属正压过程.

熵处处均匀的系统称为均熵系统.

(H) 流体力学中的数值方法简介

流体力学数值计算是利用电子计算机和离散化数值方法对描述流体力学具体问题的微分方程定解问题进行数值计算和分析. 由于可对各种可能出现的条件进行数值模拟,随着计算机日益普及和计算方法不断发展,它已成为解决流体力学问题的重要手段. 流体力学中数值方法主要有:有限差分法、有限元法、有限分析法和边界元法.

(一) 有限差分法

有限差分法应用最早,是流体力学数值计算中广泛采用的主要方法.

1. 基本思想和步骤

先对自变量定义域离散化,剖分成差分网格,用差商代替流体力学定解方程中各阶导数,建立起以网格节点函数值为未知量的代数形式差分方程,数值求解.

求解步骤:

(1) 对自变量定义域划分网格,主要用均匀或非均匀直线正交网格或交错网格.

(2) 选取合适差分格式,用差商代替定解方程中微商,建立以节点函数值为未知量的差分方程.

a. 差分格式构造方法:泰勒级数展开法、多项式拟合法、积分法和控制体积法等.

b. 差分格式形式:对流方程的迎风格式 – 腊克斯格式、正型格式,对流扩散方程的 FTCS 格式,二阶精度的蛙跳格式和腊克斯 – 温德洛夫格式,隐式,多步显式格式,多维空间的时间分裂格式和交替方向格式(ADI)等.

(3) 求解代数形式差分方程,取得全部结点上函数值.

2. 几种典型流动解

(1) 无粘可压缩流体流动

对于一维非定常流动,方程双曲型,常用特征线方法. 对具有激波的问题,有效方法是用人工粘性法或差分方程格式粘性的激波捕获法.

(2) 不可压缩无粘流体定常势流

速度势在流动区域内满足拉普拉斯方程,常用各种迭代法(简单迭代法、松弛迭代法、超松弛迭代法)、时间相关法和交替方向隐式法(ADI).

(3) 不可压缩粘性流体流动

牛顿流体的粘性流动基本方程组是纳维 – 斯托克斯方程组. 对速度和压强的原始变量方程直接用速度压强法. 二维问题可化为流函数涡量方程,先求速度,再计算压强. 由于粘性损耗是显著物理特征,要注意处理好网格雷诺数和物理雷诺数.

3. 适用范围

有限差分法基本理论发展相当成熟,有较完整的定性分析理论,差分格式灵活多样,计算程序编写简便. 有限差分法应用范围较广,但对于不规则的任意求解区域处理较困难,现在已可以通过数值网格生成方法来计算某些复杂区域的问题.

(二) 有限元法

和有限差分法相同属区域性离散化方法. 早期应用于固体力学和结构力学,60 年代后期开始应用于流体力学问题. 有限差分法仅考虑节点上函数值,而有限元法则对每段(每块)用多项式近似逼近.

1. 基本思想和步骤

考虑流体力学偏微分方程初边值问题

$$L(u) = 0, \quad \text{在 } D \text{ 内}, t > 0,$$
$$I(u) = 0, \quad \text{在 } \overline{D} \text{ 上}, t = 0,$$
$$S(u) = 0, \quad \text{在 } \partial D \text{ 上}, t > 0.$$

设近似解

$$V = \sum_{l}^{n} \alpha_j(t) \phi_j(\boldsymbol{x}).$$

$\phi_j(\boldsymbol{x})$ 是已知函数,称为基函数,$\alpha_j(t)$ 是待定函数. 将近似解代入原方程得残数 $L(V) = R(\boldsymbol{x}, t, \alpha_j)$,$\alpha_j$ 根据残数加权积分为零法则确定,

$$\int_D R(\boldsymbol{x}, t, \alpha_j) W_k(\boldsymbol{x}) \mathrm{d}\boldsymbol{x} = 0, \quad k = 1, 2, \cdots, N.$$

特别选择权函数 W_k 为基函数 $\phi_j(k)$,称为伽辽金加权残数法,得到

$$\int_D R(\boldsymbol{x}, t, \alpha_j) \phi_j(\boldsymbol{x}) \mathrm{d}\boldsymbol{x} = 0, \quad j = 1, 2, \cdots N.$$

由此得到 N 个方程来决定 N 个未知函数 α_j. 如基函数 $\{\phi_j\}$ 完备,当 $N \to \infty$ 时可期望近似解 V 趋于精确解. 为解决基函数选择和积分式运算,伽辽金加权残数法采用分块插值逼近思想,将流场分成有限个单元子区域,在每一单元内选择若干节点为近似函数插值点,构造规则化插值函数为单元的基函数. 单元中的近似函数是这些单元基函数线性组合,待定函数正是节点函数值或导数值. 对上面积分式,先对各单元积分然后求和获得.

求解步骤:

(1) 对求解的流体力学方程及初边值条件写出伽辽金加权残数积分式. 一般还需用高斯 – 格林公式对积分式分部积分,使其满足自然边界条件.

(2) 根据实际问题区域部分,对单元及节点编号,确定节点位置.

(3) 确定单元基函数(插值函数或形状函数),常用拉格朗日基函数或埃尔米特基函数.

(4) 把以单元基函数线性组合近似函数代入积分式,对单元子区域积分后形成含待定节点函数值的代数形式单元有限元方程.

(5) 将全部单元有限元方程总体合成为总体有限元方程. 并对边界条件处理.

(6) 求解有限元方程.

2. 适用范围

有限差分法用"点"近似,只考虑网格节点上函数值;有限元法用分段(块)近似,每一段(块)用某种多项式逼近,这是两种方法主要不同点之一. 有限元法对所考虑的区域形状无要求,网格布置灵活,易处理任意形状区域的流动问题. 它的求解步骤十分规范,易编程,程序通用性强. 目前应用在流体力学中,大多是无粘流动和不可压缩粘性流动,对于大雷诺数含

大梯度流动问题和可压缩流动问题正在进一步研究和完善之中。

（三）有限分析法

有限分析法是本世纪 70 年代后期提出的，可看作是对有限元法某种意义上的一种改进。

1. 基本思想和步骤

有限分析法在各个单元内采用方程局部线性化和常系数化后的分析解，不同于有限元法那样采用插值函数式来表达，然后组成整个求解区域上方程的整体数值解。

求解步骤：

（1）网格划分。将求解区域划分成矩形网格，与每个内部结点相邻的四个网格组成一个单元。

（2）在单元中，将方程非线性项系数中未知函数用中心节点函数值代替，使方程局部线化。

（3）确定单元近似边界条件。假定单元边界上函数是边界节点函数值的某种插值函数，如线性分布，二次多项式分布、分段线性分布等形式。

（4）求出单元中分析解，然后导出单元中心节点函数值与单元边界上八个节点函数值间的关系式，数值求解。

2. 适用范围

有限分析法可以较好保持原问题的物理性质，不受网格雷诺数限制，可克服高雷诺数流场数值计算中易出现的振荡和发散，它可以直接求节点上未知函数的导数值，避免数值求导带来的误差。有限分析法目前应用于高雷诺数的不可压缩粘性流动和大佩克里数的对流扩散等流体力学问题。

（四）边界元法

和区域离散化不同，边界元法只需对区域的边界离散，然后求得整个流场内的解。

1. 基本思想和步骤

对于给定的流体力学定解问题，先求基本解，用格林公式导出区域边界上的积分方程，然后利用有限元法的分段插值思想和过程对边界积分方程数值求解。

求解步骤：

（1）求出流体力学方程基本解。

（2）建立等价的积分方程。

a. 直接法。将基本解作权函数，通过加权残数法用格林公式得到积分方程。

b. 间接法。利用流体力学中源汇、偶极子、涡等奇点得到积分方程。也称为有限基本解法或奇点法。

（3）利用类似有限元法构造边界代数方程组，数值求解。

（4）数值计算流动区域中任一点的函数值。

2. 适用范围

边界元法最大优点在于(1)求解问题维数减少一维，区域内问题化成边界上求解问题。(2)可处理无限域问题。(3)精度一般比有限元法高。目前边界元法是飞行器气动设计中一个重要数值模拟手段。在物体绕流一类问题中也广泛应用。近十几年来，已突破势流范围，在非线性自由面问题，低雷诺数流动等方面有所进展。由于一般问题难以找到基本解，边界元法应用受到很大限制,此外对大雷诺流动的应用也有待解决.

算例:

平面管道内后台阶的不可压缩粘性流体定常流动(取自 Taylor T D etc. In: Lecture Notes in physics, No.8:356~364. Springer-Verlag, N.Y., 1971)

采用初始变量方法求解. 动量方程采用时间分裂法

$$\text{I}:\begin{cases}\frac{1}{2}u_t+(u^2)_x+p_x=\frac{1}{Re}u_{xx},\\ \frac{1}{2}u_t+(uv)_x=\frac{1}{Re}v_{xx}.\end{cases}$$

$$\text{II}:\begin{cases}\frac{1}{2}u_t+(uv)_y=\frac{1}{Re}u_{yy},\\ \frac{1}{2}v_t+(v^2)_y+p_y=\frac{1}{Re}v_{yy}.\end{cases}$$

压强方程

$$\nabla^2 p=S_p=2\left(\frac{\partial u}{\partial x}\frac{\partial v}{\partial y}-\frac{\partial u}{\partial y}\frac{\partial v}{\partial x}\right).$$

初、边值条件

$t=0$: 在 $0\leq x<L/H$, $0\leq y\leq 1$ 处, $u=1,v=0$.

$t>0$: 在 $\frac{h}{H}\leq y\leq 1,x=0$ 处, $u=1,v=0,\frac{\partial p}{\partial x}=\frac{1}{Re}\frac{\partial^2 u}{\partial x^2}$,

在 $0\leq y\leq 1,x=\frac{L}{H}$ 处, $\frac{\partial u}{\partial x}=\frac{\partial v}{\partial x}=0,\frac{\partial p}{\partial x}=-\beta$,

在 $y=h/H,0\leq x\leq l/H$ 处, $u=v=0,\frac{\partial p}{\partial y}=\frac{1}{Re}\frac{\partial^2 v}{\partial y^2}$,

在 $y=1,0\leq x\leq L/H$ 处, $u=v=0,\frac{\partial p}{\partial y}=\frac{1}{Re}\frac{\partial^2 v}{\partial y^2}$,

在 $y=0,l/H\leq x\leq L/H$ 处, $u=v=0,\frac{\partial p}{\partial y}=\frac{1}{Re}\frac{\partial^2 v}{\partial y^2}$,

在 $0\leq y\leq h/H,x=l/H$ 处, $u=v=0,\frac{\partial p}{\partial x}=\frac{1}{Re}\frac{\partial^2 u}{\partial x^2}$.

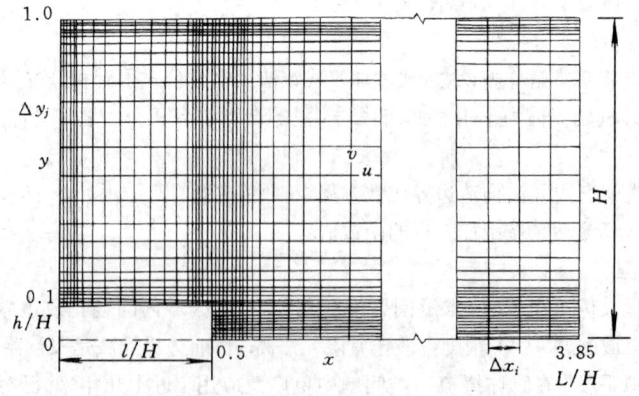

图 H.1 有台阶的平面管道网格

式中 β 是给定的伯肃叶流动的压强梯度值,l 是台阶离进口距离,L 是管道总长度,H 是管道总宽度,h 是台阶宽度.

网格局部加密(图 H.1),小网格 $\Delta x = \Delta y = 0.01$,大网格 $\Delta x = 0.1, \Delta y = 0.09, \Delta t = 0.001$. 方程离散时,时间导数用显式前差格式,空间导数用不等距三点中心差格式.
计算雷诺数 $Re = 25 \sim 100$.

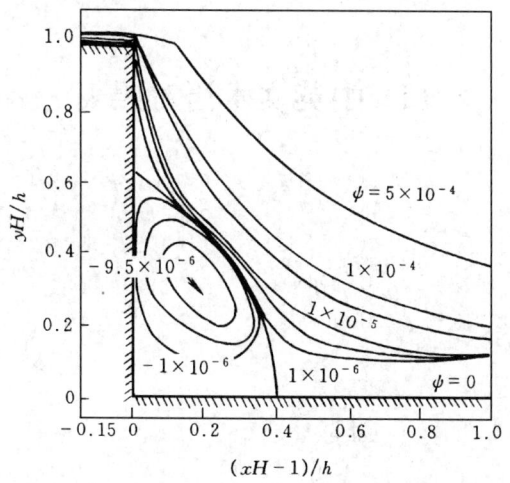

图 H.2 不可压缩粘性流体在有台阶平面管道内定常流动流线图案($Re = 100$)

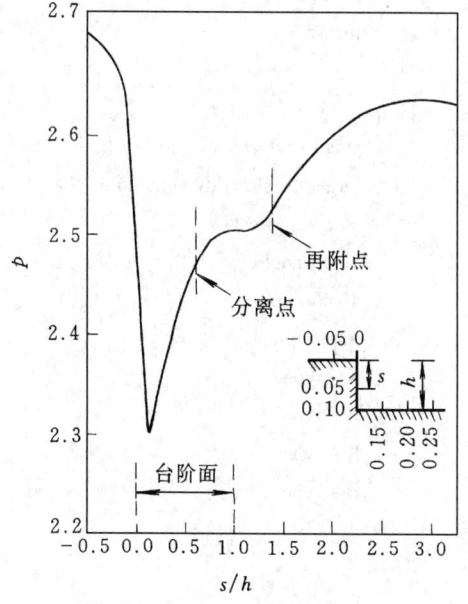

图 H.3 沿台阶壁面压强分布($Re = 25$)

图 H.2 是 $Re=100$ 时台阶附近流动图案,在左下角处形成了涡,分离点在台阶垂直壁面上高度约 2/3 处,在台阶后水平壁面上再附着.

图 H.3 是 $Re=25$ 时沿台阶壁面的压强分布.沿上角点台阶壁面压强迅速下降,然后开始回升.

类似的实验可见 5.4 节,图 5.41. 有关流体力学数值方法的更多资料请参阅参考书[8],[22],[23]和[24].

(I) 中英文术语对照表

一画

| C – 型 | C – type |
| U 形管 | U tube |

二画

力	force
体 ~	body ~
科里奥利 ~	Coriolis ~
压 ~	pressure ~
表面 ~	surface ~
入涌	inrush

三画

小扰动	small perturbance
大尺度涡模拟	large – scale eddy simulation
马格纳斯效应	Magnus effect
马赫角	Mach angle
马赫锥	Mach cone
干扰	interference
K – 式	K – type
N – 式	N – type
K – 型	K – type
H – 型	H – type

四画

| 气压计 | barometer |
| 水坝 | dam |

水库	reservoir
水跃	hydraulic jump
水车	water wheel
水洞	water tunnel
水银	mercury
水力发电站	hydro-power station
化学反应	chemical reaction
中性稳定曲线	neutral stability curve
比热	specific heat
比热比	ratio of specific heats
火箭	rocket
孔口	orifice
孔板	orifice plate
气体常数	gas constant
不可压缩性	incompressibility
贝纳德空腔	Bernard cell
不稳定性	instability
升力	lift
气体	gas
完全～	perfect ～
真实～	real ～
稀薄～	rarified ～
风洞	wind tunnel
低速～	low-speed ～
超声速～	supersonic ～
分界面	interface
分布涡量	distributed vorticity
分岔	bifurcation
分散	dispersal
分离	separation
边界层～	boundary-layer ～
流动～	flow ～
方程	equation
本构～	constitutive ～
亥姆霍兹～	Helmholtz ～
纳维-斯托克斯～	Navier-Stokes ～
克拉珀龙～	Clapeyron ～
伯努利～	Bernoulli's ～

拉普拉斯～	Laplace's ～
欧拉～	Euler's ～
扩散～	diffusion ～
福尔克纳-斯坎～	Falkner – Skan's ～
涡量输运～	vorticity transport ～
简化纳维-斯托克斯～	reduced Navier – Stokes ～
薄层纳维-斯托克斯～	thin – layer Navier – Stokes ～
抛物化纳维-斯托克斯～	parabolized Navier – Stokes ～
扩散抛物化纳维-斯托克斯～	diffusion – parabolized Navier – Stokes ～
KdV～	KdV ～
施罗丁格～	Schrödinger ～
赛恩-戈登～	Sine – Gordon ～

方法	method
实验～	experimental ～
分析～	analytical ～
数值～	numerical ～
镜像～	image ～
奇点～	singularity ～
复势～	complex potential ～
共形映射～	conformal mapping ～
摄动～	perturbation ～
奇异摄动～	singular perturbation ～
人工粘性～	artificial viscosity ～
有限差分～	finite difference ～
有限元～	finite element ～
边界元～	boundary element ～
谱～	spectrum ～
光学～	optical ～
阴影～	shadow ～
纹影～	schlieren ～
干涉～	interferometric ～
渐近匹配～	asymptotic matching ～
反演散射～	inverse scattering ～

厄尔尼诺现象	El nino phenomena
气体动理(学理)论	kinetic theory of gas
不稳定点	point of instability
无量纲数	dimensionless number
雷诺～	Reynolds ～

弗劳德 ~	Froude ~
马赫 ~	Mach ~
普朗特 ~	Prandtl ~
努塞尔 ~	Nusselt ~
斯特劳哈尔 ~	Strouhal ~
欧拉 ~	Euler ~
佩克里 ~	Peclet ~
刘易斯 ~	Lewis ~
格拉斯霍夫 ~	Grashof ~
埃克特 ~	Eckert ~
施米特 ~	Schmidt ~
斯坦顿 ~	Stanton ~
理查森 ~	Richardson ~
舍伍德 ~	Sherwood ~
空化 ~	cavitation ~

五画

边界层	boundary layer
层流 ~	laminar ~
湍流 ~	turbulent ~
速度 ~	velocity ~
温度 ~	thermal ~
浓度 ~	concentration ~
组合 ~	combined ~
边界层控制	boundary layer control
边界层厚度	boundary layer thickness
对流	convection
自由 ~	free ~
受迫 ~	forced ~
头	head
速度 ~	velocity ~
压强 ~	pressure ~
高度 ~	elevation ~
节点	node
功	work
功率	power
对流层	troposphere
汇	sink

皮托管	Pitot tube
皮托-静压管	Pitot-static tube
可压缩性	compressibility
正压性	barotropy
电子计算机	electronic computer
叶片	blade
主轴	principal axes
半体	half-body
加速度	acceleration
牵连~	carrier~
平衡	equilibrium
本征值	eigenvalue
矢量	vector
单位~	unit~
本征~	eigen~
凸块	bulge
生成	generation
龙卷风	tornado
平流层	stratosphere

六画

达朗伯佯谬	d'Alembert's paradox
压强计	pressure gage
压气机	compressor
收缩	contraction
污染源	pollutant source
自由剪切层	free shear layer
色散	dispersion
压强	pressure
大气~	atmospheric~
表~	gage~
总~	total~
背~	back~
动~	dynamic~
静~	static~
驻点~	stagnation~
临界~	critical~
出口~	exit~

合并	merger
夹带	entrainment
共振	resonance
关联	correlation
自 ~	auto ~
互 ~	cross ~
时间 ~	time ~
空间 ~	spatial ~
速度 ~	velocity ~
关联系数	coefficient of correlation
过渡点	point of transition
压强中心	center of pressure
扩散	diffusion
分子 ~	molecular ~
湍流(或涡) ~	turbulent (or eddy) ~
动量 ~	momentum ~
热 ~	thermal ~
质量 ~	mass ~
扩散率(或扩散系数)	diffusivity (or diffussion coefficient)
(分子)动量 ~	(molecular) momentum ~
(分子)热 ~	(molecular) thermal ~
(分子)质量 ~	(molecular) mass ~
湍流(或涡)动量 ~	turbulent (or eddy) momentum ~
湍流(或涡)热 ~	turbulent (or eddy) thermal ~
湍流(或涡)质量 ~	turbulent (or eddy) mass ~
动量守恒	conservation of momentum
动量矩守恒	conservation of moment of momentum
机械能守恒	conservation of mechanical energy
动力学	dynamics
空气 ~	aero ~
气体 ~	gas ~
液体 ~	hydro ~
热 ~	thermo ~
流体 ~	fluid ~
可压缩气体 ~	compressible gas ~
稀薄气体 ~	rarified gas ~
宇宙气体 ~	cosmic gas ~
因子	factor

摩擦~	friction ~
形状~	shape ~
间歇~	intermittency ~
比例~	propotional ~
动量	momentum
动量方程	equation of momentum
机械能方程	equation of mechanical energy
机翼	wing
过渡	transition
动量矩	moment of momentum
动量矩方程	equation of moment – of momentum
级联	cascade
交错	stagger
托里拆里原理	Torricelli's principle

七画

坐标系	coordinate system
欧拉~	Eulerian ~
拉格朗~	Lagrangian ~
直角~	rectangular ~
柱~	cylindrical ~
球~	spherical ~
曲线~	curvilinear ~
运动~	moving ~
惯性~	inertial ~
传递	transfer
动量~	momentum ~
热~	heat ~
质量~	mass ~
对流~	convective ~
湍流~	turbulent ~
连续介质	continuum
连续介质假设	continuum hypothesis
连续性	continuity
库塔–儒可夫斯基假设	Kutta – Joukowski hypothesis
冲角	angle of attack
尾流	wake
传送带	conveyor belt

连续性方程	equation of continuity
运动方程	equation of motion
条件	condition
边界 ~	boundary ~
初始 ~	initial ~
无滑移 ~	no – slip ~
柯西 – 黎曼 ~	Cauchy – Reimam ~
相容性 ~	compatibility ~
无温度跃变 ~	no – temperature – jump ~
条件采样	conditional sampling
层	layer
内 ~	inner ~
外 ~	outer ~
粘性底 ~	viscous sub ~
过渡 ~	buffer ~
湍流 ~	turbulent ~
剪切 ~	shear ~
应力	stress
剪 ~	shear ~
法 ~	normal ~
雷诺 ~	Reynolds ~
声速	speed of sound
驻点 ~	stagnation ~
临界 ~	critical ~
声障	sonic barrier
形成	formation
角频率	angular frequency
拟序运动	coherent motion
拟序结构	coherent structure
拟序涡结构	coherent vortex structure
技术	technology
激光 ~	laser ~
真空 ~	vaccum ~
系数	coefficient
升力 ~	lift ~
阻力 ~	drag ~
压强 ~	pressure ~
摩擦 ~	friction ~

流量～	flow ～
力矩～	moment ～
速度～	velocity ～
修正～	correction ～
对流传热～	convective heat transfer ～
对流传质～	convective mass transfer ～

场　field
　流～　flow ～
　速度～　velocity ～
　压强～　pressure ～
　温度～　thermal ～
　密度～　density ～
　浓度～　concentration ～
阻力　drag
　摩擦～　friction ～
　压差～　pressure ～
　诱导～　induced ～
　波～　wave ～
　粘性～　viscous ～
　惯性～　inertial ～
　总～　total ～
阻尼　damping
近壁区　near wall region

八画

波　wave
　水～　water ～
　内～　internal ～
　长～　long ～
　毛细～　capillary ～
　进行～　progressive ～
　浅水～　shallow water ～
　孤立～　solidary ～
　驻～　standing ～
　表面～　surface ～
　非线性～　nonlinear ～
　罗斯比～　Rossby ～
　小振幅～　small amplitude ～

椭圆余弦 ~		cnoidal ~
声 ~		sound ~
深水 ~		deep water ~
潮 ~		tidal ~
基 ~		fundamental ~
扰动 ~		disturbance ~
托尔明 – 施里希廷 ~		Tollmien – Schlichting ~
波包		wave pocket
波模		wave mode
波长		wave length
波数		wave number
波速		wave speed
波阵面		wave front
线		line
	流 ~	stream ~
	迹 ~	path ~
	时间 ~	time ~
	脉 ~	streak ~
	涡 ~	vortex ~
	范诺 ~	Fanno ~
	瑞利 ~	Rayleigh ~
面		surface
	自由 ~	free ~
	控制 ~	control ~
	涡 ~	vortex ~
	流 ~	stream ~
拐点		point of inflextion
势		potential
	速度 ~	velocity ~
	复 ~	complex ~
	体力 ~	body force ~
	矢量 ~	vector ~
定理		theorem
	布拉修斯 ~	Blasius ~
	开尔文 ~	Kelvin's ~
	库塔 – 儒可夫斯基 ~	Kutta – Joukowski ~
	涡强度守恒 ~	vortex strength consevation ~
	输运 ~	transport ~

转换	transformation
拉普拉斯 ~	Laplace ~
儒可夫斯基 ~	Joukowski ~
施瓦茨－克里斯托弗尔 ~	Schwarz – Christoffel ~
相似性 ~	similarity ~
付氏 ~	Fourier ~

孤立子　　soliton
放大　　amplification
  共振 ~　　resonant ~
参数　　parameter
  形状 ~　　shape ~
  相似性 ~　　similarity ~
  摄动 ~　　perturbation ~
函数　　function
  调和 ~　　harmonic ~
  误差 ~　　error ~
  流 ~　　stream ~
  正压 ~　　barotropic ~
  耗散 ~　　dissipative ~
  流量 ~　　flow ~
  斯托克斯流 ~　　Stokes stream ~
  态 ~　　state ~
  谱 ~　　spectrum ~
  联合概率分布 ~　　joint – probability distribution ~
拖曳水池　　towing tank
奇点　　singularity
表面张力　　surface tension
质点轨迹　　particle path
质量　　mass
  附加(或虚) ~　　added (or virtual) ~
质量中心　　center of mass
质量守恒　　conservation of mass
周期　　period
国际标准大气　　international standard atmosphere
直升机　　helicopter
空化　　cavitation
空化核　　cavitation nuclei
空泡　　cavity

戽斗	bucket
状态方程	equation of state
定律	law
阿基米德 ~	Archimedes ~
达西 ~	Darcy ~

九画

张量	tensor
应力 ~	stress ~
应变率 ~	strain rate ~
各向同性 ~	isotropic ~
修正伯努利积分	modified Bernoulli integral
点	point
驻 ~	stagnation ~
镜像 ~	image ~
分离 ~	separation ~
厚度	thickness
名义 ~	nominal ~
位移 ~	displacement ~
动量 ~	momentum ~
浓度 ~	concentration ~
焓 ~	enthalpy ~
类比	analogy
雷诺 ~	Reynolds ~
奇尔顿 – 科尔伯恩 ~	Chilton – Colburn ~
相似性	similarity
动力 ~	dynamic ~
几何 ~	geometric ~
运动 ~	kinematic ~
热 ~	thermal ~
结合	binding
测速计	anemometer
热线 ~	hot – wire ~
热膜 ~	hot – film ~
图象识别	pattern recognition
虹吸管	siphon
洒水器	sprinkler
转子	rotor

泵	pump
射流 ~	jet ~
标准偏差	standard deviation
浓度	concentration
质量 ~	mass ~
摩尔 ~	molar ~
定倾中心	metacenter
相似性理论	theory of similarity
相互作用	interaction
波 – 涡 ~	wave – vortex ~
波 – 波 ~	wave – wave ~
波 – 流 ~	wave – current ~
波 – 风 ~	wave – wind ~
波 – 结构 ~	wave – structure ~

十画

浮力	buoyancy
流体	fluid
牛顿 ~	Newtonian ~
非牛顿 ~	non – Newtonian ~
均质 ~	homogeneous ~
非均质 ~	heterogeneous ~
正压 ~	barotropic ~
斜压 ~	baroclinic ~
粘性 ~	viscous ~
无粘性 ~	inviscid ~
可压缩 ~	compressible ~
不可压缩 ~	incompressible ~
宾厄姆塑性 ~	Bingham plastic ~
拟塑性 ~	pseudo plastic ~
膨胀 ~	dilatant ~
触变性 ~	thixotropic ~
触稠性 ~	rheopectic ~
粘弹性 ~	visco – elastic ~
生物 ~	bio ~
麦克斯韦 ~	Maxwell ~
流动	flow
层流 ~	laminar ~

湍流 ~	turbulent ~
定常 ~	steady ~
非定常 ~	non – steady ~
粘性 ~	viscous ~
无粘性 ~	inviscid ~
可压缩 ~	compressible ~
不可压缩 ~	incompressible ~
有旋 ~	rotational ~
无旋 ~	irrotational ~
亚声速 ~	subsonic ~
声速 ~	sonic ~
超声速 ~	supersonic ~
亚临界 ~	subcritical ~
超临界 ~	supercritical ~
临界 ~	critical ~
等温 ~	isothermal ~
等熵 ~	isentropic ~
匀熵 ~	homentropic ~
绝热 ~	adiabatic ~
势 ~	potential ~
一维 ~	one dimensional ~
二维 ~	two dimensional ~
三维 ~	three dimensional ~
平面 ~	plane ~
边界层 ~	boundary layer ~
管 ~	pipe ~
明渠 ~	open channel ~
斯托克斯 ~	Stokes ~
奥森 ~	Oseen ~
蠕动 ~	creeping ~
滑移 ~	slip ~
轴向 ~	axial ~
径向 ~	radial ~
轴对称 ~	axisymmetric ~
剪切 ~	shear ~
低雷诺数 ~	low Reynolds number ~
混合 ~	mixed ~
密度 ~	density ~

均匀 ~	uniform ~
非均匀 ~	non-uniform ~
自由湍流 ~	free turbulent ~
射流 ~	jet ~
尾流 ~	wake ~
多相流 ~	multi-phase ~
非牛顿流 ~	non-Newtonian ~
二次流 ~	secondary ~
湍剪切 ~	turbulent shear ~
海啸	tsunamis
调制	modulation
流型	flow pattern
流量	flowrate
体积 ~	volumetric ~
质量 ~	mass ~
摩尔 ~	mole ~
热 ~	heat ~
涡轮机	turbine
冲击式 ~	impulse ~
反作用式 ~	reaction ~
热力学第一定律	first law of thermodynamics
热力学第二定律	second law of thermodynamics
涡	eddy
涡丝	vortex filament
旋涡脱落	vortex shedding
涡层	vortex sheet
涡对	vortex pair
涡街	vortex street
涡强度	vortex strength
涡管	vortex tube
涡量	vorticity
同号 ~	like-signed ~
异号 ~	opposite-signed ~
涡源	vortex source
涡汇	vortex sink
阀门	valve
速度	velocity
复 ~	complex ~

牵连 ~	carrier ~
诱导 ~	induced ~
群 ~	group ~
摩擦 ~	friction ~
扩散 ~	diffusion ~
相 ~	phase ~
质量平均 ~	mass – average ~
摩尔平均 ~	molar – average ~
终极 ~	terminal ~
速度环量	velocity circulation
积分关系式	integral relation
动量 ~	momentum ~
能量 ~	energy ~
质量 ~	mass ~
能(量)	energy
内 ~	internal ~
动 ~	kinetic ~
势 ~	potential ~
机械 ~	mechanical ~
存储 ~	storage ~
湍流 ~	turbulent ~
能量守恒	conservation of energy
能量方程	equation of energy
流体质点	fluid particle
流条	streak
流向涡	streamwise vortex
流动显示	flow visualization
流量(动)堵塞	flow choke
流体机械	fluid machinery
流体力学	fluid mechanics
计算 ~	computational ~
实验 ~	experimental ~
天体物理 ~	astrophysical ~
地球物理 ~	geophysical ~
环境 ~	enviromental ~
物理化学 ~	physicochemical ~
生物 ~	bio ~
多相 ~	multiphase ~

磁 ~	magneto – ~
非牛顿 ~	non – Newtonian ~
流体稳定性理论	theory of hydrodynamic stability
流量计	flowmeter
文丘里 ~	Venturi ~
薄孔板 ~	thin – plate orifice ~
转子 ~	rota ~
流体机械中的流体力学	mechanics of flow in fluid machinery
涡轮机械	turbo – machinery
原动机	primary mover
热	heat
热传导	heat conduction
特征线	characteristics
振荡	oscillation
简谐 ~	harmonic ~
氧化剂	oxidizer
航空飞行器	aircraft
酒精	alcohol
振幅	amplitude
效率	efficiency
涡旋	vortex
自由 ~	free ~
受迫 ~	forced ~
兰金组合 ~	Rankine combined ~
热传导率	thermal conductivity
射流	jet
层流 ~	laminar ~
湍流 ~	turbulent ~
平面 ~	plane ~
圆 ~	circular ~
剖面	profile
速度 ~	velocity ~
压强 ~	pressure ~
温度 ~	temperature ~
浓度 ~	concentration ~
准确定(的)	quasi – deterministic

十一画

推进,发动机	propulsion

喷气～	jet ～
火箭～	rocket ～
密度	density
驻点～	stagnation ～
临界～	critical ～
粘度	viscocity
运动～	kinematic ～
动力～	dynamic ～
粘性长度	viscous length
推力	thrust
理论	theory
机翼～	wing ～
边界层～	boundary - layer ～
升力线～	lifting line ～
线性化～	linearized ～
准定常～	quasi - steady ～
质量扩散～	mass diffusion ～
混合长～	mixing - length ～
互干扰边界层～	interacting boundary - layer ～
多层边界层～	multiple - deck boundary - layer ～
三层边界层～	triple - deck boundary - layer ～
动力系统～	dynamical systems ～
旋转	rotation
偶极子	doublet
控制体(积)	control volume
斜压性	baroclinicity
液体	liquid
液体比重计	hydrometer
梯度	gradient
压强～	pressure ～
速度～	velocity ～
温度～	temperature ～
浓度～	concentration ～
焓	enthalpy
脱体	detachment
渗透	permeate
渗流力学	mechanics of porous flow
粗糙度	roughness

混合	mixing
混合长	mixing length
混合物	mixture
二组分~	binary ~
浑沌	chaos
接受性	receptivity
谐波	harmonic
次~	sub ~
准次~	quasi-sub ~
惯性中心	inertial center
猝发	burst
掠扫	sweep
掠扫运动	sweep movement

十二画

描述	description
欧拉~	Eulerian ~
拉格朗日~	Lagrangian ~
渠道	channel
堰	weir
宽顶~	broad-crested ~
尖顶~	sharp-crested ~
三角~	triangular ~
喷气发动机	jet
冲压式~	pulse ~
涡轮式~	turbo ~
喷管	nozzle
收缩~	converging ~
扩散~	diverging ~
收缩-扩散~	converging-diverging ~
拉伐尔~	Laval ~
流量~	flow ~
喷射	ejection
滚子	roller
劳伦特级数	Laurent series
量级	order of magnitude
涨落	fluctuation
压强~	pressure ~

速度 ~	velocity ~
温度 ~	temperature ~
密度 ~	density ~
浓度 ~	concentration ~
温度	temperature
驻点 ~	stagnation ~
临界 ~	critical ~
超越	overtake
等离子加工	plasma processing
飓风	hurricane
量子力学	quantum mechanics
湍流	turbulence
自由 ~	free ~
壁 ~	wall ~
均匀 ~	homogeneous ~
各向同性 ~	isotropic ~
各向异性 ~	nonisotropic ~
湍能	energy of turbulence
湍动能	kinetic energy of turbulence
湍耗散	turbulent dissipation
湍流(强)度	intensity of turbulence
湍流普朗特数	turbulent Prandtl number
湍流核	turbulent core
湍流斑	turbulent spot
湍流栓	turbulent plug
湍流剪应力	turbulent shear stress
湍流理论	theory of turbulence
湍流模化理论	modelling theory of turbulence
湍流统计理论	statistical theory of turbulence

十三画

源	source
频谱	spectrum
能 ~	energy ~
波 ~	wave ~
频谱密度	spectrum density
碎裂	breakdown
散度	divergence

频率	frequency
输入	input
输出	output
输运性质	transport property
输运	transport
辐射	radiation
溢洪道	spillway
溢流舌	nappe
鼓风机	blower
溶质	solute
溶剂	solvent
解(答)	solution
相似性~	similarity ~
分析~	analytic ~
数值~	numerical ~

十四画

稳定性	stability
时间~	time ~
空间~	spatial ~
随体导数	material derivative
临界状态	critical state
临界雷诺数	critical Reynolds number
漏斗	hopper
模式	model
零方程~	zero – equation ~
一方程~	one – equation ~
二方程~	two – equation ~
$K-\varepsilon$ ~	$K-\varepsilon$ ~
雷诺应力~	Reynolds stress ~
二级~	second – order ~ (or closure)
演化	evolution
模拟	simulation
大涡~	large eddy ~
直接数值~	direct numerical ~
数值实验	numerical experiment
随机化	randomization

十五画

黎曼不变量	Reimann invariable
熵	entropy
摩擦(力)	friction
表面(或壁)~	skin(or wall) ~

十六画

激波	shock wave
正~	normal ~
斜~	oblique ~
激波强度	shock strength
激波管	shock tube
激波绝热曲线	shock heat – isolated curve
燃料	fuel
横截面	cross section
壁剪应力	wall shear stress
激光–多普勒速度计	laser – doppler velocimeter
壁区	wall region

十七画

翼型	airfoil
螺旋桨	propeller

十九画

爆炸	explosion
地下~	undergroud ~
水下~	under water ~
空中~	explosion in air

（J）中英文人名对照表

三画

马赫,E.	Mach, E.
马赫,L.	Mach, L.
马格纳斯	Magnus, G.

马雷　　　　　　　　Marey, E. J.
马里奥特　　　　　　Mariotte, E.

四画

贝利　　　　　　　　Bailey, F.
贝利安尼　　　　　　Baliani, G. G. B.
巴纳比　　　　　　　Barnaby, S. W.
巴里　　　　　　　　Barry, M. D. J.
巴什福思　　　　　　Bashforth, R. F.
巴津　　　　　　　　Bazin, H. E.
贝克曼　　　　　　　Beckman, W.
贝纳德　　　　　　　Benard, H.
贝塞尔　　　　　　　Bessel, F. W.
贝尔特　　　　　　　Boelter, L. M. K.
丹尼斯　　　　　　　Dennis, S. R. C.
邓伍迪　　　　　　　Dunwoody, J.
厄恩肖　　　　　　　Earnshaw, S.
今　功　　　　　　　Imai, I.
开尔文　　　　　　　Kelvin, T. W.
牛顿　　　　　　　　Newton, I.
乌巴尔德　　　　　　Ubald, G
乌尔里奇　　　　　　Ulrich, A.
文丘里　　　　　　　Venturie, G. B.
韦伯　　　　　　　　Weber, M.
韦纳姆　　　　　　　Wenham, F. H.
韦应物
扎巴斯基　　　　　　Zabusky, N. J.

五画

布拉修斯　　　　　　Blasius, H.
布伦克　　　　　　　Blenk, H.
布辛涅斯克　　　　　Boussinesq, J. V.
布罗德基　　　　　　Brodkey, R. S.
布朗　　　　　　　　Browne, A. D.
布泽曼　　　　　　　Busemann, A.
卡拉顿　　　　　　　Calladon, J. D.
卡丹　　　　　　　　Cardano, H.
卡斯劳　　　　　　　Carslaw, H. S.

卡斯特里	Castelli, B.
卡普雷金	Chaplygin, C. A.
弗罗姆	Fromm, J. E.
弗劳德	Froude, W.
加德纳	Gardner, C. S.
卡恰诺夫	Kachanov, Y. S.
卡门	Karman, T. von
兰姆	Lamb, H.
兰彻斯特	Lanchester, F. W.
刘易斯	Lewis, W. K.
尼科尔森	Nicholson, W.
尼库拉德塞	Nikuratse, J.
皮托	Pitot, H.
兰金	Rankine, W. J. M.
史米斯	Smith, A. M. O.
弗里斯	Vires, G. de

六画

艾里	Airy, G. B.
亚里斯多德	Aristotle,
毕岚	
毕奥	Biot, J. B.
达朗伯	d'Alembert, J. R.
达西	Darcy, H. P. G.
达芬奇	da Vinci, L.
迪尼曼	Dienemann, W.
多普勒	Doppler, C.
艾林	Eyring, H.
吉福德	Gifford, F. A.
吉尔米尼	Guillelmini
亥姆霍兹	Helmoltz, H. L. F. von
乔丁森	Jordinson, R.
乔丹纳斯	Jordanus, de N.
吕萨克	Lussac, J. L. G
迈尔	Mayer, J. R.
列勃钦斯基	Rybczynski, W.
西贝克	Seebeck, T. J.
托玛	Thoma, D.

托马斯	Thomas, A. S. W.
汤普森, B.	Thompson, B
汤普森, B. C. R.	Thompson, B. C. R.
汤姆森, J.	Thomson, J.
汤姆森 W	Thomson, W.
托康利	Toconley, R.
托尔明	Tollmien, W.
托普勒	Topler, A. J. I.
托里拆里	Torricelli, E.
托利斯蒂赫	Тольстых, A. N.
汤森	Townsend, A. A.
廷德尔	Tyndall, J.
宇文凯	
朱考斯卡斯	Zukauskas, A.

七画

阿克瑞特	Ackeret, J.
阿佩尔	Appell, P-É
阿基米德	Archimedes
伯努利, D.	Bernoulli, D.
伯努利, J.	Bernoulli, J.
伯蒂	Berfi, G.
伯耶克内斯	Bjerknes, V.
坎顿	Canton, J.
克里斯托弗尔	Christoffel, E. B.
克拉伯龙	Clapeyron, B. R. E.
克拉特	Clutler, D. W.
库埃特	Couette, M.
克雷克	Craik, A. D. D.
迪戴恩	Didion
迪塔斯	Dittus, F. W.
杜布阿特	Dubuat, P. L. G.
杜诗	
伽利略	Galileo, G.
赫伯特	Herbert, T.
希罗	Hero of Alexandria
克莱巴诺夫	Klebanoff, P. S.
克兰	Kline, S. J.

克里席纳亚	Krishnayar, N. C.
克鲁斯卡尔	Kruskal, M. D.
库塔	Kutta, W. M.
李约瑟	Needham, J.
李冰	
李	Li, H.
利伯斯	Liebers, L.
麦科尔	Maccoll, J. W.
纳维	Navier, C. L. M. H.
肖特	Schott, K.
沈申甫	Shen, S. E.
沈括	
谢里登	Sheridan, R. E.
怀特赫德	Whitehead, A. V.
怀丙	
麦卡格诺	Macagno, E. O.

八画

波伦	Bohlen, T.
波义耳	Boyle, R.
奇尔顿	Chilton, T. H.
周培源	Chow, P. Y.
欧拉	Euler, L.
法拉第	Faraday, M.
雨果尼奥特	Hugoniot, P. H.
耶格尔	Jaeger, J. C.
金	Kim, J.
拉格朗日	Lagrange, J. L.
拉普拉斯	Laplace, P. S.
拉伐尔	Laval, C. G. P. de
拉瓦锡	Lavoisier, A. L.
林家翘	Lin, C. C.
罗蒙诺索夫	Lomonosov, M. V.
努塞尔	Nusselt, W.
帕森斯	Parsons, C. A.
帕斯卡	Pascal, B.
帕斯奎尔	Pasquill, F.
佩克里	Peclet, J. C. E.

佩里厄	Perier,
波尔毫森	Pohlhausen, K.
泊肃叶	Poiseuille, J. L. M.
泊松	Poisson, S. D.
罗宾斯	Robins, B.
罗斯比	Rossby, C. G.
拉塞尔	Russell, J. S.
舍伍德	Sherwood, T. K.
范德瓦尔斯	Van der Waals, J. D.
范德律斯特	Van Driest, E. R.
范宁	Fanning, J. T.
郑玄	
郑国	

九画

柯西	Cauchy, A. L.
张	Chang, P.
查普曼	Chapman, S.
科尔伯恩	Colburn, A. P.
科尔布鲁克	Colebrook, C. F.
科尔奥利	Coriolis, G. G.
科辛	Corrsin, S.
哈达玛	Hadamard, J. S.
哈根	Hagen, G. H. L.
哈根巴赫	Hagenbach, E.
哈维	Harvey, W.
胡克	Hooke, R.
科帕尔	Kopal, Z.
科尔特弗	Korteweg, D. J.
科瓦斯内	Kovasznay, L. S. G.
洛伦茨	Lorentz, H. A.
珀金斯	Perkins
施里希廷	Schlichting, H.
施米特	Schmitt, E.
舒鲍尔	Schubauer, G. B.
施瓦茨	Schwarz, H. A.
施棣华特逊	Stewarton, K.
威尔克	Wilke, C. R.

十画

特斯贝斯	Ctesibius
埃克特	Eckert, E. R. G.
恩贝多克利	Empedocles
恩斯科格	Enskog, D.
爱因斯坦, A.	Einstein, A.
爱因斯坦, H. A.	Einstein, H. A.
高智	
格斯特纳	Gerstner, F. J. von
格劳尔	Glauert, H.
格特勒	Gortler, H.
格兰维尔	Granville, P. S.
格拉斯霍夫	Grashof, F.
格拉斯	Grass, A. J.
格林	Green, G.
格罗特巴赫	Grotzbach, G.
格里凯	Guericke, O. von
郭永怀	Kuo, Y. H.
郭宗昌	
莫英	Moin, P.
莫尔瓦	Moruau, L. B. B. G. de
莫里森	Morison,
莫林	Moullin, E. B.
朗斯塔德勒	Runstadler, P. W.
诺伊曼	Neumann, F.
索热尔	Saussure, H. B. de
泰勒	Taylor, J. L
泰勒	Taylor, G. I.
桑尼克罗夫特	Thornycroft, S. J.
特普勒	Topler, A.
钱学森	Tsien, H. S.
特纳	Turner, H.
贾思勰	
贾斯特森	Justesen, P.

十一画

菲克	Fick, A. E.

基斯特勒	Kistler, A. L.
莱布尼兹	Leibniz, G. W. F.
莱特希尔	Lighthill, M. J.
梅尔森斯	Melsens, H.
梅西特	Messiter, A. F.
密立根	Millikan, R. A.
诺	Noh, W. F.
菲罗	Philo of Byzantium
菲利普斯	Phillips, H.
萨拜因	Sabine, E.
萨里克	Saric, W. S.
萨瓦尔	Savart, F.
萨默菲尔德	Sommerfeld, A.
萨瑟兰	Sutherland, W.
维埃耶	Vieille, P.
维特鲁维斯	Vitruvius, P. M.
维维安尼	Viviani, V
萨卡莫托	Sakamoto, H
萨普卡亚	Sarpkaya, T.

十二画

程瑶田	
道尔顿	Dalton, J.
傅里叶	Fourier, J. B.
葛洪	
琼斯	Jeans, J.
揭瑄	
焦耳	Joule, J. P.
惠更斯	Huygens, C.
劳弗	Laufer, J.
鲁班	
奥斯特	Oersted, H. C.
奥尔	Orr, W. Mc. F.
奥斯特	Orsted, J. C.
奥森	Oseen, C. W.
奥斯特拉赫	Ostrach, S.
普朗特	Prandtl, L.
普里斯特利	Priestley, J.

谢里登	Sheridan, R. E.
舒曼	Schumann, U.
斯坎	Skan, S. W.
斯克莱姆斯太德	Skramstad, H. K.
斯莫卢乔斯基	Smoluchowski, M. (V)
斯奎尔	Squire, H. B.
斯坦顿	Stanton, T. E.
斯蒂文	Stevin, S.
斯图尔特森	Stewartson, K.
斯托克斯	Stokes, G. G.
斯特劳哈尔	Strouhal, V.
斯特姆	Sturm, J. C. F.

十三画

福尔克纳	Falkner, V. M.
詹森	Jenson, V. G.
瑞利	Rayleigh, L.
雷什	Reech, F.
赖夏特	Reichardt, H.
雷诺, O.	Reynolds, O.
雷诺, W. C.	Reynolds, W. C.
塞尔沏	Salcher, P.

十四画

管仲	
赫希菲尔德	Hirschfelder, J. C.
赫顿	Hutton.

十五画

德律斯特	Driest, E. R. von
德赖登	Dryden, H. L.
德沃夏克	Dvorak, V.
墨子	
黎曼	Riemann, B.

十六画

霍尔斯坦	Holstein, H.
霍华斯	Howarth, L.

儒可夫斯基　　　　　　Joukowsky, N. E.
默森　　　　　　　　　Merseme, M.

十七画

戴维斯　　　　　　　　Davis, R. T.
戴维　　　　　　　　　Davy, S. H.
穆迪　　　　　　　　　Moody L. F.

（K）习题答案

第一章

1.1　$u = 0$

$v = e^t \dfrac{b+c}{2} - e^{-t} \dfrac{b-c}{2} = z$

$w = e^t \dfrac{b+c}{2} + e^{-t} \dfrac{b-c}{2} = y$

1.2　(1) $\left(0, \dfrac{2y}{(1+t)^2}, \dfrac{6z}{(1+t)^2}\right)$

(2) $(a(1+t), b(1+t)^2, c(1+t^3))$; $(0, 2b, 6c(1+t))$

(3) $y = c_1 x^2, z = c_2 x^3$

1.3　$(1,3,2)$; $(3,9,4)$

1.4　$u = \alpha\left(a + \dfrac{2}{\alpha^3}\right)e^{\alpha t} - \dfrac{2t}{\alpha} - \dfrac{2}{\alpha^2}$

$v = \beta\left(b - \dfrac{2}{\beta^3}\right)e^{\beta t} + \dfrac{2t}{\beta} + \dfrac{2}{\beta^2}$

$w = 0$

$a_x = \alpha^2\left(a + \dfrac{2}{\alpha^3}\right)e^{\alpha t} - \dfrac{2}{\alpha}$

$a_y = \beta^2\left(b - \dfrac{2}{\beta^3}\right)e^{\beta t} + \dfrac{2}{\beta}$

$a_z = 0$

1.5　(1) $(0, -2xe^{-2t}, -3xe^{-3t})$

(2) $(0, 4xe^{-2t}, 9xe^{-3t})$; $(0, 4ae^{-2t}, 9ae^{-3t})$

在 $(x,y,z) = (1,0,0)$ 时，为 $(0, 4e^{-2t}, 9e^{-3t})$

在 $(a,b,c) = (1,0,0)$ 时，为 $(0, 4e^{-2t}, 9e^{-3t})$

(3) 流线: $x = 1, y = \dfrac{2}{3}e^t(z-1) + 1$

迹线: $x = 1, y = e^{-2t}, z = e^{-3t}$

(4) $\text{div} \boldsymbol{v} = 0$, $\text{rot} \boldsymbol{v} = (0, 3e^{-3t}, -2e^{-2t})$

涡线：$x = c_1, z = \dfrac{2}{3} e^t y + c_2$

(5) $\boldsymbol{S} = \begin{bmatrix} 0 & -2e^{-2t} & -\dfrac{3}{2} e^{-3t} \\ -2e^{-2t} & 0 & 0 \\ -\dfrac{3}{2} e^{-3t} & 0 & 0 \end{bmatrix}$, $\boldsymbol{A} = \begin{bmatrix} 0 & e^{-2t} & \dfrac{3}{2} e^{-3t} \\ -e^{-2t} & 0 & 0 \\ -\dfrac{3}{2} e^{-3t} & 0 & 0 \end{bmatrix}$

1.6 (1) $(x - \alpha t)^2 + y^2 = c_1, z = c_2$

$x = a\cos kt - \left(b + \dfrac{\alpha}{k}\right)\sin kt + \alpha t$

$y = a\sin kt + \left(b + \dfrac{\alpha}{k}\right)\cos kt - \dfrac{\alpha}{k}$

$z = c$

(2) $u = -ak\sin kt - k\left(b + \dfrac{\alpha}{k}\right)\cos kt + \alpha$

$v = ak\cos kt - k\left(b + \dfrac{\alpha}{k}\right)\sin kt$

$w = 0$

(3) $a_x = -ak^2\cos kt + k^2\left(b + \dfrac{\alpha}{k}\right)\sin kt$

$a_y = -ak^2\sin kt - k^2\left(b + \dfrac{\alpha}{k}\right)\cos kt$

$a_z = 0$

(4) $\text{div } \boldsymbol{v} = 0$; $\text{rot} \boldsymbol{v} = (0, 0, 2k)$; 涡线 $\begin{matrix} x = c_1 \\ y = c_2 \end{matrix}$

(5) $\boldsymbol{S} = 0$, $\boldsymbol{A} = \begin{bmatrix} 0 & -k & 0 \\ k & 0 & 0 \\ 0 & 0 & 0 \end{bmatrix}$

1.7 $u = -\sqrt{2} a \sin \sqrt{2} t + (a + 3b)\cos\sqrt{2} t$

$v = -\sqrt{2} b \sin \sqrt{2} t - (a + b)\cos\sqrt{2} t$

$w = 0$

$a_x = -2x \quad a_y = 2(x - y) \quad a_z = 0$

1.8 (1) 运动定常；流体不可压；运动无旋.

(2) $\left(\dfrac{4}{k^2}, \dfrac{1}{k^2}, \dfrac{1}{k^2}\right)$

(3) $xy^2 = 1 \quad y = z$

1.9 (1) $((a+1)e^t, (a+1)e^t - 1, 0)$

(2) $(x+1, x+1, 0)$

(3) $\text{div } \boldsymbol{v} = 1, \text{rot } \boldsymbol{v} = \boldsymbol{k}$, 可压, 有旋

(4) 迹线 $x = (a+1)e^t - 1, y = (b-a-1) - t + (a+1)e^t, z = c$

流线 $y = x - \ln(x+1) + c_1, z = c_2$(也同迹线)

1.10 (1) $(y+xt^2, x+yt^2, 0), (2,2,0)$

(2) $x^2 - y^2 = c_1, z = c_2$, 流线同迹线

经 $(x,y,z) = (0,1,0)$ 的流线 $x^2 - y^2 = 1, z = 0$

$t = 1$ 在 $(x,y,z) = (1,0,0)$ 质点迹线 $x^2 - y^2 = 1, z = 0$

(3) $\text{div } \boldsymbol{v} = 0, \text{rot } \boldsymbol{v} = 0$

(4) $u = \dfrac{t}{2}(-c_1 \mathrm{e}^{-\frac{t^2}{2}} + c_2 \mathrm{e}^{\frac{t^2}{2}})$

$v = \dfrac{t}{2}(c_1 \mathrm{e}^{-\frac{t^2}{2}} + c_2 \mathrm{e}^{\frac{t^2}{2}})$

$w = 0$

1.11 (1) $(x-t-1, y-t+1, 0); (-1, 1, 0)$

(2) 迹线: $x = t + 1 + (a-1)\mathrm{e}^t, y = t - 1 + (b+1)\mathrm{e}^{-t}, z = c$

流线: $(x-t)(-y+t) = c_1, z = c_2$

经 $(x,y,z) = (0,1,0)$ 的流线 $(x-t)(-y+t) = t(1-t), z = 0$

$t = 1$ 在 $(x,y,z) = (1,0,0)$ 的质点迹线 $x = t + 1 - \dfrac{1}{\mathrm{e}}\mathrm{e}^t, y = t - 1, z = 0.$

(3) $\text{div } \boldsymbol{v} = 0, \text{rot } \boldsymbol{v} = 0$

1.12 $\dfrac{\mathrm{d}r}{v_r} = \dfrac{r\mathrm{d}\theta}{v_\theta} = \dfrac{\mathrm{d}z}{v_z}, \dfrac{\mathrm{d}r}{v_r} = \dfrac{r\mathrm{d}\theta}{v_\theta} = \dfrac{\mathrm{d}z}{v_z} = \mathrm{d}t,$

$\dfrac{\mathrm{d}R}{v_R} = \dfrac{R\sin\theta \mathrm{d}\lambda}{v_\lambda} = \dfrac{R\mathrm{d}\theta}{v_\theta}, \dfrac{\mathrm{d}R}{v_R} = \dfrac{R\sin\theta \mathrm{d}\lambda}{v_\lambda} = \dfrac{R\mathrm{d}\theta}{v_\theta} = \mathrm{d}t,$

1.13 $v_r = \dfrac{c}{r}, v_\theta = 0, v_z = 0$

流线同迹线: $\theta = c_1, z = c_2$

1.14 $v_r = 0, v_\theta = \dfrac{c}{r}, v_z = 0$

流线同迹线: $r = c_1, z = c_2$

1.15 $\left(r - \dfrac{a^2}{r}\right)\sin\theta = c_1, z = c_2$

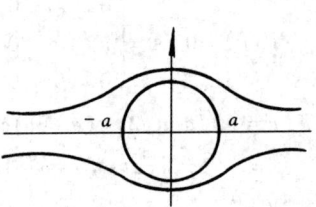

1.16 $S = 0$ 且 $\text{rot}\boldsymbol{v} = (0, 8, 6)$

$\dfrac{1}{2}\text{rot}\boldsymbol{v} \times \boldsymbol{r} = (0,4,3) \times (x,y,z) = (4z - 3y, 3x, -4x) = \boldsymbol{v}$ 是刚体运动.

1.17 $74/25, 89/25$

1.18 $\boldsymbol{S} = \begin{bmatrix} 0 & 0 & \dfrac{1}{2}b(-2x) \\ 对 & 0 & \dfrac{1}{2}b(-2y) \\ 称 & & 0 \end{bmatrix}, \boldsymbol{A} = \begin{bmatrix} 0 & 0 & bx \\ 反 & 0 & by \\ 对 & & \\ 称 & & 0 \end{bmatrix}$

1.19 略

(K) 习题答案

1.20 $\rho = a + t + (b + t^2)\sin t$

$\dfrac{\partial \rho}{\partial t} = 1 + (b + t^2)\cos t + 2t\sin t$

1.21 拉氏描述时 $\rho = xy = ab, \dfrac{\partial \rho}{\partial t} = 0$，为不可压.

欧拉描述时 $\dfrac{D\rho}{Dt} = \dfrac{\partial \rho}{\partial t} + u\dfrac{\partial \rho}{\partial x} + v\dfrac{\partial \rho}{\partial y} = 0 + xy - yx = 0$，不可压.

1.22 (1) $\boldsymbol{p}_n = \left(4, -\dfrac{10}{3}, 0\right)$

(2) $p_{nn} = \dfrac{44}{9}$

(3) $\theta \approx 20°$

1.23 $\boldsymbol{p}_n = \left(-\dfrac{9}{7}, \dfrac{5}{7}, \dfrac{10}{7}\right)$

1.24 $\boldsymbol{p}_n = \left(\dfrac{5}{2}, 3, \sqrt{3}\right)$

1.25 $\boldsymbol{F} = -\dfrac{1}{\rho}(13y, 2, 0)$

1.26 $\oint a\boldsymbol{n} dA = 0$

1.27 $p_{rr} = -p + 2\mu\left(\dfrac{\partial v_r}{\partial r} - \dfrac{1}{3}\text{div }\boldsymbol{v}\right), \text{div }\boldsymbol{v} = \dfrac{1}{r}\left[\dfrac{\partial(rv_r)}{\partial r} + \dfrac{\partial v_\theta}{\partial \theta} + \dfrac{\partial(rv_z)}{\partial z}\right]$

$p_{\theta\theta} = -p + 2\mu\left(\dfrac{1}{r}\dfrac{\partial v_\theta}{\partial \theta} + \dfrac{v_r}{r} - \dfrac{1}{3}\text{div }\boldsymbol{v}\right)$

$p_{zz} = -p + 2\mu\left(\dfrac{\partial v_z}{\partial z} - \dfrac{1}{3}\text{div }\boldsymbol{v}\right)$

$p_{r\theta} = \mu\left(\dfrac{\partial v_\theta}{\partial r} + \dfrac{1}{r}\dfrac{\partial v_r}{\partial \theta} - \dfrac{v_\theta}{r}\right)$

$p_{\theta z} = \mu\left(\dfrac{1}{r}\dfrac{\partial v_z}{\partial \theta} + \dfrac{\partial v_\theta}{\partial z}\right)$

$p_{zr} = \mu\left(\dfrac{\partial v_r}{\partial z} + \dfrac{\partial v_z}{\partial r}\right)$

$p_{RR} = -p + 2\mu\left(\dfrac{\partial v_R}{\partial R} - \dfrac{1}{3}\text{div }\boldsymbol{v}\right),$

$\text{div }\boldsymbol{v} = \dfrac{1}{R^2\sin\theta}\left[\dfrac{\partial(R^2\sin\theta v_R)}{\partial R} + \dfrac{\partial(R\sin\theta v_\theta)}{\partial \theta} + \dfrac{\partial(Rv_\lambda)}{\partial \lambda}\right]$

$p_{\lambda\lambda} = -p + 2\mu\left(\dfrac{1}{R\sin\theta}\dfrac{\partial v_\lambda}{\partial \lambda} + \dfrac{v_R}{R} + \dfrac{v_\theta\cot\theta}{R} - \dfrac{1}{3}\text{div }\boldsymbol{v}\right)$

$p_{\theta\theta} = -p + 2\mu\left(\dfrac{1}{R}\dfrac{\partial v_\theta}{\partial \theta} + \dfrac{v_R}{R} - \dfrac{1}{3}\text{div }\boldsymbol{v}\right)$

$p_{R\lambda} = \mu\left(\dfrac{\partial v_\lambda}{\partial R} + \dfrac{1}{R\sin\theta}\dfrac{\partial v_R}{\partial \lambda} - \dfrac{v_\lambda}{R}\right)$

$p_{\lambda\theta} = \mu\left(\dfrac{1}{R\sin\theta}\dfrac{\partial v_\theta}{\partial \lambda} + \dfrac{1}{R}\dfrac{\partial v_\lambda}{\partial \theta} - \dfrac{v_\lambda\cot\theta}{R}\right)$

$$p_{\theta R} = \mu\left(\frac{1}{R}\frac{\partial v_R}{\partial \theta} + \frac{\partial v_\theta}{\partial R} - \frac{v_\theta}{R}\right)$$

1.28 内柱：$p_{r\theta} = \dfrac{2\mu(\omega_2 - \omega_1)}{r_2^2 - r_1^2}r_2^2$

外柱：$p_{r\theta} = \dfrac{2\mu(\omega_2 - \omega_1)}{r_2^2 - r_1^2}r_1^2$

1.29 $p_{RR}\big|_{R=a} = -p_0 + \dfrac{3}{2}\dfrac{\mu v}{a}\cos\theta$

$p_{R\theta}\big|_{R=a} = -\dfrac{3}{2}\mu\dfrac{v}{a}\sin\theta$

1.30 $p_{xy} = 0.02zt$

$p_{yz} = 0.01xt$

$p_{zx} = 0.01yt$

第二章

2.1 球形，$1.924 \times 10^4 \text{Pa}$

2.2 (1)(a) 否，(b) 可；(2)(a) 可，(b) 否

2.3 $p = h\left[\rho_{酒精}g\left(1 - \dfrac{d_1^2}{d_2^2}\right) + \rho_{水银}g\left(\dfrac{d_1^2}{d_2^2} + \dfrac{d_1^2}{d_3^2 - d_2^2}\right)\right]$

2.4 $p_E - p_B = \rho_1 g\left(\dfrac{a}{A} - 1\right)d + \rho_2 g d$

2.5 1.96m/s^2，向左

2.6 $\rho\dfrac{\pi\Omega^2 D^4}{64} + \rho g h\dfrac{\pi D^2}{4}$

2.8 $4.969 \times 10^6 \text{N}$，窗口中心以下斜距 0.96cm 处

2.9 水平 $(1.013 \times 10^5 n + 49 n^2)\text{N/m}(向右)$，竖直 0；

水平 $1.678 \times 10^4 \text{N/m}(向右)$，竖直 $9.621\text{N/m}(向下)$

2.10 水平 $15.7\text{kN}(向右)$，竖直 $33.6\text{kN}(向下)$

2.11 $7.01\text{N} \cdot \text{m}$

2.12 19.6cm

2.13 $1.11 \leqslant 比重 \leqslant 1.39$

2.14 0.816N，竖直向下，通过圆锥轴线

2.16 $\Delta\rho/\rho_0 = 4.33\%$，$\Delta p/p_0 = 2.24\%$

第三章

3.1 (1) $\boldsymbol{n} \cdot v\text{d}A$

(2) $-\int \rho \boldsymbol{n} \cdot v\text{d}A \Delta t$

(3) $\dfrac{\text{D}}{\text{D}t}\int_\tau \rho v\text{d}\tau$，$\dfrac{\text{D}}{\text{D}t}\int_\tau \rho\dfrac{v^2}{2}\text{d}\tau$

(K) 习题答案

3.2 (1) $\dfrac{\partial \rho}{\partial t} + \dfrac{1}{r}\dfrac{\partial(\rho r v_r)}{\partial r} + \dfrac{\partial(\rho v_\theta)}{r\partial \theta} + \dfrac{\partial(\rho v_z)}{\partial z} = 0$

(2) $\dfrac{\partial \rho}{\partial t} + \dfrac{1}{R^2}\dfrac{\partial(\rho R^2 v_R)}{\partial R} + \dfrac{1}{R\sin\theta}\dfrac{\partial(\rho\sin\theta v_\theta)}{\partial \theta} + \dfrac{1}{R\sin\theta}\dfrac{\partial(\rho v_\lambda)}{\partial \lambda} = 0$

(3) $\dfrac{\partial \rho}{\partial t} + \dfrac{1}{h_1 h_2 h_3}\left[\dfrac{\partial(\rho h_2 h_3 v_1)}{\partial q_1} + \dfrac{\partial(\rho h_1 h_3 v_2)}{\partial q_2} + \dfrac{\partial(\rho h_1 h_2 v_3)}{\partial q_3}\right] = 0$

3.3 (1) $v_\theta = v_z = 0$, $\dfrac{\partial \rho}{\partial t} + \dfrac{1}{r}\dfrac{\partial(\rho r v_r)}{\partial r} = 0$,

(2) $v_\lambda = v_\theta = 0$, $\dfrac{\partial \rho}{\partial t} + \dfrac{1}{R^2}\dfrac{\partial(\rho v_R R^2)}{\partial R} = 0$.

(3) $v_\theta = 0$, $\dfrac{\partial \rho}{\partial t} + \dfrac{1}{r}\left[\dfrac{\partial(\rho r v_r)}{\partial r} + \dfrac{\partial(\rho r v_z)}{\partial z}\right] = 0$.

(4) $v_R = 0$, $\dfrac{\partial \rho}{\partial t} + \dfrac{1}{R\sin\theta}\dfrac{\partial(\rho\sin\theta v_\theta)}{\partial \theta} + \dfrac{1}{R\sin\theta}\dfrac{\partial(\rho v_\lambda)}{\partial \lambda} = 0$.

(5) $v_r = 0$, $\dfrac{\partial \rho}{\partial t} + \dfrac{1}{r}\dfrac{\partial(\rho v_\theta)}{\partial \theta} + \dfrac{\partial(\rho v_z)}{\partial z} = 0$, $\dfrac{\partial \rho}{\partial t} + \dfrac{1}{r}\dfrac{\partial(\rho v_\theta)}{\partial \theta} = 0$,

(6) $v_\theta = 0$, $\dfrac{\partial \rho}{\partial t} + \dfrac{1}{R^2}\dfrac{\partial(\rho R^2 v_R)}{\partial R} + \dfrac{1}{R\sin\theta}\dfrac{\partial(\rho v_\lambda)}{\partial \lambda} = 0$

3.4 满足

3.5 $\displaystyle\int_\tau \dfrac{\partial \rho}{\partial t}\mathrm{d}\tau + \int_S \rho \boldsymbol{v}\cdot\boldsymbol{n}\mathrm{d}A = 0$

3.6 $\dfrac{\partial \zeta}{\partial t} + \dfrac{\partial}{\partial x}[u(h+\zeta)] + \dfrac{\partial}{\partial y}[v(h+\zeta)] = 0$

3.7 $\rho xyz = \rho_0 abc$,证略

3.8 满足

3.9 满足 2 维不可压连续方程

$$\psi = \dfrac{x^2 y^2}{2} + \dfrac{y^3}{3} - \dfrac{x^3}{3} + c$$

3.11 $v_r = \sqrt{\dfrac{2\pi}{3\rho}\left(\dfrac{a^3}{r^3} - 1\right)}$

3.15 $v^2 = \dfrac{1}{r^4\left(\dfrac{1}{R} - \dfrac{1}{r}\right)}\dfrac{2\pi}{3\rho}(R_2^2 - b^3)$

$4\pi r^2 \rho v\left(\dfrac{1}{r} - \dfrac{1}{R}\right)$, r, R——内外球半径

3.17 $r = \mu\rho\dfrac{1}{1 + \mu\rho\left(\dfrac{4\pi}{3\tau}\right)^{1/3}}$

3.21 $\dfrac{\pi D^2}{4}\left(\Delta p - \rho\dfrac{v_0^2}{49}\right)$, v_0——入口流速

3.25 $\dfrac{\mathrm{d}}{\mathrm{d}t}\displaystyle\int_{\tau^*}\rho(\boldsymbol{r},t)\mathrm{d}\tau + \oint_{S^*}\rho(\boldsymbol{v}-\boldsymbol{c})\cdot\boldsymbol{n}^*\,\mathrm{d}A = 0$

其中 $\boldsymbol{v}$ 为 S^* 上的质点速度(t 时刻),$\boldsymbol{c}$ 为 S^*(控制面)的速度.

第四章

4.1 (a) 20.22 m/s (b) 6.065 kg/s

4.2 $v = \dfrac{A_a}{\sqrt{A_1^2 - A_2^2}} \sqrt{\dfrac{\rho_m}{\rho} 2gh}$

4.8 0.5 m/s

4.9 $100 v_p - \dfrac{4}{\pi d^2} Q_v$

4.11 (a) 85 N·m (b) 431 N

4.12 1.96%

4.13 34.3 N

4.14 $W = W_T + \rho g Q_v + \dfrac{4}{\pi D^2} \rho Q_p^2$

4.15 (a) $Q_v = \dfrac{F}{\rho(v_2 - v_1)}$

(b) $e = \dfrac{1}{1 + \dfrac{v_2 - v_1}{2v_1}}$

(c) $F v_1$

4.16 3.47 kN

4.17 每单位宽度阻力 $= F/W = 54.1 \text{ N/m}$

4.18 $R_x = -136 \text{kN}(\text{向左}), R_y = -639 \text{N}$

4.19 (a) 70.5 N (向右), (b) $\theta = 45°, F_y = 0$

4.20 $y_2 = 0.543 \text{ m}, h_F = 0.944 \text{ m}$

4.21 $R_x = -(p_1 - p_2) l$

$R_y = -\dfrac{1}{2} \rho l [v_{A_1}^2 \sin 2\theta_1 - v_{A_2}^2 \sin 2\theta_2]$

$R = l \left[(p_1 - p_2)^2 + \dfrac{1}{4} \rho^2 (v_{A_1}^2 \sin 2\theta_1 - v_{A_2}^2 \sin 2\theta_2)^2 \right]^{\frac{1}{2}}$

4.22 $Q_v = 0.424 \text{ m}^3/\text{s}, F_y = 4.05 \text{ kN}$

4.23 $H_2 = 1.76 \text{ m}, F_x = 24.46 \text{ N}$

4.24 $R_x = -Q_{mj} v_j, R_y = 0$

4.25 $T = 21.25 \text{ kN}, \dfrac{dv}{dt} = 14.875 \text{ m/s}^2$

4.26 $v_R = \left(v_e + \dfrac{p_e A_e}{\dot{m}_f} \right) \ln \dfrac{M_0}{M_0 - \dot{m}_f t}$

4.27 (a) $T = 0.0161 \text{ N·m}$

(b) $\Omega = 57.7 \text{ rpm}$

(c) $A = 1720 \text{ m}^2$

4.28 $v_2 = 8.88\text{m/s}, R_x = -25.7\text{kN}$
$F_{atm} = -12.89\text{kN}, 净的 -12.89\text{kN}$

第五章

5.1 (1) $\boldsymbol{\omega} = x(z^2 - y^2)\boldsymbol{i} + y(x^2 - z^2)\boldsymbol{j} + z(y^2 - x^2)\boldsymbol{k}$;

涡线 $\begin{cases} x^2 + y^2 - 2z^2 \ln xy = c_1, \\ y^2 + z^2 - 2x^2 \ln yz = c_2. \end{cases}$

(2) $\boldsymbol{\omega} = \boldsymbol{i} + \boldsymbol{j} + \boldsymbol{k}$;

涡线 $\begin{cases} x - y = c_1, \\ y - z = c_2. \end{cases}$

5.2 (1) $\omega_z = \dfrac{\Gamma_0}{4\pi\gamma t} e^{-\frac{r^2}{4\gamma t}}$; (2) $\Gamma = \Gamma_0 (1 - e^{-\frac{R^2}{4\gamma t}})$; (3) $J = \Gamma_0$

5.6 在 $0 \leq r \leq a$ 内有旋 $\boldsymbol{\omega} = \Omega\boldsymbol{k}$; 在 $r > a$ 内无旋

5.7 $\omega = 2a_1 V_0 / (a_1^2 - a_2^2)$

5.9 (1) 在 $(1, 2)$ 点上, 强度 8π 的点涡; $u = 4t, v = 0$ 的均匀流.
(2) 8π

5.14 $r \cdot \sin 2\theta = 常数$

5.16 $V = \dfrac{\Gamma}{4\pi(a+y)} \left[1 + \dfrac{x}{\sqrt{x^2 + (a+y)^2}} \right] + \dfrac{\Gamma}{4\pi x} \left[\dfrac{y+a}{\sqrt{x^2 + (a+y)^2}} - \dfrac{a-y}{\sqrt{x^2 + (a-y)^2}} \right] +$

$\dfrac{\Gamma}{4\pi(a-y)} \left[1 + \dfrac{x}{\sqrt{x^2 + (y-a)^2}} \right]$

5.17 $V_\infty = \dfrac{\Gamma}{4\pi h}$; $\dfrac{y}{h} + \ln \dfrac{x^2 + (y-h)^2}{x^2 + (y+h)^2} = 常数$

5.18 $\rho V_0 \Gamma + \dfrac{\rho \Gamma^2}{4\pi h}$

5.19 以水平面为 r 轴, 在 $r > R_0$ 区域, $z = -\dfrac{1}{2g} \dfrac{\Omega^2 R_0^4}{r^2}$;

在 $r < R_0$ 区域, $z = -\dfrac{\Omega^2}{g} \left(R_0^2 - \dfrac{r^2}{2} \right)$

5.20 $S(t) = 4\pi\gamma t \ln \left(\dfrac{\Gamma_0}{\Gamma_0 - J_0} \right)$

第六章

6.1 $\phi = \dfrac{a^2}{r} V_0 \cos\theta, p_b = p_\infty + \dfrac{1}{2}\rho V_0^2 (1 - 4\sin^2\theta)$

6.4 不是无旋运动

6.6 $\phi = k \ln r + c\theta$

6.7 $\nabla^2 \psi = \dfrac{U}{H}, Q = \dfrac{UH}{2}$

6.8 对于轴对称定常流动 $\omega = \dfrac{1}{\rho r^2} \dfrac{\partial \psi}{\partial r} - \dfrac{1}{\rho r} \left(\dfrac{\partial^2 \psi}{\partial r^2} + \dfrac{\partial^2 \psi}{\partial z^2} \right) + \dfrac{\nabla \psi \cdot \nabla \rho}{r \rho^2}$

6.11 (1) $\psi = \dfrac{y^2 - x^2}{2}$; (2) $\psi = 2x^2 y - y^3$; (3) $\psi = -\dfrac{y}{x^2 + y^2}$; (4) $\psi = -\dfrac{2xy}{(x^2 + y^2)^2}$

6.13 $\Gamma = 0, Q = 2\pi$

6.14 (1) $W = \ln z$; (2) $W = 2i\ln z$; (3) $W = \dfrac{1}{z}$; (4) $W = -U_0\left(ze^{i\alpha} - \dfrac{a^2}{z}e^{-i\alpha}\right)$

6.15 (1) $\dfrac{x^2}{c^2 \operatorname{ch}^2 \psi} + \dfrac{y^2}{c^2 \operatorname{sh}^2 \psi} = 1$; (2) $\dfrac{x^2}{c^2 \cos^2 \phi} - \dfrac{y^2}{c^2 \sin^2 \phi} = 1$

6.16 (1) $\dfrac{x^2}{c^2 \cos^2 \psi} - \dfrac{y^2}{c^2 \sin^2 \psi} = 1$; (2) $\dfrac{x^2}{c^2 \operatorname{ch}^2 \phi} + \dfrac{y^2}{c^2 \operatorname{sh}^2 \phi} = 1$

6.19 $p\big|_x = p_\infty - \dfrac{1}{2}\rho \dfrac{Q}{\pi x}\left(V_\infty + \dfrac{Q}{4\pi x}\right)$

6.20 (1) $r_s = \dfrac{Q}{2\pi V_\infty}, \theta_s = 0$; (2) $r = \dfrac{Q}{2\pi V_\infty}\cdot\dfrac{\theta}{\sin\theta}$;

(3) $V_r = V_\infty\left(\cos\theta - \dfrac{\sin\theta}{\theta}\right), V_\theta = -V_\infty \sin\theta; p = p_\infty + \dfrac{1}{2}\rho V_\infty^2\left(\dfrac{\sin 2\theta}{\theta} - \dfrac{\sin^2\theta}{\theta^2}\right)$

6.21 $x_s = \pm\sqrt{a^2 + \dfrac{aQ}{\pi V_\infty}}, y_s = 0; V_\infty y - \dfrac{Q}{2\pi}\arctan\dfrac{2ay}{x^2 + y^2 - a^2} = 0$

6.24 $\dfrac{1}{2\pi}\int_A^B \dfrac{r(\xi)}{x - \xi}d\xi = V_\infty\left(\dfrac{dF(x)}{dx} - \alpha\right)$

6.25 $W = V_\infty\left(z + \dfrac{a^2}{z}\right) + \dfrac{\Gamma}{2\pi i}\ln\dfrac{(z - z_0)(a^2 - \bar{z}z_0)}{(z - \bar{z}_0)(a^2 - z\bar{z}_0)}$

6.26 $r_0 - \dfrac{a^2}{r_0} = 2r_0 \sin\theta_0, \Gamma = 2\pi V_\infty \dfrac{(r_0^2 - a^2)^2(r_0^2 + a^2)}{r_0^2}$

6.27 $W = \dfrac{Q}{2\pi}\ln(z^2 - z_0^2)(z^2 - \bar{z}_0^2), \dfrac{dW}{dz} = \dfrac{Q}{\pi}\cdot\dfrac{z(2z^2 - \bar{z}_0^2 - z_0^2)}{(z^2 - z_0^2)(z^2 - \bar{z}_0^2)}$

6.28 $W = -\dfrac{M_t}{2\pi}e^{i\alpha}\left(\dfrac{1}{z - ib}\right) - \dfrac{M_t}{2\pi}e^{-i\alpha}\left(\dfrac{1}{z + ib}\right)$

6.29 $\psi = \dfrac{Q}{2\pi}\arctan\left[\dfrac{r^4(a^4 - b^4)\sin 4\theta}{r^8 - r^4(a^4 + b^4)\cos 4\theta + a^4 b^4}\right]$

6.31 $W = \dfrac{\Gamma}{2\pi i}\ln\left(\dfrac{z^n - z_0^n}{z^n - \bar{z}_0^n}\right)$

6.32 $u_\perp = V_\infty \dfrac{x}{\sqrt{b^2 - x^2}}, v_\perp = 0, u_\top = -V_\infty \dfrac{x}{\sqrt{b^2 - x^2}}, v_\top = 0$;

$p_b = p_\infty + \dfrac{\rho}{2}V_\infty^2\left(1 - \dfrac{x^2}{b^2 - x^2}\right), C_p = 1 - \dfrac{x^2}{b^2 - x^2}$

6.33 $W = \dfrac{1}{2}V_\infty\left[e^{-i\alpha}(z + \sqrt{z^2 - c^2}) + e^{i\alpha}\left(\dfrac{a+b}{c}\right)^2(z - \sqrt{z^2 - c^2})\right]$,

$(c = \sqrt{a^2 - b^2}), F = 0$

6.34 $W = \dfrac{Q}{2\pi}\ln\left\{\dfrac{(z + \sqrt{z^2 - b^2} + ib)\left[z + \sqrt{z^2 - b^2} - i\dfrac{b(R - \sqrt{R^2 - b^2}) - b^2}{b + R - \sqrt{R^2 - b^2}}\right]}{(z + \sqrt{z^2 - b^2}) - i(R - \sqrt{R^2 - b^2})}\right\}$

6.35 $W = V_\infty \sqrt{z^2 + l^2}$

6.36 $\dfrac{\sqrt{3}}{4}\sqrt{\pi a g \dfrac{(\rho_b - \rho)}{\rho}}$

6.37 (2) $p = p_0 + \dfrac{\rho}{2} V_\infty^2 \left(1 - \dfrac{\pi^4 a^4}{x^4 \operatorname{sh}^4\left(\dfrac{\pi a}{x}\right)}\right)$

(3) $p = p_0 + \dfrac{\rho}{2} V_\infty^2 \left[1 - \dfrac{\pi^4 a^2}{8 y^2 \operatorname{ch}^4\left(\dfrac{\pi x}{2y}\right)}\right]$

6.38 (a) $\dfrac{Q}{2\pi}\ln\left(\operatorname{sh}\dfrac{\pi z}{2b}\right)$ (b) $\dfrac{\Gamma}{2\pi i}\ln\left(\dfrac{e^{\frac{\pi z}{b}} - i}{e^{\frac{\pi z}{b}} + i}\right)$; (c) $V_\infty z + \dfrac{M}{2b}\operatorname{cth}\dfrac{\pi z}{b}$

6.39 (a) $-\dfrac{V_\infty h}{2\pi}\ln\left(\operatorname{ch}^2\dfrac{\pi z}{h} - \operatorname{ch}^2\dfrac{\pi l}{h}\right)$

(b) $\dfrac{Q}{2\pi}\ln\left(\operatorname{ch}\dfrac{\pi z}{h} - \operatorname{ch}\dfrac{\pi z_0}{h}\right)\left(\operatorname{ch}\dfrac{\pi z}{h} - \operatorname{ch}\dfrac{\overline{\pi z_0}}{h}\right)$

(c) $-\dfrac{Q}{\pi}\ln\left(\sin\dfrac{\pi z}{l} - \operatorname{ch}\dfrac{\pi a}{l}\right)$

6.40 $z = \dfrac{h}{2\pi}\left(e^{-\frac{2\pi}{Q}W} - \dfrac{2\pi}{Q}W + 1\right)$

6.41 $W = \dfrac{h}{\pi} V_\infty t,\ z = \dfrac{h}{\pi}\left(\operatorname{arcosh} t + \sqrt{t^2 - 1}\right)$

6.42 $W = \dfrac{V_\infty l}{\pi}\ln\zeta,\ z = \dfrac{l}{\pi}\left(\operatorname{arcosh}\zeta + \arccos\dfrac{1}{\zeta}\right)$

6.43 $W = \dfrac{V_\infty h}{\pi}\ln\left[\dfrac{\operatorname{ch}\left(\dfrac{\pi}{\beta}\ln\dfrac{V_\infty}{\overline{V}}\right) - 1}{\operatorname{ch}\left(\dfrac{\pi}{\beta}\ln\dfrac{V_\infty}{\overline{V}}\right) + 1}\right],\ \overline{V} = \dfrac{dW}{dz}$

6.44 $\phi = -\dfrac{1}{2}a^3 \dfrac{v_0(t) \cdot (r - r_0)}{R^3}$, ($r_0$ 球心矢径, r 流场中任一点矢径, $R = |r - r_0|$);

$p = p_\infty + \dfrac{1}{8}\rho V_0^2(t)(9\cos^2\theta - 5) + \dfrac{1}{2}\rho a n \cdot \dfrac{d v_0(t)}{dt}$

6.45 $\dfrac{4}{3}\sqrt{\dfrac{2}{3}}\sqrt{a g\left(\dfrac{\rho_b}{\rho} - 1\right)}$

6.46 $\varphi = P_1(R)\cos\theta + P_2(R)\sin\theta \cdot \sin\varepsilon$,

$P_1 = \dfrac{b^3 V_0 \cos\alpha - a^3 U_0}{b^3 - a^3} R + \dfrac{a^3 b^3(V_0 \cos\alpha - U_0)}{2(b^3 - a^3)}\dfrac{1}{R^2}$

$P_2 = \dfrac{b^3 V_0 \sin\alpha}{b^3 - a^3}\left(R + \dfrac{a^3}{2R^2}\right)$

6.47 (1) $\dfrac{1}{2}V_\infty r^2 - \dfrac{Q}{4\pi}\left[\dfrac{x + a}{\sqrt{r^2 + (x+a)^2}} - \dfrac{x - a}{\sqrt{r^2 + (x-a)^2}}\right] = 0$, 卵形

(2) $h^2\sqrt{a^2 + h^2} = (x_s^2 - a^2)^2 / x_s$

6.48 $\psi = -\dfrac{g}{16\pi a}\left[(R_1 - R_2)^2 - a^2\right]\left(\dfrac{R_2 - R}{R_1 R_2}\right)$

6.50 $p(r) = p_0 - \dfrac{\rho r^2 Q^2(t)}{8\pi^2 (r^2 + h^2)^3} + \dfrac{\rho \dot{Q}(t)}{2\pi} \dfrac{1}{\sqrt{r^2 + h^2}}$

6.51 $5V_0^2/8g$

6.52 $T(t) = \dfrac{\pi}{3} a^3 \rho V_0^2(t)$; $F_\text{推} = \dfrac{1}{2} M_f \dfrac{dV_0}{dt}$, $M_f = \dfrac{4\pi}{3} a^3 \rho_f$

6.53 $y = y_0 \cos \omega t$, $\omega = \sqrt{\dfrac{\rho g \pi D^2}{4(m_b + m_f)}}$, ($m_f = \dfrac{1}{6} \rho D^3$, $m_b = \dfrac{1}{4} \rho \pi D^2 h$)

6.54 $\pi a^2 \rho V_0(t)$

第七章

7.1 $\lambda = 14.04\,\text{m}$, $c = 4.68\,\text{m/s}$

7.2 $\psi = A_0 c \dfrac{\text{sh}k(z+d)}{\text{sh}kd} \cos(kx - \omega t)$

$w = \dfrac{A_0 c}{\text{sh}kd} \sin[k(z + id) - \omega t]$

7.3 $\lambda = \dfrac{8\pi x^2}{gt^2}$, $T = \dfrac{4\pi x}{gt}$, $c = \dfrac{2x}{t}$

7.4 $\varphi = -x + \dfrac{A_0 c}{\text{sh}kd} \text{ch}k(z+d) \sin kx$

7.5 $\varphi' = \dfrac{A_0 \omega}{\rho g \left(k - \dfrac{\omega^2}{g}\right)} e^{kz} \cos(kx - \omega t)$

7.6 $\varphi = a \dfrac{\text{ch}k(z+d)}{\text{ch}kd} \cos kx \cos(\omega t + \alpha)$, 其中 $k = \dfrac{n\pi}{l}$

7.7 $\varphi = A J_0(kr) \text{ch}k(z+d) e^{-i\omega t}$

7.8 由 $k^2 c^4 (\rho_2 \text{cth} kd_2 \text{cth} kd_1 + \rho_1) - kc^2 \rho_2 g (\text{cth} kd_1 + \text{cth} kd_2) + g^2(\rho_2 - \rho_1) = 0$
解出 c, 即为波速

7.9 当 $d_2 \to \infty$, 则 $\text{cth}\, kd_2 = 1$, 有

$c^2 = g/k$ 和 $c^2 = \dfrac{g(\rho_2 - \rho_1)}{k(\rho_2 \text{cth} kd_1 + \rho_1)}$

7.12 $c = \sqrt{\dfrac{g}{k} \dfrac{\rho_2 - \rho_1}{\rho_2 + \rho_1}}$

7.14 $\begin{cases} \dfrac{\partial^2 \varphi}{\partial x^2} + \dfrac{\partial^2 \varphi}{\partial z^2} = 0, \\ z = 0: \dfrac{\partial \varphi}{\partial z} = \dfrac{\partial \zeta}{\partial t}, \dfrac{\partial \varphi}{\partial t} + \dfrac{p_b}{\rho} + g\zeta = 0, \\ z = -\infty: \dfrac{\partial \varphi}{\partial z} = 0. \end{cases}$

其中 $p_b = p_0 - \sigma \zeta_{xx}$, σ——表面张力系数

$\varphi = A e^{hz} \cos(hx - \omega t)$

$$c^2 = \frac{g}{k} + \frac{\sigma}{\rho}k$$

7.17 $c^2 = \dfrac{\rho_2 - \rho_1}{\dfrac{\rho_1}{d_1} - \dfrac{\rho_2}{d_2}} g$

7.19 动能 $\dfrac{1}{4}\rho_1 g a^2 \lambda + \dfrac{1}{4}\rho_2 g a^2 \lambda$

势能 $\dfrac{1}{4}\rho_1 g a^2 \lambda + \dfrac{1}{4}\rho_2 g a^2 \lambda$

7.20 $\zeta = \dfrac{ac^2}{c^2 - gd}\cos(kx - \omega t)$

第八章

8.7 $Q/\sqrt{gh^3} = f_1(H/h, \mu/(\rho\sqrt{gh^3}))$

$H/h = f_2(V_\infty/\sqrt{gh}, \rho V_\infty h/\mu)$

可以有许多种等价形式

8.8 Q_V 正比于 $a^4 \Delta p/(\mu L)$

8.9 $U_水 : U_油 = 0.201, F_油 : F_水 = 19.8$

8.11 取分界面为 $y=0$，有 $u_1 = \dfrac{1}{\mu_1 + \mu_2}\dfrac{U}{h}(\mu_2 y + \mu_1 h)$,

$u_2 = \dfrac{\mu_1}{\mu_1 + \mu_2}\dfrac{U}{h}(y+h)$, $|\tau_w| = \dfrac{\mu_1 \mu_2}{\mu_1 + \mu_2}\dfrac{U}{h}$

8.12 $u = U[1 - \exp(U_w y/\nu)], \delta' = 46.05/\mathrm{Re}$

8.13 $u = \dfrac{gh^2 \sin\alpha}{\nu}\left[\dfrac{y}{h} - \dfrac{1}{2}\left(\dfrac{y}{h}\right)^2\right], Q_V = \dfrac{gh^3 \sin\alpha}{3\nu}$,

$u_{\max} = \dfrac{3}{2}u_{平均} = \dfrac{gh^2 \sin\alpha}{3\nu}, \tau_w = \rho gh \sin\alpha$,

$p = p_0 + \rho g(h-y)\cos\alpha, y$ 垂直板面向上

8.14 $u = \dfrac{h^2}{2\mu}\left(\rho g \sin\alpha - \dfrac{\partial p}{\partial x}\right)\left[1 - \left(\dfrac{y}{h}\right)^2\right]$

8.15 $v_\theta = \dfrac{\omega r_1^2}{r_2^2 - r_1^2}\left(\dfrac{r_2^2}{r} - r\right), M = -\dfrac{4\pi\mu\omega_1 r_1^2 r_2^2}{r_2^2 - r_1^2}$,

$p_2 - p_1 = \dfrac{\rho\omega_1^2 r_1^2}{2}\left\{\dfrac{K^2 + 1}{K^2 - 1} - \dfrac{4K^2}{(K^2 - 1)^2}\ln K\right\}$

8.16 $\mu = 0.646 \mathrm{Pa \cdot s}$

8.17 $u = U\dfrac{\ln(r/r_2)}{\ln(r_1/r_2)}, F = \dfrac{2\pi\mu U}{\ln(r_1/r_2)}$

8.18 $u = -\dfrac{1}{4\mu}\dfrac{dp}{dx}\left[(r_2^2 - r^2) - (r_2^2 - r_1^2)\dfrac{\ln(r_2/r)}{\ln(r_2/r_1)}\right]$

$Q_V = -\dfrac{\pi}{8\mu}\dfrac{dp}{dx}\left[(r_2^4 - r_1^4) - \dfrac{(r_2^2 - r_1^2)^2}{\ln(r_2/r_1)}\right]$

$$u_{平均} = -\frac{1}{8\mu}\frac{dp}{dx}\left[r_2^2 + r_1^2 - \frac{r_2^2 - r_1^2}{\ln(r_2/r_1)}\right]$$

$$F_1 = \frac{\pi}{2}\frac{dp}{dx}\left[2r_1^2 - \frac{r_2^2 - r_1^2}{\ln(r_2/r_1)}\right]$$

$$F_2 = \frac{\pi}{2}\frac{dp}{dx}\left[2r_2^2 - \frac{r_2^2 - r_1^2}{\ln(r_2 - r_1)}\right]$$

8.19　$0.120\mathrm{s}$

8.20　$f''' + 4f' + 2ff'' = 0; \theta = \pm\alpha: f = 0, \theta = 0: f' = 0$

8.23　$v_\lambda = \dfrac{\omega a^3 \sin\theta}{r^2}, M = -8\pi\mu\omega a^2$

8.24　$v_r = \dfrac{Q}{r}\dfrac{\cos 2\varphi - \cos 2\varphi_0}{\sin 2\varphi_0 - 2\varphi_0\cos 2\varphi_0}$

　　　$p = \dfrac{2\mu Q}{r^2}\dfrac{\cos 2\varphi}{\sin 2\varphi_0 - 2\varphi_0 \cos 2\varphi_0} + c$

8.25　$D_{\min} = 0.00364\mathrm{cm}$

8.26　$v_{r外} = U\left[\dfrac{\mu_i}{2(\mu_i + \mu_e)}\dfrac{a^3}{r^3} - \dfrac{3\mu_i + 2\mu_e}{2(\mu_i + \mu_e)}\dfrac{a}{r} + 1\right]\cos\theta$

　　　$v_{\theta外} = U\left[\dfrac{\mu_i}{4(\mu_i + \mu_e)}\dfrac{a^3}{r^3} + \dfrac{3\mu_i + 2\mu_e}{4(\mu_i + \mu_e)}\dfrac{a}{r} - 1\right]\sin\theta$

　　　$p_{外} = -\dfrac{3\mu_i + 2\mu_e}{2(\mu_i + \mu_e)}\dfrac{\mu_e U a}{r^2}\cos\theta$

　　　$v_{r内} = -U\dfrac{\mu_e}{2(\mu_i + \mu_e)}\left(1 - \dfrac{r^2}{a^2}\right)\cos\theta$

　　　$v_{\theta内} = U\dfrac{\mu_e}{2(\mu_i + \mu_e)}\left(1 - \dfrac{2r^2}{a^2}\right)\sin\theta$

　　　$p_{内} = \dfrac{5\mu_e}{\mu_i + \mu_e}\dfrac{\mu_e U}{a}\left(\dfrac{r}{a} - 1\right)\cos\theta - \dfrac{3\mu_i + 2\mu_e}{2(\mu_i + \mu_e)}\dfrac{\mu_e U}{a}\cos\theta$

　　　$F = 6\pi\mu_e U_a \dfrac{1 + \dfrac{2}{3}\dfrac{\mu_e}{\mu_i}}{1 + \dfrac{\mu_e}{\mu_i}}$

　　　$U_{平衡} = \dfrac{2}{3}\dfrac{a^2 g}{\mu_e}(\rho_e - \rho_i)\dfrac{\mu_e + \mu_i}{2\mu_e + 3\mu_i}$

8.27　$F = -4\pi\mu U_a$

8.28　提示：$u = \dfrac{z^2 - h^2}{2\mu}\dfrac{\partial p}{\partial x}, v = \dfrac{z^2 - h^2}{2\mu}\dfrac{\partial p}{\partial y}$

　　　与速度势 $\phi(x,y) = \dfrac{z^2 - h^2}{2\mu}p(x,y)$ 所描述的二维无旋流动的速度分布相同

8.29　$F = \dfrac{3\pi\mu U R^4}{2h^3}$

8.30　$\dfrac{dp}{dz} = \dfrac{\mu}{r}\dfrac{d}{dr}\left(r\dfrac{dV_z}{dr}\right)$

(K) 习题答案

8.31 当 $u = 0.99v_\infty$, $K = 4.61$, $\dfrac{\delta_d}{\delta_v} = 0.217$, $\dfrac{\delta_m}{\delta_v} = 0.108$

8.33 $u\dfrac{\partial u}{\partial x} + v\dfrac{\partial u}{\partial y} = -\dfrac{1}{\rho}\dfrac{\partial p}{\partial x} + \nu\dfrac{\partial^2 u}{\partial y^2}$

$\dfrac{\partial(ur)}{\partial x} + \dfrac{\partial(vr)}{\partial y} = 0$

$y = 0, u = v = 0$

$y = \infty, u = U_\infty(x)$

8.34 $\dfrac{\partial u}{\partial x} + \dfrac{\partial v}{\partial y} = 0$

$u\dfrac{\partial u}{\partial x} + v\dfrac{\partial u}{\partial y} = U\dfrac{dU}{dx}$

$u\dfrac{\partial w}{\partial x} + v\dfrac{\partial w}{\partial y} = \nu\dfrac{\partial^2 w}{\partial y^2}$

$y = 0, u = v = w = 0$

$y = \infty, u = U(x), w = W(x)$

8.36

$\dfrac{u}{v_\infty}$	$\delta_v\sqrt{\dfrac{v_\infty}{\nu x}}$	$\delta_d\sqrt{\dfrac{v_\infty}{\nu x}}$	$\delta_m\sqrt{\dfrac{v_\infty}{\nu x}}$	$\dfrac{\tau_w}{\rho v_\infty^2}\sqrt{\dfrac{v_\infty x}{\nu}}$	H_{dm}
η	3.46	1.732	0.577	0.289	3.00
$2\eta - \eta^2$	5.48	1.825	0.730	0.365	2.50
$\dfrac{3}{2}\eta - \dfrac{1}{2}\eta^3$	4.64	1.740	0.646	0.323	2.70
$2\eta - 2\eta^3 + \eta^4$	5.83	1.752	0.685	0.343	2.55
$\sin\dfrac{\pi}{2}\eta$	4.79	1.741	0.655	0.327	2.66
布拉修斯解	5	1.721	0.664	0.332	2.59

8.37

	$Pr = \dfrac{\mu c}{k}$	$Re_x = \dfrac{v_\infty x}{\nu}$	$Nu_x = \dfrac{hx}{k}$	$St = \dfrac{h}{\rho c v_\infty}$
空气	0.7	2.15×10^5	3.37×10^2	2.23×10^{-3}
水	2.29	1.18×10^7	1.526×10	5.65×10^{-7}
水银	0.0196	4.62×10^7	1.11×10^3	1.23×10^{-3}
机油	546	1.08×10^5	7.32×10	1.34×10^{-6}

8.38

	δ_v (m)	δ_t (m)
空气	3.98×10^{-4}	4.38×10^{-3}
水	2.99×10^{-4}	4.16×10^{-2}
水银	1.06×10^{-4}	
机油	7.7×10^{-3}	

8.39
　　(a) $\delta_v = 3.98 \times 10^{-3}\,\text{m}$　　　　$\delta_t = 6.38 \times 10^{-3}\,\text{m}$
　　(b) $q_{wx} = 9.96 \times 10^2\,\text{W/m}$　　　$\tau_w = 0.1942\,\text{N/m}^2$
　　(c) $D_f = 0.3913\,\text{N}$　　　　　　$q_w = 1.98 \times 10^3\,\text{W}$

8.45　$\dfrac{\mathrm{d}}{\mathrm{d}x}\displaystyle\int_0^\delta u^2\,\mathrm{d}y = g\beta\int_0^\delta (T - T_\infty)\,\mathrm{d}y - \nu\left.\dfrac{\mathrm{d}u}{\mathrm{d}y}\right|_{y=0}$

　　　$\dfrac{\mathrm{d}}{\mathrm{d}x}\displaystyle\int_0^\delta u(T - T_\infty)\,\mathrm{d}y = -k\left.\dfrac{\mathrm{d}T}{\mathrm{d}y}\right|_{y=0}$

　　　$y = 0\quad u = 0\quad T = T_w$
　　　$y = \delta(\text{或}\,\infty)\quad T = T_\infty$

8.47　$\dfrac{\mathrm{d}\delta_m}{\mathrm{d}x} + (2 + H_{dm})\delta_m\dfrac{v_e'}{v_e} - \dfrac{v_w}{v_e} = \dfrac{1}{2}C_f$

8.49　$\dfrac{1}{v_e^3}\dfrac{\mathrm{d}}{\mathrm{d}x}(v_e^3 \delta_x) = \dfrac{2\mathscr{D}}{\rho v_e^3}$

　　　其中动能（或耗散）厚度 $\delta_x = \displaystyle\int_0^\infty \dfrac{u}{v_e}\left[1 - \dfrac{u^2}{v_e^2}\right]\mathrm{d}y$ 和耗散积分 $\mathscr{D} = \displaystyle\int_0^\infty \tau\dfrac{\mathrm{d}u}{\mathrm{d}y}\mathrm{d}y$

8.51
　　(a)　　　　$a = 2$　　　$b = -1$
　　(b)　　　　$a = \dfrac{3}{2}$　　$b = 0$　　　$c = -\dfrac{1}{2}$
　　(c)　　　　$a = 0$　　　$b = \dfrac{3}{2}$　　$c = 0$　　　$d = -\dfrac{1}{2}$
　　(d)　　　　$a = 2$　　　$b = 0$　　　$c = -2$　　　$d = 1$

8.52　$x = 0.46a$　　　$\delta_m = 0.594\sqrt{\dfrac{A\nu}{v_0}}$

第九章

9.1　$\dfrac{\partial \bar{\rho}}{\partial t} + \dfrac{\partial(\bar{\rho}\,\bar{u} + \overline{\rho'u'})}{\partial x} + \dfrac{\partial(\bar{\rho}\,\bar{v} + \overline{\rho'v'})}{\partial y} + \dfrac{\partial(\bar{\rho}\,\bar{w} + \overline{\rho'w'})}{\partial z} = 0$

9.3　$0 = -\dfrac{\partial \bar{p}}{\partial x} + \mu\dfrac{\partial^2 \bar{u}}{\partial y^2} - \rho\dfrac{\partial \overline{u'v'}}{\partial y}$

　　　$0 = -\dfrac{\partial \bar{p}}{\partial y} - \rho\dfrac{\partial \overline{v'^2}}{\partial y}$

　　　$0 = -\rho\dfrac{\partial \overline{v'w'}}{\partial y}$

9.5　$\dfrac{\bar{u}_{max} - \bar{u}}{U^*} = \dfrac{1}{k}\left[\ln\dfrac{1 + \sqrt{y/h}}{1 - \sqrt{y/h}} - 2\sqrt{y/h}\right]$

9.8　$p_B - p_{atm} = 1.574 \times 10^5\,\text{Pa}$

9.9　438.65 J/kg，369.06 J/kg；用平均速度算的值约低 16%．层流中用平均速度算的值则低 50%．

9.15　$n = 6.6$

9.16　$u^* = 4.5\text{m/s}$，$\tau_\infty = 24.3\text{N/m}^2$

9.17　$\delta = 48\text{mm}$，$C_D = 0.003$

9.18　$H_{dm} = 1.286$，$\tau_w = 0.029\rho u_\infty^2 Re_x^{-\frac{1}{5}}$

9.22　(a) 普与朱 $C_D = 0.0031$，

　　　(b) 普 $C_D = 0.0027$，朱 $C_D = 0.0028$

9.23　(a) $\delta_m = 5 \times 10^{-4}\text{m}$ (b) $x = 1.5 \times 10^{-4}\text{m}$ (c) $C_D = 0.0036$

9.24　$x_{ci} = 9.2 \times 10^{-2}\text{m}$

9.25　(a) $x_{CT} = 0.57\text{m}$，(b) $x_{CT} = 0.737\text{m}$，(c) $x_{CT} = 1.276\text{m}$

第十章

10.2　$a_T = \sqrt{R_b T}$，$a_T < a$

10.5　$p_0 = 64.9\text{N/m}^2$，$T_0 = 269\text{K}$

10.6　$\dfrac{\partial \rho'}{\partial t} + \rho_0 \nabla \cdot \overline{V'} = 0$，$\dfrac{\partial v'}{\partial t} = -\dfrac{1}{\rho_0}\nabla p'$，$p' = a^2 \rho'$

　　　(上角带"'"表示扰动量)

10.7　$C_p = \dfrac{2}{\gamma M^2}\left[\left(1 + \dfrac{\gamma - 1}{2}M^2\right)^{\frac{\gamma}{\gamma - 1}} - 1\right]$

　　　$C_p(0) = 0$，$C_p(1) = 1.28$，$C_p(2) = 2.44$

10.9　1.015

10.14　(1) $M = 0.52$，$Q = 26.22\text{kg/s}$

　　　(2) $p_b = 158.5\text{N/m}^2$，$Q = 34.31\text{kg/s}$

　　　(3) $M = 1$，$Q = 34.31\text{kg/s}$

10.15　$M_2 = 0.24$，$p_2 = 2.88 \times 10^5 \text{N/m}^2$

10.18　$\dfrac{p_{20}}{p_1} = \dfrac{\gamma + 1}{2}M_1^2 \left[\dfrac{\left(\dfrac{\gamma + 1}{2}\right)M_1^2}{\left(\dfrac{2\gamma}{\gamma + 1}\right)M_1^2 - \left(\dfrac{\gamma - 1}{\gamma + 1}\right)}\right]^{\frac{1}{\gamma - 1}}$，$M_1 = 1.9$

10.19　$V_2 = 266\text{m/s}$，$M_2 = 0.62$

10.22　(1) 385.7m/s；(2) 336.3m/s，$12.4 \times 10^5 \text{N/m}^2$，$662.2\text{K}$

10.23　0.022s

10.24　298.7m/s

10.25　0.15，498K，$2.26 \times 10^5 \text{N/m}^2$

10.26　$\dfrac{A_s}{A_t} = 1.7$

第十一章

11.2　$\dfrac{dC_A}{dt} = D_{AB}\left[\dfrac{\partial^2 C_A}{\partial r^2} + \dfrac{1}{r}\dfrac{\partial C_A}{\partial r}\right] + kC_A$

与 $r=0$, $\dfrac{\partial C_A}{\partial r}=0$

11.3 (a) $C_A(r)=\dfrac{C_{Ai}\ln\left(\dfrac{b}{r}\right)+C_{Ao}\ln\left(\dfrac{r}{a}\right)}{\ln(b/a)}$

(b) $Q_t=2\pi tD_{AB}\left[\dfrac{C_{Ai}-C_{Ao}}{\ln\left(\dfrac{a}{b}\right)}\right]$ 摩尔

11.4 (a) $C_A(r)=\dfrac{aC_{Ai}(b-r)+bC_{Ao}(r-a)}{r(b-a)}$

(b) $Q_t=4\pi tD_{AB}\dfrac{ab(C_{Ai}-C_{Ao})}{b-a}$ 摩尔

11.5 $C_A^*=\sum_{n=1}^{\infty}A_n\sin\dfrac{n\pi x}{W}\sinh\dfrac{n\pi y}{W}$

其中常数 A_n, 利用 $y=L$ $C_A=C_{Aw}$ 确定, 即 $A_n=\dfrac{2[(-1)^{n+1}+1]}{n\pi\sinh(n\pi L/W)}$, $n=1,2,3,$

11.8 $C_A^*=\dfrac{C_{Aw}-C_A}{C_{Aw}-C_{Ao}}=\sum_{n=1}^{\infty}B_iX_i(r_A^*,C_i)\exp[-C_i^2\zeta]$

其中 $r^*=\dfrac{r}{R}$, $\zeta=\dfrac{z^*}{Pe_m}$, $z^*=\dfrac{z}{R}$

特征函数 $X_i(r^*,C_i)=\sum_{0}^{\infty}A_nr^{*n}$

A_0, $A_2=-\dfrac{c^2}{4}A_0$, 和 $A_n=\dfrac{c^2}{n^2}[A_{n-4}-A_{n-2}]$

对 $n\geqslant 4$

C_i 为 $X_i(1,C_i)=0$ 的特征值

$B_i=$ 常数 $=\dfrac{2}{C_i\left(\dfrac{\partial X}{\partial c}\right)_{r^*=1}}$

11.10 $Sh=\dfrac{h_mD}{D_{AB}}=0.023Re^{4/5}Sc^{1/3}$

郑 重 声 明

高等教育出版社依法对本书享有专有出版权。任何未经许可的复制、销售行为均违反《中华人民共和国著作权法》，其行为人将承担相应的民事责任和行政责任，构成犯罪的，将被依法追究刑事责任。为了维护市场秩序，保护读者的合法权益，避免读者误用盗版书造成不良后果，我社将配合行政执法部门和司法机关对违法犯罪的单位和个人给予严厉打击。社会各界人士如发现上述侵权行为，希望及时举报，本社将奖励举报有功人员。

反盗版举报电话：(010) 58581897/58581896/58581879
传　　真：(010) 82086060
E – mail：dd@hep.com.cn
通信地址：北京市西城区德外大街 4 号
　　　　　高等教育出版社打击盗版办公室
邮　　编：100120

购书请拨打电话：(010) 58581118

责任编辑　邵　勇
封面设计　张　楠
责任绘图　李维平
版式设计　史新薇
责任校对　俞声佳
责任印制　刁　毅